U0927491

高等院校大学数学系列教材

微积分（第2版）

张海燕　赵翠萍　徐利艳　崔军文　朱文新　编著

清华大学出版社
北京

内 容 简 介

本书共11章，主要内容包括：函数、极限与连续，导数与微分，微分中值定理与导数的应用，不定积分，定积分及其应用，微分方程，空间解析几何简介，多元函数微分学及其应用，二重积分，无穷级数，微积分在经济领域中的应用等. 每章都配有习题及总习题，书末还附有习题参考答案.

本书可作为高等院校非数学专业本科学生的教材或教学参考用书.

图书在版编目(CIP)数据

微积分/张海燕等编著. —2版. —北京：清华大学出版社，2017(2022.8重印)
(高等院校大学数学系列教材)
ISBN 978-7-302-47306-0

Ⅰ. ①微… Ⅱ. ①张… Ⅲ. ①微积分—高等学校—教材 Ⅳ. ①O172

中国版本图书馆CIP数据核字(2017)第124425号

责任编辑：佟丽霞
封面设计：傅瑞学
责任校对：王淑云
责任印制：曹婉颖

出版发行：清华大学出版社
网　址：http://www.tup.com.cn，http://www.wqbook.com
地　址：北京清华大学学研大厦A座　　邮　编：100084
社 总 机：010-83470000　　邮　购：010-62786544
投稿与读者服务：010-62776969，c-service@tup.tsinghua.edu.cn
质量反馈：010-62772015，zhiliang@tup.tsinghua.edu.cn
印 装 者：三河市少明印务有限公司
经　销：全国新华书店
开　本：185mm×260mm　　**印　张**：21.5　　**字　数**：521千字
版　次：2015年8月第1版　2017年6月第2版　　**印　次**：2022年8月第6次印刷
定　价：54.00元

产品编号：074592-02

第2版 前言

本书是在2015年出版的第1版的基础上修订的，从整体上说与第1版没有太大的变化，内容深广度符合“非数学专业本科数学基础课程教学基本要求”，适合高等院校非数学专业学生使用.

自第1版出版以来，经过两年多的教学实践，我们采纳了使用本书的师生们的意见，修改了不妥之处，并致力于提高教材的质量.

本次修订对个别概念的定义、定理的假设条件及证明过程作了一些修改，在第11章中新增加了一些概念及其经济含义；个别内容的安排做了一些调整，对少量例题及习题做了修改、增删，对全书的文字表述、记号的采用进行了仔细推敲. 所有这些修订都是为了使本书更好地满足教学需要.

此次修订工作仍由天津农学院的教师完成，他们是：崔军文（第1章1.1～1.6、第9章、第10章），朱文新（第1章1.7～1.9、第8章），赵翠萍（第2章），俞竺君（第3章3.1～3.2、第7章），孙丽洁（第3章3.3～3.4），刘琦（第3章3.5～3.6），张海燕（第4章），徐利艳（第5章、第11章），穆志民（第6章）. 张海燕负责全书的统稿工作.

天津农学院基础科学学院及教材科的领导和老师在本教材的出版过程中给予了周到的服务和大力协助，在此一并致谢！

书中不妥之处，恳请读者批评指正.

编　者

2017年1月于天津

第1版 前 言

本书是为普通高等院校非数学专业高等数学课程编写的教材，在保持结构严谨、内容通俗易懂的同时，注重基础、加强应用，尽量减少繁琐而又难以起到启发思维作用的逻辑证明. 在编写的过程中，我们特别注重对学生的基本运算、分析问题及解决问题能力的培养.

参与本书编写的人员均是天津农学院的教师：崔军文(第1章1.1～1.6节、第9章、第10章)，朱文新(第1章1.7～1.9节、第8章)，赵翠萍(第2章)，俞竺君(第3章3.1～3.2节、第7章)，孙丽洁(第3章3.3～3.4节)，刘琦(第3章3.5～3.6节)，张海燕(第4章)，徐利艳(第5章、第11章)，穆志民(第6章)，张海燕负责全书的统稿工作，赵翠萍负责全书的审稿工作.

天津农学院基础科学学院和教材科的领导及老师在本书的出版过程中给予了大力的协助，在此一并致谢！

由于编者水平有限，书中难免有不妥之处，敬请广大读者不吝指正.

编　者

2015年6月于天津

第1章

函数、极限与连续

初等数学的研究对象基本上是不变的量，而高等数学是以变量作为研究对象的一门数学.函数刻画的就是变量之间的某种依赖关系，用极限来研究函数是高等数学的一种基本方法.本章在复习函数有关内容的基础上，着重学习函数极限的概念及其求法，使读者能够熟练掌握这些内容，为后面的学习打下良好的基础.

1.1 函数的基本概念

1.1.1 函数的定义

在一个问题中往往同时存在几个变量在变化，而这些变量并不是孤立地变化的，它们相互联系并遵循着一定的变化规律，下面先来分析两个例子.

例1 圆的面积.考虑圆的面积 A 与它的半径 r 之间的相依关系.大家知道，它们之间符合如下公式：

$$A=\pi r^2.$$

当半径 r 在区间 $(0,+\infty)$ 内任意取定一个数值时，由上式可以唯一确定圆的面积 A 的相应数值.

例2 自由落体运动.设物体下落的时间为 t，落下的距离为 s.假定开始下落的时刻为 $t=0$，那么 s 与 t 之间的相依关系符合如下公式：

$$s=\frac{1}{2}gt^2,$$

其中，g 是重力加速度.假定物体着地的时刻为 $t=T$，那么当时间 t 在闭区间 $[0,T]$ 上任意取定一个数值时，由上式可以唯一确定 s 的相应数值.

撇开上面这两个例子中所涉及变量的实际意义，就会发现，它们都反映了两个变量之间的相依关系，这种相依关系就是当其中的一个变量在其变化范围内任意取定一个数值时，另一个变量就有唯一确定的数值与之对应，两个变量之间的这种相依关系就是函数概念的实质.

定义1 设 D 为非空实数集，若存在一个对应法则 f，使得对 D 中的任意实数 x，按照法则 f 都有唯一确定的实数 y 与之对应，则称 f 是定义在 D 上的函数，记作 $y=f(x)$.其中 x 称为自变量，y 称为因变量，数集 D 称为函数 $f(x)$ 的定义域.

函数值的集合

$$f(D)=\{y\,|\,y=f(x),x\in D\}$$

称为函数 $y=f(x)$ 的值域，记作 R_f.

表示函数的记号是任意选取的，除了常用的记号 f 外，还可以用其他字母，例如 ϕ,φ 等，这时函数就分别记作 $y=\phi(x)$，$y=\varphi(x)$ 等. 有时还直接用因变量的记号来表示函数，即把函数记作 $y=y(x)$. 但应该注意在同一问题中，讨论几个不同的函数时，为了表示它们的区别，需要用不同的符号来表示函数. 例如，函数 $y=y_1(x)$，$y=y_2(x)$.

函数的对应法则和函数的定义域是函数的两个要素. 如果两个函数的定义域相同，对应法则也相同，那么这两个函数就是相同的，否则就是不同的. 例如，函数 $f(x)=x$ 与 $g(x)=\sqrt{x^2}$ 不相同，因为二者的对应法则不同.

在实际问题中，函数的定义域是根据问题的实际意义而确定的. 如例 1 中，定义域 $D=(0,+\infty)$；例 2 中，定义域 $D=[0,T]$.

在高等数学中，有时不考虑函数的实际意义，而研究用抽象解析式来表示的函数，这时我们约定：函数的定义域就是使得函数解析式有意义的一切自变量的全体构成的集合. 例如，函数 $y=\sqrt{4-x^2}$ 的定义域为闭区间 $[-2,2]$，函数 $y=\dfrac{1}{\sqrt{1-x^2}}$ 的定义域为开区间 $(-1,1)$.

函数的表示方法除了用解析式来表示外，还可以用表格、图像来表示，因此函数的表示方法主要有三种：表格法、图像法、解析法(公式法).

如果函数的自变量在定义域内任取一个数值时，对应的函数值有且只有一个，则称这种函数为单值函数；否则称为多值函数. 本书中所讨论的函数若无特殊说明，均指单值函数.

在函数中，有的时候一个函数要用几个表达式来表示，这种在定义域的不同范围内，对应法则用不同的表达式来表示的函数，称为分段函数. 例如，函数 $y=\begin{cases}2x+1, & x\geqslant 0\\ \mathrm{e}^x, & x<0\end{cases}$ 就是一个分段函数.

下面来给出几个函数的例子.

例 3 常函数 $y=2$，其定义域为 $D=(-\infty,+\infty)$，值域为 $W=\{2\}$. 它的图形是一条平行于 x 轴的直线，如图 1.1 所示.

例 4 绝对值函数

$$y=|x|=\begin{cases}x, & x\geqslant 0,\\ -x, & x<0,\end{cases}$$

其定义域为 $D=(-\infty,+\infty)$，值域为 $W=[0,+\infty)$. 它的图形是两条从原点出发的射线，如图 1.2 所示.

图 1.1 图 1.2

例 5 符号函数

$$y=\operatorname{sgn}x=\begin{cases}1, & x>0,\\ 0, & x=0,\\ -1, & x<0,\end{cases}$$

其定义域为 $D=(-\infty,+\infty)$，值域为 $W=\{-1,0,1\}$. 它的图形是原点和两条平行于 x 轴的射线，如图 1.3 所示. 对于任何实数 x，总有等式 $x=\operatorname{sgn}x\cdot|x|$ 成立.

例 6 取整函数. 设 x 为任一实数，不超过 x 的最大整数称为 x 的整数部分，记作 $[x]$，例如

$$\left[\frac{4}{9}\right]=0,\quad [\sqrt{2}]=1,\quad [\pi]=3,\quad [-1]=-1,\quad [-3.6]=-4.$$

若把 x 看成自变量，则函数 $y=[x]$ 称为取整函数. 其定义域为 $D=(-\infty,+\infty)$，值域为 $W=\mathbb{Z}$. 它的图形为阶梯曲线，在 x 为整数值处发生跳跃，且跳跃的高度为 1，如图 1.4 所示.

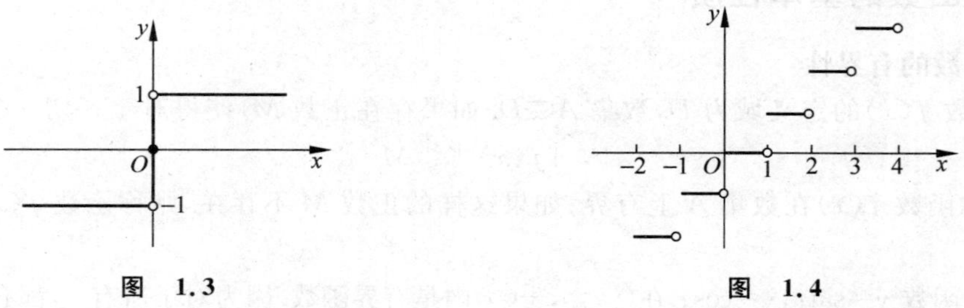

图 1.3　　图 1.4

1.1.2 反函数与复合函数

设函数 $y=f(x)$ 的定义域为 D，值域为 W. 一般地，对于任一数值 $y\in W$，在 D 中有一个确定数值 x 与之对应，这个数值 x 适合关系：

$$f(x)=y.$$

此时，如果把 y 看作自变量，x 看作因变量，按照函数概念，得到一个新的函数 $x=\varphi(y)$，则称这个新的函数 $x=\varphi(y)$ 为原来函数 $y=f(x)$ 的反函数，记作 $x=f^{-1}(y)$. 相对于反函数 $x=f^{-1}(y)$ 来说，原来的函数 $y=f(x)$ 称为直接函数. 习惯上，用字母 x 表示函数的自变量，用字母 y 表示函数的因变量. 这样，反函数 $x=f^{-1}(y)$ 可表示为 $y=f^{-1}(x)$ 的形式. 由于函数的实质是对应法则，我们改变的只是表示函数的自变量和因变量的字母，而没有改变函数的对应法则，所以函数 $x=f^{-1}(y)$ 与 $y=f^{-1}(x)$ 实质上还是同一个函数.

在同一个坐标平面上，直接函数 $y=f(x)$ 与反函数 $y=f^{-1}(x)$ 的图形关于直线 $y=x$ 对称（见图 1.5）. 因为如果 $P(a,b)$ 是函数 $y=f(x)$ 图形上的点，则 $Q(b,a)$ 就是函数 $y=f^{-1}(x)$ 图形上的点；反之，若 $Q(b,a)$ 是函数 $y=f^{-1}(x)$ 图形上的点，则 $P(a,b)$ 就是函数 $y=f(x)$ 图形上的点，而点 $P(a,b)$ 和点 $Q(b,a)$ 是关于直线 $y=x$ 对称的，故函数 $y=f(x)$ 与函数 $y=f^{-1}(x)$ 的图形关于直线 $y=x$ 对称.

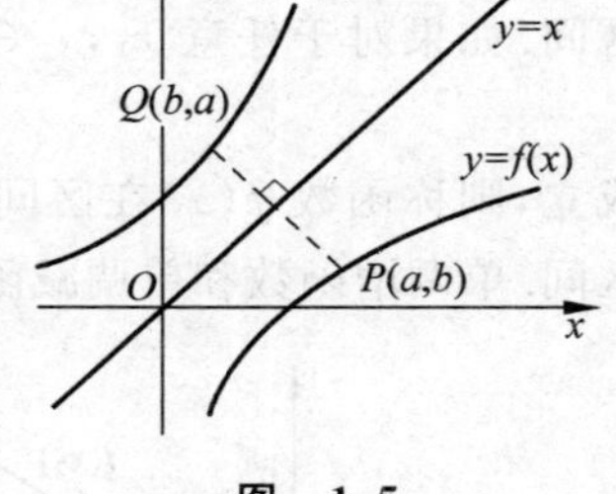

图 1.5

例如，对数函数 $y=\log_a x$ 的反函数是指数函数 $y=a^x$，二者的图形关于直线 $y=x$ 对称.

下面来讨论复合函数.

一般地，若函数 $y=f(u)$ 的定义域为 D_1，函数 $u=\varphi(x)$ 的定义域为 D_2、值域为 W_2，并且 $W_2\subset D_1$，那么对于每个数值 $x\in D_2$，有确定的数值 $u\in W_2$ 与之对应，而 $W_2\subset D_1$，相应地也有确定的数值 y 与数值 u 对应. 即对于每个数值 $x\in D_2$，通过变量 u 有确定的数值 y 与之

对应,这样我们就得到了一个以 x 为自变量、以 y 为因变量的函数,这个函数称为由函数 $y=f(u)$ 与函数 $u=\varphi(x)$ 构成的复合函数,记作 $y=f[\varphi(x)]$. 其中 $y=f(u)$ 称为外层函数,$u=\varphi(x)$ 称为内层函数,u 称为中间变量.

例如,函数 $y=\sin x^2$ 就是一个由 $y=\sin u$ 与 $u=x^2$ 构成的复合函数,复合函数的定义域为 $(-\infty,+\infty)$,它也是内层函数 $u=x^2$ 的定义域.

必须注意,不是任何两个函数都能构成复合函数. 例如,$y=\arcsin u$ 与 $u=2+x^2$ 就不能构成复合函数,因为内层函数 $u=2+x^2$ 的值域完全不在外层函数 $y=\arcsin u$ 的定义域内.

1.1.3 函数的基本性质

1. 函数的有界性

设函数 $f(x)$ 的定义域为 D,数集 $A\subset D$. 如果存在正数 M,使得对于一切 $x\in A$,恒有

$$|f(x)|\leqslant M$$

成立,则称函数 $f(x)$ 在数集 A 上有界;如果这样的正数 M 不存在,则称函数 $f(x)$ 在数集 A 上无界.

例如,函数 $y=\sin x, y=\cos x$ 在 $(-\infty,+\infty)$ 内是有界函数. 因为对于所有 x,都有 $|\sin x|\leqslant 1$, $|\cos x|\leqslant 1$. 而函数 $y=x^3$ 在 $(-\infty,+\infty)$ 内是无界函数.

从几何图形上看,函数 $f(x)$ 在数集 A 上有界,就是函数 $f(x)$ 在数集 A 上的图形位于直线 $y=-M$ 与 $y=M$ 之间.

有界函数的另一种等价定义如下.

设函数 $f(x)$ 的定义域为 D,数集 $A\subset D$. 如果存在两个数 m, M,使得对于一切 $x\in A$,恒有

$$m\leqslant f(x)\leqslant M$$

成立,则称函数 $f(x)$ 在数集 A 上有界.

2. 函数的单调性

设函数 $f(x)$ 的定义域为 D,区间 $I\subset D$,如果对于任意 $x_1, x_2\in I$,当 $x_1<x_2$ 时,恒有

$$f(x_1)<f(x_2)$$

成立,则称函数 $f(x)$ 在区间 I 上是单调增函数(见图 1.6). 区间 I 称为函数 $f(x)$ 的单调增区间. 如果对于任意 $x_1, x_2\in I$,当 $x_1<x_2$ 时,恒有

$$f(x_1)>f(x_2)$$

成立,则称函数 $f(x)$ 在区间 I 上是单调减函数(见图 1.7). 区间 I 称为函数 $f(x)$ 的单调减区间. 单调增函数和单调减函数统称为单调函数. 单调增区间和单调减区间统称为单调区间.

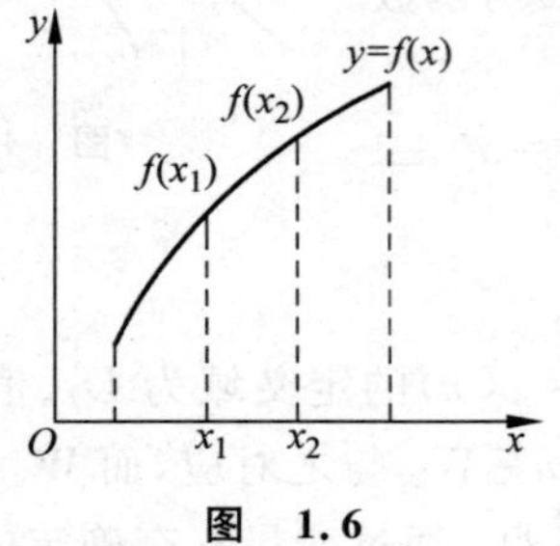

图 1.6

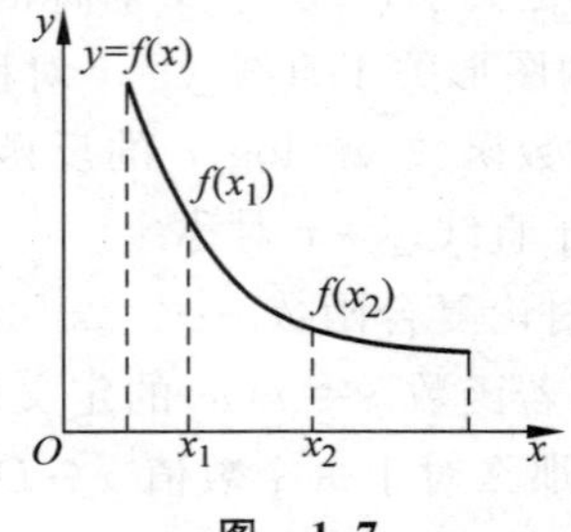

图 1.7

例如,函数 $y=x^2$ 在区间$(-\infty,0]$上是单调减函数,在区间$[0,+\infty)$上是单调增函数,但在区间$(-\infty,+\infty)$上不具有单调性. 函数 $y=x^3$ 在区间$(-\infty,+\infty)$上是单调增函数.

3. 函数的奇偶性

设函数 $f(x)$的定义域 D 关于坐标原点对称(即若 $x\in D$,则 $-x\in D$). 如果对于任何 $x\in D$,恒有

$$f(-x)=-f(x)(f(-x)=f(x))$$

成立,则称函数 $f(x)$为奇(偶)函数.

例如,函数 $f(x)=\sin x, f(x)=x^3$ 是奇函数. 函数 $f(x)=\cos x, f(x)=x^2$ 是偶函数. 函数 $f(x)=\sin x+\cos x$ 既非奇函数也非偶函数.

由函数奇偶性的定义可知,偶函数的图形关于 y 轴对称,奇函数的图形关于坐标原点对称.

4. 函数的周期性

设函数 $f(x)$的定义域为 D,如果存在正数 T,使得任意 $x\in D,(x+T)\in D$,恒有

$$f(x+T)=f(x)$$

成立,则称函数 $f(x)$为周期函数,正数 T 称为函数 $f(x)$的周期.

通常所说的周期均指其最小正周期. 例如,函数 $\sin x,\cos x$ 的周期均为 $T=2\pi$. 函数 $\tan x,\cot x$ 的周期均为 $T=\pi$.

思考题 任何周期函数都有最小正周期吗?

1.1.4 初等函数

基本初等函数是指中学时所学过的以下六类函数,由于它们在高等数学中具有非常基础但很重要的地位,希望读者熟练掌握这些函数的性质及其图形等,这里不再一一赘述.

(1) 常函数: $y=C$(C 为常数).

(2) 幂函数: $y=x^{\mu}$(μ 是常数).

(3) 指函数: $y=a^x(a>0,a\neq 1)$.

(4) 对数函数: $y=\log_a x(a>0,a\neq 1)$.

(5) 三角函数: $y=\sin x,y=\cos x,y=\tan x,y=\cot x,y=\sec x,y=\csc x$.

(6) 反三角函数: $y=\arcsin x,y=\arccos x,y=\arctan x,y=\operatorname{arccot} x$.

所谓**初等函数**,是指由常数和基本初等函数经有限次四则运算及有限次复合所构成的,并可用一个式子来表示的函数.

例如,函数 $y=\sin(2x+1),y=\log_a(1+\sqrt{1+x^2}),y=10^{\arcsin x}$ 等都是初等函数.

在实际应用中也常常遇到非初等函数. 分段函数就是一种常见的非初等函数,例如,

$y=\begin{cases}\sin 2x, & x\geqslant 0,\\ 1+x^2, & x<0\end{cases}$ 就是一个非初等函数.

习 题 1.1

1. 求下列函数的表达式:

(1) 已知 $f(x+1)=x^2+x$,求 $f(x)$;

(2) 已知 $f\left(x+\frac{1}{x}\right)=x^2+\frac{1}{x^2}$，求 $f(x)$；

(3) 已知 $2f(x)+f(1-x)=x^2$，求 $f(x)$；

(4) 已知 $f(x_1+x_2)=\sin x_1\cos x_2+\cos x_1\sin x_2$，求 $f(x)$.

2. 求下列函数的定义域：

(1) $y=\frac{1}{\sqrt{4-x^2}}$； (2) $y=\tan(x+2)$；

(3) $y=\arcsin(x-3)$； (4) $y=\ln(x+1)$；

(5) $y=\frac{1}{x}-\sqrt{1-x^2}$； (6) $y=\sqrt{3-x}+\arctan\frac{1}{x}$.

3. 下列各题中，函数 $f(x)$ 和 $g(x)$ 是否相同？为什么？

(1) $f(x)=\lg x^2, g(x)=2\lg x$；

(2) $f(x)=x, g(x)=\sqrt{x^2}$；

(3) $f(x)=\sqrt[3]{x^4-x^3}, g(x)=x\sqrt[3]{x-1}$；

(4) $f(x)=1, g(x)=\sec x^2-\tan x^2$.

4. 判断下列函数在所给区间上的单调性：

(1) $f(x)=e^{\cos x}, x\in\left[0,\frac{\pi}{2}\right]$； (2) $f(x)=e^{-\sin x}, x\in\left[0,\frac{\pi}{2}\right]$；

(3) $f(x)=\sin(\sin x), x\in\left[0,\frac{\pi}{2}\right]$； (4) $f(x)=\cos(\sin x), x\in\left[0,\frac{\pi}{2}\right]$.

5. 下列函数中哪些是偶函数？哪些是奇函数？哪些既非奇函数又非偶函数？

(1) $y=x(x-1)(x+1)$； (2) $y=\frac{1-x^2}{1+x^2}$；

(3) $y=\sin x-\cos x+1$； (4) $y=\frac{a^x+a^{-x}}{2}$；

(5) $y=\ln(x+\sqrt{1+x^2})$； (6) $y=\frac{e^x+e^{-x}}{e^x-e^{-x}}$.

6. 下列各函数中哪些是周期函数？对于周期函数，指出其周期.

(1) $y=\cos(x-2)$； (2) $y=\sin 4x$；

(3) $y=2+\sin\pi x$； (4) $y=x\cos x$；

(5) $y=\cos^2 x$.

7. 设 $f(x)$ 的定义域为 $D=[0,1]$，求下列各函数的定义域：

(1) $f(x^2)$； (2) $f(\sin x)$；

(3) $f(x+a)(a>0)$； (4) $f(x+a)+f(x-a)(a>0)$.

8. 设 $f(x)=\frac{x}{\sqrt{1+x^2}}$，求 $f_4(x)=f(f(f(f(x))))$.

9. 讨论狄利克雷(Dirichlet)函数

$$D(x)=\begin{cases}1(x\text{ 为有理数}),\\0(x\text{ 为无理数})\end{cases}$$

的单调性、有界性、周期性.

10. 设下面所考虑的函数都是定义在对称区间$(-l,l)$上的，证明：

(1) 两个偶函数的和是偶函数，两个奇函数的和是奇函数；

(2) 两个偶函数的乘积是偶函数，两个奇函数的乘积是偶函数，偶函数与奇函数的乘积是奇函数.

11. 设$f(x)$是定义在$(-l,l)$内的奇函数，若$f(x)$在$(0,l)$内单调增加，证明$f(x)$在$(-l,0)$内也单调增加.

12. 在下列各题中，求所给函数构成的复合函数，并求复合函数在自变量给定取值x_1和x_2的函数值.

(1) $y=\ln u, u=1+x^2, x_1=0, x_2=2$； (2) $y=u^2, u=\sin x, x_1=0, x_2=\frac{\pi}{2}$；

(3) $y=\sin u, u=2x, x_1=\frac{\pi}{8}, x_2=\frac{\pi}{4}$； (4) $y=e^u, u=x^2, x_1=0, x_2=1$.

13. 设函数$f(x)$的定义域为$(-l,l)$，证明：

(1) $F(x)=f(x)+f(-x)(x\in(-l,l))$为偶函数；

(2) $G(x)=f(x)-f(-x)(x\in(-l,l))$为奇函数；

(3) 函数$f(x)$可以表示为奇函数与偶函数之和.

1.2 数列的极限

高等数学的研究对象是变量，为了很好地掌握变量的变化规律，不仅要考察变量的变化过程，更重要的是要通过它的变化过程来判断它的变化趋势，而变量确定的变化趋势就是变量的极限. 本节研究数列的极限.

1.2.1 数列极限问题举例

极限概念是在求某些实际问题之精确值的过程中产生的. 例如，我国古代数学家刘徽利用圆内接正多边形来推算圆面积的方法——割圆术，就是极限思想在几何学上的应用.

设有一个圆，首先作内接正六边形，把它的面积记为A_1；再作内接正十二边形，其面积记为A_2；再作内接正二十四边形，其面积记为A_3；…；如此循环下去. 一般地把内接正$6\times 2^{n-1}$边形的面积记为$A_n(n\in\mathbb{N}^+)$，这样就得到一列内接正多边形的面积：

$$A_1, A_2, A_3, \cdots, A_n, \cdots$$

它们构成一列有次序的数，当n越大，内接正多边形与圆的差别就越小，从而以A_n作为圆面积的近似值也就越精确. 因此，设想n无限增大(记为$n\to\infty$，读作n趋于无穷大)时，则内接正多边形就无限接近于圆，同时A_n也无限接近于某个确定的数值，这个确定的数值就可认为是圆的面积. 在数学上这个确定的数值被称为这一列有次序的数(所谓数列)A_1，$A_2, A_3, \cdots, A_n, \cdots$在$n\to\infty$时的极限，在求圆面积的问题中我们看到，正是这个数列的极限才精确地表达了圆的面积.

上述实际问题的解决就体现了极限的思想，如今极限的方法已经成为高等数学中的一种基本方法，应用非常广泛.

1.2.2 数列的概念

按照一定的法则，依次由自然数 $1,2,\cdots,n,\cdots$ 编号排成的一列数

$$x_1,x_2,\cdots,x_n,\cdots$$

叫做数列，记作 $\{x_n\}$ 或数列 $\{x_n\}$. 数列中的每一个数叫做数列的项，第 n 项 x_n 叫做数列的一般项或通项. 例如：

$$1,\frac{1}{2},\frac{1}{3},\cdots,\frac{1}{n},\cdots$$

$$2,\frac{3}{2},\frac{4}{3},\cdots,\frac{n+1}{n},\cdots$$

$$1,-1,1,\cdots,(-1)^{n+1},\cdots$$

都是数列，它们的通项分别为

$$x_n=\frac{1}{n},\quad x_n=\frac{n+1}{n},\quad x_n=(-1)^{n+1}.$$

数列 $\{x_n\}$ 可看作是自变量为正整数 n 的函数，即

$$x_n=f(n).$$

它的定义域是全体正整数，当自变量 n 依次取 $1,2,3,\cdots$ 一切正整数时，对应的函数值就构成了一个数列 $\{x_n\}$.

1. 单调数列

如果数列 $\{x_n\}$ 满足条件：

$$x_1\leqslant x_2\leqslant x_3\leqslant\cdots\leqslant x_n\leqslant x_{n+1}\leqslant\cdots,$$

则称数列 $\{x_n\}$ 为单调递增数列；如果数列 $\{x_n\}$ 满足条件：

$$x_1\geqslant x_2\geqslant x_3\geqslant\cdots\geqslant x_n\geqslant x_{n+1}\geqslant\cdots,$$

则称数列 $\{x_n\}$ 为单调递减数列. 单调递增数列和单调递减数列统称为单调数列. 例如，数列 $\left\{\frac{1}{n}\right\}$ 是一个单调递减数列，数列 $\{2^n\}$ 是一个单调递增数列.

2. 有界数列

对于数列 $\{x_n\}$，如果存在正数 M，使得对任何正整数 n，都有

$$|x_n|\leqslant M$$

成立，则称数列 $\{x_n\}$ 是有界数列；否则，称数列 $\{x_n\}$ 是无界数列. 例如，数列 $\left\{\frac{1}{n}\right\}$，$\left\{1+\frac{1}{n}\right\}$，$\{(-1)^{n+1}\}$ 都是有界数列，数列 $\{2^n\}$ 是无界数列.

对于给定的数列 $\{x_n\}$，我们要讨论的问题是：当项数 n 无限增大（即 $n\to\infty$）时，对应的项 x_n 是否能够无限趋近于某一个确定的常数，如果能够，那么这个常数是多少？这就是数列极限所要研究的问题.

1.2.3 数列极限的定义

对于给定的数列 $\{x_n\}$，如果当项数 n 无限增大（$n\to\infty$）时，对应的项 x_n 无限趋近于一个确定的常数 A，则称常数 A 为数列 $\{x_n\}$ 的极限，记作 $\lim\limits_{n\to\infty}x_n=A$ 或 $x_n\to A(n\to\infty)$. 例如，数列

$\left\{1+\frac{1}{n}\right\}$的一般项 $x_n=1+\frac{1}{n}$，从直观上可以看出，当项数 n 无限增大时，数列的项 x_n 无限接近常数 1. 也就是说，常数 1 是数列$\left\{1+\frac{1}{n}\right\}$的极限.

显然，对于比较简单的数列，很容易从数列通项的变化趋势上分析出数列的极限. 当然如果数列的通项比较复杂，要想从直观上得出数列的极限就不太容易了，况且上述定义只是一种描述性定义，不够准确和严谨，为了准确地描述“无限增大”和“无限趋近”的意义，揭示数列极限的实质，我们必须用精确的数学语言来描述这一概念.

我们知道，两个数之间的接近程度可以用这两个数之差的绝对值来度量. 例如，$|b-a|$越小，说明数 a 与 b 越接近.

再来考察数列$\left\{1+\frac{1}{n}\right\}$，从数列的变化趋势来看，当 $n\to\infty$ 时，有 $x_n\to 1$. 这就意味着，当项数 n 充分大时，数 x_n 与 1 可以任意接近，即$|x_n-1|$可以任意地小. 换句话说，只要 n 充分大，$|x_n-1|=\frac{1}{n}$就可以任意小于预先给定的正数 ε. 由此可知，对于任意给定的正数 ε（不论它多么小），总存在正整数 N，当 $n>N$ 时，恒有不等式

$$\left|\frac{n+1}{n}-1\right|<\varepsilon$$

成立. 这就是当 $n\to\infty$ 时，数列 $x_n=\frac{1+n}{n}\to 1$ 的实质. 由此推广到一般，便得到数列极限的精确定义.

定义 1 给定数列$\{x_n\}$，a 为一常数，如果对于任意给定的正数 ε（不论它多么小），总存在正整数 N，当 $n>N$ 时，恒有不等式

$$|x_n-a|<\varepsilon$$

成立，则称常数 a 是数列$\{x_n\}$的极限，记作$\lim\limits_{n\to\infty}x_n=a$ 或 $x_n\to a\ (n\to\infty)$. 此时也称数列$\{x_n\}$收敛于 a. 反之，称数列$\{x_n\}$没有极限，或称数列$\{x_n\}$发散.

上面定义中正数 ε 是任意给定的很重要，因为只有这样，不等式$|x_n-a|<\varepsilon$ 才能表达出 x_n 与 a 无限接近的意思. 此外还应注意，定义中的正整数 N 与正数 ε 有关，正整数 N 随着 ε 的给定而选定.

从几何上来看，常数 a 和数列$\{x_n\}$的各项都可用数轴上的对应点来表示. 因为$|x_n-a|<\varepsilon$ 等价于 $a-\varepsilon<x_n<a+\varepsilon$，所以数列$\{x_n\}$以 a 为极限的几何解释就是：对于任意给定的正数 ε，总存在正整数 N，从第 N 项以后的所有项 $x_{N+1}, x_{N+2}, \cdots$的对应点都落在以 a 为中心、长度为 2ε 的开区间$(a-\varepsilon, a+\varepsilon)$内，至多有有限个点在此区间之外（见图 1.8）.

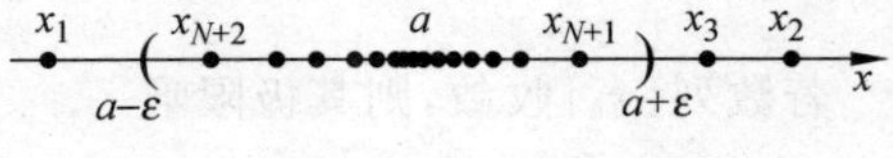

图 1.8

通常，我们将开区间$(a-\varepsilon, a+\varepsilon)$内的所有点称为点 a 的 ε 邻域，记作 $U(a,\varepsilon)$. 点 a 称为邻域中心，ε 称为邻域半径. 将点 a 的 ε 邻域中的邻域中心 a 去掉后所得到的点集称为点 a 的去心 ε 邻域，记作 $\mathring{U}(a,\varepsilon)$. 因此，数列$\{x_n\}$收敛于 a 的几何解释也可以说成：对于任意给定的正数 ε，总存在正整数 N，从第 N 项后的所有点都落在点 a 的 ε 邻域内.

数列极限$\lim\limits_{n\to\infty}x_n=a$的定义可简单表述为:

$\lim\limits_{n\to\infty}x_n=a\Leftrightarrow\forall\varepsilon>0$,存在正整数$N$,当$n>N$时,有$|x_n-a|<\varepsilon$.

例 1 证明$\lim\limits_{n\to\infty}\dfrac{n+(-1)^{n-1}}{n}=1$.

证 由于$|x_n-a|=\left|\dfrac{n+(-1)^{n-1}}{n}-1\right|=\dfrac{1}{n}$,对于任意给定的正数$\varepsilon$,要使$\left|\dfrac{n+(-1)^{n-1}}{n}-1\right|=\dfrac{1}{n}<\varepsilon$,只要$n>\dfrac{1}{\varepsilon}$,故取正整数$N=\left[\dfrac{1}{\varepsilon}\right]$,则当$n>N$时,恒有$\left|\dfrac{n+(-1)^{n-1}}{n}-1\right|<\varepsilon$,即

$$\lim_{n\to\infty}\frac{n+(-1)^{n-1}}{n}=1.$$

例 2 证明$\lim\limits_{n\to\infty}\dfrac{(-1)^n}{(n+1)^2}=0$.

证 由于$|x_n-a|=\left|\dfrac{(-1)^n}{(n+1)^2}-0\right|=\dfrac{1}{(n+1)^2}<\dfrac{1}{n+1}$,对于任意给定的正数$\varepsilon$(设$\varepsilon<1$),要使$|x_n-a|<\varepsilon$,只要$\dfrac{1}{n+1}<\varepsilon$,即$n>\dfrac{1}{\varepsilon}-1$,故取正整数$N=\left[\dfrac{1}{\varepsilon}-1\right]$,则当$n>N$时,恒有$\left|\dfrac{(-1)^n}{(n+1)^2}-0\right|<\varepsilon$,即

$$\lim_{n\to\infty}\frac{(-1)^n}{(n+1)^2}=0.$$

例 3 设$|q|<1$,证明等比数列$1,q,q^2,\cdots,q^{n-1},\cdots$的极限是0.

证 对于任意给定$\varepsilon>0$(设$\varepsilon<1$),由于$|x_n-a|=|q^{n-1}-0|=|q|^{n-1}<\varepsilon$,取自然对数$(n-1)\ln|q|<\ln\varepsilon$,解得$n>1+\dfrac{\ln\varepsilon}{\ln|q|}$,故取正整数$N=\left[1+\dfrac{\ln\varepsilon}{\ln|q|}\right]$,则当$n>N$时,恒有$|q^{n-1}-0|<\varepsilon$,即

$$\lim_{n\to\infty}q^{n-1}=0.$$

通过以上几个例子,可总结出利用定义证明数列极限的一般步骤如下.

(1) 对于$\forall\varepsilon>0$,假设$|x_n-a|<\varepsilon$.

(2) 从上述假设的不等式出发,解出$n>f(\varepsilon)$(一般可采用加强不等式的方法).

(3) 取正整数$N\geqslant f(\varepsilon)$即可.特别值得注意的是,对于任意给定的正数$\varepsilon$,能求出满足定义要求的正整数$N$即可,它是不唯一的,也没有必要是最小的.

1.2.4 数列极限的性质

定理 1(极限的唯一性) 若数列$\{x_n\}$收敛,则其极限唯一.

证 反证法.假设$x_n\to a$及$x_n\to b$,且$a<b$.取$\varepsilon=\dfrac{b-a}{2}>0$,因为$\lim\limits_{n\to\infty}x_n=a$,故存在正整数$N_1$,使得对于$n>N_1$的一切$x_n$,恒有不等式

$$|x_n-a|<\frac{b-a}{2}$$

成立.

因为$\lim\limits_{n\to\infty}x_n=b$，故存在正整数$N_2$，使得对于$n>N_2$的一切$x_n$，恒有不等式

$$|x_n-b|<\frac{b-a}{2}$$

成立. 取$N=\max\{N_1,N_2\}$，当$n>N$时，有不等式

$$x_n<\frac{a+b}{2}\text{ 与 }x_n>\frac{a+b}{2}$$

同时成立，这是不可能的. 故$a=b$.

例 4 证明数列$x_n=(-1)^{n+1}(n=1,2,\cdots)$是发散的.

证 反证法. 假设该数列收敛，即$\lim\limits_{n\to\infty}x_n=a$. 由数列极限的定义，对于$\varepsilon=\frac{1}{2}$，存在正整数$N$，当$n>N$时，恒有不等式$|x_n-a|<\frac{1}{2}$成立，即当$n>N$时，所有$x_n$都落在开区间$\left(a-\frac{1}{2},a+\frac{1}{2}\right)$内，但这是不可能的. 因为当$n\to\infty$时，$x_n$总是在1和$-1$之间摆动，而不可能同时属于长度为1的开区间$\left(a-\frac{1}{2},a+\frac{1}{2}\right)$内，故数列$\{(-1)^{n+1}\}$发散.

定理 2（收敛数列的有界性） 如果数列$\{x_n\}$收敛，则数列$\{x_n\}$一定有界.

证 因为数列$\{x_n\}$收敛，故不妨假设$\lim\limits_{n\to\infty}x_n=a$. 由数列极限的定义，对于给定的$\varepsilon=1$，存在正整数$N$，使得对于$n>N$的一切$x_n$，总有$|x_n-a|<\varepsilon=1$. 故当$n>N$时，有

$$|x_n|=|x_n-a+a|\leqslant|x_n-a|+|a|<1+|a|.$$

取$M=\max\{|x_1|,|x_2|,|x_3|,\cdots,|x_N|,1+|a|\}$，则对于一切正整数$n$，恒有不等式$|x_n|\leqslant M$成立，所以数列$\{x_n\}$有界.

根据该定理，如果数列$\{x_n\}$无界，那么数列$\{x_n\}$一定发散；但如果数列$\{x_n\}$有界，却不能断定它一定收敛. 例如，数列$\{(-1)^n\}$虽然是有界数列，但它却是发散的. 所以数列有界是数列收敛的必要非充分条件.

定理 3（收敛数列的保号性） 如果数列$\{x_n\}$收敛于a，且$a>0$(或$a<0$)，则存在正整数N，当$n>N$时，有$x_n>0$(或$x_n<0$).

证 仅证明$a>0$的情形. 由数列极限的定义，对于$\varepsilon=\frac{a}{2}>0$，存在正整数$N$，当$n>N$时，有

$$|x_n-a|<\frac{a}{2},$$

从而

$$x_n>a-\frac{a}{2}=\frac{a}{2}>0.$$

推论 1（收敛数列的保序性） 如果数列$\{x_n\}$收敛于a，数列$\{y_n\}$收敛于b，且$a>b$，则存在正整数N，当$n>N$时，有$x_n>y_n$.

推论 2 如果数列$\{x_n\}$从某项起有$x_n\geqslant0$(或$x_n\leqslant0$)，且数列$\{x_n\}$收敛于a，则$a\geqslant0$(或$a\leqslant0$).

证 仅证明$x_n\geqslant0$的情形. 设数列$\{x_n\}$从N_1项起，即当$n>N_1$时，有$x_n\geqslant0$成立. 现用反证法证明. 假设$a<0$，则由定理3知，存在正整数N_2，当$n>N_2$时，有$x_n<0$成立. 现取

$N=\max\{N_1,N_2\}$，当 $n>N$ 时，有 $x_n\geqslant 0$ 与 $x_n<0$ 同时成立，这是不可能的，所以必有 $a\geqslant 0$.

最后，介绍子数列的概念以及收敛数列与其子数列之间的关系.

在数列 $\{x_n\}$ 中任意抽取无限多项并保持这些项在原数列 $\{x_n\}$ 中的先后次序，这样得到的一个新数列称为原数列 $\{x_n\}$ 的子数列(或子列).

设在数列 $\{x_n\}$ 中，第一次抽取 x_{n_1}，第二次在 x_{n_1} 之后抽取 x_{n_2}，第三次在 x_{n_2} 后抽取 x_{n_3}，…，这样一直继续下去，得到一个新数列

$$x_{n_1},x_{n_2},\cdots,x_{n_k},\cdots$$

这个新数列 $\{x_{n_k}\}$ 称为数列 $\{x_n\}$ 的一个子列.

注意 由子数列的定义可知，x_{n_k} 是子数列的通项，它在子数列 $\{x_{n_k}\}$ 中是第 k 项，而在原数列 $\{x_n\}$ 中却是第 n_k 项，显然 $n_k\geqslant k$.

定理4(收敛数列与其子数列间的关系) 如果数列 $\{x_n\}$ 收敛于 a，那么它的任一子数列也收敛于 a.

证 设数列 $\{x_{n_k}\}$ 是数列 $\{x_n\}$ 的任一子数列.

由于 $\lim\limits_{n\to\infty}x_n=a$，故对于任意给定的正数 ε，存在正整数 N，当 $n>N$ 时，有不等式 $|x_n-a|<\varepsilon$ 成立.

取 $K=N$，则当 $k>K$，即 $n_k>n_K=n_N\geqslant N$ 时，恒有不等式

$$|x_{n_k}-a|<\varepsilon$$

成立，故 $\lim\limits_{k\to\infty}x_{n_k}=a$.

由定理4可知，如果数列 $\{x_n\}$ 中有两个子数列收敛于不同的极限或有一个子数列极限不存在，那么原数列 $\{x_n\}$ 一定发散.

例如，数列 $\{(-1)^{n+1}\}$ 的子数列 $\{x_{2k-1}\}$ 收敛于1，而子数列 $\{x_{2k}\}$ 收敛于 -1，因此数列 $x_n=(-1)^{n+1}(n\geqslant 1)$ 是发散的. 同时这个例子也说明，一个发散的数列也可能有收敛的子数列.

再如，数列 $1,2,\frac{1}{3},4,\frac{1}{5},\cdots,n^{(-1)^n},\cdots$ 中有一个发散的子数列 $x_{2k}=2k$，$k=1,2,\cdots$，因此数列 $x_n=n^{(-1)^n}$，$n=1,2,\cdots$，是发散的.

习 题 1.2

1. 观察下列数列 $\{x_n\}$ 的变化趋势，写出它们的极限：

(1) $x_n=\frac{1}{3^n}$；　(2) $x_n=(-1)^n\frac{1}{n}$；　(3) $x_n=2+\frac{1}{n^2}$；

(4) $x_n=\frac{n-1}{n+1}$；　(5) $x_n=n(-1)^n$.

2. 根据数列极限的定义证明：

(1) $\lim\limits_{n\to\infty}\frac{1}{n^2}=0$；　(2) $\lim\limits_{n\to\infty}\frac{3n+1}{2n+1}=\frac{3}{2}$；

(3) $\lim\limits_{n\to\infty}\frac{\sqrt{n^2+a^2}}{n}=1$；　(4) $\lim\limits_{n\to\infty}0.\underbrace{999\cdots9}_{n个}=1$.

3. 设$|x|<1$,求极限$\lim\limits_{n\to\infty}(1+x)(1+x^2)(1+x^4)\cdots(1+x^{2^n})$.

4. 设数列$\{x_n\}$有界,又$\lim\limits_{n\to\infty}y_n=0$,证明$\lim\limits_{n\to\infty}x_ny_n=0$.

5. 对于数列$\{x_n\}$,若$x_{2k}\to a(k\to\infty)$,$x_{2k+1}\to a(k\to\infty)$,证明$x_n\to a(n\to\infty)$.

6. 如果数列$\{x_n\}$收敛于a,数列$\{y_n\}$收敛于b,且$a<b$,证明存在正整数N,当$n>N$时,有$x_n<y_n$.

7. 如果数列$\{x_n\}$从某项起有$x_n\leqslant 0$,且数列$\{x_n\}$收敛于a,证明$a\leqslant 0$.

8. 证明数列$x_n=\dfrac{(-1)^n}{n}+\dfrac{1+(-1)^n}{2}$是发散的.

1.3 函数的极限

在1.2节中研究了数列的极限,因为数列$\{x_n\}$可看成是自变量为正整数n的特殊函数$x_n=f(n)$,所以我们把数列的极限问题推广到一般的函数上,便得到一般函数的极限问题,这就是本节所要研究的主要内容.

函数的极限实质上就是研究在自变量的某种变化趋势下相应的函数值的变化趋势,所以函数值的变化趋势是由自变量的变化趋势所决定的.自变量的变化趋势一般可分两种情形:①自变量的绝对值$|x|$无限增大即x趋向于无穷大(记作$x\to\infty$);②自变量x任意接近于一个常数x_0或者说趋近于有限值x_0(记作$x\to x_0$).下面我们分别就这两种情形来讨论函数的极限.

1.3.1 自变量趋于无穷大时函数的极限

与数列极限的意义类似,对于函数$y=f(x)$,如果当自变量x趋向于无穷大时,对应的函数值无限接近于某个确定的常数,那么这个确定的常数就叫做函数$f(x)$在自变量x趋于无穷大时的极限,其精确的定义如下.

定义1 设函数$f(x)$在$|x|>M(M>0)$时有定义,A为一常数.如果对于任意给定的正数ε,总存在正数$X(X\geqslant M)$,使得对于适合$|x|>X$的一切x,恒有不等式

$$|f(x)-A|<\varepsilon$$

成立,则称常数A为函数$f(x)$在$x\to\infty$时的极限,记作

$$\lim_{x\to\infty}f(x)=A \text{ 或 } f(x)\to A(x\to\infty).$$

如果$x>0$且趋向于无穷大(记作$x\to+\infty$),那么只要把上面定义中的"$|x|>X$"改为"$x>X$",便得到$\lim\limits_{x\to+\infty}f(x)=A$的定义.同样,如果$x<0$且$|x|$无限增大(记作$x\to-\infty$),那么只要把"$|x|>X$"改为"$x<-X$",便得到$\lim\limits_{x\to-\infty}f(x)=A$的定义.

命题 $\lim\limits_{x\to\infty}f(x)=A$的充分必要条件是$\lim\limits_{x\to+\infty}f(x)=\lim\limits_{x\to-\infty}f(x)=A$.证明略.

例如,由于$\lim\limits_{x\to+\infty}\arctan x=\dfrac{\pi}{2}$,$\lim\limits_{x\to-\infty}\arctan x=-\dfrac{\pi}{2}$,$\lim\limits_{x\to+\infty}\arctan x\neq\lim\limits_{x\to-\infty}\arctan x$,故$\lim\limits_{x\to\infty}\arctan x$不存在.

函数极限$\lim\limits_{x\to\infty}f(x)=A$的定义可简单表述为:

$\lim\limits_{x\to\infty}f(x)=A\Leftrightarrow\forall\varepsilon>0$,存在正数$X$,当$|x|>X$时,有$|f(x)-A|<\varepsilon$.

$\lim\limits_{x\to\infty}f(x)=A$ 的几何解释如下：对于任意给定的正数 ε，作直线 $y=A+\varepsilon$ 和 $y=A-\varepsilon$ 得一带形区域，不论这一带形区域多么窄，总存在正数 X，使得只要 x 落入区间 $(-\infty,-X)$ 和 $(X,+\infty)$ 时，所对应的函数 $y=f(x)$ 的图形就都落在这两条直线 $y=A+\varepsilon$ 和 $y=A-\varepsilon$ 之间(见图 1.9).

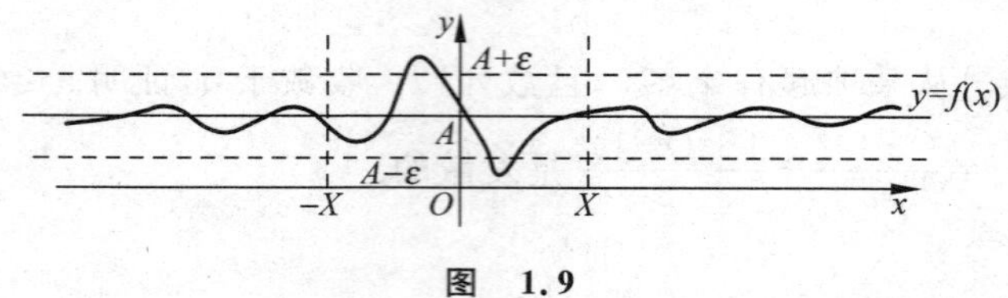

图 1.9

例 1 证明 $\lim\limits_{x\to\infty}\dfrac{\sin x}{x}=0$.

证 由于 $|f(x)-0|=\left|\dfrac{\sin x}{x}-0\right|=\left|\dfrac{\sin x}{x}\right|\leqslant\dfrac{1}{|x|}$，对于任意给定的正数 ε，要使 $\left|\dfrac{\sin x}{x}-0\right|<\varepsilon$，只需 $\dfrac{1}{|x|}<\varepsilon$，即 $|x|>\dfrac{1}{\varepsilon}$，故取 $X=\dfrac{1}{\varepsilon}$，当 $|x|>X$ 时，恒有不等式

$$\left|\frac{\sin x}{x}-0\right|<\varepsilon$$

成立，故 $\lim\limits_{x\to\infty}\dfrac{\sin x}{x}=0$.

一般地，如果 $\lim\limits_{x\to\infty}f(x)=c$，则称直线 $y=c$ 是函数 $y=f(x)$ 图形的水平渐近线.

1.3.2 自变量趋于有限值时函数的极限

在自变量 $x\to x_0$ 的过程中，对应的函数值 $f(x)$ 无限接近于常数 A，就是 $|f(x)-A|$ 能任意小. 正如数列极限概念中那样，$|f(x)-A|$ 能任意小这件事可以用 $|f(x)-A|<\varepsilon$(ε 是任意给定的正数)来描述，因为函数值 $f(x)$ 无限接近于 A 是在 $x\to x_0$ 的过程中实现的，所以对于任意给定的正数 ε，要求充分接近 x_0 的 x 所对应的函数值 $f(x)$ 满足不等式 $|f(x)-A|<\varepsilon$；而充分接近 x_0 的 x 可表达为 $0<|x-x_0|<\delta(\delta>0)$，其中 δ 体现了 x 接近 x_0 的程度.

基于以上分析，我们给出当 $x\to x_0$ 时函数极限的定义.

定义 2 设函数 $f(x)$ 在 x_0 的某去心邻域内有定义，A 为一常数. 如果对于任意给定的正数 ε(无论它多么小)，总存在正数 δ，使得对于满足不等式 $0<|x-x_0|<\delta$ 的一切 x，恒有不等式

$$|f(x)-A|<\varepsilon$$

成立，则称常数 A 是函数 $f(x)$ 在 $x\to x_0$ 时的极限，记作

$$\lim_{x\to x_0}f(x)=A \text{ 或 } f(x)\to A(x\to x_0).$$

在定义中，不等式 $0<|x-x_0|<\delta$ 表示自变量 x 与 x_0 很接近，但 $x\neq x_0$. 所以当 $x\to x_0$ 时函数 $f(x)$ 是否有极限与函数 $f(x)$ 在点 x_0 处是否有定义无关.

函数极限 $\lim\limits_{x\to x_0}f(x)=A$ 的定义可简单表述为：

$\lim\limits_{x\to x_0}f(x)=A\Leftrightarrow\forall\,\varepsilon>0$，存在 $\delta>0$，当 $0<|x-x_0|<\delta$ 时，有 $|f(x)-A|<\varepsilon$.

从几何上来说，$\lim\limits_{x\to x_0}f(x)=A$ 的几何解释是：对于任意给定的正数 ε，作直线 $y=A+\varepsilon$ 和 $y=A-\varepsilon$ 得一带形区域，不论这一带形区域多么窄，总存在点 x_0 的某去心 δ 邻域，使得只要当 x 落入该邻域内时，其所对应的函数 $y=f(x)$ 的图形就落在这两直线 $y=A+\varepsilon$ 和 $y=A-\varepsilon$ 之间(见图 1.10).

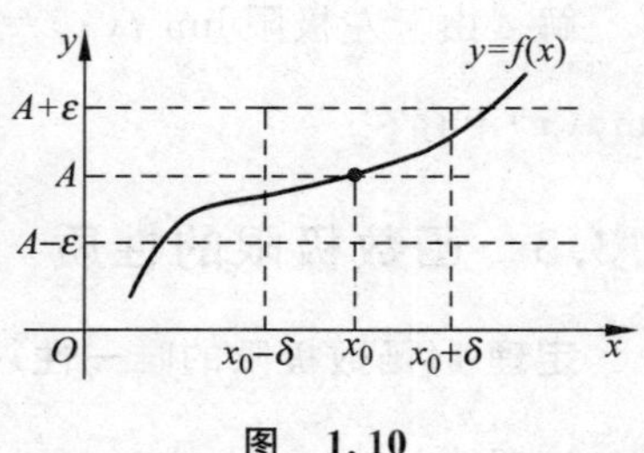

图　1.10

例 2　证明 $\lim\limits_{x\to x_0}c=c$，其中 c 为一常数.

证　由于 $|f(x)-A|=|c-c|=0$，因此对于任意给定的正数 ε，可任取一正数 δ，当 $0<|x-x_0|<\delta$ 时，恒有不等式

$$|f(x)-A|=0<\varepsilon$$

成立，所以 $\lim\limits_{x\to x_0}c=c$.

例 3　证明 $\lim\limits_{x\to 2}\dfrac{x^2-4}{x-2}=4$.

证　由于 $|f(x)-A|=\left|\dfrac{x^2-4}{x-2}-4\right|=|(x+2)-4|=|x-2|$，对于任意给定的正数 ε，要使 $\left|\dfrac{x^2-4}{x-2}-4\right|<\varepsilon$，只需 $|x-2|<\varepsilon$，故取 $\delta=\varepsilon$，则当 $0<|x-2|<\delta$ 时，恒有不等式

$$\left|\frac{x^2-4}{x-2}-4\right|<\varepsilon$$

成立，所以 $\lim\limits_{x\to 2}\dfrac{x^2-4}{x-2}=4$.

在上述极限讨论中，自变量 x 是从 x_0 的左右两侧趋近于 x_0，但有时自变量只能或只需考虑 x 从 x_0 的一侧趋近于 x_0 的情形，这便是单侧极限(左极限和右极限)的概念.

如果 $x<x_0$ 且 x 趋近于 x_0(记作 $x\to x_0^-$)时，函数 $f(x)\to A$，则称常数 A 是函数 $f(x)$ 在 $x\to x_0$ 时的左极限，记作 $\lim\limits_{x\to x_0^-}f(x)=A$ 或 $f(x_0^-)=A$.

类似地，如果当 $x>x_0$ 且 x 趋近于 x_0(记作 $x\to x_0^+$)时，函数 $f(x)\to A$，则称常数 A 是函数 $f(x)$ 在 $x\to x_0$ 时的右极限，记作 $\lim\limits_{x\to x_0^+}f(x)=A$ 或 $f(x_0^+)=A$.

函数左极限 $\lim\limits_{x\to x_0^-}f(x)=A$ 与右极限 $\lim\limits_{x\to x_0^+}f(x)=A$ 的定义可简单表述为：

$\lim\limits_{x\to x_0^-}f(x)=A\Leftrightarrow\forall\varepsilon>0$，存在 $\delta>0$，当 $x_0-\delta<x<x_0$ 时，有 $|f(x)-A|<\varepsilon$.

$\lim\limits_{x\to x_0^+}f(x)=A\Leftrightarrow\forall\varepsilon>0$，存在 $\delta>0$，当 $x_0<x<x_0+\delta$ 时，有 $|f(x)-A|<\varepsilon$.

命题　$\lim\limits_{x\to x_0}f(x)=A$ 的充分必要条件是 $\lim\limits_{x\to x_0^-}f(x)=\lim\limits_{x\to x_0^+}f(x)=A$. 证明略.

例 4　给定函数

$$f(x)=\begin{cases}x-2, & x<0,\\ 0, & x=0,\\ x+5, & x>0.\end{cases}$$

讨论当 $x\to 0$ 时，函数 $f(x)$ 的极限是否存在.

解 由于左极限 $\lim\limits_{x\to0^-}f(x)=\lim\limits_{x\to0^-}(x-2)=-2$，右极限 $\lim\limits_{x\to0^+}f(x)=\lim\limits_{x\to0^+}(x+5)=5$. 所以 $\lim\limits_{x\to0}f(x)$ 不存在.

1.3.3 函数极限的性质

定理1(函数极限的唯一性) 如果极限 $\lim\limits_{x\to x_0}f(x)$ 存在，那么其极限唯一.

证明略.

定理2(函数极限的局部有界性) 如果 $f(x)\to A(x\to x_0)$，那么存在常数 $M>0$ 和 $\delta>0$，使得当 $0<|x-x_0|<\delta$ 时，有 $|f(x)|\leqslant M$.

证 因为 $f(x)\to A(x\to x_0)$，所以对于 $\varepsilon=1$，存在 $\delta>0$，当 $0<|x-x_0|<\delta$ 时，有不等式

$$|f(x)-A|<\varepsilon=1,$$

于是

$$|f(x)|=|f(x)-A+A|\leqslant|f(x)-A|+|A|<1+|A|.$$

故函数 $f(x)$ 在 x_0 的去心邻域 $\{x\,|\,0<|x-x_0|<\delta\}$ 内有界.

定理3(函数极限的局部保号性) 如果 $f(x)\to A(x\to x_0)$，而且 $A>0$(或 $A<0$)，那么存在正数 $\delta>0$，使得当 $0<|x-x_0|<\delta$ 时，有 $f(x)>0$(或 $f(x)<0$).

证 仅证明 $A>0$ 的情形.

因为 $\lim\limits_{x\to x_0}f(x)=A$，所以对于 $\varepsilon=\dfrac{A}{2}>0$，存在 $\delta>0$，当 $0<|x-x_0|<\delta$ 时，有不等式

$$|f(x)-A|<\varepsilon=\frac{A}{2},$$

从而

$$f(x)>\frac{A}{2}>0.$$

推论 如果在 x_0 的某一去心邻域内 $f(x)\geqslant0$(或 $f(x)\leqslant0$)，而且 $f(x)\to A(x\to x_0)$，那么 $A\geqslant0$(或 $A\leqslant0$).

证 仅证明 $f(x)\geqslant0$ 的情形. 假设上述论断不成立，即设 $A<0$，那么由定理3可知，存在 x_0 的某一去心邻域，在该邻域内 $f(x)<0$，这与 $f(x)\geqslant0$ 的假定矛盾，所以 $A\geqslant0$.

定理4(函数极限与数列极限的关系) 如果 $f(x)\to A(x\to x_0)$，$\{x_n\}$ 为函数 $f(x)$ 的定义域内任一收敛于 x_0 的数列，且 $x_n\neq x_0(n\in\mathbb{N}^+)$，那么函数值数列 $\{f(x_n)\}$ 必收敛，且 $f(x_n)\to A(n\to\infty)$.

证 设 $\lim\limits_{x\to x_0}f(x)=A$，则 $\forall\,\varepsilon>0$，$\exists\,\delta>0$，当 $0<|x-x_0|<\delta$ 时，有 $|f(x)-A|<\varepsilon$.

又因 $\lim\limits_{n\to\infty}x_n=x_0$，故对上述 $\delta>0$，存在正整数 N，当 $n>N$ 时，有 $|x_n-x_0|<\delta$.

由假设 $x_n\neq x_0\ (n\in\mathbb{N}^+)$，故当 $n>N$ 时，有不等式 $0<|x_n-x_0|<\delta$ 成立，从而 $|f(x_n)-A|<\varepsilon$，即 $\lim\limits_{n\to\infty}f(x_n)=A$.

本定理常常用来判断函数在某点处的极限不存在.

例 5 证明$\lim\limits_{x\to 0}\sin\frac{1}{x}$不存在.

证 取数列

$$x'_n=\frac{1}{2n\pi}\to 0(n\to\infty),$$

$$x''_n=\frac{1}{2n\pi+\frac{\pi}{2}}\to 0(n\to\infty).$$

显然

$$\lim_{n\to\infty}\sin\frac{1}{x'_n}=\lim_{n\to\infty}\sin 2n\pi=\lim_{n\to\infty}0=0,$$

$$\lim_{n\to\infty}\sin\frac{1}{x''_n}=\lim_{n\to\infty}\sin\left(2n\pi+\frac{\pi}{2}\right)=\lim_{n\to\infty}1=1,$$

所以,根据定理 4 知,$\lim\limits_{x\to 0}\sin\frac{1}{x}$不存在.

习 题 1.3

1. 根据函数极限的定义证明:

(1) $\lim\limits_{x\to 3}(3x-1)=8$; (2) $\lim\limits_{x\to 2}(5x+2)=12$;

(3) $\lim\limits_{x\to -2}\frac{x^2-4}{x+2}=-4$; (4) $\lim\limits_{x\to -\frac{1}{2}}\frac{1-4x^3}{2x+1}=2$.

2. 当 $x\to 2$ 时,$y=x^2\to 4$. 问 δ 等于多少,使当$|x-2|<\delta$时,$|y-4|<0.001$?

3. 设函数 $f(x)=\frac{|x-2|}{x-2}$,求$\lim\limits_{x\to 2^-}f(x)$,$\lim\limits_{x\to 2^+}f(x)$,$\lim\limits_{x\to 2}f(x)$.

4. 设函数 $f(x)=\begin{cases}x^2, & x\geqslant 3,\\ -ax, & x<3,\end{cases}$ 试回答下列问题:

(1) 求$\lim\limits_{x\to 3^-}f(x)$,$\lim\limits_{x\to 3^+}f(x)$;

(2) 若$\lim\limits_{x\to 3}f(x)$存在,a 应取何值.

5. 根据函数极限的定义证明:

$\lim\limits_{x\to\infty}\frac{x^3+1}{2x^3}=\frac{1}{2}$.

6. 设$\lim\limits_{x\to x_0}f(x)=a$,证明$\lim\limits_{x\to x_0}|f(x)|=|a|$. 举例说明反之不成立.

7. 根据极限的定义证明:$\lim\limits_{x\to\infty}f(x)=A$ 的充分必要条件是

$$\lim_{x\to+\infty}f(x)=A,\quad \lim_{x\to-\infty}f(x)=A.$$

8. 根据极限的定义证明:函数 $f(x)$当 $x\to x_0$ 时极限存在的充分必要条件是 $f(x)$在 x_0 处的左极限、右极限存在并且相等.

9. 如果$\lim\limits_{x\to x_0}f(x)=A\neq 0$,证明存在 x_0 的某去心邻域$\mathring{U}(x_0)$,当 $x\in\mathring{U}(x_0)$时,有 $|f(x)|>\frac{|A|}{2}$.

1.4 无穷小量与无穷大量

1.4.1 无穷小量

如果函数 $f(x)$ 在 $x\to x_0$（或 $x\to\infty$）时的极限为零，则称函数 $f(x)$ 为 $x\to x_0$（或 $x\to\infty$）时的无穷小量，简称无穷小. 因此只要在函数极限的定义中，令常数 $A=0$，便得到无穷小的精确定义.

定义 1 如果对于任意给定的正数 ε（不论它多么小），总存在正数 δ（或正数 X），使得对于满足不等式 $0<|x-x_0|<\delta$（或 $|x|>X$）的一切 x，恒有不等式

$$|f(x)|<\varepsilon$$

成立，则称函数 $f(x)$ 是 $x\to x_0$（或 $x\to\infty$）时的无穷小量.

应该注意，无穷小量是以零为极限的变量，不能把它和很小的数（例如百万分之一）混为一谈，除零以外的任何常数都不是无穷小量，并且无穷小量还与自变量的某一变化过程有关系. 否则，空谈某个变量是无穷小量是没有意义的.

函数 $f(x)$ 是 $x\to x_0$ 的无穷小量可简单描述为：

$\lim\limits_{x\to x_0}f(x)=0\Leftrightarrow\forall\varepsilon>0$，存在 $\delta>0$，当 $0<|x-x_0|<\delta$ 时，有 $|f(x)|<\varepsilon$.

特别地，以零为极限的数列 $\{x_n\}$ 是 $n\to\infty$ 时的无穷小量.

例如，因为 $\lim\limits_{x\to\infty}\dfrac{1}{x^2}=0$，所以函数 $\dfrac{1}{x^2}$ 是 $x\to\infty$ 时的无穷小量；因为 $\lim\limits_{x\to1}(x-1)=0$，所以函数 $x-1$ 是 $x\to1$ 时的无穷小量；因为 $\lim\limits_{n\to\infty}\dfrac{1}{n+1}=0$，所以数列 $\left\{\dfrac{1}{n+1}\right\}$ 是 $n\to\infty$ 时的无穷小量.

定理 1 在自变量的同一变化过程 $x\to x_0$（或 $x\to\infty$）中，函数 $f(x)$ 极限等于 A 的充分必要条件是 $f(x)=A+\alpha$，其中 α 是无穷小量.

证 仅证明当 $x\to x_0$ 时的情形.

(1) 必要性

设 $\lim\limits_{x\to x_0}f(x)=A$，则 $\forall\varepsilon>0$，$\exists\delta>0$，当 $0<|x-x_0|<\delta$ 时，有

$$|f(x)-A|<\varepsilon.$$

令 $\alpha=f(x)-A$，则 α 是 $x\to x_0$ 时的无穷小量，且

$$f(x)=A+\alpha,$$

故函数 $f(x)$ 等于它的极限 A 与一个无穷小量 α 之和.

(2) 充分性

设 $f(x)=A+\alpha$，其中 A 是常数，于是

$$|f(x)-A|=|\alpha|.$$

因为 α 是 $x\to x_0$ 时的无穷小量，则 $\forall\varepsilon>0$，$\exists\delta>0$，使得当 $0<|x-x_0|<\delta$，有

$$|f(x)-A|=|\alpha|<\varepsilon,$$

故常数 A 是 $f(x)$ 在 $x\to x_0$ 时的极限.

类似地可以证明当 $x\to\infty$ 时的情形.

1.4.2 无穷大量

如果当 $x\to x_0$(或 $x\to\infty$)时,对应的函数值的绝对值 $|f(x)|$ 无限增大,则称函数 $f(x)$ 是 $x\to x_0$(或 $x\to\infty$)时的无穷大量,简称无穷大.

定义 2 如果对于任意给定的正数 M(不论它多么大),总存在正数 δ(或正数 X),使得对于适合不等式 $0<|x-x_0|<\delta$(或 $|x|>X$)的一切 x,恒有不等式

$$|f(x)|>M$$

成立,则称函数 $f(x)$ 是 $x\to x_0$(或 $x\to\infty$)时的无穷大量.

应该注意,无穷大量是一个变量,不能把它与很大很大的常数(如一千万、一亿等)混为一谈,任何常数都不是无穷大量,并且无穷大量还与自变量的某一变化过程有关系.否则,空谈某个变量是无穷大量是没有意义的.

例如,函数 $\dfrac{1}{x-1}$ 是 $x\to1$ 时的无穷大量.

根据函数极限的定义,如果 $f(x)$ 是当 $x\to x_0$(或 $x\to\infty$)时的无穷大量,则函数 $f(x)$ 在 $x\to x_0$(或 $x\to\infty$)时的极限是不存在的,但为了讨论方便,我们通常也说"函数 $f(x)$ 的极限是无穷大",并记作

$$\lim_{x\to x_0}f(x)=\infty(\text{或}\lim_{x\to\infty}f(x)=\infty).$$

类似地,可定义正无穷大量和负无穷大量.

在无穷大的定义中,如果把"$|f(x)|>M$"换成"$f(x)>M$",则称函数 $f(x)$ 是 $x\to x_0$(或 $x\to\infty$)时的正无穷大量,并记作 $\lim\limits_{x\to x_0}f(x)=+\infty$(或 $\lim\limits_{x\to\infty}f(x)=+\infty$).

在无穷大的定义中,如果把"$|f(x)|>M$"换成"$f(x)<-M$",则称函数 $f(x)$ 是 $x\to x_0$(或 $x\to\infty$)时的负无穷大量,并记作 $\lim\limits_{x\to x_0}f(x)=-\infty$(或 $\lim\limits_{x\to\infty}f(x)=-\infty$).

无穷大量 $\lim\limits_{x\to x_0}f(x)=\infty$ 与 $\lim\limits_{x\to\infty}f(x)=\infty$ 的定义可简单描述为:

$\lim\limits_{x\to x_0}f(x)=\infty\Leftrightarrow\forall M>0$,存在 $\delta>0$,当 $0<|x-x_0|<\delta$ 时,有 $|f(x)|>M$.

$\lim\limits_{x\to\infty}f(x)=\infty\Leftrightarrow\forall M>0$,存在 $X>0$,当 $|x|>X$ 时,有 $|f(x)|>M$.

例 1 证明 $\lim\limits_{x\to3}\dfrac{1}{x-3}=\infty$.

证 对于任意给定的正数 M,要使 $\left|\dfrac{1}{x-3}\right|>M$,只要 $|x-3|<\dfrac{1}{M}$,取 $\delta=\dfrac{1}{M}$,则对于适合不等式 $0<|x-3|<\delta=\dfrac{1}{M}$ 的一切 x,恒有不等式 $\left|\dfrac{1}{x-3}\right|>M$ 成立,所以 $\lim\limits_{x\to3}\dfrac{1}{x-3}=\infty$.

直线 $x=3$ 是函数 $y=\dfrac{1}{x-3}$ 图形的铅直渐近线.

一般来说,如果 $\lim\limits_{x\to x_0}f(x)=\infty$,则称直线 $x=x_0$ 是函数 $y=f(x)$ 图形的铅直渐近线.

定理 2(无穷大与无穷小之间的关系) 在自变量的同一变化过程中,如果 $f(x)$ 为无穷大量,则 $\dfrac{1}{f(x)}$ 为无穷小量;反之,如果 $f(x)$ 为无穷小量,且 $f(x)\neq0$,则 $\dfrac{1}{f(x)}$ 为无穷大量.

证 下面仅证明当 $x\to x_0$ 时的情形.

设 $\lim\limits_{x\to x_0}f(x)=\infty$,任意给定的 $\varepsilon>0$,根据无穷大量的定义,对于 $M=\dfrac{1}{\varepsilon}>0$,总存在正数

δ,当 $0<|x-x_0|<\delta$ 时,有 $|f(x)|>M=\frac{1}{\varepsilon}$,即 $\left|\frac{1}{f(x)}\right|<\varepsilon$,所以函数 $\frac{1}{f(x)}$ 是 $x\to x_0$ 时的无穷小量.

反之,设 $\lim\limits_{x\to x_0}f(x)=0$,且 $f(x)\neq0$,任意给定 $M>0$,根据无穷小量的定义,对于正数 $\varepsilon=\frac{1}{M}$,总存在 $\delta>0$,当 $0<|x-x_0|<\delta$ 时,有 $|f(x)|<\varepsilon=\frac{1}{M}$. 由于 $f(x)\neq0$,从而 $\left|\frac{1}{f(x)}\right|>M$,所以函数 $\frac{1}{f(x)}$ 是 $x\to x_0$ 时的无穷大量.

类似地,可以证明当 $x\to\infty$ 时的情形.

习 题 1.4

1. 请举例说明下述结论不正确:

(1) 无界函数必是无穷大量; (2) 两个无穷小量的商仍是无穷小量;

(3) 两个无穷大量的和仍为无穷大量; (4) 有界函数与无穷大量的积仍是无穷大量.

2. 根据无穷小定义证明:

(1) 函数 $y=\frac{x^2-9}{x+3}$ 是当 $x\to3$ 时的无穷小量;

(2) 函数 $y=x^2\sin\frac{1}{x}$ 是当 $x\to0$ 时的无穷小量.

3. 根据函数极限定义和无穷大定义,填写表 1.1.

表 1.1

	$f(x)\to A$	$f(x)\to\infty$	$f(x)\to-\infty$	$f(x)\to+\infty$
$x\to x_0$	$\forall\varepsilon>0$, $\exists\delta>0$, 当 $0<|x-x_0|<\delta$ 时, 恒有 $|f(x)-A|<\varepsilon$			
$x\to x_0^+$				
$x\to x_0^-$				
$x\to\infty$		$\forall M>0$, $\exists X>0$, 当 $|x|>X$ 时, 恒有 $|f(x)|>M$		
$x\to+\infty$				
$x\to-\infty$				

4. 函数 $y=x\cos x$ 在 $(-\infty,+\infty)$ 内是否有界? 这个函数是否为当 $x\to+\infty$ 时的无穷大量? 为什么?

1.5 极限的运算法则

前面介绍了函数极限的概念,但是利用函数极限的定义来求极限并非易事,因此,有必要进一步讨论求极限的方法. 本节将给出求数列极限和函数极限的四则运算法则,通过运用这些四则运算法则,可以求出很多比较复杂函数的极限问题.

在下面的讨论中,记号 lim 代表$\lim\limits_{x\to x_0}$或$\lim\limits_{x\to\infty}$两种情况. 证明时,我们仅证明 $x\to x_0$ 的情形,而 $x\to\infty$的情形可以类似证明.

定理 1 有限个无穷小的和是无穷小.

证 仅考虑两个无穷小和的情形.

设 α 及β 均为$x\to x_0$ 时的无穷小,且 $\gamma=\alpha+\beta$. 对于任意的 $\varepsilon>0$,因为 α 是 $x\to x_0$ 时的无穷小,对于$\frac{\varepsilon}{2}>0$,存在 $\delta_1>0$,当 $0<|x-x_0|<\delta_1$ 时,有不等式

$$|\alpha|<\frac{\varepsilon}{2}$$

成立.

因为 β 是当 $x\to x_0$ 时的无穷小,对于$\frac{\varepsilon}{2}>0$,存在 $\delta_2>0$,当 $0<|x-x_0|<\delta_2$ 时,有不等式

$$|\beta|<\frac{\varepsilon}{2}$$

成立. 取 $\delta=\min\{\delta_1,\delta_2\}$,则当 $0<|x-x_0|<\delta$ 时,有不等式

$$|\alpha|<\frac{\varepsilon}{2} \text{ 及 } |\beta|<\frac{\varepsilon}{2}$$

同时成立,从而$|\gamma|=|\alpha+\beta|\leqslant|\alpha|+|\beta|=\frac{\varepsilon}{2}+\frac{\varepsilon}{2}=\varepsilon$,故 γ 也是 $x\to x_0$ 时的无穷小.

类似地可以证明其他情形.

定理 2 有界函数与无穷小的乘积是无穷小.

证 设函数 u 在 x_0 的某一去心邻域内有界,即 $\exists M>0$,当 $0<|x-x_0|<\delta_1$ 时,有 $|u|\leqslant M$.

又因 α 是当 $x\to x_0$ 时的无穷小,即 $\forall\varepsilon>0$,存在 $\delta_2>0$,当 $0<|x-x_0|<\delta_2$ 时,有 $|\alpha|<\frac{\varepsilon}{M}$.

取 $\delta=\min\{\delta_1,\delta_2\}$,则当 $0<|x-x_0|<\delta$ 时,有

$$|u\alpha|<M\cdot\frac{\varepsilon}{M}=\varepsilon,$$

故 $u\alpha$ 也是无穷小.

例如,当 $x\to\infty$时,函数$\frac{1}{x}$是无穷小量,函数 $\arctan x$ 是有界函数,所以$\frac{1}{x}\arctan x$ 也是无穷小量.

推论 1 常数与无穷小的乘积是无穷小.

推论 2 有限个无穷小的乘积也是无穷小.

定理 3(函数极限的四则运算法则) 设 $\lim f(x)=A,\lim g(x)=B$,则有

法则Ⅰ $\lim[f(x)\pm g(x)]=\lim f(x)\pm\lim g(x)=A\pm B$.

法则Ⅱ $\lim[f(x)\cdot g(x)]=\lim f(x)\cdot\lim g(x)=A\cdot B$.

特别地：

(1) $\lim[kf(x)]=k\lim f(x)=kA$（$k$ 为常数）；

(2) $\lim[f(x)]^n=[\lim f(x)]^n=A^n$（$n$ 为正整数）.

法则Ⅲ $\lim\dfrac{f(x)}{g(x)}=\dfrac{\lim f(x)}{\lim g(x)}=\dfrac{A}{B}(B\neq 0)$.

其中，法则Ⅰ和法则Ⅱ均可推广到有限多个函数的情形. 例如，如果 $\lim f(x)$，$\lim g(x)$，$\lim h(x)$都存在，则有

$$\lim[f(x)+g(x)-h(x)]=\lim f(x)+\lim g(x)-\lim h(x),$$

$$\lim[f(x)\cdot g(x)\cdot h(x)]=\lim f(x)\cdot\lim g(x)\cdot\lim h(x).$$

下面仅证明法则Ⅰ和法则Ⅱ，法则Ⅲ读者可自证.

证 法则Ⅰ的证明如下.

因 $\lim f(x)=A$，$\lim g(x)=B$，由无穷小量与收敛函数的关系，有

$$f(x)=A+\alpha,\quad g(x)=B+\beta,$$

其中，α 和 β 是与 $f(x)$和 $g(x)$同一变化过程的无穷小量. 于是有

$$f(x)\pm g(x)=(A+\alpha)\pm(B+\beta)=(A\pm B)+(\alpha\pm\beta).$$

因为 $\alpha\pm\beta$ 是无穷小量，所以得

$$\lim[f(x)\pm g(x)]=A\pm B=\lim f(x)\pm\lim g(x).$$

法则Ⅱ的证明如下.

因 $\lim f(x)=A$，$\lim g(x)=B$，由无穷小量与收敛函数的关系，有

$$f(x)=A+\alpha,\quad g(x)=B+\beta,$$

其中，α 和 β 是与 $f(x)$和 $g(x)$同一变化过程的无穷小量. 于是有

$$f(x)\cdot g(x)=(A+\alpha)\cdot(B+\beta)=A\cdot B+(A\beta+B\alpha+\alpha\beta).$$

因为 $A\beta+B\alpha+\alpha\beta$ 是无穷小量，所以得

$$\lim[f(x)\cdot g(x)]=A\cdot B=\lim f(x)\cdot\lim g(x).$$

关于数列，也有类似的四则运算法则，这就是下面的定理.

定理 4 给定数列$\{x_n\}$和$\{y_n\}$，如果$\lim\limits_{n\to\infty}x_n=a$，$\lim\limits_{n\to\infty}y_n=b$，那么

(1) $\lim\limits_{n\to\infty}(x_n\pm y_n)=a\pm b$；

(2) $\lim\limits_{n\to\infty}(x_n\cdot y_n)=a\cdot b$；

(3) 当 $y_n\neq 0(n=1,2,\cdots)$且 $b\neq 0$ 时，$\lim\limits_{n\to\infty}\dfrac{x_n}{y_n}=\dfrac{a}{b}$.

证明略.

定理 5 如果 $\varphi(x)\geqslant\psi(x)$，而 $\lim\varphi(x)=A$，$\lim\psi(x)=B$，那么 $A\geqslant B$.

证 令 $f(x)=\varphi(x)-\psi(x)$，则 $f(x)\geqslant 0$，且 $\lim f(x)=\lim\varphi-\lim\psi=A-B$，由函数极限局部保号性的推论，故 $A\geqslant B$.

例 1 设 $f(x)=a_0x^n+a_1x^{n-1}+\cdots+a_{n-1}x+a_n$，求$\lim\limits_{x\to x_0}f(x)$.

解
$$\begin{aligned}\lim_{x\to x_0}f(x)&=\lim_{x\to x_0}(a_0x^n+a_1x^{n-1}+\cdots+a_{n-1}x+a_n)\\&=a_0(\lim_{x\to x_0}x)^n+a_1(\lim_{x\to x_0}x)^{n-1}+\cdots+a_{n-1}(\lim_{x\to x_0}x)+\lim_{x\to x_0}a_n\\&=a_0x_0^n+a_1x_0^{n-1}+\cdots+a_{n-1}x_0+a_n=f(x_0).\end{aligned}$$

即有理整函数 $f(x)$ 在 x_0 处的极限等于函数 $f(x)$ 在 x_0 处的函数值 $f(x_0)$. 例如，$\lim\limits_{x\to 2}(x^3-3x^2+6)=2^3-3\times 2^2+6=2$.

例 2 求 $\lim\limits_{x\to 2}\dfrac{2x^2+1}{x^3-2x^2+3}$.

解 $\lim\limits_{x\to 2}\dfrac{2x^2+1}{x^3-2x^2+3}=\dfrac{\lim\limits_{x\to 2}(2x^2+1)}{\lim\limits_{x\to 2}(x^3-2x^2+3)}=\dfrac{2\lim\limits_{x\to 2}x^2+\lim\limits_{x\to 2}1}{\lim\limits_{x\to 2}x^3-2\lim\limits_{x\to 2}x^2+\lim\limits_{x\to 2}3}$

$$=\frac{2\,(\lim\limits_{x\to 2}x)^2+1}{(\lim\limits_{x\to 2}x)^3-2\,(\lim\limits_{x\to 2}x)^2+3}=\frac{2^3+1}{2^3-2^3+3}=\frac{9}{3}=3.$$

例 3 求 $\lim\limits_{x\to 4}\dfrac{x^2-16}{x-4}$.

解 $\lim\limits_{x\to 4}\dfrac{x^2-16}{x-4}=\lim\limits_{x\to 4}\dfrac{(x-4)(x+4)}{x-4}=\lim\limits_{x\to 4}(x+4)=\lim\limits_{x\to 4}x+\lim\limits_{x\to 4}4=8$.

例 4 求 $\lim\limits_{x\to 1}\dfrac{2x-3}{x^2-5x+4}$.

解 由于 $\lim\limits_{x\to 1}\dfrac{x^2-5x+4}{2x-3}=\dfrac{\lim\limits_{x\to 1}(x^2-5x+4)}{\lim\limits_{x\to 1}(2x-3)}=\dfrac{1^2-5\cdot 1+4}{2\cdot 1-3}=0$，根据无穷大量与无穷小量的关系，得

$$\lim_{x\to 1}\frac{2x-3}{x^2-5x+4}=\infty.$$

由例 2、例 3、例 4 可以总结出如下一般结论.

设有理分式函数

$$R(x)=\frac{P(x)}{Q(x)},$$

其中，$P(x)$，$Q(x)$ 都是有理函数，且 $\lim\limits_{x\to x_0}P(x)=P(x_0)$，$\lim\limits_{x\to x_0}Q(x)=Q(x_0)$.

(1) 如果 $Q(x_0)\neq 0$，则有

$$\lim_{x\to x_0}R(x)=\frac{\lim\limits_{x\to x_0}P(x)}{\lim\limits_{x\to x_0}Q(x)}=\frac{P(x_0)}{Q(x_0)}=R(x_0).$$

(2) 如果 $Q(x_0)=0$ 且 $P(x_0)\neq 0$，则有

$$\lim_{x\to x_0}\frac{1}{R(x)}=\frac{\lim\limits_{x\to x_0}Q(x)}{\lim\limits_{x\to x_0}P(x)}=\frac{Q(x_0)}{P(x_0)}=0,$$

根据无穷小量和无穷大量的关系，知 $\lim\limits_{x\to x_0}R(x)=\dfrac{\lim\limits_{x\to x_0}P(x)}{\lim\limits_{x\to x_0}Q(x)}=\infty$.

(3) 如果 $Q(x_0)=0$ 且 $P(x_0)=0$，先将分子分母中的公因式 $x-x_0$ 约去后再求极限.

例 5 求 $\lim\limits_{x\to\infty}\dfrac{4x^3-5x^2+1}{3x^3+4x^2+2}$.

解 先用 x^3 去除分子及分母，然后再取极限，得

$$\lim_{x\to\infty}\frac{4x^3-5x^2+1}{3x^3+4x^2+2}=\lim_{x\to\infty}\frac{4-\dfrac{5}{x}+\dfrac{1}{x^3}}{3+\dfrac{4}{x}+\dfrac{2}{x^3}}=\frac{4}{3}.$$

例 6 求$\lim\limits_{x\to\infty}\dfrac{2x^2+7x-3}{4x^3+x^2-6}$.

解 先用 x^3 去除分子及分母,然后再取极限,得

$$\lim_{x\to\infty}\frac{2x^2+7x-3}{4x^3+x^2-6}=\lim_{x\to\infty}\frac{\dfrac{2}{x}+\dfrac{7}{x^2}-\dfrac{3}{x^3}}{4+\dfrac{1}{x}-\dfrac{6}{x^3}}=\frac{0}{4}=0.$$

例 7 求$\lim\limits_{x\to\infty}\dfrac{4x^3+x^2-6}{2x^2+7x-3}$.

解 因为$\lim\limits_{x\to\infty}\dfrac{2x^2+7x-3}{4x^3+x^2-6}=0$,根据无穷小量和无穷大量的关系,得

$$\lim_{x\to\infty}\frac{4x^3+x^2-6}{2x^2+7x-3}=\infty.$$

例 5、例 6、例 7 是下列一般情况的特例.即当 $a_0\neq 0,b_0\neq 0,m,n$ 为非负整数时,有如下结论:

$$\lim_{x\to\infty}\frac{a_0x^n+a_1x^{n-1}+\cdots+a_n}{b_0x^m+b_1x^{m-1}+\cdots+b_m}=\begin{cases}0, & n<m,\\ \dfrac{a_0}{b_0}, & n=m,\\ \infty, & n>m.\end{cases}$$

例 8 求$\lim\limits_{x\to\infty}\dfrac{\sin x}{x^2}$.

解 由于当 $x\to\infty$时,分子及分母的极限都不存在,故不能应用极限运算法则中商的运算法则.

注意到当 $x\to\infty$时,函数$\dfrac{1}{x^2}$是无穷小量,$\sin x$ 是有界函数,根据无穷小量与有界函数的乘积是无穷小量,故$\lim\limits_{x\to\infty}\dfrac{\sin x}{x^2}=0$.

下面我们给出求复合函数极限的运算法则.

定理 6(复合函数的极限运算法则) 设函数 $y=f[g(x)]$是由函数 $u=g(x)$与函数 $y=f(u)$复合而成,复合函数 $y=f[g(x)]$在 x_0 的某去心邻域内有定义,如果$\lim\limits_{x\to x_0}g(x)=u_0$,$\lim\limits_{u\to u_0}f(u)=A$,且存在 $\delta_0>0$,当 $x\in\mathring{U}(x_0,\delta_0)$时,有 $g(x)\neq u_0$,则$\lim\limits_{x\to x_0}f[g(x)]=\lim\limits_{u\to u_0}f(u)=A$.

证 根据函数极限的定义,由于$\lim\limits_{u\to u_0}f(u)=A$,则$\forall\varepsilon>0$,$\exists\eta>0$,当 $0<|u-u_0|<\eta$ 时,有$|f(u)-A|<\varepsilon$ 成立.

又由于$\lim\limits_{x\to x_0}g(x)=u_0$,对于上述的 $\eta>0$,$\exists\delta_1>0$,当 $0<|x-x_0|<\delta_1$ 时,有$|g(x)-u_0|<\eta$ 成立.

取 $\delta=\min\{\delta_0,\delta_1\}$,则当 $0<|x-x_0|<\delta$ 时,有$|g(x)-u_0|<\eta$ 与$|g(x)-u_0|\neq 0$ 同时成立,即有 $0<|g(x)-u_0|<\eta$ 成立,从而有

$$|f[g(x)]-A|=|f(u)-A|<\varepsilon,$$

故$\lim\limits_{x\to x_0}f[g(x)]=\lim\limits_{u\to u_0}f(u)=A$.

定理 6 表明,如果函数 $g(x)$和 $f(x)$满足该定理的条件,则可作变量替换 $u=g(x)$,把求复合函数极限$\lim\limits_{x\to x_0}f[g(x)]$转化成求外层函数极限$\lim\limits_{u\to u_0}f(u)$的问题,其中 $u_0=\lim\limits_{x\to x_0}g(x)$.

例 9 求$\lim\limits_{x\to 2}\ln(x^2+2x-4)$.

解 函数 $y=\ln(x^2+2x-4)$可看作由函数 $y=\ln u$ 与 $u=x^2+2x-4$ 复合而成,并且函数 $y=\ln u$ 与 $u=x^2+2x-4$ 满足定理 6 的条件,而$\lim\limits_{x\to 2}(x^2+2x-4)=4$,故$\lim\limits_{x\to 2}\ln(x^2+2x-4)=\lim\limits_{u\to 4}\ln u=\ln 4$.

习 题 1.5

1. 计算下列极限:

(1) $\lim\limits_{x\to 2}\dfrac{x^2-4x+1}{2x+3}$; (2) $\lim\limits_{x\to 1}\dfrac{x^2-2x+1}{x^2-1}$; (3) $\lim\limits_{h\to 0}\dfrac{(x+h)^2-x^2}{h}$;

(4) $\lim\limits_{x\to 0}\dfrac{4x^3-2x^2+x}{3x^2+2x}$; (5) $\lim\limits_{x\to 1}\dfrac{x^m-1}{x^n-1}$; (6) $\lim\limits_{x\to 0}\dfrac{\sqrt{1+x}-\sqrt{1-x}}{x}$;

(7) $\lim\limits_{x\to 4}\dfrac{x^2-6x+8}{x^2-5x+4}$; (8) $\lim\limits_{x\to 1}\left(\dfrac{1}{1-x}-\dfrac{3}{1-x^3}\right)$; (9) $\lim\limits_{x\to\infty}\dfrac{x^2-1}{2x^2-x-1}$;

(10) $\lim\limits_{x\to\infty}\dfrac{x^2+x}{x^4-3x^2-1}$; (11) $\lim\limits_{x\to\infty}\dfrac{5x^3+x}{2x^2+1}$; (12) $\lim\limits_{x\to\infty}\left(1+\dfrac{1}{x}\right)\left(2-\dfrac{1}{x^2}\right)$;

(13) $\lim\limits_{x\to\infty}\dfrac{(2x-3)^{30}(3x-2)^{20}}{(5x+1)^{50}}$; (14) $\lim\limits_{n\to\infty}\dfrac{1+2+3+\cdots+(n-1)}{n^2}$;

(15) $\lim\limits_{n\to\infty}\dfrac{(n+1)(n+2)(n+3)}{5n^3}$; (16) $\lim\limits_{n\to\infty}\left(1+\dfrac{1}{2}+\dfrac{1}{4}+\cdots+\dfrac{1}{2^n}\right)$;

(17) $\lim\limits_{n\to\infty}\left(1-\dfrac{1}{2^2}\right)\left(1-\dfrac{1}{3^2}\right)\cdots\left(1-\dfrac{1}{n^2}\right)$; (18) $\lim\limits_{n\to\infty}\dfrac{1+\dfrac{1}{2}+\dfrac{1}{2^2}+\cdots+\dfrac{1}{2^n}}{1+\dfrac{1}{3}+\dfrac{1}{3^2}+\cdots+\dfrac{1}{3^n}}$;

(19) $\lim\limits_{n\to\infty}\left(\dfrac{1}{1\times 3}+\dfrac{1}{3\times 5}+\cdots+\dfrac{1}{(2n-1)(2n+1)}\right)$.

2. 计算下列极限:

(1) $\lim\limits_{x\to 0}x^2\sin\dfrac{1}{x}$; (2) $\lim\limits_{x\to\infty}\dfrac{x+4\sin x}{5x-2\cos x}$;

(3) $\lim\limits_{x\to\infty}\dfrac{\arctan x}{x^2}$.

3. 试求下列极限中的常数 a,b:

(1) $\lim\limits_{x\to 1}\dfrac{x^2+ax+b}{1-x}=5$; (2) $\lim\limits_{x\to\infty}\left(\dfrac{x^2+1}{x+3}-ax-b\right)=0$;

(3) $\lim\limits_{x\to+\infty}(\sqrt{x^2-x+1}-ax-b)=0$; (4) $\lim\limits_{x\to-\infty}(\sqrt{x^2-x+1}-ax-b)=0$.

4. 设$\lim\limits_{x\to 2}[f(x)+g(x)]=5$,$\lim\limits_{x\to 2}g(x)=11$,求下列极限:

(1) $\lim\limits_{x\to 2}f(x)$; (2) $\lim\limits_{x\to 2}\{[f(x)]^2-[g(x)]^2\}$; (3) $\lim\limits_{x\to 2}\dfrac{3g(x)}{f(x)-g(x)}$.

5. 下列陈述中,哪些是对的?哪些是错的?如果是对的,说明理由;如果是错的,试给出一个反例.

(1) 如果$\lim\limits_{x\to x_0}f(x)$存在,但$\lim\limits_{x\to x_0}g(x)$不存在,那么$\lim\limits_{x\to x_0}[f(x)+g(x)]$不存在;

(2) 如果$\lim\limits_{x\to x_0}f(x)$和$\lim\limits_{x\to x_0}g(x)$都不存在，那么$\lim\limits_{x\to x_0}[f(x)+g(x)]$不存在；

(3) 如果$\lim\limits_{x\to x_0}f(x)$存在，但$\lim\limits_{x\to x_0}g(x)$不存在，那么$\lim\limits_{x\to x_0}[f(x)\cdot g(x)]$不存在.

1.6 两个重要极限

前面介绍了求极限的四则运算法则，本节将给出判定极限存在的两个准则，并利用它们推导出了两个重要极限. 不论是极限的判定准则还是两个重要极限，它们在求极限的过程中都具有十分重要的作用.

准则Ⅰ(夹逼准则) 如果数列$\{x_n\}$，$\{y_n\}$，$\{z_n\}$满足下列条件：

(1) $y_n\leqslant x_n\leqslant z_n(n=1,2,3,\cdots)$；

(2) $\lim\limits_{n\to\infty}y_n=a$，$\lim\limits_{n\to\infty}z_n=a$.

那么数列$\{x_n\}$的极限存在，并且$\lim\limits_{n\to\infty}x_n=a$.

证 由于$y_n\to a$，$z_n\to a$，根据数列极限的定义，对于任意给定的正数ε，存在正整数N_1，当$n>N_1$时，有$|y_n-a|<\varepsilon$；存在正整数N_2，当$n>N_2$时，有$|z_n-a|<\varepsilon$.

现取$N=\max\{N_1,N_2\}$，则当$n>N$时，有

$$|y_n-a|<\varepsilon,\quad |z_n-a|<\varepsilon$$

同时成立，即

$$a-\varepsilon<y_n<a+\varepsilon,\quad a-\varepsilon<z_n<a+\varepsilon$$

同时成立. 又因x_n介于y_n与z_n之间，所以，当$n>N$时，有

$$a-\varepsilon<y_n\leqslant x_n\leqslant z_n<a+\varepsilon,$$

即有

$$|x_n-a|<\varepsilon,$$

故

$$\lim_{n\to\infty}x_n=a.$$

将准则Ⅰ中的数列换成一般的函数，即得函数极限的夹逼准则.

准则Ⅰ′ 如果函数$g(x)$，$f(x)$，$h(x)$满足：

(1) 当$x\in\mathring{U}(x_0)$(或$|x|>M$)时，$g(x)\leqslant f(x)\leqslant h(x)$；

(2) $\lim\limits_{\substack{x\to x_0\\(x\to\infty)}}g(x)=A$，$\lim\limits_{\substack{x\to x_0\\(x\to\infty)}}h(x)=A$.

那么$\lim\limits_{\substack{x\to x_0\\(x\to\infty)}}f(x)$存在，并且$\lim\limits_{\substack{x\to x_0\\(x\to\infty)}}f(x)=A$.

证明略.

作为准则Ⅰ′的应用，下面证明第一个重要极限：

$$\lim_{x\to 0}\frac{\sin x}{x}=1.$$

证 函数$\dfrac{\sin x}{x}$在一切$x\neq 0$处都有定义，且$\dfrac{\sin(-x)}{-x}=\dfrac{\sin x}{x}$，故只需证当$x>0$时，$\lim\limits_{x\to 0}\dfrac{\sin x}{x}=1$即可. 故设$0<x<\dfrac{\pi}{2}$，作单位圆(见图1.11)，其中$AD$与单位圆相切于$A$点，

$BC \perp OA$，$\angle AOB = x$（弧度）为圆心角，则有

$$\sin x = BC,\quad x = \overset{\frown}{AB},\quad \tan x = AD,$$

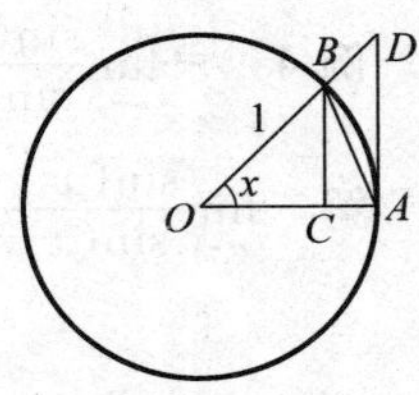

图 1.11

且有

$$S_{\triangle AOB} < S_{\text{扇形}AOB} < S_{\triangle OAD},$$

即

$$\frac{1}{2}\sin x < \frac{1}{2}x < \frac{1}{2}\tan x,$$

相应地有

$$\sin x < x < \tan x.$$

当 $0<x<\frac{\pi}{2}$ 时，用 $\sin x$ 去除不等式的两边，得

$$1 < \frac{x}{\sin x} < \frac{1}{\cos x} \quad 或 \quad \cos x < \frac{\sin x}{x} < 1. \tag{1.1}$$

当 $-\frac{\pi}{2}<x<0$ 时，用 $-x$ 代替 x，表达式(1.1)的关系依然不变，结论依然成立.

由于 $\lim\limits_{x\to 0}1=1$，$\lim\limits_{x\to 0}\cos x=1$，根据不等式(1.1)及函数极限的夹逼准则 I′，即得 $\lim\limits_{x\to 0}\frac{\sin x}{x}=1$.

由第一个重要极限 $\lim\limits_{x\to 0}\frac{\sin x}{x}=1$ 与复合函数的极限法则，可以推出它的另外两种常用形式：

(1) 如果 $\alpha(x)$ 是 $x\to\Delta$ 时的无穷小，且 $\alpha(x)\neq 0$，那么 $\lim\limits_{x\to\Delta}\frac{\sin[\alpha(x)]}{\alpha(x)}=1$；

(2) 如果 $\alpha(x)$ 是 $x\to\Delta$ 时的无穷小，且 $\alpha(x)\neq 0$，那么 $\lim\limits_{x\to\Delta}\frac{\alpha(x)}{\sin[\alpha(x)]}=1$.

注意 这里符号 Δ 代表六种情形 $x_0, x_0^+, x_0^-, \infty, -\infty, +\infty$ 之一.

例 1 求 $\lim\limits_{x\to 0}\frac{\sin 5x}{x}$.

解 由于 $\frac{\sin 5x}{x}=\frac{\sin 5x}{5x}\cdot 5$，令 $\alpha=5x$，当 $x\to 0$ 时，$\alpha\to 0$，所以有

$$\lim_{x\to 0}\frac{\sin 5x}{x} = 5\cdot\lim_{\alpha\to 0}\frac{\sin\alpha}{\alpha} = 5\cdot 1 = 5.$$

例 2 求 $\lim\limits_{x\to 0}\frac{\tan 3x}{\sin 4x}$.

解
$$\lim_{x\to 0}\frac{\tan 3x}{\sin 4x}=\lim_{x\to 0}\frac{\sin 3x}{3x}\cdot\frac{4x}{\sin 4x}\cdot\frac{1}{\cos 3x}\cdot\frac{3}{4}=\frac{3}{4}\lim_{x\to 0}\frac{\sin 3x}{3x}\cdot\lim_{x\to 0}\frac{4x}{\sin 4x}\cdot\lim_{x\to 0}\frac{1}{\cos 3x}$$
$$=\frac{3}{4}\cdot 1\cdot 1\cdot\frac{1}{1}=\frac{3}{4}.$$

例 3 求 $\lim\limits_{x\to 0}\frac{1-\cos x}{x^2}$.

解
$$\lim_{x\to 0}\frac{1-\cos x}{x^2}=\lim_{x\to 0}\frac{2\sin^2\frac{x}{2}}{x^2}=\lim_{x\to 0}\frac{2\sin^2\frac{x}{2}}{4\cdot\left(\frac{x}{2}\right)^2}=\frac{1}{2}\left(\lim_{x\to 0}\frac{\sin\frac{x}{2}}{\frac{x}{2}}\right)^2=\frac{1}{2}.$$

例 4 求$\lim\limits_{x\to 1}\dfrac{\sin(x^2-1)}{\sin(x-1)}$.

解 $$\lim_{x\to 1}\frac{\sin(x^2-1)}{\sin(x-1)}=\lim_{x\to 1}\frac{\sin(x^2-1)}{x^2-1}\cdot\frac{x-1}{\sin(x-1)}\cdot\frac{x^2-1}{x-1}$$
$$=\lim_{x\to 1}\frac{\sin(x^2-1)}{x^2-1}\cdot\lim_{x\to 1}\frac{x-1}{\sin(x-1)}\cdot\lim_{x\to 1}(x+1)$$
$$=1\times 1\times 2=2.$$

准则Ⅱ 单调有界数列必有极限.

对于该准则的几何解释是：单调数列的点 x_n 在数轴上只能作单向移动，这只有两种情形：一种情形是点 x_n 沿数轴向右(或向左)移向无穷远；另一种情形是点 x_n 无限趋近某一定点 A，即趋近于一个极限. 而又因为数列$\{x_n\}$有界，有界数列$\{x_n\}$的全部点落在某一闭区间$[-M,M]$内，从而上述情形中只可能出现第二种情形，故单调有界数列必有极限.

在1.2节中曾证明：收敛的数列一定是有界数列；但也曾指出：有界数列不一定是收敛数列. 现在准则Ⅱ表明：如果一个数列不仅有界，而且还单调，那么该数列一定收敛.

作为准则Ⅱ的应用，下面讨论第二个重要极限：
$$\lim_{x\to\infty}\left(1+\frac{1}{x}\right)^x=\mathrm{e}.$$

证 这里只证明 x 取正整数 n 而趋于$+\infty$的情形.

设 $x_n=\left(1+\dfrac{1}{n}\right)^n$($n$ 为正整数)，由二项式公式，有
$$x_n=\left(1+\frac{1}{n}\right)^n=1+\frac{n}{1!}\cdot\frac{1}{n}+\frac{n(n-1)}{2!}\cdot\left(\frac{1}{n}\right)^2+\cdots+\frac{n(n-1)\cdots(n-n+1)}{n!}\left(\frac{1}{n}\right)^n$$
$$=1+1+\frac{1}{2!}\left(1-\frac{1}{n}\right)+\cdots+\frac{1}{n!}\left(1-\frac{1}{n}\right)\left(1-\frac{2}{n}\right)\cdots\left(1-\frac{n-1}{n}\right).$$
同样，有
$$x_{n+1}=1+1+\frac{1}{2!}\left(1-\frac{1}{n+1}\right)+\cdots+\frac{1}{n!}\left(1-\frac{1}{n+1}\right)\left(1-\frac{2}{n+1}\right)\cdots\left(1-\frac{n-1}{n+1}\right)+$$
$$\frac{1}{(n+1)!}\left(1-\frac{1}{n+1}\right)\left(1-\frac{2}{n+1}\right)\cdots\left(1-\frac{n}{n+1}\right).$$
两式相比较，易见 $x_n<x_{n+1}(n=1,2,\cdots)$，因此数列$\{x_n\}$是单调递增数列.

下面证明数列$\{x_n\}$的有界性.

将 x_n 展开式中的$\dfrac{i}{n}(i=1,2,\cdots,n-1)$都换作0，则有
$$0<x_n<1+1+\frac{1}{2!}+\frac{1}{3!}+\cdots+\frac{1}{n!}$$
$$<2+\frac{1}{2}+\frac{1}{2^2}+\cdots+\frac{1}{2^{n-1}}=2+\frac{\frac{1}{2}\left(1-\frac{1}{2^{n-1}}\right)}{1-\frac{1}{2}}=3-\frac{1}{2^{n-1}}<3,$$
故数列$\{x_n\}$是有界数列. 由准则Ⅱ可知，数列$\{x_n\}$的极限一定存在，通常用字母 e 来表示，即$\lim\limits_{n\to\infty}\left(1+\dfrac{1}{n}\right)^n=\mathrm{e}$.

可以证明，当 x 取实数趋于 $+\infty$ 或 $-\infty$ 时，函数 $\left(1+\frac{1}{x}\right)^x$ 的极限都存在且都等于 e. 因此

$$\lim_{x\to\infty}\left(1+\frac{1}{x}\right)^x = \mathrm{e}.$$

无论是在理论上还是在实际应用中，无理数 e 都有特殊的重要性，它是自然对数的底，其前 5 位小数的近似值是 2.71828.

由第二个重要极限 $\lim\limits_{x\to\infty}\left(1+\frac{1}{x}\right)^x=\mathrm{e}$ 和复合函数的极限法则，我们可以得到第二个重要极限的另外两种常用形式：

（1）如果 $\alpha(x)$ 是 $x\to\Delta$ 时的无穷大，那么 $\lim\limits_{x\to\Delta}\left(1+\frac{1}{\alpha(x)}\right)^{\alpha(x)}=\mathrm{e}$；

（2）如果 $\alpha(x)$ 是 $x\to\Delta$ 时的无穷小，且 $\alpha(x)\neq 0$，那么 $\lim\limits_{x\to\Delta}(1+\alpha(x))^{\frac{1}{\alpha(x)}}=\mathrm{e}$.

注意 这里符号 Δ 代表六种情形 $x_0, x_0^+, x_0^-, \infty, -\infty, +\infty$ 之一.

例 5 求 $\lim\limits_{x\to\infty}\left(1-\frac{1}{x}\right)^{kx}$（$k$ 为正整数）.

解 $\lim\limits_{x\to\infty}\left(1-\frac{1}{x}\right)^{kx}=\lim\limits_{x\to\infty}\left(1+\frac{1}{-x}\right)^{(-x)(-k)}=\left[\lim\limits_{x\to\infty}\left(1+\frac{1}{-x}\right)^{-x}\right]^{-k}=\mathrm{e}^{-k}$.

例 6 求 $\lim\limits_{x\to\infty}\left(\frac{x-1}{x+2}\right)^{x+2}$.

解 $\lim\limits_{x\to\infty}\left(\frac{x-1}{x+2}\right)^{x+2}=\lim\limits_{x\to\infty}\left(1+\frac{-3}{x+2}\right)^{\frac{x+2}{-3}\cdot(-3)}=\left[\lim\limits_{x\to\infty}\left(1+\frac{-3}{x+2}\right)^{\frac{x+2}{-3}}\right]^{-3}=\mathrm{e}^{-3}$.

例 7 求 $\lim\limits_{x\to 0}(1+3\tan x)^{\cot x}$.

解 $\lim\limits_{x\to 0}(1+3\tan x)^{\cot x}=\lim\limits_{x\to 0}(1+3\tan x)^{\frac{1}{3\tan x}\cdot 3}=\left[\lim\limits_{x\to 0}(1+3\tan x)^{\frac{1}{3\tan x}}\right]^3=\mathrm{e}^3$.

习 题 1.6

1. 计算下列极限：

（1）$\lim\limits_{x\to 0}\frac{\sin(\sin x)}{x}$； （2）$\lim\limits_{x\to 0}\frac{\sin ax}{\sin bx}(b\neq 0)$；

（3）$\lim\limits_{x\to 0}x\cot 3x$； （4）$\lim\limits_{x\to 0}\frac{\sin 4x}{\sqrt{1+x}-1}$；

（5）$\lim\limits_{x\to 1}\frac{\sin(x^2-1)}{x-1}$； （6）$\lim\limits_{x\to 0}\frac{\arctan x}{x}$；

（7）$\lim\limits_{x\to\infty}x\sin\frac{2}{x}$； （8）$\lim\limits_{n\to\infty}2^n\sin\frac{x}{2^n}$（$x$ 为不等于零的常数）.

2. 计算下列极限：

（1）$\lim\limits_{x\to\infty}\left(1-\frac{1}{x^2}\right)^x$； （2）$\lim\limits_{x\to+\infty}\left(\frac{x+a}{x-a}\right)^x$；

（3）$\lim\limits_{x\to\infty}\left(\frac{x^3+2}{x^3}\right)^{x^2}$； （4）$\lim\limits_{x\to 0}(1-2x)^{\frac{1}{x}}$；

(5) $\lim\limits_{x\to 0}(1+3\tan^2 x)^{\cot^2 x}$；　　(6) $\lim\limits_{x\to 0}\left(\dfrac{1+x}{1-x}\right)^{\frac{1}{x}}$；

(7) $\lim\limits_{x\to \frac{\pi}{2}}(\sin x)^{\tan x}$；　　(8) $\lim\limits_{x\to 0^+}(\cos\sqrt{x})^{\frac{1}{x}}$；

(9) $\lim\limits_{x\to 0}\left(\dfrac{2+\mathrm{e}^{\frac{1}{x}}}{1+\mathrm{e}^{\frac{4}{x}}}+\dfrac{\sin x}{|x|}\right)$；　　(10) $\lim\limits_{n\to\infty}n[\ln n-\ln(n+2)]$.

3. 已知$\lim\limits_{x\to\infty}\left(\dfrac{x+c}{x-c}\right)^x=4$，求常数 c.

4. 利用极限存在的准则证明：

(1) $\lim\limits_{n\to\infty}\left(\dfrac{1}{\sqrt{n^2+1}}+\dfrac{1}{\sqrt{n^2+2}}+\cdots+\dfrac{1}{\sqrt{n^2+n}}\right)=1$；

(2) $\lim\limits_{n\to\infty}\left(\dfrac{1}{2n^2+1}+\dfrac{2}{2n^2+2}+\cdots+\dfrac{n}{2n^2+n}\right)=\dfrac{1}{4}$.

1.7　无穷小量的比较

在 1.6 节中我们已经知道，两个无穷小量的和、差、积仍是无穷小. 但是，对于两个无穷小的商，却会出现多种情况，例如，当 $x\to 0$ 时，$x,3x^2,\sin x$ 都是无穷小，而

$$\lim_{x\to 0}\frac{3x^2}{x}=0,\quad \lim_{x\to 0}\frac{x}{3x^2}=\infty,\quad \lim_{x\to 0}\frac{\sin x}{x}=1.$$

两个无穷小比值的极限的各种情况，反映了不同的无穷小趋于零的“快慢”程度. 例如，对于上面的例子，在 $x\to 0$ 的过程中，$3x^2\to 0$ 比 $x\to 0$“快些”，反之，$x\to 0$ 比 $3x^2\to 0$“慢些”，$\sin x\to 0$ 与 $x\to 0$“快慢相同”.

下面我们分不同情况给出两个无穷小之间的比较，这里指出，下面的 α 及 β 都是在同一个自变量的变化过程中的无穷小，而 $\lim\dfrac{\beta}{\alpha}$ 也是在这个变化过程中的极限.

定义 1　(1) 如果 $\lim\dfrac{\beta}{\alpha}=0$，则称 β 是比 α **高阶**的无穷小，记作 $\beta=o(\alpha)$；

(2) 如果 $\lim\dfrac{\beta}{\alpha}=\infty$，则称 β 是比 α **低阶**的无穷小；

(3) 如果 $\lim\dfrac{\beta}{\alpha}=C\neq 0$（$C$ 为常数），则称 β 与 α **同阶**无穷小；

(4) 如果 $\lim\dfrac{\beta}{\alpha}=1$，则称 β 与 α **等价**无穷小，记作 $\alpha\sim\beta$.

显然，等价无穷小是同阶无穷小的特例.

由定义可知，当 $x\to 0$ 时，$3x^2$ 是比 x 高阶的无穷小，x 是比 $3x^2$ 低阶的无穷小，而 x 与 $\sin x$ 则是等价无穷小.

又如，因为$\lim\limits_{x\to 0}\dfrac{1-\cos x}{x^2}=\dfrac{1}{2}$，所以当 $x\to 0$ 时，$1-\cos x$ 是关于 x^2 的同阶无穷小. 因为 $\lim\limits_{n\to\infty}\dfrac{\frac{1}{n}}{\frac{1}{n^2}}=\infty$，所以当 $n\to\infty$ 时，$\dfrac{1}{n}$是比$\dfrac{1}{n^2}$低阶的无穷小.

对于等价无穷小量有如下定理.

定理 1 设当 $x\to x_0$（或 $x\to\infty$）时，$\alpha,\beta,\alpha',\beta'$ 都为无穷小量，且 $\alpha'\sim\alpha,\beta'\sim\beta$. 若 $\lim\frac{\beta'}{\alpha'}$存在（或为无穷大量），则

$$\lim\frac{\beta}{\alpha}=\lim\frac{\beta'}{\alpha'}.$$

证

$$\lim\frac{\beta}{\alpha}=\lim\left(\frac{\beta}{\beta'}\cdot\frac{\beta'}{\alpha'}\cdot\frac{\alpha'}{\alpha}\right)=\lim\frac{\beta}{\beta'}\cdot\lim\frac{\beta'}{\alpha'}\cdot\lim\frac{\alpha'}{\alpha}=\lim\frac{\beta'}{\alpha'}.$$

该定理称为等价无穷小量代换定理. 利用等价无穷小量代换求极限时，往往能使计算更为简便.

例 1 求$\lim\limits_{x\to0}\frac{\sin3x}{\tan2x}$.

解 当 $x\to0$ 时，$\sin3x\sim3x,\tan2x\sim2x$，因此

$$\lim_{x\to0}\frac{\sin3x}{\tan2x}=\lim_{x\to0}\frac{3x}{2x}=\lim_{x\to0}\frac{3}{2}=\frac{3}{2}.$$

例 2 求$\lim\limits_{x\to0}\frac{\sqrt{1+x^2}-1}{x\sin\frac{x}{2}}$.

解 当 $x\to0$ 时，$\sqrt{1+x^2}-1\sim\frac{1}{2}x^2,\sin\frac{x}{2}\sim\frac{x}{2}$. 因此

$$\lim_{x\to0}\frac{\sqrt{1+x^2}-1}{x\sin\frac{x}{2}}=\lim_{x\to0}\frac{\frac{1}{2}x^2}{x\,\frac{x}{2}}=1.$$

例 3 求$\lim\limits_{x\to0}\frac{\tan x-\sin x}{\sin^3x}$.

解 因为 $\tan x-\sin x=\frac{\sin x(1-\cos x)}{\cos x}$，当 $x\to0$ 时，$\sin x\sim x,1-\cos x\sim\frac{x^2}{2}$，所以

$$\begin{aligned}\lim_{x\to0}\frac{\tan x-\sin x}{\sin^3x}&=\lim_{x\to0}\left(\frac{1}{\cos x}\cdot\frac{1-\cos x}{\sin^2x}\right)\\&=\lim_{x\to0}\frac{1}{\cos x}\cdot\lim_{x\to0}\frac{1-\cos x}{\sin^2x}=1\cdot\frac{1}{2}=\frac{1}{2}.\end{aligned}$$

习 题 1.7

1. 当 $x\to0$ 时，$2x-x^2$ 与 x^2-x^3 相比，哪一个是高阶无穷小？
2. 证明：当 $x\to0$ 时，下列各对无穷小是等价的.

（1）$\arctan x$ 与 x；　　（2）$\sin x-\frac{1}{2}\sin2x$ 与$\frac{x^3}{2}$.

3. 求下列极限：

（1）$\lim\limits_{x\to0}\frac{\sin x^m}{\sin x^n}(m,n\neq0)$；　　（2）$\lim\limits_{x\to0}\frac{\tan(x^2+2x)}{x}$；

(3) $\lim\limits_{x\to 0}\dfrac{\tan^2 2x}{1-\cos x}$；　　(4) $\lim\limits_{x\to 0}\dfrac{x\sin x}{\sqrt{1+x^2}-1}$；

(5) $\lim\limits_{x\to 0}\dfrac{\sin(\tan x)}{\tan(\sin x)}$；　　(6) $\lim\limits_{x\to 0}\dfrac{\sin x}{3x+x^3}$；

(7) $\lim\limits_{x\to 0}\dfrac{\cos ax-1}{\cos bx-1}(a,b\neq 0)$；　　(8) $\lim\limits_{x\to 0}\dfrac{\ln(1-3x)}{\arcsin 2x}$.

4. 证明无穷小的等价关系具有下列性质：

(1) $\alpha\sim\alpha$(自反性)；　　(2) 若 $\alpha\sim\beta$,则 $\beta\sim\alpha$(对称性)；

(3) 若 $\alpha\sim\beta,\beta\sim\gamma$,则 $\alpha\sim\gamma$(传递性).

1.8 函数的连续性与间断点

1.8.1 函数的连续性

自然界中有许多自然现象,如生物的生长、液体的流动、气温的变化、人体的增高等都是连续变化的,这种现象反映在函数关系上,就是函数的连续性.

以气温变化为例,当时间变动很小时,气温的变化也很小,而且随着时间变动的减少而减少,这种现象就反映了温度函数的连续性.下面我们先引进增量的概念,再给出连续性的定义.

设函数 $y=f(x)$在 x_0 的某个邻域内有定义,x 是这个邻域内的另一点,当自变量由 x_0 变到 x 时,差 $x-x_0$ 叫做自变量在点 x_0 的增量(或改变量),用 Δx 来表示,即 $\Delta x=x-x_0$,对应的函数值之差 $f(x)-f(x_0)=f(x_0+\Delta x)-f(x_0)$称为函数 $f(x)$在点 x_0 的增量,记为 Δy,即

$$\Delta y = f(x_0+\Delta x)-f(x_0).$$

我们先从几何上来解释一下函数连续变化的意思,通常说一个函数是连续的,就是说它的图形是一条连续曲线,如图 1.12 所示.这样的曲线的特点是:在任意一点 x_0 处,当自变量的增量 Δx 很小时,函数的增量 Δy 也很小,并且当 Δx 趋于零时,Δy 也趋于零.

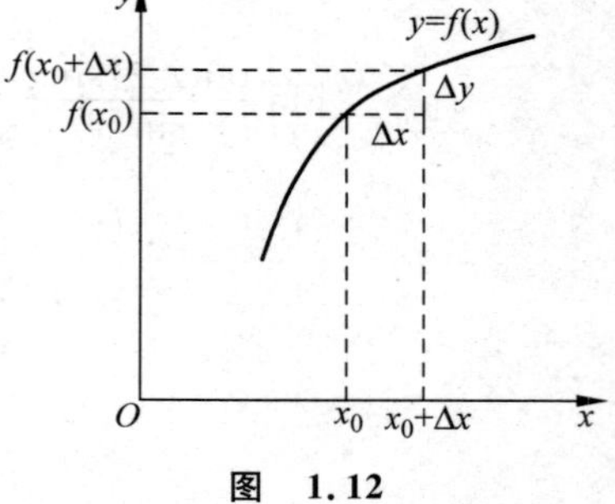

图 1.12

定义 1 设函数 $y=f(x)$在点 x_0 的某个邻域内有定义,如果当自变量 x 在 x_0 点的增量 Δx 趋于零时,函数的相应增量 Δy 也趋于零时,即

$$\lim_{\Delta x\to 0}\Delta y = \lim_{\Delta x\to 0}[f(x_0+\Delta x)-f(x_0)] = 0, \quad (1.2)$$

则称函数 $y=f(x)$在点 x_0 连续,x_0 叫做函数 $f(x)$的连续点.

为了应用方便起见,下面把函数 $y=f(x)$在点 x_0 处连续的定义用不同的方式来叙述.

设 $x=x_0+\Delta x$,则 $\Delta x\to 0$ 就是 $x\to x_0$.又由于

$$\Delta y = f(x_0+\Delta x)-f(x_0) = f(x)-f(x_0),$$

即

$$f(x)=f(x_0)+\Delta y,$$

可见 $\Delta y \to 0$ 就是 $f(x) \to f(x_0)$，因此式(1.2)与

$$\lim_{x \to x_0} f(x) = f(x_0)$$

相当.所以，函数 $y=f(x)$ 在点 x_0 处连续的定义也可叙述如下.

定义 2 设函数 $y=f(x)$ 在点 x_0 的某个邻域内有定义，当 $x \to x_0$ 时，若函数 $f(x)$ 的极限存在，且极限值等于 $f(x)$ 在点 x_0 的函数值 $f(x_0)$，即

$$\lim_{x \to x_0} f(x) = f(x_0), \tag{1.3}$$

则称函数 $y=f(x)$ 在点 x_0 处连续.

仿照极限的定义，也可以给出连续性的 ε-δ 形式的定义.

定义 3 设函数 $y=f(x)$ 在点 x_0 的某个邻域内有定义，对于任意给定的正数 ε，都存在 $\delta>0$，当 $|x-x_0|<\delta$ 时，恒有

$$|f(x)-f(x_0)|<\varepsilon,$$

则称函数 $y=f(x)$ 在点 x_0 处连续.

下面介绍左连续和右连续的概念.

如果 $f(x)$ 在点 x_0 的左侧邻域内有定义，且 $\lim\limits_{x \to x_0^-} f(x)=f(x_0)$，则称 $f(x)$ 在点 x_0 处左连续.

如果 $f(x)$ 在点 x_0 的右侧邻域内有定义，且 $\lim\limits_{x \to x_0^+} f(x)=f(x_0)$，则称 $f(x)$ 在点 x_0 处右连续.

性质 1 函数 $f(x)$ 在点 x_0 处连续的充分必要条件是 $f(x)$ 在点 x_0 处既左连续，也右连续.

定义 4 设函数 $y=f(x)$ 在区间 (a,b) 内每点处都连续，则称 $f(x)$ 是 (a,b) 内的连续函数.若 $f(x)$ 在 (a,b) 内连续，且在区间的左端点 a 处右连续，在区间的右端点 b 处左连续，则称 $f(x)$ 在闭区间 $[a,b]$ 上连续.

可以证明，基本初等函数在其定义区间内每一点处都连续.

1.8.2 函数的间断点

从函数连续性的定义可以看出，函数 $f(x)$ 在点 x_0 处连续，必须具备三个条件：

(1) $f(x)$ 在 x_0 处有定义，即 $f(x_0)$ 存在；

(2) 极限 $\lim\limits_{x \to x_0} f(x)$ 存在；

(3) 极限值 $\lim\limits_{x \to x_0} f(x)$ 与函数值 $f(x_0)$ 相等.

这三个条件中的任何一个被破坏，函数在 x_0 点就不连续，而不连续的点称为函数的间断点，或者说 $f(x)$ 在点 x_0 处间断，所以函数在 x_0 处间断属于下列情形之一：

(1) $f(x)$ 在 x_0 处没有定义；

(2) $f(x)$ 在 x_0 处有定义，但 $\lim\limits_{x \to x_0} f(x)$ 不存在；

(3) $f(x)$ 在 x_0 处有定义，且 $\lim\limits_{x \to x_0} f(x)$ 存在，但 $\lim\limits_{x \to x_0} f(x) \neq f(x_0)$.

例 1 函数 $f(x)=\dfrac{x^2-1}{x-1}$ 在 $x=1$ 处没有定义，尽管 $\lim\limits_{x\to 1}\dfrac{x^2-1}{x-1}=2$，但 $x=1$ 仍是函数 $f(x)=\dfrac{x^2-1}{x-1}$ 的间断点.

例 2 函数

$$f(x)=\begin{cases} x, & x<0, \\ \dfrac{1}{2}, & x=0, \\ -x+1, & x>0 \end{cases}$$

在 $x=0$ 处有定义，但

$$f(0-0)=\lim_{x\to 0^-}f(x)=\lim_{x\to 0^-}x=0,$$

$$f(0+0)=\lim_{x\to 0^+}f(x)=\lim_{x\to 0^+}(-x+1)=1,$$

$$f(0-0)\neq f(0+0).$$

极限 $\lim\limits_{x\to 0}f(x)$ 不存在，所以 $f(x)$ 在点 $x=0$ 处间断.

例 3 函数 $f(x)=\begin{cases} x^2-1, & x\leqslant 0, \\ x, & x>0, \end{cases}$ 试判定 $f(x)$ 在点 $x=0$ 处的连续性.

解 函数 $f(x)$ 在点 $x=0$ 处有定义，$f(0)=-1$. 由

$$\lim_{x\to 0^-}f(x)=\lim_{x\to 0^-}(x^2-1)=-1,$$

$$\lim_{x\to 0^+}f(x)=\lim_{x\to 0^-}x=0,$$

可知 $\lim\limits_{x\to 0^-}f(x)\neq\lim\limits_{x\to 0^+}f(x)$，所以 $f(x)$ 在点 $x=0$ 处间断.

以上 3 个例子有一个共同特点，就是函数在间断点处左、右极限都存在，我们把左、右极限都存在的间断点称为**第一类间断点**，其他间断点称为**第二类间断点**.

例 4 $y=\sin\dfrac{1}{x}$ 在点 $x=0$ 处没有定义，因此点 $x=0$ 为其间断点，且是第二类间断点. 当 $x\to 0$ 时，函数值在 -1 与 1 之间无限次振荡.

对于间断点，如果按照几何形态划分，还可以分为以下几类：

(1) 跳跃间断点，指 $\lim\limits_{x\to x_0^-}f(x)$ 与 $\lim\limits_{x\to x_0^+}f(x)$ 都存在，但 $\lim\limits_{x\to x_0^-}f(x)\neq\lim\limits_{x\to x_0^+}f(x)$；

(2) 无穷间断点，指 $\lim\limits_{x\to x_0}f(x)=\infty$，或 $\lim\limits_{x\to x_0^-}f(x)=\infty$，或 $\lim\limits_{x\to x_0^+}f(x)=\infty$；

(3) 振荡间断点，指函数在间断点两侧无限振荡的情形.

在第一类间断点中，如对于

$$y=\frac{x^2-1}{x-1},\quad f(x)=\begin{cases} \dfrac{x^2-1}{x-1}, & x\neq 1, \\ 0, & x=1, \end{cases}$$

点 $x=1$ 为两个函数的第一类间断点，且 $\lim\limits_{x\to 1}y$ 与 $\lim\limits_{x\to 1}f(x)$ 都存在. 常称这类间断点为**可去间断点**，这是因为可以补充定义 $f(x_0)$ 或修改 $f(x_0)$ 的值，构成一个新函数：

$$F(x)=\begin{cases} f(x), & x\neq x_0, \\ \lim\limits_{x\to x_0}f(x), & x=x_0, \end{cases}$$

则 $F(x)$ 在点 x_0 处连续.

习 题 1.8

1. 研究下列函数的连续性：

(1) $f(x)=\dfrac{x-1}{x^2-1}$；　　(2) $f(x)=\sqrt{x-1}$；

(3) $f(x)=\begin{cases} x^2, & 0\leqslant x\leqslant 1, \\ 2-x, & 1<x\leqslant 2; \end{cases}$　　(4) $f(x)=\begin{cases} x, & -1\leqslant x\leqslant 1, \\ 1, & x<-1 \text{ 或 } x>1. \end{cases}$

2. 讨论下列函数的连续性，如有间断点，指出间断点的类型，若是可去间断点，则补充定义，使其在该点处连续.

(1) $f(x)=\dfrac{1}{(x+1)^2}$；　　(2) $f(x)=\dfrac{x^2-1}{x^2-3x+2}$；

(3) $f(x)=\dfrac{1}{\ln x}$；　　(4) $f(x)=\dfrac{x}{\tan x}$.

3. 讨论函数 $f(x)=\lim\limits_{n\to\infty}\dfrac{1-x^{2n}}{1+x^{2n}}x$ 的连续性，若有间断点，判别其类型.

1.9 连续函数的运算与初等函数的连续性

1.9.1 连续函数的运算

1. 连续函数的和、差、积、商的连续性

由函数在某点连续的定义和极限的四则运算法则，立即可得出下面的定理.

定理1 设函数 $f(x)$ 和函数 $g(x)$ 在点 x_0 处连续，则它们的和(差) $f(x)\pm g(x)$、积 $f(x)\cdot g(x)$ 及商 $\dfrac{f(x)}{g(x)}$(当 $g(x_0)\neq 0$ 时)都在点 x_0 处连续.

例1 因 $\tan x=\dfrac{\sin x}{\cos x}$，$\cot x=\dfrac{\cos x}{\sin x}$，而 $\sin x$ 和 $\cos x$ 都在区间 $(-\infty,+\infty)$ 内连续，故由定理1知，$\tan x$ 和 $\cot x$ 在它们的定义域内是连续的.

2. 反函数与复合函数的连续性

定理2 如果函数 $y=f(x)$ 在区间 I_x 上单调增加(或单调减少)且连续，那么它的反函数 $x=f^{-1}(y)$ 也在对应的区间 $I_y=\{y\mid y=f(x),x\in I_x\}$ 上单调增加(或单调减少)且连续.

例2 由于 $y=\sin x$ 在闭区间 $\left[-\dfrac{\pi}{2},\dfrac{\pi}{2}\right]$ 上单调增加且连续，所以它的反函数 $y=\arcsin x$ 在闭区间 $[-1,1]$ 上也是单调增加且连续的.

同样，应用定理2可证：$y=\arccos x$ 在闭区间 $[-1,1]$ 上单调减少且连续，$y=\arctan x$ 在区间 $(-\infty,+\infty)$ 上单调增加且连续，$y=\operatorname{arccot} x$ 在区间 $(-\infty,+\infty)$ 上单调减少且连续.

总之，反三角函数 $\arcsin x$，$\arccos x$，$\arctan x$，$\operatorname{arccot} x$ 在它们的定义域内都是连续的.

定理3 设函数 $y=f[g(x)]$ 由函数 $u=g(x)$ 与函数 $y=f(u)$ 复合而成，$\mathring{U}(x_0)\subset D_{f\circ g}$. 若 $\lim\limits_{x\to x_0}g(x)=u_0$，而函数 $y=f(u)$ 在 $u=u_0$ 处连续，则

$$\lim_{x\to x_0}f[g(x)]=\lim_{u\to u_0}f(u)=f(u_0). \tag{1.4}$$

证 由于 $f(u)$ 在点 $u=u_0$ 处连续，故对于任意给定的正数 ε，存在正数 η，使当 $|u-u_0|<\eta$ 时，$|f(u)-f(u_0)|<\varepsilon$ 成立. 又因为 $\lim\limits_{x\to x_0}g(x)=u_0$，故对于上面得到的正数 η，存在着正数 δ，使当 $0<|x-x_0|<\delta$ 时，$|g(x)-u_0|<\eta$ 成立.

将上面两个步骤合起来，得到：对于任意给定的正数 ε，存在正数 δ，使当 $0<|x-x_0|<\delta$ 时，有

$$|f(u)-f(u_0)|=|f[g(x)]-f(u_0)|<\varepsilon$$

成立，这就证明了 $\lim\limits_{x\to x_0}f[g(x)]=\lim\limits_{u\to u_0}f(u)=f(u_0)$.

定理 4 设函数 $y=f[g(x)]$ 由函数 $u=g(x)$ 与函数 $y=f(u)$ 复合而成，$U(x_0)\subset D_{f\circ g}$. 若 $u=g(x)$ 在 $x=x_0$ 处连续，且 $g(x_0)=u_0$，而函数 $y=f(u)$ 在 $u=u_0$ 处连续，则复合函数 $y=f[g(x)]$ 在 $x=x_0$ 处也连续.

证 只要在定理 3 中令 $u_0=g(x_0)$，这就表示 $g(x)$ 在点 x_0 处连续，于是由式(1.4)得

$$\lim_{x\to x_0}f[g(x)]=f(u_0)=f[g(x_0)],$$

这就证明了复合函数 $y=f[g(x)]$ 在点 $x=x_0$ 处连续.

1.9.2 初等函数的连续性

前面已经讨论了三角函数和反三角函数的连续性，我们还可以证明幂函数 $y=x^\mu$、指数函数 $y=a^x(a>0,a\neq1)$、对数函数 $y=\log_a x$ 在其定义域内是连续的，在此我们不做证明.

综合起来得到：基本初等函数在它们的定义域内都是连续的，根据连续函数的运算性质即可得到下面的定理.

定理 5 任何初等函数在它的定义区间内都是连续的.

故对于任意初等函数 $f(x)$ 定义区间内的点 x_0 都有：$\lim\limits_{x\to x_0}f(x)=f(x_0)$.

1.9.3 利用函数的连续性求极限

我们利用上面的结论，来求函数的极限.

例 3 求 $\lim\limits_{x\to3}\sqrt{\dfrac{x-3}{x^2-9}}$.

解 $y=\sqrt{\dfrac{x-3}{x^2-9}}$ 可看作由函数 $y=\sqrt{u}$ 与函数 $u=\dfrac{x-3}{x^2-9}$ 复合而成. 因为 $\lim\limits_{x\to3}\dfrac{x-3}{x^2-9}=\dfrac{1}{6}$，而函数 $y=\sqrt{u}$ 在点 $u=\dfrac{1}{6}$ 处连续，所以有

$$\lim_{x\to3}\sqrt{\frac{x-3}{x^2-9}}=\sqrt{\lim_{x\to3}\frac{x-3}{x^2-9}}=\sqrt{\frac{1}{6}}=\frac{\sqrt{6}}{6}.$$

例 4 求 $\lim\limits_{x\to0}\dfrac{\sqrt{1+x^2}-1}{x}$.

解 $\lim\limits_{x\to0}\dfrac{\sqrt{1+x^2}-1}{x}=\lim\limits_{x\to0}\dfrac{(\sqrt{1+x^2}-1)(\sqrt{1+x^2}+1)}{x(\sqrt{1+x^2}+1)}=\lim\limits_{x\to0}\dfrac{x}{\sqrt{1+x^2}+1}=0.$

例 5 求$\lim\limits_{h\to 0}\dfrac{\ln(1+h)}{h}$.

解 $\lim\limits_{h\to 0}\dfrac{\ln(1+h)}{h}=\lim\limits_{h\to 0}\ln(1+h)^{\frac{1}{h}}=\ln\{\lim\limits_{h\to 0}(1+h)^{\frac{1}{h}}\}=\ln e=1$.

例 6 求$\lim\limits_{x\to 0}\dfrac{e^x-1}{x}$.

解 令 $e^x-1=h$,则 $x=\ln(1+h)$,且在 $x\to 0$ 时,$h\to 0$,则

$$\lim_{x\to 0}\frac{e^x-1}{x}=\lim_{h\to 0}\frac{h}{\ln(1+h)}=1.$$

例 7 求$\lim\limits_{x\to 0}\dfrac{(1+x)^a-1}{x}$.

解 $$\lim_{x\to 0}\frac{(1+x)^a-1}{x}=\lim_{x\to 0}\frac{e^{a\ln(1+x)}-1}{x}=\lim_{x\to 0}\frac{e^{a\ln(1+x)}-1}{a\ln(1+x)}\cdot\frac{\ln(1+x)}{x}a$$

$$=\lim_{y\to 0}\frac{e^y-1}{y}\cdot\lim_{x\to 0}\frac{\ln(1+x)}{x}a=a.$$

1.9.4 闭区间上连续函数的性质

闭区间上的连续函数具有一些重要的性质,在几何直观上是十分明显的,但严格证明比较困难,因此,下面的定理证明均略去.

定理 6(有界性与最大值、最小值定理) 设 $y=f(x)$是闭区间$[a,b]$上的连续函数,则它在这个区间上有界且一定能取得它的最大值和最小值.

这就是说,如果 $f(x)$在闭区间$[a,b]$上连续,那么存在常数 $M>0$,对任一 $x\in[a,b]$,满足$|f(x)|\leqslant M$;且至少有一点 ξ_1,使 $f(\xi_1)$是 $f(x)$在$[a,b]$上的最大值;又至少有一点 ξ_2,使 $f(\xi_2)$是 $f(x)$在$[a,b]$上的最小值(见图 1.13).

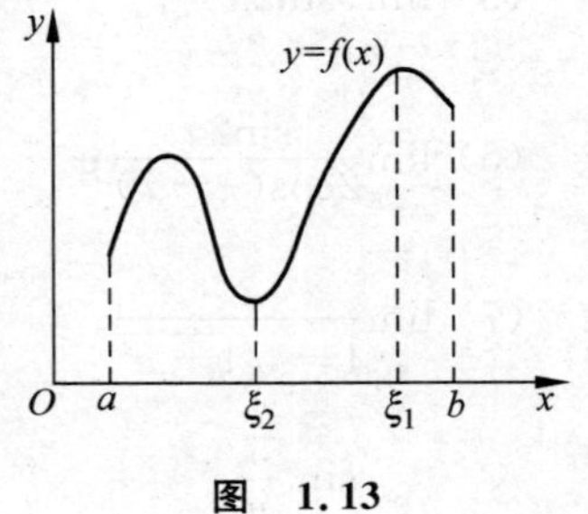

图 1.13

注意 如果函数在开区间内连续,或函数在闭区间上有间断点,那么函数在该区间上不一定有界,也不一定有最大值或最小值. 例如,函数 $y=\tan x$ 在开区间$\left(-\dfrac{\pi}{2},\dfrac{\pi}{2}\right)$内是连续的,但它在开区间$\left(-\dfrac{\pi}{2},\dfrac{\pi}{2}\right)$内是无界的,且既无最大值又无最小值.

定理 7(零点定理) 设函数 $f(x)$在闭区间$[a,b]$上连续,且 $f(a)$与 $f(b)$异号(即 $f(a)\cdot f(b)<0$),那么在开区间(a,b)内至少有一点 ξ,使得

$$f(\xi)=0.$$

定理 8(介值定理) 设函数 $f(x)$在闭区间$[a,b]$上连续,且在这区间的端点取不同的函数值,$f(a)=A$ 及 $f(b)=B$,那么,对于 A 与 B 之间的任意一个数 C,在开区间(a,b)内至少有一点 ξ,使得

$$f(\xi)=C,\quad a<\xi<b.$$

证 设 $\varphi(x)=f(x)-C$,则 $\varphi(x)$ 在闭区间 $[a,b]$ 上连续,且 $\varphi(a)=A-C$ 与 $\varphi(b)=B-C$ 异号. 根据零点定理,开区间 (a,b) 内至少有一点 ξ,使得

$$\varphi(\xi)=0,\quad a<\xi<b,$$

又 $\varphi(\xi)=f(\xi)-C$,因此由上式即得

$$f(\xi)=C,\quad a<\xi<b.$$

推论 在闭区间上的连续函数必取得介于最大值 M 与最小值 m 之间的任何值.

例 8 证明方程 $x^3-4x^2+1=0$ 在区间 $(0,1)$ 内至少有一个根.

证 函数 $f(x)=x^3-4x^2+1$ 在闭区间 $[0,1]$ 上连续,又

$$f(0)=1>0,\quad f(1)=-2<0.$$

根据零点定理,在 $(0,1)$ 内至少有一点 ξ,使得

$$f(\xi)=0,$$

即

$$\xi^3-4\xi^2+1=0,\quad 0<\xi<1.$$

该等式说明方程 $x^3-4x^2+1=0$ 在区间 $(0,1)$ 内至少有一个根是 ξ.

习 题 1.9

1. 求下列函数或数列的极限:

(1) $\lim\limits_{x\to 0}\sqrt{x^2-2x+5}$;　(2) $\lim\limits_{t\to -2}\dfrac{e^t+1}{t}$;

(3) $\lim\limits_{x\to\frac{\pi}{4}}(\sin 2x)^3$;　(4) $\lim\limits_{x\to\frac{\pi}{9}}\ln(2\cos 3x)$;

(5) $\lim\limits_{x\to\frac{\pi}{4}}\dfrac{\sin 2x}{2\cos(\pi-x)}$;　(6) $\lim\limits_{x\to 0}\dfrac{\sqrt{x+1}-1}{x}$;

(7) $\lim\limits_{x\to 0}\dfrac{x^2}{1-\sqrt{1+x^2}}$;　(8) $\lim\limits_{x\to 1}\dfrac{\sqrt{5x-4}-\sqrt{x}}{x-1}$;

(9) $\lim\limits_{n\to\infty}\dfrac{\sin\dfrac{5}{n}}{\tan\dfrac{1}{n^2}}$;　(10) $\lim\limits_{n\to\infty}\dfrac{\ln\left(1+\dfrac{2}{\sqrt{n}}\right)}{\sqrt{n}}$.

2. 求下列极限:

(1) $\lim\limits_{x\to\infty}e^{\frac{1}{x}}$;　(2) $\lim\limits_{x\to 0}\ln\dfrac{\sin x}{x}$;

(3) $\lim\limits_{x\to\infty}\left(\dfrac{x^2}{x^2-1}\right)^x$;　(4) $\lim\limits_{x\to 0}(1+3\tan^2 x)^{\cot^2 x}$;

(5) $\lim\limits_{x\to 0}\dfrac{e^x-1}{x}$.

3. 证明方程 $x^5-3x=1$ 至少有一个根介于 1 和 2 之间.

4. 证明方程 $e^x\cos x=0$ 在 $(0,\pi)$ 内至少有一个根.

总 习 题 1

1. 填空题

(1) 函数 $f(x)=\sqrt{25-x^2}+\dfrac{x-10}{\ln x}$的连续区间是________.

(2) 设函数 $f(x)=\begin{cases}\dfrac{1-x^2}{1+x}, & x\neq -1,\\ A, & x=-1.\end{cases}$ 当 $A=$________时,函数 $f(x)$在 $x=-1$ 处连续.

(3) 若$\lim\limits_{x\to\infty}\left(1+\dfrac{2}{x}\right)^{-kx}=e^{-10}$,则 $k=$________.

(4) $\lim\limits_{x\to 1}\left[(x-1)\sin\dfrac{2}{x-1}+\dfrac{2}{x-1}\sin(x-1)\right]=$________.

(5) $\lim\limits_{x\to\infty}\dfrac{(x^{10}-2)(3x+1)^{20}}{(2x+3)^{30}}=$________.

(6) $\lim\limits_{x\to 0}\dfrac{1-e^{\tan x}}{\arcsin\dfrac{x}{2}}=$________.

(7) 要使函数 $f(x)=\dfrac{2e^{\frac{1}{x}}+1}{3e^{\frac{1}{x}}+\dfrac{3}{2}}$在 $x=0$ 处连续,需定义 $f(0)=$________.

2. 选择题

(1) $\lim\limits_{x\to\infty}\dfrac{ax^2+bx+c}{x-1}=3$,则 a,b,c 的值为(　　).

A. 0,3,任意;　　B. 0,−3,任意;

C. 3,−1,任意;　　D. 前三组都不对.

(2) $\lim\limits_{x\to+\infty}\dfrac{2e^x-e^{-x}}{e^x+e^{-x}}=$(　　).

A. 2;　　B. −2;　　C. 0;　　D. 不存在.

(3) 当 $x\to 0$ 时,$(1-\cos x)\ln(1+x^2)$是比 $x\sin x^n$ 高阶的无穷小,而 $x\sin x^n$ 是比$(e^{x^2}-1)$高阶的无穷小,则正整数 n 等于(　　).

A. 4;　　B. 3;　　C. 2;　　D. 1.

(4) 设 $f(x)=\begin{cases}\dfrac{\sqrt{x+1}-1}{x}, & x\neq 0,\\ 0, & x=0,\end{cases}$ 则 $x=0$ 是函数 $f(x)$的(　　).

A. 可去间断点;　　B. 无穷间断点;

C. 连续点;　　D. 跳跃间断点.

(5) 函数 $f(x)$在 x_0 点处连续的充分必要条件是(　　).

A. 函数 $f(x)$在 x_0 点处有定义;

B. 函数 $f(x)$在 x_0 点处的左、右极限存在且相等;

C. 函数 $f(x)$在 x_0 点处的左、右极限均存在;

D. 函数 $f(x)$在 x_0 点处的极限等于 $f(x_0)$.

(6) 方程 $x^4-x-1=0$ 至少有一个实根的区间是(　　).

A. $\left(0,\dfrac{1}{2}\right)$；　B. $\left(\dfrac{1}{2},1\right)$；　C. $(2,3)$；　D. $(1,2)$.

(7) $\lim\limits_{x\to1}\dfrac{\sin^2(1-x)}{(x-1)^2(x+2)}=$(　　).

A. 1；　B. ∞；　C. 0；　D. $\dfrac{1}{3}$.

(8) 设 $f(x)=\begin{cases}\dfrac{1}{x}\sin\dfrac{x}{3}, & x\neq0,\\ a, & x=0.\end{cases}$ 要使 $f(x)$ 在 $(-\infty,+\infty)$ 处连续，则 $a=$(　　).

A. 0；　B. 1；　C. 1/3；　D. 3.

3. 计算下列极限：

(1) $\lim\limits_{x\to0}\dfrac{\tan x-\sin x}{x^3}$；

(2) $\lim\limits_{x\to0}\dfrac{(1+mx)^n-(1+nx)^m}{x^2}$；

(3) $\lim\limits_{x\to0}(x+e^x)^{\frac{1}{x}}$；

(4) $\lim\limits_{x\to0^+}\left(\dfrac{\sin x}{x}\right)^{\frac{1}{x}}$；

(5) $\lim\limits_{x\to0}[1+\ln(1+x)]^{\frac{2}{x}}$；

(6) $\lim\limits_{x\to0}\dfrac{1-\cos x}{x\sin x}$；

(7) $\lim\limits_{x\to0}\dfrac{\arcsin3x}{x^2+2x}$；

(8) $\lim\limits_{x\to0}\dfrac{\ln(1-\sin^2x)}{e^{x^2}-1}$；

(9) $\lim\limits_{x\to0}\dfrac{\sin(x^n)}{(\sin x)^m}$ (n,m 为正整数)；

(10) $\lim\limits_{x\to0}\dfrac{\sin x-\tan x}{(\sqrt[3]{1+x^2}-1)(\sqrt{1+\sin x}-1)}$；

(11) $\lim\limits_{x\to0}\dfrac{1-e^{\tan x}}{\ln\left(1+\arcsin\dfrac{x}{2}\right)}$；

(12) $\lim\limits_{n\to\infty}\sum\limits_{k=1}^{n}\dfrac{1}{k(k+1)(k+2)}$.

4. 已知 $\lim\limits_{x\to\infty}\left(\dfrac{x+a}{x-a}\right)^x=9$，求 a 的值.

5. 已知 $\lim\limits_{x\to3}\dfrac{x^2+ax+b}{x-3}=4$，求 a,b.

6. 设函数 $f(x)=\begin{cases}\dfrac{1-e^{\tan x}}{\arcsin\dfrac{x}{2}}, & x>0,\\ ae^{2x}, & x\leqslant0\end{cases}$ 在 $x=0$ 处连续，求常数 a 的值.

7. 证明方程 $x^5-3x=1$ 在 $(1,2)$ 内至少存在一个实根.

8. 设 $f(x)$ 在区间 $[a,b]$ 上连续，$x_1,x_2,\cdots,x_n$ 为 $[a,b]$ 上的任意一组数. 证明：$\exists x_0\in[a,b]$，使得 $f(x_0)=\dfrac{1}{n}[f(x_1)+f(x_2)+\cdots+f(x_n)]$.

9. 设 $f(x),g(x)$ 在区间 $[a,b]$ 上连续，且 $f(a)<g(a)$，$f(b)>g(b)$. 证明：在区间 (a,b) 内至少存在一点 ξ，使得 $f(\xi)=g(\xi)$.

第2章 导数与微分

高等数学最重要的组成部分是微分和积分,统称微积分. 它是近代数学乃至自然科学的很多学科的基础,它是人们认识客观世界、探索实际生活规律的典型数学手段之一.

微积分学包含微分学与积分学两个主要部分,微分学又包括一元函数微分学与多元函数微分学两个部分. 本章研究一元函数微分学的两个最基本内容: 导数与微分. 我们以极限概念为基础,引入导数与微分的概念,给出导数与微分的计算方法.

2.1 导数的概念

2.1.1 导数概念的引出

数学上的概念很多来源于解决实际问题的需要. 人们除了需要了解变量之间的函数关系以外,还需要研究变量变化快慢的程度,也就是变化率问题,例如物体运动的速度、国家人口增长速度、经济发展速度、劳动生产率等. 我们先来讨论两个具体问题: 变速直线运动的瞬时速度问题与曲线的切线问题,这两个问题与导数概念的形成有着密切的关系.

1. 变速直线运动的瞬时速度

设某物体作变速直线运动,在$[0,t]$内所走过的路程为$s=s(t)$,其中$t>0$为时间,求物体在时刻t_0的瞬时速度$v=v(t_0)$.

我们知道,当物体作匀速直线运动时,速度v等于物体所走过的路程s除以所用的时间t,即$v=\dfrac{s}{t}$. 这一速度其实是物体走过某段路程的平均速度,平均速度通常记为$\bar{v}$. 由于匀速运动物体的速度是不变的,所以瞬时速度$v=\bar{v}$. 但变速直线运动物体的速度$v(t)$是随时间t的变化而变化的,不同时刻的速度可能不同,因此,用上述公式算出的平均速度$\bar{v}$不能真实反映物体在t_0时的瞬时速度$v=v(t_0)$.

为求$v(t_0)$,我们可先求出物体在$[t_0,t_0+\Delta t]$这一小段时间内的平均速度$\bar{v}$,当Δt很小时,通常速度的变化不会很大,因此平均速度$\bar{v}$可作为$v(t_0)$的近似值. 容易看出,Δt越小,则$\bar{v}$越接近于$v(t_0)$,当Δt无限变小时,则$\bar{v}$将无限接近于$v(t_0)$,即$v(t_0)=\lim\limits_{\Delta t\to 0}\bar{v}$. 这就是我们求$v(t_0)$的基本思路. 以下具体求$v(t_0)$.

设物体在$[0,t_0]$内所走过的路程为$s(t_0)$,在$[0,t_0+\Delta t]$内所走过的路程为$s(t_0+\Delta t)$,从而物体在$[t_0,t_0+\Delta t]$这段时间内所走过的路程为

$$\Delta s = s(t_0+\Delta t)-s(t_0),$$

物体在$[t_0,t_0+\Delta t]$这段时间内的平均速度为

$$\bar{v}=\frac{\Delta s}{\Delta t}=\frac{s(t_0+\Delta t)-s(t_0)}{\Delta t},$$

且

$$v(t_0)\approx\bar{v}=\frac{\Delta s}{\Delta t}.$$

根据前面的分析，Δt 越小，则 $\bar{v}$ 越接近于 $v(t_0)$，当 Δt 无限变小时，则 $\bar{v}$ 将无限接近于 $v(t_0)$，由极限的概念知，

$$v(t_0)=\lim_{\Delta t\to 0}\bar{v}=\lim_{\Delta t\to 0}\frac{\Delta s}{\Delta t}=\lim_{\Delta t\to 0}\frac{s(t_0+\Delta t)-s(t_0)}{\Delta t}. \tag{2.1}$$

2. 曲线的切线问题

在初等数学中，将圆的切线定义为"与圆只有一个交点的直线". 但对于一般曲线而言，这种定义显然不能表示切线的真正含义.

那么，怎样来定义并求出曲线的切线呢？法国数学家费马(Fermat)在17世纪给出了切线的如下定义和求法.

设曲线 L 及 L 上一点 M_0，在 L 上另取一点 M，作割线 M_0M. 当 M 点沿曲线 L 趋向于 M_0 时，割线 M_0M 绕 M_0 点旋转，若割线 M_0M 存在极限位置 M_0T，则直线 M_0T 为曲线 L 在点 M_0 处的**切线**. 这里，极限位置的含义是：当点 M 沿曲线 L 趋向于 M_0 时，$\angle MM_0T$ 趋于零(见图2.1).

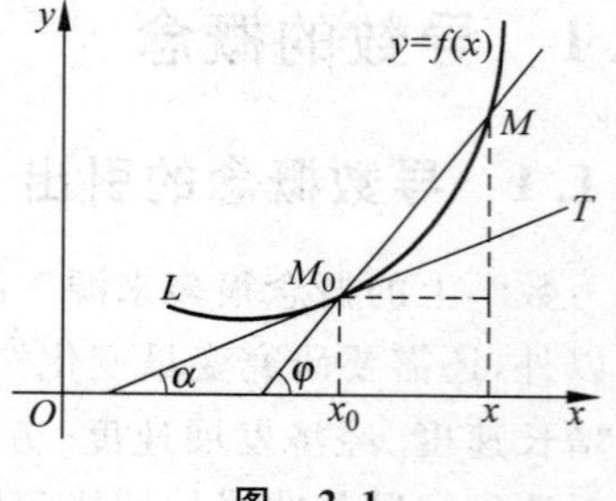

图 2.1

设曲线 L 的方程为 $y=f(x)$，$M_0(x_0,y_0)$是 L 上的点，即 $y_0=f(x_0)$. 要求曲线 L 在点 M_0 处的切线方程，只需求出切线的斜率就可以了.

根据切线的定义，如果曲线 L 在 M_0 处的切线存在，切线的斜率就应该是割线 M_0M 的斜率的极限. 因此，设点 M 的坐标为(x,y)，则割线 M_0M 的斜率为

$$k_{M_0M}=\frac{y-y_0}{x-x_0}=\frac{f(x)-f(x_0)}{x-x_0}.$$

若设 $x=x_0+\Delta x$，则割线 M_0M 的斜率也可以表示为

$$k_{M_0M}=\frac{f(x_0+\Delta x)-f(x_0)}{\Delta x}=\frac{\Delta y}{\Delta x}.$$

当点 M 沿着 L 趋向于 M_0 时，即 $x\to x_0$，$\Delta x\to 0$，割线斜率 k_{M_0M}的极限就是切线 M_0T 的斜率 k，即

$$k=\lim_{M\to M_0}k_{M_0M}=\lim_{\Delta x\to 0}\frac{f(x_0+\Delta x)-f(x_0)}{\Delta x}=\lim_{\Delta x\to 0}\frac{\Delta y}{\Delta x}. \tag{2.2}$$

显然式(2.2)与前面讨论的直线运动的瞬时速度(即式(2.1))在本质上是相同的，都可以归结为计算函数的增量与自变量的增量比值的极限，也就是求因变量对自变量的变化率.

无论是在自然科学还是在社会科学的研究过程中，涉及很多关于变化率的问题，如线密度、电流、反应速度等，都可以归结到形如式(2.1)或式(2.2)的数学形式. 我们撇开不同变化率的具体意义，抽出它们的数量关系上的共同本质，就得到函数导数的概念.

2.1.2 导数的定义

定义 1 设函数 $y=f(x)$在点 x_0 的某邻域内有定义,当自变量 x 在点 x_0 取得增量 Δx(点$x_0+\Delta x$ 仍在该邻域)时,相应地函数取得增量

$$\Delta y=f(x_0+\Delta x)-f(x_0),$$

如果极限

$$\lim_{\Delta x\to 0}\frac{\Delta y}{\Delta x}=\lim_{\Delta x\to 0}\frac{f(x_0+\Delta x)-f(x_0)}{\Delta x}$$

存在,则称函数 $y=f(x)$在点 x_0 处可导,并称上述极限值为函数 $y=f(x)$在点 x_0 处的导数,记为 $f'(x_0)$,即

$$f'(x_0)=\lim_{\Delta x\to 0}\frac{\Delta y}{\Delta x}=\lim_{\Delta x\to 0}\frac{f(x_0+\Delta x)-f(x_0)}{\Delta x},$$

也可以记成 $y'|_{x=x_0}$,$\left.\frac{\mathrm{d}y}{\mathrm{d}x}\right|_{x=x_0}$ 或$\left.\frac{\mathrm{d}f(x)}{\mathrm{d}x}\right|_{x=x_0}$.

如果定义 1 中的极限不存在,则称函数 $y=f(x)$在点 x_0 处**不可导或导数不存在**,如果上述极限趋于无穷大,为描述方便,也说函数 $y=f(x)$在点 x_0 处的导数为无穷大,记为 $f'(x_0)=\infty$.

显然,导数的定义也可以写成下面的形式:

$$f'(x_0)=\lim_{h\to 0}\frac{f(x_0+h)-f(x_0)}{h},$$

上式中的 h 即增量 Δx.

如果令 $\Delta x=x-x_0$,则有

$$f'(x_0)=\lim_{x\to x_0}\frac{f(x)-f(x_0)}{x-x_0}.$$

导数是各种具体变化率概念的抽象概括,导数从纯粹的数量方面刻画了变化率的本质,反映了函数 $y=f(x)$在点 x_0 处当自变量 x 变化时,因变量 y 变化的快慢程度.

导数的定义是依赖于极限的定义的,而极限有左极限和右极限的概念,因此就有下面的左导数和右导数的概念.

定义 2 设函数 $y=f(x)$在点 x_0 处的左侧$(x_0-\delta,x_0]$上有定义,如果极限

$$\lim_{\Delta x\to 0^-}\frac{f(x_0+\Delta x)-f(x_0)}{\Delta x}$$

存在,则称此极限为函数 $y=f(x)$在 x_0 处的左导数,记为 $f'_-(x_0)$,即

$$f'_-(x_0)=\lim_{\Delta x\to 0^-}\frac{f(x_0+\Delta x)-f(x_0)}{\Delta x},$$

左导数也可以写成

$$f'_-(x_0)=\lim_{x\to x_0^-}\frac{f(x)-f(x_0)}{x-x_0}.$$

类似地,可以定义函数 $y=f(x)$在点 x_0 处的右导数,即

$$f'_+(x_0)=\lim_{\Delta x\to 0^+}\frac{f(x_0+\Delta x)-f(x_0)}{\Delta x},$$

也可以写成

$$f'_+(x_0) = \lim_{x \to x_0^+} \frac{f(x) - f(x_0)}{x - x_0}.$$

左导数和右导数统称为单侧导数.

根据函数极限存在的充要条件是左极限、右极限存在并且相等的结论可得下面的结论：

$f(x)$在点 x_0 处可导的充要条件是 $f(x)$在点 x_0 处的左导数 $f'_-(x_0)$ 和右导数$f'_+(x_0)$都存在且相等.

若函数 $y=f(x)$在开区间(a,b)内的每一点处都可导，则称 $f(x)$在区间(a,b)内可导.如果 $f(x)$在(a,b)内可导，且 $f'_-(b)$及 $f'_+(a)$都存在，则称 $f(x)$在闭区间$[a,b]$上可导.

若函数 $f(x)$在区间 I 上可导，这时区间 I 上的每一个确定的 x 值都对应着 $f(x)$的一个确定的导数值 $f'(x)$，这样就构成了一个新的函数，这个函数叫做函数 $y=f(x)$的导函数，记作 y'，$f'(x)$，$\frac{dy}{dx}$或$\frac{df(x)}{dx}$.

将导数定义的 x_0 换成 x，即得导函数的定义

$$f'(x) = \lim_{\Delta x \to 0} \frac{f(x + \Delta x) - f(x)}{\Delta x}.$$

虽然在上式中 x 可以取区间 I 上的任何数值，但在取极限的过程中 x 是常数，Δx 是变量.

为了方便起见，导函数 $f'(x)$也常简称为导数，$f'(x_0)$称为 $f(x)$在点 x_0 处的导数或导数 $f'(x)$在点 x_0 处的值.

有了导数的概念我们就可以利用导数的定义来求一些函数的导数.

利用导数的定义求函数的导数，应该由下面三个步骤完成：

(1) 求函数的增量 $\Delta y=f(x+\Delta x)-f(x)$；

(2) 作增量的比值$\frac{\Delta y}{\Delta x}$；

(3) 求当 $\Delta x \to 0$ 时，$\frac{\Delta y}{\Delta x}$的极限，即

$$f'(x) = \lim_{\Delta x \to 0} \frac{f(x + \Delta x) - f(x)}{\Delta x}.$$

例 1 求函数 $y=c$(c 为常数)的导数.

解 求增量：

$$\Delta y = c - c = 0.$$

作比值：

$$\frac{\Delta y}{\Delta x} = \frac{0}{\Delta x} = 0.$$

求极限：

$$\lim_{\Delta x \to 0} \frac{\Delta y}{\Delta x} = 0,$$

所以，常数的导数是零，即

$$(c)' = 0.$$

例 2 求函数 $y=x^n$(n 为正整数)的导数.

解 求增量:由二项式定理,得

$$\begin{aligned}\Delta y &= (x+\Delta x)^n - x^n \\ &= [x^n + C_n^1 x^{n-1}\Delta x + C_n^2 x^{n-2}(\Delta x)^2 + \cdots + (\Delta x)^n] - x^n \\ &= nx^{n-1}\Delta x + o(\Delta x),\quad \Delta x \to 0.\end{aligned}$$

作比值:

$$\frac{\Delta y}{\Delta x} = nx^{n-1} + \frac{o(\Delta x)}{\Delta x},\quad \Delta x \to 0.$$

求极限:

$$\lim_{\Delta x\to 0}\frac{\Delta y}{\Delta x} = nx^{n-1},$$

即

$$(x^n)' = nx^{n-1}.$$

一般地,在幂函数的定义区间内,有

$$(x^\mu)' = \mu x^{\mu-1},\quad \mu \text{ 为实数}.$$

这就是幂函数的求导公式.利用此公式,可以容易地求出幂函数的导数,例如:

$$(\sqrt{x})' = (x^{\frac{1}{2}})' = \frac{1}{2}x^{\frac{1}{2}-1} = \frac{1}{2\sqrt{x}},$$

$$\left(\frac{1}{x^2}\right)' = (x^{-2})' = -2x^{-2-1} = -\frac{2}{x^3}.$$

例 3 求函数 $y=\cos x$ 的导数.

解 求增量:

$$\Delta y = f(x+\Delta x) - f(x) = \cos(x+\Delta x) - \cos x = -2\sin\left(x+\frac{\Delta x}{2}\right)\sin\frac{\Delta x}{2}.$$

作比值:

$$\frac{\Delta y}{\Delta x} = -\sin\left(x+\frac{\Delta x}{2}\right)\frac{\sin\frac{\Delta x}{2}}{\frac{\Delta x}{2}}.$$

求极限:由重要极限 I 及 $\sin x$ 的连续性,有

$$\lim_{\Delta x\to 0}\frac{\Delta y}{\Delta x} = -\sin x,$$

即

$$(\cos x)' = -\sin x.$$

类似地可得到 $(\sin x)'=\cos x$.

例 4 求函数 $y=\ln x$ 的导数.

解 求增量:

$$\Delta y = \ln(x+\Delta x) - \ln x = \ln\frac{x+\Delta x}{x} = \ln\left(1+\frac{\Delta x}{x}\right).$$

作比值:

$$\frac{\Delta y}{\Delta x}=\frac{1}{\Delta x}\ln\left(1+\frac{\Delta x}{x}\right)=\frac{\ln\left(1+\frac{\Delta x}{x}\right)}{x\cdot\frac{\Delta x}{x}}.$$

求极限：当 $\Delta x\to 0$ 时，$\ln\left(1+\frac{\Delta x}{x}\right)\sim\frac{\Delta x}{x}$，因此得

$$\lim_{\Delta x\to 0}\frac{\Delta y}{\Delta x}=\frac{1}{x},$$

即

$$(\ln x)'=\frac{1}{x}.$$

用类似的方法可以得到对数函数 $f(x)=\log_a x\,(a>0,a\neq 1)$ 的导数为

$$(\log_a x)'=\frac{1}{x}\log_a \mathrm{e}=\frac{1}{x\ln a}.$$

例 5 求 $y=a^x\,(a>0,a\neq 1)$ 的导数.

解 求增量：

$$\Delta y=a^{x+\Delta x}-a^x=a^x(a^{\Delta x}-1).$$

作比值：

$$\frac{\Delta y}{\Delta x}=a^x\,\frac{a^{\Delta x}-1}{\Delta x}.$$

求极限：当 $\Delta x\to 0$ 时，$a^{\Delta x}-1\sim\Delta x\ln a$，因此得

$$\lim_{\Delta x\to 0}\frac{\Delta y}{\Delta x}=a^x\ln a,$$

即

$$(a^x)'=a^x\ln a.$$

特别地，当 $a=\mathrm{e}$ 时，有

$$(\mathrm{e}^x)'=\mathrm{e}^x.$$

例 6 设 $f(x)=\begin{cases}x, & x<0,\\ \sin x, & x\geqslant 0,\end{cases}$ 求 $f'(x)$.

解 当 $x<0$ 时，有

$$f'(x)=(x)'=1;$$

当 $x>0$ 时，有

$$f'(x)=(\sin x)'=\cos x;$$

当 $x=0$ 时，有

$$f'_-(0)=\lim_{\Delta x\to 0^-}\frac{f(0+\Delta x)-f(0)}{\Delta x}=\lim_{\Delta x\to 0^-}\frac{\Delta x}{\Delta x}=1,$$

$$f'_+(0)=\lim_{\Delta x\to 0^+}\frac{f(0+\Delta x)-f(0)}{\Delta x}=\lim_{\Delta x\to 0^+}\frac{\sin\Delta x}{\Delta x}=1.$$

因此有

$$f'_-(0)=f'_+(0)=1,$$

所以

$$f'(0)=1.$$

综上所述，得

$$f'(x)=\begin{cases}1, & x<0,\\ \cos x, & x\geqslant 0.\end{cases}$$

通过例 6 可以看出，对于分段函数 $f(x)$ 求导，可用分段函数的分点将定义域分成几个区间，在每个区间上分别求 $f(x)$ 的导数. 在分点处，计算左导数和右导数以确定 $f(x)$ 在该点处的可导性，最后写出 $f(x)$ 的导数表达式.

2.1.3 导数的几何意义

在前面的讨论中我们已经知道，函数 $y=f(x)$ 在点 $x=x_0$ 处的导数 $f'(x_0)$ 在几何上表示曲线 $y=f(x)$ 在点 $M_0(x_0,f(x_0))$ 处的切线的斜率，即

$$f'(x_0)=\tan\alpha,$$

其中 α 是切线的倾角(见图 2.2).

若 $f'(x_0)=\infty$，则说明连续曲线 $y=f(x)$ 的割线以垂直于 x 轴的直线 $x=x_0$ 为极限位置，即曲线 $y=f(x)$ 在点 $M_0(x_0,f(x_0))$ 处具有垂直于 x 轴的切线 $x=x_0$.

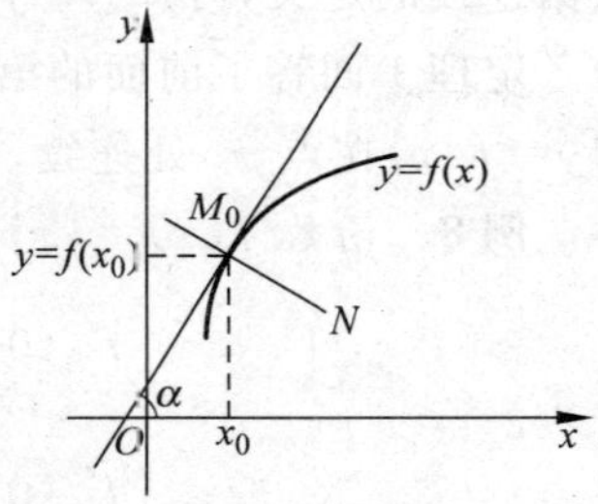

由导数的几何意义，并应用直线的点斜式方程，可知曲线 $y=f(x)$ 在点 $(x_0,f(x_0))$ 处的切线方程为

$$y-f(x_0)=f'(x_0)(x-x_0).$$

我们将过切点 $M_0(x_0,f(x_0))$ 且与切线垂直的直线叫做曲线 $y=f(x)$ 在点 M_0 处的法线(如图 2.2 中的 M_0N). 如果 $f'(x_0)\neq 0$，法线的斜率为 $-\dfrac{1}{f'(x_0)}$，则曲线 $y=f(x)$ 在点 $M_0(x_0,f(x_0))$ 处的法线方程为

图 2.2

$$y-f(x_0)=-\frac{1}{f'(x_0)}(x-x_0).$$

例 7 求曲线 $y=-\dfrac{1}{x}$ 在点 $\left(2,-\dfrac{1}{2}\right)$ 处的切线方程和法线方程.

解 因为 $y'=\dfrac{1}{x^2}$，所以有

$$y'\big|_{x=2}=\frac{1}{2^2}=\frac{1}{4}.$$

所求切线方程为

$$y+\frac{1}{2}=\frac{1}{4}(x-2),$$

即

$$x-4y-4=0.$$

所求法线方程为

$$y+\frac{1}{2}=-4(x-2),$$

即

$$8x+2y-15=0.$$

2.1.4 函数的可导性与连续性之间的关系

函数的连续性和可导性都是逐点定义的，那么同一个函数 $f(x)$ 在同一个点 x_0 处的可导性与连续性有什么关系呢？也就是需要回答下面两个问题：

(1) 如果函数 $f(x)$ 在点 x_0 处连续，$f(x)$ 在点 x_0 处是否一定可导？

(2) 如果函数 $f(x)$ 在点 x_0 处可导，$f(x)$ 在点 x_0 处是否一定连续？

定理 1 如果函数 $y=f(x)$ 在点 x_0 处可导，则 $f(x)$ 在点 x_0 处连续.

证 由于 $y=f(x)$ 在点 x_0 处可导，即

$$\lim_{\Delta x\to 0}\frac{\Delta y}{\Delta x}=\lim_{\Delta x\to 0}\frac{f(x_0+\Delta x)-f(x_0)}{\Delta x}$$

存在，所以

$$\lim_{\Delta x\to 0}\Delta y=\lim_{\Delta x\to 0}\left(\frac{\Delta y}{\Delta x}\Delta x\right)=\lim_{\Delta x\to 0}\frac{\Delta y}{\Delta x}\cdot\lim_{\Delta x\to 0}\Delta x=0.$$

根据连续的定义，可知 $y=f(x)$ 在点 x_0 处连续.

定理 1 回答了前面的第二个问题. 简单地说，可导一定连续；但是其逆命题不一定成立，即 $y=f(x)$ 在点 x_0 处连续，但不一定可导. 举例说明如下.

例 8 函数 $f(x)=|x|$ 在 $(-\infty,+\infty)$ 内连续，但在点 $x=0$ 处，有

$$f'_-(0)=\lim_{\Delta x\to 0^-}\frac{|\Delta x|-0}{\Delta x}=\lim_{\Delta x\to 0^-}\frac{-\Delta x}{\Delta x}=-1,$$

$$f'_+(0)=\lim_{\Delta x\to 0^+}\frac{|\Delta x|-0}{\Delta x}=\lim_{\Delta x\to 0^+}\frac{\Delta x}{\Delta x}=1,$$

$$f'_-(0)\neq f'_+(0).$$

因此 $f'(0)$ 不存在，即 $f(x)$ 在点 $x=0$ 处不可导. 从几何上直观来看，$y=|x|$ 在原点处没有切线(见图 2.3).

例 9 函数 $f(x)=\sqrt[3]{x}$ 在 $(-\infty,+\infty)$ 内连续，但在点 $x=0$ 处，有

$$\lim_{x\to 0}\frac{f(x)-f(0)}{x}=\lim_{x\to 0}\frac{\sqrt[3]{x}-0}{x}=\lim_{x\to 0}x^{-\frac{2}{3}}=\infty,$$

即导数为无穷大，因此 $f(x)$ 在点 $x=0$ 处导数不存在.

这一结论在几何上直观表现为曲线 $y=\sqrt[3]{x}$ 在原点处具有垂直于 x 轴的切线 $x=0$(见图 2.4).

图 2.3　　　　图 2.4

例 10 问 a,b 取何值时，函数 $f(x)=\begin{cases}e^x, & x\leqslant 0,\\ x^2+ax+b, & x>0\end{cases}$ 在点 $x=0$ 处可导？

解 由于 $f(x)$在点 $x=0$ 处可导，因此 $f(x)$在点 $x=0$ 处连续，即

$$\lim_{x\to 0^-} f(x) = \lim_{x\to 0^+} f(x) = f(0).$$

因为 $\lim\limits_{x\to 0^+} f(x)=\lim\limits_{x\to 0^+}(x^2+ax+b)=b$，$f(0)=1$，所以有 $b=1$.

$$f'_-(0) = \lim_{x\to 0^-}\frac{f(x)-f(0)}{x} = \lim_{x\to 0^-}\frac{\mathrm{e}^x-1}{x} = 1,$$

$$f'_+(0) = \lim_{x\to 0^+}\frac{f(x)-f(0)}{x} = \lim_{x\to 0^+}\frac{x^2+ax+1-1}{x} = a.$$

若 $f(x)$在点 $x=0$ 处可导，则应有 $f'_+(0)=f'_-(0)$，即 $a=1$. 所以，当 $a=1,b=1$ 时，函数 $f(x)$在点 $x=0$ 处可导.

习 题 2.1

1. 思考题

(1) 若连续函数 $y=f(x)$在点 x_0 不可导，则曲线 $y=f(x)$在点$(x_0,f(x_0))$处是否一定没有切线？

(2) 设 x_0 为函数 $y=f(x)$的第一类间断点，则左导数 $f'_-(x)$与右导数 $f'_+(x)$是否同时存在？

(3) 设函数 $y=f(x)$在点 x_0 处可导，问$|f(x)|$在点 x_0 处是否可导？

(4) 设$|f(x)|$在点 x_0 处可导，问 $f(x)$在点 x_0 处是否可导？

2. 设 $f'(x_0)$存在，指出下列极限各表示什么.

(1) $\lim\limits_{\Delta x\to 0}\dfrac{f(x_0-\Delta x)-f(x_0)}{\Delta x}$；　　(2) $\lim\limits_{h\to 0}\dfrac{f(x_0)-f(x_0+h)}{h}$；

(3) $\lim\limits_{h\to 0}\dfrac{f(x_0+h)-f(x_0-2h)}{h}$；　　(4) $\lim\limits_{x\to 0}\dfrac{f(x)}{x}$(假设 $f(0)=0$，$f'(0)$存在).

3. 一物体的运动方程为 $s=\dfrac{1}{3}t^3+t$，求该物体在 $t=3$ 时的瞬时速度.

4. 求曲线 $y=x^2-1$ 在点$(2,3)$处的切线方程和法线方程.

5. x 取何值时，曲线 $y=x^2$ 与曲线 $y=x^3$ 的切线相互垂直？

6. 讨论下列函数在指定点 x_0 处是否连续，是否可导.

(1) $f(x)=\begin{cases} x^2, & x<0, \\ x^3, & x\geqslant 0,\end{cases}$ 在点 $x=0$ 处；

(2) $f(x)=\begin{cases} x\arctan\dfrac{1}{x}, & x\neq 0, \\ 0, & x=0,\end{cases}$ 在点 $x=0$ 处；

(3) $f(x)=\begin{cases} \dfrac{\sin(x-1)}{x-1}, & x\neq 1 \\ 0, & x=1,\end{cases}$ 在点 $x=1$ 处.

7. 设 $f(x)=\begin{cases} x^2, & x\leqslant 1, \\ ax+b, & x>1,\end{cases}$ 为了使函数 $f(x)$在点 $x=1$ 处可导，a,b 应取什么值？

8. 已知 $f(x)$在点 $x=1$ 处连续，且$\lim\limits_{x\to1}\dfrac{f(x)}{x-1}=2$，求 $f'(1)$.

2.2 函数的求导法则

前面我们利用导数的定义求出了几个基本初等函数的导数，但是对于比较复杂的函数要用定义去讨论可导性并求出导数，是十分困难的，因此，有必要研究导数的运算规律以及基本初等函数的导数，以便能够比较容易地判断一个初等函数的可导性，并求出它的导数.

2.2.1 函数的和、差、积、商的求导法则

鉴于导数是利用极限来定义的，因此由极限的四则运算法则及导数的定义可以得到函数的和、差、积、商的求导法则.

定理 1 如果函数 $u=u(x)$和 $v=v(x)$都在点 x 处可导，则函数 $u(x)\pm v(x)$也在点 x 处可导，并且

$$[u(x)\pm v(x)]'=u'(x)\pm v'(x). \tag{2.3}$$

证 设当 x 取得增量 $\Delta x(\Delta x\neq0)$时，函数 $u=u(x)$及 $v=v(x)$分别有增量

$$\Delta u=u(x+\Delta x)-u(x),$$
$$\Delta v=v(x+\Delta x)-v(x),$$

从而有

$$\begin{aligned}\Delta(u\pm v)&=[u(x+\Delta x)\pm v(x+\Delta x)]-[u(x)\pm v(x)]\\&=[u(x+\Delta x)-u(x)]\pm[v(x+\Delta x)-v(x)]\\&=\Delta u\pm\Delta v.\end{aligned}$$

所以

$$\lim_{\Delta x\to0}\frac{\Delta(u\pm v)}{\Delta x}=\lim_{\Delta x\to0}\frac{\Delta u}{\Delta x}\pm\lim_{\Delta x\to0}\frac{\Delta v}{\Delta x},$$

即

$$[u(x)\pm v(x)]'=u'(x)\pm v'(x).$$

推论 1 有限个可导函数的代数和的导数等于它们的导数的代数和，即若函数 $u_1(x)$，$u_2(x)$，…，$u_n(x)$都在点 x 处可导，则函数 $u_1(x)\pm u_2(x)\pm\cdots\pm u_n(x)$也在点 x 处可导，并且

$$[u_1(x)\pm u_2(x)\pm\cdots\pm u_n(x)]'=u'_1(x)\pm u'_2(x)\pm\cdots\pm u'_n(x).$$

定理 2 如果函数 $u=u(x)$及 $v=v(x)$都在点 x 处可导，则函数 $u(x)v(x)$也在点 x 处可导，并且

$$[u(x)v(x)]'=u'(x)v(x)+u(x)v'(x). \tag{2.4}$$

证 利用定理 1 证明中的记号，有

$$\begin{aligned}\Delta(uv)&=u(x+\Delta x)v(x+\Delta x)-u(x)v(x)\\&=[u(x)+\Delta u][v(x)+\Delta v]-u(x)v(x)\\&=u(x)\Delta v+v(x)\Delta u+\Delta u\Delta v.\end{aligned}$$

由于 $u(x)$及 $v(x)$都在点 x 处可导，因此 $u(x)$及 $v(x)$都在点 x 处连续，所以

$$\lim_{\Delta x\to 0}\frac{\Delta(uv)}{\Delta x}=\lim_{\Delta x\to 0}\left[u(x)\frac{\Delta v}{\Delta x}+v(x)\frac{\Delta u}{\Delta x}+\Delta u\frac{\Delta v}{\Delta x}\right]$$
$$=u(x)v'(x)+v(x)u'(x)+0\cdot v'(x),$$

即

$$[u(x)v(x)]'=u'(x)v(x)+u(x)v'(x).$$

在式(2.4)中令 $v=C$,那么 $v'=0$,可得以下推论.

推论 2 设 C 是常数,则

$$[Cu(x)]'=Cu'(x). \tag{2.5}$$

若 $u=u(x),v=v(x),w=w(x)$ 在点 x 处可导,由公式(2.4),有

$$(uvw)=[(uv)w]'=(uv)'w+(uv)w'=(u'v+uv')w+uvw'$$
$$=u'vw+uv'w+uvw'.$$

一般地,有如下推论.

推论 3 设函数 $u_1=u_1(x),u_2=u_2(x),\cdots,u_n=u_n(x)$ 在点 x 处可导,则函数 $u_1(x)u_2(x)\cdots u_n(x)$ 也在点 x 处可导,并且

$$(u_1u_2,\cdots u_n)'=u_1'u_2\cdots u_n+u_1u_2'\cdots u_n+\cdots+u_1u_2\cdots u_n'. \tag{2.6}$$

定理 3 如果函数 $u=u(x)$ 及 $v=v(x)$ 都在点 x 处可导,则函数 $\frac{u(x)}{v(x)}(v(x)\neq 0)$ 也在点 x 处可导,并且

$$\left[\frac{u(x)}{v(x)}\right]'=\frac{u'(x)v(x)-u(x)v'(x)}{v^2(x)}.$$

证 利用定理 1 证明中的记号,有

$$\Delta\left[\frac{u}{v}\right]=\frac{u(x+\Delta x)}{v(x+\Delta x)}-\frac{u(x)}{v(x)}=\frac{u(x)+\Delta u}{v(x)+\Delta v}-\frac{u(x)}{v(x)}=\frac{v(x)\Delta u-u(x)\Delta v}{v(x)[v(x)+\Delta v]}.$$

由于 $v(x)$ 在 x 点处可导,从而在点 x 处连续,所以

$$\lim_{\Delta x\to 0}\frac{\Delta\left[\frac{u}{v}\right]}{\Delta x}=\lim_{\Delta x\to 0}\frac{\left[v(x)\frac{\Delta u}{\Delta x}-u(x)\frac{\Delta v}{\Delta x}\right]}{v(x)[v(x)+\Delta v]}=\frac{u'(x)v(x)-u(x)v'(x)}{v^2(x)},$$

即当 $v(x)\neq 0$ 时,有

$$\left[\frac{u(x)}{v(x)}\right]'=\frac{u'(x)v(x)-u(x)v'(x)}{v^2(x)}. \tag{2.7}$$

特殊地,若令 $u(x)=1$,则可得以下推论.

推论 4 如果函数 $v=v(x)$ 可导,且 $v(x)\neq 0$,则

$$\left[\frac{1}{v(x)}\right]'=-\frac{v'(x)}{v^2(x)}.$$

例 1 求 $y=x^4+\sqrt[3]{x}+3^x-\log_3 x-\ln 3$ 的导数.

解 由定理 1,有

$$y'=(x^4)'+(\sqrt[3]{x})'+(3^x)'-(\log_3 x)'-(\ln 3)'$$
$$=4x^3+\frac{1}{3}x^{-\frac{2}{3}}+3^x\ln 3-\frac{1}{x\ln 3}.$$

例2 设 $y=\dfrac{2x^3-x\sqrt{x}+3x-\sqrt{x}-4}{x\sqrt{x}}$，求 $y'|_{x=1}$.

解 由于

$$y=2x^{\frac{3}{2}}-1+3x^{-\frac{1}{2}}-x^{-1}-4x^{-\frac{3}{2}},$$

故

$$\begin{aligned}y'&=2\times\frac{3}{2}x^{\frac{1}{2}}+3\times\left(-\frac{1}{2}\right)x^{-\frac{1}{2}-1}-(-1)x^{-1-1}-4\cdot\left(-\frac{3}{2}\right)\cdot x^{-\frac{3}{2}-1}\\&=3x^{\frac{1}{2}}-\frac{3}{2}x^{-\frac{3}{2}}+x^{-2}+6x^{-\frac{5}{2}},\end{aligned}$$

因此 $y'=|_{x=1}=3-\dfrac{3}{2}+1+6=\dfrac{17}{2}$.

例3 求函数 $y=x\ln x\cdot\sin x$ 的导数.

解 由推论3，有

$$\begin{aligned}y'&=(x)'\ln x\cdot\sin x+x(\ln x)'\sin x+x\ln x\cdot(\sin x)'\\&=\ln x\cdot\sin x+\sin x+x\ln x\cdot\cos x.\end{aligned}$$

例4 求余切函数 $y=\cot x$ 的导数.

解 由于 $\cot x=\dfrac{\cos x}{\sin x}$，利用式(2.7)可得

$$y'=\left(\frac{\cos x}{\sin x}\right)'=\frac{(\cos x)'\sin x-\cos x(\sin x)'}{\sin^2x}=-\frac{\sin^2x+\cos^2x}{\sin^2x}=-\csc^2x,$$

即

$$(\cot x)'=-\csc^2x.$$

同理可得

$$(\tan x)'=\sec^2x.$$

例5 求正割函数 $y=\sec x$ 的导数.

解 因 $\sec x=\dfrac{1}{\cos x}$，由定理3的推论4，有

$$y'=(\sec x)'=\left(\frac{1}{\cos x}\right)'=-\frac{(\cos x)'}{\cos^2x}=\frac{\sin x}{\cos^2x}=\sec x\tan x,$$

即

$$(\sec x)'=\sec x\tan x.$$

同理可得

$$(\csc x)'=-\csc x\cot x.$$

至此，在基本初等函数中，仅剩下反三角函数的导数公式尚未导出. 下面先来讨论反函数的导数，进而得到反三角函数的导数公式.

2.2.2 反函数的求导法则

定理4 设函数 $x=g(y)$ 在区间 I_y 上单调且可导，它的值域为 I_x，而 $g'(y)\neq0$，则其反函数 $y=g^{-1}(x)=f(x)$ 在区间 I_x 上可导，并且有

$$f'(x)=\frac{1}{g'(y)} \text{ 或 } \frac{\mathrm{d}y}{\mathrm{d}x}=\frac{1}{\frac{\mathrm{d}x}{\mathrm{d}y}}. \tag{2.8}$$

证 由于函数 $x=g(y)$ 在区间 I_y 上单调且可导，因此其在区间 I_x 上的反函数 $y=f(x)$ 是单调连续的. 对于任意的点 $x\in I_x$，当 $\Delta x\neq 0$ 时，$\Delta y\neq 0$，所以有

$$\frac{\Delta y}{\Delta x}=\frac{1}{\frac{\Delta x}{\Delta y}}.$$

又函数 $y=f(x)$ 连续，所以当 $\Delta x\to 0$ 时，$\Delta y\to 0$，因此

$$\lim_{\Delta x\to 0}\frac{\Delta y}{\Delta x}=\frac{1}{\lim\limits_{\Delta y\to 0}\frac{\Delta x}{\Delta y}}.$$

由已知 $g'(y)\neq 0$，故

$$f'(x)=\lim_{\Delta x\to 0}\frac{\Delta y}{\Delta x}=\frac{1}{\lim\limits_{\Delta y\to 0}\frac{\Delta x}{\Delta y}}=\frac{1}{g'(y)}.$$

例 6 求反余弦函数 $y=\arccos x$ 的导数.

解 $y=\arccos x$ 是 $x=\cos y(0<y<\pi)$ 的反函数，而 $x=\cos y$ 在 $(0,\pi)$ 内单调、可导，且

$$(\cos y)'=-\sin y\neq 0.$$

由定理 4 可知，在对应区间 $(-1,1)$ 内，$y=\arccos x$ 可导，且

$$(\arccos x)'=\frac{1}{(\cos y)'}=\frac{1}{-\sin y},$$

而 $\sin y=\sqrt{1-\cos^2 y}$，故

$$(\arccos x)'=-\frac{1}{\sqrt{1-\cos^2 y}}=-\frac{1}{\sqrt{1-x^2}}.$$

用同样的方法可得

$$(\arcsin x)'=\frac{1}{\sqrt{1-x^2}}.$$

例 7 求反正切函数 $y=\arctan x$ 的导数.

解 $y=\arctan x(-\infty<x<+\infty)$ 是 $x=\tan y\left(-\frac{\pi}{2}<y<\frac{\pi}{2}\right)$ 的反函数，而 $x=\tan y$ 在 $\left(-\frac{\pi}{2},\frac{\pi}{2}\right)$ 内单调、可导，且

$$(\tan y)'=\sec^2 y\neq 0.$$

由定理 4 可知，在对应区间 $I_x=(-\infty,+\infty)$ 内，$y=\arctan x$ 可导，且

$$(\arctan x)'=\frac{1}{(\tan y)'}=\frac{1}{\sec^2 y}.$$

而

$$\sec^2 y=1+\tan^2 y=1+x^2,$$

故

$$(\arctan x)'=\frac{1}{1+x^2},\quad -\infty<x<+\infty.$$

用同样的方法可得

$$(\operatorname{arccot}x)'=-\frac{1}{1+x^2},\quad -\infty<x<+\infty.$$

如果利用三角学中的公式 $\arcsin x=\frac{\pi}{2}-\arccos x$ 和 $\operatorname{arccot}x=\frac{\pi}{2}-\arctan x$，以及例 6 和例 7 的结果，也可以得到 $\arcsin x$ 及 $\operatorname{arccot}x$ 的导数表达式.

2.2.3 复合函数求导法则

前面讨论了函数的四则运算求导法则，求出了基本初等函数的导数.但是，大量的初等函数是由基本初等函数经过有限次复合运算得到的，它们是否可导？如何计算出它们的导数？这些问题可以通过下面的讨论得到解决，从而可以基本上解决初等函数求导的问题.

定理 5(复合函数求导法则) 如果函数 $u=\varphi(x)$ 在点 x 处可导，函数 $y=f(u)$ 在点 $u=\varphi(x)$ 处可导，则复合函数 $y=f[\varphi(x)]$ 在点 x 处可导，且其导数为

$$\frac{\mathrm{d}y}{\mathrm{d}x}=f'(u)\varphi'(x)=f'[\varphi(x)]\varphi'(x). \tag{2.9}$$

证 设 x 有增量 Δx 时，u 的增量为 Δu，从而 y 也有增量 Δy. 因为

$$\lim_{\Delta u\to 0}\frac{\Delta y}{\Delta u}=f'(u),$$

根据极限存在与无穷小量的关系定理有

$$\frac{\Delta y}{\Delta u}=f'(u)+\alpha,$$

其中 $\lim\limits_{\Delta u\to 0}\alpha=0$. 于是

$$\Delta y=f'(u)\cdot\Delta u+\alpha\cdot\Delta u.$$

当 $\Delta u=0$ 时，由于 $\Delta y=0$，上式仍成立(这时取 $\alpha=0$)，于是

$$\lim_{\Delta x\to 0}\frac{\Delta y}{\Delta x}=\lim_{\Delta x\to 0}\left(f'(u)\cdot\frac{\Delta u}{\Delta x}+\alpha\cdot\frac{\Delta u}{\Delta x}\right)=f'(u)\cdot\lim_{\Delta x\to 0}\frac{\Delta u}{\Delta x}+\lim_{\Delta x\to 0}\alpha\cdot\lim_{\Delta x\to 0}\frac{\Delta u}{\Delta x}.$$

由于 $u=\varphi(x)$ 在点 x 处连续，所以当 $\Delta x\to 0$ 时 $\Delta u\to 0$，从而

$$\lim_{\Delta x\to 0}\alpha=\lim_{\Delta u\to 0}\alpha=0.$$

由上式即得到

$$\frac{\mathrm{d}y}{\mathrm{d}x}=\frac{\mathrm{d}y}{\mathrm{d}u}\cdot\frac{\mathrm{d}u}{\mathrm{d}x},$$

亦即

$$\frac{\mathrm{d}y}{\mathrm{d}x}=f'(u)\varphi'(x)=f'[\varphi(x)]\varphi'(x).$$

上式说明，复合函数 y 对自变量 x 的导数，等于函数 y 对中间变量 u 的导数乘以中间变量 u 对自变量 x 的导数.

例 8 求函数 $y=\cot 2x$ 的导数.

解 $y=\cot 2x$ 可以看作是由 $y=\cot u$，$u=2x$ 复合而成的函数，由公式(2.9)得

$$y'=\frac{\mathrm{d}y}{\mathrm{d}u}\cdot\frac{\mathrm{d}u}{\mathrm{d}x}=-\csc^2 u\cdot 2=-2\csc^2 2x.$$

应当注意，在将复合函数对自变量 x 求导时，最终表达式的中间变量一定要用自变量 x 的函数代入.

例 9 求函数 $y=\ln\sin x$ 的导数.

解 $y=\ln\sin x$ 可以看作是由 $y=\ln u, u=\sin x$ 复合而成，因此有

$$\frac{\mathrm{d}y}{\mathrm{d}x}=\frac{\mathrm{d}y}{\mathrm{d}u}\cdot\frac{\mathrm{d}u}{\mathrm{d}x}=\frac{1}{u}\cos x=\frac{1}{\sin x}\cos x=\cot x.$$

定理可推广到多重复合函数的情形.

例如，$y=f(u), u=g(x), x=\varphi(t)$ 都可导，则复合函数 $y=f(g(\varphi(t)))$ 可导，且

$$\frac{\mathrm{d}y}{\mathrm{d}t}=\frac{\mathrm{d}y}{\mathrm{d}u}\cdot\frac{\mathrm{d}u}{\mathrm{d}x}\cdot\frac{\mathrm{d}x}{\mathrm{d}t}=f'(u)g'(x)\varphi'(t).$$

由此可见，复合函数 $y=f\{g[x(t)]\}$ 的导数等于在构成复合关系的变量

$$y\to u\to x\to t$$

中，每一个在前面的变量对在后面的相邻变量的导数的乘积. 因此，复合函数的求导法则也称为**链式法则**.

例 10 求函数 $y=\mathrm{e}^{\arctan\sqrt{x}}$ 的导数.

解 所给函数可以看作是由 $y=\mathrm{e}^u, u=\arctan v, v=\sqrt{x}$ 复合而成的函数，由链式法则可得

$$\frac{\mathrm{d}y}{\mathrm{d}x}=\frac{\mathrm{d}y}{\mathrm{d}u}\cdot\frac{\mathrm{d}u}{\mathrm{d}v}\cdot\frac{\mathrm{d}v}{\mathrm{d}x}=\mathrm{e}^u\frac{1}{1+v^2}\frac{1}{2\sqrt{x}}=\frac{1}{2\sqrt{x}(1+x)}\mathrm{e}^{\arctan\sqrt{x}}.$$

在对复合函数求导比较熟练以后，函数的复合过程就可以不写出来了. 只要分清中间变量和自变量，把中间变量看作是一个整体，然后逐层求导就可以了. 这里的关键是必须搞清楚每一步骤究竟在对哪个变量求导.

例如，例 10 的过程可以这样进行：

$$y'=(\mathrm{e}^{\arctan\sqrt{x}})'=\mathrm{e}^{\arctan\sqrt{x}}(\arctan\sqrt{x})'=\mathrm{e}^{\arctan\sqrt{x}}\frac{1}{1+(\sqrt{x})^2}(\sqrt{x})'=\frac{1}{2\sqrt{x}(1+x)}\mathrm{e}^{\arctan\sqrt{x}}.$$

例 11 求函数 $y=\cos(\sin^3(x^2))$ 的导数.

解 根据链式法则，有

$$\begin{aligned}y'&=-\sin(\sin^3x^2)\cdot(\sin^3x^2)'=-\sin(\sin^3x^2)\cdot3\sin^2x^2\cdot(\sin x^2)'\\&=-\sin(\sin^3x^2)\cdot3\sin^2x^2\cdot\cos x^2\,(x^2)'=-6x\sin(\sin^3x^2)\sin^2x^2\cos x^2.\end{aligned}$$

例 12 设 $y=\ln|x|$，求 y'.

解 由于 $y=\ln|x|=\begin{cases}\ln(-x), & x<0,\\ \ln x, & x>0,\end{cases}$ 所以，当 $x<0$ 时，有

$$y'=(\ln(-x))'=\frac{1}{-x}\cdot(-1)=\frac{1}{x},$$

当 $x>0$ 时，有

$$y'=(\ln x)'=\frac{1}{x},$$

因此得

$$(\ln|x|)'=\frac{1}{x}.$$

例 13 设 $x>0$，证明幂函数的导数公式

$$(x^{\mu})'=\mu x^{\mu-1},\quad \mu\text{ 为任意实数}.$$

解 因为 $x^{\mu}=\mathrm{e}^{\mu\ln x}$，所以

$$(x^{\mu})'=(\mathrm{e}^{\mu\ln x})'=\mathrm{e}^{\mu\ln x}(\mu\ln x)'=x^{\mu}\frac{\mu}{x}=\mu x^{\mu-1}.$$

例 14 求幂指函数 $y=x^{\cos x}$ 的导数($x>0$).

解 由于 $y=\mathrm{e}^{\cos x\ln x}$，故

$$y'=(\mathrm{e}^{\cos x\ln x})'=\mathrm{e}^{\cos x\ln x}\cdot(\cos x\ln x)'=x^{\cos x}[(\cos x)'\ln x+\cos x(\ln x)']$$

$$=x^{\cos x}\left(-\sin x\ln x+\frac{\cos x}{x}\right).$$

一般地，幂指函数 $y=[u(x)]^{v(x)}$(其中 $u(x)$，$v(x)$是可导函数，且 $u(x)>0$)可以用类似的办法求出它的导数.另外，对于诸如下面例 15 这样的函数，用这种方法来求导也是比较方便的.

例 15 设 $y=\dfrac{\sqrt{x-1}(x^3+2)^3}{(2x+3)^2}$，求 y'.

解 因为

$$y=\mathrm{e}^{\frac{1}{2}\ln(x-1)+3\ln(x^3+2)-2\ln(2x+3)},$$

所以

$$y'=\mathrm{e}^{\frac{1}{2}\ln(x-1)+3\ln(x^3+2)-2\ln(2x+3)}\left(\frac{1}{2}\cdot\frac{1}{x-1}+3\times\frac{3x^2}{x^3+2}-\frac{2\times2}{2x+3}\right)$$

$$=\frac{\sqrt{x-1}(x^3+2)^3}{(2x+3)^2}\left[\frac{1}{2(x-1)}+\frac{9x^2}{x^3+2}-\frac{4}{2x+3}\right].$$

由于初等函数是由基本初等函数经过有限次四则运算和复合运算构成的，而我们已经求出了所有基本初等函数的导数，再利用导数的四则运算法则、链式法则，就可以求出所有初等函数的导数了.

基本初等函数的导数公式如下：

(1) $(C)'=0$(C 为常数)； (2) $(x^{\mu})'=\mu x^{\mu-1}$；

(3) $(\sin x)'=\cos x$； (4) $(\cos x)'=-\sin x$；

(5) $(\tan x)'=\sec^2 x$； (6) $(\cot x)'=-\csc^2 x$；

(7) $(\sec x)'=\sec x\tan x$； (8) $(\csc x)'=-\csc x\cot x$；

(9) $(a^x)'=a^x\ln a(a>0,a\neq1)$； (10) $(\mathrm{e}^x)'=\mathrm{e}^x$；

(11) $(\log_a x)'=\dfrac{1}{x\ln a}(a>0,a\neq1)$； (12) $(\ln x)'=\dfrac{1}{x}$；

(13) $(\arcsin x)'=\dfrac{1}{\sqrt{1-x^2}}(|x|<1)$； (14) $(\arccos x)'=-\dfrac{1}{\sqrt{1-x^2}}(|x|<1)$；

(15) $(\arctan x)'=\dfrac{1}{1+x^2}$； (16) $(\text{arccot}\,x)'=-\dfrac{1}{1+x^2}$.

习 题 2.2

1. 求下列函数的导数：

(1) $y=\frac{1}{2}x^2+x+1$； (2) $y=x^3+3^x-\ln 3$；

(3) $y=\frac{\sqrt{x}-1}{x^2}$； (4) $y=\sqrt{x\sqrt{x\sqrt{x}}}$；

(5) $y=\frac{x-1}{x+1}$； (6) $y=\frac{1-\ln x}{1+\ln x}$；

(7) $y=(x+1)(x+2)(x+3)$； (8) $y=2^x\cos x\ln x$.

2. 求下列函数在给定点的导数：

(1) $f(x)=\frac{5}{3-x}+\frac{x^3}{2}$ $(x=2)$； (2) $S=t\sin t+\frac{1}{2}\cos t$ $\left(t=\frac{\pi}{4}\right)$.

3. 求下列函数的导数：

(1) $y=(1-2x)^{10}$； (2) $y=\ln\tan\frac{x}{2}$； (3) $y=\frac{1}{\sqrt{1-x^2}}$；

(4) $y=e^{\sin\frac{1}{x}}$； (5) $y=(\sin x)^{x^2}$.

2.3 高阶导数

在质点作变速直线运动中，不但要了解质点在时刻 t 的瞬时速度 $v(t)$ 是路程函数 $s(t)$ 在时刻 t 的导数，即 $v(t)=\frac{\mathrm{d}s}{\mathrm{d}t}$，而且还要研究速度的变化率 $\frac{\mathrm{d}v}{\mathrm{d}t}=v'(t)$，即质点在时刻 t 的加速度 $a(t)$，它是路程 $s(t)$ 关于 t 的导数的导数，即

$$a(t)=\frac{\mathrm{d}v}{\mathrm{d}t}=\frac{\mathrm{d}\left(\frac{\mathrm{d}s}{\mathrm{d}t}\right)}{\mathrm{d}t},$$

我们将它称为 $s(t)$ 对 t 的二阶导数，记为

$$a(t)=\frac{\mathrm{d}^2 s}{\mathrm{d}t^2} \text{ 或 } a(t)=s''(t).$$

一般地，若函数 $y=f(x)$ 的导数 $y'=f'(x)$ 仍是可导函数，则把 $y'=f'(x)$ 的导数叫做函数 $y=f(x)$ 的二阶导数，记作

$$y'',\quad \frac{\mathrm{d}^2 y}{\mathrm{d}x^2},\quad f''(x) \quad \text{或} \quad \frac{\mathrm{d}^2 f(x)}{\mathrm{d}x^2}.$$

如果二阶导数 y'' 仍可导，则称它的导数为函数 $y=f(x)$ 的三阶导数，记作

$$y''',\quad \frac{\mathrm{d}^3 y}{\mathrm{d}x^3},\quad f'''(x) \quad \text{或} \quad \frac{\mathrm{d}^3 f(x)}{\mathrm{d}x^3}.$$

以此类推，当 $y=f(x)$ 的 $n-1$ 阶导数 $f^{(n-1)}(x)$ 仍可导时，则称其导数为 $y=f(x)$ 的 n 阶导数，记作

$$\frac{\mathrm{d}^n y}{\mathrm{d}x^n},\quad y^{(n)},\quad f^{(n)}(x) \quad \text{或} \quad \frac{\mathrm{d}^n f(x)}{\mathrm{d}x^n}.$$

函数 $y=f(x)$ 具有 n 阶导数,也可以说成函数 $y=f(x)$ 为 n 阶可导.当函数 $f(x)$ 在点 x 处 n 阶可导时,依定义知 $f(x)$ 在该点一定具有所有低于 n 阶的导数.为了表达方便,习惯上称 $f'(x)$ 为 $f(x)$ 的一阶导数,二阶及二阶以上的导数统称为 $f(x)$ 的高阶导数.有时也把函数 $f(x)$ 本身称为 $f(x)$ 的零阶导数,即 $f(x)=f^{(0)}(x)$.

高阶导数的计算就是对函数连续多次求导数,因此,可以反复运用前面所学的求导方法来计算高阶导数.

例 1 设 $y=x^3-2x^2+3$,求 y''',$y^{(4)}$.

解 对函数依次求一阶、二阶、三阶、四阶导数,得

$$\begin{aligned} y' &= 3x^2-4x,\\ y'' &= 6x-4,\\ y''' &= 6,\\ y^{(4)} &= 0. \end{aligned}$$

一般地,设函数 $y=a_0x^n+a_1x^{n-1}+\cdots+a_{n-1}x+a_n$,则

$$y^{(n)}=a_0n!,\quad y^{(n+1)}=0.$$

例 2 设函数 $y=\sqrt{2x-x^2}$,证明 $y''y^3=-1$.

证 由于

$$y'=\frac{2-2x}{2\sqrt{2x-x^2}}=\frac{1-x}{\sqrt{2x-x^2}},$$

$$y''=\frac{(1-x)'\sqrt{2x-x^2}-(1-x)(\sqrt{2x-x^2})'}{2x-x^2}=\frac{-\sqrt{2x-x^2}-\dfrac{(1-x)^2}{\sqrt{2x-x^2}}}{2x-x^2}$$

$$=-\frac{1}{(2x-x^2)\sqrt{2x-x^2}}=-\frac{1}{y^3},$$

因此

$$y''y^3=-1.$$

例 3 求 $y=a^x(a>0,a\neq 1)$ 的 n 阶导数.

解 由于

$$\begin{aligned} y' &= a^x\ln a,\\ y'' &= a^x\ln^2 a,\\ &\ \vdots\\ y^{(n)} &= a^x\ln^n a, \end{aligned}$$

因此

$$(a^x)^{(n)}=a^x\ln^n a.$$

特别地,有

$$(\mathrm{e}^x)^{(n)}=\mathrm{e}^x.$$

例 4 求 $y=\sin x$ 的 n 阶导数.

解 由于 $y'=\cos x=\sin\left(x+\frac{\pi}{2}\right)$,$y''=\cos\left(x+\frac{\pi}{2}\right)=\sin\left(x+\frac{\pi}{2}+\frac{\pi}{2}\right)$,

$$y'''=\cos\left(x+2\times\frac{\pi}{2}\right)=\sin\left(x+3\times\frac{\pi}{2}\right),\cdots$$

一般地，有 $y^{(n)}=\sin\left(x+n\dfrac{\pi}{2}\right)$. 因此

$$(\sin x)^{(n)}=\sin\left(x+n\frac{\pi}{2}\right).$$

类似地，可得

$$(\cos x)^{(n)}=\cos\left(x+n\frac{\pi}{2}\right).$$

从前面几个例题的解题过程看，要想求出函数的 n 阶导数，应该善于发现和总结规律. 另外，下面的定理对于计算函数的高阶导数也是很有用的.

定理 1 设函数 $u(x)$，$v(x)$ 均有 n 阶导数，则对于任意常数 a 与 b，$au+bv$ 与 uv 也是 n 阶可导的，并且有

(1) $(au+bv)^{(n)}=au^{(n)}+bv^{(n)}$；

(2)
$$\begin{aligned}(uv)^{(n)}&=u^{(n)}v+nu^{(n-1)}v'+\frac{n(n-1)}{2!}u^{(n-2)}v''+\cdots\\&\quad+\frac{n(n-1)\cdots(n-k+1)}{k!}u^{(n-k)}v^{(k)}+\cdots+uv^{(n)}\\&=\sum_{k=0}^{n}C_n^k u^{(n-k)}v^{(k)}.\end{aligned}$$

定理中的(2)也称为**莱布尼茨**(Leibniz)**公式**，它的形式与二项式定理相似.

例 5 求函数 $y=\dfrac{4x}{3x^2+2x-1}$ 的二阶导数.

解 如果直接对函数求二阶导数，运算过程将非常繁琐，把函数先分成两部分，即

$$y=\frac{1}{x+1}+\frac{1}{3x-1},$$

利用定理 1 中的(1)有

$$y''=\left(\frac{1}{x+1}\right)''+\left(\frac{1}{3x-1}\right)''=\frac{2}{(x+1)^3}+\frac{18}{(3x-1)^3}.$$

例 6 设 $y=x^2\sin 2x$，求 y'''.

解 由于

$$\begin{aligned}&(x^2)'=2x,\quad (x^2)''=2,\quad (x^2)'''=0,\\&(\sin 2x)'=2\cos 2x,\quad (\sin 2x)''=-4\sin 2x,\\&(\sin 2x)'''=-8\cos 2x.\end{aligned}$$

由莱布尼茨公式，有

$$\begin{aligned}y'''&=(x^2)'''\sin 2x+C_3^1(x^2)''(\sin 2x)'+C_3^2(x^2)'(\sin 2x)''+x^2(\sin 2x)'''\\&=12\cos 2x-24x\sin 2x-8x^2\cos 2x.\end{aligned}$$

习 题 2.3

1. 求下列函数的二阶导数：

(1) $y=\ln(1+x^2)$；　　(2) $y=e^{\sin x}$；

(3) $y=(1+x^2)\arctan x$；　　(4) $y=\dfrac{\ln x}{x^2}$.

2. 求下列函数的导数值：

(1) $f(x)=(x^3+10)^4$，求 $f''(0)$；

(2) $f(x)=xe^{x^2}$，求 $f''(1)$；

(3) $f(x)=\frac{e^x}{x}$，求 $f''(2)$.

3. 设 $f(u)$ 二阶可导，求下列函数的二阶导数 $\frac{d^2y}{dx^2}$：

(1) $y=f(x^2)$；　　(2) $y=f\left(\frac{1}{x}\right)$；　　(3) $y=\ln[f(x)]$.

4. 验证函数 $y=e^x\sin x$ 满足关系式 $y''-2y'+2y=0$.

2.4 隐函数及由参数方程所确定的函数的导数

前面所讨论的函数都可以表示为 $y=f(x)$ 的形式，其中 $f(x)$ 是 x 的解析式，例如 $y=xe^{3x}$，$y=\tan x$ 等，上述用解析表达式表示函数关系的函数也称为**显函数**. 除了显函数外，还可以由一个二元方程 $F(x,y)=0$ 来确定函数关系，或由参数方程确定函数关系. 本节主要讨论这两类函数的导数问题.

2.4.1 隐函数的导数

在某些条件下，一个二元方程 $F(x,y)=0$ 能够表达两个变量之间的关系，若函数 $f(x,y)$ 具备一定条件时能确定出一个变量 y 关于另一个变量 x 的函数关系. 例如，对于方程

$$y-2x=3,$$

如果给定 x 的一个值，则通过此方程可求得 y 的一个确定的值与之对应. 也就是说，由这个方程确定了 y 是关于 x 的函数. 这样的函数称为隐函数.

一般地，设有方程 $F(x,y)=0$，如果存在一个定义在某区间 I 上的函数 $f(x)$，使得 $F[x,f(x)]\equiv 0$，则称 $y=f(x)$ 为由方程 $F(x,y)=0$ 确定的**隐函数**.

有些方程确定的隐函数是可以直接化为显函数的，这个过程称为隐函数的**显化**. 比如，可以将方程 $y-2x=3$ 化成

$$y=2x+3,$$

这样就把隐函数化成了显函数.

但是有些隐函数显化是非常困难的，甚至是不可能的，例如，由方程 $y^2-\sin xy+e^{xy}=3$ 所确定的隐函数就不能化成显函数.

下面我们讨论在隐函数存在并且可导的前提条件下，求隐函数的导数问题.

设 $y=f(x)$ 是由 $F(x,y)=0$ 确定的隐函数，将其代入方程，有

$$F[x,f(x)]\equiv 0.$$

将这个恒等式两端对 x 求导数，所得结果也必然相等. 而左端 $F[x,f(x)]$ 是将 $y=f(x)$ 代入 $F(x,y)$ 的结果，求导数时，y 是 x 的函数，应该用复合函数求导法，所得结果应该是含有 y' 的表达式. 在等式中将 y' 解出，便可得到要求的导数.

例 1 求由方程 $xy-\sin y=3$ 确定的隐函数 $y=f(x)$ 的导数.

解 将 y 看成是关于 x 的函数,方程两边同时对 x 求导数得

$$y+xy'-y'\cos y=0,$$

解出方程中的 y' 得

$$y'=\frac{y}{\cos y-x}.$$

例 2 求曲线 $\frac{x^2}{9}+\frac{y^2}{3}=1$ 在点 $(\sqrt{3},\sqrt{2})$ 处的切线方程.

解 根据隐函数求导法则,将方程 $\frac{x^2}{9}+\frac{y^2}{3}=1$ 两边对 x 求导,可得

$$\frac{2x}{9}+\frac{2y}{3}y'=0,$$

将点 $(\sqrt{3},\sqrt{2})$ 代入,可得

$$y'|_{(\sqrt{3},\sqrt{2})}=-\frac{\sqrt{6}}{6},$$

可求得切线方程为

$$y=-\frac{\sqrt{6}}{6}x+\frac{3}{2}\sqrt{2}.$$

例 3 求由方程 $y=\sin(x+y)$ 所确定的隐函数的二阶导数 $\frac{\mathrm{d}^2y}{\mathrm{d}x^2}$.

解 将方程两边分别对 x 求导,得

$$y'=\cos(x+y)(1+y'),$$

解得

$$y'=\frac{\cos(x+y)}{1-\cos(x+y)}.$$

两边再对 x 求导,得

$$\begin{aligned}y''&=\frac{-\sin(x+y)(1+y')(1-\cos(x+y))-\cos(x+y)\sin(x+y)(1+y')}{(1-\cos(x+y))^2}\\&=\frac{-\sin(x+y)(1+y')}{(1-\cos(x+y))^2}=-\frac{\sin(x+y)}{(1-\cos(x+y))^3}.\end{aligned}$$

说明 求由方程 $F(x,y)=0$ 确定的函数 $y=f(x)$ 的二阶导数,可把 y 视为中间变量将 $F(x,y)=0$ 两边分别对 x 求导,求出 $y'=\varphi(x,y)$ 后,仍视 y 为中间变量,对 y' 再求一次导数,则表达式中有 y',将第一次求出的 y' 代入后即可求出 y''.

由隐函数求导法还可得到一种新的求导法则——对数求导法.

先将函数 $y=f(x)$ 的两边取对数,然后利用隐函数求导法求出 y 的导数 y',这种方法称为**对数求导法**.

以下两类函数,使用对数求导法求导一般较为简便:

(1) 幂指函数 $y=f(x)^{g(x)}(f(x)>0)$;

(2) 多个因式的积、商、乘方、开方构成的函数.

下面通过例题来说明对数求导法.

例4 求幂指函数 $y=x^x(x>0)$ 的导数.

解 解法1 将函数 $y=x^x(x>0)$ 两边取对数得 $\ln y=x\ln x$，两边分别对 x 求导，则由隐函数求导法则，有

$$\frac{1}{y}y'=1+\ln x,$$

解得

$$y'=y(1+\ln x)=x^x(1+\ln x).$$

解法2 因为 $y=x^x=\mathrm{e}^{x\ln x}(x>0)$，所以由复合函数求导法则，得

$$y'=\mathrm{e}^{x\ln x}(x\ln x)'=x^x(1+\ln x).$$

例5 已知 $y=(1+x^3)^{\sin x}(x>0)$，求 y'.

解 两边取对数得

$$\ln y=\sin x\ln(1+x^3),$$

上式两边分别对 x 求导得

$$\frac{1}{y}y'=\cos x\cdot\ln(1+x^3)+\frac{3x^2\sin x}{1+x^3},$$

解得

$$y'=(1+x^3)^{\sin x}\left[\cos x\cdot\ln(1+x^3)+\frac{3x^2\sin x}{1+x^3}\right].$$

例6 求函数 $y=\frac{x^2}{1+x}\sqrt{\frac{3+x}{(x+2)^2}}(x>0)$ 的导数.

解 两边取对数得

$$\ln y=2\ln x-\ln(1+x)+\frac{1}{2}\ln(3+x)-\ln(x+2),$$

两边分别对 x 求导得

$$\frac{1}{y}y'=\frac{2}{x}-\frac{1}{1+x}+\frac{1}{6+2x}-\frac{1}{x+2},$$

所以

$$y'=\frac{x^2}{1+x}\sqrt{\frac{3+x}{(x+2)^2}}\left(\frac{2}{x}-\frac{1}{1+x}+\frac{1}{6+2x}-\frac{1}{x+2}\right).$$

例7 求函数 $y=\sqrt{\mathrm{e}^{-2}\sqrt{x^2\sqrt{\sin x}}}$ 的导数.

解 两边取对数得

$$\ln y=\frac{1}{2}\left[-2\ln\mathrm{e}+\frac{1}{2}\left(2\ln x+\frac{1}{2}\ln\sin x\right)\right]=-\ln\mathrm{e}+\frac{1}{2}\ln x+\frac{1}{8}\ln\sin x,$$

方程两端分别对 x 求导得

$$\frac{1}{y}y'=\frac{1}{2x}+\frac{\cot x}{8},$$

所以

$$y'=\sqrt{\mathrm{e}^{-2}\sqrt{x^2\sqrt{\sin x}}}\left(\frac{1}{2x}+\frac{\cot x}{8}\right).$$

2.4.2 由参数方程所确定的函数的导数

在平面解析几何中，以原点为中心、a 为长半轴、b 为短半轴的椭圆可由参数方程

$$\begin{cases} x = a\cos t, \\ y = b\sin t, \end{cases} \quad 0 \leqslant t \leqslant 2\pi$$

表示，其中 t 为参数（离心角）. 当参数 t 取定一个值时，就得到椭圆上的一个点(x,y). 如果 t 取遍$[0,2\pi]$上所有实数时，就得到椭圆上的所有点.

如果把对应于同一个参数 t 的值 x，y（即曲线上同一点的横坐标和纵坐标）看作是对应的，那么就得到 y 与 x 之间的对应关系，也就是函数关系. 如果从参数方程中消去参数 t，可得$\frac{x^2}{a^2}+\frac{y^2}{b^2}=1$，这就是变量 x 与 y 的隐函数表达式.

一般地，若参数方程$\begin{cases} x=\varphi(t), \\ y=\psi(t) \end{cases}$确定了 y 与 x 之间的函数关系，则称此函数为由参数方程所确定的函数.

下面讨论由参数方程所确定的函数的求导问题.

首先想到的办法是消去参数方程中参数 t，得到隐函数后再求导数. 但是对于某些参数方程而言，消去参数 t 并不容易，因此这种方法并不总是可行的. 于是，我们应该找到一种直接由参数方程来计算它所确定的函数的求导方法.

为了讨论问题方便，我们假设参数方程$\begin{cases} x=\varphi(t), \\ y=\psi(t) \end{cases}$可以确定函数 $y=f(x)$，并且 $\varphi(t)$，$\psi(t)$均可导，$x=\varphi(t)$有反函数 $t=\varphi^{-1}(x)$，那么由参数方程确定的函数就可以看作是由函数 $y=\psi(t)$与 $t=\varphi^{-1}(x)$复合而成的函数 $y=\psi[\varphi^{-1}(x)]$.

再设 $\varphi'(t)\neq 0$，则由复合函数求导法则和反函数的求导公式，有

$$\frac{\mathrm{d}y}{\mathrm{d}x}=\frac{\mathrm{d}y}{\mathrm{d}t}\cdot\frac{\mathrm{d}t}{\mathrm{d}x}=\frac{\mathrm{d}y}{\mathrm{d}t}\cdot\frac{1}{\frac{\mathrm{d}x}{\mathrm{d}t}}=\frac{\psi'(t)}{\varphi'(t)},$$

即

$$\frac{\mathrm{d}y}{\mathrm{d}x}=\frac{\psi'(t)}{\varphi'(t)}, \tag{2.10}$$

这就是由参数方程所确定的函数的求导公式. 如果 $\varphi(t)$，$\psi(t)$都二阶可导，还可以求出二阶导数$\frac{\mathrm{d}^2 y}{\mathrm{d}x^2}$，即

$$\begin{aligned}\frac{\mathrm{d}^2 y}{\mathrm{d}x^2} &= \frac{\mathrm{d}}{\mathrm{d}x}\left(\frac{\mathrm{d}y}{\mathrm{d}x}\right)=\frac{\mathrm{d}}{\mathrm{d}x}\left[\frac{\psi'(t)}{\varphi'(t)}\right]=\frac{\mathrm{d}}{\mathrm{d}t}\left[\frac{\psi'(t)}{\varphi'(t)}\right]\cdot\frac{\mathrm{d}t}{\mathrm{d}x}=\frac{\psi''(t)\varphi'(t)-\psi'(t)\varphi''(t)}{[\varphi'(t)]^2}\cdot\frac{1}{\varphi'(t)} \\ &= \frac{\psi''(t)\varphi'(t)-\psi'(t)\varphi''(t)}{[\varphi'(t)]^3}.\end{aligned}$$

在求二阶导数$\frac{\mathrm{d}^2 y}{\mathrm{d}x^2}$时，一般是将由式(2.10)求得一阶导数$\frac{\mathrm{d}y}{\mathrm{d}x}$的表达式直接对 t 求导数，再除以 $\varphi'(t)$，即

$$\frac{\mathrm{d}^2 y}{\mathrm{d}x^2}=\frac{\left(\frac{\psi'(t)}{\varphi'(t)}\right)'}{\varphi'(t)},$$

而不直接引用上面推导出来的公式.

例8 证明星型线 $\begin{cases}x=a\cos^3 t,\\ y=a\sin^3 t\end{cases}$ $(a>0)$在任何点的切线被坐标轴所截的线段为定长.

证 对应于参数 t,星型线上点 M 的坐标为$(a\cos^3 t, a\sin^3 t)$,过点 M 的切线斜率为

$$\frac{\mathrm{d}y}{\mathrm{d}x}=\frac{(a\sin^3 t)'}{(a\cos^3 t)'}=\frac{3a\sin^2 t\cos t}{-3a\cos^2 t\sin t}=-\tan t,$$

星型线在点 M 的切线方程为

$$y-a\sin^3 t=-\tan t(x-a\cos^3 t).$$

令 $y=0$,得切线在 x 轴上的截距为

$$X(t)=a\cos t;$$

令 $x=0$,得切线在 y 轴上的截距为

$$Y(t)=a\sin t.$$

所以切线被坐标轴所截的线段长度为

$$\sqrt{X^2(t)+Y^2(t)}=\sqrt{a^2\cos^2 t+a^2\sin^2 t}=a.$$

由于 M 是星型线上的任意点,故命题得证.

例9 摆线的参数方程是

$$\begin{cases}x=a(t-\sin t),\\ y=a(1-\cos t),\end{cases}$$

其中,a 是常数,且 $a>0$,求$\frac{\mathrm{d}^2 y}{\mathrm{d}x^2}$.

解 由公式(2.10)得

$$\frac{\mathrm{d}y}{\mathrm{d}x}=\frac{\frac{\mathrm{d}y}{\mathrm{d}t}}{\frac{\mathrm{d}x}{\mathrm{d}t}}=\frac{a\sin t}{a(1-\cos t)}=\cot\frac{t}{2},\quad t\neq 2n\pi, n\in\mathbb{Z},$$

$$\begin{aligned}\frac{\mathrm{d}^2 y}{\mathrm{d}x^2}&=\frac{\mathrm{d}}{\mathrm{d}x}\left(\cot\frac{t}{2}\right)=\frac{\mathrm{d}}{\mathrm{d}t}\left(\cot\frac{t}{2}\right)\cdot\frac{\mathrm{d}t}{\mathrm{d}x}\\&=-\frac{1}{2}\csc^2\frac{t}{2}\cdot\frac{1}{\frac{\mathrm{d}x}{\mathrm{d}t}}=-\frac{1}{2}\csc^2\frac{t}{2}\cdot\frac{1}{a(1-\cos t)}\\&=-\frac{1}{4a}\csc^4\frac{t}{2},\quad t\neq 2n\pi, n\in\mathbb{Z}.\end{aligned}$$

习 题 2.4

1. 求由下列方程所确定的隐函数 y 的导数:

(1) $y=x+\ln y$;　　(2) $y\sin x=\cos(x-y)$;

(3) $x^y=y^x$;　　(4) $\mathrm{e}^y=x\tan y$.

2. 求由方程 $\ln(y-x)-x=0$ 所确定的隐函数 y 在 $x=0$ 处的导数.

3. 求下列方程所确定的隐函数 y 的二阶导数:

(1) $x^2-y^2=4$;　　(2) $y=\cos(x+y)$.

4. 求下列函数的导数:

(1) $y=\left(1+\dfrac{1}{x}\right)^x$;　　(2) $y=(x^2+1)^3(x+2)^2x^6$;

(3) $y=\sqrt{\dfrac{(x-1)(x-2)}{(x-3)(x-4)}}$;　　(4) $y=\dfrac{(3-x)^4\sqrt{2+x}}{(x+1)^5}$.

5. 求下列曲线在指定点处的切线、法线方程:

(1) $\begin{cases}x=\cos t,\\ y=\sin t,\end{cases} t=\dfrac{\pi}{4}$;　　(2) $\begin{cases}x=a\cos^2\theta,\\ y=a\sin^2\theta,\end{cases} \theta=\dfrac{\pi}{4}$.

6. 求下列参数方程所确定的函数 $y=f(x)$ 的一阶和二阶导数:

(1) $\begin{cases}x=3\mathrm{e}^{-t},\\ y=2\mathrm{e}^{t};\end{cases}$　　(2) $\begin{cases}x=1-t^3,\\ y=t-t^3;\end{cases}$　　(3) $\begin{cases}x=at^2,\\ y=bt^3.\end{cases}$

2.5 微分

微分是微分学的一个重要概念,它与导数既密切相关又有本质区别.导数反映函数在某点变化的快慢程度,而微分则描述函数的增量的近似程度.

2.5.1 微分的概念

前面研究了函数 $y=f(x)$ 在一点 x_0 处的连续性,将其定义为

$$\lim_{\Delta x\to 0}\Delta y=\lim_{\Delta x\to 0}[f(x_0+\Delta x)-f(x_0)]=0;$$

又研究了函数的导数,将其定义为

$$\lim_{\Delta x\to 0}\frac{\Delta y}{\Delta x}=\lim_{\Delta x\to 0}\frac{f(x_0+\Delta x)-f(x_0)}{\Delta x}=f'(x_0).$$

这两个重要概念都涉及了自变量的增量 Δx 与函数的增量 Δy,可见它们是了解函数性态的重要研究对象.这里,我们将从近似代替的角度出发,通过一个引例来研究函数的增量 Δy 与自变量的增量 Δx 之间的内在联系,从而得到微分的概念.

引例　一块正方形金属薄片受温度变化的影响,当边长 x 由 x_0 变到 $x_0+\Delta x$(见图 2.5)时,问此薄片的面积改变了多少?

设此薄片的面积为 S,边长为 x,则 $S(x)=x^2$.上述问题相当于求当自变量在点 x_0 取得增量 Δx 时,函数 S 取得的增量 ΔS,有

$$\Delta S=(x_0+\Delta x)^2-x_0^2=2x_0\Delta x+(\Delta x)^2.$$

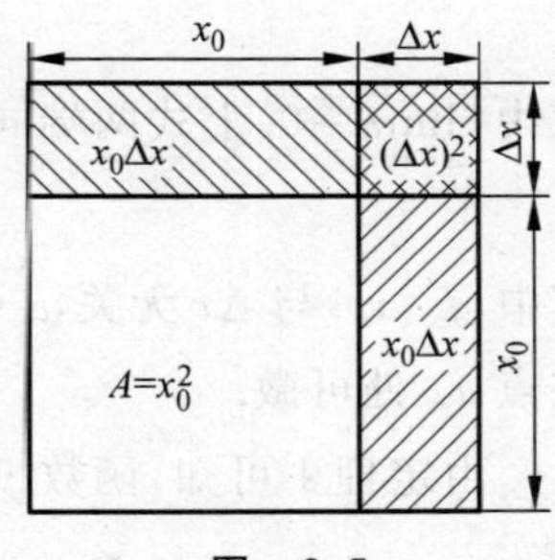

图　2.5

由此式可以看出,ΔS 由两部分构成:第一部分 $2x_0\Delta x$ 是 Δx 的线性函数,即图中带有斜线的两个矩形面积之和;第二部分 $(\Delta x)^2$ 是图中带有双斜线的小正方形的面积.当 $\Delta x\to 0$ 时,第

二部分面积$(\Delta x)^2$是比Δx高阶的无穷小. 由此可见,当$|\Delta x|$很小时,面积的改变量ΔS可以近似用第一部分代替.

一般地,若函数$y=f(x)$的增量Δy可写成

$$\Delta y = A\Delta x + o(\Delta x),$$

其中,A是不依赖于Δx的常数,$o(\Delta x)$是$\Delta x\to 0$时比Δx高阶的无穷小,则当$A\neq 0$且$|\Delta x|$很小时,Δy就可以近似地用$A\Delta x$来表示. 于是,便引出微分的概念.

定义1 设函数$y=f(x)$在某区间I内有定义,$x_0,x_0+\Delta x\in I$. 如果函数的增量$\Delta y=f(x_0+\Delta x)-f(x_0)$可表示为

$$\Delta y = A\Delta x + o(\Delta x),$$

其中,A是与Δx无关的常数,$o(\Delta x)$是当$\Delta x\to 0$时比Δx高阶的无穷小,则称函数$y=f(x)$在点x_0处可微,称$A\Delta x$为函数$y=f(x)$在点x_0处相应于自变量增量Δx的微分,简称为函数$y=f(x)$在点x_0处的微分,记作$\mathrm{d}y|_{x=x_0}$,即$\mathrm{d}y|_{x=x_0}=A\Delta x$.

由定义1可知,函数$y=f(x)$在点x_0处的微分就是当自变量x有增量Δx时,函数y的增量Δy的主要部分. 由于$\mathrm{d}y=A\Delta x$是Δx的线性函数,故称微分$\mathrm{d}y$是Δy的线性主部.

现在要问,什么样的函数$y=f(x)$在点x_0处可微呢? 与Δx无关的常数A等于什么? 下面的定理回答这个问题.

定理1 函数$y=f(x)$在点x_0处可微的充要条件是它在点x_0处可导.

证 先证必要性. 设函数$y=f(x)$在点x_0处可微,即

$$\Delta y = A\Delta x + o(\Delta x),$$

其中,A与Δx无关. 将等式两端同时除以Δx,且令$\Delta x\to 0$求极限,得

$$\lim_{\Delta x\to 0}\frac{\Delta y}{\Delta x} = \lim_{\Delta x\to 0}\left[A + \frac{o(\Delta x)}{\Delta x}\right] = A,$$

即

$$f'(x_0) = A.$$

因此得知,$y=f(x)$在点x_0处可导,必要性得证.

再证充分性. 设函数$y=f(x)$在点x_0处可导,即

$$\lim_{\Delta x\to 0}\frac{\Delta y}{\Delta x} = f'(x_0).$$

根据极限与无穷小的关系,有

$$\frac{\Delta y}{\Delta x} = f'(x_0) + \alpha,$$

其中,$\lim\limits_{\Delta x\to 0}\alpha=0$. 上式两端同乘以$\Delta x$,得

$$\Delta y = f'(x_0)\Delta x + \alpha\cdot\Delta x,$$

其中,$f'(x_0)$与Δx无关,$\alpha\cdot\Delta x$是当$\Delta x\to 0$时比Δx高阶的无穷小. 由微分的定义知$y=f(x)$在点x_0处可微.

由定理1可知,函数$y=f(x)$在一点x_0处可微与可导是等价的,并且有

$$\mathrm{d}y|_{x=x_0} = f'(x_0)\Delta x. \tag{2.11}$$

因此,我们可以将求函数的导数与求函数的微分的方法称为微分法,但导数和微分是两个不同的概念,不能混为一谈,导数 $f'(x_0)$反映的是函数 $f(x)$在 x_0 处的变化率,而微分 $\mathrm{d}y|_{x=x_0}$ 表示的是 $f(x)$在 x_0 处增量 Δy 的线性主部.导数的值只与 x_0 有关;微分的值既与 x_0 有关,又与 Δx 有关.

若 $y=f(x)$在区间 I 内的每一点都可微,称函数 $y=f(x)$在区间 I 内可微,对于 $x\in I$,有 $\mathrm{d}y=f'(x)\Delta x$.

因为函数 $y=x$ 的微分 $\mathrm{d}y=\mathrm{d}x=x'\Delta x=\Delta x$,即对于自变量 x 有 $\mathrm{d}x=\Delta x$,因而通常把自变量 x 的增量 Δx 记为 $\mathrm{d}x$,所以函数的微分可写为 $\mathrm{d}y=f'(x)\mathrm{d}x$,从而

$$\frac{\mathrm{d}y}{\mathrm{d}x}=f'(x),$$

即函数的微分 $\mathrm{d}y$ 与自变量的微分 $\mathrm{d}x$ 之商等于函数的导数,因此导数又称为**微商**.

例 1 求函数 $y=x^2+x$ 当 $x=2,\Delta x=0.02$ 时的增量与微分.

解 当 $x=2,\Delta x=0.02$ 时函数的增量为

$$\Delta y=(2+0.02)^2+(2+0.02)-2^2-2=0.1004.$$

又

$$\mathrm{d}y=(x^2+x)'\Delta x=(2x+1)\Delta x,$$

当 $x=2,\Delta x=0.02$ 时,$\mathrm{d}y=(2\times2+1)0.02=0.1$.

此例说明,当$|\Delta x|$很小时用微分 $\mathrm{d}y$ 作函数增量 Δy 的近似值所产生的误差很小.

例 2 求函数 $y=\sin(x^2+x)$的微分.

解 $\mathrm{d}y=(\sin(x^2+x))'\mathrm{d}x=(2x+1)\cos(x^2+x)\mathrm{d}x$.

2.5.2 微分的几何意义

设函数 $y=f(x)$在点 x_0 处可微,如图 2.6 所示,MT 是曲线 $y=f(x)$上点 $M(x_0,y_0)$处的切线,它的倾角为 α,当横坐标 x 有增量 Δx 时,相应地曲线的纵坐标 y 有增量 Δy,对应曲线上的点 $N(x_0+\Delta x,y_0+\Delta y)$.

如图 2.6 所示,$MQ=\Delta x,QN=\Delta y$,则

$$QP=MQ\cdot\tan\alpha=\Delta x\cdot f'(x_0),$$

即

$$\mathrm{d}y=QP.$$

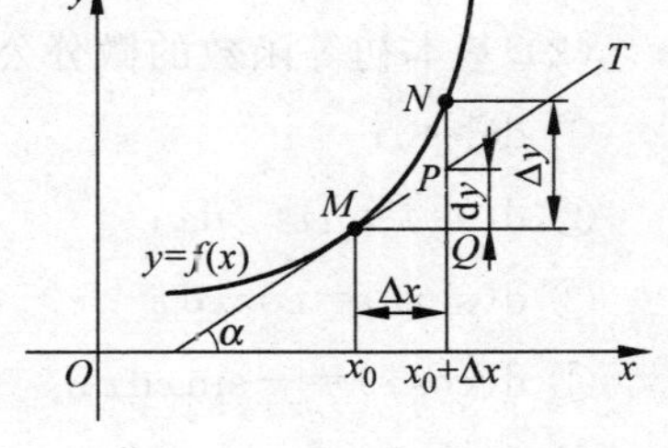

图 2.6

因此函数的微分 $\mathrm{d}y$ 是曲线 $y=f(x)$在点 M 处切线的纵坐标的相应增量.而 Δy 是曲线在点 M 处纵坐标的相应增量.用 $\mathrm{d}y$ 近似代替 Δy,产生的误差 $PN=|\Delta y-\mathrm{d}y|$是比 Δx 高阶的无穷小.也就是说,在 M 点附近可用切线段近似代替曲线段,即“以直代曲”.

2.5.3 微分的基本公式和微分运算法则

由函数的微分及导数公式和求导法则可得微分公式与微分运算法则.

1. 微分的基本公式

(1) 基本初等函数的求导公式如下：

① $(C)'=0$；

② $(x^{\mu})'=\mu x^{\mu-1}$；

③ $(\sin x)'=\cos x$；

④ $(\cos x)'=-\sin x$；

⑤ $(\tan x)'=\sec^2 x$；

⑥ $(\cot x)'=-\csc^2 x$；

⑦ $(\sec x)'=\sec x\tan x$；

⑧ $(\csc x)'=-\csc x\cot x$；

⑨ $(a^x)'=a^x\ln a$；

⑩ $(\mathrm{e}^x)'=\mathrm{e}^x$；

⑪ $(\log_a x)'=\dfrac{1}{x\ln a}$；

⑫ $(\ln x)'=\dfrac{1}{x}$；

⑬ $(\arcsin x)'=\dfrac{1}{\sqrt{1-x^2}}$；

⑭ $(\arccos x)'=\dfrac{-1}{\sqrt{1-x^2}}$；

⑮ $(\arctan x)'=\dfrac{1}{1+x^2}$；

⑯ $(\mathrm{arccot}\, x)'=\dfrac{-1}{1+x^2}$.

(2) 基本初等函数的微分公式如下：

① $\mathrm{d}C=0$；

② $\mathrm{d}(x^{\mu})=\mu x^{\mu-1}\mathrm{d}x$；

③ $\mathrm{d}(\sin x)=\cos x\mathrm{d}x$

④ $\mathrm{d}(\cos x)=-\sin x\mathrm{d}x$；

⑤ $\mathrm{d}(\tan x)=\sec^2 x\mathrm{d}x$；

⑥ $\mathrm{d}(\cot x)=-\csc^2 x\mathrm{d}x$；

⑦ $\mathrm{d}(\sec x)=\sec x\tan x\mathrm{d}x$；

⑧ $\mathrm{d}(\csc x)=-\csc x\cot x\mathrm{d}x$；

⑨ $\mathrm{d}(a^x)=a^x\ln a\mathrm{d}x$；

⑩ $\mathrm{d}(\mathrm{e}^x)=\mathrm{e}^x\mathrm{d}x$；

⑪ $\mathrm{d}(\log_a x)=\dfrac{1}{x\ln a}\mathrm{d}x$；

⑫ $\mathrm{d}(\ln x)=\frac{1}{x}\mathrm{d}x$；

⑬ $\mathrm{d}(\arcsin x)=\frac{1}{\sqrt{1-x^2}}\mathrm{d}x$；

⑭ $\mathrm{d}(\arccos x)=\frac{-1}{\sqrt{1-x^2}}\mathrm{d}x$；

⑮ $\mathrm{d}(\arctan x)=\frac{1}{1+x^2}\mathrm{d}x$；

⑯ $\mathrm{d}(\mathrm{arccot}\, x)=\frac{-1}{1+x^2}\mathrm{d}x$.

2. 函数的和、差、积、商的微分运算法则

由函数导数的四则运算法则，可得相应的微分四则运算法则，设 $u=u(x)$，$v=v(x)$都可微，则有：

(1) $\mathrm{d}(u\pm v)=\mathrm{d}u\pm\mathrm{d}v$；

(2) $\mathrm{d}(Cu)=C\mathrm{d}u$；

(3) $\mathrm{d}(uv)=v\mathrm{d}u+u\mathrm{d}v$；

(4) $\mathrm{d}\left(\frac{u}{v}\right)=\frac{v\mathrm{d}u-u\mathrm{d}v}{v^2}(v\neq 0)$.

下面只对商的微分公式给出证明，其他微分公式都可以用类似的方法证明. 由微分与导数之间的关系，有

$$\mathrm{d}\left(\frac{u}{v}\right)=\left(\frac{u}{v}\right)'\mathrm{d}x.$$

再由导数公式，有

$$\left(\frac{u}{v}\right)'=\frac{u'v-uv'}{v^2},$$

于是得

$$\mathrm{d}\left(\frac{u}{v}\right)=\frac{u'v-uv'}{v^2}\mathrm{d}x=\frac{u'v\mathrm{d}x-uv'\mathrm{d}x}{v^2}.$$

由于 $\mathrm{d}u=u'\mathrm{d}x$，$\mathrm{d}v=v'\mathrm{d}x$，所以

$$\mathrm{d}\left(\frac{u}{v}\right)=\frac{v\mathrm{d}u-u\mathrm{d}v}{v^2}.$$

3. 复合函数的微分法则

与链式法则相对应，复合函数有如下微分法则.

设函数 $y=f(u)$及函数 $u=\varphi(x)$都可微，则复合函数 $y=f[\varphi(x)]$的微分为

$$\mathrm{d}y=y'\mathrm{d}x=f'[\varphi(x)]\varphi'(x)\mathrm{d}x.$$

由于 $\varphi'(x)\mathrm{d}x=\mathrm{d}\varphi(x)=\mathrm{d}u$，所以复合函数 $y=f[\varphi(x)]$的微分也可以写成

$$\mathrm{d}y=f'(u)\mathrm{d}u.$$

注意到，上式中 u 是一个中间变量($u=\varphi(x)$). 如果 u 是自变量，函数 $y=f(u)$的微分也是上述形式. 由此可见，不管 u 是自变量还是关于另一个变量的可微函数，$y=f(u)$的微

分形式

$$dy = f'(u)du$$

总是不变的，这一性质称为一阶微分**形式不变性**. 计算复合函数的导数或微分时要经常用到这一结论.

综上所述，我们有了基本初等函数的微分公式、函数的四则运算微分法则及复合函数的微分法则，原则上就可以求出所有初等函数的微分了.

例 3 将适当的函数填入下列括号内，使等式成立.

(1) $d(\quad)=\sin 3x dx$;

(2) $d(\quad)=e^{-2x}dx$.

解 由于$(\cos 3x)'=-3\sin 3x$，可知

$$\left(-\frac{1}{3}\cos 3x\right)' = \sin 3x,$$

根据导数与微分的关系可得

$$d\left(-\frac{1}{3}\cos 3x + C\right) = \sin 3x dx.$$

同理可知

$$d\left(-\frac{1}{2}e^{-2x} + C\right) = e^{-2x}dx.$$

例 4 设 $y=e^{x^2+3x}$，求 dy.

解 解法1 由于 $y'=(2x+3)e^{x^2+3x}$，所以

$$dy = (2x+3)e^{x^2+3x}dx.$$

解法2 利用微分形式不变性，将 x^2+3x 看作中间变量 u，则有

$$dy = e^u du = e^{x^2+3x}d(x^2+3x) = e^{x^2+3x}[d(x^2)+d(3x)] = (2x+3)e^{x^2+3x}dx.$$

计算熟练后，中间变量过程可以不写出来.

例 5 设 $y=\cos\sqrt{1+x^2}$，求 dy.

解

$$\begin{aligned} dy &= d(\cos\sqrt{1+x^2}) = -\sin\sqrt{1+x^2}\,d(\sqrt{1+x^2}) \\ &= -\sin\sqrt{1+x^2}\,\frac{1}{2\sqrt{1+x^2}}d(1+x^2) = -\frac{x\sin\sqrt{1+x^2}}{\sqrt{1+x^2}}dx. \end{aligned}$$

例 6 求由方程 $y+xe^y=1$ 所确定的隐函数 $y=f(x)$ 的微分 dy.

解 方程两端分别求微分，得

$$dy + d(xe^y) = 0,$$

$$dy + e^y dx + x de^y = 0,$$

即

$$dy + e^y dx + xe^y dy = 0,$$

解得

$$dy = \frac{-e^y}{1+xe^y}dx.$$

例 7 利用微分形式不变性求函数 $\arctan\frac{y}{x}=\ln\sqrt{x^2+y^2}$ 的导数.

解 对方程两边求微分，得

$$\frac{1}{1+\left(\frac{y}{x}\right)^2}\mathrm{d}\left(\frac{y}{x}\right)=\frac{1}{2}\frac{1}{x^2+y^2}\mathrm{d}(x^2+y^2),$$

$$\frac{x^2}{x^2+y^2}\frac{x\mathrm{d}y-y\mathrm{d}x}{x^2}=\frac{2x\mathrm{d}x+2y\mathrm{d}y}{2(x^2+y^2)},$$

整理得

$$\frac{\mathrm{d}y}{\mathrm{d}x}=\frac{x+y}{x-y}.$$

2.5.4 利用微分进行近似计算

在一些工程问题与经济问题中，经常需要计算一些复杂函数的值，直接计算将是很困难的. 利用微分往往可将复杂的计算公式用简单的计算公式来近似代替.

通过前面的讨论可知，当$|\Delta x|$很小时，有近似公式

$$\Delta y\approx \mathrm{d}y=f'(x_0)\Delta x,$$

即

$$f(x_0+\Delta x)-f(x_0)\approx f'(x_0)\Delta x. \tag{2.12}$$

令 $x=x_0+\Delta x$，即 $\Delta x=x-x_0$，则上式可写成

$$f(x)-f(x_0)\approx f'(x_0)(x-x_0),$$

移项得

$$f(x)\approx f(x_0)+f'(x_0)(x-x_0). \tag{2.13}$$

上式的意义在于，当函数 $y=f(x)$在点 x 的值不易计算，而 $f(x_0)$，$f'(x_0)$易算且 x 在 x_0 附近时，可通过式(2.13)近似地求得 $f(x)$的值.

若在式(2.13)中取 $x_0=0$，当$|x|$很小时，则有

$$f(x)\approx f(0)+f'(0)x. \tag{2.14}$$

应用式(2.14)可得工程上常用的几个近似计算公式(假定$|x|$很小，三角函数中的 x 都是以 rad 为单位)：

(1) $\sqrt[n]{1+x}\approx 1+\frac{1}{n}x$；

(2) $\sin x\approx x$；

(3) $\tan x\approx x$；

(4) $\mathrm{e}^x\approx 1+x$；

(5) $\ln(1+x)\approx x$；

(6) $\cos x\approx 1-\frac{1}{2}x^2$；

(7) $\arctan x\approx x$.

例如，$\sqrt[3]{1.02}\approx 1+\frac{1}{3}\times 0.02=1.0067$，$\ln(1.015)\approx 0.015$.

例 8 求 $\tan 46°$的近似值.

解 设 $f(x)=\tan x$，则 $f'(x)=\sec^2 x$. 取 $x_0=\frac{\pi}{4}$，$\Delta x=1°=\frac{\pi}{180}$，由公式(2.13)得

$$\tan 46°\approx \tan 45°+\sec^2 45°\cdot\frac{\pi}{180}=1.0349.$$

例 9 求下列各数的近似值：

(1) $\sqrt[3]{8.03}$； (2) $\ln 0.982$.

解 (1) 由近似公式(2.13)得

$$\sqrt[3]{8.03}=2\sqrt[3]{1+\frac{0.03}{8}}\approx 2\times\left(1+\frac{1}{3}\times\frac{0.03}{8}\right)=2.0025;$$

(2) 由近似公式(2.14)得

$$\ln 0.982=\ln[1+(-0.018)]\approx -0.018.$$

最后，对导数与微分的概念及计算作一点补充说明. 导数与微分因为关系非常密切，以致初学者常以为微分的概念与计算似乎是多余的，但实际上这两者都很重要. 因为在概念上，导数是增量比的极限，它是一个新的量，在实际应用中通常作为一些物理、几何量的定义，如速度、切线斜率等. 而微分则是函数增量的一部分，即线性主部. 从物理角度看，微分和增量有相同的量纲，属同一种量. 因此在实际应用中，微分的使用比较方便，例如在许多应用问题中，列出变量之间的微分关系式可能比较容易. 在导数的计算上，利用微分形式不变性，有时可以简化计算过程. 另外，微分概念也是学习后续内容，特别是多元函数积分的基础. 因此，在本教材中，我们对微分的研究给予了必要的重视.

习 题 2.5

1. 求下列函数的微分：

(1) $y=5x^2+3x+1$； (2) $y=(x^2+2x)(x-4)$； (3) $s=\ln(\sec t+\tan t)$.

2. 求下列函数的微分：

(1) $y=\frac{1}{(\tan x+1)^2}$，当 x 从 $\frac{\pi}{6}$ 变到 $\frac{61\pi}{360}$ 时；

(2) $y=e^{\sqrt{x}}$，当 x 从 9 变到 8.99 时.

3. 求由方程 $\ln(xy)=x^2y^2$ 所确定的 y 的微分.

4. 填空题

(1) $d(\quad)=2x\,dx$； (2) $d(\quad)=\frac{1}{x}dx$； (3) $d(\quad)=-\frac{1}{x^2}dx$；

(4) $d(\quad)=e^{-x}dx$； (5) $d(\quad)=\sin 2x\,dx$； (6) $d(\quad)=\frac{dx}{2\sqrt{x}}$；

(7) $d(\quad)=e^{x^2}dx^2$； (8) $d(\sin^2 x)=(\quad)d\sin x=(\quad)dx$.

5. 利用微分近似计算下列各数的近似值：

(1) $\sin 29°$； (2) $\sqrt[5]{1.01}$； (3) $\ln 1.03$.

6. 有一个内直径为 15cm 的空心薄壁铜球，壁厚 0.2mm. 试求该空心球的质量的近似值(铜的密度为 $8.9\mathrm{g/cm^3}$).

总 习 题 2

1. 填空题

(1) 设 $y=\frac{\arcsin x}{\sqrt{1-x^2}}$，则 $y'=$________.

(2) 曲线 $\sin(xy)+\ln(y-x)=x$ 在点(0,1)的切线方程是________.

(3) 设函数 $y=y(x)$ 由方程 $y=1-xe^y$ 确定,则 $\left.\frac{dy}{dx}\right|_{x=0}=$________.

(4) 设 $y=(1+\sin x)^x$,则 $dy|_{x=\pi}=$________.

(5) 设函数 $f(x)$ 在 $x=2$ 的某邻域内可导,且 $f'(x)=e^{f(x)}$,$f(2)=1$,则 $f'''(2)=$________.

2. 选择题

(1) 设 $f(x)$ 在 $x=a$ 处可导,则 $\lim\limits_{h\to0}\frac{f(a+h)-f(a-2h)}{h}=$( ).

A. $f'(a)$; B. $2f'(a)$;

C. $3f'(a)$; D. $3f'(a-2h)$.

(2) 函数 $f(x)=(x^2-2x-3)|x^3-x|$ 的不可导点的个数为( ).

A. 0; B. 1; C. 2; D. 3.

(3) 设函数 $y=y(x)$ 由参数方程 $\begin{cases}x=t^2+2t,\\ y=\ln(1+t)\end{cases}$ 确定,则曲线 $y=y(x)$ 在 $x=3$ 处的法线与 x 轴交点的横坐标是( ).

A. $\frac{1}{16}\ln2+3$; B. $\frac{1}{8}\ln2+3$; C. $-16\ln2+3$; D. $16\ln2+3$.

(4) 设函数 $f(x)$ 在 $x=0$ 处连续,且 $\lim\limits_{n\to0}\frac{f(n^2)}{n^2}=1$,则( ).

A. $f(0)=0$ 且 $f'_-(0)$存在; B. $f(0)=1$ 且 $f_-'(0)$不存在;

C. $f(0)=0$ 且 $f'_+(0)$存在; D. $f(0)=1$ 且 $f'_+(0)$不存在.

(5) 已知函数 $f(x)$ 具有任意阶导数,且 $f'(x)=[f(x)]^2$,则 $f^{(4)}(x)=$( ).

A. $4![f(x)]^5$; B. $4![f(x)]^6$;

C. $4[f(x)]^5$; D. $[f(x)]^5$.

3. 计算题

(1) 设 $\sin(xy)-\ln\frac{x+1}{y}=1$,求 $\left.\frac{dy}{dx}\right|_{x=0}$.

(2) 求下列函数的导数:

① $y=\arcsin\frac{1}{x}$; ② $y=x\sqrt{1-x^2}$.

(3) 对于所给的 x_0 和 Δx,计算 df.

① $f(x)=\sqrt{x}$,$x_0=4$,$\Delta x=0.2$; ② $f(x)=x^3-2x+1$,$x_0=1$,$\Delta x=0.01$.

4. 设函数 $f(x)=\begin{cases}x^k\sin\frac{1}{x}, & x\neq0,\\ 0, & x=0.\end{cases}$ 问 k 满足什么条件,$f(x)$ 在 $x=0$ 处(1)连续但不可导;(2)可导但导函数不连续;(3)导函数连续.

第3章

微分中值定理与导数的应用

第 2 章从分析实际问题中因变量相对于自变量的变化快慢出发，引进了导数概念，并讨论了导数的计算方法. 本章以微分学基本定理——微分中值定理为基础，进一步介绍利用导数研究函数的性态，例如判断函数的单调性和凹凸性，求函数的极限、极值、最大(小)值，以及描绘函数图形的方法.

3.1 微分中值定理

下面先介绍一个预备引理——费马(Fermat)引理，然后讲罗尔(Rolle)定理，再根据它推出拉格朗日(Lagrange)中值定理和柯西(Cauchy)中值定理.

3.1.1 费马引理

首先，从导数的概念知道，$f'(x)$表示 $f(x)$在点 x 处的变化率，观察图 3.1，容易看出在点 x_0 处的变化率为 0. 由数学语言将这种几何现象描述出来，就可得到下面的费马引理.

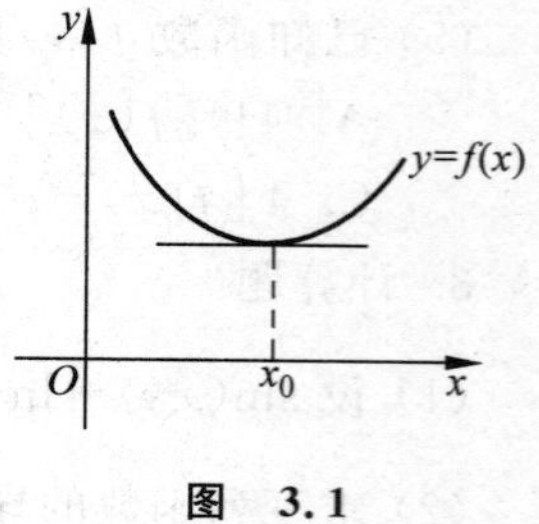

图 3.1

定理 1(费马引理) 设函数 $f(x)$在点 x_0 的某邻域$U(x_0)$内有定义，并且在 x_0 处可导，如果对任意的 $x\in U(x_0)$，有 $f(x)\leqslant f(x_0)$ (或 $f(x)\geqslant f(x_0)$)，那么

$$f'(x_0)=0.$$

证 不妨设 $x\in U(x_0)$时，$f(x)\leqslant f(x_0)$(如果 $f(x)\geqslant f(x_0)$，可以类似地进行证明). 于是，对于 $x_0+\Delta x\in U(x_0)$，有

$$f(x_0+\Delta x)\leqslant f(x_0),$$

从而当 $\Delta x>0$ 时，有

$$\frac{f(x_0+\Delta x)-f(x_0)}{\Delta x}\leqslant 0;$$

当 $\Delta x<0$ 时，有

$$\frac{f(x_0+\Delta x)-f(x_0)}{\Delta x}\geqslant 0.$$

根据函数 $f(x)$在 x_0 处可导的条件及极限的保号性，便得到

$$f'(x_0)=f'_+(x_0)=\lim_{\Delta x\to 0^+}\frac{f(x_0+\Delta x)-f(x_0)}{\Delta x}\leqslant 0,$$

$$f'(x_0)=f'_-(x_0)=\lim_{\Delta x\to 0^-}\frac{f(x_0+\Delta x)-f(x_0)}{\Delta x}\geqslant 0.$$

所以，$f'(x_0)=0$. 证毕.

通常称满足方程 $f'(x)=0$ 的点 x_0 为函数的驻点(或稳定点、临界点). 例如，$f(x)=x^2$，因为 $f'(0)=0$，所以 $x=0$ 为 $f(x)$的驻点.

3.1.2 罗尔定理

先观察图 3.2. 设一条连续光滑的曲线弧$\overset{\frown}{AB}$是函数 $y=f(x)$ $(x\in[a,b])$的图形，这条曲线在区间(a,b)内每一点都存在不垂直于 x 轴的切线，且区间的两个端点的函数值相等，即 $f(a)=f(b)$. 可以发现，在曲线弧上的最高点或最低点处，曲线有水平切线，即有 $f'(\xi)=0$. 若把这种几何现象描述出来，可得到下面的罗尔定理.

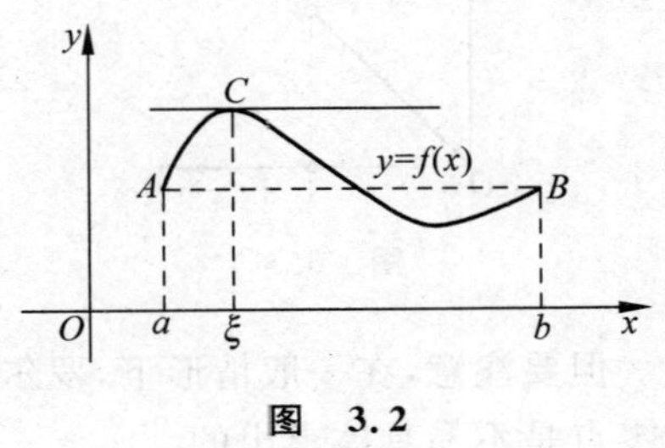

图 3.2

定理 2(罗尔定理) 如果函数 $f(x)$满足：

(1) 在闭区间$[a,b]$上连续；

(2) 在开区间(a,b)内可导；

(3) 在区间端点处的函数值相等，即 $f(a)=f(b)$.

那么在(a,b)内至少有一点 $\xi(a<\xi<b)$，使得 $f'(\xi)=0$.

证 由于 $f(x)$在闭区间$[a,b]$上连续，根据闭区间上连续函数的最大值、最小值定理，$f(x)$在闭区间$[a,b]$上必定取得它的最大值 M 和最小值 m. 这样，只有两种可能情形：

(1) $M=m$. 这时 $f(x)$在区间$[a,b]$上必然取相同的数值 M：$f(x)=M$. 由此，$\forall x\in(a,b)$，有 $f'(x)=0$. 因此，任取 $\xi\in(a,b)$，有 $f'(\xi)=0$.

(2) $M>m$. 因为 $f(a)=f(b)$，所以 M 和 m 这两个数中至少有一个不等于 $f(x)$在区间$[a,b]$的端点处的函数值. 为确定起见，不妨设 $M\neq f(a)$(如果设 $m\neq f(a)$，证法完全类似)，那么必定在开区间(a,b)内有一点 ξ 使 $f(\xi)=M$. 因此，$\forall x\in[a,b]$，有 $f(x)\leqslant f(\xi)$，从而由费马引理可知 $f'(\xi)=0$. 证毕.

罗尔定理的几何意义也很清楚：满足定理条件的函数一定在某一点存在一条与 x 轴平行，亦即与曲线的两个端点的连线平行的切线. 如图 3.2 中的点 C，且点 C 不一定唯一，且位置不确定.

罗尔定理的假设并不要求 $f(x)$在 a 和 b 处可导，只要满足在 a 和 b 处的连续性就可以了. 例如，函数 $f(x)=\sqrt{1-x^2}$在$[-1,1]$上满足罗尔定理的假设(和结论)，即使 $f(x)$在$x=-1$和 $x=1$ 处不可导，若取 $\xi=0\in(-1,1)$，则有 $f'(\xi)=0$.

罗尔定理的三个条件缺一不可，否则定理不一定成立，即定理中的条件是充分的但非必要，例子分别如下.

(1) 非闭区间连续. 例如，函数 $f(x)=\begin{cases}x, & x\in[0,1),\\ 0, & x=1,\end{cases}$ $x\in[a,b]=[0,1]$，而 $f'(x)=1,0<x<1$，如图 3.3 所示.

(2) 非开区间内可导. 例如，函数 $f(x)=|x|, x\in[a,b]=[-1,1]$，而 $f'(x)=\begin{cases}1, & x>0,\\ \text{不存在}, & x=0,\\ -1, & x<0.\end{cases}$ 如图 3.4 所示.

(3) 端点的值不等. 例如，函数 $f(x)=x$，其中 $x\in[a,b]=[0,1]$，而 $f'(x)=1\neq 0$，如图 3.5所示.

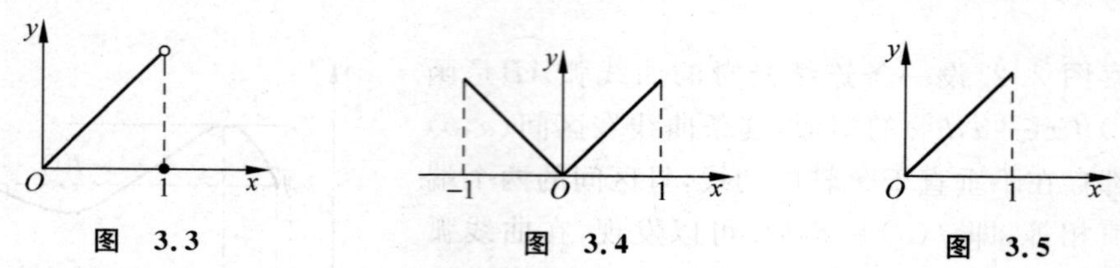

图 3.3　　图 3.4　　图 3.5

但要注意，在一般情形下，罗尔定理只给出了结论中导函数的零点的存在性，通常这样的零点是不易具体求出的.

例 1 设函数 $f(x)=(x+1)(x-1)(x-2)(x-3)$，证明方程 $f'(x)=0$ 有三个实根，并指出它们所在的区间.

证 显然，函数 $f(x)$ 分别在闭区间 $[-1,1]$，$[1,2]$，$[2,3]$ 上连续，在开区间 $(-1,1)$，$(1,2)$，$(2,3)$ 内可导，且 $f(-1)=f(1)=f(2)=f(3)$. 由罗尔定理，在 $(-1,1)$，$(1,2)$，$(2,3)$ 内分别存在点 ξ_1,ξ_2,ξ_3，使得 $f'(\xi_1)=f'(\xi_2)=f'(\xi_3)=0$，即方程 $f'(x)=0$ 至少有三个实根.

又因为 $f'(x)=0$ 是一个一元三次方程，所以 $f'(x)=0$ 至多有三个实根.

综上，方程 $f'(x)=0$ 有三个实根. 证毕.

例 2 证明方程 $x^5-5x+1=0$ 有且仅有一个小于 1 的正实根.

证 设 $f(x)=x^5-5x+1$，则 $f(x)$ 在 $[0,1]$ 上连续，且 $f(0)=1$，$f(1)=-3$. 由零点定理知，存在点 $x_0\in(0,1)$，使 $f(x_0)=0$，即 x_0 是题设方程的小于 1 的正实根.

再来证明 x_0 是题设方程的小于 1 的唯一正实根，用反证法. 设另有 $x_1\in(0,1)$，$x_1\neq x_0$，使 $f(x_1)=0$. 易见函数 $f(x)$ 在以 x_0,x_1 为端点的区间上满足罗尔定理的条件，故至少存在一点 ξ（介于 x_0,x_1 之间），使得 $f'(\xi)=0$. 但

$$f'(x)=5(x^4-1)<0,\quad x\in(0,1)$$

矛盾，所以 x_0 即为题设方程的小于 1 的唯一正实根. 证毕.

3.1.3 拉格朗日中值定理

罗尔定理中 $f(a)=f(b)$ 这个条件是相当特殊的，它使罗尔定理的应用受到限制. 如果把 $f(a)=f(b)$ 这个条件取消，但仍保留其余两个条件，并相应地改变结论，那么就得到微分学中十分重要的拉格朗日中值定理.

定理 3（拉格朗日中值定理） 如果函数 $f(x)$ 满足：

(1) 在闭区间 $[a,b]$ 上连续；

(2) 在开区间 (a,b) 内可导.

那么在 (a,b) 内至少有一点 $\xi(a<\xi<b)$，使等式

$$f(b)-f(a)=f'(\xi)(b-a) \tag{3.1}$$

成立.

在证明之前,先看一下定理的几何意义. 如果把式(3.1)改写成

$$\frac{f(b)-f(a)}{b-a}=f'(\xi), \tag{3.2}$$

由图 3.6 可以看出,$\dfrac{f(b)-f(a)}{b-a}$为弦 AB 的斜率,而 $f'(\xi)$为曲线在点 C 处的切线的斜率. 因此拉格朗日中值定理的几何意义是:如果连续曲线 $y=f(x)$的弧$\overset{\frown}{AB}$上除端点外处处具有不垂直于 x 轴的切线,那么这弧上至少有一点 C,使曲线在 C 点处的切线平行于弦 AB.

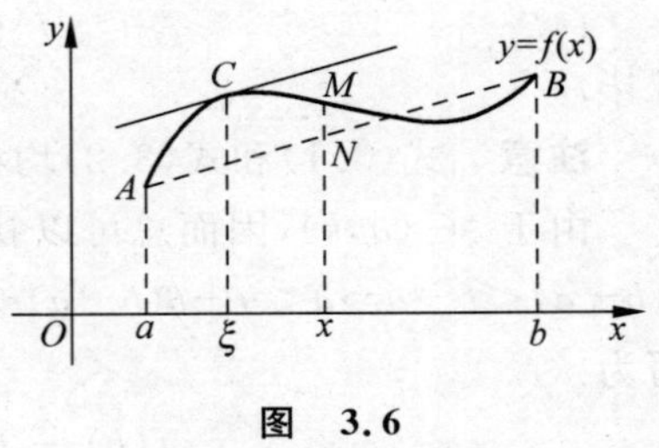

图 3.6

从图 3.6 可以看出,在罗尔定理中,由于 $f(a)=f(b)$,弦 AB 是平行于 x 轴的,因此点 C 处的切线实际上也平行于弦 AB. 由此可见,罗尔定理是拉格朗日中值定理的特殊情形.

拉格朗日中值定理的物理解释:把数$\dfrac{f(b)-f(a)}{b-a}$设想为 $f(x)$在$[a,b]$上的平均变化率,而 $f'(\xi)$是 $x=\xi$ 的瞬时变化率. 拉格朗日中值定理是说,在整个区间上的平均变化率一定等于某个内点处的瞬时变化率. 若从力学角度来看,就是整体上的平均速度等于某一内点处的瞬时速度. 因此,拉格朗日中值定理是连接局部与整体的纽带.

从上述拉格朗日中值定理与罗尔定理的关系,自然想到利用罗尔定理来证明拉格朗日中值定理. 但在拉格朗日中值定理中,函数 $f(x)$不一定具备 $f(a)=f(b)$这个条件,为此我们设想构造一个与 $f(x)$有密切联系的函数 $\varphi(x)$(称为辅助函数),使 $\varphi(x)$满足条件 $\varphi(a)=\varphi(b)$. 然后对 $\varphi(x)$应用罗尔定理,再把对 $\varphi(x)$所得的结论转化到 $f(x)$上,证得所要的结果. 我们从拉格朗日中值定理的几何解释中来寻找辅助函数,从图 3.6 中看到,有向线段 NM 的值是 x 的函数,把它表示为 $\varphi(x)$,它与 $f(x)$有密切的联系,且当 $x=a$ 及 $x=b$ 时,点 M 与点 N 重合,即有 $\varphi(a)=\varphi(b)=0$. 为求得函数 $\varphi(x)$的表达式,设直线 AB 的方程为 $y=L(x)$,则 $L(x)=f(a)+\dfrac{f(b)-f(a)}{b-a}(x-a)$,由于点 M,N 的纵坐标依次为 $f(x)$及 $L(x)$,故表示有向线段 NM 的值的函数为

$$\varphi(x)=f(x)-L(x)=f(x)-f(a)-\frac{f(b)-f(a)}{b-a}(x-a).$$

下面就利用这个辅助函数来证明拉格朗日中值定理.

证 引进辅助函数

$$\varphi(x)=f(x)-f(a)-\frac{f(b)-f(a)}{b-a}(x-a).$$

容易验证函数 $\varphi(x)$适合罗尔定理的条件:$\varphi(a)=\varphi(b)=0$;$\varphi(x)$在闭区间$[a,b]$上连续,在开区间(a,b)内可导,且

$$\varphi'(x)=f'(x)-\frac{f(b)-f(a)}{b-a}.$$

根据罗尔定理，可知在(a,b)内至少有一点ξ，使$\varphi'(\xi)=0$，即

$$f'(\xi)-\frac{f(b)-f(a)}{b-a}=0.$$

由此得

$$\frac{f(b)-f(a)}{b-a}=f'(\xi),$$

即

$$f(b)-f(a)=f'(\xi)(b-a).$$

证毕.

注意 式(3.1)和式(3.2)均称为拉格朗日中值公式.

由于$\xi\in(a,b)$，因而总可以找到某个$\theta\in(0,1)$，使$\xi=a+\theta(b-a)$，由$0<\theta<1\Rightarrow 0<\theta(b-a)<b-a\Rightarrow a<a+\theta(b-a)<b$，故对$\xi\in(a,b)$，有$\xi=a+\theta(b-a)$，从而将式(3.1)改写为

$$f(b)-f(a)=f'(a+\theta(b-a))(b-a). \tag{3.3}$$

设a为x，则$a+\Delta x=b$，有$\Delta x=b-a$，则将式(3.3)表示为

$$f(x+\Delta x)-f(x)=f'(x+\theta\Delta x)\cdot\Delta x,\quad 0<\theta<1.$$

即

$$\Delta y=f'(x+\theta\Delta x)\cdot\Delta x,\quad 0<\theta<1.$$

式(3.3)精确地表述了函数在一个区间上的增量与函数在该区间内某点处的导数之间的关系，这个公式又称为有限增量公式.

拉格朗日中值定理在微分学中占有重要地位，有时也称这个定理为微分中值定理. 在某些问题中，当自变量x取得有限增量Δx而需要函数增量的准确表达式时，拉格朗日中值定理就凸显出其重要价值.

由拉格朗日中值定理可推出下面两个重要的结论.

推论1 若函数$f(x)$在区间(a,b)内可导且$f'(x)\equiv 0$，则$f(x)$在(a,b)内恒为常数.

证 设x_1,x_2是区间(a,b)内任意两点，不妨设$x_1<x_2$，则在$[x_1,x_2]$上应用式(3.1)，有$f(x_2)-f(x_1)=f'(\xi)(x_2-x_1),\xi\in(x_1,x_2)$.

由于$f'(\xi)=0$，所以$f(x_2)=f(x_1)$.

由x_1,x_2的任意性，可知$f(x)$在(a,b)内恒为一个常数. 证毕.

推论2 若函数$f(x),g(x)$在(a,b)内皆可导，且对任意的$x\in(a,b)$，$f'(x)=g'(x)$，则$f(x)=g(x)+C$(C为一个常数).

证 设$F(x)=f(x)-g(x)$，则有$F'(x)=f'(x)-g'(x)=0$，由推论1，$F(x)=C$(C为一个常数)，即$f(x)=g(x)+C$. 证毕.

例3 证明当$|x|<\frac{1}{2}$时，$3\arccos x-\arccos(3x-4x^3)=\pi$.

证 令$f(x)=3\arccos x-\arccos(3x-4x^3)$，则

$$f'(x)=-\frac{3}{\sqrt{1-x^2}}+\frac{3-12x^2}{\sqrt{1-(3x-4x^3)^2}}=-\frac{3}{\sqrt{1-x^2}}+\frac{3(1-4x^2)}{\sqrt{(1-x^2)(1-4x^2)^2}}.$$

因为$|x|<\frac{1}{2}$，所以$0<1-4x^2\leqslant 1$.

由上式可推得 $f'(x)=-\dfrac{3}{\sqrt{1-x^2}}+\dfrac{3}{\sqrt{1-x^2}}=0$,所以

$$f(x)=C,令\ x=0\Rightarrow C=\pi.$$

故 $3\arccos x-\arccos(3x-4x^3)=\pi$. 证毕.

例 4 证明当 $x>0$ 时,$\dfrac{x}{1+x}<\ln(1+x)<x$.

证 设 $f(x)=\ln(1+x)$,显然,$f(x)$ 在 $[0,x]$ 上满足拉格朗日中值定理的条件,由式(3.1),有 $f(x)-f(0)=f'(\xi)(x-0)(0<\xi<x)$.

因为 $f(0)=0, f'(x)=\dfrac{1}{1+x}$,故上式即为 $\ln(1+x)=\dfrac{x}{1+\xi}(0<\xi<x)$.

由于 $0<\xi<x$,所以 $\dfrac{x}{1+x}<\dfrac{x}{1+\xi}<x$,即 $\dfrac{x}{1+x}<\ln(1+x)<x$. 证毕.

3.1.4 柯西中值定理

拉格朗日中值定理表明:如果连续曲线弧 $\overset{\frown}{AB}$ 上除端点外处处具有不垂直于横轴的切线,则这段弧上至少有一点 C,使曲线在点 C 处的切线平行于弦 AB. 设弧 $\overset{\frown}{AB}$ 的参数方程为 $\begin{cases}X=g(x)\\Y=f(x)\end{cases}(a\leqslant x\leqslant b)$(见图 3.7),其中 x 是参数,那么曲线上点 (X,Y) 处的切线斜率为

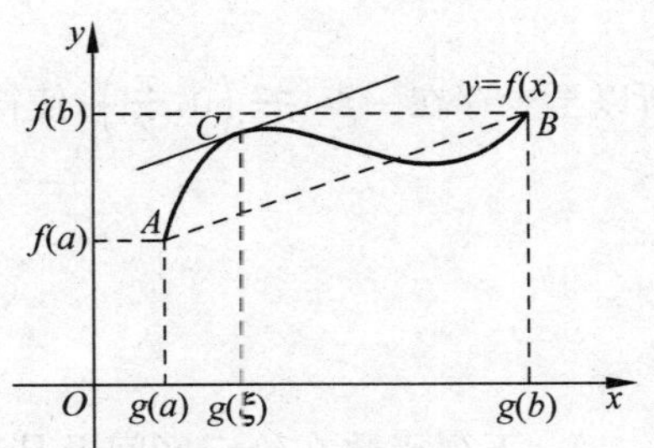

图 3.7

$$\frac{\mathrm{d}Y}{\mathrm{d}X}=\frac{f'(x)}{g'(x)},$$

弦 AB 的斜率为

$$\frac{f(b)-f(a)}{g(b)-g(a)}.$$

假设点 C 对应于参数 $x=\xi$,那么曲线上点 C 处的切线平行于弦 AB,即

$$\frac{f(b)-f(a)}{g(b)-g(a)}=\frac{f'(\xi)}{g'(\xi)}.$$

与这一事实相应的是下面的定理 4.

定理 4(柯西中值定理) 如果函数 $f(x)$ 及 $g(x)$ 满足:

(1) 在闭区间 $[a,b]$ 上连续;

(2) 在开区间 (a,b) 内可导;

(3) 在 (a,b) 内每一点处 $g'(x)\neq 0$.

则在 (a,b) 内至少存在一点 $\xi(a<\xi<b)$,使得

$$\frac{f(b)-f(a)}{g(b)-g(a)}=\frac{f'(\xi)}{g'(\xi)}. \tag{3.4}$$

证 构造辅助函数 $\varphi(x)=f(x)-f(a)-\dfrac{f(b)-f(a)}{g(b)-g(a)}[g(x)-g(a)]$. 易知 $\varphi(x)$ 满足罗尔定理的条件,故在 (a,b) 内至少存在一点 ξ,使得 $\varphi'(\xi)=0$,即 $f'(\xi)-\dfrac{f(b)-f(a)}{g(b)-g(a)}g'(\xi)=0$,从而 $\dfrac{f(b)-f(a)}{g(b)-g(a)}=\dfrac{f'(\xi)}{g'(\xi)}$. 证毕.

注意 在拉格朗日中值定理和柯西中值定理的证明中，我们都采用了构造辅助函数的方法．这种方法是高等数学中证明数学命题的一种常用方法，它是根据命题的特征与需要，经过推敲与不断修正而构造出来的，并且不是唯一的．

很明显，如果取 $g(x)=x$，那么 $g(b)-g(a)=b-a$，$g'(x)=1$，因而式(3.4)就可以写成 $f(b)-f(a)=f'(\xi)(b-a)(a<\xi<b)$，这样就变成拉格朗日中值公式了．

例5 验证柯西中值定理对函数 $f(x)=\sin x$，$g(x)=\cos x$ 在区间 $\left[0,\frac{\pi}{2}\right]$ 上的正确性．

解 因为函数 $f(x)$，$g(x)$ 满足：

(1) 在 $\left[0,\frac{\pi}{2}\right]$ 上连续；

(2) 在 $\left(0,\frac{\pi}{2}\right)$ 内可导，且 $f'(x)=\cos x$，$g'(x)=-\sin x\neq 0\left(0<x<\frac{\pi}{2}\right)$．

所以至少存在一点 $\xi\in\left(0,\frac{\pi}{2}\right)$，使得 $\dfrac{f'(\xi)}{g'(\xi)}=\dfrac{f\left(\frac{\pi}{2}\right)-f(0)}{g\left(\frac{\pi}{2}\right)-g(0)}$，即 $-\cot\xi=-1$，故 $\xi=\frac{\pi}{4}\in\left(0,\frac{\pi}{2}\right)$．

习 题 3.1

1. 下列函数在给定区间上是否满足罗尔定理的条件？若满足，试求出定理中的数值 ξ．

(1) $f(x)=(x-3)(x-5)$，$[3,5]$；

(2) $f(x)=\mathrm{e}^{x^2}-1$，$[-1,1]$．

2. 下列函数在给定区间上是否满足拉格朗日定理的条件？若满足，试求出定理中的数值 ξ．

(1) $f(x)=2x^2-x+1$，$[-1,2]$；

(2) $f(x)=\ln x$，$[1,2]$．

3. 验证函数 $f(x)=\ln\sin x$ 在区间 $\left[\frac{\pi}{6},\frac{5\pi}{6}\right]$ 上满足罗尔定理．

4. 验证拉格朗日中值定理对函数 $f(x)=2x^2-7x+10$ 在区间 $[2,5]$ 上的正确性．

5. 验证函数 $f(x)=\begin{cases}\dfrac{3-x^2}{2}, & x\leqslant 1,\\ \dfrac{1}{x}, & x>1\end{cases}$ 在 $[0,2]$ 上满足拉格朗日定理．

6. 函数 $f(x)=x^3$ 与 $g(x)=x^2+1$ 在区间 $[1,2]$ 上是否满足柯西定理的条件？若满足，试求出定理中的数值 ξ．

7. 证明方程 $x^3+x+C=0$ 至多有一个实根，其中 C 为任意常数．

8. 证明方程 $x^5+x-1=0$ 只有一个正根．

9. 证明方程 $x^3-3x^2+1=0$ 在区间 $[0,1]$ 内不可能有两个不同的实根．

10. 设函数 $g(x)=x(x+1)(2x+1)(3x-1)$，则在开区间 $(-1,0)$ 内，方程 $g'(x)=0$ 有两个实根，在 $(-1,1)$ 内 $g''(x)=0$ 有两个根．

11. 若函数 $f(x)$ 在 (a,b) 内具有二阶导数，且 $f(x_1)=f(x_2)=f(x_3)$，其中 $a<x_1<x_2<x_3<$

b. 证明：在(x_1,x_3)内至少有一点ξ,使得$f''(\xi)=0$.

12. 证明$\arcsin x+\arccos x=\frac{\pi}{2}(-1\leqslant x\leqslant 1)$.

13. 试回答下列问题：

(1) 证明$|\arctan x-\arctan y|\leqslant|x-y|$.

(2) 证明$e^x>1+x$,其中$x\neq 0$.

(3) 证明：当$x\geqslant 0$时,$\arctan x\leqslant x$.

(4) 设$0<a<b$,证明不等式$\frac{2a}{a^2+b^2}<\frac{\ln b-\ln a}{b-a}$成立.

14. 设不恒为常数的函数$f(x)$在$[a,b]$上连续,在(a,b)内可导,且$f(a)=f(b)$. 证明：在(a,b)内至少存在一点ξ,使得$f'(\xi)>0$.

15. 设函数$f(x)$在$[0,1]$上可微,对于$[0,1]$上每一个x,函数$f(x)$的值都在开区间$(0,1)$内,且$f'(x)\neq 1$. 证明：在$(0,1)$内有且仅有一个x,使$f(x)=x$.

16. 设函数$f(x)$在$[a,b]$上连续,在(a,b)内可导. 证明：至少存在一点$\xi\in(a,b)$,使得$\frac{bf(b)-af(a)}{b-a}=f(\xi)+\xi f'(\xi)$.

3.2 洛必达法则

如果当$x\to a(x\to\infty)$时,两个函数$f(x)$与$g(x)$都趋于零或都趋于无穷大,那么极限$\lim\limits_{\substack{x\to a\\(x\to\infty)}}\frac{f(x)}{g(x)}$可能存在、也可能不存在,通常把这种极限叫做未定式,并分别简记为$\frac{0}{0}$或$\frac{\infty}{\infty}$.

例如,$\lim\limits_{x\to 0}\frac{\sin x}{x}$,$\lim\limits_{x\to 0}\frac{1-\cos x}{x^2}$,$\lim\limits_{x\to+\infty}\frac{x^3}{e^x}$等都是未定式. 对于这类极限,“商的极限等于极限的商”这一法则就不能使用. 洛必达(L'Hospital)法则主要用于解决未定式的极限.

未定式除了$\frac{0}{0}$型、$\frac{\infty}{\infty}$型外,还有$0\cdot\infty$型、$\infty-\infty$型、0^0型、1^∞型、∞^0型等,但后面5种情形均可以化为前面两种情形.

下面分别讨论当$x\to a,x\to\infty$时$\frac{0}{0}$型的情形.

3.2.1 基本未定式$\frac{0}{0}$

定理1 设：

(1) 当$x\to a$时,函数$f(x)$及$g(x)$都趋于零；

(2) 在点a的某去心邻域内,$f'(x)$及$g'(x)$都存在且$g'(x)\neq 0$；

(3) $\lim\limits_{x\to a}\frac{f'(x)}{g'(x)}$存在(或为无穷大).

那么

$$\lim_{x\to a}\frac{f(x)}{g(x)}=\lim_{x\to a}\frac{f'(x)}{g'(x)}.$$

这就是说，当$\lim\limits_{x\to a}\frac{f'(x)}{g'(x)}$存在时，$\lim\limits_{x\to a}\frac{f(x)}{g(x)}$也存在且等于$\lim\limits_{x\to a}\frac{f'(x)}{g'(x)}$；当$\lim\limits_{x\to a}\frac{f'(x)}{g'(x)}$为无穷大时，$\lim\limits_{x\to a}\frac{f(x)}{g(x)}$也是无穷大. 这种在一定条件下通过分子分母分别求导再求极限来确定未定式的值的方法称为洛必达法则.

证 因为求$\frac{f(x)}{g(x)}$当$x\to a$时的极限与$f(a)$及$g(a)$无关，所以可以假定$f(a)=g(a)=0$，于是由条件(1)、(2)知道，$f(x)$及$g(x)$在点a的某一邻域内是连续的. 设x是这邻域内的一点，那么在以x及a为端点的区间上，柯西中值定理的条件均满足，因此有$\frac{f(x)}{g(x)}=\frac{f(x)-f(a)}{g(x)-g(a)}=\frac{f'(\xi)}{g'(\xi)}$（$\xi$在$x$与$a$之间）.

令$x\to a$，并对上式两端求极限，注意到$x\to a$时$\xi\to a$，再根据条件(3)便得要证明的结论. 证毕.

注意 (1) 定理表明：如果未定式$\frac{0}{0}$型满足洛必达法则的条件，则未定式的极限可用对分子分母分别求导再求极限来确定；

(2) 如果$\lim\limits_{x\to a}\frac{f'(x)}{g'(x)}$还是$\frac{0}{0}$型，可再用一次洛必达法则，直至不是未定式$\frac{0}{0}$型为止，即$\lim\limits_{x\to a}\frac{f(x)}{g(x)}=\lim\limits_{x\to a}\frac{f'(\xi)}{g'(\xi)}=\cdots=\lim\limits_{x\to a}\frac{f^{(n)}(x)}{g^{(n)}(x)}$；

(3) 如果不是未定式，则不能用洛必达法则.

例 1 求$\lim\limits_{x\to 0}\frac{\sin 7x}{4x}$.

解 $\lim\limits_{x\to 0}\frac{\sin 7x}{4x}=\lim\limits_{x\to 0}\frac{7\cos 7x}{4}=\frac{7}{4}$.

例 2 求$\lim\limits_{x\to 0}\frac{e^x-e^{-x}-2x}{x-\sin x}$.

解 $\lim\limits_{x\to 0}\frac{e^x-e^{-x}-2x}{x-\sin x}=\lim\limits_{x\to 0}\frac{e^x+e^{-x}-2}{1-\cos x}=\lim\limits_{x\to 0}\frac{e^x-e^{-x}}{\sin x}=\lim\limits_{x\to 0}\frac{e^x+e^{-x}}{\cos x}=2$.

例 3 求$\lim\limits_{x\to 0}\frac{\tan x-x}{x\sin^2 x}$.

分析 此题如果直接用洛必达法则，分母的导数（尤其是高阶导数）较复杂，所以先用等价无穷小量代换$\sin^2 x\sim x^2$，则运算就简单些.

解 $\lim\limits_{x\to 0}\frac{\tan x-x}{x\sin^2 x}=\lim\limits_{x\to 0}\frac{\tan x-x}{x^3}=\lim\limits_{x\to 0}\frac{\sec^2 x-1}{3x^2}=\lim\limits_{x\to 0}\frac{\tan^2 x}{3x^2}=\lim\limits_{x\to 0}\frac{x^2}{3x^2}=\frac{1}{3}$.

例 4 求$\lim\limits_{x\to 1}\frac{x^3-3x+2}{x^3-x^2-x+1}$.

解 $\lim\limits_{x\to 1}\frac{x^3-3x+2}{x^3-x^2-x+1}=\lim\limits_{x\to 1}\frac{3x^2-3}{3x^2-2x-1}=\lim\limits_{x\to 1}\frac{6x}{6x-2}=\frac{3}{2}$.

注意 上式中的$\lim\limits_{x\to 1}\frac{6x}{6x-2}$已不是未定式，不能对它应用洛必达法则，否则会导致错误结果.以后使用洛必达法则时应当经常注意这一点,如果不是未定式,就不能应用洛必达法则.

我们指出,对 $x\to\infty$ 时的未定式 $\frac{0}{0}$,也有相应的洛必达法则.于是有下面的定理2.

定理2 设:

(1) 当 $x\to\infty$ 时,函数 $f(x)$ 及 $g(x)$ 都趋于零;

(2) 当 $|x|>N$ 时,$f'(x)$ 及 $g'(x)$ 都存在,且 $g'(x)\neq 0$;

(3) $\lim\limits_{x\to\infty}\frac{f'(x)}{g'(x)}$ 存在(或为无穷大).

那么则有

$$\lim_{x\to\infty}\frac{f(x)}{g(x)}=\lim_{x\to\infty}\frac{f'(x)}{g'(x)}.$$

例5 求 $\lim\limits_{x\to+\infty}\frac{\ln\left(1+\frac{1}{x}\right)}{\arctan\frac{1}{x}}$.

解 $$\lim_{x\to+\infty}\frac{\ln\left(1+\frac{1}{x}\right)}{\arctan\frac{1}{x}}=\lim_{x\to+\infty}\frac{\frac{1}{1+\frac{1}{x}}\left(-\frac{1}{x^2}\right)}{\frac{1}{1+\left(\frac{1}{x}\right)^2}\left(-\frac{1}{x^2}\right)}=\lim_{x\to+\infty}\frac{x(x^2+1)}{(x+1)x^2}=1.$$

3.2.2 基本未定式 $\frac{\infty}{\infty}$

对于自变量 $x\to a$(或 $x\to\infty$)时的 $\frac{\infty}{\infty}$ 型不定式,也有如下相应的定理.

定理3 设函数 $f(x)$ 及 $g(x)$ 在点 $x=a$ 的某个去心邻域均有定义,若满足:

(1) 当 $x\to a$ 时,函数 $f(x)$ 及 $g(x)$ 都趋向于无穷大;

(2) $f'(x)$ 及 $g'(x)$ 在 a 点的某去心邻域内存在,且 $g'(x)\neq 0$;

(3) $\lim\limits_{x\to a}\frac{f'(x)}{g'(x)}$ 存在(或无穷大).

那么则有

$$\lim_{x\to a}\frac{f(x)}{g(x)}=\lim_{x\to a}\frac{f'(x)}{g'(x)}.$$

例6 求 $\lim\limits_{x\to0^+}\frac{\ln 2x}{\ln\sin 3x}$.

解 $$\lim_{x\to0^+}\frac{\ln 2x}{\ln\sin 3x}=\lim_{x\to0^+}\frac{\frac{2}{2x}}{\frac{3}{\sin 3x}\cdot\cos 3x}=\frac{1}{3}\lim_{x\to0^+}\frac{\sin 3x}{x}\cdot\frac{1}{\cos 3x}=\frac{1}{3}\lim_{x\to0^+}\frac{3x}{x}\cdot\frac{1}{\cos 3x}=1.$$

例7 求 $\lim\limits_{x\to+\infty}\frac{\ln x}{x^n}\ (n>0)$.

解 $$\lim_{x\to+\infty}\frac{\ln x}{x^n}=\lim_{x\to+\infty}\frac{\frac{1}{x}}{nx^{n-1}}=\lim_{x\to+\infty}\frac{1}{nx^n}=0.$$

例 8 求 $\lim\limits_{x\to+\infty}\frac{x^n}{e^{\lambda x}}$（$n$ 为正整数，$\lambda>0$）.

解 相继应用洛必达法则 n 次，得

$$\lim_{x\to+\infty}\frac{x^n}{e^{\lambda x}}=\lim_{x\to+\infty}\frac{nx^{n-1}}{\lambda e^{\lambda x}}=\lim_{x\to+\infty}\frac{n(n-1)x^{n-2}}{\lambda^2 e^{\lambda x}}=\cdots=\lim_{x\to+\infty}\frac{n!}{\lambda^n e^{\lambda x}}=0.$$

事实上，如果例 7 中的 n 不是正整数而是任何正数，那么极限仍为零.

注意 对数函数 $\ln x$、幂函数 $x^n(n>0)$、指数函数 $e^{\lambda x}(\lambda>0)$ 均为当 $x\to+\infty$ 时的无穷大，但从例 7、例 8 可以看出，这三个函数增大的“速度”是很不一样的，幂函数增大的“速度”比对数函数快得多，而指数函数增大的“速度”又比幂函数快得多.

3.2.3 其他型未定式

在解决 $0\cdot\infty,\infty-\infty,0^0,1^\infty,\infty^0$ 型等不同未定式的极限问题时，关键是将其他类型未定式化为洛必达法则可解决的类型，即 $\frac{0}{0}$ 型和 $\frac{\infty}{\infty}$ 型，下面以例题为主展开讨论.

1. 0·∞型未定式的求法

思路 $0\cdot\infty\Rightarrow\frac{1}{\infty}\cdot\infty$ 或 $0\cdot\infty\Rightarrow 0\cdot\frac{1}{0}$.

例 9 求 $\lim\limits_{x\to+\infty}x^{-2}e^x$.

解 $\lim\limits_{x\to+\infty}x^{-2}e^x=\lim\limits_{x\to+\infty}\frac{e^x}{x^2}=\lim\limits_{x\to+\infty}\frac{e^x}{2x}=\lim\limits_{x\to+\infty}\frac{e^x}{2}=+\infty$.

例 10 求 $\lim\limits_{x\to+\infty}x\left(\frac{\pi}{2}-\arctan x\right)$.

解 $\lim\limits_{x\to+\infty}x\left(\frac{\pi}{2}-\arctan x\right)=\lim\limits_{x\to+\infty}\frac{\frac{\pi}{2}-\arctan x}{\frac{1}{x}}=\lim\limits_{x\to+\infty}\frac{-\frac{1}{1+x^2}}{-\frac{1}{x^2}}=\lim\limits_{x\to+\infty}\frac{x^2}{1+x^2}=1$.

2. ∞−∞型未定式的求法

思路 $\infty-\infty\Rightarrow\frac{1}{0}-\frac{1}{0}\Rightarrow\frac{0-0}{0\cdot 0}$.

例 11 求 $\lim\limits_{x\to\frac{\pi}{2}}(\sec x-\tan x)$.

解 这是未定式∞−∞. 因为

$$\sec x-\tan x=\frac{1-\sin x}{\cos x},$$

当 $x\to\frac{\pi}{2}$ 时，上式右端是未定式 $\frac{0}{0}$，应用洛必达法则，得

$$\lim_{x\to\frac{\pi}{2}}(\sec x-\tan x)=\lim_{x\to\frac{\pi}{2}}\frac{1-\sin x}{\cos x}=\lim_{x\to\frac{\pi}{2}}\frac{-\cos x}{-\sin x}=0.$$

3. $0^0,1^\infty,\infty^0$ 等型未定式极限的求法

$0^0,1^\infty,\infty^0$ 型的未定式极限，一般是幂指函数形式的极限，可采用对数求极限法，其主

要思路：$\left.\begin{matrix}0^0\\1^\infty\\\infty^0\end{matrix}\right\}\xrightarrow{\text{取对数}}\left\{\begin{matrix}0\cdot\ln 0\\\infty\cdot\ln 1\\0\cdot\ln\infty\end{matrix}\right.\Rightarrow 0\cdot\infty.$

例 12 求 $\lim\limits_{x\to 0^+} x^{\tan x}$.

解 这是 0^0 型未定式，将它变形为 $\lim\limits_{x\to 0^+} x^{\tan x}=e^{\lim\limits_{x\to 0^+}\tan x\ln x}$.

由于

$$\lim_{x\to 0^+}\tan x\ln x=\lim_{x\to 0^+}\frac{\ln x}{\cot x}=\lim_{x\to 0^+}\frac{\frac{1}{x}}{-\csc^2 x}=\lim_{x\to 0^+}\frac{-\sin^2 x}{x}=\lim_{x\to 0^+}\frac{-2\sin x\cos x}{1}=0,$$

故

$$\lim_{x\to 0^+} x^{\tan x}=e^0=1.$$

例 13 求 $\lim\limits_{x\to 1}(2-x)^{\frac{1}{\ln x}}$.

解 这是 1^∞ 型未定式，可以将其化为 $\frac{0}{0}$ 型未定式计算，即

$$\lim_{x\to 1}(2-x)^{\frac{1}{\ln x}}=\lim_{x\to 1}e^{\ln(2-x)^{\frac{1}{\ln x}}}=\lim_{x\to 1}e^{\frac{\ln(2-x)}{\ln x}}=e^{\lim\limits_{x\to 1}\frac{\ln(2-x)}{\ln x}}.$$

因为 $\lim\limits_{x\to 1}\dfrac{\ln(2-x)}{\ln x}=\lim\limits_{x\to 1}\dfrac{\frac{-1}{2-x}}{\frac{1}{x}}=\lim\limits_{x\to 1}\dfrac{x}{x-2}=-1$，所以 $\lim\limits_{x\to 1}(2-x)^{\frac{1}{\ln x}}=e^{-1}$.

例 14 求 $\lim\limits_{x\to\infty}\dfrac{x+\cos x}{x}$.

错解 由于 $\lim\limits_{x\to\infty}\dfrac{x+\cos x}{x}=\lim\limits_{x\to\infty}\dfrac{1-\sin x}{1}=\lim\limits_{x\to\infty}(1-\sin x)$，从而所求极限不存在.

在上述求解过程中，本不满足洛必达法则的条件，但使用该法则，最终结果肯定是错误的.

解 $\lim\limits_{x\to\infty}\dfrac{x+\cos x}{x}=\lim\limits_{x\to\infty}(1+\dfrac{1}{x}\cos x)=1.$

注意 洛必达法则只是极限存在的充分条件.

习 题 3.2

1. 用洛必达法则求下列极限：

(1) $\lim\limits_{x\to 2}\dfrac{\sqrt{x^2+1}-\sqrt{5}}{x^2-4}$；　　(2) $\lim\limits_{x\to+\infty}\dfrac{\ln\left(1+\frac{1}{x}\right)}{\arctan\frac{1}{x}}$.

(3) $\lim\limits_{x\to 1}\dfrac{x^3-1+\ln x}{e^x-e}$；　　(4) $\lim\limits_{x\to 0}\dfrac{\ln(\sin ax)}{\ln(\sin bx)}$；

(5) $\lim\limits_{x\to\infty}\dfrac{x^2+3x-1}{2x^2-5}$；　　(6) $\lim\limits_{x\to\frac{\pi}{2}}\dfrac{\tan 3x+x}{\tan x}$.

(7) $\lim\limits_{x\to\infty}x^2\left(1-\cos\dfrac{1}{x}\right)$；

(8) $\lim\limits_{x\to 0}x^2 e^{\frac{1}{x^2}}$.

(9) $\lim\limits_{x\to\infty}\left(\dfrac{\pi}{2}-\arctan 4x^2\right)\cdot x^2$；

(10) $\lim\limits_{x\to 0}\left(\dfrac{1}{x}-\dfrac{1}{\tan x}\right)$；

(11) $\lim\limits_{x\to+\infty}[(x^3+x^2+2)^{\frac{1}{3}}-x]$；

(12) $\lim\limits_{x\to 0^+}x^{\sin x}$；

(13) $\lim\limits_{x\to 0^+}x^x$.

(14) $\lim\limits_{x\to 1}x^{\frac{1}{1-x}}$；

(15) $\lim\limits_{x\to 0}(\cos x+\sin x)^{\frac{1}{x}}$；

(16) $\lim\limits_{x\to\infty}(x+\sqrt{1+x^2})^{\frac{1}{x}}$.

2. 验证极限$\lim\limits_{x\to\infty}\dfrac{x+\sin x}{x}$存在，但不能用洛必达法则得出.

3. 验证极限$\lim\limits_{x\to 0}\dfrac{x^2\sin\dfrac{1}{x}}{\sin x}$存在，但不能用洛必达法则得出.

3.3 泰勒公式

在微分的应用中，当$|x-x_0|$很小时，有如下的近似公式：

$$f(x)\approx f(x_0)+f'(x_0)(x-x_0),$$

就是用一次多项式 $P_1(x)=f(x_0)+f'(x_0)(x-x_0)$来近似地表达函数 $f(x)$.

但是这个表达式还存在着不足之处：首先精确度不高，它所产生的误差仅是比 $x-x_0$ 高阶的无穷小量；其次用它作近似计算时，不能具体估算出误差大小. 所以，对于精确度要求较高且需要估计误差时，就要用高次多项式来近似表达函数，并给出误差公式. 因此，我们引入下面的泰勒公式.

泰勒中值定理 如果函数 $f(x)$在含有 x_0 的某个开区间(a,b)内有直到 $n+1$ 阶的导数，则对任一 $x\in(a,b)$，有

$$f(x)=f(x_0)+f'(x_0)(x-x_0)+\frac{f''(x_0)}{2!}(x-x_0)^2+\cdots+\frac{f^{(n)}(x_0)}{n!}(x-x_0)^n+R_n(x),\tag{3.5}$$

其中

$$R_n(x)=\frac{f^{(n+1)}(\xi)}{(n+1)!}(x-x_0)^{n+1},\tag{3.6}$$

这里，ξ是 x_0 与 x 之间的某个值.

证 记

$$P_n(x)=f(x_0)+f'(x_0)(x-x_0)+\frac{f''(x_0)}{2!}(x-x_0)^2+\cdots+\frac{f^{(n)}(x_0)}{n!}(x-x_0)^n,$$

那么

$$R_n(x)=f(x)-P_n(x).$$

为证明定理，我们只需证明 $R_n(x)$可表示为式(3.6)即可.

由假设可知，$R_n(x)$在(a,b)内具有直到 $n+1$ 阶的导数，且易求得

$$R_n(x_0)=R'_n(x_0)=R''_n(x_0)=\cdots=R_n^{(n)}(x_0)=0.$$

令 $Q(x)=(x-x_0)^{n+1}$，则

$$Q(x_0)=Q'(x_0)=Q''(x_0)=\cdots=Q^{(n)}(x_0)=0,$$

对两个函数 $R_n(x)$ 及 $Q(x)$ 在以 x_0 及 x 为端点的区间上应用柯西中值定理，得

$$\frac{R_n(x)}{Q(x)}=\frac{R_n(x)-R_n(x_0)}{Q(x)-Q(x_0)}=\frac{R'_n(\xi_1)}{Q'(\xi_1)},\quad \xi_1 \text{ 在 } x_0 \text{ 与 } x \text{ 之间},$$

再对两个函数 $R'_n(x)$ 与 $Q'(x)$ 在以 x_0 与 ξ_1 为端点的区间上应用柯西中值定理，得

$$\frac{R_n(x)}{Q(x)}=\frac{R'_n(\xi_1)}{Q'(\xi_1)}=\frac{R'_n(\xi_1)-R'_n(x_0)}{Q'(\xi_1)-Q'(x_0)}=\frac{R''_n(\xi_2)}{Q''(\xi_2)},\quad \xi_2 \text{ 在 } x_0 \text{ 与 } \xi_1 \text{ 之间},$$

照此进行下去，经过 $n+1$ 次后，得

$$\frac{R_n(x)}{Q(x)}=\frac{R'_n(\xi_1)}{Q'(\xi_1)}=\frac{R''_n(\xi_2)}{Q''(\xi_2)}=\cdots=\frac{R_n{}^{(n+1)}(\xi)}{Q^{(n+1)}(\xi)},\ \xi \text{ 在 } x_0 \text{ 与 } \xi_n \text{ 之间},$$

其中，$R_n{}^{(n+1)}(\xi)=f^{(n+1)}(\xi)$（因 $p_n^{(n+1)}(x)=0$），$Q^{(n+1)}(\xi)=(n+1)!$，则由上式得

$$R_n(x)=\frac{f^{(n+1)}(\xi)}{(n+1)!}(x-x_0)^{n+1}\quad (\xi \text{ 在 } x_0 \text{ 与 } x \text{ 之间}).$$

证毕.

式(3.5)称为函数 $f(x)$ 按 $x-x_0$ 的幂展开的带有拉格朗日型余项的 n 阶**泰勒公式**，而 $R_n(x)$ 的表达式(3.6)称为拉格朗日型余项，$P_n(x)$ 称为 $f(x)$ 的 n 次泰勒多项式.

当 $n=0$ 时，泰勒公式变成拉格朗日中值公式

$$f(x)=f(x_0)+f'(\xi)(x-x_0)\quad (\xi \text{ 在 } x_0 \text{ 与 } x \text{ 之间}).$$

因此，泰勒中值定理是拉格朗日中值定理的推广.

由泰勒中值定理可知，以多项式 $P_n(x)$ 代替 $f(x)$ 时，其误差为 $|R_n(x)|$. 若 $f^{(n+1)}(x)$ 在区间 (a,b) 内有界，则

$$\lim_{x\to x_0}\frac{R_n(x)}{(x-x_0)^n}=0.$$

由此可见，当 $x\to x_0$ 时，误差 $|R_n(x)|$ 是比 $(x-x_0)^n$ 高阶的无穷小量，即

$$R_n(x)=o[(x-x_0)^n]. \tag{3.7}$$

因此，n 阶泰勒公式也可写成

$$f(x)=f(x_0)+f'(x_0)(x-x_0)+\frac{f''(x_0)}{2!}(x-x_0)^2+\cdots+\frac{f^{(n)}(x_0)}{n!}(x-x_0)^n+o[(x-x_0)^n]. \tag{3.8}$$

$R_n(x)$ 的表达式(3.7)称为佩亚诺(Peano)型余项，式(3.8)称为 $f(x)$ 按 $x-x_0$ 的幂展开的带有佩亚诺型余项的 n 阶泰勒公式.

在泰勒公式中，如果取 $x_0=0$，则 ξ 在 0 与 x 之间. 因此可令 $\xi=\theta x(0<\theta<1)$，从而泰勒公式变成较简单的形式，即所谓的带有拉格朗日型余项的**麦克劳林(Maclaurin)公式**

$$f(x)=f(0)+f'(0)x+\frac{f''(0)}{2!}x^2+\cdots+\frac{f^{(n)}(0)}{n!}x^n+\frac{f^{(n+1)}(\theta x)}{(n+1)!}x^{n+1},\quad 0<\theta<1. \tag{3.9}$$

由此得近似公式

$$f(x)\approx f(0)+f'(0)x+\frac{f''(0)}{2!}x^2+\cdots+\frac{f^{(n)}(0)}{n!}x^n,$$

其误差为

$$|R_n(x)| = \left|\frac{f^{(n+1)}(\theta x)}{(n+1)!}x^{n+1}\right|, \quad 0<\theta<1.$$

例 1 写出函数 $f(x)=\mathrm{e}^x$ 的带有拉格朗日型余项的 n 阶麦克劳林公式.

解 因为

$$f'(x) = f''(x) = \cdots = f^{(n)}(x) = \mathrm{e}^x,$$

所以,

$$f(0) = f'(0) = f''(0) = \cdots = f^{(n)}(0) = 1, \quad f^{(n+1)}(x) = \mathrm{e}^x.$$

于是由式(3.9)得

$$\mathrm{e}^x = 1 + x + \frac{x^2}{2!} + \cdots + \frac{x^n}{n!} + \frac{\mathrm{e}^{\theta x}}{(n+1)!}x^{n+1}, \quad 0<\theta<1.$$

在例 1 中,如果取 $x=1$,则得无理数 e 的近似式为

$$\mathrm{e} \approx 1 + 1 + \frac{1}{2!} + \cdots + \frac{1}{n!},$$

其误差为

$$|R_n(1)| = \left|\frac{\mathrm{e}^\theta}{(n+1)!}\right| = \frac{\mathrm{e}^\theta}{(n+1)!} < \frac{3}{(n+1)!}.$$

当 $n=10$ 时,$\mathrm{e}\approx 2.718282$,误差不超过$10^{-6}$.

例 2 求 $f(x)=\sin x$ 的带有拉格朗日型余项的 n 阶麦克劳林公式.

解 因为

$$f'(x) = \cos x, \quad f''(x) = -\sin x, \quad f'''(x) = -\cos x,$$

$$f^{(4)}(x) = \sin x, \quad \cdots, \quad f^{(n)}(x) = \sin\left(x + \frac{n\pi}{2}\right),$$

所以

$$f(0) = 0, \quad f'(0) = 1, \quad f''(0) = 0, \quad f'''(0) = -1, \quad f^{(4)}(0) = 0, \cdots$$

它们顺序循环地取 4 个数 0,1,0,−1,于是按公式(3.9),得(令 $n=2m$)

$$\sin x = x - \frac{x^3}{3!} + \frac{x^5}{5!} - \cdots + (-1)^{m-1}\frac{x^{2m-1}}{(2m-1)!} + R_{2m}(x),$$

其中

$$R_{2m}(x) = \frac{\sin\left(\theta x + \frac{2m+1}{2}\pi\right)}{(2m+1)!}x^{2m+1}, \quad 0<\theta<1.$$

在例 2 中,如果取 $m=3$,则得近似公式

$$\sin x \approx x - \frac{x^3}{3!} + \frac{x^5}{5!},$$

其误差为

$$|R_6(x)| = \left|\frac{\sin\left(\theta x + \frac{7}{2}\pi\right)}{7!}x^7\right| \leqslant \frac{1}{7!}|x|^7, \quad 0<\theta<1.$$

类似地,还可以得到:

(1) $\cos x = 1 - \frac{1}{2!}x^2 + \frac{1}{4!}x^4 - \cdots + (-1)^m\frac{1}{(2m)!}x^{2m} + R_{2m+1}(x)$,其中,$R_{2m+1}(x) = \frac{\cos[\theta x + (m+1)\pi]}{(2m+2)!}x^{2m+2}$,$0<\theta<1$;

(2) $\ln(1+x)=x-\frac{1}{2}x^2+\frac{1}{3}x^3-\cdots+(-1)^{n-1}\frac{1}{n}x^n+R_n(x)$，其中，$R_n(x)=\frac{(-1)^n}{(n+1)(1+\theta x)^{n+1}}x^{n+1}$，$0<\theta<1$；

(3) $(1+x)^m=1+mx+\frac{m(m-1)}{2!}x^2+\cdots+\frac{m(m-1)\cdots(m-n+1)}{n!}x^n+R_n(x)$，其中，$R_n(x)=\frac{m(m-1)\cdots(m-n+1)(m-n)(1+\theta x)^{m-n-1}}{(n+1)!}x^{n+1}$，$0<\theta<1$.

由以上带有拉格朗日型余项的麦克劳林公式，易得相应的带有佩亚诺型余项的麦克劳林公式，读者可自行写出.

习　题　3.3

1. 按 $x-1$ 的幂展开求函数 $f(x)=1+3x+5x^2-2x^3$.
2. 求函数 $f(x)=xe^x$ 的 n 阶麦克劳林公式.
3. 求函数 $f(x)=\ln x$ 按 $x-2$ 的幂展开的带有佩亚诺型余项的 n 阶泰勒公式.
4. 应用 4 阶麦克劳林公式计算 sin1，并估计误差.

3.4　函数单调性的判别法

函数在某区间上是否具有单调性，是我们在研究函数的性态时，首先关注的问题. 第 1 章中已经给出了函数在某区间上单调的定义，但利用定义来判定函数的单调性却是很不方便的，下面我们应用微分中值定理讨论函数的导数与单调性之间的关系.

定理　设函数 $y=f(x)$ 在 $[a,b]$ 上连续，在 (a,b) 内可导，则有：

(1) 如果在 (a,b) 内 $f'(x)>0$，那么函数 $y=f(x)$ 在 $[a,b]$ 上单调增加；

(2) 如果在 (a,b) 内 $f'(x)<0$，那么函数 $y=f(x)$ 在 $[a,b]$ 上单调减少.

证　在 $[a,b]$ 上任取两点 x_1,x_2，且 $x_1<x_2$，应用拉格朗日中值定理，得

$$f(x_2)-f(x_1)=f'(\xi)(x_2-x_1),\quad x_1<\xi<x_2.$$

(1) 如果在区间 (a,b) 内，$f'(x)>0$，则 $f'(\xi)>0$，而 $x_2-x_1>0$，故由上式可知 $f(x_2)-f(x_1)>0$，即 $f(x_2)>f(x_1)$，说明函数 $y=f(x)$ 在 $[a,b]$ 上单调增加.

(2) 若在 (a,b) 内 $f'(x)<0$，那么 $f'(\xi)<0$，于是 $f(x_2)-f(x_1)<0$，即 $f(x_2)<f(x_1)$，说明函数 $y=f(x)$ 在 $[a,b]$ 上单调减少.

如果把这个判定法中的闭区间，换成其他各种区间（包括无穷区间），那么结论也成立.

例 1　讨论函数 $y=x^3$ 的单调性.

解　函数的定义域为 $(-\infty,+\infty)$，其导数为

$$y'=3x^2.$$

显然，除了点 $x=0$ 使 $y'=0$ 外，在其余各点处均有 $y'>0$. 因此函数 $y=x^3$ 在区间 $(-\infty,0]$ 及 $[0,+\infty)$ 内都是单调增加的，从而在整个定义域 $(-\infty,+\infty)$ 内是单调增加的. 函数的图形如图 3.8 所示.

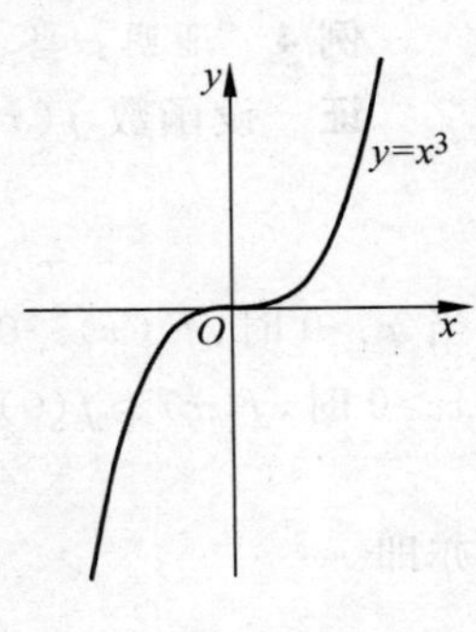

图　3.8

一般地，如果 $f'(x)$ 在某区间内的有限个点处为零，在其余各点处均为正（或负）时，那么 $f(x)$ 在该区间上仍旧是单调增加（或单调减少）的.

例 2 讨论函数 $f(x)=2x^3-9x^2+12x-3$ 的单调性.

解 函数 $f(x)$ 的定义域为 $(-\infty,+\infty)$，其导数为

$$f'(x)=6x^2-18x+12=6(x-1)(x-2).$$

令 $f'(x)=0$，解得 $x_1=1, x_2=2$. 这两个根把定义域 $(-\infty,+\infty)$ 分成三部分：$(-\infty,1]$，$[1,2]$ 和 $[2,+\infty)$.

当 $-\infty<x<1$ 时，$f'(x)>0$；当 $1<x<2$ 时，$f'(x)<0$；当 $2<x<+\infty$ 时，$f'(x)>0$. 因此函数 $f(x)$ 在 $(-\infty,1]$ 及 $[2,+\infty)$ 上是单调增加的，在 $[1,2]$ 上是单调减少的. 函数的图形如图 3.9 所示.

例 3 确定函数 $f(x)=\sqrt[3]{x^2}$ 的单调区间.

解 函数 $f(x)$ 的定义域为 $(-\infty,+\infty)$.

当 $x\neq0$ 时，函数的导数为

$$f'(x)=\frac{2}{3\sqrt[3]{x}}.$$

当 $x=0$ 时，函数的导数不存在. 当 $-\infty<x<0$ 时，$f'(x)<0$；当 $0<x<+\infty$ 时，$f'(x)>0$. 因此，函数 $f(x)$ 在 $(-\infty,0]$ 上是单调减少的，在 $[0,+\infty)$ 上是单调增加的. 函数的图形如图 3.10 所示.

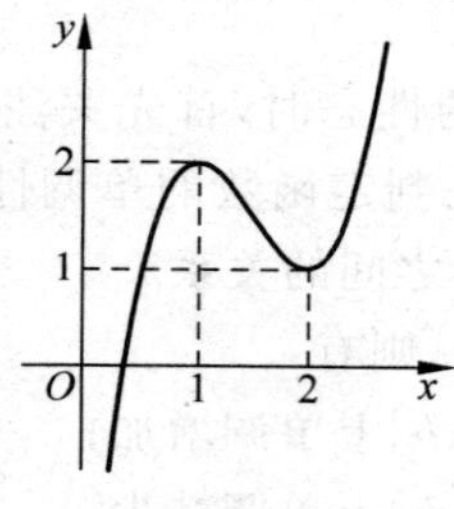

图 3.9

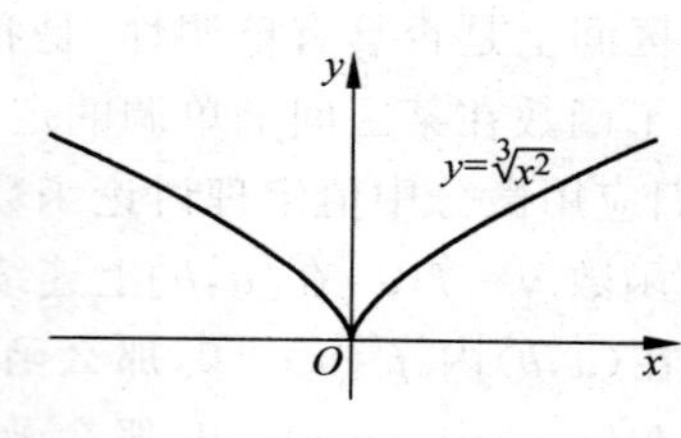

图 3.10

由以上两例可以看出，有些函数在它的定义域上不是单调的，但是当用导数等于零的点和导数不存在的点来划分函数的定义域后，就可以使函数在各个子区间上单调. 因此，这些子区间就是函数的单调区间.

下面是利用函数的单调性证明不等式的例子.

例 4 证明：当 $x>0$ 时，$x>\ln(1+x)$.

证 设函数 $f(x)=x-\ln(1+x)$，其导数为

$$f'(x)=\frac{x}{1+x}.$$

当 $x>0$ 时，$f'(x)>0$，所以函数 $f(x)$ 在 $[0,+\infty)$ 上是单调增加的. 又由于 $f(0)=0$，因此当 $x>0$ 时，$f(x)>f(0)=0$，即

$$x-\ln(1+x)>0,$$

亦即

$$x>\ln(1+x).$$

习 题 3.4

1. 讨论下列函数的单调性：

(1) $f(x)=\arctan x-x$；　　(2) $f(x)=x\mathrm{e}^{-x}(x<0)$.

2. 确定下列函数的单调区间：

(1) $y=x^4-2x^2-5$；　　(2) $y=\ln(x+\sqrt{1+x^2})$；

(3) $y=x^n\mathrm{e}^{-x}(n>0,x\geqslant 0)$；　　(4) $y=\sqrt{2x-x^2}$.

3. 证明下列不等式：

(1) 当 $x>4$ 时，$2^x>x^2$；　　(2) 当 $x>1$ 时，$2\sqrt{x}>3-\dfrac{1}{x}$；

(3) 当 $0<x<\dfrac{\pi}{2}$时，$\sin x+\tan x>2x$；　　(4) 当 $x>0$ 时，$\mathrm{e}^x>1+x$.

3.5 函数的极值与最大值、最小值

3.5.1 函数的极值

定义 1 设函数 $f(x)$在点 x_0 的某邻域$U(x_0)$内有定义，如果对于去心邻域$\mathring{U}(x_0)$内的任一点 x，有 $f(x)<f(x_0)$（或 $f(x)>f(x_0)$），那么就称 $f(x_0)$是函数 $f(x)$的一个极大值（或极小值）. 函数的极大值与极小值统称为函数的极值，使函数取得极值的点称为极值点.

函数的极大值和极小值概念是局部性的. 如果 $f(x_0)$是函数 $f(x)$的一个极大值，那只是就 x_0 附近的一个局部范围来说，$f(x_0)$是 $f(x)$的一个最大值；如果就 $f(x)$的整个定义域来说，$f(x_0)$不一定是最大值. 关于极小值也类似.

如图 3.11 所示，函数 $f(x)$有 4 个极大值：$f(x_2)$，$f(x_4)$，$f(x_6)$，$f(x_8)$，5 个极小值：$f(x_1)$，$f(x_3)$，$f(x_5)$，$f(x_7)$，$f(x_9)$，其中极大值 $f(x_6)$比极小值 $f(x_9)$还小. 就整个区间$[a,b]$来说，只有 $f(x_1)$既是极小值也是最小值，只有 $f(x_8)$既是极大值也是最大值.

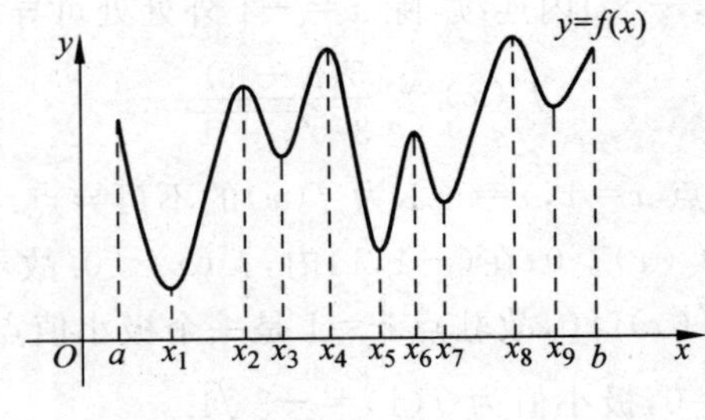

图 3.11

定理 1(必要条件) 设函数 $f(x)$在 x_0 处可导，且在 x_0 处取得极值，那么 $f'(x_0)=0$.

通常称使一阶导数 $f'(x)=0$ 的点为函数 $f(x)$的驻点. 定理 1 表明，可导函数的极值点必定是它的驻点，但函数的驻点却不一定是极值点. 例如，$f(x)=x^3$ 的导数 $f'(x)=3x^2$，$f'(0)=0$，因此 $x=0$ 是驻点，但 $x=0$ 不是此函数的极值点. 所以，函数的驻点只是可能的

极值点. 此外，函数在它的导数不存在的点也可能取得极值. 例如，函数 $f(x)=|x|$ 在点 $x=0$ 处不可导，但函数在该点取得极小值.

定理 2(第一充分条件) 设函数 $f(x)$ 在 x_0 处连续，且在 x_0 的某去心邻域 $\mathring{U}(x_0,\delta)$ 内可导.

(1) 若 $x\in(x_0-\delta,x_0)$ 时，$f'(x)>0$，而 $x\in(x_0,x_0+\delta)$ 时，$f'(x)<0$，则 $f(x)$ 在 x_0 处取得极大值；

(2) 若 $x\in(x_0-\delta,x_0)$ 时，$f'(x)<0$，而 $x\in(x_0,x_0+\delta)$ 时，$f'(x)>0$，则 $f(x)$ 在 x_0 处取得极小值；

(3) 若 $x\in\mathring{U}(x_0,\delta)$ 时，$f'(x)$ 的符号保持不变，则 $f(x)$ 在 x_0 处没有极值.

证 (1) 当 $x_0-\delta<x<x_0$ 时，在 $[x,x_0]$ 上 $f(x)$ 满足拉格朗日中值定理的条件，有

$$f(x_0)-f(x)=f'(\xi)(x_0-x),\quad x<\xi<x_0,$$

因为 $f'(\xi)>0$，所以有

$$f(x_0)-f(x)>0,$$

即

$$f(x_0)>f(x).$$

当 $x_0<x<x_0+\delta$ 时，在 $[x_0,x]$ 上 $f(x)$ 满足拉格朗日中值定理的条件，有

$$f(x)-f(x_0)=f'(\xi)(x-x_0),\quad x_0<\xi<x,$$

因为 $f'(\xi)<0$，所以有

$$f(x)-f(x_0)<0,$$

即

$$f(x)<f(x_0).$$

根据极值定义，$f(x)$ 在点 x_0 处取得极大值 $f(x_0)$.

(2) 可类似地证明.

(3) 当 $x_0-\delta<x<x_0$ 与 $x_0<x<x_0+\delta$ 时，不妨设 $f'(x)>0$，根据定理 1，$f(x)$ 在 $(x_0-\delta,x_0)$ 与 $(x_0,x_0+\delta)$ 内是单调增加的，即在 $(x_0-\delta,x_0+\delta)$ 内是单调增加的，当然 x_0 不是极值点. 对于 $f'(x)<0$ 的情形，可类似证明 x_0 不是极值点.

例 1 求函数 $f(x)=(x-4)\sqrt[3]{(x+1)^2}$ 的极值.

解 (1) $f(x)$ 在 $(-\infty,+\infty)$ 内连续，除 $x=-1$ 外处处可导，且

$$f'(x)=\frac{5(x-1)}{3\sqrt[3]{x+1}}.$$

(2) 令 $f'(x)=0$，得驻点 $x=1$，$x=-1$ 为 $f(x)$ 的不可导点.

(3) 在 $(-\infty,-1)$ 内，$f'(x)>0$；在 $(-1,1)$ 内，$f'(x)<0$. 故不可导点 $x=-1$ 是一个极大值点；又在 $(1,+\infty)$ 内，$f'(x)>0$，故驻点 $x=1$ 是一个极小值点.

(4) 极大值为 $f(-1)=0$，极小值为 $f(1)=-3\sqrt[3]{4}$.

定理 3(第二充分条件) 设函数 $f(x)$ 在 x_0 处具有二阶导数且 $f'(x_0)=0$，那么则有：

(1) 当 $f''(x_0)<0$ 时，函数 $f(x)$ 在 x_0 处取得极大值；

(2) 当 $f''(x_0)>0$ 时，函数 $f(x)$ 在 x_0 处取得极小值.

(3) 当 $f''(x_0)=0$ 时，无法确定函数 $f(x)$ 在 x_0 处是否取得极值.

证 在情形(1)，按二阶导数的定义有

$$f''(x_0)=\lim_{x\to x_0}\frac{f'(x)-f'(x_0)}{x-x_0}<0.$$

根据函数极限的保号性，当 x 在 x_0 的足够小的去心邻域内时，有

$$\frac{f'(x)-f'(x_0)}{x-x_0}<0.$$

但 $f'(x_0)=0$，所以上式即

$$\frac{f'(x)}{x-x_0}<0.$$

从而知道对于这去心邻域内的 x 来说，$f'(x)$ 与 $x-x_0$ 符号相反. 因此，当 $x-x_0<0$ 即 $x<x_0$ 时，$f'(x)>0$；当 $x-x_0>0$ 即 $x>x_0$ 时，$f'(x)<0$. 于是根据定理 2 知道，$f(x)$ 在点 x_0 处取得极大值.

类似地可以证明情形(2).

例 2 求函数 $f(x)=(x^2-1)^3+1$ 的极值.

解 求一阶导数得

$$f'(x)=6x(x^2-1)^2.$$

令 $f'(x)=0$，求得驻点 $x_1=-1, x_2=0, x_3=1$. 求二阶导数得

$$f''(x)=6(x^2-1)(5x^2-1).$$

因 $f''(0)=6>0$，故 $f(x)$ 在 $x=0$ 处取得极小值，极小值为 $f(0)=0$.

因 $f''(-1)=f''(1)=0$，故用定理 3 无法判别. 考察一阶导数 $f'(x)$ 在驻点 $x_1=-1$ 及 $x_3=1$ 左右附近的符号：当 x 取 -1 左侧临近的值时，$f'(x)<0$；当 x 取 -1 右侧临近的值时，$f'(x)<0$；因为 $f'(x)$ 的符号没有改变，所以 $f(x)$ 在 $x=-1$ 处没有极值. 同理，$f(x)$ 在 $x=1$ 处也没有极值.

3.5.2 函数的最大值和最小值

前面曾讲过连续函数的一个重要性质，即闭区间上的连续函数必有最大值和最小值. 现在讨论求函数最大值和最小值的方法、步骤.

假设函数 $f(x)$ 在闭区间 $[a,b]$ 上连续，且 $f(x)$ 至多有有限个驻点.

(1) 求函数 $f(x)$ 的导数 $f'(x)$.

(2) 令 $f'(x)=0$，求出 $f(x)$ 在 (a,b) 内的驻点和导数 $f'(x)$ 不存在的点：$x_1,x_2,\cdots,x_n$.

(3) 计算函数值 $f(x_1),f(x_2),\cdots,f(x_n),f(a),f(b)$.

(4) 比较上述函数值的大小. 最大者就是 $f(x)$ 在闭区间 $[a,b]$ 上的最大值，最小值就是 $f(x)$ 在闭区间 $[a,b]$ 上的最小值.

例 3 求函数 $f(x)=2x^3-3x^2$ 在闭区间 $[-1,4]$ 上的最大值和最小值.

解 令 $f'(x)=6x^2-6x=0$，解得 $x=0$ 或 $x=1$.

因为 $f(0)=0, f(1)=-1, f(-1)=-5, f(4)=80$，所以函数在 $[-1,4]$ 上的最大值为 80，最小值为 -5.

3.5.3 应用举例

例 4 某农场需要围建一个面积为 $512\mathrm{m}^2$ 的矩形晒谷场，一边可以利用原来的石条沿，其他三边需要砌新的石条沿. 问晒场的长和宽各为多少时才能使材料最省?

解 设可以利用的原来石条沿的长为 x,则与之相邻两边的边长都是$\frac{512}{x}$,新砌的三边石条的长是

$$L(x)=x+2\times\frac{512}{x},\quad 定义域为(0,+\infty).$$

问题归结为求 x 为何值时,目标函数 L 取得最小值. 为此,先求 $L(x)$的导数:

$$L'(x)=1-\frac{1024}{x^2},$$

令 $L'(x)=0$,得驻点 $x=32$.

这是实际问题,最小值一定存在,而且在$(0,+\infty)$内只有一个驻点. 因此,当 $x=32$ 时,L 取得极小值,也是 L 在$(0,+\infty)$内的最小值. 当 $x=32$ 时,另两边长都为$\frac{512}{32}=16$. 即与原石条沿平行的那条边的边长为 32m、另两条边为 16m 时,才能使材料最省.

习 题 3.5

1. 求下列函数的极值:

(1) $y=2x^3-6x^2-18x+7$; (2) $y=(x-1)\sqrt[3]{x^2}$;

(3) $y=\frac{3x^2+4x+4}{x^2+x+1}$; (4) $y=x^{\frac{1}{x}}$;

(5) $f(x)=\mathrm{e}^{-x^2}$; (6) $y=\frac{x}{2}+\frac{2}{x}$.

2. 设偶函数 $f(x)$具有二阶导数,并已知 $f''(x)\neq 0$,则 $x=0$( ).

A. 不是函数的驻点; B. 一定是函数的极值点;

C. 一定不是函数的极值点; D. 是否为函数的极值点,不能确定.

3. 试问 a 为何值时,函数 $f(x)=a\sin x+\frac{1}{3}\sin 3x$ 在 $x=\frac{\pi}{3}$处取得极值? 它是极大值还是极小值? 并求此极值.

4. 求下列函数的最值:

(1) $y=x^4-2x^2+5-(2\leqslant x\leqslant 2)$; (2) $y=x+\sqrt{1-x}$ $(-5\leqslant x\leqslant 1)$.

5. 设 $a>1$,$f(t)=a^t-at$ 在$(-\infty,+\infty)$内的驻点为 $t(a)$. 问 a 为何值时,$t(a)$最小? 并求出最小值.

6. 铁路线上 AB 段的距离为 100km,工厂 C 距 A 处为 20km,AC 垂直于 AB. 为了运输需要,要在 AB 线上选定一点 D 向工厂修筑一条公路. 已知铁路每千米货运的运费与公路上每千米货运的运费之比为 3∶5. 为了使货物从供应站 B 运到工厂 C 的运费最省,问 D 点应选在何处?

7. 已知制作一个背包的成本为 40 元. 如果每一个背包的售出价为 x 元,售出的背包数由

$$n=\frac{a}{x-40}+b(80-x)$$

给出,其中,a,b 为正的常数. 问什么样的售出价格能带来最大利润?

3.6 函数作图法

3.6.1 曲线的凸凹性与拐点

定义 1 设 $f(x)$在区间 I 上连续，如果对 I 上任意两点 x_1,x_2 恒有

$$f\left(\frac{x_1+x_2}{2}\right)<\frac{f(x_1)+f(x_2)}{2},$$

那么称 $f(x)$在 I 上的图形是凹的；如果恒有

$$f\left(\frac{x_1+x_2}{2}\right)>\frac{f(x_1)+f(x_2)}{2},$$

那么称 $f(x)$在 I 上的图形是凸的.

定理 设 $f(x)$在区间(a,b)上连续，在(a,b)内具有一阶和二阶导数，那么：

(1) 若在(a,b)内 $f''(x)>0$，则 $f(x)$在$[a,b]$上的图形是凹的；

(2) 若在(a,b)内 $f''(x)<0$，则 $f(x)$在$[a,b]$上的图形是凸的.

证 在情形(1)，设 x_1 和 x_2 为$[a,b]$内任意两点，且 $x_1<x_2$，记$\frac{x_1+x_2}{2}=x_0$，并记 $x_2-x_0=x_0-x_1=h$，则 $x_1=x_0-h,x_2=x_0+h$，由拉格朗日中值公式得

$$f(x_0+h)-f(x_0)=f'(x_0+\theta_1 h)h,$$

$$f(x_0)-f(x_0-h)=f'(x_0-\theta_2 h)h,$$

其中，$0<\theta_1<1$；$0<\theta_2<1$. 两式相减，即得

$$f(x_0+h)+f(x_0-h)-2f(x_0)=[f'(x_0+\theta_1 h)-f'(x_0-\theta_2 h)]h.$$

对 $f'(x)$在区间$[x_0-\theta_2 h,x_0+\theta_1 h]$上再利用拉格朗日中值公式，得

$$[f'(x_0+\theta_1 h)-f'(x_0-\theta_2 h)]h=f''(\xi)(\theta_1+\theta_2)h^2,$$

其中，$x_0-\theta_2 h<\xi<x_0+\theta_1 h$. 按情形(1)的假设，$f''(\xi)>0$，故有

$$f(x_0+h)+f(x_0-h)-2f(x_0)>0,$$

即

$$\frac{f(x_0+h)+f(x_0-h)}{2}>f(x_0).$$

亦即

$$\frac{f(x_1)+f(x_2)}{2}>f\left(\frac{x_1+x_2}{2}\right).$$

所以 $f(x)$在$[a,b]$上的图形是凹的.

类似地可证明情形(2).

例 1 判定曲线 $y=x^3$ 的凹凸性.

解 因为 $y'=3x^2,y''=6x$. 当 $x<0$ 时，$y''<0$，所以曲线在$(-\infty,0]$内为凸的；当 $x>0$ 时，$y''>0$，所以曲线在$[0,+\infty)$内为凹的.

例 2 判定曲线 $y=\sin x(0\leqslant x\leqslant 2\pi)$的凹凸性.

解 因为 $y'=\cos x,y''=-\sin x$，所以当 $x\in[0,\pi]$时，$y''<0$，曲线在$[0,\pi]$上是凸的；当 $x\in[\pi,2\pi]$时，$y''>0$，曲线在$[\pi,2\pi]$上是凹的.

定义 2 设 $y=f(x)$在区间 I 上连续，x_0 是区间 I 内的点. 如果曲线 $y=f(x)$在经过点

$(x_0,f(x_0))$时，曲线的凹凸性改变，那么就称点$(x_0,f(x_0))$为该曲线的拐点.

$f''(x)$的符号可以判定曲线的凹凸性，由定义2，如果$f''(x)$在x_0的左右两侧邻近异号，那么点$(x_0,f(x_0))$就是曲线的一个拐点. 如果$f(x)$在区间(a,b)内具有二阶连续导数，那么拐点处必然有$f''(x)=0$；另外，$f(x)$的二阶导数不存在的点，也有可能是$f''(x)$的符号发生变化的点. 综上分析，我们可以按下列步骤判定区间I上的连续曲线$y=f(x)$的拐点：

(1) 求$f''(x)$.

(2) 令$f''(x)=0$，解出这个方程在区间I内的实根，并求出在区间I内$f''(x)$不存在的点.

(3) 对于(2)中求出的每一个实根或二阶导数不存在的点x_0，检查$f''(x)$在x_0左、右两侧邻近的符号. 当两侧的符号相反时，点$(x_0,f(x_0))$是拐点；当两侧的符号相同时，点$(x_0,f(x_0))$不是拐点.

例3 求曲线$y=3x^5-5x^4+4$的拐点.

解 定义域是$(-\infty,+\infty)$. $y'=15x^4-20x^3$，$y''=60x^3-60x^2=60x^2(x-1)$. 令$y''=0$，得$x_1=0$，$x_2=1$.

当$x<0$时，$y''<0$；当$0<x<1$时，$y''<0$. 经过点$x=0$时，y''不变号，所以点(0,4)不是拐点.

当$0<x<1$时，$y''<0$；当$x>1$时，$y''>0$. 经过点$x=1$时，y''变号，所以点(1,2)是拐点.

例4 求曲线$y=\sqrt[3]{x}$的拐点.

解 定义域及连续区间为$(-\infty,+\infty)$. $y'=\dfrac{1}{3\sqrt[3]{x^2}}$，$y''=-\dfrac{2}{9}\dfrac{1}{x\sqrt[3]{x^2}}$，$y''$无零点，但$x=0$是$y''$不存在的点.

当$x<0$时，$y''>0$，曲线是凹的；当$x>0$时，$y''<0$，曲线是凸的. 因此，点(0,0)是曲线的拐点.

3.6.2 曲线的渐近线

若曲线C上的点M沿着曲线无限地远离原点时，点M与某一直线L的距离趋于零，则称直线L为曲线C的渐近线.

1. 垂直渐近线

若函数f满足$\lim\limits_{x\to x_0}f(x)=\infty$，则称直线$x=x_0$为函数$y=f(x)$的图形的垂直渐近线.

如图3.12所示，因为

$$\lim_{x\to 1}\frac{1}{x-1}=\infty,$$

则直线$x=1$是函数$f(x)=\dfrac{1}{x-1}$的垂直渐近线.

2. 水平渐近线

若极限$\lim\limits_{x\to\infty}f(x)=A$存在，则称直线$y=A$为函数$y=f(x)$的图形的水平渐近线.

如图3.13所示，直线$y=5$是曲线$f(x)=5-\dfrac{2}{x^2}$的水平渐近线.

3. 斜渐近线

若存在常数k,b，使得$k=\lim\limits_{x\to\infty}\dfrac{f(x)}{x}$，$b=\lim\limits_{x\to\infty}[f(x)-kx]$，则称直线$y=kx+b$为函数$y=f(x)$的图形的斜渐近线.

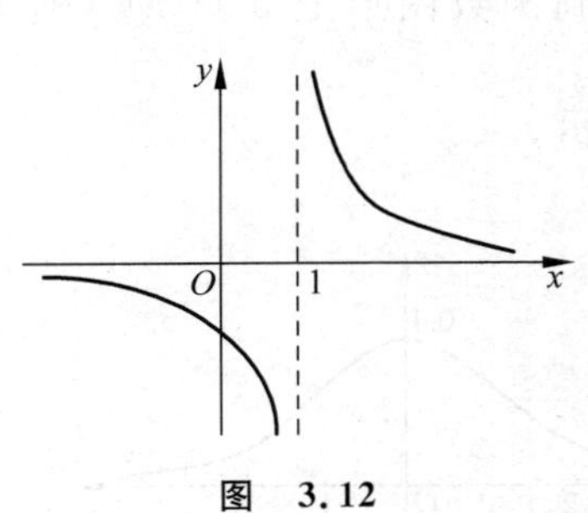

图 3.12

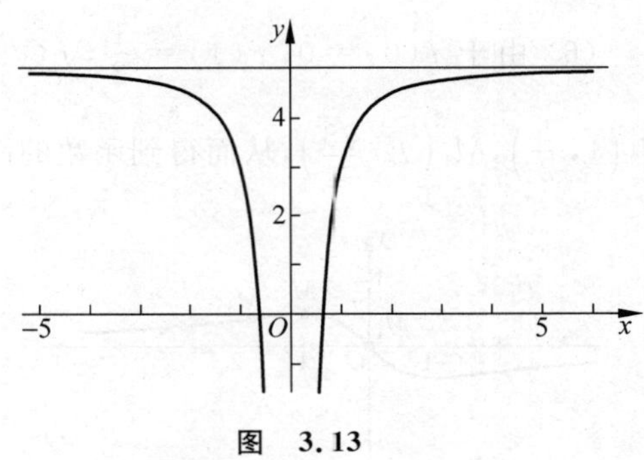

图 3.13

3.6.3 函数图形的描绘

函数作图的一般步骤如下：

(1) 求函数的定义域；

(2) 考察函数的奇偶性、周期性；

(3) 确定函数的单调区间、极值点、凹凸区间以及拐点；

(4) 求函数的某些特殊点，如与两个坐标轴的交点、不连续点、不可导点等；

(5) 考察渐近线；

(6) 作图.

例 5 绘制函数 $y=\frac{x}{1+x^2}$ 的图形.

解 (1) 所给函数 $y=f(x)$ 的定义域为 $(-\infty,+\infty)$.

(2) 因为 $f(-x)=\frac{-x}{1+x^2}=-f(x)$，所以 $f(x)$ 是奇函数，它的图形关于原点对称. 因此可只讨论 $[0,+\infty)$ 上该函数的图形.

(3) 函数的导数为

$$f'(x)=\frac{1-x^2}{(1+x^2)^2},\quad f''(x)=\frac{2x(x^2-3)}{(1+x^2)^3}.$$

在 $[0,+\infty)$ 上，$f'(x)$ 的零点为 1，$f''(x)$ 的零点为 0 或 $\sqrt{3}$. 从而分 $[0,+\infty)$ 为 3 个区间：$[0,1]$，$[1,\sqrt{3}]$，$[\sqrt{3},+\infty)$.

(4) 函数图形的升降和凹凸、极值点、拐点列于表 3.1.

表 3.1

x	0	$(0,1)$	1	$(1,\sqrt{3})$	$\sqrt{3}$	$(\sqrt{3},+\infty)$
$f'(x)$	+	+	0	−	−	−
$f''(x)$	0	−	−	−	0	+
$y=f(x)$ 的图形	拐点	单调增加的凸弧	极大	单调减少的凸弧	拐点	单调减少的凹弧

(5) 由于 $\lim\limits_{x\to+\infty}f(x)=0$，所以图形有一条水平渐近线 $y=0$.

(6) 由于 $f(0)=0, f(1)=\frac{1}{2}, f(\sqrt{3})=\frac{\sqrt{3}}{4}$,从而得到函数图形上 3 点 $M_1(0,0)$, $M_2\left(1,\frac{1}{2}\right)$, $M_3\left(\sqrt{3},\frac{\sqrt{3}}{4}\right)$,从而得到函数的图形如图 3.14 所示.

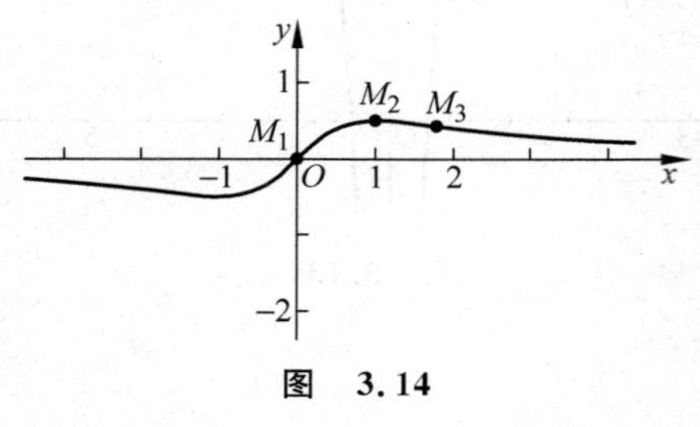

图 3.14

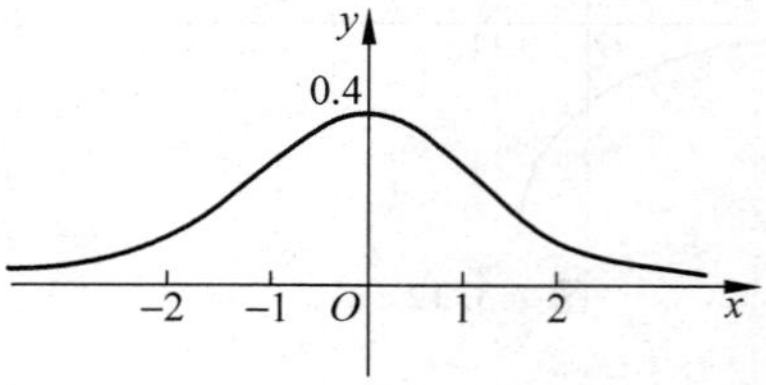

图 3.15

例 6 作标准正态分布的密度函数

$$f(x)=\frac{1}{\sqrt{2\pi}}\mathrm{e}^{-\frac{x^2}{2}}$$

的图形.

解 (1) 确定要研究的区间.函数的定义域为$(-\infty,+\infty)$.

(2) 这个函数是偶函数,图形对称于 y 轴,下面只讨论$[0,+\infty)$上函数的图形.

(3) 求出 $f'(x)$与 $f''(x)$,即

$$f'(x)=\frac{-1}{\sqrt{2\pi}}x\mathrm{e}^{-\frac{x^2}{2}},\quad f''(x)=\frac{1}{\sqrt{2\pi}}\mathrm{e}^{-\frac{x^2}{2}}(x^2-1).$$

令 $f'(x)=0$,得 $x=0$;由 $f''(0)<0$ 可知,函数在点 $x=0$ 处取得极大值$\frac{1}{\sqrt{2\pi}}$;当 $x>0$ 时,$f'(x)<0$,所以 $f(x)$单调减少.

又令 $f''(x)=0$,得 $x=1$;$f''(x)$从左至右经过点 $x=1$ 时,由负变到正,所以,点 $\left(1,\frac{1}{\sqrt{2\pi\mathrm{e}}}\right)$是拐点.由于对称性,$\left(-1,\frac{1}{\sqrt{2\pi\mathrm{e}}}\right)$也是拐点.

(4) 函数图形的升降和凹凸、极值点、拐点如表 3.2 所示.

表 3.2

x	0	(0,1)	1	$(1,+\infty)$
$f'(x)$	0	−	−	−
$f''(x)$	−	−	0	+
$y=f(x)$的图形	极大	单调减少的凸弧	拐点	单调减少的凹弧

(5) 渐近线.因为$\lim\limits_{x\to\infty}f(x)=0$,所以 $y=0$ 是水平渐近线.

(6) 作图.根据表 3.2 的结果将图形作出,如图 3.15 所示.

习 题 3.6

1. 判定下列曲线的凹凸性:

(1) $y=4x-x^2$; (2) $y=x+\frac{1}{x}\ (x>0)$.

2. 求下列曲线的拐点与凹凸区间：

(1) $y=3x^4-4x^3+1$；　　(2) $y=xe^{-x}$；

(3) $y=\ln(x^2+1)$；　　(4) $y=e^{\arctan x}$.

3. 问 a,b 为何值时，点(1,3)为曲线 $y=ax^3+bx^2$ 的拐点？

4. 试决定曲线 $y=ax^3+bx^2+cx+d$ 中的 a,b,c,d，使得 $x=-2$ 处曲线有水平切线，(1,−10)为拐点，且点(−2,44)在曲线上.

5. 描绘下列函数的图形：

(1) $y=\dfrac{x}{1+x^2}$；　　(2) $y=xe^{-x}$.

总 习 题 3

1. 设函数 $f(x)$ 在[0,1]上连续，在(0,1)内可导，且 $f(1)=0$. 求证：存在 $\xi\in(0,1)$，使 $f'(\xi)=-\dfrac{f(\xi)}{\xi}$.

2. $f(x)=x^2, g(x)=x^3$ 在[0,1]上，分别就拉格朗日中值定理、柯西中值定理，计算相应的 ξ.

3. 求 $\lim\limits_{x\to\infty}\dfrac{e^x-x\arctan x}{e^x+x}$.

4. 求函数 $f(x)=\sqrt{x}$ 按 $x-4$ 的幂展开的带佩亚诺型余项的三阶泰勒公式.

5. 证明多项式 $f(x)=x^3-3x+a$ 在[0,1]上不可能有两个零点.

6. 确定下列函数的单调区间：

(1) $f(x)=x^3-3x^2+7$；　　(2) $f(x)=2x+\dfrac{8}{x}$；

(3) $f(x)=x-\ln(1+x)\ (x>-1)$；　　(4) $f(x)=e^{-x^2}$.

7. 设 $a>1$，$f(x)=a^x-ax$ 在 $(-\infty,+\infty)$ 内的驻点为 $x(a)$. 问 a 为何值时，$x(a)$ 最小？并求出最小值.

8. 求椭圆 $x^2-xy+y^2=3$ 上纵坐标最大和最小的点.

9. 设 $f'(x_0)=f''(x_0)=0, f'''(x_0)>0$，则(　　).

A. $f'(x_0)$ 是 $f'(x)$ 的极大值；　　B. $f(x_0)$ 是 $f(x)$ 的极大值；

C. $f(x_0)$ 是 $f(x)$ 的极小值；　　D. $(x_0, f(x_0))$ 是曲线 $y=f(x)$ 的拐点.

不定积分

在前面的章节中，我们介绍了一元函数的微分学. 在一元函数微分学中我们主要讨论了如何求一个函数的导数（或微分）. 本章我们将讨论它的逆问题，即已知某一函数的导数（或微分），如何求出这个函数. 这也是一元函数积分学的一个基本问题——不定积分.

4.1 不定积分的概念与性质

4.1.1 原函数与不定积分的概念

定义 1 设有函数 $f(x)$ 和 $F(x)$，若在区间 I 上有 $F'(x)=f(x)$ 或 $\mathrm{d}F(x)=f(x)\mathrm{d}x$，则称 $F(x)$ 为 $f(x)$ 在区间 I 上的一个**原函数**.

例如，因 $(\ln x)'=\frac{1}{x}$，故 $\ln x$ 是 $\frac{1}{x}$ 的一个原函数. 因 $(x^2)'=2x$，$(x^2+1)'=2x$，$(x^2+C)'=2x$，可见 $2x$ 有无穷多个原函数，而且其中任意两个只相差一个常数，这一点具有普遍性.

对于原函数的存在问题，我们在此不进行深入的讨论，仅给出一个充分条件.

定理 1（原函数存在定理） 如果函数 $f(x)$ 在区间 I 上连续，则函数 $f(x)$ 在区间 I 上的原函数一定存在.

由于初等函数在其定义区间内连续，故初等函数在其定义区间内都有原函数.

下面讨论原函数的个数问题.

定理 2 函数的原函数不止一个，但任意两个原函数之差是一个常数；反之，一个原函数加上一个任意常数仍是一个原函数.

证 设 $F(x)$ 和 $G(x)$ 是 $f(x)$ 在区间 I 的两个原函数，即

$$F'(x)=G'(x)=f(x),$$

于是

$$(F(x)-G(x))'=F'(x)-G'(x)=f(x)-f(x)=0,\quad x\in I,$$

又由拉格朗日中值定理的推论知

$$F(x)-G(x)=C,$$

其中，C 是一个任意的常数.

由此知道，当 $f(x)$ 给定后，它的原函数是一族函数，它们彼此间只相差一个任意常数. 一般把这族函数称为 $f(x)$ 的**不定积分**，记为

$$\int f(x)\mathrm{d}x=F(x)+C,$$

其中，$F(x)$为 $f(x)$的一个原函数；$\int$ 称为积分号；$f(x)$称为被积函数；$f(x)\mathrm{d}x$ 称为被积表达式；x 称为积分变量.

由此可见，求 $f(x)$的不定积分，只需求出它的一个原函数 $F(x)$，然后再加上任意常数即可.

由不定积分的概念，有下述关系：

$$\left(\int f(x)\mathrm{d}x\right)' = f(x),\quad \int F'(x)\mathrm{d}x = F(x)+C;$$

$$\mathrm{d}\left(\int f(x)\mathrm{d}x\right) = f(x)\mathrm{d}x,\quad \int \mathrm{d}F(x) = F(x)+C.$$

上一行是导数的写法，下一行是微分的写法.

例 1 求 $\int x^2\mathrm{d}x$.

解 因为$\left(\frac{1}{3}x^3\right)'=x^2$，即$\frac{1}{3}x^3$ 是 x^2 的一个原函数，所以$\int x^2\mathrm{d}x = \frac{1}{3}x^3+C$.

例 2 求 $\int \frac{\mathrm{d}x}{1+x^2}$.

解 因为$(\arctan x)'=\frac{1}{1+x^2}$，即 $\arctan x$ 是$\frac{1}{1+x^2}$的一个原函数，所以

$$\int \frac{\mathrm{d}x}{1+x^2} = \arctan x + C.$$

与初等函数求导数的公式类似，下面是一些初等函数求原函数（不定积分）的公式，简称为基本积分表.

(1) $\int k\mathrm{d}x = kx+C$ (k,C 为常数)；

(2) $\int x^\mu \mathrm{d}x = \frac{x^{\mu+1}}{\mu+1}+C$ ($\mu\neq -1$)；

(3) $\int \frac{1}{x}\mathrm{d}x = \ln|x|+C$ ($x\neq 0$)；

(4) $\int \sin x\mathrm{d}x = -\cos x + C$；

(5) $\int \cos x\mathrm{d}x = \sin x + C$；

(6) $\int \mathrm{e}^x\mathrm{d}x = \mathrm{e}^x + C$；

(7) $\int a^x\mathrm{d}x = \frac{a^x}{\ln a} + C$；

(8) $\int \frac{1}{1+x^2}\mathrm{d}x = \arctan x + C$；

(9) $\int \frac{1}{\sqrt{1-x^2}}\mathrm{d}x = \arcsin x + C$；

(10) $\int \sec^2 x\mathrm{d}x = \tan x + C$；

(11) $\int \csc^2 x\mathrm{d}x = -\cot x + C$；

(12) $\int \sec x \tan x \mathrm{d}x = \sec x + C$;

(13) $\int \csc x \cot x \mathrm{d}x = -\csc x + C$.

例 3 求 $\int 5^x \mathrm{e}^x \mathrm{d}x$.

解 $\int 5^x \mathrm{e}^x \mathrm{d}x = \int (5\mathrm{e})^x \mathrm{d}x = \frac{(5\mathrm{e})^x}{\ln(5\mathrm{e})} + C = \frac{5^x \mathrm{e}^x}{1+\ln 5} + C$.

4.1.2 不定积分的性质

基本积分表是求不定积分的基础,关于不定积分还有如下基本性质.

性质 1 被积函数中的常数因子可以提到不定积分号外面,即

$$\int kf(x)\mathrm{d}x = k\int f(x)\mathrm{d}x, \quad k \text{ 为常数}.$$

性质 2 两个函数的代数和的不定积分等于它们不定积分的代数和,即

$$\int [f(x) \pm g(x)]\mathrm{d}x = \int f(x)\mathrm{d}x \pm \int g(x)\mathrm{d}x.$$

性质 2 对于任意有限多个函数的代数和也是成立的.

例 4 求 $\int \left(x\sqrt{x} + \frac{3}{1+x^2}\right)\mathrm{d}x$.

解 $\int \left(x\sqrt{x} + \frac{3}{1+x^2}\right)\mathrm{d}x = \int x^{\frac{3}{2}}\mathrm{d}x + 3\int \frac{1}{1+x^2}\mathrm{d}x = \frac{1}{\frac{3}{2}+1}x^{\frac{3}{2}+1} + 3\arctan x + C$

$$= \frac{2}{5}x^{\frac{5}{2}} + 3\arctan x + C.$$

例 5 求 $\int \tan^2 x \mathrm{d}x$.

解 $\int \tan^2 x \mathrm{d}x = \int (\sec^2 x - 1)\mathrm{d}x = \int \sec^2 x \mathrm{d}x - \int 1 \mathrm{d}x = \tan x - x + C$.

例 6 求 $\int \frac{x^2}{1+x^2}\mathrm{d}x$.

解 $\int \frac{x^2}{1+x^2}\mathrm{d}x = \int \frac{x^2+1-1}{1+x^2}\mathrm{d}x = \int \mathrm{d}x - \int \frac{1}{1+x^2}\mathrm{d}x = x - \arctan x + C$.

例 7 求 $\int \sin^2 \frac{x}{2}\mathrm{d}x$.

解 $\int \sin^2 \frac{x}{2}\mathrm{d}x = \int \frac{1-\cos x}{2}\mathrm{d}x = \frac{1}{2}\left(\int \mathrm{d}x - \int \cos x \mathrm{d}x\right) = \frac{1}{2}(x - \sin x) + C$.

习 题 4.1

1. 求满足下列条件的函数 $f(x)$:

(1) $f'(x)=3x$;

(2) $f'(x)=2\sqrt{x}$, $f(0)=1$;

(3) $f'(x)=\frac{3}{\sqrt{x}}$, $f(0)=2$;

(4) $f'(x)=\frac{5}{x^2}$, $f(1)=1$;

(5) $f'(x)=\frac{1}{1+x}$, $f(0)=0$;

(6) $f'(x)=\mathrm{e}^{5x}$, $f(0)=1$.

2. 求下列不定积分：

(1) $\int\left(\frac{1}{x}-2^{x}+5\cos x\right)\mathrm{d}x$；　(2) $\int\frac{1}{x^{2}}\mathrm{d}x$；

(3) $\int x\sqrt{x\sqrt{x}}\,\mathrm{d}x$；　(4) $\int 2^{x}\mathrm{e}^{x}\mathrm{d}x$；

(5) $\int\frac{2\cdot 3^{x}-5\cdot 2^{x}}{3^{x}}\mathrm{d}x$；　(6) $\int(\sec x+\tan x)\tan x\mathrm{d}x$；

(7) $\int\frac{\cos 2x}{\cos x+\sin x}\mathrm{d}x$；　(8) $\int\frac{\sin^{2}x}{\sin 2x\cos x}\mathrm{d}x$；

(9) $\int\left(\frac{4}{1+x^{2}}-\frac{3}{\sqrt{1-x^{2}}}\right)\mathrm{d}x$；　(10) $\int\frac{1}{x^{2}(1+x^{2})}\mathrm{d}x$.

3. 已知某物体沿直线作变速运动，在 t 时刻的加速度为 $a(t)=\mathrm{e}^{-t}$. 求启动后 t 时刻行驶的路程及 $t=5$ 时所走的路程.

4.2 不定积分的第一类换元积分法

利用基本积分表和积分的性质求解的不定积分是非常有限的，例如 $\tan x$，$\ln x$ 这些基本初等函数的不定积分都无法利用上述方法求出，因此需要进一步来研究不定积分的其他求解方法. 我们将复合函数求导公式反过来使用得到不定积分的换元积分法，按其应用的侧重点不同分为**第一类换元法**和**第二类换元法**，本节介绍第一类换元法，又称为**凑微分法**.

有些不定积分将积分变量进行适当的变换后就能由基本积分表求出. 例如求 $\int\sin 3x\mathrm{d}x$，在基本积分表中只有 $\int\sin x\mathrm{d}x=-\cos x+C$，比较 $\int\sin x\mathrm{d}x$ 和 $\int\sin 3x\mathrm{d}x$，发现 $\sin 3x$ 与 $\sin x$ 只相差一个常数因子，因此，如果凑上这个常数因子 3，就有

$$\int\sin 3x\mathrm{d}x=\int\frac{1}{3}\sin 3x\cdot(3x)'\mathrm{d}x=\frac{1}{3}\int\sin 3x\mathrm{d}(3x),$$

再令 $3x=u$，上述积分就变为

$$\int\sin 3x\mathrm{d}x=\frac{1}{3}\int\sin 3x\mathrm{d}(3x)=\frac{1}{3}\int\sin u\mathrm{d}u,$$

而这个积分可在基本积分表中查到，即 $\int\sin u\mathrm{d}u=-\cos u+C$，最后再将 u 代回 $3x$，从而得到

$$\int\sin 3x\mathrm{d}x=\frac{1}{3}\int\sin 3x\mathrm{d}(3x)=\frac{1}{3}\int\sin u\mathrm{d}u=-\frac{1}{3}\cos u+C=-\frac{1}{3}\cos 3x+C.$$

将上述过程一般化得到

$$\int g(x)\mathrm{d}x=\int f[\varphi(x)]\varphi'(x)\mathrm{d}x=\int f[\varphi(x)]\mathrm{d}\varphi(x)=\int f(u)\mathrm{d}u=F(u)+C=F(\varphi(x))+C.$$

由此可得定理 1.

定理 1（第一类换元积分法） 假设 $\int f(u)\mathrm{d}u=F(u)+C$，且 $u=\varphi(x)$ 可导，那么

$$\int f[\varphi(x)]\varphi'(x)\mathrm{d}x=\int f(u)\mathrm{d}u=F(u)+C=F(\varphi(x))+C.$$

所谓第一类换元积分法，就是指运用上述公式来求不定积分. 在运用该公式时，首先要

将所求的不定积分与已知的基本求积分公式相比较，选用合适的变换(即 $u=\varphi(x)$)，把所求的积分“凑成”公式中已有的形式，求出积分后，再把原来的变量代回，这种方法也称为凑微分法.

例 1 求 $\int \frac{1}{5+4x}dx$.

解 $\int \frac{1}{5+4x}dx = \frac{1}{4}\int \frac{1}{5+4x}d(5+4x) \xlongequal{令\, u=5+4x} \frac{1}{4}\int \frac{1}{u}du$

$$= \frac{1}{4}\ln|u| + C = \frac{1}{4}\ln|5+4x| + C.$$

例 2 求 $\int x e^{x^2}dx$.

解 $\int x e^{x^2}dx = \frac{1}{2}\int e^{x^2}dx^2 \xlongequal{令\, u=x^2} \frac{1}{2}\int e^u du = \frac{1}{2}e^u + C = \frac{1}{2}e^{x^2} + C$.

例 3 求 $\int \frac{\cos\sqrt{x}}{\sqrt{x}}dx$.

解 $\int \frac{\cos\sqrt{x}}{\sqrt{x}}dx = 2\int \cos\sqrt{x}\,d\sqrt{x} \xlongequal{\sqrt{x}=u} 2\int \cos u\,du = 2\sin u + C = 2\sin\sqrt{x} + C$.

注意 在凑微分法熟练以后，不必写出中间变量 u，直接对$\sqrt{x}$进行积分即可，例如 $\int \frac{\cos\sqrt{x}}{\sqrt{x}}dx = 2\int \cos\sqrt{x}\,d\sqrt{x} = 2\sin\sqrt{x} + C$.

例 4 求 $\int \frac{\sec^2\frac{1}{x}}{x^2}dx$.

解 $\int \frac{\sec^2\frac{1}{x}}{x^2}dx = -\int \sec^2\frac{1}{x}d\frac{1}{x} = -\tan\frac{1}{x} + C$.

例 5 求 $\int \frac{e^x}{1+e^{2x}}dx$.

解 $\int \frac{e^x}{1+e^{2x}}dx = \int \frac{de^x}{1+(e^x)^2} = \arctan e^x + C$.

例 6 求 $\int \frac{\ln x}{x}dx$.

解 $\int \frac{\ln x}{x}dx = \int \ln x\,d\ln x = \frac{1}{2}\ln^2 x + C$.

例 7 求 $\int \tan x\,dx$.

解 $\int \tan x\,dx = \int \frac{\sin x}{\cos x}dx = -\int \frac{d\cos x}{\cos x} = -\ln|\cos x| + C$.

同理可得

$$\int \cot x\,dx = \int \frac{\cos x}{\sin x}dx = \int \frac{d\sin x}{\sin x} = \ln|\sin x| + C.$$

例 8 求 $\int \frac{1}{a^2+x^2}dx\ (a>0)$.

解 $\int \frac{1}{a^2+x^2}\mathrm{d}x = \frac{1}{a^2}\int \frac{\mathrm{d}x}{1+\left(\frac{x}{a}\right)^2} = \frac{1}{a}\int \frac{\mathrm{d}\left(\frac{x}{a}\right)}{1+\left(\frac{x}{a}\right)^2} = \frac{1}{a}\arctan\frac{x}{a}+C.$

例 9 求 $\int \frac{1}{\sqrt{a^2-x^2}}\mathrm{d}x\ (a>0)$.

解 $\int \frac{1}{\sqrt{a^2-x^2}}\mathrm{d}x = \int \frac{1}{a\sqrt{1-\left(\frac{x}{a}\right)^2}}\mathrm{d}x = \int \frac{1}{\sqrt{1-\left(\frac{x}{a}\right)^2}}\mathrm{d}\left(\frac{x}{a}\right) = \arcsin\frac{x}{a}+C.$

例 10 求 $\int \frac{1}{x^2-a^2}\mathrm{d}x\ (a\neq 0)$.

解
$$\begin{aligned}
\int \frac{1}{x^2-a^2}\mathrm{d}x &= \int \frac{\mathrm{d}x}{(x-a)(x+a)} = \frac{1}{2a}\int\left(\frac{1}{x-a}-\frac{1}{x+a}\right)\mathrm{d}x \\
&= \frac{1}{2a}\left(\int \frac{1}{x-a}\mathrm{d}x - \int \frac{1}{x+a}\mathrm{d}x\right) \\
&= \frac{1}{2a}\left(\int \frac{1}{x-a}\mathrm{d}(x-a) - \int \frac{1}{x+a}\mathrm{d}(x+a)\right) \\
&= \frac{1}{2a}(\ln|x-a| - \ln|x+a|)+C \\
&= \frac{1}{2a}\ln\left|\frac{x-a}{x+a}\right|+C.
\end{aligned}$$

例 11 求 $\int \sec x\mathrm{d}x$.

解
$$\begin{aligned}
\int \sec x\mathrm{d}x &= \int \frac{\sec x(\sec x+\tan x)}{\sec x+\tan x}\mathrm{d}x = \int \frac{\sec^2 x+\sec x\tan x}{\sec x+\tan x}\mathrm{d}x \\
&= \int \frac{\mathrm{d}(\sec x+\tan x)}{\sec x+\tan x} = \ln|\sec x+\tan x|+C.
\end{aligned}$$

同理可得

$$\begin{aligned}
\int \csc x\mathrm{d}x &= \int \frac{\csc x(\csc x-\cot x)}{\csc x-\cot x}\mathrm{d}x = \int \frac{\csc^2 x-\csc x\cot x}{\csc x-\cot x}\mathrm{d}x \\
&= \int \frac{\mathrm{d}(\csc x-\cot x)}{\csc x-\cot x} = \ln|\csc x-\cot x|+C.
\end{aligned}$$

由上述例题可得到以下积分公式：

(14) $\int \tan x\mathrm{d}x = -\ln|\cos x|+C$;

(15) $\int \cot x\mathrm{d}x = \ln|\sin x|+C$;

(16) $\int \frac{1}{a^2+x^2}\mathrm{d}x = \frac{1}{a}\arctan\frac{x}{a}+C$;

(17) $\int \frac{1}{\sqrt{a^2-x^2}}\mathrm{d}x = \arcsin\frac{x}{a}+C$;

(18) $\int \frac{1}{x^2-a^2}\mathrm{d}x = \frac{1}{2a}\ln\left|\frac{x-a}{x+a}\right|+C$;

(19) $\int \sec x\mathrm{d}x = \ln|\sec x+\tan x|+C$;

(20) $\int \csc x\mathrm{d}x = \ln|\csc x - \cot x| + C$;

例 12 求 $\int \frac{\mathrm{d}x}{\sqrt{1+x-x^2}}$.

解 $\int \frac{\mathrm{d}x}{\sqrt{1+x-x^2}} = \int \frac{\mathrm{d}\left(x-\frac{1}{2}\right)}{\sqrt{\left(\frac{\sqrt{5}}{2}\right)^2 - \left(x-\frac{1}{2}\right)^2}}$，利用公式(17)得到

$$\int \frac{\mathrm{d}x}{\sqrt{1+x-x^2}} = \int \frac{\mathrm{d}\left(x-\frac{1}{2}\right)}{\sqrt{\left(\frac{\sqrt{5}}{2}\right)^2 - \left(x-\frac{1}{2}\right)^2}} = \arcsin \frac{x-\frac{1}{2}}{\frac{\sqrt{5}}{2}} + C = \arcsin \frac{2x-1}{\sqrt{5}} + C.$$

例 13 求 $\int \cos^3 x\mathrm{d}x$.

解
$$\begin{aligned}\int \cos^3 x\mathrm{d}x &= \int \cos^2 x\cos x\mathrm{d}x = \int \cos^2 x\mathrm{d}\sin x \\ &= \int (1-\sin^2 x)\mathrm{d}\sin x = \int 1\mathrm{d}\sin x - \int \sin^2 x\mathrm{d}\sin x \\ &= \sin x - \frac{1}{3}\sin^3 x + C.\end{aligned}$$

例 14 求 $\int \sin^2 x\cos^3 x\mathrm{d}x$.

解
$$\begin{aligned}\int \sin^2 x\cos^3 x\mathrm{d}x &= \int \sin^2 x\cos^2 x\cos x\mathrm{d}x = \int \sin^2 x(1-\sin^2 x)\mathrm{d}\sin x \\ &= \int (\sin^2 x - \sin^4 x)\mathrm{d}\sin x = \frac{1}{3}\sin^3 x - \frac{1}{5}\sin^5 x + C.\end{aligned}$$

例 15 求 $\int \sec^4 x\mathrm{d}x$.

解 $\int \sec^4 x\mathrm{d}x = \int \sec^2 x\cdot\sec^2 x\mathrm{d}x = \int (1+\tan^2 x)\mathrm{d}\tan x = \tan x + \frac{1}{3}\tan^3 x + C.$

例 16 求 $\int \tan x\sec^3 x\mathrm{d}x$.

解 $\int \tan x\sec^3 x\mathrm{d}x = \int \sec^2 x\cdot\tan x\sec x\mathrm{d}x = \int \sec^2 x\mathrm{d}\sec x = \frac{1}{3}\sec^3 x + C.$

习 题 4.2

1. 在空白处填入适当的系数，使等式成立.

(1) $2x\mathrm{d}x =$ ________ $\mathrm{d}(1-3x^2)$；　　(2) $x\mathrm{d}x =$ ________ $\mathrm{d}(5x^2)$；

(3) $\mathrm{e}^{-3x}\mathrm{d}x =$ ________ $\mathrm{d}\mathrm{e}^{-3x}$；　　(4) $\frac{\mathrm{d}x}{\sqrt{x}} =$ ________ $\mathrm{d}\sqrt{x}$；

(5) $\sin 2x\mathrm{d}x =$ ________ $\mathrm{d}\cos 2x$；　　(6) $\frac{\mathrm{d}x}{\sqrt{1-x^2}} =$ ________ $\mathrm{d}\arcsin x$；

(7) $\frac{1}{x}\mathrm{d}x =$ ________ $\mathrm{d}\ln 3x$；　　(8) $\frac{\mathrm{d}x}{1+9x^2} =$ ________ $\mathrm{d}\arctan 3x$.

2. 计算下列不定积分：

(1) $\int\frac{\mathrm{d}x}{(1+2x)^3}$； (2) $\int x\sqrt{x^2-5}\,\mathrm{d}x$；

(3) $\int\frac{\sin\sqrt{x}}{\sqrt{x}}\mathrm{d}x$； (4) $\int\frac{5+\ln x}{x}\mathrm{d}x$；

(5) $\int\frac{2^{\arcsin x}}{\sqrt{1-x^2}}\mathrm{d}x$； (6) $\int\frac{1}{\mathrm{e}^x+\mathrm{e}^{-x}}\mathrm{d}x$；

(7) $\int\frac{1}{4+9x^2}\mathrm{d}x$； (8) $\int\frac{1}{\sqrt{16-25x^2}}\mathrm{d}x$；

(9) $\int\frac{1}{x^2}\cos\frac{2}{x}\mathrm{d}x$； (10) $\int\sin^3x\mathrm{d}x$；

(11) $\int\sin^4x\cos x\mathrm{d}x$； (12) $\int\tan^3x\sec x\mathrm{d}x$.

4.3 不定积分的第二类换元积分法

本节介绍第二类换元法，先看一个引例：求 $\int\frac{1}{1+\sqrt{x}}\mathrm{d}x$，显然它不能直接积分，也不易用凑微分法(第一类换元法)，原因在于被积函数中含有根式$\sqrt{x}$，又没有微分可凑，因此如果我们将根号去掉，问题会变繁为简，那么，如何去根号呢？作变量替换$\sqrt{x}=t$，即 $x=t^2$，$\mathrm{d}x=\mathrm{d}t^2=2t\mathrm{d}t$，则有

$$\begin{aligned}\int\frac{1}{1+\sqrt{x}}\mathrm{d}x&=\int\frac{2t}{1+t}\mathrm{d}t=2\int\frac{t+1-1}{1+t}\mathrm{d}t\\&=2\int1\mathrm{d}t-2\int\frac{1}{1+t}\mathrm{d}t=2t-2\ln|t+1|+C.\end{aligned}$$

最后再将 $t=\sqrt{x}$回代，得

$$\int\frac{1}{1+\sqrt{x}}\mathrm{d}x=2\sqrt{x}-2\ln|\sqrt{x}+1|+C.$$

这种求不定积分的方法称为第二类换元法，其理论依据为下面的定理1.

定理1(第二类换元积分法) 设 $x=\varphi(t)$是单调可导函数，且 $\varphi'(t)\neq0$，又设 $f[\varphi(t)]\varphi'(t)$的原函数为 $F(t)$，那么

$$\int f(x)\mathrm{d}x=\left[\int f[\varphi(t)]\varphi'(t)\mathrm{d}t\right]_{t=\varphi^{-1}(x)}=F(t)+C=F(\varphi^{-1}(x))+C.$$

运用复合函数及反函数的求导法则可验证定理1.

第二类换元积分法的意义在于：若关于 x 的不定积分 $\int f(x)\mathrm{d}x$ 不能利用基本积分公式和不定积分的性质直接计算，也不适合利用第一类换元积分法进行积分，这时可以直接作变量替换 $x=\varphi(t)$，将 $f(x)\mathrm{d}x$ 变成 $f[\varphi(t)]\varphi'(t)\mathrm{d}t$ 的形式，而 $f[\varphi(t)]\varphi'(t)$的原函数 $F(t)$易求，这样可完成运算.

比较第一类换元法和第二类换元法，它们的积分顺序有所不同(第一类换元法的关键是凑微分，再换元；第二类换元法则是先换元，再化简)，但两种方法最后都要还原积分变量，而且它们换元的目的相同，即换元后的不定积分都比较容易计算.

例 1 求 $\int x\sqrt{1+2x}\,\mathrm{d}x$.

解 作变量替换 $\sqrt{1+2x}=t$，即 $1+2x=t^2$，$x=\frac{t^2-1}{2}$，$\mathrm{d}x=\mathrm{d}\,\frac{t^2-1}{2}=t\mathrm{d}t$，则有

$$\int x\sqrt{1+2x}\,\mathrm{d}x=\int\frac{1}{2}(t^2-1)t\cdot t\mathrm{d}t=\frac{1}{2}\int(t^4-t^2)\mathrm{d}t=\frac{1}{10}t^5-\frac{1}{6}t^3+C$$
$$=\frac{1}{10}(1+2x)^{\frac{5}{2}}-\frac{1}{6}(1+2x)^{\frac{3}{2}}+C.$$

例 2 求 $\int\sqrt{1-x^2}\,\mathrm{d}x$.

解 令 $x=\sin t\left(-\frac{\pi}{2}<t<\frac{\pi}{2}\right)$，则 $\mathrm{d}x=\cos t\mathrm{d}t$，因此有

$$\int\sqrt{1-x^2}\,\mathrm{d}x=\int\sqrt{1-\sin^2 t}\cdot\cos t\mathrm{d}t=\int\cos^2 t\mathrm{d}t$$
$$=\int\frac{1+\cos 2t}{2}\mathrm{d}t=\frac{1}{2}\left(t+\frac{1}{2}\sin 2t\right)+C$$
$$=\frac{1}{2}t+\frac{1}{4}\times 2\sin t\cos t+C$$
$$=\frac{1}{2}\arcsin x+\frac{1}{2}x\sqrt{1-x^2}+C.$$

例 3 求 $\int\frac{1}{\sqrt{a^2+x^2}}\mathrm{d}x\ (a>0)$.

解 令 $x=a\tan t\left(-\frac{\pi}{2}<t<\frac{\pi}{2}\right)$，则 $a^2+x^2=a^2+a^2\tan^2 t=a^2\sec^2 t$，因此有 $\sqrt{a^2+x^2}=a\sec t$，$\mathrm{d}x=a\sec^2 t\mathrm{d}t$，于是得

$$\int\frac{1}{\sqrt{a^2+x^2}}\mathrm{d}x=\int\frac{1}{a\sec t}\cdot a\sec^2 t\mathrm{d}t=\int\sec t\mathrm{d}t=\ln|\sec t+\tan t|+C_1.$$

由于 $\tan t=\frac{x}{a}$，$\sec t=\sqrt{1+\tan^2 t}=\sqrt{1+\frac{x^2}{a^2}}=\frac{\sqrt{a^2+x^2}}{a}$，于是所求积分为

$$\int\frac{1}{\sqrt{a^2+x^2}}\mathrm{d}x=\ln|\sec t+\tan t|+C_1=\ln\left|\frac{\sqrt{a^2+x^2}}{a}+\frac{x}{a}\right|+C_1$$
$$=\ln|\sqrt{a^2+x^2}+x|-\ln a+C_1$$
$$=\ln|\sqrt{a^2+x^2}+x|+C\quad(\text{其中 } C=C_1-\ln a).$$

用与例3类似的方法可求得 $\int\frac{1}{\sqrt{x^2-a^2}}\mathrm{d}x=\ln|\sqrt{x^2-a^2}+x|+C$. 于是得到积分公式：

(21) $\int\frac{1}{\sqrt{x^2\pm a^2}}\mathrm{d}x=\ln|\sqrt{x^2\pm a^2}+x|+C.$

例 4 求$\int \frac{1}{\sqrt{x^2+2x+5}}\mathrm{d}x$.

解 $$\int \frac{1}{\sqrt{x^2+2x+5}}\mathrm{d}x=\int \frac{1}{\sqrt{(x+1)^2+2^2}}\mathrm{d}x=\int \frac{\mathrm{d}(x+1)}{\sqrt{(x+1)^2+2^2}}$$
$$=\ln\left|\sqrt{(x+1)^2+2^2}+(x+1)\right|+C$$
$$=\ln\left|\sqrt{x^2+2x+5}+x+1\right|+C.$$

例 5 求$\int \frac{1}{x(1+x^4)}\mathrm{d}x$.

解 令$x=\frac{1}{t}$,则有

$$\int \frac{1}{x(1+x^4)}\mathrm{d}x=\int \frac{\mathrm{d}\frac{1}{t}}{\frac{1}{t}\left(1+\frac{1}{t^4}\right)}=\int \frac{-\frac{1}{t^2}\mathrm{d}t}{\frac{1}{t}\left(1+\frac{1}{t^4}\right)}=-\int \frac{t^3\mathrm{d}t}{t^4+1}$$
$$=-\frac{1}{4}\int \frac{\mathrm{d}t^4}{t^4+1}=-\frac{1}{4}\int \frac{\mathrm{d}(t^4+1)}{t^4+1}$$
$$=-\frac{1}{4}\ln(1+t^4)+C=-\frac{1}{4}\ln\left(1+\frac{1}{x^4}\right)+C.$$

习 题 4.3

1. 计算下列不定积分：

(1) $\int \frac{\sqrt{x-1}\mathrm{d}x}{x}$;

(2) $\int \frac{1}{(1+\sqrt[3]{x})\sqrt{x}}\mathrm{d}x$;

(3) $\int \frac{x}{\sqrt{x^2-1}}\mathrm{d}x$;

(4) $\int \frac{x^2}{\sqrt{1-x^2}}\mathrm{d}x$;

(5) $\int \sqrt{\mathrm{e}^x-1}\mathrm{d}x$;

(6) $\int \frac{1}{\sqrt{1+x+x^2}}\mathrm{d}x$;

(7) $\int \frac{1}{x(1+x^8)}\mathrm{d}x$;

(8) $\int \frac{1}{1+\sqrt[3]{x+2}}\mathrm{d}x$.

4.4 不定积分的分部积分法

前面介绍过的两种换元积分法能处理许多不定积分的求解,实际上,换元积分法就是将复合函数的求导法则反过来使用的,但是对于$\int x\cos x\mathrm{d}x$,$\int \mathrm{e}^x\cos x\mathrm{d}x$等不定积分的求解,换元积分法就无能为力了. 本节我们将从两个函数乘积的求导法则出发,推出另一种行之有效的积分方法——分部积分法,这种方法可以求解两种不同类型的函数乘积的不定积分,如$\int x\cos x\mathrm{d}x$,$\int \mathrm{e}^x\cos x\mathrm{d}x$等.

设 $u(x)$，$v(x)$ 均有连续的导数，由乘积函数的求导法则得到

$$[u(x)v(x)]' = u'(x)v(x) + u(x)v'(x),$$

移项，有

$$u(x)v'(x) = [u(x)v(x)]' - u'(x)v(x),$$

两边同时求不定积分得到

$$\int u(x)v'(x)\mathrm{d}x = \int [u(x)v(x)]'\mathrm{d}x - \int u'(x)v(x)\mathrm{d}x,$$

即

$$\int u(x)\mathrm{d}v(x) = u(x)v(x) - \int v(x)\mathrm{d}u(x). \tag{4.1}$$

称式(4.1)为不定积分的分部积分公式.

从分部积分公式可以看出，分部积分法用来解决两种不同类型的函数乘积的积分问题；另外，它仅仅是将一个不定积分 $\int u(x)\mathrm{d}v(x)$ 转化为另一个不定积分 $\int v(x)\mathrm{d}u(x)$ 来求解，但如果求 $\int v(x)\mathrm{d}u(x)$ 比求 $\int u(x)\mathrm{d}v(x)$ 容易，这时分部积分就非常有效了.

例 1 求 $\int x\cos x\mathrm{d}x$.

解 令 $u=x$，$\mathrm{d}v=\cos x\mathrm{d}x=d\sin x$，则 $\mathrm{d}u=\mathrm{d}x$，$v=\sin x$，由式(4.1)得

$$\int x\cos x\mathrm{d}x = \int x\mathrm{d}\sin x = x\sin x - \int \sin x\mathrm{d}x = x\sin x + \cos x + C.$$

例 2 求 $\int x\mathrm{e}^x\mathrm{d}x$.

解 令 $u=x$，$\mathrm{d}v=\mathrm{e}^x\mathrm{d}x=\mathrm{d}\mathrm{e}^x$，则 $\mathrm{d}u=\mathrm{d}x$，$v=\mathrm{e}^x$，由式(4.1)得到

$$\int x\mathrm{e}^x\mathrm{d}x = \int x\mathrm{d}\mathrm{e}^x = x\mathrm{e}^x - \int \mathrm{e}^x\mathrm{d}x = x\mathrm{e}^x - \mathrm{e}^x + C.$$

例 3 求 $\int x^2\mathrm{e}^x\mathrm{d}x$.

解 令 $u=x^2$，$\mathrm{d}v=\mathrm{e}^x\mathrm{d}x=\mathrm{d}\mathrm{e}^x$，则 $\mathrm{d}u=\mathrm{d}x^2=2x\mathrm{d}x$，$v=\mathrm{e}^x$，由式(4.1)得

$$\int x^2\mathrm{e}^x\mathrm{d}x = \int x^2\mathrm{d}\mathrm{e}^x = x^2\mathrm{e}^x - \int \mathrm{e}^x\mathrm{d}x^2 = x^2\mathrm{e}^x - 2\int x\mathrm{e}^x\mathrm{d}x.$$

由例 2 可得

$$\int x\mathrm{e}^x\mathrm{d}x = x\mathrm{e}^x - \mathrm{e}^x + C_1,$$

代入上式，得

$$\int x^2\mathrm{e}^x\mathrm{d}x = x^2\mathrm{e}^x - 2\int x\mathrm{e}^x\mathrm{d}x = x^2\mathrm{e}^x - 2x\mathrm{e}^x + 2\mathrm{e}^x + C.$$

注意 本题两次利用分部积分法.

在熟悉分部积分公式后，可以直接计算，比如

$$\int x\mathrm{e}^x\mathrm{d}x = \int x\mathrm{d}\mathrm{e}^x = x\mathrm{e}^x - \int \mathrm{e}^x\mathrm{d}x = x\mathrm{e}^x - \mathrm{e}^x + C.$$

例 4 求 $\int x\ln x\mathrm{d}x$.

解 $\int x\ln x\mathrm{d}x = \frac{1}{2}\int \ln x\mathrm{d}x^2 = \frac{1}{2}x^2\ln x - \frac{1}{2}\int x^2\mathrm{d}\ln x$

$= \frac{1}{2}x^2\ln x - \frac{1}{2}\int x^2 \cdot \frac{1}{x}\mathrm{d}x = \frac{1}{2}x^2\ln x - \frac{1}{4}x^2 + C.$

例 5 求 $\int x\arctan x\mathrm{d}x$.

解 $\int x\arctan x\mathrm{d}x = \frac{1}{2}\int \arctan x\mathrm{d}x^2 = \frac{1}{2}x^2\arctan x - \frac{1}{2}\int x^2\mathrm{d}\arctan x$

$= \frac{1}{2}x^2\arctan x - \frac{1}{2}\int x^2 \cdot \frac{1}{1+x^2}\mathrm{d}x$

$= \frac{1}{2}x^2\arctan x - \frac{1}{2}\int \frac{x^2+1-1}{1+x^2}\mathrm{d}x$

$= \frac{1}{2}x^2\arctan x - \frac{x}{2} + \frac{1}{2}\arctan x + C.$

例 6 求 $\int \mathrm{e}^x\cos x\mathrm{d}x$.

解 $\int \mathrm{e}^x\cos x\mathrm{d}x = \int \mathrm{e}^x\mathrm{d}\sin x = \mathrm{e}^x\sin x - \int \sin x\mathrm{d}\mathrm{e}^x = \mathrm{e}^x\sin x - \int \mathrm{e}^x\sin x\mathrm{d}x$,

上式最后一个积分 $\int \mathrm{e}^x\sin x\mathrm{d}x$ 与原积分 $\int \mathrm{e}^x\cos x\mathrm{d}x$ 是同一类型,需要对它再用一次分部积分法,则有

$$\int \mathrm{e}^x\cos x\mathrm{d}x = \mathrm{e}^x\sin x - \int \mathrm{e}^x\sin x\mathrm{d}x = \mathrm{e}^x\sin x + \int \mathrm{e}^x\mathrm{d}\cos x.$$

$$= \mathrm{e}^x\sin x + \mathrm{e}^x\cos x - \int \cos x\mathrm{d}\mathrm{e}^x = \mathrm{e}^x\sin x + \mathrm{e}^x\cos x - \int \mathrm{e}^x\cos x\mathrm{d}x,$$

上式最右端的积分与所求积分相同,将其移到等式左端与原积分合并,等式两边再同时除以 2,得到

$$\int \mathrm{e}^x\cos x\mathrm{d}x = \frac{1}{2}(\mathrm{e}^x\sin x + \mathrm{e}^x\cos x) + C.$$

例 7 求 $\int \arctan x\mathrm{d}x$.

解 $\int \arctan x\mathrm{d}x = x\arctan x - \int x\mathrm{d}\arctan x = x\arctan x - \int \frac{x}{1+x^2}\mathrm{d}x$

$= x\arctan x - \frac{1}{2}\int \frac{\mathrm{d}(1+x^2)}{1+x^2} = x\arctan x - \frac{1}{2}\ln|1+x^2| + C.$

例 8 求 $\int \ln x\mathrm{d}x$.

解 $\int \ln x\mathrm{d}x = x\ln x - \int x\mathrm{d}\ln x = x\ln x - \int x \cdot \frac{1}{x}\mathrm{d}x = x\ln x - x + C.$

由例 1～例 8 可以总结如下规律:

(1) 当两种不同类型的函数作乘积作为被积函数时,通常用分部积分法求解,此时选择恰当的 u 和 $\mathrm{d}v$ 成为关键,一般的选取规律为:反函数、对数函数、幂函数、三角函数、指数函数,按照这种排序,前者选为 u,后者凑 $\mathrm{d}v$;

(2) 当被积函数只有一个函数(反三角函数或对数函数)时,如 $\int \arctan x\mathrm{d}x$ $\left(或 \int \ln x\mathrm{d}x\right)$,

则选取 $u=\arctan x$(或 $u=\ln x$),$v=x$ 即可.

例 9 求 $\int e^{\sqrt{x}}dx$.

解 本题不易直接用分部积分法,先用换元法,然后再用分部积分法,令 $t=\sqrt{x}$,$x=t^2$,于是有

$$\begin{aligned}\int e^{\sqrt{x}}dx &= \int e^t dt^2 = 2\int te^t dt = 2\int t de^t = 2te^t - 2\int e^t dt = 2te^t - 2e^t + C \\ &= 2\sqrt{x}e^{\sqrt{x}} - 2e^{\sqrt{x}} + C.\end{aligned}$$

例 10 已知 $f(x)$的一个原函数为 e^{x^2},求 $\int xf'(x)dx$.

解 因为 $f(x)$的一个原函数为 e^{x^2},故

$$f(x) = (e^{x^2})' = 2xe^{x^2}, \quad \int f(x)dx = e^{x^2} + C_1,$$

所以

$$\int xf'(x)dx = \int xdf(x) = xf(x) - \int f(x)dx = 2x^2e^{x^2} - e^{x^2} + C.$$

习 题 4.4

1. 计算下列不定积分:

(1) $\int x\sin x dx$; (2) $\int xe^{-x}dx$;

(3) $\int x^2\ln x dx$; (4) $\int \arccos x dx$;

(5) $\int e^x\sin x dx$; (6) $\int x\arcsin x dx$;

(7) $\int \ln(x^2+1)dx$; (8) $\int e^{\sqrt[3]{x}}dx$.

4.5 有理函数的不定积分

有理函数就是指分子分母都是多项式的分式,如何应用前几节介绍过的积分法求有理函数的积分呢?本节仅举几个例子加以说明.

例 1 求 $\int \frac{1}{x^2+2x+5}dx$.

解 $$\int \frac{1}{x^2+2x+5}dx = \int \frac{1}{(x+1)^2+2^2}dx = \int \frac{d(x+1)}{(x+1)^2+2^2},$$

由积分公式可知 $\int \frac{1}{a^2+x^2} = \frac{1}{a}\arctan\frac{x}{a}+C$,故

$$\int \frac{1}{x^2+2x+5}dx = \int \frac{d(x+1)}{(x+1)^2+2^2} = \frac{1}{2}\arctan\frac{x+1}{2}+C.$$

例 2 求 $\int \frac{1}{x^2+2x-5}dx$.

解 $$\int \frac{1}{x^2+2x-5}dx = \int \frac{1}{(x+1)^2-(\sqrt{6})^2}dx = \int \frac{d(x+1)}{(x+1)^2-(\sqrt{6})^2},$$

由积分公式可知$\int \frac{\mathrm{d}x}{x^2-a^2}=\frac{1}{2a}\ln\left|\frac{x-a}{x+a}\right|+C$，故

$$\int \frac{1}{x^2+2x-5}\mathrm{d}x=\int \frac{\mathrm{d}(x+1)}{(x+1)^2-(\sqrt{6})^2}=\frac{1}{2\sqrt{6}}\ln\left|\frac{x+1-\sqrt{6}}{x+1+\sqrt{6}}\right|+C.$$

例 3 求$\int \frac{x}{x^2+2x+5}\mathrm{d}x$.

解
$$\int \frac{x}{x^2+2x+5}\mathrm{d}x=\frac{1}{2}\int \frac{(2x+2)-2}{x^2+2x+5}\mathrm{d}x=\frac{1}{2}\int \frac{2x+2}{x^2+2x+5}\mathrm{d}x-\int \frac{1}{x^2+2x+5}\mathrm{d}x$$
$$=\frac{1}{2}\int \frac{\mathrm{d}(x^2+2x+5)}{x^2+2x+5}-\int \frac{\mathrm{d}(x+1)}{(x+1)^2+2^2}$$
$$=\frac{1}{2}\ln(x^2+2x+5)-\frac{1}{2}\arctan\frac{x+1}{2}+C.$$

例 4 求$\int \frac{1}{x(1+x^3)}\mathrm{d}x$.

解
$$\int \frac{1}{x(1+x^3)}\mathrm{d}x=\int \frac{x^2}{x^3(1+x^3)}\mathrm{d}x=\frac{1}{3}\int \frac{\mathrm{d}x^3}{x^3(1+x^3)}$$
$$\xlongequal{u=x^3}\frac{1}{3}\int \frac{\mathrm{d}u}{u(1+u)}=\frac{1}{3}\int\left(\frac{1}{u}-\frac{1}{1+u}\right)\mathrm{d}u$$
$$=\frac{1}{3}\ln|u|-\frac{1}{3}\ln|1+u|+C$$
$$=\frac{1}{3}\ln\left|\frac{u}{1+u}\right|+C=\frac{1}{3}\ln\left|\frac{x^3}{1+x^3}\right|+C.$$

类似地可求解不定积分$\int \frac{1}{x(1+x^n)}\mathrm{d}x$.

例 5 求$\int \frac{(1+x)^2}{x(1+x^2)}\mathrm{d}x$.

解
$$\int \frac{(1+x)^2}{x(1+x^2)}\mathrm{d}x=\int\left(\frac{1}{x}+\frac{2}{1+x^2}\right)\mathrm{d}x=\int \frac{1}{x}\mathrm{d}x+\int \frac{2}{1+x^2}\mathrm{d}x$$
$$=\ln|x|+2\arctan x+C.$$

下面介绍几个其他类型的函数的不定积分的求解.

例 6 求$\int \frac{x+1}{\sqrt{4x^2+9}}\mathrm{d}x$.

解
$$\int \frac{x+1}{\sqrt{4x^2+9}}\mathrm{d}x=\frac{1}{8}\int \frac{\mathrm{d}(4x^2+9)}{\sqrt{4x^2+9}}+\frac{1}{2}\int \frac{\mathrm{d}(2x)}{\sqrt{(2x)^2+3^2}},$$

由积分公式可知$\int \frac{1}{\sqrt{x^2+a^2}}\mathrm{d}x=\ln|\sqrt{x^2+a^2}+x|+C$，故

$$\int \frac{x+1}{\sqrt{4x^2+9}}\mathrm{d}x=\frac{1}{8}\cdot 2\sqrt{4x^2+9}+\frac{1}{2}\ln|\sqrt{(2x)^2+3^2}-2x|+C$$
$$=\frac{1}{4}\sqrt{4x^2+9}+\frac{1}{2}\ln|\sqrt{4x^2+9}+2x|+C.$$

例 7 求$\int \frac{\sin x+1}{\sin x(1+\cos x)}\mathrm{d}x$.

解 令 $t=\tan\dfrac{x}{2}$,则

$$\sin x=\frac{2\tan\dfrac{x}{2}}{1+\tan^2\dfrac{x}{2}}=\frac{2t}{1+t^2},\quad \cos x=\frac{1-\tan^2\dfrac{x}{2}}{1+\tan^2\dfrac{x}{2}}=\frac{1-t^2}{1+t^2},\quad \mathrm{d}x=\mathrm{d}2\arctan t=\frac{2}{1+t^2}\mathrm{d}t,$$

故

$$\begin{aligned}\int\frac{\sin x+1}{\sin x(1+\cos x)}\mathrm{d}x&=\int\frac{\dfrac{2t}{1+t^2}+1}{\dfrac{2t}{1+t^2}\left(1+\dfrac{1-t^2}{1+t^2}\right)}\cdot\frac{2}{1+t^2}\mathrm{d}t=\frac{1}{2}\int\left(\frac{1}{t}+2+t\right)\mathrm{d}t\\&=\frac{1}{2}\left(\ln|t|+2t+\frac{t^2}{2}\right)+C\\&=\frac{1}{2}\ln\left|\tan\frac{x}{2}\right|+\tan\frac{x}{2}+\frac{1}{4}\tan^2\frac{x}{2}+C.\end{aligned}$$

习 题 4.5

1. 计算下列不定积分:

(1) $\displaystyle\int\frac{1}{x^2+2x+3}\mathrm{d}x$;

(2) $\displaystyle\int\frac{1}{x^2+2x-3}\mathrm{d}x$;

(3) $\displaystyle\int\frac{x-2}{x^2+2x+3}\mathrm{d}x$;

(4) $\displaystyle\int\frac{1}{x(1+x^5)}\mathrm{d}x$;

(5) $\displaystyle\int\frac{1}{x(x-2)}\mathrm{d}x$;

(6) $\displaystyle\int\frac{2\sin x\cos x}{1+\sin^2 x}\mathrm{d}x$.

总 习 题 4

1. 单项选择题

(1) 为使不定积分 $\displaystyle\int\frac{1}{\sqrt{x^2+4}}\mathrm{d}x$ 中的被积函数有理化,可作变换(　　).

A. $x=2\sin t$;

B. $x=2\tan t$;

C. $x=2\sec t$;

D. $x=2\cot t$.

(2) 设 $\displaystyle\int f(x)\mathrm{d}x=F(x)+C$,则 $\displaystyle\int xf(1-x^2)\mathrm{d}x=$(　　).

A. $2(1-x^2)^2+C$;

B. $-2(1-x^2)^2+C$;

C. $\dfrac{1}{2}F(1-x^2)+C$;

D. $-\dfrac{1}{2}F(1-x^2)+C$.

(3) 下列等式中正确的是(　　).

A. $\dfrac{\mathrm{d}}{\mathrm{d}x}\displaystyle\int f(x)\mathrm{d}x=f(x)$;

B. $\dfrac{\mathrm{d}}{\mathrm{d}x}\displaystyle\int f'(2x)\mathrm{d}x=f(2x)+C$;

C. $\dfrac{\mathrm{d}}{\mathrm{d}x}\displaystyle\int f(x)\mathrm{d}x=f(x)+C$;

D. $\displaystyle\int f'(x)\mathrm{d}x=f(x)$.

(4) $\int \frac{\mathrm{d}f(x)}{1+f^2(x)}=$ (　　).

A. $\ln|1+f(x)|+C$;　　B. $\frac{1}{2}\ln|1+f(x)|+C$;

C. $\arctan f(x)+C$;　　D. $\frac{1}{2}\arctan f(x)+C$.

(5) 若 $\int f(x)\mathrm{d}x = F(x)+C$，则 $\int \mathrm{e}^x f(\mathrm{e}^x)\mathrm{d}x=$ (　　).

A. $F(\mathrm{e}^x)+C$;　B. $-F(\mathrm{e}^{-x})+C$;　C. $F(\mathrm{e}^{-x})+C$;　D. $\frac{F(\mathrm{e}^{-x})}{x}+C$.

2. 填空题

(1) 已知 $\int f(x)\mathrm{d}x = 4\cos 5x + C$，则 $f(x)=$________;

(2) 已知 $f(x)=\mathrm{e}^{-x}$，则 $\int f(x)\mathrm{d}x=$________，$\int xf'(x^2)\mathrm{d}x=$________;

(3) 已知曲线 $y=f(x)$ 在点 (x,y) 的切线斜率为 $-x+2$，且 $f(0)=0$，则该曲线方程为________;

(4) $\int \frac{x^2}{1+x^2}\mathrm{d}x=$________;

(5) $\int \cot^2 x\mathrm{d}x=$________;

(6) $\int \sin^2\frac{x}{2}\mathrm{d}x=$________;

(7) $\int [1+f'(x)]\mathrm{d}x=$________;

(8) 若 $F(x)$ 是 $f(x)$ 的一个原函数，则 $\int \frac{f(2\ln x)}{x}\mathrm{d}x=$________.

3. 求下列不定积分：

(1) $\int \frac{1+\cos x}{x+\sin x}\mathrm{d}x$;　　(2) $\int \frac{x-\arctan x}{1+x^2}\mathrm{d}x$;

(3) $\int \frac{1+\ln x}{(x\ln x)^2}\mathrm{d}x$;　　(4) $\int \frac{\arctan\sqrt{x}}{\sqrt{x}(1+x)}\mathrm{d}x$;

(5) $\int \sqrt{9-x^2}\mathrm{d}x$;　　(6) $\int x^2\arctan x\mathrm{d}x$;

(7) $\int \frac{x}{\cos^2 x}\mathrm{d}x$;　　(8) $\int x\ln(1+x)^2\mathrm{d}x$;

(9) $\int \frac{1}{x^2+4x+5}\mathrm{d}x$;　　(10) $\int \frac{x}{x^2+4x+5}\mathrm{d}x$.

4. 已知 $F(x)$ 是 $f(x)$ 的一个原函数，求 $\int xf'(x)\mathrm{d}x$.

5. 已知 $F(x)$ 是 $f(x)$ 的一个原函数，求 $\int \frac{f(\tan^2 x)}{\cos^2 x}\tan x\mathrm{d}x$.

定积分及其应用

前面研究了积分学中的不定积分问题，即已知函数的导数求其原函数族. 本章将研究积分学中的定积分问题，即求和式的极限. 它是积分学中的另一个重要概念，在实际问题中有着广泛的应用.

本章先从几何学与力学中的两个实际问题出发引出定积分的概念，然后讨论它的性质和计算方法，再推广到广义积分，最后介绍定积分在几何学上的一些应用.

5.1 定积分的概念与性质

5.1.1 定积分实际问题举例

引例1 曲边梯形的面积.

设函数 $y=f(x)$ 是闭区间 $[a,b]$ 上的非负连续函数，由直线 $x=a$，$x=b$，$y=0$ 及曲线 $y=f(x)$ 所围成的图形(见图5.1)，称为**曲边梯形**，曲线 $y=f(x)$ 称为曲边，求曲边梯形的面积 A.

由于曲边梯形的高 $f(x)$ 在区间 $[a,b]$ 上是按曲线趋势变动的，因此无法直接用已有的矩形面积公式：面积=底×高去计算其面积，也无法用已有的梯形面积公式：面积 $=\frac{1}{2}$(上底+下底)×高去计算其面积. 但曲边梯形的高 $f(x)$ 在区间 $[a,b]$ 上是连续变化的，故当区间很微小时，高 $f(x)$ 的变化也很微小，近似不变. 因此，如果把区间 $[a,b]$ 分成许多小区间，在每个小区间上用某一点处的高度近似代替该区间上的小曲边梯形的变高. 那么，每个小曲边梯形就可以近似看成这样得到的小矩形，从而所有小矩形面积之和就可以作为曲边梯形面积的近似值. 如果将区间 $[a,b]$ 无限细分下去，即让每个小区间的长度都趋于零，这时所有小矩形面积之和的极限就是曲边梯形的面积. 这样就得到了求解曲边梯形面积的方法，其具体作法如下.

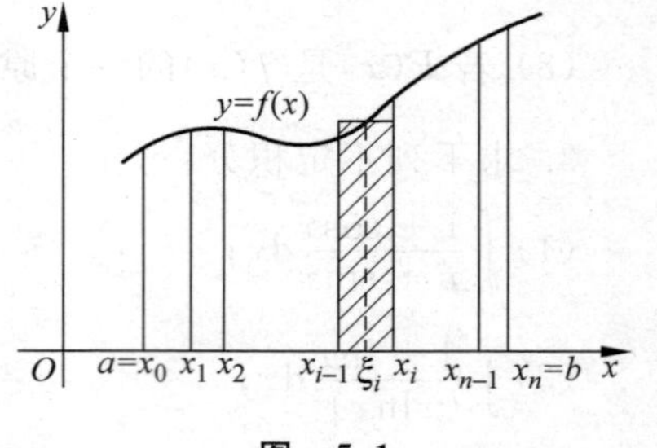

图 5.1

(1) 分割. 首先在区间 $[a,b]$ 内任意插入 $n-1$ 个分点，即

$$a=x_0<x_1<x_2<\cdots<x_{i-1}<x_i<x_{i+1}\cdots<x_{n-1}<x_n=b,$$

把区间 $[a,\ b]$ 分成 n 个小区间，即

$$[x_0,x_1],[x_1,x_2],\cdots,[x_{i-1},x_i],\cdots,[x_{n-1},x_n],$$

各个小区间 $[x_{i-1},x_i]$ 的长度 Δx_i 依次记为

$$\Delta x_1 = x_1 - x_0, \Delta x_2 = x_2 - x_1, \cdots, \Delta x_i = x_i - x_{i-1}, \cdots, \Delta x_n = x_n - x_{n-1}.$$

过各个分点作垂直于 x 轴的直线，将整个曲边梯形分成 n 个小曲边梯形（见图 5.1），小曲边梯形的面积记为 $\Delta A_i(i=1,2,\cdots,n)$.

(2) 近似. 在每个小区间 $[x_{i-1},x_i]$ 上任意取一点 $\xi_i(x_{i-1}\leqslant\xi_i\leqslant x_i)$，作以 $f(\xi_i)$ 为高、底边为 Δx_i 的小矩形，其面积为 $f(\xi_i)\Delta x_i$，它可作为同底的小曲边梯形的面积的近似值，即

$$\Delta A_i \approx f(\xi_i)\Delta x_i, \quad i=1,2,\cdots,n.$$

(3) 求和. 把 n 个小矩形的面积加起来，就得到整个曲边梯形面积 A 的近似值，即

$$A = \sum_{i=1}^{n} \Delta A_i \approx \sum_{i=1}^{n} f(\xi_i)\Delta x_i.$$

(4) 取极限. 记 $\lambda=\max\{\Delta x_1,\Delta x_2,\cdots,\Delta x_n\}$，则当 $\lambda\to 0$ 时，每个小区间 $[x_{i-1},x_i]$ 的长度 Δx_i 也趋于零. 此时和式 $\sum\limits_{i=1}^{n} f(\xi_i)\Delta x_i$ 的极限便是所求曲边梯形面积 A 的精确值，即

$$A = \lim_{\lambda\to 0}\sum_{i=1}^{n} f(\xi_i)\Delta x_i.$$

引例 2 变速直线运动的路程.

设某质点作直线运动，已知质点的速度函数为 $v=v(t)$，设函数 $v(t)$ 在区间 $[\alpha,\beta]$ 上连续，且 $v(t)\geqslant 0$，计算在时间 $[\alpha,\beta]$ 内质点所走过的路程.

质点运动的速度是变化的，故不能用匀速直线运动的路程公式 $s=v\cdot t$ 来计算质点的路程，但由于速度函数 $v(t)$ 在 $[\alpha,\beta]$ 上连续，故在一个很微小的时间间隔内，速度函数 $v(t)$ 变化也很微小，近似不变，因此质点的运动又可以近似地看作匀速直线运动. 因此，可以用类似于讨论曲边梯形面积的方法来确定质点的路程，其具体作法如下.

(1) 分割. 在区间 $[\alpha,\beta]$ 内任意插入 $n-1$ 个分点，即

$$\alpha = t_0 < t_1 < t_2 < \cdots < t_{i-1} < t_i < \cdots < t_{n-1} < t_n = \beta,$$

把区间 $[\alpha,\beta]$ 分成 n 个小区间，即

$$[t_0,t_1],[t_1,t_2],\cdots,[t_{i-1},t_i],\cdots,[t_{n-1},t_n],$$

各个小区间 $[t_{i-1},t_i]$ 的长度 Δt_i 依次记为

$$\Delta t_1 = t_1 - t_0, \Delta t_2 = t_2 - t_1, \cdots, \Delta t_i = t_i - t_{i-1}, \cdots, \Delta t_n = t_n - t_{n-1}.$$

则每个时间间隔 $[t_{i-1},t_i]$ 内质点所走过的路程记为 $\Delta s_i(i=1,2,\cdots,n)$.

(2) 近似. 在每个时间间隔 $[t_{i-1},t_i]$ 上任取一时刻 $\xi_i(t_{i-1}\leqslant\xi_i\leqslant t_i)$，以 ξ_i 时刻的速度 $v(\xi_i)$ 来代替 $[t_{i-1},t_i]$ 上各时刻的速度，从而得到每个时间间隔 $[t_{i-1},t_i]$ 内质点所走过的路程的近似值，即

$$\Delta s_i \approx v(\xi_i)\Delta t_i.$$

(3) 求和. 把 n 个小时间间隔内质点所走过的路程加起来，就得到整个时间间隔 $[\alpha,\beta]$ 内质点所走过的路程 s 的近似值，即

$$s = \sum_{i=1}^{n} \Delta s_i \approx \sum_{i=1}^{n} v(\xi_i)\Delta t_i.$$

(4) 取极限. 记 $\lambda=\max\{\Delta t_1,\Delta t_2,\cdots,\Delta t_n\}$，当 $\lambda\to 0$ 时，和式 $\sum\limits_{i=1}^{n} v(\xi_i)\Delta t_i$ 的极限就是质点从时刻 α 到时刻 β 所走过的路程的精确值，即

$$s=\lim_{\lambda\to 0}\sum_{i=1}^{n}v(\xi_i)\Delta t_i.$$

上面两个引例分别讨论了几何学中的面积问题和力学中的路程问题，虽然其背景不同、实际意义不同，但解决问题的方法却完全相同，采用的是化整为零、以直代曲、以不变代变、逐渐逼近的方式；处理问题的步骤也是一致的，概括起来就是：分割、近似、求和、取极限. 抛开它们各自所代表的实际意义，抓住共同本质与特点加以概括，就可得到下述定积分的定义.

5.1.2 定积分的定义

定义1 设函数 $y=f(x)$ 在闭区间 $[a,b]$ 上有界，在区间 $[a,b]$ 中任意插入若干个分点

$$a=x_0<x_1<x_2<\cdots<x_{i-1}<x_i<\cdots<x_{n-1}<x_n=b,$$

将区间 $[a,\ b]$ 分成 n 个小区间，即

$$[x_0,x_1],[x_1,x_2],\cdots,[x_{i-1},x_i],\cdots,[x_{n-1},x_n],$$

各个小区间 $[x_{i-1},x_i]$ 的长度 Δx_i 依次记为

$$\Delta x_1=x_1-x_0,\Delta x_2=x_2-x_1,\cdots,\Delta x_i=x_i-x_{i-1},\cdots,\Delta x_n=x_n-x_{n-1},$$

在每个小区间上任取一点 $\xi_i(x_{i-1}\leqslant\xi_i\leqslant x_i)$，作函数值 $f(\xi_i)$ 与小区间长度 Δx_i 的乘积 $f(\xi_i)\Delta x_i(i=1,2,\cdots,n)$，并作出和式

$$\sum_{i=1}^{n}f(\xi_i)\Delta x_i.$$

记 $\lambda=\max\limits_{1\leqslant i\leqslant n}\{\Delta x_i\}$，如果不论对区间 $[a,b]$ 怎样分法，也不论在小区间 $[x_{i-1},x_i]$ 上点 ξ_i 怎样取法，只要当 $\lambda\to 0$ 时，和式 $\sum\limits_{i=1}^{n}f(\xi_i)\Delta x_i$ 总趋于确定的极限值 I，则称此极限值 I 为函数 $f(x)$ 在区间 $[a,b]$ 上的定积分（简称积分），记作 $\int_a^b f(x)\mathrm{d}x$，即

$$\int_a^b f(x)\mathrm{d}x=I=\lim_{\lambda\to 0}\sum_{i=1}^{n}f(\xi_i)\Delta x_i.$$

其中，函数 $f(x)$ 称为被积函数；$f(x)\mathrm{d}x$ 称为被积表达式；x 称为积分变量；a 称为积分下限；b 称为积分上限；区间 $[a,b]$ 称为积分区间.

注意1 定积分是一个依赖于被积函数 $f(x)$ 和积分区间 $[a,b]$ 的常量，与积分变量采用什么字母无关，即

$$\int_a^b f(x)\mathrm{d}x=\int_a^b f(t)\mathrm{d}t=\int_a^b f(u)\mathrm{d}u.$$

注意2 上述定积分定义中要求 $a<b$，实际上，允许 $b\leqslant a$，为方便起见，作如下补充规定：

$$\int_a^b f(x)\mathrm{d}x=-\int_b^a f(x)\mathrm{d}x\text{ 及}\int_a^a f(x)\mathrm{d}x=0.$$

注意3 和式 $\sum\limits_{i=1}^{n}f(\xi_i)\Delta x_i$ 通常称为函数 $f(x)$ 的积分和. 如果函数 $f(x)$ 在区间 $[a,b]$ 上的定积分存在，我们就称函数 $f(x)$ 在区间 $[a,b]$ 上可积.

对于定积分，有一个重要问题：被积函数 $f(x)$ 在积分区间 $[a,b]$ 上满足怎样的条件，函数 $f(x)$ 在区间 $[a,b]$ 上一定可积？这个问题我们不作深入讨论，仅给出以下两个充分条件.

定理 1 若函数 $f(x)$在区间$[a,b]$上连续，则函数 $f(x)$在区间$[a,b]$上可积.

定理 2 若函数 $f(x)$在区间$[a,b]$上有界，且只有有限个间断点，则函数 $f(x)$在区间$[a,b]$上可积.

5.1.3 定积分的几何意义

根据定积分的定义，不难推知：

(1) 若在区间$[a,b]$上函数 $f(x)\geqslant 0$，则由曲边梯形的面积问题知，定积分 $\int_a^b f(x)\mathrm{d}x$ 等于由曲线 $y=f(x)$、两条直线 $x=a$、$x=b$ 与 x 轴所围成的曲边梯形的面积 A(见图 5.2)，即

$$\int_a^b f(x)\mathrm{d}x = A.$$

(2) 若在区间$[a,b]$上函数 $f(x)\leqslant 0$，因 $f(\xi_i)\leqslant 0$，从而 $\sum_{i=1}^{n} f(\xi_i)\Delta x_i \leqslant 0$，因此定积分 $\int_a^b f(x)\mathrm{d}x \leqslant 0$. 此时定积分 $\int_a^b f(x)\mathrm{d}x$ 的绝对值和由曲线 $y=f(x)$、两条直线 $x=a$、$x=b$ 及 x 轴所围成的曲边梯形的面积 A 相等(见图 5.3)，即

$$\int_a^b f(x)\mathrm{d}x = -A.$$

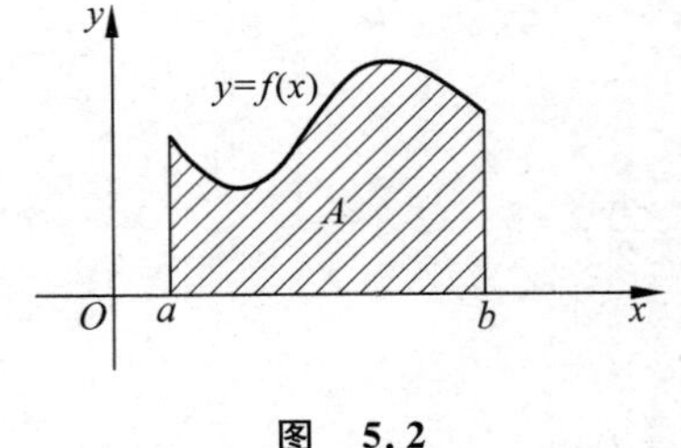

图 5.2

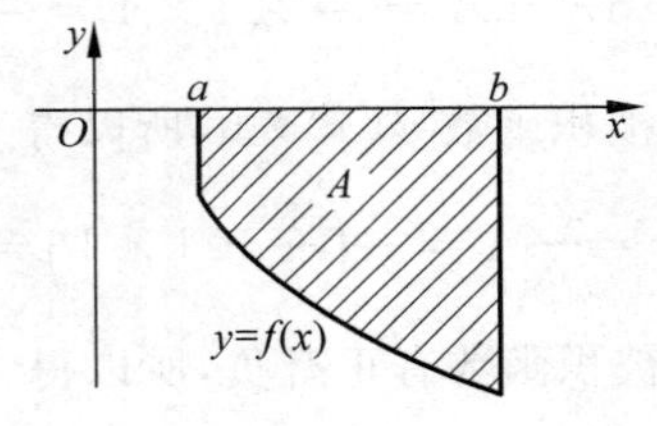

图 5.3

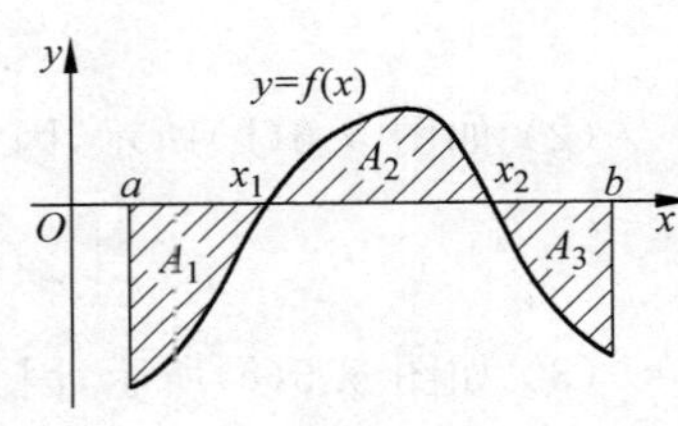

图 5.4

(3) 若在区间$[a,b]$上函数 $f(x)$有正有负，则定积分 $\int_a^b f(x)\mathrm{d}x$ 表示区间$[a,b]$上位于 x 轴上方的图形面积减去 x 轴下方的图形面积之差(见图 5.4)，即

$$\int_a^b f(x)\mathrm{d}x = \int_a^{x_1} f(x)\mathrm{d}x + \int_{x_1}^{x_2} f(x)\mathrm{d}x + \int_{x_2}^{b} f(x)\mathrm{d}x = -A_1 + A_2 - A_3.$$

例 1 用定积分表示图 5.5(a)、(b)中阴影部分的面积.

解 根据定积分的几何意义，得到图 5.5(a)、(b)中阴影部分的面积分别为

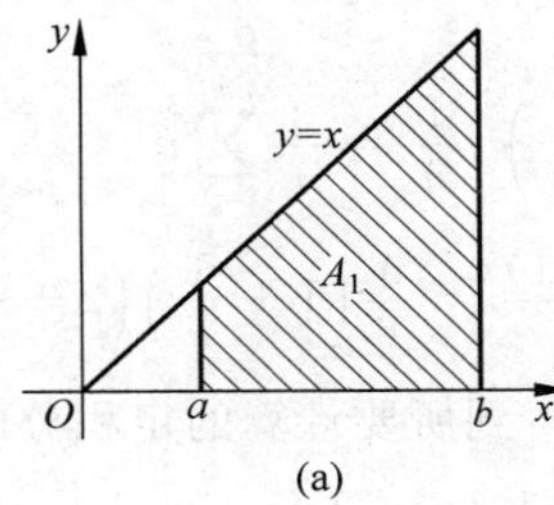

(a)

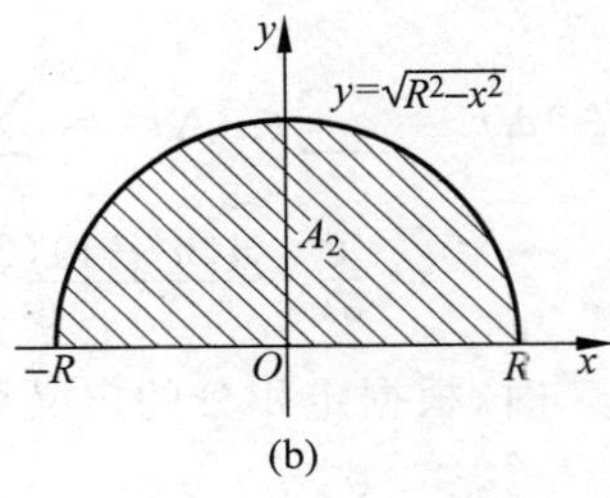

(b)

图 5.5

$$A_1=\int_a^b x\,\mathrm{d}x;$$

$$A_2=\int_{-R}^{R}\sqrt{R^2-x^2}\,\mathrm{d}x.$$

例 2　利用定积分的几何意义计算下列定积分：

(1) $\int_0^1 x\mathrm{d}x$；　(2) $\int_{-1}^0 x\mathrm{d}x$；　(3) $\int_{-\frac{\pi}{2}}^{\frac{\pi}{2}}\sin x\mathrm{d}x$.

解　根据定积分的几何意义，结合图 5.6，分别计算如下.

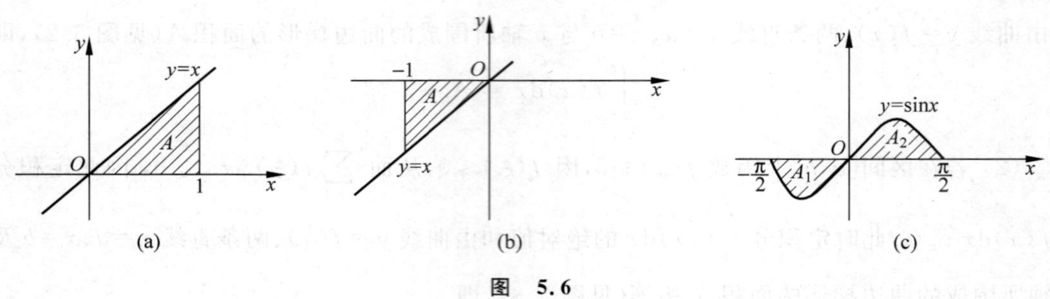

图　5.6

(1) 如图 5.6(a)所示，因为被积函数非负，所以得

$$\int_0^1 x\mathrm{d}x=A=\frac{1}{2}\times1\times1=\frac{1}{2};$$

(2) 如图 5.6(b)所示，因为被积函数 $f(x)\leqslant0$，所以得

$$\int_{-1}^0 x\mathrm{d}x=-A=-\left(\frac{1}{2}\times1\times1\right)=-\frac{1}{2};$$

(3) 如图 5.6(c)所示，因为被积函数有正有负，所以得

$$\int_{-\frac{\pi}{2}}^{\frac{\pi}{2}}\sin x\mathrm{d}x=-A_1+A_2=-A+A=0.$$

例 3　利用定义计算定积分 $\int_0^1 x^2\mathrm{d}x$.

解　因为被积函数 $f(x)=x^2$ 在积分区间$[0,1]$上连续，而连续函数是可积的，所以定积分与区间$[0,1]$的分法及点 ξ_i 的取法无关. 因此，为了便于计算，不妨把区间$[0,1]$分成 n 等份，分点为 $x_i=\frac{i}{n}$ $(i=1,2,\cdots,n)$. 这样每个小区间$[x_{i-1},x_i]$的长度为 $\Delta x_i=\frac{1}{n}(i=1,2,\cdots,n)$. 取 $\xi_i=x_i=\frac{i}{n}(i=1,2,\cdots,n)$，于是得和式

$$\begin{aligned}\sum_{i=1}^n f(\xi_i)\Delta x_i&=\sum_{i=1}^n\xi_i^{\,2}\Delta x_i=\sum_{i=1}^n\left(\frac{i}{n}\right)^2\frac{1}{n}=\frac{1}{n^3}\sum_{i=1}^n i^2\\&=\frac{1}{n^3}\cdot\frac{n(n+1)(2n+1)}{6}=\frac{1}{6}\left(1+\frac{1}{n}\right)\left(2+\frac{1}{n}\right).\end{aligned}$$

当 $\lambda\to0$，即 $n\to\infty$ 时，根据定积分的定义可以得到所要计算的定积分的值为

$$\int_0^1 x^2\mathrm{d}x=\lim_{n\to+\infty}\sum_{i=1}^n f(\xi_i)\Delta x_i=\lim_{n\to+\infty}\frac{1}{6}\left(1+\frac{1}{n}\right)\left(2+\frac{1}{n}\right)=\frac{1}{3}.$$

例 4 利用定积分表示极限 $\lim\limits_{n\to\infty}\frac{1}{n}\sum\limits_{i=1}^{n}\sqrt{1+\frac{i}{n}}$.

解 因为

$$\lim_{n\to\infty}\frac{1}{n}\sum_{i=1}^{n}\sqrt{1+\frac{i}{n}}=\lim_{n\to\infty}\sum_{i=1}^{n}\sqrt{1+\frac{i}{n}}\cdot\frac{1}{n}=\lim_{n\to\infty}\sum_{i=1}^{n}f(\xi_i)\cdot\Delta x_i,$$

因此判断每个小区间的长度为 $\Delta x_i=\frac{1}{n}$,各个分点为

$$x_1=\xi_1=\frac{1}{n},x_2=\xi_2=\frac{2}{n},\cdots,x_i=\xi_i=\frac{i}{n},\cdots,x_n=\xi_n=\frac{n}{n}=1,$$

所以积分区间为[0,1].

又根据 $f(\xi_i)=\sqrt{1+\frac{i}{n}}$,得被积函数为

$$f(x)=\sqrt{1+x},$$

因此根据定积分的定义,得到

$$\lim_{n\to\infty}\frac{1}{n}\sum_{i=1}^{n}\sqrt{1+\frac{i}{n}}=\lim_{n\to\infty}\sum_{i=1}^{n}\sqrt{1+\frac{i}{n}}\cdot\frac{1}{n}=\lim_{n\to\infty}\sum_{i=1}^{n}f(\xi_i)\cdot\Delta x_i=\int_0^1\sqrt{1+x}\,\mathrm{d}x.$$

5.1.4 定积分的性质

下面我们讨论定积分的性质.下列各性质中积分上下限的大小,如不特别指明,均不加限制;并假设各性质中所列出的定积分都是存在的,则定积分有以下性质.

性质 1 被积函数中的常数因子可以提到定积分号外面,即

$$\int_a^b kf(x)\mathrm{d}x=k\int_a^b f(x)\mathrm{d}x\quad(k\text{ 为常数}).$$

证 $\int_a^b kf(x)\mathrm{d}x=\lim\limits_{\lambda\to 0}\sum\limits_{i=1}^{n}kf(\xi_i)\Delta x_i=k\lim\limits_{\lambda\to 0}\sum\limits_{i=1}^{n}f(\xi_i)\Delta x=k\int_a^b f(x)\mathrm{d}x.$

性质 2 两个函数的代数和的定积分等于它们定积分的代数和,即

$$\int_a^b[f(x)\pm g(x)]\mathrm{d}x=\int_a^b f(x)\mathrm{d}x\pm\int_a^b g(x)\mathrm{d}x.$$

证
$$\begin{aligned}\int_a^b[f(x)\pm g(x)]\mathrm{d}x&=\lim_{\lambda\to 0}\sum_{i=1}^{n}[f(\xi_i)\pm g(\xi_i)]\Delta x_i\\&=\lim_{\lambda\to 0}\sum_{i=1}^{n}f(\xi_i)\Delta x_i\pm\lim_{\lambda\to 0}\sum_{i=1}^{n}g(\xi_i)\Delta x_i\\&=\int_a^b f(x)\mathrm{d}x\pm\int_a^b g(x)\mathrm{d}x.\end{aligned}$$

性质 2 对于任意有限多个函数的代数和也是成立的.

性质 3 定积分对于积分区间具有可加性,即对于任意 3 个常数 a,b,c,恒有

$$\int_a^b f(x)\mathrm{d}x=\int_a^c f(x)\mathrm{d}x+\int_c^b f(x)\mathrm{d}x.$$

证 当 $a<c<b$ 时,因为函数 $f(x)$在区间$[a,b]$上可积,所以无论对$[a,b]$怎样划分,和式的极限总是不变的.因此在划分区间时,可以使 c 永远是一个分点,那么$[a,b]$上的积分和

等于$[a,c]$上的积分和加上$[c,b]$上的积分和，即

$$\sum_{[a,b]} f(\xi_i)\Delta x_i = \sum_{[a,c]} f(\xi_i)\Delta x_i + \sum_{[c,b]} f(\xi_i)\Delta x_i.$$

令$\lambda \to 0$，上式两端取极限，得

$$\int_a^b f(x)\mathrm{d}x = \int_a^c f(x)\mathrm{d}x + \int_c^b f(x)\mathrm{d}x.$$

同理，当$c<a<b$时，有

$$\int_c^b f(x)\mathrm{d}x = \int_c^a f(x)\mathrm{d}x + \int_a^b f(x)\mathrm{d}x,$$

所以

$$\int_a^b f(x)\mathrm{d}x = \int_c^b f(x)\mathrm{d}x - \int_c^a f(x)\mathrm{d}x = \int_a^c f(x)\mathrm{d}x + \int_c^b f(x)\mathrm{d}x.$$

其他情形同理可证.

性质 4 如果在区间$[a,b]$上，函数$f(x)\equiv 1$，则

$$\int_a^b f(x)\mathrm{d}x = \int_a^b 1\mathrm{d}x = \int_a^b \mathrm{d}x = b-a.$$

性质 5 如果在区间$[a,b]$上，函数$f(x)\geqslant 0$，则

$$\int_a^b f(x)\mathrm{d}x \geqslant 0,\quad a<b.$$

证 因为函数$f(x)\geqslant 0$，所以$f(\xi_i)\geqslant 0(i=1,2,\cdots,n)$；又因为$\Delta x_i\geqslant 0$，所以积分和$\sum_{i=1}^n f(\xi_i)\Delta x_i \geqslant 0$，于是得

$$\int_a^b f(x)\mathrm{d}x = \lim_{\lambda\to 0}\sum_{i=1}^n f(\xi_i)\Delta x_i \geqslant 0.$$

推论 1 如果在区间$[a,b]$上，有$f(x)\leqslant g(x)$，则

$$\int_a^b f(x)\mathrm{d}x \leqslant \int_a^b g(x)\mathrm{d}x,\quad a<b.$$

证 因为在区间$[a,b]$上$f(x)\leqslant g(x)$，则

$$g(x)-f(x)\geqslant 0,$$

根据性质5，得

$$\int_a^b [g(x)-f(x)]\mathrm{d}x \geqslant 0,$$

再根据性质2，得

$$\int_a^b [g(x)-f(x)]\mathrm{d}x = \int_a^b g(x)\mathrm{d}x - \int_a^b f(x)\mathrm{d}x \geqslant 0,$$

于是

$$\int_a^b f(x)\mathrm{d}x \leqslant \int_a^b g(x)\mathrm{d}x.$$

推论 2 在区间$[a,b]$上，对于函数$f(x)$，有

$$\left|\int_a^b f(x)\mathrm{d}x\right| \leqslant \int_a^b |f(x)|\mathrm{d}x,\quad a<b.$$

证 因为

$$-|f(x)| \leqslant f(x) \leqslant |f(x)|,$$

根据推论 1,得

$$\int_a^b -|f(x)|\mathrm{d}x \leqslant \int_a^b f(x)\mathrm{d}x \leqslant \int_a^b |f(x)|\mathrm{d}x,$$

再根据性质 1,得

$$\int_a^b -|f(x)|\mathrm{d}x = -\int_a^b |f(x)|\mathrm{d}x,$$

因此

$$-\int_a^b |f(x)|\mathrm{d}x \leqslant \int_a^b f(x)\mathrm{d}x \leqslant \int_a^b |f(x)|\mathrm{d}x,$$

即

$$\left|\int_a^b f(x)\mathrm{d}x\right| \leqslant \int_a^b |f(x)|\mathrm{d}x.$$

性质 6 设常数 M 和 m 分别是函数 $f(x)$ 在区间 $[a,b]$ 上的最大值和最小值,则

$$m(b-a) \leqslant \int_a^b f(x)\mathrm{d}x \leqslant M(b-a), \quad a<b.$$

证 因为 $m\leqslant f(x)\leqslant M$,则根据性质 5 的推论 1,得

$$\int_a^b m\mathrm{d}x \leqslant \int_a^b f(x)\mathrm{d}x \leqslant \int_a^b M\mathrm{d}x,$$

再根据性质 1 和性质 4,得

$$\int_a^b m\mathrm{d}x = m\int_a^b \mathrm{d}x = m(b-a) \text{ 和} \int_a^b M\mathrm{d}x = M\int_a^b \mathrm{d}x = M(b-a),$$

所以

$$m(b-a) \leqslant \int_a^b f(x)\mathrm{d}x \leqslant M(b-a).$$

性质 7(积分中值定理) 设函数 $f(x)$ 在区间 $[a,b]$ 上连续,则在 $[a,b]$ 上至少存在一点 ξ,使得

$$\int_a^b f(x)\mathrm{d}x = f(\xi)(b-a), \quad a\leqslant\xi\leqslant b.$$

该公式叫做积分中值公式.

证 因为函数 $f(x)$ 在区间 $[a,b]$ 上连续,所以根据闭区间上连续函数的最值定理,得函数 $f(x)$ 在区间 $[a,b]$ 上一定有最小值和最大值,分别记为 m 和 M,即

$$m\leqslant f(x)\leqslant M,$$

根据性质 6,得

$$m(b-a) \leqslant \int_a^b f(x)\mathrm{d}x \leqslant M(b-a),$$

即

$$m \leqslant \frac{1}{b-a}\int_a^b f(x)\mathrm{d}x \leqslant M.$$

这说明 $\dfrac{1}{b-a}\displaystyle\int_a^b f(x)\mathrm{d}x$ 是介于函数 $f(x)$ 的最小值 m 与最大值 M 之间的一个确定的常数.根据闭区间上连续函数的介值定理,得到在闭区间 $[a,b]$ 上至少存在一点 ξ,使得函数 $f(x)$

在点 ξ 处的值 $f(\xi)$ 与这个确定的常数 $\frac{1}{b-a}\int_a^b f(x)\mathrm{d}x$ 相等,即

$$f(\xi)=\frac{1}{b-a}\int_a^b f(x)\mathrm{d}x$$

成立,亦即

$$\int_a^b f(x)\mathrm{d}x=f(\xi)(b-a).$$

积分中值公式的几何解释:在区间 $[a,b]$ 上至少存在一点 ξ,使得以区间 $[a,b]$ 为底、以曲线 $y=f(x)$ 为曲边的曲边梯形面积等于与之同一底边而高为 $f(\xi)$ 的一个矩形的面积(见图 5.7).

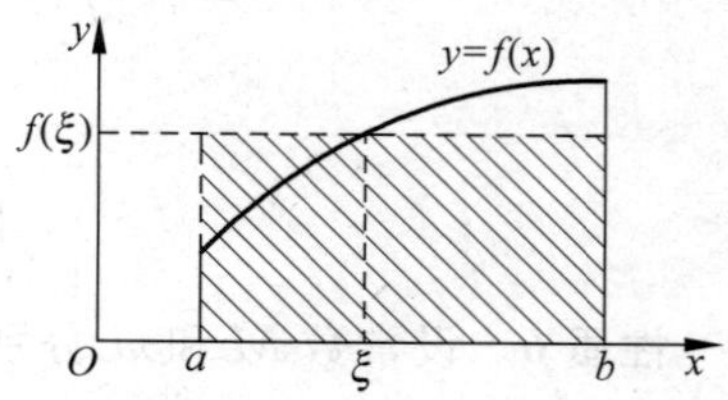

图 5.7

按积分中值公式所得

$$f(\xi)=\frac{1}{b-a}\int_a^b f(x)\mathrm{d}x$$

称为函数 $f(x)$ 在区间 $[a,b]$ 上的平均值. 例如,图 5.7 中,$f(\xi)$ 可以看作图中曲边梯形的平均高度.

例 5 比较定积分 $\int_0^1 x\mathrm{d}x$ 与 $\int_0^1 x^2\mathrm{d}x$ 的大小.

解 令 $f(x)=x,g(x)=x^2$,则在闭区间 $[0,1]$ 上,有

$$g(x)\leqslant f(x),$$

根据性质 5 的推论 1,得

$$\int_0^1 g(x)\mathrm{d}x\leqslant\int_0^1 f(x)\mathrm{d}x,$$

即

$$\int_0^1 x\mathrm{d}x\geqslant\int_0^1 x^2\mathrm{d}x.$$

例 6 估计定积分 $\int_0^1(\mathrm{e}^{x^2}-\arctan x^2)\mathrm{d}x$ 的值.

解 令 $f(x)=\mathrm{e}^{x^2}-\arctan x^2$,则 $f'(x)=2x\left(\mathrm{e}^{x^2}-\frac{1}{1+x^4}\right)$. 在闭区间 $[0,1]$ 上,$f'(x)\geqslant 0$,即函数 $f(x)$ 在闭区间 $[0,1]$ 上单调增加,故

$$1=f(0)\leqslant f(x)\leqslant f(1)=\mathrm{e}-\frac{\pi}{4},$$

从而

$$\int_0^1\mathrm{d}x\leqslant\int_0^1 f(x)\mathrm{d}x\leqslant\int_0^1\left(\mathrm{e}-\frac{\pi}{4}\right)\mathrm{d}x,$$

即

$$1\leqslant\int_0^1(\mathrm{e}^{x^2}-\arctan x^2)\mathrm{d}x\leqslant\mathrm{e}-\frac{\pi}{4}.$$

例 7 设函数 $f(x)$ 在闭区间 $[0,1]$ 上连续,在开区间 $(0,1)$ 内可导,且 $f(0)=3\int_{\frac{2}{3}}^1 f(x)\mathrm{d}x$. 证明:在开区间 $(0,1)$ 内有一点 c,使得 $f'(c)=0$.

证 对于函数 $f(x)$,在闭区间 $\left[\frac{2}{3},1\right]$ 上利用性质 7,得至少存在一点 $\xi\in\left[\frac{2}{3},1\right]$,使得

$$f(\xi)=\frac{1}{1-\frac{2}{3}}\int_{\frac{2}{3}}^{1}f(x)\mathrm{d}x=3\int_{\frac{2}{3}}^{1}f(x)\mathrm{d}x=f(0),$$

即函数 $f(x)$ 在区间 $[0,\xi]$ 的两个端点处的函数值相等，因此在闭区间 $[0,\xi]$ 上利用罗尔定理可得，至少存在一点 $c\in(0,\xi)\subset(0,1)$，使得

$$f'(c)=0.$$

证毕.

习　题　5.1

1. 用定积分的定义计算定积分 $\int_a^b c\mathrm{d}x$，其中 c 为定常数.

2. 根据定积分的几何意义计算下列定积分的值：

(1) $\int_{-1}^{1}x\mathrm{d}x$；　　(2) $\int_{-R}^{R}\sqrt{R^2-x^2}\mathrm{d}x$；

(3) $\int_0^{2\pi}\cos x\mathrm{d}x$；　　(4) $\int_{-1}^{1}|x|\mathrm{d}x$.

3. 若当 $a\leqslant x\leqslant b$ 时，有 $f(x)\leqslant g(x)$，下面两个式子是否均成立，为什么？

(1) $\int_a^b f(x)\mathrm{d}x\leqslant\int_a^b g(x)\mathrm{d}x$；　　(2) $\int f(x)\mathrm{d}x\leqslant\int g(x)\mathrm{d}x$.

4. 比较下列积分值的大小：

(1) $\int_0^1 x\mathrm{d}x$ 与 $\int_0^1 x^3\mathrm{d}x$；　　(2) $\int_1^2 x\mathrm{d}x$ 与 $\int_1^2 x^2\mathrm{d}x$；

(3) $\int_1^2 \ln x\mathrm{d}x$ 与 $\int_1^2(\ln x)^2\mathrm{d}x$；　　(4) $\int_0^1(1+x)\mathrm{d}x$ 与 $\int_0^1 \mathrm{e}^x\mathrm{d}x$.

5. 利用定积分的估值公式，估计定积分 $\int_{-1}^{1}(3x^4-2x^3+5)\mathrm{d}x$ 的值.

6. 求函数 $f(x)=\sqrt{1-x^2}$ 在闭区间 $[-1,1]$ 上的平均值.

7. n 个数的算术平均值与连续函数在闭区间上的平均值有何区别与联系？

5.2　微积分基本定理

在 5.1 节中，我们举了一个利用定义来计算定积分的例子，从中可以看出，即使对于比较简单的函数，从定义出发计算定积分也是比较麻烦的，而当被积函数比较复杂时计算更为困难，有时计算甚至是不可能的. 因此寻求一种较为简单的计算定积分的方法是非常重要和有意义的.

定积分与实际问题是紧密相连的，为此我们先从具体实例入手探求定积分计算的思路和方法.

引例　变速直线运动中位置函数与速度函数之间的关系.

从 5.1 节的引例中我们知道，如果变速直线运动的速度函数 $v(t)$ 已知，可以利用定积分来表示它在时间间隔 $[\alpha,\beta]$ 内所经过的路程，即

$$s=\int_{\alpha}^{\beta}v(t)\mathrm{d}t.$$

另一方面,若已知物体运动的位置函数方程 $s(t)$,则它在时间间隔$[\alpha,\beta]$内所经过的路程为

$$s(\beta)-s(\alpha).$$

由此可见,位置函数 $s(t)$与速度函数 $v(t)$之间有如下关系:

$$\int_{\alpha}^{\beta}v(t)\mathrm{d}t=s(\beta)-s(\alpha).$$

因为 $s'(t)=v(t)$,即位置函数 $s(t)$是速度函数 $v(t)$的原函数,所以上式表明:速度函数 $v(t)$在区间$[\alpha,\beta]$上的定积分等于 $v(t)$的原函数 $s(t)$在积分区间$[\alpha,\beta]$上的增量 $s(\beta)-s(\alpha)$.

撇开上述问题的具体意义,抽象出所得到的定积分与被积函数原函数之间的关系,我们就得到了在数学上普遍适用的定积分的计算方法,这就是我们将要学习的牛顿-莱布尼茨公式.

5.2.1 可变上限的定积分

设函数 $f(x)$在闭区间$[a,b]$上连续,并且设 x 为区间$[a,b]$上的一点,那么函数 $f(x)$在部分区间$[a,x]$上可积分,且有积分

$$\int_{a}^{x}f(x)\mathrm{d}x$$

与之对应,显然这个积分值是随着上限 x 而变化的,即对于区间$[a,b]$上每一个取定的 x 值,定积分有一个对应值,因此 $\int_{a}^{x}f(x)\mathrm{d}x$ 是上限 x 的函数,我们称之为可变上限的定积分或积分上限的函数,记作 $\Phi(x)$,即

$$\Phi(x)=\int_{a}^{x}f(x)\mathrm{d}x,\quad a\leqslant x\leqslant b.$$

积分变量与积分上限用同一字母表示容易造成理解上的误会,因为积分值与积分变量的符号无关,所以我们不妨用 t 代替积分变量 x,于是,上式可写成

$$\Phi(x)=\int_{a}^{x}f(t)\mathrm{d}t.$$

可变上限的定积分的几何意义是:若函数 $f(x)$在区间$[a,b]$上连续且 $f(x)\geqslant 0$,则积分上限的函数 $\Phi(x)$就是在区间$[a,x]$上曲线 $f(x)$下方的曲边梯形的面积(见图5.8).

可变上限的定积分(或积分上限的函数)具有如下性质.

定理1 若函数 $f(x)$在区间$[a,b]$上连续,则可变上限的定积分(或积分上限的函数)$\Phi(x)=\int_{a}^{x}f(t)\mathrm{d}t$ 在区间$[a,b]$上可导,并且它的导数为

$$\Phi'(x)=\frac{\mathrm{d}}{\mathrm{d}x}\int_{a}^{x}f(t)\mathrm{d}t=f(x).$$

证 设 $x\in(a,b)$,并且设 x 获得增量 Δx,其中 Δx 绝对值足够小,使得 $x+\Delta x\in(a,b)$,则 $\Phi(x)$(如图5.9所示,图中 $\Delta x>0$)在 $x+\Delta x$ 处的函数值为

$$\Phi(x+\Delta x)=\int_{a}^{x+\Delta x}f(t)\mathrm{d}t,$$

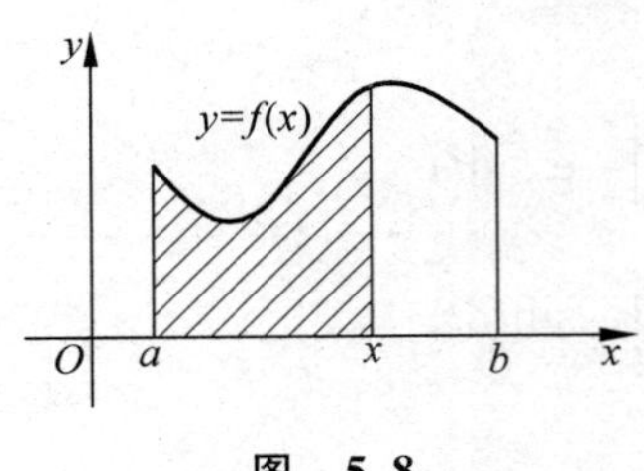

图 5.8

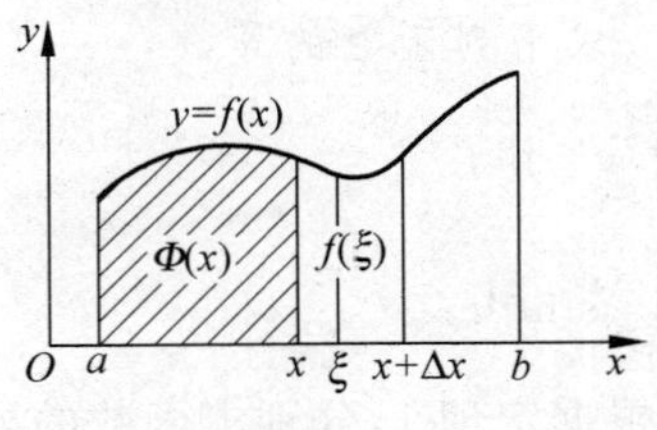

图 5.9

由此得函数 $\Phi(x)$ 的增量为

$$\begin{aligned}\Delta\Phi(x) &= \Phi(x+\Delta x)-\Phi(x) = \int_a^{x+\Delta x} f(t)\mathrm{d}t - \int_a^x f(t)\mathrm{d}t \\ &= \int_a^x f(t)\mathrm{d}t + \int_x^{x+\Delta x} f(t)\mathrm{d}t - \int_a^x f(t)\mathrm{d}t = \int_x^{x+\Delta x} f(t)\mathrm{d}t.\end{aligned}$$

再应用积分中值定理，得 $\int_x^{x+\Delta x} f(t)\mathrm{d}t = f(\xi)\Delta x$，因此有

$$\Delta\Phi(x) = f(\xi)\Delta x,$$

其中，ξ 在 x 与 $x+\Delta x$ 之间. 上式两端同时除以 Δx，得函数值增量与自变量增量的比值为

$$\frac{\Delta\Phi(x)}{\Delta x} = f(\xi).$$

根据导数的定义，令 $\Delta x\to 0$，对上式两端取极限，得

$$\Phi'(x) = \lim_{\Delta x\to 0}\frac{\Delta\Phi(x)}{\Delta x} = \lim_{\Delta x\to 0} f(\xi),$$

由于函数 $f(x)$ 在区间 $[a,b]$ 上连续，而 $\Delta x\to 0$ 时，$\xi\to x$，因此 $\lim\limits_{\Delta x\to 0} f(\xi) = \lim\limits_{\xi\to x} f(\xi) = f(x)$. 所以函数 $\Phi(x)$ 的导数存在，并且

$$\Phi'(x) = f(x).$$

若 $x=a$，取 $\Delta x>0$，则同理可证 $\Phi'_+(a)=f(a)$；若 $x=b$，取 $\Delta x<0$，则同理可证 $\Phi'_-(b)=f(b)$.

定理得证.

推论 1 若函数 $f(x)$ 在区间 $[a,b]$ 上连续，函数 $\varphi(x)$ 在区间 $[a,b]$ 上可导，则

$$\frac{\mathrm{d}}{\mathrm{d}x}\int_a^{\varphi(x)} f(t)\mathrm{d}t = f[\varphi(x)]\cdot\varphi'(x).$$

推论 2 若函数 $f(x)$ 在区间 $[a,b]$ 上连续，则

$$\frac{\mathrm{d}}{\mathrm{d}x}\int_x^b f(t)\mathrm{d}t = -f(x).$$

推论 3 若函数 $f(x)$ 在区间 $[a,b]$ 上连续，函数 $\varphi(x)$ 及 $\psi(x)$ 在区间 $[a,b]$ 上可导，则

$$\frac{\mathrm{d}}{\mathrm{d}x}\int_{\psi(x)}^{\varphi(x)} f(t)\mathrm{d}t = f[\varphi(x)]\cdot\varphi'(x) - f[\psi(x)]\cdot\psi'(x).$$

该定理表明：如果函数 $f(x)$ 在区间 $[a,b]$ 上连续，则它的原函数一定存在，并且它的一个原函数可以表示成为

$$\Phi(x) = \int_a^x f(t)\mathrm{d}t.$$

因此，我们引出如下的原函数存在定理.

例 1 求下列函数的导数：

(1) $\int_{1}^{x} e^{-t^2} dt$； (2) $\int_{1}^{x^3} e^{-t^2} dt$；

(3) $\int_{x^2}^{1} \sin t dt$； (4) $\int_{x^2}^{x^5} \sin t dt$.

解 根据定理1，分别求函数的导数.

(1) $\frac{d}{dx}\int_{1}^{x} e^{-t^2} dt = e^{-x^2}$；

(2) $\frac{d}{dx}\int_{1}^{x^3} e^{-t^2} dt \xlongequal{u=x^3} \frac{d}{du}\int_{1}^{u} e^{-t^2} dt \cdot \frac{du}{dx} = e^{-u^2} \cdot (x^3)' = e^{-(x^3)^2} \cdot 3x^2 = 3x^2 e^{-x^6}$；

(3) $\frac{d}{dx}\int_{x^2}^{1} \sin t dt = \frac{d}{dx}\left(-\int_{1}^{x^2} \sin t dt\right) = -\sin x^2 \cdot (x^2)' = -2x\sin x^2$；

(4) $\frac{d}{dx}\int_{x^2}^{x^5} \sin t dt = \frac{d}{dx}\left(\int_{x^2}^{0} \sin t dt + \int_{0}^{x^5} \sin t dt\right) = \frac{d}{dx}\left(-\int_{0}^{x^2} \sin t dt + \int_{0}^{x^5} \sin t dt\right)$

$$= \frac{d}{dx}\left(\int_{0}^{x^5} \sin t dt - \int_{0}^{x^2} \sin t dt\right) = \sin x^5 \cdot (x^5)' - \sin x^2 \cdot (x^2)'$$

$$= 5x^4 \sin x^5 - 2x\sin x^2.$$

例 2 求由参数表达式 $x = \int_{0}^{t} \cos u du$，$y = \int_{0}^{t} \sin(2u) du$ 所确定的函数 y 对 x 的导数 $\frac{dy}{dx}$.

解 根据参数方程求导法则和可变上限的定积分(或积分上限的函数)的导数公式，得

$$\frac{dy}{dx} = \frac{\frac{dy}{dt}}{\frac{dx}{dt}} = \frac{\frac{d}{dt}\int_{0}^{t} \sin 2u du}{\frac{d}{dt}\int_{0}^{t} \cos u du} = \frac{\sin 2t}{\cos t} = 2\sin t.$$

例 3 求由 $\int_{0}^{y} e^t dt + \int_{0}^{x} \sin t dt = 0$ 所确定的隐函数 y 对 x 的导数 $\frac{dy}{dx}$.

解 根据隐函数求导法则，方程 $\int_{0}^{y} e^t dt + \int_{0}^{x} \sin t dt = 0$ 两边同时对 x 求导，结合可变上限的定积分的导数公式，得

$$e^y \cdot \frac{dy}{dx} + \sin x = 0,$$

整理，即得 y 对 x 的导数 $\frac{dy}{dx}$ 为

$$\frac{dy}{dx} = -\frac{\sin x}{e^y}.$$

例 4 求函数 $\Phi(x) = \int_{0}^{x} t e^{-t^2} dt$ 的极值.

解 根据可变上限的定积分的导数公式，得

$$\Phi'(x) = \frac{d}{dx}\int_{0}^{x} t e^{-t^2} dt = x e^{-x^2},$$

由 $\Phi'(x) = x e^{-x^2} = 0$，得函数 $\Phi(x)$ 的驻点为

$$x = 0.$$

故当 $x > 0$ 时，$\Phi'(x) = x e^{-x^2} > 0$；当 $x < 0$ 时，$\Phi'(x) = x e^{-x^2} < 0$.

所以函数 $\Phi(x)$ 在区间 $(-\infty,0)$ 上单调递减，在区间 $(0,+\infty)$ 上单调递增，因此函数 $\Phi(x)$ 在点 $x=0$ 取得极小值，极小值为

$$\Phi(0)=\int_0^0 t\mathrm{e}^{-t^2}\,\mathrm{d}t=0.$$

例 5 计算极限 $\lim\limits_{x\to0}\dfrac{\int_{\cos x}^1 \mathrm{e}^{-t^2}\,\mathrm{d}t}{x^2}$.

解 由定积分的补充定义，知

$$\lim_{x\to0}\int_{\cos x}^1 \mathrm{e}^{-t^2}\,\mathrm{d}t \xlongequal{u=\cos x} \lim_{u\to1}\int_u^1 \mathrm{e}^{-t^2}\,\mathrm{d}t=0.$$

因此所求的极限式是一个 $\dfrac{0}{0}$ 型的未定式，应用洛必达法则来计算此极限，先求分子函数的导数，有

$$\begin{aligned}\frac{\mathrm{d}}{\mathrm{d}x}\int_{\cos x}^1 \mathrm{e}^{-t^2}\,\mathrm{d}t&=\frac{\mathrm{d}}{\mathrm{d}x}\left(-\int_1^{\cos x}\mathrm{e}^{-t^2}\,\mathrm{d}t\right)=-\mathrm{e}^{-\cos^2 x}(\cos x)'\\&=-\mathrm{e}^{-\cos^2 x}\cdot(-\sin x)=\sin x\cdot\mathrm{e}^{-\cos^2 x},\end{aligned}$$

因此

$$\lim_{x\to0}\frac{\int_{\cos x}^1 \mathrm{e}^{-t^2}\,\mathrm{d}t}{x^2}\overset{\frac{0}{0}}{=}\lim_{x\to0}\frac{\sin x\cdot\mathrm{e}^{-\cos^2 x}}{2x}=\frac{1}{2\mathrm{e}}.$$

定理 2 若函数 $f(x)$ 在区间 $[a,b]$ 上连续，则函数

$$\Phi(x)=\int_a^x f(t)\,\mathrm{d}t$$

就是函数 $f(x)$ 在区间 $[a,b]$ 上的一个原函数.

这个定理的重要意义有两点：一是肯定了连续函数的原函数一定存在；二是初步揭示了积分学中的定积分与原函数之间的联系，因此我们就有可能通过原函数来计算定积分.

5.2.2 牛顿-莱布尼茨公式

下面我们给出利用原函数计算定积分的公式.

定理 3 如果函数 $F(x)$ 是连续函数 $f(x)$ 在区间 $[a,b]$ 上的一个原函数，则

$$\int_a^b f(x)\,\mathrm{d}x=F(b)-F(a).$$

证 由定理 2 知，可变上限的定积分(或积分上限的函数)

$$\Phi(x)=\int_a^x f(t)\,\mathrm{d}t$$

是连续函数 $f(x)$ 在区间 $[a,b]$ 上的一个原函数，由题设知函数 $F(x)$ 也是函数 $f(x)$ 在区间 $[a,b]$ 上的一个原函数，根据第 4 章的结论可知，两个原函数只差一个常数，即

$$\Phi(x)-F(x)=C,$$

所以

$$\int_a^x f(t)\,\mathrm{d}t=F(x)+C.$$

在上式中令 $x=a$,并注意到 $\int_a^a f(t)\mathrm{d}t=0$,得 $C=-F(a)$.将 $C=-F(a)$ 代入上式,得

$$\int_a^x f(t)\mathrm{d}t=F(x)-F(a).$$

再令 $x=b$,并把积分变量 t 换为 x,便得

$$\int_a^b f(x)\mathrm{d}x=F(b)-F(a).$$

定理得证.

根据上节定积分的补充定义可知,定理3对于 $a>b$ 的情形同样成立.

定理3中的公式叫做牛顿-莱布尼茨(Newton-Leibniz)公式,它揭示了定积分与被积函数的原函数(或不定积分)之间的内在联系:一个连续函数 $f(x)$ 在区间 $[a,b]$ 上的定积分等于它的任意一个原函数在积分区间 $[a,b]$ 上的增量.它简化了利用定积分定义求解定积分的计算,为定积分的计算提供了一个简便有效的方法,是计算定积分的基本公式,因此也称做微积分基本公式.

为了方便起见,以后把 $F(b)-F(a)$ 记为 $[F(x)]_a^b$ 或 $F(x)\big|_a^b$,于是该公式也可以表示为

$$\int_a^b f(x)\mathrm{d}x=F(x)\big|_a^b,$$

或

$$\int_a^b f(x)\mathrm{d}x=[F(x)]_a^b.$$

根据定理3,我们有如下结论:连续函数的定积分等于被积函数的任意一个原函数在积分区间上的增量.从而把求连续函数的定积分问题转化为求原函数(或求不定积分)的问题.

例6　计算 $\int_{-1}^1 \frac{\mathrm{d}x}{1+x^2}$.

解　由于 $\arctan x$ 是 $\frac{1}{1+x^2}$ 的一个原函数,所以根据牛顿-莱布尼茨公式,得

$$\int_{-1}^1 \frac{\mathrm{d}x}{1+x^2}=[\arctan x]_{-1}^1=\arctan 1-\arctan(-1)=\frac{\pi}{4}-\left(-\frac{\pi}{4}\right)=\frac{\pi}{2}.$$

例7　计算 $\int_{-3}^{-1} \frac{\mathrm{d}x}{x}$.

解　$\frac{1}{x}$ 的一个原函数是 $\ln|x|$,所以根据牛顿-莱布尼茨公式,得

$$\int_{-3}^{-1} \frac{1}{x}\mathrm{d}x=[\ln|x|]_{-3}^{-1}=\ln 1-\ln 3=-\ln 3.$$

例8　计算正弦曲线 $y=\sin x$ 在区间 $[0,\pi]$ 上与 x 轴所围成的平面图形的面积(见图5.10).

解　$y=\sin x$ 在 $[0,\pi]$ 上的图形也可看成是一个曲边梯形,根据定积分的几何意义,得其面积为

$$A=\int_0^\pi \sin x\mathrm{d}x,$$

由于 $-\cos x$ 是 $\sin x$ 的一个原函数,所以有

$$\begin{aligned}A&=\int_0^\pi \sin x\mathrm{d}x=[-\cos x]_0^\pi\\&=-\cos\pi-(-\cos 0)=-(-1)-(-1)=2.\end{aligned}$$

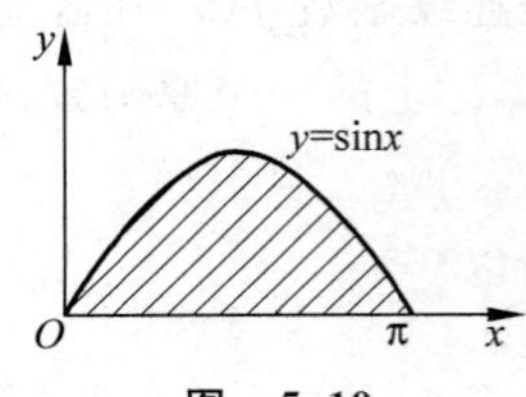

图　5.10

注意 牛顿-莱布尼茨公式适用的条件是被积函数 $f(x)$连续，如果对有间断点的函数 $f(x)$的积分用此公式就会出现错误，即使 $f(x)$连续但 $f(x)$是分段函数，其定积分也不能直接利用牛顿-莱布尼茨公式，而应当依 $f(x)$的不同表达式按段分成几个积分之和，再分别利用牛顿-莱布尼茨公式计算.

例 9 计算 $\int_{-1}^{1}|x|\mathrm{d}x$.

解 虽然被积函数 $f(x)=|x|$在积分区间$[-1,1]$上连续，但被积函数

$$f(x)=|x|=\begin{cases}x, & x\geqslant 0,\\ -x, & x<0\end{cases}$$

是分段函数，因此积分 $\int_{-1}^{1}|x|\mathrm{d}x$ 需要按段分成两个积分之和，即

$$\begin{aligned}\int_{-1}^{1}|x|\mathrm{d}x&=\int_{-1}^{0}f(x)\mathrm{d}x+\int_{0}^{1}f(x)\mathrm{d}x=\int_{-1}^{0}-x\mathrm{d}x+\int_{0}^{1}x\mathrm{d}x\\&=-\frac{x^2}{2}\bigg|_{-1}^{0}+\frac{x^2}{2}\bigg|_{0}^{1}=\left[-\frac{0}{2}+\frac{(-1)^2}{2}\right]+\left(\frac{1}{2}-\frac{0}{2}\right)=1.\end{aligned}$$

例 10 设 $f(x)=\begin{cases}2-x^2, & 0\leqslant x\leqslant 1,\\ x, & 1<x\leqslant 2,\end{cases}$ 计算 $\int_{0}^{2}f(x)\mathrm{d}x$ 的值.

解 这里被积函数是分段函数，我们需将积分区间分成与之相对应的区间，因此有

$$\int_{0}^{2}f(x)\mathrm{d}x=\int_{0}^{1}(2-x^2)\mathrm{d}x+\int_{1}^{2}x\mathrm{d}x=\left(2x-\frac{x^3}{3}\right)\bigg|_{0}^{1}+\frac{x^2}{2}\bigg|_{1}^{2}=\frac{5}{3}+\frac{3}{2}=\frac{19}{6}.$$

例 11 计算 $\int_{0}^{\pi}\sqrt{1+\cos 2x}\mathrm{d}x$.

解

$$\begin{aligned}\int_{0}^{\pi}\sqrt{1+\cos 2x}\mathrm{d}x&=\int_{0}^{\pi}\sqrt{2\cos^2 x}\mathrm{d}x=\sqrt{2}\int_{0}^{\pi}|\cos x|\mathrm{d}x\\&=\sqrt{2}\int_{0}^{\frac{\pi}{2}}\cos x\mathrm{d}x+\sqrt{2}\int_{\frac{\pi}{2}}^{\pi}(-\cos x)\mathrm{d}x\\&=\sqrt{2}\left[\sin x\right]_{0}^{\frac{\pi}{2}}-\sqrt{2}\left[\sin x\right]_{\frac{\pi}{2}}^{\pi}=2\sqrt{2}.\end{aligned}$$

习 题 5.2

1. 求下列函数的导数：

(1) $\int_{a}^{x}\cos t^2\mathrm{d}t$；　　(2) $\int_{x}^{1}\mathrm{e}^{t^2}\mathrm{d}t$；

(3) $\int_{0}^{x^2}\cos t\mathrm{d}t$；　　(4) $\int_{x}^{x^2}\sin t^2\mathrm{d}t$.

2. 求由参数表达式 $x=\int_{0}^{t}\mathrm{e}^{u^2}\mathrm{d}u$, $y=\int_{0}^{t^2}\mathrm{e}^{u}\mathrm{d}u$ 所确定的函数 y 对 x 的导数$\frac{\mathrm{d}y}{\mathrm{d}x}$.

3. 求由$\int_{0}^{y}\cos t\mathrm{d}t+\int_{x}^{0}\sin t\mathrm{d}t=0$ 所确定的隐函数 y 对 x 的导数$\frac{\mathrm{d}y}{\mathrm{d}x}$.

4. 求函数 $\Phi(x)=\int_{0}^{x^4}\mathrm{e}^{-t^2}\mathrm{d}t$ 的极值.

5. 求极限 $\lim\limits_{x\to 1}\dfrac{\int_1^x \sin\pi t\mathrm{d}t}{1+\cos\pi x}$.

6. 求极限 $\lim\limits_{x\to 0}\dfrac{\int_{x^2}^0 (\mathrm{e}^t-1)\mathrm{d}t}{1-\cos 2x}$.

7. 计算下列各题:

(1) $\int_0^1 \mathrm{e}^x\mathrm{d}x$;　　(2) $\int_0^1 x^{10}\mathrm{d}x$;　　(3) $\int_0^{\frac{\pi}{2}}\sin x\mathrm{d}x$.

8. 计算下列定积分:

(1) $\int_0^2 |1-x|\mathrm{d}x$;　　(2) $\int_0^{2\pi}|\sin x|\mathrm{d}x$.

9. 已知函数 $f(x)=\begin{cases}x^2, & 0\leqslant x\leqslant 1,\\ x, & -1\leqslant x<0,\end{cases}$ 计算定积分 $\int_{-1}^1 f(x)\mathrm{d}x$.

5.3 定积分的积分法

由牛顿-莱布尼茨公式可知,定积分的计算归结为求被积函数的原函数,只要利用计算不定积分的方法找到原函数,就可以利用牛顿-莱布尼茨公式计算出对应的定积分.

例 1 计算定积分 $\int_0^1 \dfrac{x^2}{1+x^2}\mathrm{d}x$.

解 将被积函数恒等变换,得

$$\int\frac{x^2}{1+x^2}\mathrm{d}x=\int\frac{x^2+1-1}{1+x^2}\mathrm{d}x=x-\arctan x+C,$$

所以根据牛顿-莱布尼茨公式,得

$$\int_0^1\frac{x^2}{1+x^2}\mathrm{d}x=(x-\arctan x)\Big|_0^1=(1-\arctan 1)-(0-\arctan 0)=1-\frac{\pi}{4}.$$

例 2 计算定积分 $\int_0^{\frac{\pi}{2}}\sin x\cos x\mathrm{d}x$.

解 根据不定积分的凑微分法,得

$$\int\sin x\cos x\mathrm{d}x=\int\sin x\mathrm{d}\sin x=\frac{1}{2}\sin^2 x+C,$$

所以根据牛顿-莱布尼茨公式,得

$$\int_0^{\frac{\pi}{2}}\sin x\cos x\mathrm{d}x=\left(\frac{1}{2}\sin^2 x\right)\Big|_0^{\frac{\pi}{2}}=\frac{1}{2}\sin^2\frac{\pi}{2}-\frac{1}{2}\sin^2 0=\frac{1}{2}.$$

例 3 计算定积分 $\int_0^1\sqrt{1-x^2}\mathrm{d}x$.

解 根据不定积分的第二类换元积分方法,可令 $x=\sin t$,则 $\mathrm{d}x=\cos t\mathrm{d}t$,因此有

$$\begin{aligned}\int\sqrt{1-x^2}\mathrm{d}x&=\int\sqrt{1-\sin^2 t}\cdot\cos t\mathrm{d}t=\int\cos^2 t\mathrm{d}t\\&=\frac{1}{2}\arcsin x+\frac{1}{2}x\sqrt{1-x^2}+C,\end{aligned}$$

所以根据牛顿-莱布尼茨公式,得

$$\begin{aligned}\int_0^1 \sqrt{1-x^2}\,\mathrm{d}x &= \left(\frac{1}{2}\arcsin x+\frac{1}{2}x\sqrt{1-x^2}\right)\Big|_0^1 \\ &= \left(\frac{1}{2}\arcsin 1+\frac{1}{2}\cdot 1\cdot\sqrt{1-1^2}\right)-\left(\frac{1}{2}\arcsin 0+\frac{1}{2}\cdot 0\cdot\sqrt{1-0^2}\right) \\ &= \frac{\pi}{4}.\end{aligned}$$

例 4 计算定积分 $\int_0^4 \frac{x+2}{\sqrt{2x+1}}\mathrm{d}x$.

解 令 $t=\sqrt{2x+1}$,则 $x=\frac{1}{2}(t^2-1)$,$\mathrm{d}x=t\mathrm{d}t$,因此得

$$\begin{aligned}\int \frac{x+2}{\sqrt{2x+1}}\mathrm{d}x &= \int \frac{1}{2}(t^2+3)\mathrm{d}t = \frac{t^3}{6}+\frac{3}{2}t+C \\ &= \frac{(\sqrt{2x+1})^3}{6}+\frac{3}{2}\sqrt{2x+1}+C,\end{aligned}$$

所以根据牛顿-莱布尼茨公式,得

$$\begin{aligned}\int_0^4 \frac{x+2}{\sqrt{2x+1}}\mathrm{d}x &= \left[\frac{(\sqrt{2x+1})^3}{6}+\frac{3}{2}\sqrt{2x+1}\right]_0^4 \\ &= \left(\frac{(\sqrt{2\times 4+1})^3}{6}+\frac{3}{2}\sqrt{2\times 4+1}\right)-\left(\frac{(\sqrt{2\times 0+1})^3}{6}+\frac{3}{2}\sqrt{2\times 0+1}\right) \\ &= \left(\frac{27}{6}+\frac{9}{2}\right)-\left(\frac{1}{6}+\frac{3}{2}\right)=\frac{22}{3}.\end{aligned}$$

由上面的例子可以看出,定积分的计算归结为求被积函数的原函数的改变量,只要利用不定积分找到被积函数的原函数,就可以利用牛顿-莱布尼茨公式计算出对应的定积分.这种方法格式统一、应用方便,但对于复杂的定积分,过程比较繁琐.下面我们介绍计算定积分的其他方法——定积分的换元积分法和分部积分法.

5.3.1 定积分的换元积分法

定理 1 假设:

(1) 函数 $f(x)$在区间$[a,b]$上连续;

(2) 函数 $x=\varphi(t)$在区间$[\alpha,\beta]$或$[\beta,\alpha]$上有连续的导数;

(3) 当 t 从 α 变到 β 时,$\varphi(t)$从 a 单调地变到 b,且 $\varphi(\alpha)=a$,$\varphi(\beta)=b$.

则有

$$\int_a^b f(x)\mathrm{d}x = \int_\alpha^\beta f[\varphi(t)]\varphi'(t)\mathrm{d}t. \tag{5.1}$$

式(5.1)就是定积分的换元积分公式,简称换元公式.

证 由定理条件可知,上式两边的被积函数都是连续的,因此根据定积分存在的充分条件知,它们的定积分都是存在的.而且根据第 4 章原函数存在的定理可知,被积函数的原函数也都是存在的.假设函数 $F(x)$是被积函数 $f(x)$的一个原函数,则根据牛顿-莱布尼茨公式,得到等式左边的定积分为

$$\int_a^b f(x)\mathrm{d}x = F(x)\big|_a^b = F(b)-F(a).$$

另一方面，记 $\Phi(t)=F[\varphi(t)]$，则此函数可以看作是由函数 $F(x)$ 与 $x=\varphi(t)$ 复合而成的复合函数. 因此，根据复合函数的求导法则，得

$$\Phi'(t)=\frac{\mathrm{d}F}{\mathrm{d}x}\cdot\frac{\mathrm{d}x}{\mathrm{d}t}=F'(x)\cdot\varphi'(t)=f(x)\varphi'(t)=f[\varphi(t)]\varphi'(t).$$

这说明，函数 $\Phi(t)$ 是被积函数 $f[\varphi(t)]\varphi'(t)$ 的一个原函数，因此根据牛顿-莱布尼茨公式，得等式右边的定积分为

$$\int_\alpha^\beta f[\varphi(t)]\varphi'(t)\mathrm{d}t=\Phi(t)\big|_\alpha^\beta=\Phi(\beta)-\Phi(\alpha).$$

又根据 $\Phi(t)=F[\varphi(t)]$ 和定理的条件 $\varphi(\alpha)=a,\varphi(\beta)=b$，可知

$$\Phi(\beta)-\Phi(\alpha)=F[\varphi(\beta)]-F[\varphi(\alpha)]=F(b)-F(a),$$

因此，得到两个定积分值相等，即

$$\int_a^b f(x)\mathrm{d}x=\int_\alpha^\beta f[\varphi(t)]\varphi'(t)\mathrm{d}t.$$

定理得证.

定积分的换元积分公式(5.1)也可以反过来使用，把式(5.1)左右两边对调位置，同时把 t 换成 x，而把 x 换成 t，可以得到

$$\int_\alpha^\beta f[\varphi(x)]\varphi'(x)\mathrm{d}x=\int_a^b f(t)\mathrm{d}t. \tag{5.2}$$

利用式(5.1)或式(5.2)计算定积分的方法称为定积分的换元积分法，它们分别相当于不定积分的第二类、第一类换元积分法.

在应用本定理时必须注意变换 $x=\varphi(t)$ 应满足定理的条件.

定积分的换元积分法与不定积分的换元法不同之处如下：

(1) 定积分的换元法在换元后，积分上、下限也要作相应的变换，即换元必换限. 新积分变量的积分限可能 $\alpha>\beta$，也可能 $\alpha<\beta$，但一定要求满足 $\varphi(\alpha)=a,\varphi(\beta)=b$，即 $t=\alpha$ 对应于 $x=a$，$t=\beta$ 对应于 $x=b$.

(2) 在换元之后，按新的积分变量进行定积分运算，不必再还原为原积分变量. 即求出公式右边被积函数的一个原函数 $\Phi(t)$ 后，不必像不定积分的计算中再把新变量 t 转换成原来的变量 x，只需要将新变量 t 的上、下限分别代入 $\Phi(t)$ 中相减即可.

例 5 计算定积分 $\displaystyle\int_1^2\frac{\sqrt{x-1}}{x}\mathrm{d}x$.

解 令 $\sqrt{x-1}=t$，则 $x=1+t^2$，$\mathrm{d}x=2t\mathrm{d}t$. 当 $x=1$ 时，$t=0$；当 $x=2$ 时，$t=1$. 于是得

$$\begin{aligned}\int_1^2\frac{\sqrt{x-1}}{x}\mathrm{d}x&=\int_0^1\frac{t}{1+t^2}\cdot 2t\mathrm{d}t=2\int_0^1\frac{t^2+1-1}{1+t^2}\mathrm{d}t=2\int_0^1\left(1-\frac{1}{1+t^2}\right)\mathrm{d}t\\&=2(t-\arctan t)\big|_0^1=2\left(1-\frac{\pi}{4}\right).\end{aligned}$$

例 6 计算定积分 $\displaystyle\int_0^a\sqrt{a^2-x^2}\mathrm{d}x\,(a>0)$.

解 令 $x=a\sin t$，则 $\mathrm{d}x=a\cos t\mathrm{d}t$. 当 $x=0$ 时，$t=0$；当 $x=a$ 时，$t=\dfrac{\pi}{2}$. 故

$$\int_0^a \sqrt{a^2-x^2}\,\mathrm{d}x = \int_0^{\frac{\pi}{2}} \sqrt{a^2-(a\sin t)^2}\cdot a\cos t\mathrm{d}t$$
$$= \int_0^{\frac{\pi}{2}} a\cos t\cdot a\cos t\mathrm{d}t$$
$$= \frac{a^2}{2}\int_0^{\frac{\pi}{2}}(1+\cos 2t)\mathrm{d}t$$
$$= \frac{a^2}{2}\left(t+\frac{1}{2}\sin 2t\right)\Big|_0^{\frac{\pi}{2}} = \frac{\pi a^2}{4}.$$

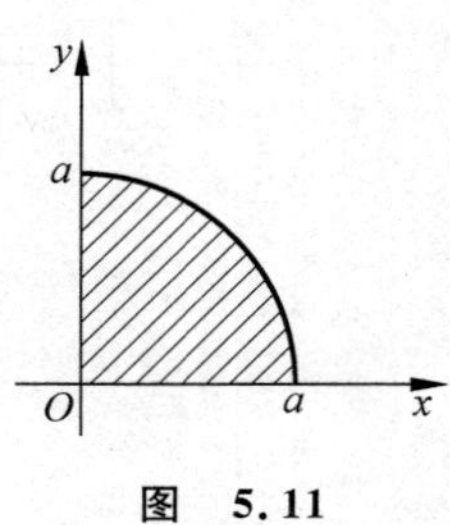

图 5.11

显然，这个定积分的值就是圆 $x^2+y^2=a^2$ 在第一象限所围成的那部分的面积(见图 5.11)，即$\frac{1}{4}$倍的圆面积$\frac{1}{4}\pi a^2$.

例 7 计算定积分 $\int_0^{\frac{\pi}{2}} \cos^5 x\sin x\mathrm{d}x$.

解 解法 1 令 $t=\cos x$，则 $\mathrm{d}t=-\sin x\mathrm{d}x$. 当 $x=0$ 时，$t=1$；当 $x=\frac{\pi}{2}$时，$t=0$. 于是得

$$\int_0^{\frac{\pi}{2}} \cos^5 x\sin x\mathrm{d}x = -\int_1^0 t^5\mathrm{d}t = -\frac{1}{6}t^6\Big|_1^0 = \frac{1}{6}.$$

解法 2 也可以不明显地写出新变量 t，这样定积分的上、下限也不改变，即

$$\int_0^{\frac{\pi}{2}} \cos^5 x\sin x\mathrm{d}x = -\int_0^{\frac{\pi}{2}} \cos^5 x\mathrm{d}\cos x = -\frac{1}{6}\cos^6 x\Big|_0^{\frac{\pi}{2}} = -\frac{1}{6}(0-1) = \frac{1}{6}.$$

由此例可以看出，定积分换元公式(5.1)主要适用于第二类换元积分法. 利用凑微分法换元时，只要不出现新变量，则定积分的上、下限不需要改变.

例 8 计算定积分 $\int_0^{\pi} \sqrt{1-\sin x}\mathrm{d}x$.

解

$$\int_0^{\pi} \sqrt{1-\sin x}\mathrm{d}x = \int_0^{\pi}\sqrt{\sin^2\frac{x}{2}+\cos^2\frac{x}{2}-2\sin\frac{x}{2}\cos\frac{x}{2}}\mathrm{d}x$$
$$= \int_0^{\pi}\sqrt{\left(\sin\frac{x}{2}-\cos\frac{x}{2}\right)^2}\mathrm{d}x$$
$$= \int_0^{\pi}\left|\sin\frac{x}{2}-\cos\frac{x}{2}\right|\mathrm{d}x$$
$$= \int_0^{\frac{\pi}{2}}\left(\cos\frac{x}{2}-\sin\frac{x}{2}\right)\mathrm{d}x+\int_{\frac{\pi}{2}}^{\pi}\left(\sin\frac{x}{2}-\cos\frac{x}{2}\right)\mathrm{d}x$$
$$= 2\int_0^{\frac{\pi}{2}}\left(\cos\frac{x}{2}-\sin\frac{x}{2}\right)\mathrm{d}\left(\frac{x}{2}\right)+2\int_{\frac{\pi}{2}}^{\pi}\left(\sin\frac{x}{2}-\cos\frac{x}{2}\right)\mathrm{d}\left(\frac{x}{2}\right)$$
$$= 2\left(\sin\frac{x}{2}+\cos\frac{x}{2}\right)\Big|_0^{\frac{\pi}{2}}+2\left(-\cos\frac{x}{2}-\sin\frac{x}{2}\right)\Big|_{\frac{\pi}{2}}^{\pi}$$
$$= 2(\sqrt{2}-1)+2(-1+\sqrt{2}) = 4(\sqrt{2}-1).$$

例 9 计算定积分 $\int_0^{\pi}\frac{\sin x}{\sqrt{4-\cos^2 x}}\mathrm{d}x$.

解 设 $t=\cos x$，则 $\mathrm{d}t=\mathrm{d}\cos x=-\sin x\mathrm{d}x$，且当 $x=0$ 时，$t=1$；当 $x=\pi$ 时，$t=-1$. 因此得

$$\int_0^{\pi}\frac{\sin x}{\sqrt{4-\cos^2 x}}\mathrm{d}x=\int_1^{-1}\frac{-1}{\sqrt{4-t^2}}\mathrm{d}t=\int_{-1}^{1}\frac{1}{\sqrt{4-t^2}}\mathrm{d}t$$

$$=\int_{-1}^{1}\frac{1}{\sqrt{1-\left(\frac{t}{2}\right)^2}}\mathrm{d}\left(\frac{t}{2}\right)=\arcsin\frac{t}{2}\Big|_{-1}^{1}$$

$$=\arcsin\frac{1}{2}-\arcsin\left(-\frac{1}{2}\right)=\frac{\pi}{3}.$$

例 10 设函数 $f(x)$在对称区间$[-a,a]$上连续,证明:

(1) 若函数 $f(x)$为奇函数,则 $\int_{-a}^{a}f(x)\mathrm{d}x=0$;

(2) 若函数 $f(x)$为偶函数,则 $\int_{-a}^{a}f(x)\mathrm{d}x=2\int_0^a f(x)\mathrm{d}x$.

证 由于

$$\int_{-a}^{a}f(x)\mathrm{d}x=\int_{-a}^{0}f(x)\mathrm{d}x+\int_0^a f(x)\mathrm{d}x,$$

对上式右端第一个积分作变换 $x=-t$,有

$$\int_{-a}^{0}f(x)\mathrm{d}x=-\int_a^0 f(-t)\mathrm{d}t=\int_0^a f(-t)\mathrm{d}t=\int_0^a f(-x)\mathrm{d}x.$$

因此,有

$$\int_{-a}^{a}f(x)\mathrm{d}x=\int_0^a[f(-x)+f(x)]\mathrm{d}x.$$

(1) 当函数 $f(x)$为奇函数时,$f(-x)=-f(x)$,故

$$\int_{-a}^{a}f(x)\mathrm{d}x=\int_0^a 0\mathrm{d}x=0.$$

(2) 当函数 $f(x)$为偶函数时,$f(-x)=f(x)$,故

$$\int_{-a}^{a}f(x)\mathrm{d}x=\int_0^a 2f(x)\mathrm{d}x=2\int_0^a f(x)\mathrm{d}x.$$

利用例 10 的结论,常常可以简化奇、偶函数在关于原点对称区间上的定积分的计算,如下面的例子.

例 11 计算下列定积分:

(1) $\int_{-\pi}^{\pi}x^6\sin x\mathrm{d}x$;　　(2) $\int_{-1}^{1}(x+\sqrt{4-x^2})^2\mathrm{d}x$;

(3) $\int_{-1}^{1}(x^2+2x-3)\mathrm{d}x$.

解 利用奇偶函数在对称区间上的积分性质,分别计算如下.

(1) 因为被积函数 $x^6\sin x$ 是关于原点对称区间$[-\pi,\pi]$上的奇函数,所以根据例 10 的结论,有

$$\int_{-\pi}^{\pi}x^6\sin x\mathrm{d}x=0.$$

(2) 先将被积函数化简,再利用例 10 的结论,即

$$\int_{-1}^{1}(x+\sqrt{4-x^2})^2\mathrm{d}x=\int_{-1}^{1}(4+2x\sqrt{4-x^2})\mathrm{d}x=\int_{-1}^{1}4\mathrm{d}x+0=8.$$

(3) 虽然被积函数不是奇函数或者偶函数,但被积函数中的 x^2-3 是关于原点对称区

间$[-1,1]$上的偶函数,被积函数中的$2x$是关于原点对称区间$[-1,1]$上的奇函数,所以分别对这两部分函数利用例10的结论,得

$$\int_{-1}^{1}(x^2+2x-3)\mathrm{d}x=\int_{-1}^{1}(x^2-3)\mathrm{d}x+\int_{-1}^{1}2x\mathrm{d}x=2\int_{0}^{1}(x^2-3)\mathrm{d}x+0$$

$$=2\left(\frac{x^3}{3}-3x\right)\Big|_0^1=-\frac{16}{3}.$$

5.3.2 定积分的分部积分法

定理2 设函数$u(x)$与$v(x)$均在区间$[a,b]$上有连续的导数,则有

$$\int_a^b u\mathrm{d}v=(uv)\big|_a^b-\int_a^b v\mathrm{d}u. \tag{5.3}$$

式(5.3)称为定积分的分部积分公式.

证 设函数$u(x)$与$v(x)$均在区间$[a,b]$上有连续的导数,则由微分法则,得

$$\mathrm{d}(uv)=u\mathrm{d}v+v\mathrm{d}u,$$

移项整理,可得

$$u\mathrm{d}v=\mathrm{d}(uv)-v\mathrm{d}u.$$

等式两边同时在区间$[a,b]$上积分,有

$$\int_a^b u\mathrm{d}v=\int_a^b[\mathrm{d}(uv)-v\mathrm{d}u]=\int_a^b\mathrm{d}(uv)-\int_a^b v\mathrm{d}u,$$

即

$$\int_a^b u\mathrm{d}v=(uv)\big|_a^b-\int_a^b v\mathrm{d}u.$$

定理得证.

式(5.3)也可记成

$$\int_a^b uv'\mathrm{d}x=(uv)\big|_a^b-\int_a^b vu'\mathrm{d}x.$$

从结构上看,定积分的分部积分公式与不定积分的分部积分公式是一致的,因此定积分的分部积分法的关键仍然是如何恰当地选取u和$\mathrm{d}v$,其选择的标准与不定积分的分部积分法是一样的.

例12 计算定积分$\int_0^1 x\mathrm{e}^{2x}\mathrm{d}x$.

解 令$u=x,\mathrm{d}v=\mathrm{e}^{2x}\mathrm{d}x$,则$\mathrm{d}u=\mathrm{d}x,v=\frac{1}{2}\mathrm{e}^{2x}$.代入分部积分公式,得

$$\int_0^1 x\mathrm{e}^{2x}\mathrm{d}x=\int_0^1 x\mathrm{d}\left(\frac{1}{2}\mathrm{e}^{2x}\right)=x\cdot\frac{1}{2}\mathrm{e}^{2x}\Big|_0^1-\int_0^1\frac{1}{2}\mathrm{e}^{2x}\mathrm{d}x$$

$$=\frac{1}{2}\mathrm{e}^2-\frac{1}{4}\mathrm{e}^{2x}\Big|_0^1=\frac{1}{2}\mathrm{e}^2-\frac{1}{4}(\mathrm{e}^2-1)=\frac{1}{4}(\mathrm{e}^2+1).$$

例13 计算定积分$\int_0^{\frac{\pi}{2}}x\cos x\mathrm{d}x$.

解 $\int_0^{\frac{\pi}{2}}x\cos x\mathrm{d}x=\int_0^{\frac{\pi}{2}}x\mathrm{d}\sin x=x\sin x\big|_0^{\frac{\pi}{2}}-\int_0^{\frac{\pi}{2}}\sin x\mathrm{d}x=\frac{\pi}{2}+\cos x\big|_0^{\frac{\pi}{2}}=\frac{\pi}{2}-1.$

例14 计算定积分$\int_0^{\frac{\pi}{2}}x^2\sin x\mathrm{d}x$.

解 令 $u=x^2, \mathrm{d}v=\sin x\mathrm{d}x$，则 $\mathrm{d}u=2x\mathrm{d}x, v=-\cos x$. 代入分部积分公式，得

$$\int_0^{\frac{\pi}{2}} x^2\sin x\mathrm{d}x = \int_0^{\frac{\pi}{2}} x^2\mathrm{d}(-\cos x) = (-\cos x)x^2\Big|_0^{\frac{\pi}{2}} - \int_0^{\frac{\pi}{2}}(-\cos x)2x\mathrm{d}x$$
$$= 2\int_0^{\frac{\pi}{2}} x\cos x\mathrm{d}x.$$

由例13得

$$\int_0^{\frac{\pi}{2}} x^2\sin x\mathrm{d}x = 2\left(\frac{\pi}{2}-1\right) = \pi - 2.$$

例15 计算定积分 $\int_1^{\mathrm{e}} \ln x\mathrm{d}x$.

解 令 $u=\ln x, \mathrm{d}v=\mathrm{d}x$，则 $\mathrm{d}u=\frac{1}{x}\mathrm{d}x, v=x$. 故

$$\int_1^{\mathrm{e}} \ln x\mathrm{d}x = (x\ln x)\Big|_1^{\mathrm{e}} - \int_1^{\mathrm{e}} x\cdot\frac{1}{x}\mathrm{d}x = (x\ln x)\Big|_1^{\mathrm{e}} - x\Big|_1^{\mathrm{e}} = (\mathrm{e}-0)-(\mathrm{e}-1) = 1.$$

定积分的分部积分法与不定积分的分部积分法比较，选取 u,v 的方法是一样的，所不同的是在积出 uv 项后，可以立刻将其值计算出来. 因此，在计算时可以不必指出函数 u,v，直接利用定积分的分部积分公式更方便.

例16 计算定积分 $\int_0^1 x\arcsin x\mathrm{d}x$.

解
$$\int_0^1 x\arcsin x\mathrm{d}x = \int_0^1 \arcsin x\mathrm{d}\left(\frac{x^2}{2}\right) = \arcsin x\cdot\frac{x^2}{2}\Big|_0^1 - \int_0^1\frac{x^2}{2}\mathrm{d}\arcsin x$$
$$= \left(\frac{\pi}{2}\cdot\frac{1}{2}-0\right) - \int_0^1\frac{x^2}{2}\cdot\frac{1}{\sqrt{1-x^2}}\mathrm{d}x$$
$$\xlongequal{x=\sin t} \frac{\pi}{4} - \int_0^{\frac{\pi}{2}}\frac{\sin^2 t}{2}\cdot\frac{1}{\sqrt{1-\sin^2 t}}\mathrm{d}\sin t$$
$$= \frac{\pi}{4} - \int_0^{\frac{\pi}{2}}\frac{\sin^2 t}{2}\cdot\frac{1}{\cos t}\cdot\cos t\mathrm{d}t = \frac{\pi}{4} - \int_0^{\frac{\pi}{2}}\frac{1}{2}\cdot\frac{1-\cos 2t}{2}\mathrm{d}t$$
$$= \frac{\pi}{4} - \frac{1}{4}\left(t-\frac{1}{2}\sin 2t\right)\Big|_0^{\frac{\pi}{2}} = \frac{\pi}{4} - \left[\frac{1}{4}\left(\frac{\pi}{2}-\frac{1}{2}\sin\pi\right)-0\right] = \frac{\pi}{8}.$$

例17 计算定积分 $\int_0^{\frac{\pi}{4}} \frac{x}{1+\cos 2x}\mathrm{d}x$.

解
$$\int_0^{\frac{\pi}{4}} \frac{x}{1+\cos 2x}\mathrm{d}x = \int_0^{\frac{\pi}{4}}\frac{x}{2\cos^2 x}\mathrm{d}x = \int_0^{\frac{\pi}{4}}\frac{1}{2}x\sec^2 x\mathrm{d}x$$
$$= \frac{1}{2}\int_0^{\frac{\pi}{4}} x\mathrm{d}\tan x = \frac{1}{2}\left(x\tan x\Big|_0^{\frac{\pi}{4}} - \int_0^{\frac{\pi}{4}}\tan x\mathrm{d}x\right)$$
$$= \frac{1}{2}\left[\frac{\pi}{4} + (\ln\cos x)\Big|_0^{\frac{\pi}{4}}\right] = \frac{\pi}{8} + \frac{1}{2}\ln\frac{\sqrt{2}}{2} = \frac{\pi}{8} - \frac{1}{4}\ln 2.$$

例18 计算定积分 $\int_0^{\frac{\pi}{4}} \sec^3 x\mathrm{d}x$.

解
$$\int_0^{\frac{\pi}{4}} \sec^3 x\mathrm{d}x = \int_0^{\frac{\pi}{4}}\sec x\cdot\sec^2 x\mathrm{d}x = \int_0^{\frac{\pi}{4}}\sec x\mathrm{d}\tan x$$
$$= \sec x\tan x\Big|_0^{\frac{\pi}{4}} - \int_0^{\frac{\pi}{4}}\tan x\mathrm{d}\sec x = \sec x\tan x\Big|_0^{\frac{\pi}{4}} - \int_0^{\frac{\pi}{4}}\tan x\cdot\sec x\tan x\mathrm{d}x$$

$$= \sqrt{2} - \int_0^{\frac{\pi}{4}} (\sec^2 x - 1)\sec x \mathrm{d}x = \sqrt{2} - \int_0^{\frac{\pi}{4}} \sec^3 x \mathrm{d}x + \int_0^{\frac{\pi}{4}} \sec x \mathrm{d}x$$

$$= \sqrt{2} - \int_0^{\frac{\pi}{4}} \sec^3 x \mathrm{d}x + \ln(\sec x + \tan x) \Big|_0^{\frac{\pi}{4}}$$

$$= \sqrt{2} - \int_0^{\frac{\pi}{4}} \sec^3 x \mathrm{d}x + \ln(\sqrt{2} + 1),$$

移项,整理得

$$2\int_0^{\frac{\pi}{4}} \sec^3 x \mathrm{d}x = \sqrt{2} + \ln(\sqrt{2} + 1),$$

故

$$\int_0^{\frac{\pi}{4}} \sec^3 x \mathrm{d}x = \frac{\sqrt{2}}{2} + \frac{1}{2}\ln(\sqrt{2} + 1).$$

例 19 计算定积分 $\int_0^1 \mathrm{e}^{\sqrt{x}} \mathrm{d}x$.

解 先利用换元法,令 $\sqrt{x} = t$,则 $x = t^2$,$\mathrm{d}x = 2t\mathrm{d}t$. 当 $x = 0$ 时,$t = 0$;当 $x = 1$ 时,$t = 1$. 于是得

$$\int_0^1 \mathrm{e}^{\sqrt{x}} \mathrm{d}x = 2\int_0^1 t\mathrm{e}^t \mathrm{d}t.$$

再利用分部积分法,得

$$\int_0^1 \mathrm{e}^{\sqrt{x}} \mathrm{d}x = 2\int_0^1 t\mathrm{d}\mathrm{e}^t = 2\left(t\mathrm{e}^t \Big|_0^1 - \int_0^1 \mathrm{e}^t \mathrm{d}t\right) = 2[(\mathrm{e} - 0) - \mathrm{e}^t \Big|_0^1] = 2[\mathrm{e} - (\mathrm{e} - 1)] = 2.$$

习 题 5.3

1. 计算下列定积分:

(1) $\int_{\frac{\pi}{2}}^{\pi} \sin x \mathrm{d}x$;

(2) $\int_0^1 \frac{\mathrm{d}x}{(1+2x)^3}$;

(3) $\int_0^{\frac{\pi}{2}} \cos^2 \frac{x}{2} \mathrm{d}x$;

(4) $\int_0^{\pi} (1 - \cos^3 x) \mathrm{d}x$.

2. 计算下列定积分:

(1) $\int_0^8 \frac{\mathrm{d}x}{1 + \sqrt[3]{x}}$;

(2) $\int_{-1}^2 \frac{x\mathrm{d}x}{\sqrt{3-x}}$;

(3) $\int_0^{\frac{\pi}{2}} \sin^4 x \cos x \mathrm{d}x$;

(4) $\int_1^{\mathrm{e}} \frac{1 + \ln x}{x} \mathrm{d}x$;

(5) $\int_0^2 \sqrt{4 - x^2} \mathrm{d}x$;

(6) $\int_{\frac{\sqrt{3}}{3}}^1 \frac{\mathrm{d}x}{x^2 \sqrt{1 + x^2}}$.

3. 利用函数的奇偶性计算下列积分:

(1) $\int_{-\frac{\pi}{2}}^{\frac{\pi}{2}} x^2 \sin x \mathrm{d}x$;

(2) $\int_{-\pi}^{\pi} 4\cos^4 x \mathrm{d}x$;

(3) $\int_{-1}^1 \frac{(\arcsin x)^2}{\sqrt{1 - x^2}} \mathrm{d}x$;

(4) $\int_{-2}^2 \frac{x^5 \cos^2 x}{x^4 + 2x^2 + 1} \mathrm{d}x$.

4. 计算下列定积分:

(1) $\int_0^1 x^2 e^x dx$;

(2) $\int_0^{\pi} t\sin 2t dt$;

(3) $\int_0^{\frac{1}{2}} \arcsin x dx$;

(4) $\int_1^e x\ln x dx$;

(5) $\int_{\frac{\pi}{4}}^{\frac{\pi}{3}} \frac{x}{\sin^2 x} dx$;

(6) $\int_{-1}^1 x\arctan x dx$;

(7) $\int_0^{\pi} e^{2x}\cos x dx$;

(8) $\int_1^e \cos(\ln x) dx$.

5.4 广义积分

定积分 $\int_a^b f(x)dx$ 有两个要求:第一,要求积分区间$[a,b]$是有限区间;第二,要求被积函数是有界函数.这两个要求限制了定积分的应用,因为我们常常会遇到积分区间为无穷区间,或者被积函数为无界函数(即被积函数具有无穷间断点)的积分.因此在许多实际问题和理论问题中都要去掉这两个限制,把定积分的概念推广为:①无穷区间上的积分;②被积函数具有无穷间断点的积分.从而,形成广义积分(或反常积分)的概念.

5.4.1 积分区间为无穷区间的广义积分

定义1 设函数 $f(x)$在区间$[a,+\infty)$上连续,取 $b>a$,如果极限

$$\lim_{b\to+\infty}\int_a^b f(x)dx$$

存在,则称此极限为函数 $f(x)$在无穷区间$[a,+\infty)$上的广义积分,记作$\int_a^{+\infty} f(x)dx$,即

$$\int_a^{+\infty} f(x)dx=\lim_{b\to+\infty}\int_a^b f(x)dx,$$

这时也称广义积分$\int_a^{+\infty} f(x)dx$ 收敛.

如果上述极限不存在,函数 $f(x)$在无穷区间$[a,+\infty)$上的广义积分$\int_a^{+\infty} f(x)dx$ 就没有意义,此时称广义积分$\int_a^{+\infty} f(x)dx$ 发散.

类似地,设函数 $f(x)$在区间$(-\infty,b]$上连续,取 $a<b$,如果极限

$$\lim_{a\to-\infty}\int_a^b f(x)dx$$

存在,则称此极限为函数 $f(x)$在无穷区间$(-\infty,b]$上的广义积分,记作$\int_{-\infty}^b f(x)dx$,即

$$\int_{-\infty}^b f(x)dx=\lim_{a\to-\infty}\int_a^b f(x)dx,$$

这时也称广义积分$\int_{-\infty}^b f(x)dx$ 收敛.如果上述极限不存在,则称广义积分$\int_{-\infty}^b f(x)dx$

发散.

设函数 $f(x)$ 在区间 $(-\infty,+\infty)$ 上连续，如果广义积分

$$\int_{-\infty}^{0} f(x)\mathrm{d}x \text{ 和} \int_{0}^{+\infty} f(x)\mathrm{d}x$$

都收敛，则称上述两个广义积分的和为函数 $f(x)$ 在无穷区间 $(-\infty,+\infty)$ 上的广义积分，记作 $\int_{-\infty}^{+\infty} f(x)\mathrm{d}x$，即

$$\begin{aligned}\int_{-\infty}^{+\infty} f(x)\mathrm{d}x &= \int_{-\infty}^{0} f(x)\mathrm{d}x + \int_{0}^{+\infty} f(x)\mathrm{d}x \\ &= \lim_{a\to-\infty}\int_{a}^{0} f(x)\mathrm{d}x + \lim_{b\to+\infty}\int_{0}^{b} f(x)\mathrm{d}x,\end{aligned}$$

这时也称广义积分 $\int_{-\infty}^{+\infty} f(x)\mathrm{d}x$ 收敛. 如果上式右端有一个广义积分发散，则称广义积分 $\int_{-\infty}^{+\infty} f(x)\mathrm{d}x$ 发散.

上述广义积分统称为积分区间为无穷区间的广义积分，也可称为无穷限的广义积分.

根据上面的定义和牛顿-莱布尼茨公式，积分区间为无穷区间的广义积分的计算如下.

如果函数 $F(x)$ 是函数 $f(x)$ 的一个原函数，而且极限 $\lim\limits_{x\to+\infty} F(x)$ 存在，则广义积分为

$$\begin{aligned}\int_{a}^{+\infty} f(x)\mathrm{d}x &= \lim_{b\to+\infty}\int_{a}^{b} f(x)\mathrm{d}x = \lim_{b\to+\infty}[F(x)]_{a}^{b} \\ &= \lim_{b\to+\infty} F(b) - F(a) = \lim_{x\to+\infty} F(x) - F(a).\end{aligned}$$

如果极限 $\lim\limits_{x\to+\infty} F(x)$ 不存在，则广义积分 $\int_{a}^{+\infty} f(x)\mathrm{d}x$ 发散.

可采用如下简记形式：

$$\int_{a}^{+\infty} f(x)\mathrm{d}x = [F(x)]_{a}^{+\infty} = \lim_{x\to+\infty} F(x) - F(a) = F(+\infty) - F(a).$$

类似地，有

$$\int_{-\infty}^{b} f(x)\mathrm{d}x = [F(x)]_{-\infty}^{b} = F(b) - \lim_{x\to-\infty} F(x) = F(b) - F(-\infty),$$

$$\int_{-\infty}^{+\infty} f(x)\mathrm{d}x = [F(x)]_{-\infty}^{+\infty} = \lim_{x\to+\infty} F(x) - \lim_{x\to-\infty} F(x) = F(+\infty) - F(-\infty).$$

例 1 计算广义积分 $\int_{0}^{+\infty} \frac{1}{1+x^2}\mathrm{d}x$.

解 根据积分区间为无穷区间的广义积分的定义和牛顿-莱布尼茨公式，得

$$\begin{aligned}\int_{0}^{+\infty} \frac{1}{1+x^2}\mathrm{d}x &= \lim_{b\to+\infty}\int_{0}^{b} \frac{1}{1+x^2}\mathrm{d}x = \lim_{b\to+\infty}[\arctan x]_{0}^{b} \\ &= \lim_{b\to+\infty}(\arctan b - \arctan 0) = \frac{\pi}{2} - 0 = \frac{\pi}{2}.\end{aligned}$$

或直接用简单形式，即

$$\int_{0}^{+\infty} \frac{1}{1+x^2}\mathrm{d}x = [\arctan x]_{0}^{+\infty} = \lim_{x\to+\infty}\arctan x - \arctan 0 = \frac{\pi}{2} - 0 = \frac{\pi}{2}.$$

这个广义积分的几何意义是：当$b\to+\infty$时，虽然图5.12中阴影部分的面积向右无限延伸，但其面积却有极限值$\frac{\pi}{2}$，即曲线$y=\frac{1}{1+x^2}$、x轴和y轴在第一象限所围成的无限区域的面积是$\frac{\pi}{2}$.

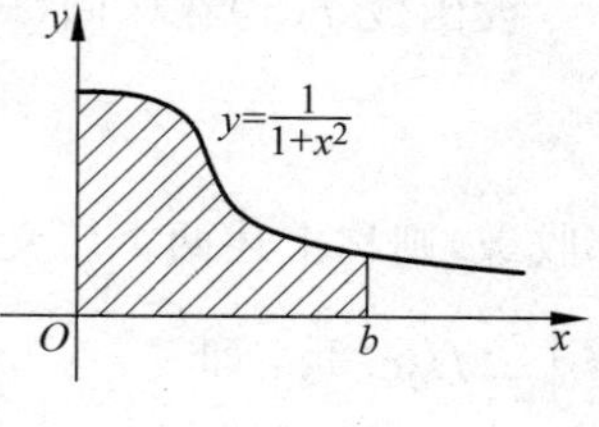

图 5.12

例2 计算广义积分$\int_{-\infty}^{-1}\frac{1}{x^2}\mathrm{d}x$.

解 根据积分区间为无穷区间的广义积分的定义和牛顿-莱布尼茨公式，得

$$\int_{-\infty}^{-1}\frac{1}{x^2}\mathrm{d}x=\left[-\frac{1}{x}\right]_{-\infty}^{-1}=1-\lim_{x\to-\infty}\left(-\frac{1}{x}\right)=1-0=1.$$

例3 计算广义积分$\int_{-\infty}^{+\infty}\frac{1}{1+x^2}\mathrm{d}x$.

解 根据积分区间为无穷区间的广义积分的定义和牛顿-莱布尼茨公式，得

$$\int_{-\infty}^{+\infty}\frac{1}{1+x^2}\mathrm{d}x=[\arctan x]_{-\infty}^{+\infty}=\lim_{x\to+\infty}\arctan x-\lim_{x\to-\infty}\arctan x=\frac{\pi}{2}-\left(-\frac{\pi}{2}\right)=\pi.$$

例4 讨论广义积分$\int_{1}^{+\infty}\frac{1}{x}\mathrm{d}x$的敛散性.

解 根据积分区间为无穷区间的广义积分的定义和牛顿-莱布尼茨公式，得

$$\int_{1}^{+\infty}\frac{1}{x}\mathrm{d}x=[\ln x]_{1}^{+\infty}=\lim_{x\to+\infty}\ln x-\ln 1=+\infty.$$

所以广义积分$\int_{1}^{+\infty}\frac{1}{x}\mathrm{d}x$不存在，即广义积分$\int_{1}^{+\infty}\frac{1}{x}\mathrm{d}x$发散.

例5 计算广义积分$\int_{0}^{+\infty}x\mathrm{e}^{-3x}\mathrm{d}x$.

解 因为

$$\begin{aligned}\int x\mathrm{e}^{-3x}\mathrm{d}x&=-\frac{1}{3}\int x\mathrm{d}\mathrm{e}^{-3x}=-\frac{1}{3}\left(x\mathrm{e}^{-3x}-\int\mathrm{e}^{-3x}\mathrm{d}x\right)=-\frac{1}{3}\left(x\mathrm{e}^{-3x}+\frac{1}{3}\mathrm{e}^{-3x}\right)+C\\&=-\frac{1}{3}x\mathrm{e}^{-3x}-\frac{1}{9}\mathrm{e}^{-3x}+C,\end{aligned}$$

所以根据牛顿-莱布尼茨公式和广义积分的定义，得

$$\begin{aligned}\int_{0}^{+\infty}x\mathrm{e}^{-3x}\mathrm{d}x&=\left[-\frac{1}{3}x\mathrm{e}^{-3x}-\frac{1}{9}\mathrm{e}^{-3x}\right]_{0}^{+\infty}=\lim_{x\to+\infty}\left(-\frac{1}{3}x\mathrm{e}^{-3x}-\frac{1}{9}\mathrm{e}^{-3x}\right)-\left(-\frac{1}{9}\right)\\&=-\frac{1}{3}\lim_{x\to+\infty}x\mathrm{e}^{-3x}-0+\frac{1}{9}=-\frac{1}{3}\lim_{x\to+\infty}\frac{x}{\mathrm{e}^{3x}}+\frac{1}{9}\\&\xlongequal{\frac{\infty}{\infty}}-\frac{1}{3}\lim_{x\to+\infty}\frac{1}{3\mathrm{e}^{3x}}+\frac{1}{9}=0+\frac{1}{9}=\frac{1}{9}.\end{aligned}$$

例6 讨论广义积分$\int_{a}^{+\infty}\frac{1}{x^p}\mathrm{d}x(a>0)$的敛散性.

解 当$p=1$时，有

$$\int_{a}^{+\infty}\frac{1}{x^p}\mathrm{d}x=\int_{a}^{+\infty}\frac{1}{x}\mathrm{d}x=[\ln x]_{a}^{+\infty}=\lim_{x\to+\infty}\ln x-\ln a=+\infty;$$

当 $p<1$ 时,有

$$\int_a^{+\infty}\frac{1}{x^p}\mathrm{d}x=\left[\frac{1}{1-p}x^{1-p}\right]_a^{+\infty}=\lim_{x\to+\infty}\left(\frac{1}{1-p}x^{1-p}\right)-\frac{1}{1-p}a^{1-p}=+\infty;$$

当 $p>1$ 时,有

$$\begin{aligned}\int_a^{+\infty}\frac{1}{x^p}\mathrm{d}x&=\left[\frac{1}{1-p}x^{1-p}\right]_a^{+\infty}=\lim_{x\to+\infty}\left(\frac{1}{1-p}x^{1-p}\right)-\frac{1}{1-p}a^{1-p}\\&=\frac{1}{1-p}\lim_{x\to+\infty}\left(\frac{1}{x^{p-1}}\right)-\frac{1}{1-p}a^{1-p}=0-\frac{1}{1-p}a^{1-p}=\frac{a^{1-p}}{p-1}.\end{aligned}$$

因此,当 $p>1$ 时,此广义积分收敛,其值为$\frac{a^{1-p}}{p-1}$;当 $p\leqslant1$ 时,此广义积分发散.

5.4.2 被积函数具有无穷间断点的广义积分

现在我们把定积分推广到被积函数具有无穷间断点的情形.

如果函数 $f(x)$在点 a 的任一邻域内都无界,那么点 a 称为函数 $f(x)$的无穷间断点(也称为瑕点).

被积函数具有无穷间断点的广义积分又称为无界函数的广义积分或瑕积分.

定义 2 设函数 $f(x)$在区间$(a,b]$上连续,而在点 a 的右邻域内无界(即点 a 是函数 $f(x)$的无穷间断点).取 $t>a$,如果极限

$$\lim_{t\to a^+}\int_t^b f(x)\mathrm{d}x$$

存在,则称此极限为函数 $f(x)$在$(a,b]$上的广义积分,仍然记作 $\int_a^b f(x)\mathrm{d}x$,即

$$\int_a^b f(x)\mathrm{d}x=\lim_{t\to a^+}\int_t^b f(x)\mathrm{d}x,$$

这时也称广义积分 $\int_a^b f(x)\mathrm{d}x$ 收敛.

如果上述极限不存在,就称广义积分 $\int_a^b f(x)\mathrm{d}x$ 发散.

类似地,设函数 $f(x)$在区间$[a,b)$上连续,而在点 b 的左邻域内无界(即点 b 是函数 $f(x)$的无穷间断点).取 $t<b$,如果极限

$$\lim_{t\to b^-}\int_a^t f(x)\mathrm{d}x$$

存在,则称此极限为函数 $f(x)$在$[a,b)$上的广义积分,仍然记作 $\int_a^b f(x)\mathrm{d}x$,即

$$\int_a^b f(x)\mathrm{d}x=\lim_{t\to b^-}\int_a^t f(x)\mathrm{d}x,$$

这时也称广义积分 $\int_a^b f(x)\mathrm{d}x$ 收敛.如果上述极限不存在,就称广义积分 $\int_a^b f(x)\mathrm{d}x$ 发散.

设函数 $f(x)$在区间$[a,b]$上除点 $c(a<c<b)$外连续,而函数 $f(x)$在点 c 的任一邻域内无界(即点 c 是函数 $f(x)$的无穷间断点).如果两个广义积分

$$\int_a^c f(x)\mathrm{d}x\text{ 与}\int_c^b f(x)\mathrm{d}x$$

都收敛,则定义

$$\int_a^b f(x)\mathrm{d}x = \int_a^c f(x)\mathrm{d}x + \int_c^b f(x)\mathrm{d}x.$$

否则,就称广义积分 $\int_a^b f(x)\mathrm{d}x$ 发散.

计算被积函数具有无穷间断点的广义积分,也可以借助于牛顿-莱布尼茨公式.

当点 a 为函数 $f(x)$的无穷间断点时,如果函数 $F(x)$为函数 $f(x)$的一个原函数,而且极限 $\lim\limits_{x\to a^+}F(x)$ 存在,则有

$$\int_a^b f(x)\mathrm{d}x = \lim_{t\to a^+}\int_t^b f(x)\mathrm{d}x = \lim_{t\to a^+}[F(x)]_t^b = F(b) - \lim_{t\to a^+}F(t) = F(b) - \lim_{x\to a^+}F(x).$$

如果极限 $\lim\limits_{x\to a^+}F(x)$不存在,则广义积分 $\int_a^b f(x)\mathrm{d}x$ 发散.

可采用如下简记形式:

$$\int_a^b f(x)\mathrm{d}x = [F(x)]_a^b = F(b) - \lim_{x\to a^+}F(x).$$

类似地,当点 b 为函数 $f(x)$的无穷间断点时,有

$$\int_a^b f(x)\mathrm{d}x = [F(x)]_a^b = \lim_{x\to b^-}F(x) - F(a).$$

当点 $c(a<c<b)$为函数 $f(x)$的无穷间断点时,有

$$\begin{aligned}\int_a^b f(x)\mathrm{d}x &= \int_a^c f(x)\mathrm{d}x + \int_c^b f(x)\mathrm{d}x = [F(x)]_a^c + [F(x)]_c^b \\ &= [\lim_{x\to c^-}F(x) - F(a)] + [F(b) - \lim_{x\to c^+}F(x)].\end{aligned}$$

例 7 计算广义积分 $\int_0^1 \frac{1}{\sqrt{x}}\mathrm{d}x$.

解 因为被积函数$\frac{1}{\sqrt{x}}$在区间(0,1]上连续,且

$$\lim_{x\to 0^+}\frac{1}{\sqrt{x}} = +\infty,$$

所以点 $x=0$ 为被积函数的无穷间断点,因此根据定义,得

$$\int_0^1 \frac{1}{\sqrt{x}}\mathrm{d}x = \lim_{a\to 0^+}\int_a^1 \frac{1}{\sqrt{x}}\mathrm{d}x = \lim_{a\to 0^+}[2\sqrt{x}]_a^1 = \lim_{a\to 0^+}2(1-\sqrt{a}) = 2.$$

或直接用简单形式,即

$$\int_0^1 \frac{1}{\sqrt{x}}\mathrm{d}x = [2\sqrt{x}]_0^1 = 2\sqrt{1} - \lim_{x\to 0^+}2\sqrt{x} = 2.$$

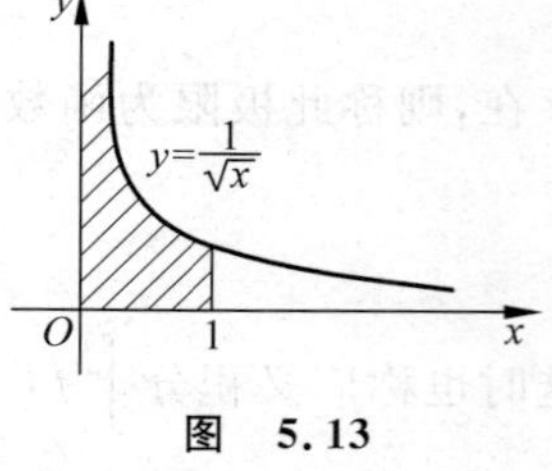

图 5.13

这个广义积分的几何意义是:位于曲线 $y=\frac{1}{\sqrt{x}}$下方,x 轴上方,y 轴和直线 $x=1$ 之间的无限区域(见图 5.13)的面积是 2.

例 8 计算广义积分 $\int_0^1 \frac{1}{\sqrt{1-x^2}}\mathrm{d}x$.

解 因为

$$\lim_{x\to 1^-}\frac{1}{\sqrt{1-x^2}} = +\infty,$$

所以点 $x=1$ 为被积函数的无穷间断点，因此有

$$\int_0^1 \frac{1}{\sqrt{1-x^2}}\mathrm{d}x = [\arcsin x]_0^1 = \lim_{x\to 1^-}\arcsin x - 0 = \frac{\pi}{2}.$$

例 9 讨论广义积分 $\int_{-1}^1 \frac{1}{x^2}\mathrm{d}x$ 的敛散性.

解 函数 $\frac{1}{x^2}$ 在区间 $[-1,1]$ 上除 $x=0$ 外连续，且

$$\lim_{x\to 0}\frac{1}{x^2} = \infty,$$

所以点 $x=0$ 为被积函数的无穷间断点，因此有

$$\int_{-1}^1 \frac{1}{x^2}\mathrm{d}x = \int_{-1}^0 \frac{1}{x^2}\mathrm{d}x + \int_0^1 \frac{1}{x^2}\mathrm{d}x.$$

由于

$$\int_{-1}^0 \frac{1}{x^2}\mathrm{d}x = \left[-\frac{1}{x}\right]_{-1}^0 = \lim_{x\to 0^-}\left(-\frac{1}{x}\right) - 1 = +\infty,$$

即广义积分 $\int_{-1}^0 \frac{1}{x^2}\mathrm{d}x$ 发散，所以广义积分 $\int_{-1}^1 \frac{1}{x^2}\mathrm{d}x$ 发散.

注意 被积函数具有无穷间断点的广义积分在表示形式上与定积分相同，因此在计算有限区间上的积分时一定要注意区别. 如此例，如果忽视了 $\lim\limits_{x\to 0}\frac{1}{x^2}=\infty$，即点 $x=0$ 为被积函数的无穷间断点，直接按照定积分计算，就会得到如下结果：

$$\int_{-1}^1 \frac{1}{x^2}\mathrm{d}x = \left[-\frac{1}{x}\right]_{-1}^1 = -1-1 = -2.$$

而广义积分 $\int_{-1}^1 \frac{1}{x^2}\mathrm{d}x$ 是发散的，此结果显然是错误的.

例 10 讨论广义积分 $\int_a^b \frac{\mathrm{d}x}{(x-a)^q}$ 的敛散性.

解 分情况讨论 q 的取值.

当 $q=1$ 时，$x=a$ 是被积函数的无穷间断点，因此得

$$\int_a^b \frac{\mathrm{d}x}{(x-a)^q} = \int_a^b \frac{\mathrm{d}x}{x-a} = [\ln(x-a)]_a^b = \ln(b-a) - \lim_{x\to a^+}\ln(x-a) = +\infty;$$

当 $q>1$ 时，$x=a$ 是被积函数的无穷间断点，因此得

$$\begin{aligned}\int_a^b \frac{\mathrm{d}x}{(x-a)^q} &= \left[\frac{1}{1-q}(x-a)^{1-q}\right]_a^b = \frac{1}{1-q}(b-a)^{1-q} - \lim_{x\to a^+}\frac{1}{1-q}(x-a)^{1-q} \\ &= \frac{1}{1-q}(b-a)^{1-q} + \lim_{x\to a^+}\frac{1}{q-1}\cdot\frac{1}{(x-a)^{q-1}} = +\infty;\end{aligned}$$

当 $q<1$ 时，得

$$\begin{aligned}\int_a^b \frac{\mathrm{d}x}{(x-a)^q} &= \left[\frac{1}{1-q}(x-a)^{1-q}\right]_a^b = \frac{1}{1-q}(b-a)^{1-q} - \lim_{x\to a^+}\frac{1}{1-q}(x-a)^{1-q} \\ &= \frac{1}{1-q}(b-a)^{1-q} - 0 = \frac{1}{1-q}(b-a)^{1-q}.\end{aligned}$$

综上所述，当 $q<1$ 时，此广义积分收敛，其值为 $\frac{1}{1-q}(b-a)^{1-q}$；当 $q\geqslant 1$ 时，此广义积分发散.

设有广义积分 $\int_a^b f(x)\mathrm{d}x$. 其中，被积函数 $f(x)$ 在开区间 (a,b) 内连续；a 可以是 $-\infty$；b 可以是 $+\infty$；a,b 也可以是被积函数 $f(x)$ 的无穷间断点. 对于这样的广义积分，在换元函数单调的条件下，可以像计算定积分一样利用换元积分法.

例 11 计算广义积分 $\int_0^{+\infty}\frac{\mathrm{d}x}{\sqrt{x\ (x+1)^3}}$.

解 积分下限 $x=0$ 是被积函数的无穷间断点，积分上限是 $+\infty$. 根据被积函数的特点，利用换元积分法.

令 $\frac{1}{x}=t$，则 $x=\frac{1}{t}$，$\mathrm{d}x=-\frac{1}{t^2}\mathrm{d}t$. 且当 $x\to 0^+$ 时，$t\to+\infty$；当 $x\to+\infty$ 时，$t\to 0^+$. 因此，有

$$\int_0^{+\infty}\frac{\mathrm{d}x}{\sqrt{x\ (x+1)^3}}=\int_{+\infty}^0\frac{1}{\sqrt{\frac{1}{t}\cdot\left(\frac{1}{t}+1\right)^3}}\cdot\left(-\frac{1}{t^2}\right)\mathrm{d}t=-\int_{+\infty}^0\frac{1}{\sqrt{(1+t)^3}}\mathrm{d}t$$

$$=\int_0^{+\infty}\frac{1}{\sqrt{(1+t)^3}}\mathrm{d}t=-2\cdot\frac{1}{\sqrt{1+t}}\Bigg|_0^{+\infty}$$

$$=-2\left(\lim_{t\to+\infty}\frac{1}{\sqrt{1+t}}-\lim_{t\to 0^+}\frac{1}{\sqrt{1+t}}\right)=-2(0-1)=2.$$

本题还可以利用变换 $\frac{1}{x+1}=t$ 或 $\sqrt{x}=t$.

习 题 5.4

1. 讨论下列广义积分的敛散性. 如果收敛，试计算广义积分的值.

(1) $\int_1^{+\infty}\frac{\mathrm{d}x}{x^3}$； (2) $\int_{-\infty}^0\frac{\mathrm{d}x}{1+x^2}$；

(3) $\int_{-\infty}^{+\infty}\frac{\mathrm{d}x}{x^2+6x+10}$； (4) $\int_8^{+\infty}\frac{\mathrm{d}x}{\sqrt[3]{x}}$；

(5) $\int_{-\infty}^0 \mathrm{e}^{-ax}\mathrm{d}x(a>0)$； (6) $\int_0^{+\infty} t\mathrm{e}^{-pt}\mathrm{d}t(p>0)$.

2. 讨论下列广义积分的敛散性. 如果收敛，试计算广义积分的值.

(1) $\int_0^a\frac{1}{\sqrt{a^2-x^2}}\mathrm{d}x$； (2) $\int_1^5\frac{1}{\sqrt{x-1}}\mathrm{d}x$；

(3) $\int_1^{\sqrt{5}}\frac{x}{\sqrt{x^2-1}}\mathrm{d}x$； (4) $\int_{\sqrt{\mathrm{e}}}^{\mathrm{e}}\frac{\mathrm{d}x}{x\ \sqrt{1-(\ln x)^2}}$；

(5) $\int_{-1}^1\frac{\mathrm{d}x}{x}$； (6) $\int_0^1\frac{\mathrm{d}x}{(1-x)^2}$.

3. 讨论广义积分 $\int_{\mathrm{e}}^{+\infty}\frac{\mathrm{d}x}{x\ (\ln x)^k}$ 的敛散性. 如果收敛，试计算广义积分的值.

5.5 定积分的应用

定积分不仅能分析和解决曲边梯形的面积和变速直线运动的路程等问题，而且在几何和物理等其他方面也有广泛的应用. 在这一节里，我们将讨论定积分在几何方面的一些应用，其目的不仅在于建立计算这些几何量的公式，而且更重要的在于介绍运用元素法将一个量表达成为定积分的分析方法.

5.5.1 微元法

微元法是定积分应用中经常采用的一种重要分析方法. 为了说明这种方法，我们先回顾5.1节中讨论过的曲边梯形的面积问题.

设函数 $y=f(x)$ 是闭区间 $[a,b]$ 上的非负连续函数，由直线 $x=a,x=b,y=0$ 及曲线 $y=f(x)$ 所围成的曲边梯形的面积 A 可以表示为定积分

$$A=\int_a^b f(x)\mathrm{d}x.$$

其分析方法和具体步骤如下.

(1) 分割. 首先用任意一组分点把区间 $[a,b]$ 分割成长度为 Δx_i 的 n 个小区间 $[x_{i-1},x_i](i=1,2,\cdots,n)$，相应地将整个曲边梯形分成 n 个小曲边梯形，第 i 个小曲边梯形的面积记为 $\Delta A_i(i=1,2,\cdots,n)$，则所求曲边梯形的面积 A 为各个小曲边梯形的面积 ΔA_i 之和，即

$$A=\sum_{i=1}^{n}\Delta A_i.$$

(2) 近似. 在各个小区间上用小矩形面积作为各个小曲边梯形面积 ΔA_i 的近似值，即

$$\Delta A_i\approx f(\xi_i)\Delta x_i.$$

其中，ξ_i 为小区间 $[x_{i-1},x_i]$ 上的任意一点，即 $x_{i-1}\leqslant\xi_i\leqslant x_i$；$\Delta x_i$ 为小区间 $[x_{i-1},x_i]$ 的长度.

(3) 求和. 求各个小曲边梯形面积 ΔA_i 的近似值之和，得到整个曲边梯形面积 A 的近似值，即

$$A=\sum_{i=1}^{n}\Delta A_i\approx\sum_{i=1}^{n}f(\xi_i)\Delta x_i.$$

(4) 取极限. 曲边梯形面积 A 的近似值的极限便是 A 的精确值，即

$$A=\lim_{\lambda\to 0}\sum_{i=1}^{n}f(\xi_i)\Delta x_i.$$

其中，$\lambda=\max\{\Delta x_1,\Delta x_2,\cdots,\Delta x_n\}$.

在上述问题中，所求量（曲边梯形面积 A）与区间 $[a,b]$ 有关. 如果把区间 $[a,b]$ 分成许多部分区间，则所求量相应地分成许多部分量（即 ΔA_i），而所求量等于所有部分量之和（即 $A=\sum\limits_{i=1}^{n}\Delta A_i$），这一性质称为所求量对于区间 $[a,b]$ 具有可加性. 同时，部分量 ΔA_i 与其近似值 $f(\xi_i)\Delta x_i$ 只相差一个比 Δx_i 高阶的无穷小，因此 $\sum\limits_{i=1}^{n}f(\xi_i)\Delta x_i$ 的极限是面积 A 的精确值，而面积 A 可以表示为定积分，即

$$A=\int_a^b f(x)\mathrm{d}x.$$

在引出面积 A 的积分表达式的分析过程中，关键是第2步：确定部分量的近似值 $\Delta A_i \approx f(\xi_i)\Delta x_i$，从而确定了定积分的被积表达式，即

$$A=\lim_{\lambda\to 0}\sum_{i=1}^{n} f(\xi_i)\Delta x_i=\int_a^b f(x)\mathrm{d}x.$$

实际上，为了简便起见，用 ΔA 表示小曲边梯形的面积，用 $[x,x+\mathrm{d}x]$ 表示小区间，取小区间 $[x,x+\mathrm{d}x]$ 左端点处的函数值 $f(x)$ 为矩形的高，则小矩形的面积 $f(x)\mathrm{d}x$ 即为小曲边梯形的面积 ΔA 的近似值(见图5.14)，即

$$\Delta A\approx f(x)\mathrm{d}x.$$

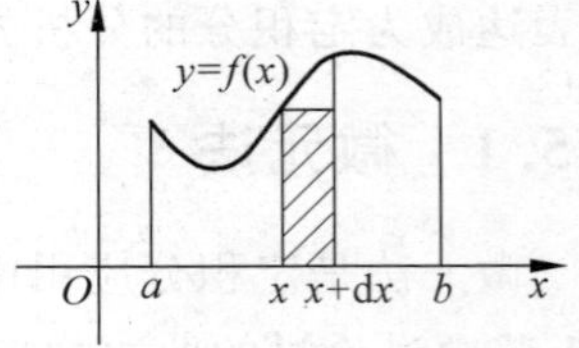

图 5.14

上式右端 $f(x)\mathrm{d}x$ 称为面积元素，记为

$$\mathrm{d}A=f(x)\mathrm{d}x.$$

于是

$$A=\sum\Delta A\approx\sum f(x)\mathrm{d}x,$$

则

$$A=\lim\sum f(x)\mathrm{d}x=\int_a^b \mathrm{d}A=\int_a^b f(x)\mathrm{d}x.$$

一般地，如果在实际问题中所求量 U 满足下列条件：

(1) 所求量 U 是与某一变量 x 的变化区间 $[a,b]$ 有关的量；

(2) 所求量 U 对区间 $[a,b]$ 具有可加性，即如果把区间 $[a,b]$ 分成许多部分区间，则所求量 U 相应地分成许多部分量(即 ΔU_i)，而所求量 U 等于所有部分量之和，即

$$U=\sum_{i=1}^{n}\Delta U_i;$$

(3) 部分量 ΔU_i 的近似值可以表示为 $f(\xi_i)\Delta x_i$，即

$$\Delta U_i\approx f(\xi_i)\Delta x_i.$$

那么就可以考虑用定积分表达并计算这个量 U.

用定积分表达并计算这个量 U 的步骤如下.

(1) 确定积分变量和积分区间. 根据实际问题，选取一个相关的变量作为积分变量，例如选取变量 x 为积分变量，并确定它的变化区间 $[a,b]$，即积分区间 $[a,b]$.

(2) 确定所求量的微元素 $\mathrm{d}U$，即确定部分量 ΔU 的近似值. 把区间 $[a,b]$ 分成 n 个小区间，取其中任一小区间并记为 $[x,x+\mathrm{d}x]$，如果部分量 ΔU 能用区间 $[a,b]$ 上的一个连续函数在小区间左端点 x 处的函数值 $f(x)$ 和小区间长度 $\mathrm{d}x$ 的乘积 $f(x)\mathrm{d}x$ 近似表示，即

$$\Delta U\approx f(x)\mathrm{d}x,$$

就把 $f(x)\mathrm{d}x$ 称为所求量 U 的微元素，并记为 $\mathrm{d}U$，即

$$\mathrm{d}U=f(x)\mathrm{d}x.$$

(3) 建立所求量的积分表达式. 以所求量 U 的微元素 $\mathrm{d}U=f(x)\mathrm{d}x$ 为被积表达式，以变量 x 的变化区间 $[a,b]$ 为积分区间，建立所求量 U 的积分表达式，即

$$U=\int_a^b \mathrm{d}U=\int_a^b f(x)\mathrm{d}x.$$

(4) 计算定积分，得到所求量 U 的值.

这种方法称为微元法(也称为元素法)，下面将利用这种方法讨论几何中的面积和体积问题.

5.5.2 直角坐标系下平面图形的面积

应用定积分不仅可以计算曲边梯形的面积，还可以计算一些比较复杂的平面图形的面积，我们先讨论直角坐标系的情形.

我们已经知道，在区间 $[a,b]$ 上，位于 x 轴上方的一条连续曲线 $y=f(x)$ 与直线 $x=a$，$x=b$，x 轴所围成的曲边梯形面积 A 就是定积分

$$A=\int_a^b f(x)\mathrm{d}x,$$

这里，被积表达式 $f(x)\mathrm{d}x$ 就是直角坐标系下的面积元素 $\mathrm{d}A$，它表示高为 $f(x)$、底为 $\mathrm{d}x$ 的小矩形的面积.

下面我们讨论比较复杂的平面图形的面积.

已知两条连续曲线 $f(x)$ 与 $g(x)$ 都位于 x 轴上方，而且在区间 $[a,b]$ 上，有 $f(x)\geqslant g(x)$，求由曲线 $f(x)$，$g(x)$ 和直线 $x=a$，$x=b$ 所围图形的面积 A(见图 5.15).

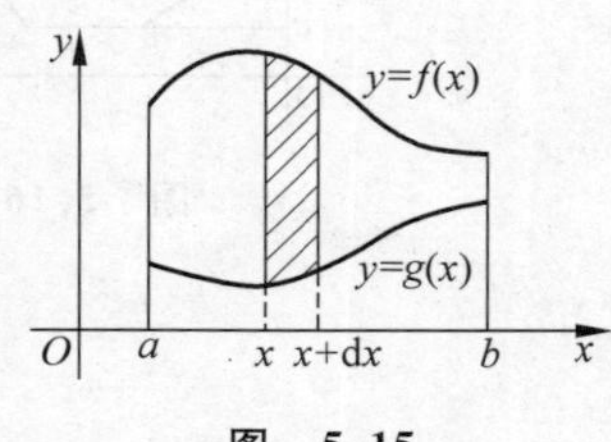

图 5.15

根据定积分的几何意义，有

$$A=\int_a^b f(x)\mathrm{d}x-\int_a^b g(x)\mathrm{d}x,$$

或

$$A=\int_a^b [f(x)-g(x)]\mathrm{d}x.$$

利用元素法求解平面图形的面积的步骤如下：

(1) 选取变量 x 为积分变量，根据图 5.15 知，变量 x 的变化范围为 $[a,b]$，即积分区间为 $[a,b]$；

(2) 如图 5.15 所示，阴影部分面积的近似值为 $[f(x)-g(x)]\mathrm{d}x$，即面积元素为

$$\mathrm{d}A=[f(x)-g(x)]\mathrm{d}x;$$

(3) 所求的面积为

$$A=\int_a^b \mathrm{d}A=\int_a^b [f(x)-g(x)]\mathrm{d}x.$$

因此可知，利用元素法和定积分的几何意义两种方法得到的结论相同，但元素法具有普遍性，解决复杂的问题更方便，因此求解平面图形的面积时，我们经常采用元素法.

如果求两条曲线 $x=\varphi(y)$，$x=\psi(y)$ 之间所夹图形的面积(见图 5.16)，也可用类似的方法，即采用元素法.

下面利用元素法求解图 5.16 中平面图形的面积：

(1) 选取变量 y 为积分变量，根据图 5.16 知，变量 y 的变化范围为 $[c,d]$，即积分区间为 $[c,d]$；

(2) 如图 5.16 所示，阴影部分面积的近似值为 $[\psi(y)-\varphi(y)]\mathrm{d}y$，即面积元素为

$$\mathrm{d}A=[\psi(y)-\varphi(y)]\mathrm{d}y;$$

(3) 所求的面积为

$$A=\int_c^d \mathrm{d}A=\int_c^d[\psi(y)-\varphi(y)]\mathrm{d}y.$$

需要注意的是，利用元素法求平面图形的面积时，要根据实际问题适当选择积分变量，以有利于问题的求解.

例 1 求由直线 $y=x$ 和抛物线 $y=x^2$ 所围成的平面图形的面积.

解 作直线和抛物线的图形，如图 5.17 所示. 解方程组

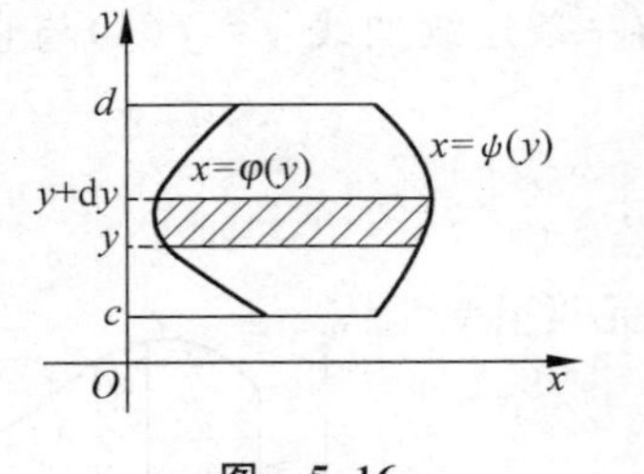

图 5.16

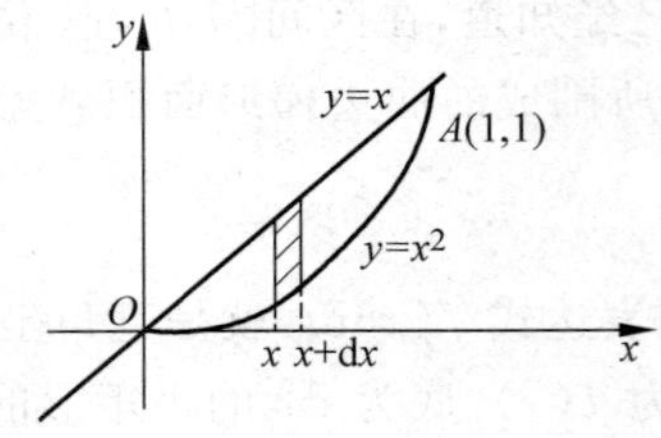

图 5.17

$$\begin{cases}y=x,\\ y=x^2,\end{cases}$$

得两组解 $\begin{cases}x=0,\\ y=0\end{cases}$ 及 $\begin{cases}x=1,\\ y=1,\end{cases}$ 即直线和抛物线的交点为点 $O(0,0)$ 和点 $A(1,1)$.

下面利用元素法求直线和抛物线所围成的平面图形的面积：

(1) 取 x 为积分变量，则变量 $x\in[0,1]$，即积分区间为 $[0,1]$；

(2) 将区间 $[0,1]$ 分割，任取一小区间 $[x,x+\mathrm{d}x]$ 上的窄条(图 5.17 中的阴影部分)，其面积近似于高为 $y_1-y_2=x-x^2$、底为 $\mathrm{d}x$ 的窄矩形面积，这样就得到面积元素为

$$\mathrm{d}A=(y_1-y_2)\mathrm{d}x=(x-x^2)\mathrm{d}x;$$

(3) 所求平面图形的面积为定积分

$$A=\int_0^1 \mathrm{d}A=\int_0^1(x-x^2)\mathrm{d}x=\left[\frac{1}{2}x^2-\frac{x^3}{3}\right]_0^1=\frac{1}{6}.$$

例 2 求抛物线 $y=x^2$ 与直线 $y=x$，$y=2x$ 所围成的平面图形的面积.

解 作出图形，如图 5.18 所示. 解两个方程组

$$\begin{cases}y=x^2,\\ y=x\end{cases} \text{和} \begin{cases}y=x^2,\\ y=2x,\end{cases}$$

得抛物线与两直线的交点分别为点 $O(0,0)$、点 $A(1,1)$ 与点 $B(2,4)$(见图 5.18).

因为两直线和抛物线所围的图形比较复杂，所以用经过交点 $A(1,1)$ 的直线 $x=1$ 将图形分割成两部分，在这两部分上分别用元素法求面积，步骤如下：

(1) 取 x 为积分变量，则左侧部分变量 $x\in[0,1]$，右侧部分变量 $x\in[1,2]$，即左、右两侧积分区间分别为 $[0,1]$ 和 $[1,2]$；

(2) 左、右两侧阴影部分(见图 5.18)面积的近似值分别为 $(2x-x)\mathrm{d}x$ 和 $(2x-x^2)\mathrm{d}x$，因此左、右两侧的面积元素分别为

$$\mathrm{d}A_1=(2x-x)\mathrm{d}x \text{ 和 } \mathrm{d}A_2=(2x-x^2)\mathrm{d}x;$$

(3) 所求面积为左、右两侧面积之和,即

$$A = A_1 + A_2 = \int_0^1 \mathrm{d}A_1 + \int_1^2 \mathrm{d}A_2 = \int_0^1 (2x - x)\mathrm{d}x + \int_1^2 (2x - x^2)\mathrm{d}x$$

$$= \left[x^2 - \frac{x^2}{2}\right]_0^1 + \left[x^2 - \frac{x^3}{3}\right]_1^2 = \frac{7}{6}.$$

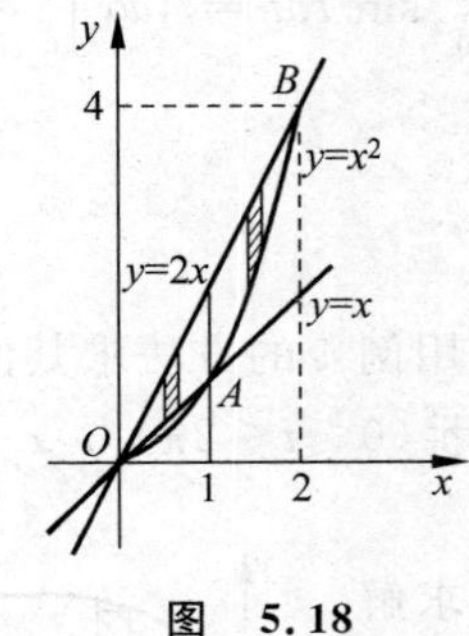

图 5.18

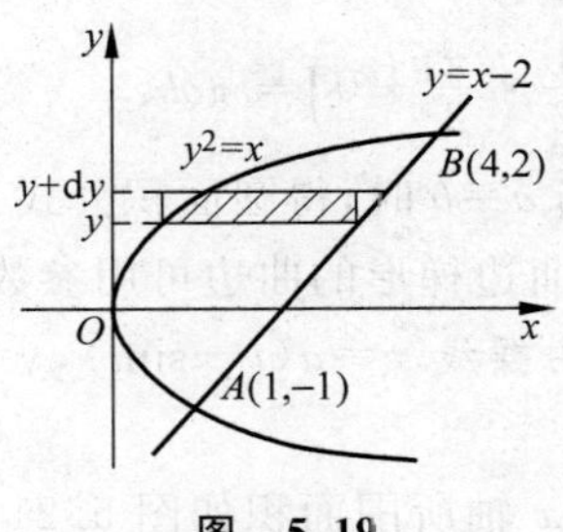

图 5.19

例 3 求抛物线 $y^2 = x$ 与直线 $y = x - 2$ 所围成的平面图形的面积.

解 作出图形,如图 5.19 所示. 解方程组

$$\begin{cases} y^2 = x, \\ y = x - 2, \end{cases}$$

得 $\begin{cases} x=1, \\ y=-1 \end{cases}$ 及 $\begin{cases} x=4, \\ y=2, \end{cases}$ 即抛物线与直线的交点为点 $A(1,-1)$ 和点 $B(4,2)$.

下面利用元素法求抛物线和直线所围图形的面积:

(1) 取变量 y 为积分变量,则 $y \in [-1,2]$,所以积分区间为 $[-1,2]$;

(2) 如图 5.19 所示,阴影部分面积的近似值为 $(x_2 - x_1)\mathrm{d}y = [(y+2) - y^2]\mathrm{d}y$,所以面积元素为

$$\mathrm{d}A = (x_2 - x_1)\mathrm{d}y = [(y+2) - y^2]\mathrm{d}y;$$

(3) 所求面积为

$$A = \int_{-1}^2 \mathrm{d}A = \int_{-1}^2 [(y+2) - y^2]\mathrm{d}y = \left[\frac{y^2}{2} + 2y - \frac{y^3}{3}\right]_{-1}^2 = \frac{9}{2}.$$

本题也可以选择 x 为积分变量,但需要将图形分割成左、右两部分,分别计算面积,再求和,不如选择 y 为积分变量计算方便. 因此积分变量的选择非常重要,要根据实际的图形,恰当地选择积分变量,使得计算方便.

例 4 求椭圆 $\frac{x^2}{a^2} + \frac{y^2}{b^2} = 1$ 的面积.

解 椭圆如图 5.20 所示.

因为椭圆关于两坐标轴都对称,所以,椭圆面积为第一象限内的那部分面积的 4 倍,即

$$A = 4\int_0^a y\mathrm{d}x.$$

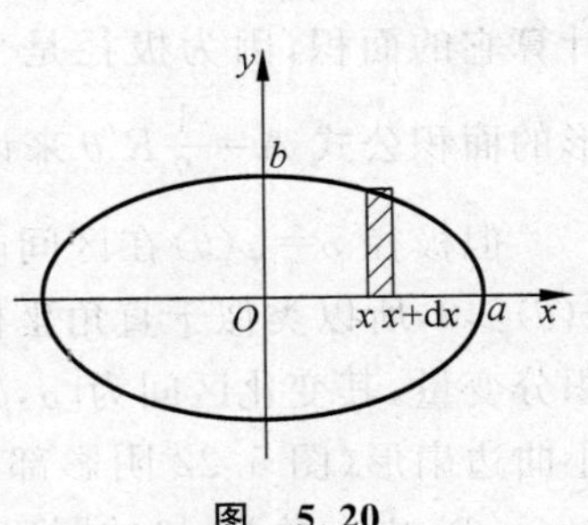

图 5.20

为了便于积分,在上式中利用椭圆的参数方程

$$\begin{cases} x = a\cos t, \\ y = b\sin t \end{cases}$$

作换元. 令 $x=a\cos t$,则

$$y=b\sin t,\quad dx=-a\sin t dt.$$

当 $x=0$ 时,$t=\frac{\pi}{2}$;当 $x=a$ 时,$t=0$. 于是得

$$A=4\int_{\frac{\pi}{2}}^{0}b\sin t(-a\sin t)\mathrm{d}t=-4ab\int_{\frac{\pi}{2}}^{0}\sin^2 t\mathrm{d}t=4ab\int_{0}^{\frac{\pi}{2}}\sin^2 t\mathrm{d}t=4ab\int_{0}^{\frac{\pi}{2}}\frac{1-\cos 2t}{2}\mathrm{d}t$$

$$=4ab\left(\frac{1}{2}\cdot\frac{\pi}{2}+0\right)=\pi ab.$$

特别地,当 $a=b$ 时,得圆面积公式 $A=\pi a^2$.

注意 当曲边梯形的曲边可用参数方程表示时,可以用例 4 的方法求其面积.

例 5 求由摆线 $x=a(t-\sin t)$,$y=a(1-\cos t)$ 的一拱($0\leqslant t\leqslant 2\pi$)与 x 轴所围图形的面积.

解 拱与 x 轴所围面积如图 5.21 所示,利用元素法求解面积,步骤如下:

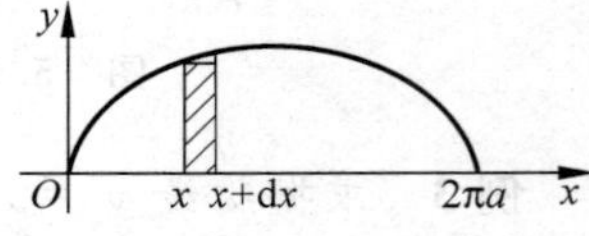

图 5.21

(1) 选择 x 为积分变量,则 x 的变化范围为$[0,2\pi a]$;

(2) 面积元素为

$$\mathrm{d}A=y\mathrm{d}x;$$

(3) 所求面积为

$$A=\int_0^{2\pi a}y\mathrm{d}x.$$

而 x,y 是由参数方程 $x=a(t-\sin t)$,$y=a(1-\cos t)$ 表示的,所以当 $x=0$ 时,$t=0$;当 $x=2\pi a$ 时,$t=2\pi$. 而且

$$y=a(1-\cos t),\quad \mathrm{d}x=d[a(t-\sin t)]=a(1-\cos t)\mathrm{d}t,$$

因此所求面积为

$$A=\int_0^{2\pi a}y\mathrm{d}x=\int_0^{2\pi}a(1-\cos t)\cdot a(1-\cos t)\mathrm{d}t=a^2\int_0^{2\pi}(1-2\cos t+\cos^2 t)\mathrm{d}t$$

$$=a^2\left(2\pi+\int_0^{2\pi}\frac{1+\cos 2t}{2}\mathrm{d}t\right)=3\pi a^2.$$

5.5.3 极坐标系下平面图形的面积

设曲线的方程由极坐标形式给出,即

$$\rho=\varphi(\theta),\quad \alpha\leqslant\theta\leqslant\beta,$$

则由曲线 $\rho=\varphi(\theta)$、射线 $\theta=\alpha$ 和 $\theta=\beta$ 所围成的平面图形称为曲边扇形(见图 5.22). 现在要计算它的面积,因为极径是变化的,所以不能直接用圆扇形的面积公式 $A=\frac{1}{2}R^2\theta$ 来计算.

但极径 $\rho=\varphi(\theta)$ 在区间$[\alpha,\beta]$上是连续变化的,且 $\rho=\varphi(\theta)\geqslant 0$,所以类似于直角坐标系,利用元素法. 取极角 θ 为积分变量,其变化区间为$[\alpha,\beta]$,在任一小区间$[\theta,\theta+\mathrm{d}\theta]$上小曲边扇形(图 5.22 阴影部分)的面积 ΔA 可以用半径为 $\rho=\varphi(\theta)$、中心角为 $\mathrm{d}\theta$ 的圆扇形的面积来近似,即曲边扇形

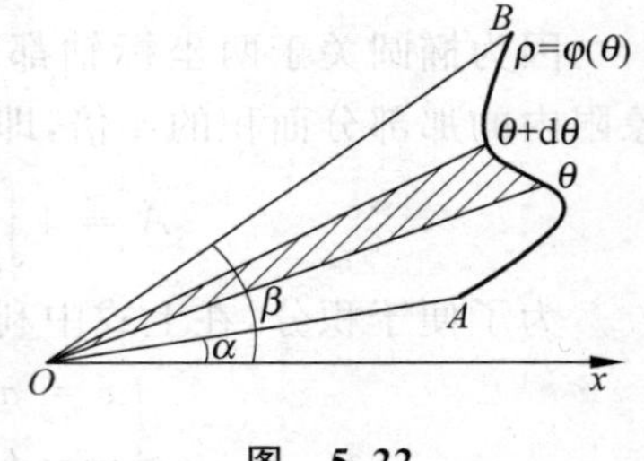

图 5.22

的面积元素 dA 为

$$dA = \frac{1}{2}\rho^2 d\theta = \frac{1}{2}[\varphi(\theta)]^2 d\theta,$$

因此所求曲边扇形的面积为

$$A = \int_{\alpha}^{\beta} \frac{1}{2}[\varphi(\theta)]^2 d\theta.$$

计算曲边扇形面积的步骤如下：

(1) 作图，选取极角 θ 为积分变量，其变化区间$[\alpha,\beta]$即为积分区间；

(2) 把$[\alpha,\beta]$的任一小区间记为$[\theta,\theta+d\theta]$，则用此区间上的圆扇形面积近似代替窄曲边扇形面积 dA，即扇形面积元素为

$$dA = \frac{1}{2}\rho^2 d\theta = \frac{1}{2}[\varphi(\theta)]^2 d\theta;$$

(3) 以$\frac{1}{2}[\varphi(\theta)]^2 d\theta$为被积表达式，在区间$[\alpha,\beta]$上作定积分，便得曲边扇形面积为

$$A = \int_{\alpha}^{\beta} \frac{1}{2}[\varphi(\theta)]^2 d\theta.$$

例 6 计算阿基米德螺线(即匀速螺线)$\rho=a\theta(a>0)$上相应于 θ 从 0 变到 2π 的一段弧与极轴所围成的图形的面积.

解 如图 5.23 所示，利用元素法求弧与极轴所围成的面积，步骤如下：

(1) 取极角 θ 为积分变量，θ 的变化区间为$[0,2\pi]$，所以积分区间为$[0,2\pi]$；

(2) 在区间$[0,2\pi]$上任取一个小区间$[\theta,\theta+d\theta]$，则此小区间上窄曲边扇形的面积(见图 5.23)可以用此区间上半径为$\rho=a\theta$、中心角为 $d\theta$ 的圆扇形面积近似代替，即扇形面积元素为

$$dA = \frac{1}{2}\rho^2 d\theta = \frac{1}{2}(a\theta)^2 d\theta;$$

(3) 所求面积为

$$A = \int_0^{2\pi} \frac{1}{2}\rho^2 d\theta = \int_0^{2\pi} \frac{1}{2}(a\theta)^2 d\theta = \frac{a^2}{2}\cdot\frac{\theta^3}{3}\Big|_0^{2\pi} = \frac{4}{3}\pi^3 a^2.$$

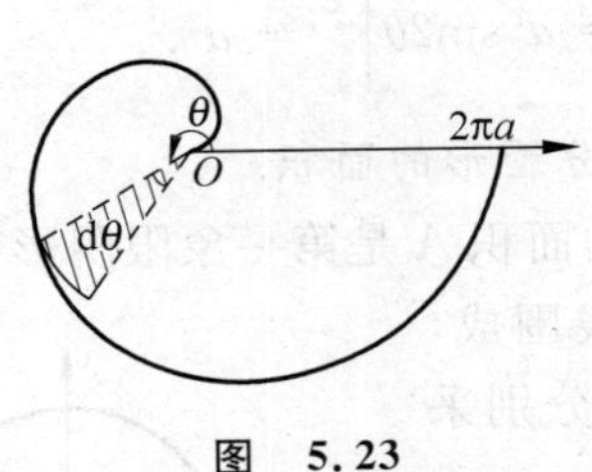

图 5.23

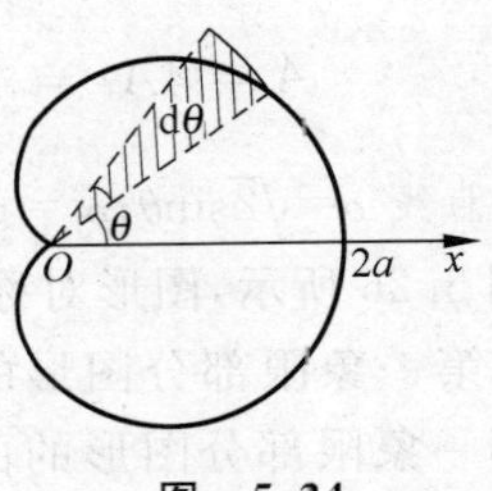

图 5.24

例 7 求心形线 $\rho=a(1+\cos\theta)(a>0)$所围图形的面积.

解 如图 5.24 所示，图形关于极轴对称，所以所求图形的面积 A 是极轴上方部分图形面积 A_1 的两倍. 下面对于极轴上方部分图形的面积采用元素法求解，步骤如下：

(1) 选 θ 为积分变量，则极轴上方部分图形的极角 θ 的变化范围为$[0,\pi]$，所以积分区间为$[0,\pi]$；

(2) 面积元素为

$$dA_1 = \frac{1}{2}\rho^2 d\theta = \frac{1}{2}[a(1+\cos\theta)]^2 d\theta;$$

(3) 极轴上方部分图形的面积为

$$A_1 = \int_0^{\pi} \frac{1}{2}[a(1+\cos\theta)]^2 d\theta.$$

又 $A=2A_1$,故所求面积为

$$A = 2A_1 = 2\int_0^{\pi}\frac{1}{2}[a(1+\cos\theta)]^2 d\theta = a^2\int_0^{\pi}(1+2\cos\theta+\cos^2\theta)d\theta$$
$$= a^2\left(\pi + \int_0^{\pi}\frac{1+\cos2\theta}{2}d\theta\right) = \frac{3}{2}\pi a^2.$$

注意 对称图形计算一部分面积即可.

例 8 求双纽线 $\rho^2=a^2\cos2\theta$ 所围图形的面积.

解 如图 5.25 所示,图形对称,所以所求图形的面积 A 是第一象限部分图形面积 A_1 的 4 倍. 下面对于第一象限部分图形的面积采用元素法求解,步骤如下.

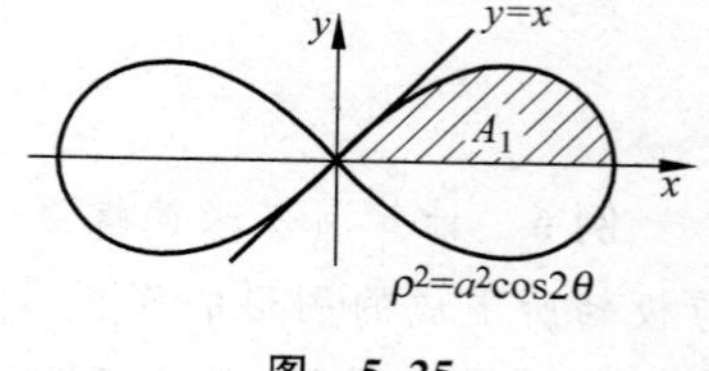

图 5.25

(1) 选 θ 为积分变量,令 $\rho=0$,即 $\cos2\theta=0$,得 $\theta=\frac{\pi}{4}$. 所以第一象限部分图形的极角 θ 的变化范围为 $\left[0,\frac{\pi}{4}\right]$,即积分区间为 $\left[0,\frac{\pi}{4}\right]$.

(2) 面积元素为

$$dA_1 = \frac{1}{2}\rho^2 d\theta = \frac{1}{2}a^2\cos2\theta d\theta.$$

(3) 第一象限部分图形的面积为

$$A_1 = \int_0^{\frac{\pi}{4}} \frac{1}{2}a^2\cos2\theta d\theta.$$

又 $A=4A_1$,故所求面积为

$$A = 4A_1 = 4\int_0^{\frac{\pi}{4}}\frac{1}{2}a^2\cos2\theta d\theta = a^2\sin2\theta\Big|_0^{\frac{\pi}{4}} = a^2.$$

例 9 求曲线 $\rho=\sqrt{2}\sin\theta$, $\rho^2=\cos2\theta$ 所围公共部分图形的面积.

解 如图 5.26 所示,图形对称,所以所求图形的面积 A 是第一象限阴影部分面积 A_1+A_2 的两倍. 而第一象限部分图形的面积由两条曲线围成,所以需要把第一象限部分图形的面积分成两部分,分别采用元素法求解,步骤如下.

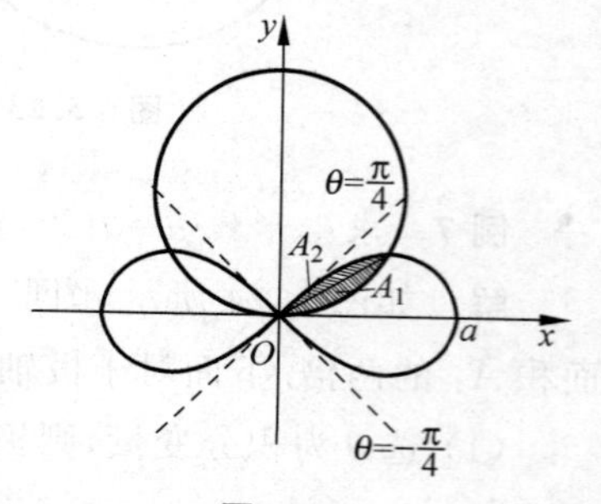

图 5.26

(1) 选 θ 为积分变量,联立 $\begin{cases}\rho=\sqrt{2}\sin\theta,\\ \rho^2=\cos2\theta,\end{cases}$ 得 $\sin\theta=\frac{1}{2}$,所以 $\theta=\frac{\pi}{6}$,即两曲线交点对应的极角是 $\theta=\frac{\pi}{6}$. 所以,曲线 $\rho=\sqrt{2}\sin\theta$ 和直线 $\theta=\frac{\pi}{6}$ 所围图形中极角的变化范围是 $\left[0,\frac{\pi}{6}\right]$.

又令双纽线的极径 $\rho=0$，即 $\rho^2=\cos2\theta=0$，得 $\theta=\frac{\pi}{4}$. 所以曲线 $\rho^2=\cos2\theta$ 和直线 $\theta=\frac{\pi}{6}$ 所围图形中极角的变化范围是 $\left[\frac{\pi}{6},\frac{\pi}{4}\right]$.

(2) 面积元素分别为

$$dA_1=\frac{1}{2}\rho_1^2 d\theta=\frac{1}{2}(\sqrt{2}\sin\theta)^2 d\theta$$

和

$$dA_2=\frac{1}{2}\rho_2^2 d\theta=\frac{1}{2}\cos2\theta d\theta.$$

(3) 第一象限图形中两部分的面积分别为

$$A_1=\int_0^{\frac{\pi}{6}}\frac{1}{2}\rho_1^2 d\theta=\frac{1}{2}\int_0^{\frac{\pi}{6}}(\sqrt{2}\sin\theta)^2 d\theta=\int_0^{\frac{\pi}{6}}\sin^2\theta d\theta=\int_0^{\frac{\pi}{6}}\frac{1-\cos2\theta}{2}d\theta$$

$$=\left[\frac{\theta}{2}-\frac{\sin2\theta}{4}\right]_0^{\frac{\pi}{6}}=\frac{\pi}{12}-\frac{\sqrt{3}}{8}$$

和

$$A_2=\int_{\frac{\pi}{6}}^{\frac{\pi}{4}}\frac{1}{2}\rho_2^2 d\theta=\frac{1}{2}\int_{\frac{\pi}{6}}^{\frac{\pi}{4}}\cos2\theta d\theta=\frac{1}{4}\sin2\theta\Big|_{\frac{\pi}{6}}^{\frac{\pi}{4}}=\frac{1}{4}-\frac{\sqrt{3}}{8},$$

故所求面积为

$$A=2(A_1+A_2)=\frac{\pi}{6}+\frac{1-\sqrt{3}}{2}.$$

5.5.4 已知平行截面面积的立体的体积

设一立体被垂直于某直线(可设此直线为 x 轴)的平面所截，截面面积 $A(x)$ 是 x 的连续函数，立体位于过点 $x=a,x=b(a<b)$ 且垂直于 x 轴的两个平面之间(见图 5.27)，求立体图形的体积.

因为立体图形不规则，所以不能直接用柱体的体积公式计算. 现在用垂直于 x 轴的一组平行平面去切割立体图形，把不规则的立体图形切割成小的不规则的立体图形，如果切割平面之间的距离足够小，因为截面面积 $A(x)$ 是 x 的连续函数，则小的不规则的立体图形的体积(见图 5.27)可以用柱体的体积近似代替，因此可以用微元法求解此不规则的立体图形的体积，具体步骤如下：

(1) 取 x 为积分变量，则积分区间为$[a,b]$；

(2) 用垂直于 x 轴的一组平行平面去切割立体图形，任取一个小区间$[x,x+dx]$，在此小区间上，小的不规则的立体图形的体积(见图 5.27)可以用底面积为左端点处的截面面积 $A(x)$、高为区间长度 dx 的柱体的体积 $A(x)dx$ 近似代替，即体积元素为

$$dV=A(x)dx;$$

(3) 该立体的体积为

$$V=\int_a^b dV=\int_a^b A(x)dx.$$

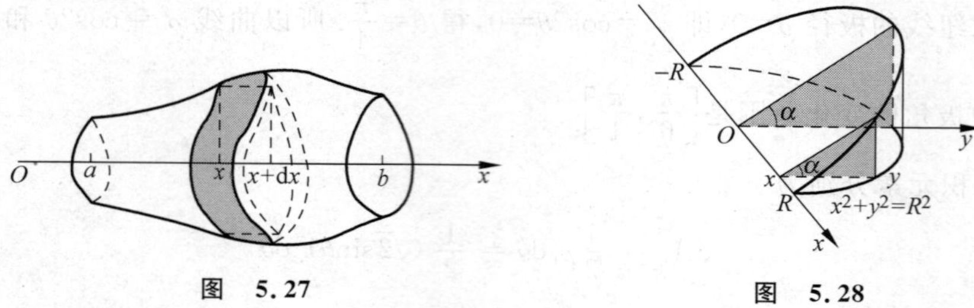

图 5.27　　　　图 5.28

例 10　一平面经过半径为 R 的圆柱体的底面半径，且与底面交角为 α（见图 5.28）. 求此平面截圆柱所得立体（楔形体）的体积.

解　取底面直径所在直线为 x 轴，底面上过圆心且垂直于 x 轴的直线为 y 轴，则底面的圆方程为 $x^2+y^2=R^2$.

(1) 选择 x 为积分变量，则 x 的变化范围为 $[-R,R]$，即积分区间为 $[-R,R]$；

(2) 立体中过点 $x(x\in(-R,R))$ 且垂直于 x 轴的截面是直角三角形，其面积为

$$A(x)=\frac{1}{2}y\cdot y\tan\alpha=\frac{1}{2}(R^2-x^2)\tan\alpha,$$

所以体积元素为

$$\mathrm{d}V=A(x)\mathrm{d}x=\frac{1}{2}(R^2-x^2)\tan\alpha\mathrm{d}x;$$

(3) 楔形体体积为

$$V=\int_{-R}^{R}A(x)\mathrm{d}x=\frac{1}{2}\tan\alpha\int_{-R}^{R}(R^2-x^2)\mathrm{d}x=\frac{1}{2}\tan\alpha\left[R^2x-\frac{x^3}{3}\right]_{-R}^{R}=\frac{2}{3}R^3\tan\alpha.$$

5.5.5　旋转体的体积

一个平面图形绕该平面内一条定直线旋转一周而成的立体称为旋转体，该直线称为旋转轴. 圆柱、圆锥、圆台、球体等都是旋转体.

现在我们计算由连续曲线 $y=f(x)$，直线 $x=a,x=b$ 与 x 轴所围成的曲边梯形绕 x 轴旋转一周所成旋转体的体积（见图 5.29）.

下面用元素法来求旋转体的体积，步骤如下.

(1) 取 x 为积分变量，则 x 的变化范围为 $[a,b]$，即积分区间为 $[a,b]$.

(2) 用垂直于 x 轴的一组平行平面将旋转体分割成许多立体小薄片，其断面都是圆，只是半径不同. 任取区间 $[a,b]$ 的一个小区间 $[x,x+\mathrm{d}x]$ 上的一小薄片，它的体积近似于以 $f(x)$ 为底面半径、$\mathrm{d}x$ 为高的圆柱体的体积（见图 5.29），即体积元素为

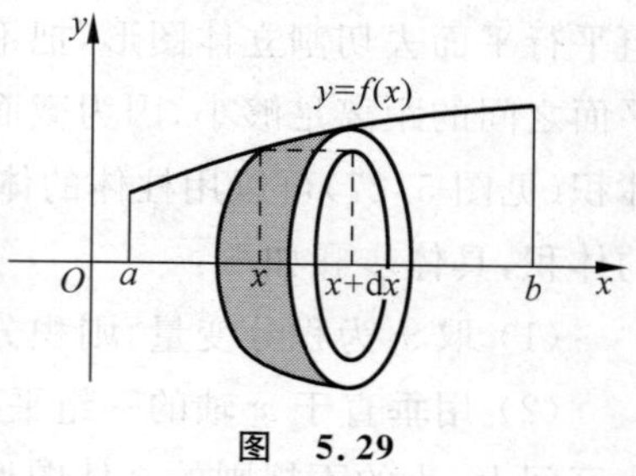

图 5.29

$$\mathrm{d}V=\pi[f(x)]^2\mathrm{d}x.$$

(3) 以 $\pi[f(x)]^2\mathrm{d}x$ 为被积表达式，在区间 $[a,b]$ 上作定积分，便得所求旋转体体积为

$$V=\int_a^b\pi[f(x)]^2\mathrm{d}x=\int_a^b\pi y^2\mathrm{d}x,$$

这就是以 x 轴为旋转轴的旋转体的体积公式.

类似地，由连续曲线 $x=\varphi(y)$，直线 $y=c, y=d$ 与 y 轴所围成的曲边梯形绕 y 轴旋转一周所得旋转体的体积为

$$V=\int_c^d \pi[\varphi(y)]^2 \mathrm{d}y=\int_c^d \pi x^2 \mathrm{d}y.$$

例 11 求由直线 $y=\frac{1}{2}x$，$x=2$ 及 x 轴所围图形绕 x 轴旋转一周而成的旋转体(见图 5.30)的体积.

解 如图 5.30 所示，建立坐标系，利用元素法求旋转体体积，步骤如下：

(1) 取 x 为积分变量，则积分区间为 $[0,2]$；

(2) 体积元素为

$$\mathrm{d}V=\pi y^2 \mathrm{d}x=\pi\left(\frac{x}{2}\right)^2 \mathrm{d}x.$$

(3) 旋转体的体积为

$$V=\int_0^2 \pi y^2 \mathrm{d}x=\int_0^2 \pi\left(\frac{x}{2}\right)^2 \mathrm{d}x=\frac{\pi}{4}\int_0^2 x^2 \mathrm{d}x=\frac{\pi}{4}\cdot\left.\frac{x^3}{3}\right|_0^2=\frac{2}{3}\pi.$$

此旋转体是底面半径为 1、高为 2 的圆锥体，根据圆锥体的体积公式 $V=\frac{1}{3}\pi r^2 h$，得此圆锥体的体积为 $V=\frac{1}{3}\pi r^2 h=\frac{1}{3}\pi\times 1^2\times 2=\frac{2}{3}\pi$，与用元素法得到的结果一致.

例 12 求由椭圆 $\frac{x^2}{a^2}+\frac{y^2}{b^2}=1$ 绕 x 轴旋转一周而成的旋转体(又称旋转椭球体，见图 5.31)的体积.

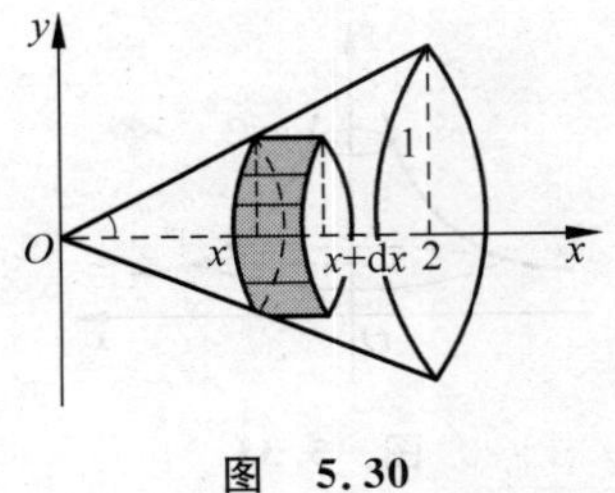

图 5.30

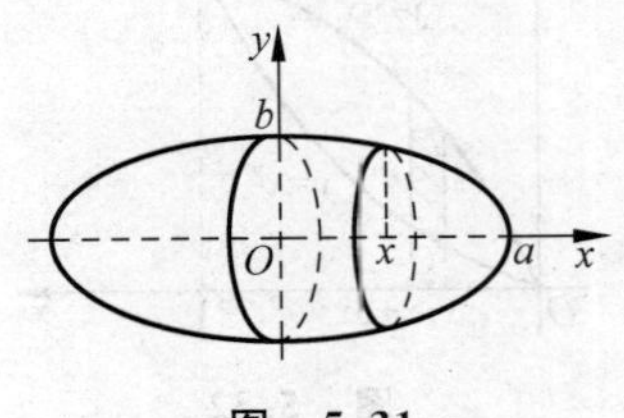

图 5.31

解 旋转椭球体可看作是由上半个椭圆 $y=b\sqrt{1-\frac{x^2}{a^2}}$ 及 x 轴围成的图形绕 x 轴旋转而成的旋转体. 利用元素法求椭球体体积，步骤如下：

(1) 取 x 为积分变量，则积分区间为 $[-a,a]$；

(2) 体积元素为

$$\mathrm{d}V=\pi y^2 \mathrm{d}x=\pi b^2\left(1-\frac{x^2}{a^2}\right)\mathrm{d}x;$$

(3) 旋转椭球体的体积为

$$V=\int_{-a}^a \pi y^2 \mathrm{d}x=\int_{-a}^a \pi b^2\left(1-\frac{x^2}{a^2}\right)\mathrm{d}x=\pi b^2\left[x-\frac{x^3}{3a^2}\right]_{-a}^a=\frac{4}{3}\pi ab^2.$$

当 $a=b$ 时，就是半径为 a 的球体体积公式 $V=\frac{4}{3}\pi a^3$.

例 13 求由两条抛物线 $y=x^2$，$y^2=x$ 所围图形绕 x 轴旋转一周而成的旋转体的体积.

解 解法1 如图 5.32 所示，建立坐标系，利用元素法，求旋转体体积，步骤如下：

(1) 取 x 为积分变量，则积分区间为$[0,1]$；

(2) 体积元素为

$$\mathrm{d}V=\pi({y_1}^2-{y_2}^2)\mathrm{d}x=\pi[x-(x^2)^2]\mathrm{d}x;$$

(3) 旋转体的体积为

$$V=\int_0^1\pi({y_1}^2-{y_2}^2)\mathrm{d}x=\int_0^1\pi(x-x^4)\mathrm{d}x=\pi\left(\frac{x^2}{2}-\frac{x^5}{5}\right)\Big|_0^1=\frac{3}{10}\pi.$$

解法2 此旋转体的体积可以看作抛物线 $y^2=x$，直线 $x=1$ 及 x 轴所围图形绕 x 轴旋转一周而成的旋转体的体积 V_1 和抛物线 $y=x^2$，直线 $x=1$ 及 x 轴所围图形绕 x 轴旋转一周而成的旋转体的体积 V_2 之差，即所求旋转体体积 $V=V_1-V_2$. 而两个旋转体的体积分别用元素法求解，得

$$V_1=\int_0^1\pi{y_1}^2\mathrm{d}x=\int_0^1\pi x\mathrm{d}x=\frac{\pi}{2}x^2\Big|_0^1=\frac{\pi}{2}$$

和

$$V_2=\int_0^1\pi{y_2}^2\mathrm{d}x=\int_0^1\pi(x^2)^2\mathrm{d}x=\frac{\pi}{5}x^5\Big|_0^1=\frac{\pi}{5},$$

因此所求旋转体的体积为

$$V=V_1-V_2=\frac{\pi}{2}-\frac{\pi}{5}=\frac{3}{10}\pi.$$

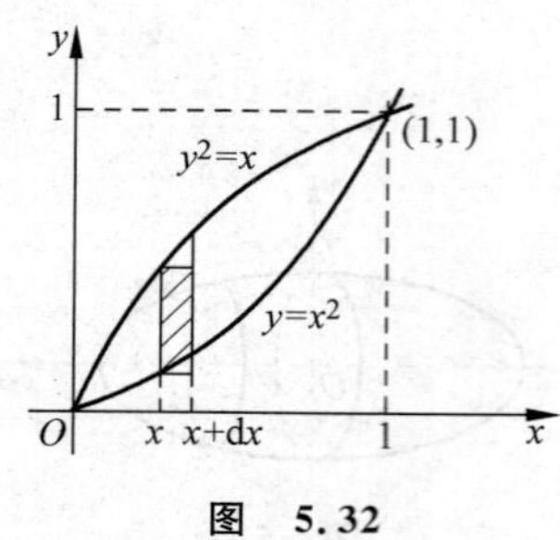

图 5.32

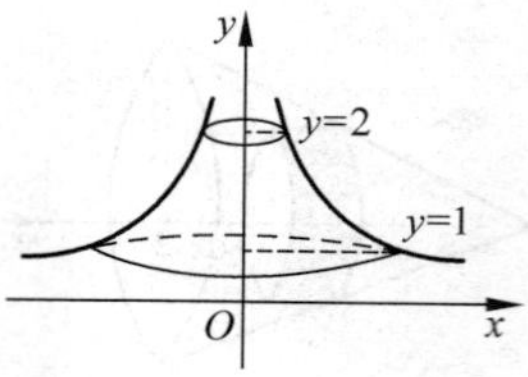

图 5.33

例 14 求由直线 $xy=4$，直线 $y=1$，$y=2$ 及 y 轴所围图形绕 y 轴旋转一周而成的旋转体(见图 5.33)的体积.

解 如图 5.33 所示，建立坐标系，利用元素法求旋转体体积，步骤如下：

(1) 取 y 为积分变量，则积分区间为$[1,2]$；

(2) 体积元素为

$$\mathrm{d}V=\pi x^2\mathrm{d}y=\pi\left(\frac{4}{y}\right)^2\mathrm{d}y;$$

(3) 旋转体的体积为

$$V=\int_1^2\pi x^2\mathrm{d}y=\int_1^2\pi\left(\frac{4}{y}\right)^2\mathrm{d}y=16\pi\int_1^2\frac{1}{y^2}\mathrm{d}y=-16\pi\cdot\frac{1}{y}\Big|_1^2=8\pi.$$

例 15 求由摆线 $x=a(t-\sin t)$，$y=a(1-\cos t)$ 的一拱及 $y=0$ 所围图形绕 x 轴旋转一周而成的旋转体(见图 5.34)的体积.

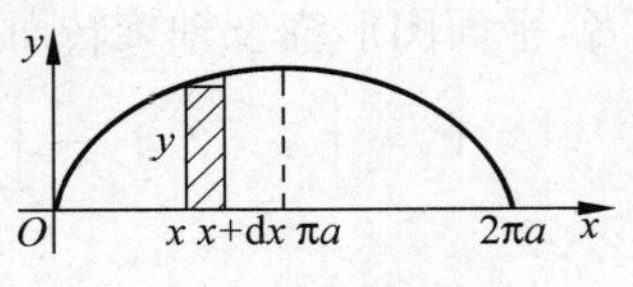

图 5.34

解 如图 5.34 所示，建立坐标系，利用元素法求旋转体体积，步骤如下：

(1) 取 x 为积分变量，则积分区间为 $[0,2\pi a]$；

(2) 体积元素为

$$\begin{aligned}dV &= \pi y^2 dx = \pi[a(1-\cos t)]^2 d[a(t-\sin t)] \\ &= \pi[a(1-\cos t)]^2 \cdot a(1-\cos t)dt \\ &= \pi a^3 (1-\cos t)^3 dt,\end{aligned}$$

这里，当 $x=0$，即 $a(t-\sin t)=0$ 时，$t=0$；当 $x=2\pi a$ 时，$t=2\pi$；

(3) 旋转体的体积为

$$\begin{aligned}V &= \int_0^{2\pi a} \pi y^2 dx = \int_0^{2\pi} \pi a^3 (1-\cos t)^3 dt \\ &= \pi a^3 \int_0^{2\pi} (1-3\cos t+3\cos^2 t-\cos^3 t)dt \\ &= \pi a^3\left[2\pi+3\int_0^{2\pi}\frac{1+\cos 2t}{2}dt-\int_0^{2\pi}(1-\sin^2 t)d\sin t\right] \\ &= \pi a^3\left[2\pi+3\pi-\left(\sin t-\frac{\sin^3 t}{3}\right)\Big|_0^{2\pi}\right]=5\pi^2 a^3.\end{aligned}$$

例 16 求由抛物线 $y=x^2$，直线 $x=2$ 与 x 轴所围成的平面图形分别绕 x 轴、y 轴旋转一周所得立体的体积.

解 (1) 平面图形绕 x 轴旋转一周所得立体如图 5.35(a)所示. 选取 x 为积分变量，则积分区间为 $[0,2]$. 体积元素为

$$dV = \pi y^2 dx = \pi x^4 dx,$$

因此平面图形绕 x 轴旋转一周而成的旋转体的体积为

$$V = \int_0^2 \pi y^2 dx = \int_0^2 \pi x^4 dx = \left[\frac{\pi}{5}x^5\right]_0^2 = \frac{32}{5}\pi.$$

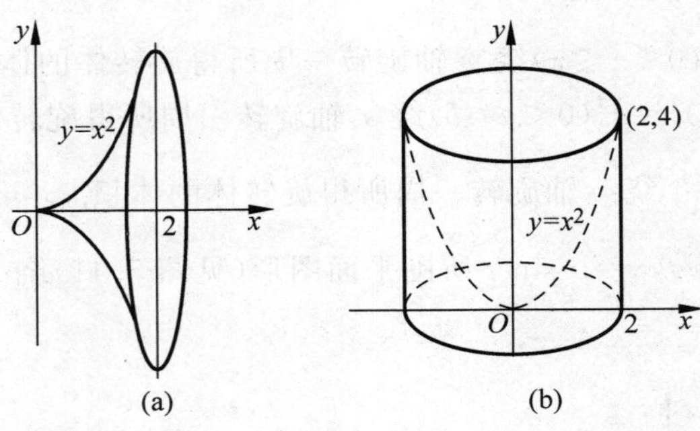

图 5.35

(2) 平面图形绕 y 轴旋转一周所得立体如图 5.35(b)所示. 选取 y 为积分变量，则积分区间为 $[0,4]$. 体积元素为

$$dV = \pi({x_1}^2-{x_2}^2)dy = \pi(2^2-y)dy,$$

因此平面图形绕 y 轴旋转一周而成的旋转体体积为

$$V = \int_0^4 \pi(x_1^2-x_2^2)dy = \int_0^4 \pi(2^2-y)dy = \pi\left[4y-\frac{y^2}{2}\right]_0^4 = 8\pi.$$

或者，平面图形绕 y 轴旋转而成的旋转体体积可以看成圆柱体体积减去杯状体的体积，即

$$V=\int_0^4 \pi\cdot 2^2\mathrm{d}y-\int_0^4 \pi(\sqrt{y})^2\mathrm{d}y=16\pi-\int_0^4 \pi y\mathrm{d}y=16\pi-\pi\left[\frac{y^2}{2}\right]_0^4=8\pi.$$

习 题 5.5

1. 求两条抛物线 $y^2=x, y=x^2$ 所围成的平面图形的面积.

2. 求由两条抛物线 $y=x^2$ 与 $y=2-x^2$ 所围图形的面积.

3. 求由曲线 $y=|\ln x|$ 与直线 $x=\frac{1}{10}, x=10, y=0$ 所围图形的面积.

4. 求抛物线 $y^2=2x$ 与直线 $y=x-4$ 所围成的平面图形的面积.

5. 抛物线 $y^2=2x$ 把圆 $x^2+y^2\leqslant 8$ 分成两部分(见图 5.36)，求这两部分面积之比.

6. 求内摆线 $x=a\cos^3 t, y=a\sin^3 t(a>0)$所围图形的面积(见图 5.37).

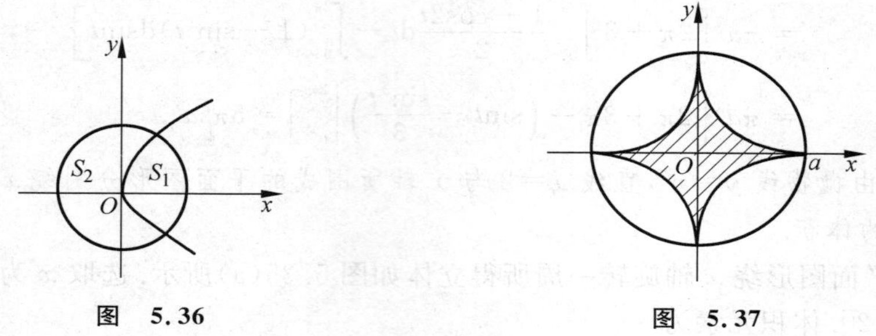

图 5.36　　图 5.37

7. 求三叶形曲线 $\rho=a\sin 3\theta(a>0)$所围图形的面积(见图 5.38).

8. 求两曲线 $\rho=\sin\theta$ 与 $\rho=\sqrt{3}\cos\theta$ 所围公共部分的面积(见图 5.39).

9. 如图 5.40 所示，直椭圆柱体被通过底面短轴的斜平面所截，试求截得楔形体的体积.

10. 求曲线 $y=\sin x(0\leqslant x\leqslant\pi)$绕 x 轴旋转一周所得旋转体的体积.

11. 求圆 $x^2+(y-b)^2=a^2(0<a<b)$绕 x 轴旋转一周所得旋转体的体积.

12. 求椭圆$\frac{x^2}{a^2}+\frac{y^2}{b^2}=1$ 绕 y 轴旋转一周所得旋转体的体积.

13. 求曲线 $x=a\cos^3 t, y=a\sin^3 t$ 所围平面图形(见图 5.41)绕 x 轴旋转一周所得立体的体积.

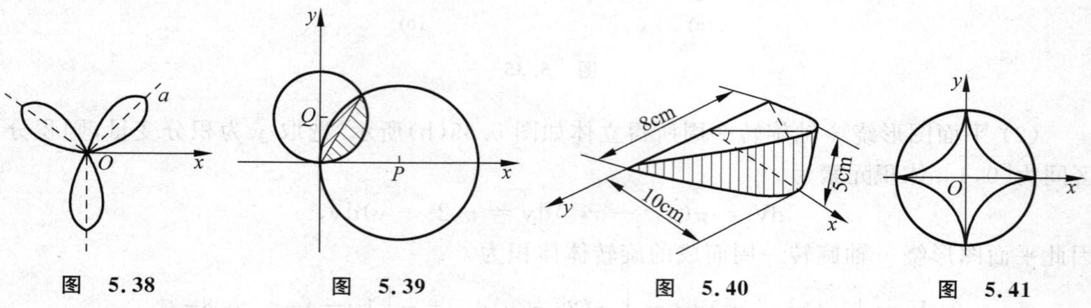

图 5.38　　图 5.39　　图 5.40　　图 5.41

14. 求由曲线 $xy=4$，直线 $y=1$ 及 y 轴所围的第一象限内的平面图形绕 y 轴旋转一周而成的旋转体的体积.

15. 求由摆线 $x=a(t-\sin t)$，$y=a(1-\cos t)$ 的一拱及 $y=0$ 所围图形绕 y 轴旋转一周而成的旋转体的体积.

总 习 题 5

1. 单项选择题

(1) $\int_0^1 e^x dx$ 与 $\int_0^1 e^{x^2} dx$ 相比，有关系式（　　）.

A. $\int_0^1 e^x dx < \int_0^1 e^{x^2} dx$；　　B. $\int_0^1 e^x dx > \int_0^1 e^{x^2} dx$；

C. $\left(\int_0^1 e^x dx\right)^2 = \int_0^1 e^{x^2} dx$；　　D. $\left(\int_0^1 e^x dx\right)^x = \int_0^1 e^{x^2} dx$.

(2) $\frac{d}{dx}\int_a^{x^2} \frac{\sin t}{t} dt =$（　　）.

A. $\frac{\sin t}{t}$；　　B. $\frac{\cos x}{x}$；　　C. $\frac{2\sin x^2}{x}$；　　D. $\frac{\sin x^2}{x^2}$.

(3) 下列等式中正确的是（　　）.

A. $\frac{d}{dx}\int_a^b f(x)dx = f(x)$；　　B. $\frac{d}{dx}\int f(x)dx = f(x)+C$；

C. $\frac{d}{dx}\int_a^x f(t)dx = f(x)$；　　D. $\int f'(x)dx = f(x)$.

(4) $\int_a^b f'(3x)dx =$（　　）.

A. $f(b)-f(a)$；　　B. $f(3b)-f(3a)$；

C. $\frac{1}{3}[f(3b)-f(3a)]$；　　D. $3[f(3b)-f(3a)]$.

(5) 设 $I = \int_0^b 2x^3 f(x^2)dx (b>0)$，则（　　）.

A. $I = \frac{1}{2}\int_0^{b^4} f(x)dx$；　　B. $I = \int_0^{b^2} 2xf(x)dx$；

C. $I = \frac{1}{2}\int_0^{b^2} f(x)dx$；　　D. $I = \int_0^{b^2} xf(x)dx$.

(6) 设 $f(x)$ 在 $[a,b]$ 上连续，则 $f(x)$ 在 $[a,b]$ 上的平均值是（　　）.

A. $\frac{f(b)+f(a)}{2}$；　　B. $\int_b^a f(x)dx$；

C. $\frac{1}{2}\int_a^b f(x)dx$；　　D. $\frac{1}{b-a}\int_a^b f(x)dx$.

(7) 设 $\int_0^x f(t)dt = \frac{1}{2}f(x) - \frac{1}{2}$，且 $f(0)=1$，则 $f(x)=$（　　）.

A. $e^{\frac{x}{2}}$；　　B. $\frac{1}{2}e^x$；　　C. e^{2x}；　　D. $\frac{1}{2}e^{2x}$.

(8) 设 $f(x)$ 在 $[a,b]$ 上连续，$F(x)$ 是 $f(x)$ 的一个原函数，则 $\lim\limits_{\Delta x\to 0}\dfrac{F(x+\Delta x)-F(x)}{\Delta x}=$ (　　).

A. $F(x)$；　　B. $f(x)$；　　C. 0；　　D. $f'(x)$.

2. 填空题

(1) 设 $f(5)=2$，$\int_0^5 f(x)\mathrm{d}x=3$，则 $\int_0^5 xf'(x)\mathrm{d}x=$ ________；

(2) $\int_{-2}^{2}\sqrt{4-x^2}\mathrm{d}x=$ ________；

(3) $\int_{-a}^{a}(x\cos x-5\sin x+2)\mathrm{d}x=$ ________；

(4) 如果 $b>0$，且 $\int_1^b \ln x\mathrm{d}x=1$，那么 $b=$ ________；

(5) 设 y 是方程 $\int_0^y t^2\mathrm{d}t+\int_0^x \cos t\mathrm{d}t=0$ 所确定的 x 的函数，则 $\dfrac{\mathrm{d}y}{\mathrm{d}x}=$ ________；

(6) 设 $f(x)$ 是连续函数，$F(x)=\int_{x^2}^{\mathrm{e}^x} f(t)\mathrm{d}t$，则 $F'(0)=$ ________；

(7) 若 $f(x)=\begin{cases}\mathrm{e}^x, & 0\leqslant x\leqslant 1,\\ \mathrm{e}, & 1\leqslant x\leqslant 2,\end{cases}$ 则 $\int_0^2 f(x)\mathrm{d}x=$ ________；

(8) $\int_1^3\sqrt{1+x^3}\mathrm{d}x+\int_3^1\sqrt{1+x^3}\mathrm{d}x=$ ________.

3. 求函数 $I(x)=\int_0^x \dfrac{2t-1}{t^2-t+1}\mathrm{d}t$ 在区间 $[0,1]$ 上的极小值.

4. 求下列极限：

(1) $\lim\limits_{x\to 0}\dfrac{\int_0^x \cos^2 t\mathrm{d}t}{x}$；　　(2) $\lim\limits_{x\to 0}\dfrac{\int_0^{x^2}\ln(1+t)\mathrm{d}t}{x^4}$.

5. 利用定积义的性质证明不等式

$$2\mathrm{e}^{-\frac{1}{4}}\leqslant\int_0^2 \mathrm{e}^{x^2-x}\mathrm{d}x\leqslant 2\mathrm{e}^2.$$

6. 计算下列积分：

(1) $\int_0^2\dfrac{x^3}{1+x^2}\mathrm{d}x$；　　(2) $\int_0^{\ln 2}\sqrt{\mathrm{e}^x-1}\mathrm{d}x$；

(3) $\int_0^2 x^2\sqrt{4-x^2}\mathrm{d}x$；　　(4) $\int_1^{\mathrm{e}}(\ln x)^2\mathrm{d}x$；

(5) $\int_{-\frac{\pi}{2}}^{\frac{\pi}{2}} x\sin x\mathrm{d}x$；　　(6) $\int_2^4 |3-x|\mathrm{d}x$.

7. 求下列广义积分：

(1) $\int_0^{\frac{\pi}{2}}\ln\sin x\mathrm{d}x$；　　(2) $\int_0^{+\infty}\dfrac{\mathrm{d}x}{(1+x^2)(1+x^\alpha)}\ (\alpha\geqslant 0)$.

8. 求下列平面图形的面积：

(1) 由曲线 $y=\mathrm{e}^x$，$y=\mathrm{e}^{-x}$ 及直线 $x=1$ 所围成的平面图形；

（2）由曲线 $y=\sqrt{1-(1-x)^2}$，$y=e^x$，y 轴和 $x=2$ 所围成的平面图形；

（3）由曲线 $\rho=2\sin\theta$，$\rho=2\cos\theta$ 所围公共部分的平面图形.

9. 求下列平面图形绕指定轴旋转所得旋转体的体积：

（1）由曲线 $y=x^2+1$ 和直线 $y=x$，$x=0$，$x=2$ 围成的平面图形绕 x 轴旋转一周所成旋转体的体积；

（2）曲线 $y=\ln x$ 上点 $A(e,1)$ 处的切线与该曲线及 x 轴所围成的平面图形绕 y 轴旋转一周所成旋转体的体积.

第6章 微分方程

社会生活中的很多问题都可以转化成数学中的函数的问题，利用函数关系可以对客观事物的规律性进行研究.如何寻求函数关系，是数学中的一个重要内容，在实践中具有重要意义.而在实际问题中，有一类问题需要建立起待求函数及其导数(或微分)之间的关系式.比如：物质在一定条件下的运动变化，要寻求它的运动、变化的规律；某个物体在重力作用下自由下落，要寻求下落距离随时间变化的规律；火箭在发动机推动下在空间飞行，要寻求它飞行的轨道；等等.我们把联系自变量、未知函数以及未知函数的导数的等式称为微分方程.本章主要介绍常微分方程的一些基本概念和几种常见的常微分方程的求解方法.

6.1 微分方程的基本概念

6.1.1 引例

例1 求平面上过点(1,3)且每点切线斜率为横坐标的两倍的曲线方程.

解 设所求曲线方程为 $y=f(x)$，由题知

$$\frac{\mathrm{d}y}{\mathrm{d}x}=2x, \tag{6.1}$$

两边乘以 $\mathrm{d}x$，得

$$\mathrm{d}y=2x\mathrm{d}x,$$

对两边积分得

$$y=x^2+C. \tag{6.2}$$

将点(1,3)代入上式，得

$$C=2,$$

所求的曲线方程为

$$y=x^2+2. \tag{6.3}$$

例2(物理冷却过程的数学模型) 将某物体放置于空气中，在时刻 $t=0$ 时，测得它的温度为 $u_1=150$℃，10min 后测量得温度 $u_2=87$℃.试决定此物体的温度 u 和时间 t 的关系，并计算 20min 后物体的温度.这里假设空气的温度保持在 $u_0=24$℃.

解 牛顿冷却定律表明：

(1) 热量总是从温度高的物体向温度低的物体传导；

(2) 在一定的温度范围内，一个物体的温度变化速度与这一物体的温度与其所在的介质温度之差成正比.

设物体在时刻 t 的温度为 $u(t)$，根据导数的物理意义，则温度的变化速度为$\frac{du}{dt}$，由牛顿冷却定律得到

$$\frac{du}{dt}=-k(u-u_0),\tag{6.4}$$

其中，$k>0$，为比例系数. 此数学关系式就是物体冷却过程的数学模型，下面来求解这个问题.

两边除以 $u-u_0$，再乘以 dt，得到

$$\frac{du}{u-u_0}=-k dt,$$

两边积分得

$$\ln(u-u_0)=-kt+C_0,$$

两边取 e 指数得

$$u=Ce^{-kt}+u_0.\tag{6.5}$$

由于当 $t=0$ 时，$u_1=150$℃，当 $t=10$ 时，$u_2=87$℃，以及 $u_0=24$℃，解得 $C=126$，$k=\frac{\ln 2}{10}$.

于是在任意时刻 t，有

$$u=126e^{-\frac{\ln 2}{10}t}+24.\tag{6.6}$$

将 $t=20$ 代入上式，得此时的温度为 55.5℃.

通过上述两例可知解决问题的基本思路是：首先根据具体问题建立所求函数及其导数的方程，即建立微分方程；然后建立所求函数及其导数所满足的条件，即初始条件；最后通过积分求出函数的一般规律和适合条件的具体规律. 当然实际中还有很多微分方程的应用，比如振动方程：

$$\frac{d^2 s}{dt^2}+\alpha\frac{ds}{dt}+k^2 s=f\sin\omega t,\tag{6.7}$$

火箭的质量与速度的关系方程：

$$v+m\frac{dv}{dm}=v^2,\tag{6.8}$$

以及热传导方程：

$$\frac{\partial u}{\partial t}=a^2\left(\frac{\partial^2 u}{\partial x^2}+\frac{\partial^2 u}{\partial y^2}+\frac{\partial^2 u}{\partial z^2}\right).\tag{6.9}$$

可以说，微分方程在物理学、化学、工程科学甚至社会科学中有着广泛的应用.

6.1.2 基本概念

1. 微分方程

把含有自变量、未知函数以及未知函数的导数或微分的方程，叫做**微分方程**. 其中未知函数的导数或微分必须出现在等式中. 当未知函数只依赖于一个变量时，叫做**常微分方程**；未知函数是多元函数的，叫做**偏微分方程**. 容易看出，方程式(6.1)和式(6.4)都是常微分方程.

2. 微分方程的阶

微分方程中未知函数的最高阶导数的阶数，叫做**微分方程的阶**. 例如，方程(6.1)是一阶

微分方程,方程(6.7)是二阶微分方程.

3. 微分方程的解

设函数 $y=\varphi(x)$ 在区间 I 上有相应阶的导数,若将其代入微分方程,能使方程成为恒等式.则称 $y=\varphi(x)$ 是微分方程在区间 I 上的**解**.如果微分方程的解中含有的独立的任意常数的个数与方程的阶数相等,这样的解称为微分方程的**通解**.例如,函数(6.2)是方程(6.1)的通解,函数(6.5)是方程(6.4)的通解.如果微分方程的解中不含任意常数,这样的解称为微分方程的**特解**.例如,函数(6.3)是方程(6.1)的特解,函数(6.6)是方程(6.4)的特解.

4. 积分曲线

微分方程的解的几何图形称为微分方程的**积分曲线**.特解的几何图形就是一条积分曲线,通解的几何图形就是一**积分曲线族**.例如,例1中的特解 $y=x^2+2$ 就是过点(1,3)的那条积分曲线,而其通解 $y=x^2+C$ 即为将一条积分曲线沿 y 轴上下平移形成的积分曲线族.

习 题 6.1

1. 下面的等式中哪些是微分方程?若是,指出其阶数.

(1) $\frac{dy}{dx}=4x^2-y$;　　(2) $xy'+\sin x=1$;

(3) $\frac{d^2y}{dx^2}-\left(\frac{dy}{dx}\right)^2+12xy=0$;　　(4) $x\frac{dy}{dx}+\left(\frac{dy}{dx}\right)^2-3y^2=0$;

(5) $3dy-xdx=2$;　　(6) $\sin\left(\frac{d^2y}{dx^2}\right)+e^y=x$.

2. 验证下列各函数是相应微分方程的解:

(1) $y=\frac{1}{x^2+1}$, $(1+x^2)y''+4xy'+2y=0$;

(2) $y=Ce^x$, $y''-2y'+y=0$(C 是任意常数).

3. 设降落伞从跳伞塔下落后,所受空气阻力与速度成正比,并设降落伞离开跳伞塔时($t=0$)速度为零.试建立降落伞下落速度与时间的微分方程.

6.2 一阶微分方程

本节将介绍一阶微分方程的初等解法,即把微分方程的求解问题化为积分问题.但大家要明白:一般的一阶微分方程是没有初等解法的,我们这里介绍几种能有初等解法的方程类型及其求解的一般方法,虽然这些类型是很有限的,但它们却反映了实际问题中出现的微分方程的相当部分.因此掌握这些类型方程的解法有着重要的实际意义.

6.2.1 可分离变量的微分方程与分离变量法

形如

$$\frac{dy}{dx}=f(x)g(y) \tag{6.10}$$

的方程，称为**可分离变量方程**，其中 $f(x)$，$g(y)$ 分别是 x，y 的连续函数. 这种方程的特点是：方程右端是只含 x 的函数和只含 y 的函数的乘积. 如果 $g(y)\neq 0$，方程(6.10)可变形为

$$\frac{\mathrm{d}y}{g(y)}=f(x)\mathrm{d}x, \tag{6.11}$$

这个过程称为分离变量，即能把方程变成一边是只含 y 的函数和 $\mathrm{d}y$ 的乘积，另一边是只含 x 的函数和 $\mathrm{d}x$ 的乘积.

如果 y 作为 x 的函数是方程(6.10)的解，则方程(6.11)两端是彼此恒等的微分，两端积分就得到 y 所满足的隐函数方程

$$\int\frac{1}{g(y)}\mathrm{d}y=\int f(x)\mathrm{d}x+C \tag{6.12}$$

或

$$G(y)=F(x)+C, \tag{6.13}$$

其中，$G(y)=\int\frac{1}{g(y)}\mathrm{d}y$ 和 $F(x)=\int f(x)\mathrm{d}x$ 分别是 $\frac{1}{g(y)}$ 和 $f(x)$ 的某个原函数，C 是积分常数. 称函数(6.13)就是方程(6.10)的通解. 以上求常微分方程(6.10)的方法，称为可分离变量法. 具体步骤如下：

(1) 对方程进行变量分离为式(6.11)的形式；

(2) 对式(6.11)两边积分，即 $\int\frac{1}{g(y)}\mathrm{d}y=\int f(x)\mathrm{d}x+C$，则可得方程(6.10)的解为 $G(y)=F(x)+C$.

注意 如果将方程(6.10)变形为方程(6.11)，又存在 y_0，使 $g(y)=0$，直接代入，可知 $y=y_0$ 也是方程(6.10)的解. 但这个解可能不包含在解(6.13)中，这时必须予以补上，通解的形式便为

$$\begin{cases}G(y)=F(x)+C,\\ y=y_0.\end{cases}$$

这里需要说明的是，本书对此类特解不予详细讨论.

例 1 求微分方程 $\frac{\mathrm{d}y}{\mathrm{d}x}=-\frac{x}{y}$ 的通解.

解 将方程进行变量分离，得到

$$y\mathrm{d}y=-x\mathrm{d}x,$$

两边积分得

$$\int y\mathrm{d}y=-\int x\mathrm{d}x,$$

则得

$$\frac{1}{2}y^2=-\frac{1}{2}x^2+\frac{C}{2},$$

即

$$x^2+y^2=C.$$

这里 $C>0$ 是任意常数. 或者解出其显式解 $y=\pm\sqrt{C-x^2}$.

例 2 求微分方程 $\frac{\mathrm{d}y}{\mathrm{d}x}=-2xy$ 的通解.

解 将方程进行变量分离，得到

$$\frac{\mathrm{d}y}{y}=-2x\mathrm{d}x,$$

两边积分得

$$\int\frac{1}{y}\mathrm{d}y=-2\int x\mathrm{d}x,$$

则得

$$\ln|y|=-x^2+C_1,$$

即

$$y=\pm \mathrm{e}^{-x^2+C_1}=\pm \mathrm{e}^{C_1}\mathrm{e}^{-x^2}.$$

记 $C=\pm \mathrm{e}^{C_1}$，则可得解为 $y=C\mathrm{e}^{-x^2}$.

由于 $y=0$ 也是方程的解，但此解未包含在上述解中，所以原方程的通解为

$$y=C\mathrm{e}^{-x^2},\quad C\text{ 为任意常数}.$$

例 3 求方程 $y^2\mathrm{d}x+y\mathrm{d}y=x^2y\mathrm{d}y-\mathrm{d}x$ 满足条件 $y|_{x=2}=1$ 的特解.

解 将方程进行变量分离得

$$\frac{y\mathrm{d}y}{y^2+1}=\frac{1}{x^2-1}\mathrm{d}x,$$

两边积分得

$$\ln(1+y^2)=\ln\frac{x-1}{x+1}+C_1,$$

所以通解为

$$y^2+1=\frac{C(x-1)}{x+1},\quad C=\mathrm{e}^{C_1}.$$

为求出其特解，将 $x=2,y=1$ 代入通解中，得 $C=6$. 因此所求特解为

$$y^2+1=\frac{6(x-1)}{x+1}.$$

例 4 求微分方程 $\frac{\mathrm{d}y}{\mathrm{d}x}=\frac{1}{x+y}-1$ 的通解.

解 此方程不能直接表现为可分离变量的方程，但我们可以作如下变换：$u=x+y$，则得

$$\frac{\mathrm{d}u}{\mathrm{d}x}=1+\frac{\mathrm{d}y}{\mathrm{d}x},$$

代入原方程可得

$$\frac{\mathrm{d}u}{\mathrm{d}x}=\frac{1}{u},$$

即

$$u\mathrm{d}u=\mathrm{d}x,$$

两边积分得

$$\frac{1}{2}u^2=x+C_1.$$

还原得方程的通解为

$$(x+y)^2=2x+C,\quad C=2C_1,$$

此解的形式又称为通解的隐式表达式. 这种变量替换的手段今后会经常遇到.

6.2.2 齐次微分方程

形如 $\frac{\mathrm{d}y}{\mathrm{d}x}=F\left(\frac{y}{x}\right)$ 或 $\frac{\mathrm{d}x}{\mathrm{d}y}=G\left(\frac{x}{y}\right)$ 的方程，称为**齐次微分方程**. 例如方程 $(x-y)\mathrm{d}y-$

$(x+y)\mathrm{d}x=0$，$\frac{\mathrm{d}y}{\mathrm{d}x}=2\sqrt{\frac{y}{x}}+\frac{y}{x}$ 等都是齐次方程.

为了求解齐次方程的通解需作变量变换，即

$$u=\frac{y}{x} \text{ 或 } y=ux, \quad u \text{ 是关于 } x \text{ 的函数},$$

则有

$$\frac{\mathrm{d}y}{\mathrm{d}x}=x\frac{\mathrm{d}u}{\mathrm{d}x}+u,$$

代入方程$\frac{\mathrm{d}y}{\mathrm{d}x}=F\left(\frac{y}{x}\right)$得

$$x\frac{\mathrm{d}u}{\mathrm{d}x}+u=F(u), \tag{6.14}$$

整理得

$$\frac{\mathrm{d}u}{F(u)-u}=\frac{\mathrm{d}x}{x}. \tag{6.15}$$

方程(6.15)是一可分离变量的方程，按可分离变量方程的求解方法即可求出其解，然后用$\frac{y}{x}$代替变量 u，便得方程(6.14)的解.

例 5 求解微分方程 $(x-y)\mathrm{d}y-(x+y)\mathrm{d}x=0$ 的通解.

解 原方程变形为

$$\frac{\mathrm{d}y}{\mathrm{d}x}=\frac{1+\frac{y}{x}}{1-\frac{y}{x}},$$

它是齐次方程. 令 $y=ux$(u 是关于 x 的函数)，代入方程得

$$x\frac{\mathrm{d}u}{\mathrm{d}x}+u=\frac{1+u}{1-u},$$

整理分离变量得

$$\frac{(1-u)\mathrm{d}u}{1+u^2}=\frac{\mathrm{d}x}{x},$$

两边积分得

$$\arctan u-\ln\sqrt{1+u^2}=\ln|x|-\ln C,$$

其中，$C>0$，为任意常数. 将 $\ln\sqrt{1+u^2}$移到等式的右边后，两边取指数得

$$|x|\sqrt{1+u^2}=C\mathrm{e}^{\arctan u},$$

将 $u=\frac{y}{x}$代入上式，就得到方程的通解为

$$\sqrt{x^2+y^2}=C\mathrm{e}^{\arctan\frac{y}{x}}.$$

如果采用极坐标表示为 $r=C\mathrm{e}^{\theta}$，这是以圆点为焦点的螺线.

例 6 求微分方程$(x^2+y^2)\mathrm{d}x=2xy\mathrm{d}y$ 满足初始条件 $y|_{x=1}=0$ 的特解.

解 方程可化为

$$\frac{\mathrm{d}y}{\mathrm{d}x}=\frac{x^2+y^2}{2xy}=\frac{1+\left(\frac{y}{x}\right)^2}{2\left(\frac{y}{x}\right)},$$

它是齐次方程.令 $u=\frac{y}{x}$,代入整理后,有

$$\frac{\mathrm{d}u}{\mathrm{d}x}=\frac{1-u^2}{2xu},$$

分离变量,则有

$$\frac{u}{1-u^2}\mathrm{d}u=\frac{1}{2x}\mathrm{d}x,$$

两边积分,得

$$-\frac{1}{2}\ln(1-u^2)=\frac{1}{2}\ln x+\frac{1}{2}\ln c,$$

即

$$Cx(1-u^2)=1.$$

将 $u=\frac{y}{x}$ 代入上式,于是所求方程的通解为

$$C(x^2-y^2)=x.$$

把初始条件 $y|_{x=1}=0$ 代入上式,求出 $C=1$,故所求方程的特解为

$$y^2=x^2-x.$$

例 7 求解微分方程 $2xy\mathrm{d}y+(y^2-3x^2)\mathrm{d}x=0$ 满足初始条件 $y|_{x=1}=0$ 的特解.

解 原方程变形为

$$\frac{\mathrm{d}y}{\mathrm{d}x}=\frac{3-\left(\frac{y}{x}\right)^2}{2\left(\frac{y}{x}\right)},$$

它是齐次方程.令 $y=ux$(u 是关于 x 的函数),代入方程得

$$x\frac{\mathrm{d}u}{\mathrm{d}x}+u=\frac{3-u^2}{2u},$$

整理,分离变量得

$$\frac{u\mathrm{d}u}{1-u^2}=\frac{3}{2}\cdot\frac{\mathrm{d}x}{x},$$

两边积分得

$$\frac{3}{2}\ln|x|=\ln c-\frac{1}{2}\ln|1-u^2|,$$

两边取指数得

$$x^{3/2}=\frac{C}{\sqrt{1-u^2}}.$$

将 $u=\frac{y}{x}$ 代入上式,就得到方程的通解为

$$\frac{Cx}{\sqrt{x^2-y^2}}=x^{3/2}.$$

再将 $x=1,y=0$ 代入通解中得 $C=1$,则原方程的特解为

$$x^2-y^2=x^{-1}.$$

注意 变量代换法在解微分方程中,有着特殊的作用.通过代换,把所求方程转化为能够求解的方程类型.但困难之处是如何选择适宜的变量代换.一般来说,变量代换的选择并无一定的规律,往往要根据所考虑的微分方程的特点而构造.例如,求方程 $\frac{\mathrm{d}y}{\mathrm{d}x}=x^2-2xy+y^2$ 的解,可以作 $u=x-y$ 的变量代换等.

例 8 设河边点 O 的正对岸为点 A,河宽 $OA=h$,两岸为平行直线,水流速度为 $\boldsymbol{a}$.有鸭子从点 A 游向点 O,设鸭子(在静水中)的游速为 $\boldsymbol{b}(|\boldsymbol{b}|>|\boldsymbol{a}|)$,且鸭子游动方向始终朝着点 O.试求鸭子游过的迹线.

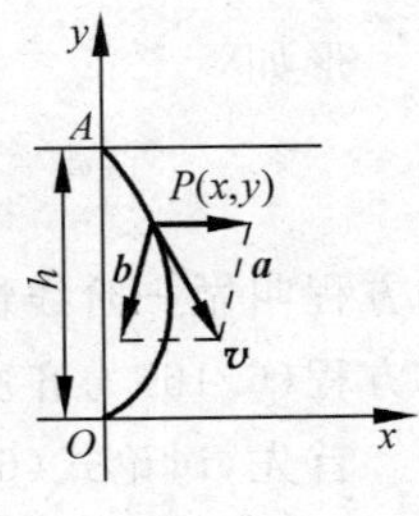

图 6.1

解 如图 6.1 所示,设水流速度为 $\boldsymbol{a}(|\boldsymbol{a}|=a)$,鸭子游速为 $\boldsymbol{b}(|\boldsymbol{b}|=b)$,则鸭子实际运动速度为 $\boldsymbol{v}=\boldsymbol{a}+\boldsymbol{b}$.取 O 为坐标原点,河岸朝顺水方向为 x 轴,y 轴指向对岸,设在时刻 t 鸭子位于点 $P(x,y)$.

设鸭子运动速度为

$$\boldsymbol{v}=(v_x,v_y)=\left(\frac{\mathrm{d}x}{\mathrm{d}t},\frac{\mathrm{d}y}{\mathrm{d}t}\right),$$

故有

$$\frac{\mathrm{d}x}{\mathrm{d}y}=\frac{v_x}{v_y}.$$

而 $\boldsymbol{a}=(a,0)$,$\boldsymbol{b}=b\overrightarrow{PO^0}$,其中 $\overrightarrow{PO^0}$ 为与 $\overrightarrow{PO}$ 同方向的单位向量.由于 $\overrightarrow{PO}=-(x,y)$,故 $\overrightarrow{PO^0}=\frac{1}{\sqrt{x^2+y^2}}(x,y)$,所以 $\boldsymbol{b}=\frac{-b}{\sqrt{x^2+y^2}}(x,y)$.从而 $\boldsymbol{v}=\boldsymbol{a}+\boldsymbol{b}=\left(a-\frac{bx}{\sqrt{x^2+y^2}},-\frac{by}{\sqrt{x^2+y^2}}\right)$.由此得到微分方程为

$$\frac{\mathrm{d}x}{\mathrm{d}y}=-\frac{a\sqrt{x^2+y^2}}{by}+\frac{x}{y},$$

即

$$\frac{\mathrm{d}x}{\mathrm{d}y}=-\frac{a}{b}\sqrt{\left(\frac{x}{y}\right)^2+1}+\frac{x}{y}.$$

令 $\frac{x}{y}=u$,则 $x=uy$,将 $\frac{\mathrm{d}x}{\mathrm{d}y}=y\frac{\mathrm{d}u}{\mathrm{d}y}+u$ 代入上面的方程,有

$$y\frac{\mathrm{d}u}{\mathrm{d}y}=-\frac{a}{b}\sqrt{u^2+1},$$

分离变量得

$$\frac{\mathrm{d}u}{\sqrt{u^2+1}}=-\frac{a}{by}\mathrm{d}y,$$

积分得

$$\ln(u+\sqrt{u^2+1})=-\frac{a}{b}(\ln y+\ln c),$$

$$u+\sqrt{u^2+1}=(Cy)^{-\frac{a}{b}},$$

$$1=(Cy)^{-\frac{a}{b}}(\sqrt{u^2+1}-u).$$

$$u=\frac{1}{2}\left[(Cy)^{-\frac{a}{b}}-(Cy)^{\frac{a}{b}}\right].$$

所以得

$$x=\frac{y}{2}\left[(Cy)^{-\frac{a}{b}}-(Cy)^{\frac{a}{b}}\right].$$

以条件 $y=h$ 时 $x=0$ 代入上式，得 $C=\frac{1}{h}$，故鸭子游过的迹线为

$$x=\frac{y}{2}\left[\left(\frac{y}{h}\right)^{-\frac{a}{b}}-\left(\frac{y}{h}\right)^{\frac{a}{b}}\right],\quad 0\leqslant y\leqslant h.$$

6.2.3 一阶线性微分方程

形如

$$\frac{\mathrm{d}y}{\mathrm{d}x}+p(x)y=q(x) \tag{6.16}$$

的方程叫做**一阶线性微分方程**(因为它对于未知函数及其导数均为一次). 当 $q(x)=0$ 时，称方程(6.16)为**齐次的**，否则称为**非齐次的**.

首先，讨论式(6.16)所对应的齐次方程

$$\frac{\mathrm{d}y}{\mathrm{d}x}=-p(x)y \tag{6.17}$$

的通解问题.

分离变量，得

$$\frac{\mathrm{d}y}{y}=-p(x)\mathrm{d}x,$$

两边积分，得

$$\ln|y|=-\int p(x)\mathrm{d}x+\ln|C|,$$

故可知方程(6.17)的通解为

$$y=C\mathrm{e}^{-\int p(x)\mathrm{d}x},\quad C\text{ 为任意常数}.$$

例 9 求微分方程 $y'+xy=0$ 的通解.

解 分离变量，得

$$\frac{\mathrm{d}y}{y}=-x\mathrm{d}x,$$

两边积分，得

$$\int\frac{\mathrm{d}y}{y}=-\int x\mathrm{d}x,$$

则得

$$\ln|y|=-\frac{1}{2}x^2+\ln C,$$

因此可得该微分方程的通解为

$$y=C\mathrm{e}^{-\frac{x^2}{2}}.$$

其次，我们使用所谓的**常数变易法**(即将常数变易为待定函数的方法)来求非齐次线性方程(6.16)的通解.

将方程(6.17)的通解中的常数 C 换成 x 的未知函数 $C(x)$，即作变换

$$y=C(x)\mathrm{e}^{-\int p(x)\mathrm{d}x},\tag{6.18}$$

两边求导得

$$\frac{\mathrm{d}y}{\mathrm{d}x}=\frac{\mathrm{d}C(x)}{\mathrm{d}x}\mathrm{e}^{-\int p(x)\mathrm{d}x}-C(x)p(x)\mathrm{e}^{-\int p(x)\mathrm{d}x}.$$

把上两式代入方程(6.16)，得

$$\frac{\mathrm{d}C(x)}{\mathrm{d}x}\mathrm{e}^{-\int p(x)\mathrm{d}x}-C(x)p(x)\mathrm{e}^{\int p(x)\mathrm{d}x}+p(x)C(x)\mathrm{e}^{-\int p(x)\mathrm{d}x}=q(x),$$

整理得

$$\frac{\mathrm{d}C(x)}{\mathrm{d}x}=q(x)\mathrm{e}^{\int p(x)\mathrm{d}x},$$

两边积分，得

$$C(x)=\int q(x)\mathrm{e}^{\int p(x)\mathrm{d}x}\mathrm{d}x+C_1.$$

把上式代入式(6.18)，于是得到非齐次线性方程(6.16)的通解为

$$y=\mathrm{e}^{-\int p(x)\mathrm{d}x}\left(\int q(x)\mathrm{e}^{\int p(x)\mathrm{d}x}\mathrm{d}x+C_1\right),\tag{6.19}$$

将它写成两项之和，即

$$y=C_1\mathrm{e}^{-\int p(x)\mathrm{d}x}+\mathrm{e}^{-\int p(x)\mathrm{d}x}\int q(x)\mathrm{e}^{\int p(x)\mathrm{d}x}\mathrm{d}x.$$

不难发现，第一项是对应的齐次线性方程(6.17)的通解，第二项是非齐次线性方程(6.16)的一个特解. 由此得到一阶线性非齐次方程的通解的结构为

非齐次方程的通解＝对应的齐次方程的通解＋非齐次方程的一个特解.

例 10 求微分方程 $y'-\frac{2y}{x+1}=(x+1)^{\frac{5}{2}}$ 的通解.

解 这是一个非齐次线性方程，先求对应的齐次方程的通解，即

$$y'-\frac{2y}{x+1}=0,$$

分离变量，得

$$\frac{\mathrm{d}y}{y}=\frac{2}{x+1}\mathrm{d}x,$$

两边积分得齐次方程通解为

$$y=C(x+1)^2.$$

然后将上式通解中的常数 C 换成 x 的未知函数 $C(x)$，即令

$$y=C(x)(x+1)^2,$$

两边对 x 求导，得

$$\frac{\mathrm{d}y}{\mathrm{d}x}=C'(x)(x+1)^2+2C(x)(x+1).$$

将上式代入原非齐次线性方程中，可解得

$$C(x)=\frac{2}{3}(x+1)^{\frac{3}{2}}+C,$$

即可得非齐次方程的通解为

$$y=(x+1)^2\left[\frac{2}{3}(x+1)^{\frac{3}{2}}+C\right].$$

例 11 求方程$(x+1)\frac{\mathrm{d}y}{\mathrm{d}x}-ny=\mathrm{e}^x(x+1)^{n+1}$的通解，其中 n 为常数.

解 原方程变形可得

$$\frac{\mathrm{d}y}{\mathrm{d}x}-\frac{n}{x+1}y=\mathrm{e}^x(x+1)^n,$$

这是一阶线性非齐次方程，下面我们用两种方法求其解.

解法 1 常数变易法.

首先，求其对应的齐次方程$\frac{\mathrm{d}y}{\mathrm{d}x}=\frac{n}{x+1}y$ 的通解.

分离变量得

$$\frac{\mathrm{d}y}{y}=\frac{n}{x+1}\mathrm{d}x,$$

两边积分得齐次方程的通解为

$$y=C(x+1)^n.$$

其次，应用常数变易法求非齐次方程的通解. 在上式中令 $C=C(x)$，即 $y=C(x)(x+1)^n$，于是有

$$\frac{\mathrm{d}y}{\mathrm{d}x}=\frac{\mathrm{d}C(x)}{\mathrm{d}x}(x+1)^n+n(x+1)^{n-1}C(x).$$

把上两式代入原方程得

$$\frac{\mathrm{d}C(x)}{\mathrm{d}x}=\mathrm{e}^x,$$

积分得

$$C(x)=\mathrm{e}^x+C.$$

把所求得的 $C(x)$代入 $y=C(x)(x+1)^n$，得原方程的通解为

$$y=(x+1)^n(\mathrm{e}^x+C).$$

解法 2 公式法.

把所求方程与方程(6.16)对照，有

$$p(x)=-\frac{n}{x+1},\quad q(x)=\mathrm{e}^x(x+1)^n,$$

代入式(6.19)得

$$\begin{aligned}y&=\mathrm{e}^{\int\frac{n}{x+1}\mathrm{d}x}\left[\int\mathrm{e}^x(x+1)^n\mathrm{e}^{-\int\frac{n}{x+1}\mathrm{d}x}\mathrm{d}x+C\right]\\&=(x+1)^n\left[\int\mathrm{e}^x(x+1)^n(x+1)^{-n}\mathrm{d}x+C\right]\\&=(x+1)^n(\mathrm{e}^x+C).\end{aligned}$$

由此例的求解可知，若能确定一个方程为一阶线性非齐次方程，求解它既可以用常数变易法也可以套用公式.

例 12 求方程$\frac{dy}{dx}=\frac{1}{y-x}$的通解.

解 该方程不是未知函数 y 的线性方程,但可以将它变形为

$$\frac{dx}{dy}=y-x,$$

即

$$\frac{dx}{dy}+x=y. \tag{6.20}$$

把 x 视为未知函数,y 视为自变量,方程(6.20)便是一阶线性非齐次方程.

下面我们用常数变易法来求其通解.

方程(6.20)对应的齐次方程为

$$\frac{dx}{dy}+x=0,$$

分离变量,两边积分得通解为

$$x=Ce^{-y}.$$

常数变易,即令 $C=C(y)$,则得

$$x=C(y)e^{-y}, \tag{6.21}$$

$$\frac{dx}{dy}=C'(y)e^{-y}-C(y)e^{-y}.$$

把上两式代入方程(6.20),得

$$C'(y)=ye^{y},$$

积分得

$$C(y)=(y-1)e^{y}+C.$$

将 $C(y)$结果代入式(6.21),得原方程的通解为

$$x=Ce^{-y}+(y-1).$$

此题也可以作变量代换 $u=y-x$,把方程转化为可分离变量的方程来解决.

习 题 6.2

1. 求下列微分方程的通解:

(1) $(1+x)ydx-(1-y)xdy=0$;

(2) $\frac{dy}{dx}=\frac{1+y^2}{xy+x^3y}$;

(3) $\sqrt{1-y^2}=3x^2yy'$;

(4) $(x+2y)dx-xdy=0$;

(5) $\frac{dy}{dx}=\frac{2x^3y-y^4}{x^4-2xy^3}$;

(6) $xydx-(x^2-y^2)dy=0$;

(7) $\frac{dy}{dx}=y+x^2$;

(8) $xy'+y=\cos x$.

2. 求下列微分方程满足所给初始条件的特解:

(1) $y^2dx+(x+1)dy=0, y|_{x=0}=1$;

(2) $xdy+2ydx=0, y|_{x=2}=1$;

(3) $\frac{x}{1+y}dx-\frac{y}{1+x}dy=0, y|_{x=0}=1$;

(4) $\frac{dx}{dt}=8-3x, y|_{x=0}=2$.

3. 已知 $xf(x)=1+\int_0^x t^2 f(t)dt$，试求函数 $f(x)$ 的一般表达式.

4. 平行于 y 轴的动直线被曲线 $y=f(x)$ 与 $y=x^3 (x>0)$ 截下的线段 PQ 之长数值上等于阴影部分的面积(见图 6.2)，求曲线 $y=f(x)$.

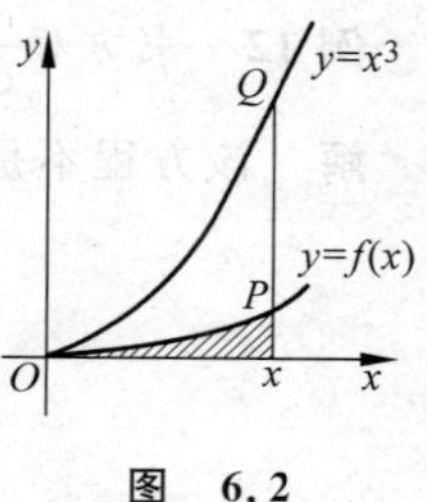

图 6.2

6.3 二阶微分方程

二阶及二阶以上的方程统称为**高阶微分方程**.高阶方程的求解一般是比较复杂的，对于有些高阶方程我们可以通过代换将它化为较低阶的方程来求解.

6.3.1 可降阶的微分方程

下面介绍三种容易降阶的高阶微分方程的求解方法.

1. $y''=f(x)$ 型

(1) 形式

$$y''=f(x). \tag{6.22}$$

(2) 特点

方程(6.22)的右端仅含自变量 x.

(3) 解法

对方程(6.22)的两边连续积分两次就得到通解了.

例 1 求方程 $y''=x+\sin x$ 的通解.

解 对方程连续积分两次，得

$$y'=\frac{x^2}{2}-\cos x+C_1,$$

$$y=\frac{x^3}{6}-\sin x+C_1x+C_2,$$

这就是所求方程的通解.

2. $y''=f(x,y')$ 型

(1) 形式

$$y''=f(x,y'). \tag{6.23}$$

(2) 特点

方程(6.23)右端不显含未知函数 y.

(3) 解法

设 $y'=p(x)$，那么 $y''=\frac{dp}{dx}=p'$，于是方程(6.23)就变成为 $p'=f(x,p)$.这是一个关于变量 x,p 的一阶微分方程，可用前面介绍的一阶微分方程的解法求出其通解.设 $p=\varphi(x,C_1)$，而 $\frac{dp}{dx}=p'$，这样又得到一个一阶微分方程

$$\frac{\mathrm{d}y}{\mathrm{d}x}=\varphi(x,C_1),$$

再积分就得到原方程的通解

$$y=\int\varphi(x,C_1)\mathrm{d}x+C_2.$$

例 2 求方程 $y''=\frac{1}{x}y'$ 的通解.

解 设 $y'=p$，则 $y''=\frac{\mathrm{d}p}{\mathrm{d}x}=p'$，于是原方程变为

$$\frac{\mathrm{d}p}{\mathrm{d}x}=\frac{1}{x}p.$$

解此方程得

$$p=Cx,$$

即

$$\frac{\mathrm{d}y}{\mathrm{d}x}=Cx,$$

积分得方程的通解为

$$y=\frac{1}{2}Cx^2+C_2=C_1x^2+C_2\quad\left(C_1=\frac{1}{2}C\right).$$

例 3 求方程 $y''=x+y'$ 满足 $y|_{x=0}=0, y'|_{x=0}=0$ 的特解.

解 设 $y'=p$，则 $y''=\frac{\mathrm{d}p}{\mathrm{d}x}=p'$，于是原方程变为

$$\frac{\mathrm{d}p}{\mathrm{d}x}=x+p.$$

解此方程得 $p=C_1\mathrm{e}^x-x-1$，由于 $y'|_{x=0}=0$，可得 $C_1=1$，即 $\frac{\mathrm{d}y}{\mathrm{d}x}=\mathrm{e}^x-x-1$. 积分得方程的通解为 $y=\mathrm{e}^x-\frac{1}{2}x^2-x+C_2$，同时由于 $y|_{x=0}=0$，可知 $C_2=-1$. 最终得特解为

$$y=\mathrm{e}^x-\frac{1}{2}x^2-x-1.$$

3. $y''=f(y,y')$ 型

(1) 形式

$$y''=f(y,y'). \tag{6.24}$$

(2) 特点

方程(6.24)的右端不显含自变量 x.

(3) 解法

令 $y'=p(y)$，利用复合函数的求导法则把 y'' 化为对 y 的导数，即

$$y''=\frac{\mathrm{d}p}{\mathrm{d}x}=\frac{\mathrm{d}p}{\mathrm{d}y}\cdot\frac{\mathrm{d}y}{\mathrm{d}x}=p\frac{\mathrm{d}p}{\mathrm{d}y},$$

代入方程(6.24)就化为

$$p\frac{\mathrm{d}p}{\mathrm{d}y}=f(y,p),$$

这是关于 y,p 的一阶微分方程,求出其通解为

$$y' = p = \varphi(y,C_1),$$

再分离变量并积分,便可得到方程(6.24)的通解为

$$\int \frac{dy}{\varphi(y,C_1)} = x + C_2.$$

例 4 求方程 $yy''-y'^2=0$ 的通解.

解 方程不显含自变量 x. 令 $y'=p$,则 $y''=p\frac{dp}{dy}$,代入原方程,得 $yp\frac{dp}{dy}-p^2=0$,即 $p\left(y\frac{dp}{dy}-p\right)=0$.

若 $p=0$,则$\frac{dy}{dx}=0$,从而 $y=C$. 若 $p\neq 0$,则 $y\frac{dp}{dy}-p=0$,分离变量得

$$\frac{dy}{y} = \frac{dp}{p}.$$

解此方程得 $\ln|p|=\ln|y|+C$,即 $p=y'=C_1y(C_1=\pm e^C)$. 再分离变量并两边积分得原方程的通解为

$$y = C_2 e^{C_1 x}.$$

6.3.2 二阶常系数线性微分方程

1. 二阶常系数线性微分方程的一般形式

形如

$$y'' + py' + qy = f(x)$$

的方程,其中 p,q 是常数,称为**二阶常系数线性方程**.

如果 $f(x)$为 0,则微分方程变为

$$y'' + py' + qy = 0, \tag{6.25}$$

称方程(6.25)为**二阶常系数齐次线性微分方程**,反之称为**二阶常系数非齐次线性微分方程**.

如果 p,q 不全为常数,则称它为**二阶变系数线性微分方程**.

本节主要讨论二阶常系数齐次线性微分方程的解法.

2. 二阶常系数齐次线性微分方程的通解

定理 1 如果函数 $y_1(x)$与 $y_2(x)$是方程(6.25)的两个线性无关的特解,那么 $y=C_1y_1(x)+C_2y_2(x)$就是方程(6.25)的通解,其中 C_1,C_2 为任意常数.

证明略.

由定理 1 可知,要求微分方程(6.25)的通解,可先求出它的两个线性无关的特解 $y_1(x)$ 与 $y_2(x)$,即$\frac{y_1}{y_2}\neq C$(C 为常数),那么 $y=C_1y_1(x)+C_2y_2(x)$就是方程的通解.

根据方程(6.25)的特征我们容易猜到方程(6.25)的解的形式可能是指数函数 $y=e^{rx}$(r 为常数).

设指数函数 $y=e^{rx}$(r 是常数)是方程(6.25)的解,则有

$$y = e^{rx}, \quad y' = re^{rx}, \quad y'' = r^2e^{rx},$$

代入方程(6.25),得

$$y''+py'+qy=(r^2+pr+q)\mathrm{e}^{rx}=0.$$

由于 $\mathrm{e}^{rx}\neq 0$，从而有

$$r^2+pr+q=0. \tag{6.26}$$

由此可见，只要 r 满足代数方程(6.26)，函数 $y=\mathrm{e}^{rx}$ 就是微分方程(6.25)的解. 我们把此代数方程称为微分方程(6.25)的**特征方程**.

显然，对应于特征方程的每一个根 r_i，有微分方程(6.25)的一个解 $y=\mathrm{e}^{r_i x}$ 与之对应，这样就把求方程(6.25)的解的问题转化为求特征方程(6.26)的根的问题了.

根据特征方程(6.26)的根的不同情况，我们分三种情况讨论如下.

(1) 特征方程有两个不相等的实根：$r_1\neq r_2$

由上面的讨论知道，$y_1=\mathrm{e}^{r_1 x}$ 与 $y_2=\mathrm{e}^{r_2 x}$ 均是微分方程的两个解，并且 $\dfrac{y_1}{y_2}\neq C$(C 为常数)，因此微分方程(6.25)的通解为

$$y=C_1\mathrm{e}^{r_1 x}+C_2\mathrm{e}^{r_2 x}.$$

(2) 特征方程有两个相等的实根：$r_1=r_2$

这时，只得到微分方程(6.25)的一个解 $y_1=\mathrm{e}^{r_1 x}$，为了得到方程的通解，还需另求一个解 y_2，并且 $\dfrac{y_1}{y_2}\neq C$(C 为常数).

设 $\dfrac{y_2}{y_1}=u(x)$，即 $y_2=u(x)\mathrm{e}^{r_1 x}$，下面来求 $u(x)$.

求 y'_2，y''_2，即

$$y'_2=u'\mathrm{e}^{r_1 x}+r_1 u\mathrm{e}^{r_1 x}=\mathrm{e}^{r_1 x}(u'+r_1 u),$$
$$y''_2=r_1\mathrm{e}^{r_1 x}(u'+r_1 u)+\mathrm{e}^{r_1 x}(u''+r_1 u')=\mathrm{e}^{r_1 x}(u''+2r_1 u'+r_1{}^2 u).$$

把 y_2，y'_2，y''_2 代入方程(6.25)，得

$$\mathrm{e}^{r_1 x}[(u''+2r_1 u'+r_1{}^2 u)+(pu'+pr_1 u)+qu]=0,$$

整理得

$$u''+(2r_1+p)u'+(r_1{}^2+pr_1+q)u=0.$$

由于 $r_1=-\dfrac{p}{2}$ 是特征方程的二重根，因此有

$$2r_1+p=0,\quad r_1{}^2+pr_1+q=0.$$

于是 $u''=0$，因我们只要得到一个不为常数的解，可取 $u=x$，于是得到微分方程的另一个解为

$$y_2=x\mathrm{e}^{r_1 x},$$

从而得到微分方程(6.25)的通解为

$$y=C_1\mathrm{e}^{r_1 x}+C_2 x\mathrm{e}^{r_1 x}=\mathrm{e}^{r_1 x}(C_1+C_2 x).$$

(3) 特征方程有一对共轭复根：$r_1=\alpha+\beta\mathrm{i}$，$r_2=\alpha-\beta\mathrm{i}(\beta\neq 0)$，则

$$y_1=\mathrm{e}^{(\alpha+\beta\mathrm{i})x}=\mathrm{e}^{\alpha x}\cdot\mathrm{e}^{\mathrm{i}\beta x}=\mathrm{e}^{\alpha x}(\cos\beta x+\mathrm{i}\sin\beta x),$$
$$y_2=\mathrm{e}^{(\alpha-\beta\mathrm{i})x}=\mathrm{e}^{\alpha x}\cdot\mathrm{e}^{-\mathrm{i}\beta x}=\mathrm{e}^{\alpha x}(\cos\beta x-\mathrm{i}\sin\beta x)$$

是微分方程(6.25)的两个解. 根据齐次方程解的叠加原理，有

$$\bar{y}_1=\frac{y_1+y_2}{2}=\mathrm{e}^{\alpha x}\cos\beta x,$$

$$\bar{y}_2 = \frac{y_1 - y_2}{2\mathrm{i}} = \mathrm{e}^{\alpha x}\sin\beta x,$$

它们也是微分方程(6.25)的解,且

$$\frac{\bar{y}_2}{\bar{y}_1} = \frac{\mathrm{e}^{\alpha x}\sin\beta x}{\mathrm{e}^{\alpha x}\cos\beta x} = \tan\beta x \neq 常数.$$

所以,微分方程(6.25)的通解为

$$y = C_1\mathrm{e}^{\alpha x}\cos\beta x + C_2\mathrm{e}^{\alpha x}\sin\beta x = \mathrm{e}^{\alpha x}(C_1\cos\beta x + C_2\sin^{\beta x}).$$

综上所述,求二阶常系数齐次线性微分方程 $y''+py'+qy=0$ 的通解的步骤如下:

第一步,写出微分方程(6.25)的特征方程 $r^2+pr+q=0$;

第二步,求出特征方程的两个根 r_1, r_2;

第三步,根据特征方程的两个根的不同情形,根据表 6.1 写出微分方程的通解.

表 6.1

特征方程 $r^2+pr+q=0$ 的两个根 r_1, r_2	微分方程 $y''+py'+qy=0$ 的通解
两个不相等的实根 ($r_1 \neq r_2$)	$y=C_1\mathrm{e}^{r_1 x}+C_2\mathrm{e}^{r_2 x}$
两个相等的实根 ($r_1=r_2$)	$y=\mathrm{e}^{r_1 x}(C_1+C_2 x)$
一对共轭复根 ($r_{1,2}=\alpha\pm\beta\mathrm{i}$)	$y=\mathrm{e}^{\alpha x}(C_1\cos\beta x+C_2\sin\beta x)$.

例 5 求微分方程 $y''+y'-2y=0$ 的通解.

解 方程是二阶常系数齐次线性微分方程,其特征方程为

$$r^2+r-2=0,$$

其根为

$$r_1=-2,\quad r_2=1.$$

因此所求通解为

$$y=C_1\mathrm{e}^{-2x}+C_2\mathrm{e}^{x}.$$

例 6 求微分方程 $y''-4y'+4y=0$ 满足 $y|_{x=0}=2, y'|_{x=0}=5$ 的特解.

解 所给方程的特征方程为

$$r^2-4r+4=0,$$

其根为

$$r_1=r_2=2.$$

因此所求通解为

$$y=C_1\mathrm{e}^{2x}+C_2 x\mathrm{e}^{2x},$$

又由于 $y|_{x=0}=2, y'|_{x=0}=5$,可得 $C_1=2, C_2=1$. 则其特解为

$$y=2\mathrm{e}^{2x}+x\mathrm{e}^{2x}.$$

习 题 6.3

1. 求下列微分方程的通解:

(1) $y'''=x-\cos x$; (2) $y''=y'+x$;

(3) $y''+\frac{2y'^2}{1-y}=0$； (4) $y''-y'^2=1$；

(5) $y''-6y'+9y=0$； (6) $y''+y'-20y=0$.

2. 求下列微分方程满足所给初始条件的特解：

(1) $y''=2y'^2, y|_{x=0}=1, y'|_{x=0}=-1$；

(2) $y''=\frac{3}{2}y^2, y|_{x=0}=1, y'|_{x=0}=1$；

(3) $y''-3y'-10y=0, y|_{x=0}=0, y'|_{x=0}=7$；

(4) $y''-16y=0, y|_{x=0}=2, y'|_{x=0}=5$.

6.4 差分方程基础

在经济与管理及其他实际问题中，许多数据都是以等间隔时间周期统计的. 例如，银行中的定期存款按所设定的时间等间隔计息、外贸出口额按月统计、国民收入按年统计、产品的产量按月统计等. 这些量是变量，通常称这类变量为离散型变量. 描述离散型变量之间的关系的数学模型称为离散型模型. 对取值是离散化的经济变量，差分方程是研究它们之间变化规律的有效方法.

本章介绍差分方程的基本概念、解的基本定理及其解法，因其与微分方程的基本概念、解的基本定理及其解法非常类似，所以可对照微分方程的知识学习本节内容.

6.4.1 差分方程的基本概念

1. 函数的差分

对离散型变量，差分是一个重要概念，下面给出差分的定义.

设 $y=y(x)$ 是一个函数，自变量从 x 变化到 $x+1$，这时函数的增量记为 $\Delta y_x=y(x+1)-y(x)$，称这个量为 $y(x)$ 在点 x 步长为 1 的一阶差分，简称 $y(x)$ 的**一阶差分**. 为了方便，我们也记 $y_{x+1}=y(x+1), y_x=y(x)$，即 $\Delta y_x=y_{x+1}-y_x$. 例如，某公司经营一种商品，第 t 月初的库存量是 $R(t)$，第 t 月调进和销出这种商品的数量分别是 $P(t)$ 和 $Q(t)$，则下月月初，即第 $t+1$ 月月初的库存量 $R(t+1)$ 应是

$$R(t+1)=R(t)+P(t)-Q(t),$$

若将上式写作

$$R(t+1)-R(t)=P(t)-Q(t),$$

则等式两端就是相邻两月库存量的改变量. 若记

$$\Delta R(t)=R(t+1)-R(t),$$

并且库存量 $R(t)$ 是时间 t 的函数，则称上式为库存量函数 $R(t)$ 在 t 时刻(此处 t 以月为单位)的差分.

按一阶差分的定义方式，可以定义函数的高阶差分.

称 $\Delta(\Delta y_x)=(y_{x+2}-y_{x+1})-(y_{x+1}-y_x)=y_{x+2}-2y_{x+1}+y_x$ 为 $y(x)$ 的二阶差分，简记为 $\Delta^2 y_x$.

同样记 $\Delta(\Delta^2 y_x)$ 为 $\Delta^3 y_x$，并称为三阶差分，即

$$\Delta^3 y_x = \Delta(\Delta^2 y_x) = \Delta^2 y_{x+1} - \Delta^2 y_x = \Delta y_{x+2} - 2\Delta y_{x+1} + \Delta y_x$$
$$= y_{x+3} - 3y_{x+2} + 3y_{x+1} - y_x.$$

一般记 $\Delta^n y_x = \Delta(\Delta^{n-1} y_x)$，称为 n 阶差分. 且有 $\Delta^n y_x = \sum_{i=0}^{n} C_n^i (-1)^i y_{x+n-i}$.

上述表明，函数 $y_x = f(x)$ 在 x 的 n 阶差分是该函数的 n 个函数值 $y_{x+n}, y_{x+n-1}, \cdots, y_x$ 的线性组合.

例1 设 $y_x = x^2 + 3x - 4$，求 $\Delta y_x, \Delta^2 y_x$.

解 $\Delta y_x = y_{x+1} - y_x = [(x+1)^2 + 3(x+1) - 4] - (x^2 + 3x - 4) = 2x + 4$.

$$\Delta^2 y_x = \Delta(\Delta y_x) = y_{x+2} - 2y_{x+1} + y_x$$
$$= [(x+2)^2 + 3(x+2) - 4] - 2[(x+1)^2 + 3(x+1) - 4] + x^2 + 3x - 4 = 2.$$

2. 差分方程的基本概念

设 A_0 是初始存款($t=0$ 时的存款)，年利率为 $r(0<r<1)$，如以复利计息，试确定 t 年末的本利和 A_t.

如将时间 t(t 以年为单位)看作自变量，则本利和 A_t 可看作是 t 的函数：$A_t = f(t)$. 这个函数是要求的未知函数. 虽然不能立即写出函数关系 $A_t = f(t)$，但可以写出相邻两个函数值之间的关系式，即

$$A_{t+1} = A_t + rA_t, \quad r = 0,1,2,\cdots, \tag{6.27}$$

如写作函数 $A_t = f(t)$ 在 t 的差分 $\Delta A_t = A_{t+1} - A_t$ 的形式，则上式为

$$\Delta A_t = rA_t, \quad r = 0,1,2,\cdots. \tag{6.28}$$

由式(6.27)可算出 t 年末的本利和为

$$A_t = (1+r)^t A_0, \quad r = 0,1,2,\cdots. \tag{6.29}$$

在式(6.27)和式(6.28)中，因含有未知函数 $A_t = f(t)$，所以这是一个函数方程；又由于在方程(6.27)中含有两个未知函数的函数值 A_t 和 A_{t+1}，在方程(6.28)中含有未知函数的差分 ΔA_t，像这样的函数方程称为差分方程. 在方程(6.28)中，仅含有未知函数的函数值 $A_t = f(t)$ 的一阶差分，在方程(6.27)中，未知函数的下标最大差数是1，即 $(t+1)-t=1$，故方程(6.27)或方程(6.28)称为**一阶差分方程**.

式(6.29)是 A_t 与 t 之间的函数关系式，就是要求的未知函数，它满足差分方程(6.27)或方程(6.28)，这个函数称为差分方程的解.

由以上例题分析，差分方程的基本概念如下.

含有自变量、未知函数以及未知函数差分的函数方程，称为**差分方程**.

由于差分方程中必须含有未知函数的差分(自变量、未知函数可以不显含)，因此差分方程也可称为含有未知函数差分的函数方程.

例如，$\Delta^2 y_t - 3\Delta y_t - 3y_t - t = 0$ 就是一个差分方程，按函数差分定义，任意阶的差分都可以表示为函数 $y_t = f(t)$ 在不同点的函数值的线性组合，因此上述差分方程又可分别表示为 $y_{t+2} - 5y_{t+1} + y_t - t = 0$. 正因如此，差分方程又可定义如下.

含有自变量和多个点的未知函数值的函数方程称为**差分方程**. 差分方程中实际所含差分的最高阶数称为**差分方程的阶数**. 或者说，差分方程中未知函数下标的最大差数称为差分方程的阶数.

n 阶差分方程的一般形式可表示为

$$G(x, y_x, \Delta y_x, \Delta^2 y_x, \cdots, \Delta^n y_x) = 0 \tag{6.30}$$

或

$$F(x, y_x, y_{x+1}, \cdots, y_{x+n}) = 0. \tag{6.31}$$

由于经济学中经常遇到是形如式(6.31)的差分方程，所以以后我们只讨论式(6.31)形式的差分方程.

若把一个函数 $y_x = \varphi(x)$ 代入差分方程中，使其成为恒等式，则称 $y_x = \varphi(x)$ 为差分方程的**解**. 含有任意常数的个数等于差分方程的阶数的解，称为差分方程的**通解**；给任意常数以确定值的解，称为差分方程的**特解**. 用以确定通解中任意常数的条件称为**初始条件**.

一阶差分方程的初始条件为一个，一般是 $y_0 = a_0$（a_0 是常数）；二阶差分方程的初始条件为两个，一般是 $y_0 = a_0, y_1 = a_1$（a_0, a_1 是常数）；依此类推.

6.4.2 常系数线性差分方程解的结构

现在我们来讨论常系数线性差分方程解的基本定理，将以二阶常系数线性差分方程为例，任意阶线性差分方程都有类似结论.

二阶常系数线性差分方程的一般形式为

$$y_{x+2} + a y_{x+1} + b y_x = f(x), \tag{6.32}$$

其中，a, b 为常数，且 $b \neq 0$；$f(x)$ 均为 x 的已知函数. 若 $f(x) \neq 0$，则式(6.32)称为**二阶非齐次常系数线性差分方程**；若 $f(x) \equiv 0$，即

$$y_{x+2} + a y_{x+1} + b y_x = 0, \tag{6.33}$$

则式(6.32)称为**二阶齐次常系数线性差分方程**.

定理 1 若函数 $y_1(x), y_2(x)$ 是二阶齐次线性差分方程(6.33)的解，则

$$y(x) = C_1 y_1(x) + C_2 y_2(x)$$

也是该方程的解，其中 C_1, C_2 是任意常数.

定理 2（齐次线性差分方程解的结构定理） 若函数 $y_1(x), y_2(x)$ 是二阶齐次线性差分方程(6.33)的线性无关的解，则 $y(x) = C_1 y_1(x) + C_2 y_2(x)$ 是该方程的通解，其中 C_1, C_2 是任意常数.

定理 3（非齐次线性差分方程解的结构定理） 若 $y^*(x)$ 是二阶非齐次线性差分方程(6.32)的一个特解，$y(x)$ 是齐次线性差分方程(6.33)的通解，则差分方程(6.32)的通解为

$$\bar{y} = y(x) + y^*(x).$$

定理 4（解的叠加原理） 若函数 $y_1^*(x), y_2^*(x)$ 分别是二阶非齐次线性差分方程的特解，则 $y_1^*(t) + y_2^*(t)$ 是差分方程 $y_{t+2} + a(t) y_{t+1} + b(t) y_t = f_1(t) + f_2(t)$ 的特解.

6.4.3 一阶常系数线性差分方程

一阶常系数线性差分方程的一般形式为

$$y_{x+1} + a y_x = f(x), \tag{6.34}$$

其中，常数 $a \neq 0$；$f(x)$ 为 x 的已知函数. 当 $f(x)$ 不恒为零时，式(6.34)称为**一阶非齐次差分方程**；当 $f(x) \equiv 0$ 时，差分方程为

$$y_{x+1}+ay_x=0,\tag{6.35}$$

称为与一阶非次线性差分方程对应的**一阶齐次差分方程**.

下面给出一阶常系数线性差分方程的解法.

1. 求齐次线性差分方程的通解

为了求出一阶齐次差分方程(6.35)的通解，由定理2知，只要求出其一非零的特解即可. 注意到方程(6.35)的特点，y_{x+1}是y_x的常数倍，而函数$r^{x+1}=rr^x$恰好满足这个特点. 不妨设方程有形如下式的特解：

$$y_x=r^x,$$

其中，r是非零待定常数. 将其代入方程(6.35)，得

$$r^{x+1}+ar^x=0,$$

即

$$r^x(r+a)=0.$$

由于$r^x\neq 0$，因此$y_x=r^x$是方程(6.35)的解的充要条件是$r+a=0$. 所以当$r=-a$时，一阶齐次差分方程(6.35)的非零特解为

$$y_x=(-a)^x.$$

从而差分方程(6.35)的通解为

$$y_x=C(-a)^x,\quad C\text{为任意常数}.$$

称一次代数方程$r+a=0$为差分方程(6.34)或方程(6.35)的**特征方程**，特征方程的根为**特征根或特征值**.

由上述分析，为求出一阶齐次差分方程(6.35)的通解，应先写出其特征方程，进而求出特征根，写出其特解，最后写出其通解.

例2 求解差分方程$y_{x+1}-4y_x=0$.

解 原差分方程对应的特征方程为

$$r-4=0,$$

求其特征根得

$$r=4,$$

故差分方程的通解为

$$y_x=C\cdot 4^x,\quad C\text{为任意常数}.$$

例3 求解差分方程$y_{t+1}-\frac{2}{3}y_t=\frac{1}{5}$.

解 由于$a=-\frac{2}{3}$，$b=\frac{1}{5}$，$\frac{b}{1+a}=\frac{3}{5}$. 由通解公式可知差分方程的通解为

$$y_t=C\left(\frac{2}{3}\right)^t+\frac{3}{5},\quad C\text{为任意常数}.$$

2. 求非齐次线性差分方程的特解和通解

下面仅就函数$f(x)$为几种常见形式用待定系数法求非齐次线性差分方程(6.34)的特解. 根据$f(x)$的形式，按表6.2确定特解的形式，比较方程两端的系数，可得到特解$y^*(x)$.

表 6.2

$f(x)$的形式	确定待定特解的条件	待定特解的形式
$\rho^x P_m(x)(\rho>0)$	ρ不是特征根	$\rho^x P_m(x)$
	ρ是特征根	$\rho^x x P_m(x)$

注：$P_m(x)$是m次多项式.

例 4 求差分方程 $y_{x+1}+y_x=2^x$ 的通解.

解 特征方程为 $r+1=0$,特征根 $r=-1$. 齐次差分方程的通解为

$$y_C = C\cdot(-1)^x.$$

由于 $f(x)=2^x=\rho^x P_0(x)$,$\rho=2$ 不是特征根. 因此设非齐次差分方程特解形式为

$$y^*(x) = B2^x.$$

将其代入已知方程,得

$$B2^{t+1} + B2^t = 2^t,$$

解得 $B=\frac{1}{3}$,所以 $y^*(t)=\frac{1}{3}2^t$. 于是,所求通解为

$$y_t = y_C + y^*(t) = C(-1)^t + \frac{1}{3}2^t,\quad C\text{为任意常数}.$$

例 5 求差分方程 $y_{t+1}-y_t=3+2t$ 的通解.

解 特征方程为 $\lambda-1=0$,特征根 $\lambda=1$. 齐次差分方程的通解为

$$y_C = C.$$

由于 $f(t)=3+2t=\rho^t P_1(t)$,$\rho=1$ 是特征根. 因此非齐次差分方程的特解为

$$y^*(t) = t(B_0 + B_1 t),$$

将其代入已知差分方程得

$$B_0 + B_1 + 2B_1 t = 3 + 2t.$$

比较该方程的两端关于 t 的同次幂的系数,可解得 $B_0=2$,$B_1=1$. 故 $y^*(t)=2t+t^2$. 于是,所求通解为

$$y_t = y_C + y^* = C + 2t + t^2,\quad C\text{为任意常数}.$$

例 6 求差分方程 $3y_t-3y_{t-1}=t3^t+1$ 的通解.

解 已知方程改写为 $3y_{t+1}-3y_t=(t+1)3^{t+1}+1$,即 $y_{t+1}-y_t=(t+1)3^t+\frac{1}{3}$. 求解如下两个方程:

$$y_{t+1} - y_t = 3^t(t+1),\tag{6.36}$$

$$y_{t+1} - y_t = \frac{1}{3}.\tag{6.37}$$

对于方程(6.36):特征根 $\lambda=1$,$f(t)=3^t(t+1)=\rho^t P_1(t)$,$\rho=3$ 不是特征根,设特解为 $y_1^*(t)=3^t(B_0+B_1 t)$,将其代入方程(6.36),得

$$3^{t+1}[B_0 + B_1(t+1)] - 3^t(B_0 + B_1 t) = 3^t(t+1),$$

可解得 $B_0=-\frac{1}{4}$,$B_1=\frac{1}{2}$. 故 $y_1^*(t)=3^t\left(-\frac{1}{4}+\frac{1}{2}t\right)$.

对于方程(6.37):特征根 $\lambda=1$,$f(t)=\frac{1}{3}=\rho^t P_0(t)$,$\rho=1$ 是特征根,设特解为 $y_2^*(t)=Bt$,将其代入方程(6.36),解得 $B=\frac{1}{3}$. 于是,$y_2^*(t)=\frac{1}{3}t$.

因此,齐次差分方程的通解为 $y_C(t)=C$,所求通解为

$$y_t = y_C + y_1^* + y_2^* = C + 3^t\left(\frac{1}{2}t - \frac{1}{4}\right) + \frac{1}{3}t, \quad C\text{为任意常数}.$$

习 题 6.4

1. 对下面的差分方程,求出它们的 X_1, X_2, X_3, X_4 的值:

(1) $X_{n+1}=X_n+3, X_0=1$;　　(2) $X_{n+1}=X_n^2+X_n^{1/2}, X_0=1$.

2. 若 $X_0=2, X_1=5, X_2=11, X_3=23, X_4=47, \cdots$,根据以上数据,写出用 X_{n+1} 和 X_n 表示的差分方程.

3. 求下列差分方程的解:

(1) $2y_{t+1}+y_t=0$;　　(2) $y_{t+1}-\frac{1}{2}y_t=\left(\frac{5}{2}\right)^t$.

4. 一轿车油耗指标是每加仑 30 英里,建立一个以 n 为英里数、X_n 为汽油加仑数的差分方程.

5. 某种植物第一天长高 3cm,之后每天长的高度是前一天的 1/2,建立一个描述 n 天后植物高度 B_n 的差分方程.

总习题 6

1. 填空题

(1) 形如 $y'=f(x)\cdot g(y)$ 的方程当 $g(x)\neq 0$ 的通解为________.

(2) 形如 $y'=P(x)y+Q(x)$($P(x)$,$Q(x)$连续)的方程称为________,它的通解为________.

(3) 微分方程 $yy''-(y''')^2=0$ 是________阶微分方程.

(4) $y=x^{-1}$ 所满足的一个微分方程是________.

(5) 方程 $x''-x=0$ 的特征方程是________,通解是________,适合初始条件 $x(0)=1$,$x'(0)=0$ 的特解是________.

(6) $y'''+\sin x y''-x=\cos x$ 的通解中应含________个独立常数.

2. 选择题

(1) 微分方程 $y'=3y^{\frac{2}{3}}$ 的一个特解是(　　).

A. $y=x^3+1$;　B. $y=(x+2)^3$;　C. $y=(x+C)^2$;　D. $y=C(1+x)^3$.

(2) 下列微分方程中,(　　)是二阶常系数齐次线性微分方程.

A. $y''-2y=0$;　B. $y''-xy'+3y^2=0$;

C. $5y''-4x=0$;　D. $y''-2y'+1=0$.

(3) 在下列函数中,能够是微分方程 $y''+y=0$ 的解的函数是(　　).

A. $y=1$;　B. $y=x$;　C. $y=\sin x$;　D. $y=e^x$.

(4) $y''=\mathrm{e}^{-x}$的通解为 $y=$(　　).

A. $-\mathrm{e}^{-x}$；

B. e^{-x}；

C. $\mathrm{e}^{-x}+C_1x+C_2$；

D. $-\mathrm{e}^{-x}+C_1x+C_2$.

(5) 已知微分方程 $y'+p(x)y=(x+1)^{\frac{5}{2}}$的一个特解为 $y^*=\frac{2}{3}(x+1)^{\frac{7}{2}}$，则此微分方程的通解是(　　).

A. $\frac{C}{(x+1)^2}+\frac{2}{3}(x+1)^{\frac{7}{2}}$；

B. $\frac{C}{(x+1)^2}+\frac{2}{11}(x+1)^{\frac{7}{2}}$；

C. $C(x+1)^2+\frac{2}{11}(x+1)^{\frac{7}{2}}$；

D. $C(x+1)^2+\frac{2}{3}(x+1)^{\frac{7}{2}}$.

(6) 微分方程 $y'=\frac{y}{x}+\tan\frac{y}{x}$的通解为(　　).

A. $\sin\frac{y}{x}=Cx$；

B. $\sin\frac{y}{x}=\frac{C}{x}$；

C. $\sin\frac{x}{y}=Cx$；

D. $\sin\frac{x}{y}=\frac{C}{x}$.

3. 计算题

(1) 求微分方程$\frac{x}{1+y}\mathrm{d}x-\frac{y}{1+x}\mathrm{d}y=0$ 满足条件 $y(0)=1$ 的特解.

(2) 求微分方程$(3x^2+2xy-y^2)\mathrm{d}x+(x^2-2xy)\mathrm{d}y=0$ 的通解.

(3) 求微分方程 $y''+y'-2y=0$ 的通解.

(4) 求微分方程 $y''+4y'+4y=0$ 的通解.

(5) 已知 $y_1=x\mathrm{e}^x+\mathrm{e}^{2x}$，$y_2=x\mathrm{e}^x+\mathrm{e}^{-x}$，$y_3=x\mathrm{e}^x+\mathrm{e}^{2x}-\mathrm{e}^{-x}$是某二阶线性非齐次微分方程的3个解，求此微分方程.

常微分方程发展简史与相关著名科学家简介

从17世纪末到18世纪，许多著名数学家，例如伯努利(家族)、欧拉、高斯、拉格朗日和拉普拉斯等，都遵循历史传统，将数学研究与当时许多重大的实际力学问题结合，这些问题通常离不开常微分方程的求解方法.到1740年左右，几乎所有的求解一阶微分方程的初等方法都已经知道.1728年，欧拉的一篇论文引进了著名的指数代换将二阶常微分方程化为一阶方程，开始了对二阶常微分方程的系统研究.1743年，欧拉给出了二阶常系数线性齐次方程的完整解法，这是高阶常微分方程的重要突破.1774—1775年间，拉格朗日用参数变易法解出了一般二阶变系数非齐次常微分方程，这一工作是18世纪常微分方程求解的最高成就.在18世纪末，常微分方程已成为有自己的目标和方向的新的数学分支，成为当时工程技术、物理、力学等学科的基本工具之一.后来法国天文学家勒维烈和英国天文学家亚当斯使用微分方程各自计算出那时尚未发现的海王星的位置.使数学家更加深信微分方程在认识自然、改造自然方面的巨大力量.

另一个崭新的方向，也可以说是微分方程发展史上的又一个转折点，就是定性理论，它是庞加莱的独创.庞加莱由对三体问题的研究而被引导到常微分方程定性理论的创立.从非线性方程出发，发现微分方程的奇点起着关键作用，在讨论各种奇点附近的性状的同时，还发现了一些与描述满足微分方程的解曲线有关的重要的闭曲线,如极限环、无接触环等.在数学科学中,极限环具有重要意义,科学技术和实际社会活动也都强烈要求对极限环进行研究.

庞加莱关于在奇点附近积分曲线随时间变化的定性研究,在1892年以后被俄国数学家李雅普诺夫发展到高维一般情形而形成专门的运动稳定性分支,他提出的李雅普诺夫函数和李雅普诺夫指数概念意义极为重要.李雅普诺夫的工作使微分方程的发展呈现出一个全新的局面.

19世纪末期,由庞加莱和李雅普诺夫分别创立的常微分方程的定性理论和稳定性理论,代表了当时非线性力学的最新方法.

进入20世纪,在众多应用数学家的共同努力下,常微分方程定性理论的发展更加拓宽了它的应用范围,并深入到机械、电信、核能、人造卫星、生物、医学及若干社会学科(如人口理论、经济预测等)的各个领域.现在,微分方程已成为当今数学中最具有活力的分支之一.

下面简单介绍一些对微分方程发展有重大贡献的科学家.

牛顿(Newton,1643—1727),伟大的英国数学家、物理学家、天文学家和自然科学家.他在数学上的卓越贡献是创立了微积分.1665年他提出正流数(微分)术,次年又提出反流数(积分)术,并于1671年完成《流数术与无穷级数》一书(1736年出版),还著有《自然哲学的数学原理》和《广义算术》等.

莱布尼茨(Leibniz,1646—1716),德国数学家、哲学家.他和牛顿同为微积分的创始人,他在《学艺》杂志上发表的几篇有关微积分学的论文中,有的早于牛顿,所用微积分符号也远远优于牛顿.他还设计了做乘法的计算机,系统地阐述二进制计数法,并把它与中国的八卦联系起来.

雅各布·伯努利(Jakob Bernoulli,1654—1705),瑞士数学家,他家祖孙三代出过十多位数学家.1694年,他首次给出了直角坐标和极坐标下的曲率半径公式.1695年,他提出了著名的伯努利方程.1713年出版了他的巨著《猜度术》,这是组合数学与概率论史上的一件大事,书中给出的伯努利数在很多地方有用,而伯努利定理则是大数定律的最早形式.此外,他对双纽线、悬链线和对数螺线都有深入的研究.

约翰·伯努利(Johann Bernoulli,1667—1748),雅各布的弟弟.原来他错选了职业,他起先学医,并在1694年获得巴塞尔大学博士学位,论文是关于肌肉收缩问题的.但他也爱上了微积分,很快就掌握了它,并用它来解决几何学、微分方程和力学上的许多问题.1695年他任荷兰格罗宁根大学数学物理教授,而在他的哥哥雅各布死后继任巴塞尔大学教授.1696年约翰向全欧洲数学家挑战,提出一个很艰难的问题:

“设在垂直平面内有任两点，一个质点受地心引力的作用，自较高点下滑至较低点，不计摩擦，问沿着什么曲线下滑，时间最短?”这就是著名的最速降线问题.它的难处在于和普通的极大极小值求法不同，它是要求出一个未知函数(曲线)来满足所给的条件.这个问题的新颖和别出心裁引起了科学家们极大的兴趣，洛必达、伯努利兄弟、莱布尼茨和牛顿都进行了解答.

丹尼尔·伯努利(Danie Bernoulli,1700—1782)，约翰·伯努利的次子，起初也像他父亲一样学医，写了一篇关于肺的作用的论文获得医学学位，并且也像他父亲一样马上放弃了医学而改攻他天生的专长.他在概率论、偏微分方程、物理和流体动力学上都有贡献.而最重要的功绩是在流体动力学上，其中的伯努利定理就是他的贡献.他曾经荣获法国科学院奖金10次之多.1725年，25岁的丹尼尔在彼得堡解决了里卡蒂方程的求解问题.并发表了一系列的科学论著.1733年回到巴塞尔，先后担任巴塞尔大学的植物学、解剖学与物理学教授.以82岁高龄离开人世，许多人认为他是第一位真的数学物理学家.

欧拉(Euler,1707—1783)，瑞士数学家.他写了大量的数学经典著作，如《无穷小分析引论》《微分学原理》《积分学原理》等，还写了大量力学、几何学、变分法教材.他在工作期间几乎每年都完成800页创造性的论文.他的最大贡献是扩展了微积分的领域，为分析学的重要分支(如无穷级数、微分方程)与微分几何的产生和发展奠定了基础.在数学的许多分支中都有以他的名字命名的重要常数、公式和定理.

第7章 空间解析几何简介

空间解析几何是用代数的方法研究空间图形的一门数学学科.在微积分的发展史上,空间解析几何具有十分重要的地位.直观是人们认识和理解事物的最有效的形式,正如平面解析几何使一元函数微积分有了几何的直观一样,空间解析几何知识对学习多元函数微积分是不可缺少的.

7.1 空间直角坐标系

7.1.1 空间直角坐标系的建立

在平面解析几何中,我们建立了平面直角坐标系,并通过平面直角坐标系,把平面上的点与有序数组(即点的坐标(x,y))对应起来.同理,为了把空间的任一点与有序数组对应起来,建立了**空间直角坐标系**,如图7.1所示.

空间三个相互垂直且原点重合的数轴构成空间直角坐标系.三个数轴分别称为x轴(横轴)、y轴(纵轴)、z轴(竖轴),统称为**坐标轴**;三个数轴的共同原点称为空间直角坐标系的**原点**.

z(竖轴)
(定点)O
y(纵轴)
x(横轴)

图 7.1

注意 (1) 通常三个数轴应具有相同的长度单位;

(2) 通常把x轴和y轴配置在水平面上,而z轴是水平面上的铅垂线;

(3) 通常按右手法则来确定轴的方向:当x轴正向按右手握拳方向以$\frac{\pi}{2}$的角度转向y轴时,大拇指的指向就是z轴的正向.

三条坐标轴中每两条坐标轴都可以确定一个平面,称为**坐标平面**.由x轴和y轴所确定的平面称为xOy平面,由y轴和z轴所确定的平面称为yOz平面,由x轴和z轴所确定的平面称为xOz平面.三个坐标面把整个空间分成八个部分,依次称为Ⅰ、Ⅱ、Ⅲ、Ⅳ、Ⅴ、Ⅵ、Ⅶ、Ⅷ卦限,坐标平面不属于任何卦限,如图7.2所示.

设M为空间中一点,过点M作三个平面分别垂直于x,y,z轴且与这三个坐标轴分别交于点P,Q,R.点P,Q,R对应的三个实数依次为x,y,z,如图7.3所示.于是,点M唯一确定了一个有序实数组(x,y,z).反之,一个有序数组(x,y,z)唯一确定一点M.(x,y,z)称为点M的坐标,x,y,z分别称为点M的**横坐标**、**纵坐标**、**竖坐标**.坐标为(x,y,z)的点M记为$M(x,y,z)$.

坐标面和坐标轴上各点坐标有下述特征:原点O的坐标为$(0,0,0)$;x,y,z轴上的点的

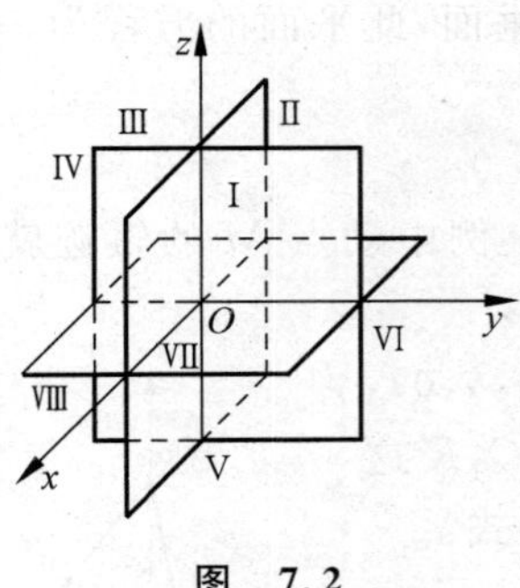

图 7.2

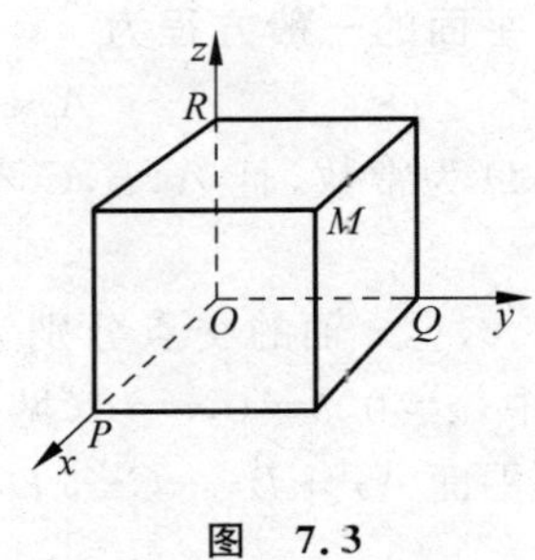

图 7.3

坐标分别为$(x,0,0)$，$(0,y,0)$，$(0,0,z)$；xOy，yOz，xOz 平面上点的坐标分别为$(x,y,0)$，$(0,y,z)$，$(x,0,z)$.

7.1.2 空间两点间的距离

设 $P_1(x_1,y_1,z_1)$，$P_2(x_2,y_2,z_2)$为空间两点. 过 P_1，P_2 分别作平行于坐标面的平面，这六个平面构成一个长方体，它的三条边长分别为$|x_1-x_2|$，$|y_1-y_2|$，$|z_1-z_2|$(见图 7.4). 两次运用勾股定理，得 P_1 与 P_2 的距离 d 为

$$d^2=|P_1P|^2+|PP_2|^2=|P_1P|^2+(z_1-z_2)^2,$$

而将

$$|P_1P|^2=(y_1-y_2)^2+(x_1-x_2)^2$$

代入上式，得

$$d^2=(x_1-x_2)^2+(y_1-y_2)^2+(z_1-z_2)^2,$$

故

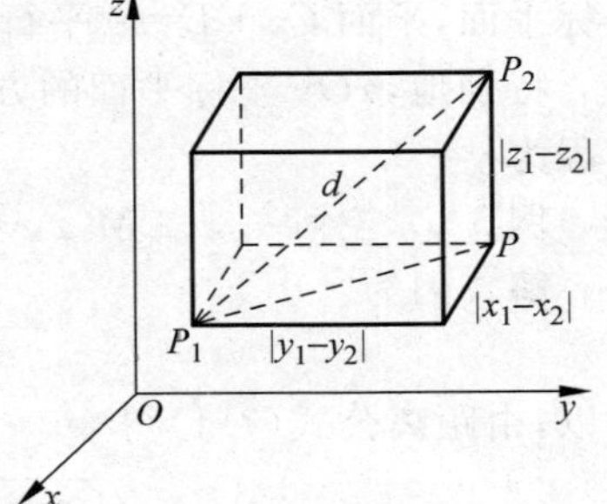

图 7.4

$$d=\sqrt{(x_1-x_2)^2+(y_1-y_2)^2+(z_1-z_2)^2}. \tag{7.1}$$

特别地，点 $P(x,y,z)$到原点$(0,0,0)$的距离为$|OP|=\sqrt{x^2+y^2+z^2}$.

距离公式(7.1)的一个简单应用就是求平面方程与球面方程，下面举例说明.

例 1 在 z 轴上求与两点 $A(-1,2,3)$和 $B(2,6,-2)$等距离的点 P.

解 由于所求的点 P 在 z 轴上，设该点的坐标为$(0,0,z)$，依题意有$|PA|=|PB|$，由两点间的距离公式，得

$$\sqrt{(0+1)^2+(0-2)^2+(z-3)^2}=\sqrt{(0-2)^2+(0-6)^2+(z+2)^2},$$

解得 $z=-3$. 所以，所求的点为 $P(0,0,-3)$.

例 2 求到两定点 $M_1(1,-1,1)$与 $M_2(2,1,-1)$等距离的点 $M(x,y,z)$的轨迹方程.

解 由于

$$|M_1M|=|M_2M|,$$

所以

$$\sqrt{(x-1)^2+(y+1)^2+(z-1)^2}=\sqrt{(x-2)^2+(y-1)^2+(z+1)^2},$$

化简得点 M 的轨迹方程为

$$2x+4y-4z-3=0.$$

从立体几何中知，所求轨迹应为线段 M_1M_2 的中垂面，此平面的方程为一个三元一次方程. 实际上，**平面的一般方程**为

$$Ax + By + Cz + D = 0. \tag{7.2}$$

其中，A,B,C,D 为常数，且 A,B,C 不全为零. 例如，上例中动点 M 的轨迹就是一个空间平面.

若平面与 x,y,z 轴的交点分别为 $P(a,0,0)$，$Q(0,b,0)$，$R(0,0,c)$，其中，$a\neq0,b\neq0,c\neq0$（见图 7.5），则由 P,Q,R 这三点所决定的平面 $Ax+By+Cz+D=0$ 可写成如下形式：

$$\frac{x}{a}+\frac{y}{b}+\frac{z}{c}=1, \tag{7.3}$$

式(7.3)称为**平面的截距式方程**. a,b,c 分别称为平面在 x,y,z 轴上的截距.

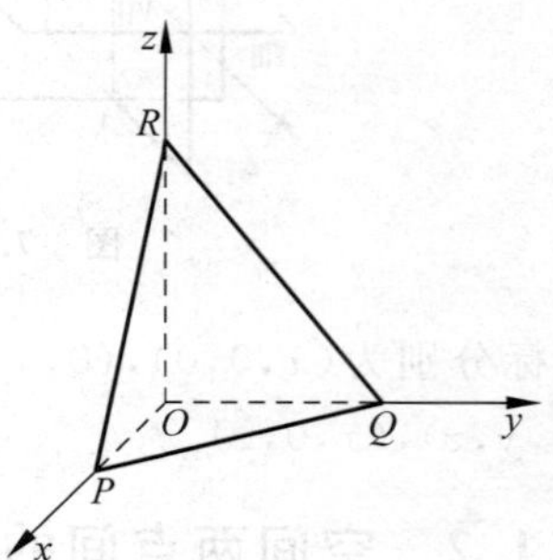

图 7.5

一般地，平面 $Ax+By+D=0$ 平行于 z 轴，平面 $Ax+Cz+D=0$ 平行于 y 轴，平面 $By+Cz+D=0$ 平行于 x 轴；平面 $Ax+D=0$ 平行于 yOz 坐标平面，平面 $By+D=0$ 平行于 xOz 坐标平面，平面 $Cz+D=0$ 平行于 xOy 坐标平面.

特别地，xOy 坐标平面的方程为 $z=0$，yOz 坐标平面的方程为 $x=0$，xOz 坐标平面的方程为 $y=0$.

例 3 求空间一动点 $M(x,y,z)$ 到一定点 $M_0(x_0,y_0,z_0)$ 的距离等于定长 R 的点的轨迹方程.

解 因为

$$|MM_0| = R(\text{定长}),$$

所以，由距离公式(7.1)得

$$\sqrt{(x-x_0)^2+(y-y_0)^2+(z-z_0)^2}=R,$$

即

$$(x-x_0)^2+(y-y_0)^2+(z-z_0)^2=R^2. \tag{7.4}$$

这就是半径为 R、球心在 (x_0,y_0,z_0) 的**球面方程**，它是三元二次方程.

特别地，半径为 R、球心在原点的球面方程是

$$x^2+y^2+z^2=R^2.$$

7.2 曲面及其方程

7.2.1 曲面方程的概念

在空间直角坐标系中，若曲面 S 上任一点的坐标都满足方程 $F(x,y,z)=0$，而不在曲面 S 上的任何点的坐标都不满足该方程，则方程 $F(x,y,z)=0$ 称为曲面 S 的方程，而曲面 S 就称为方程 $F(x,y,z)=0$ 的图形.

空间曲面研究的两个基本问题分别为：已知曲面上的点所满足的几何条件，建立曲面的方程；已知曲面方程，研究曲面的几何形状. 下面简要介绍常用空间曲面的定义及其特性.

7.2.2 柱面

曲面方程中 x,y,z 有一个字母不出现时，则表示柱面. 一般地，方程 $F(x,y)=0$，在空

间表示平行于 z 轴的直线(称母线)沿 xOy 面上曲线 $\begin{cases}F(x,y)=0,\\ z=0\end{cases}$ (称准线)移动生成的曲面,称为柱面.

类似地,$F(y,z)=0$,$F(z,x)=0$ 分别表示母线平行于 x,y 轴的柱面.

常用柱面有平行于 z 轴的平面、椭圆柱面、抛物柱面等,如图 7.6～图 7.8 所示.

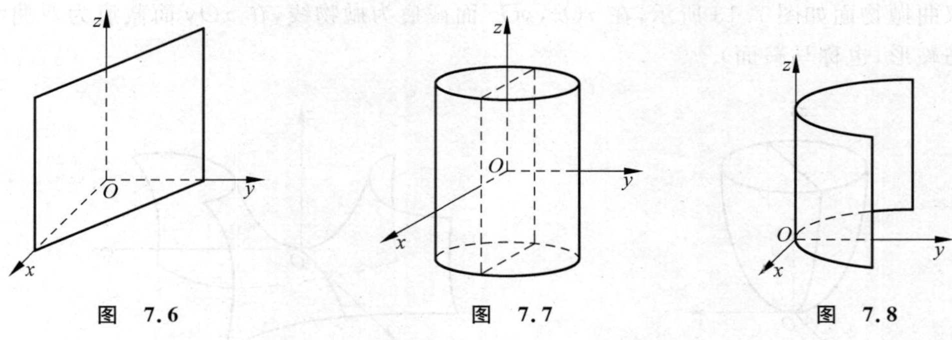

图 7.6　　图 7.7　　图 7.8

7.2.3 二次曲面

三元二次方程 $Ax^2+By^2+Cz^2+Dxy+Eyz+Fzx+Gx+Hy+Iz+K=0$ 表示的曲面,称为二次曲面.可作坐标面或平行于坐标面的平面与曲面相截,通过截痕来绘制二次曲面的图形.

(1) 椭球面 $\dfrac{x^2}{a^2}+\dfrac{y^2}{b^2}+\dfrac{z^2}{c^2}=1(a,b,c>0)$

椭球面如图 7.9 所示,在三个坐标面上的截痕都是椭圆.

(2) 单叶双曲面 $\dfrac{x^2}{a^2}+\dfrac{y^2}{b^2}-\dfrac{z^2}{c^2}=1(a,b,c>0)$

单叶双曲面如图 7.10 所示,在 xOz,yOz 面截痕为双曲线,在 xOy 面截痕为椭圆.

(3) 双叶双曲面 $-\dfrac{x^2}{a^2}-\dfrac{y^2}{b^2}+\dfrac{z^2}{c^2}=1(a,b,c>0)$

双叶双曲面如图 7.11 所示,在 xOz,yOz 面截痕为双曲线,在平行于 xOy 的平面 $z=h(|h|>c)$ 上的截痕为椭圆.

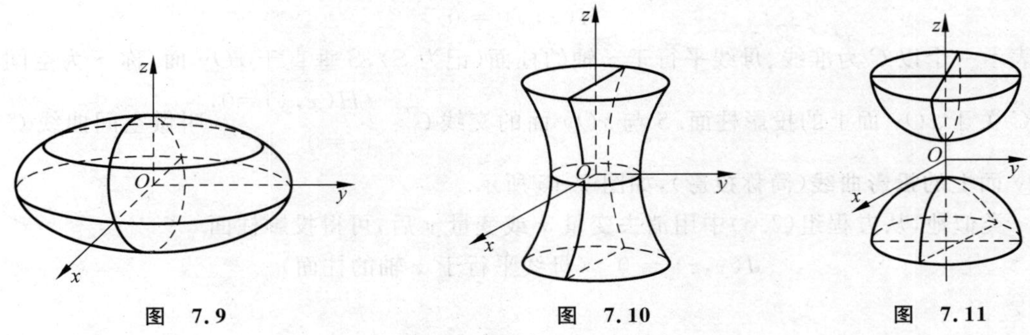

图 7.9　　图 7.10　　图 7.11

(4) 椭圆抛物面$\frac{x^2}{a^2}+\frac{y^2}{b^2}=z(a,b>0)$

椭圆抛物面如图 7.12 所示，在 xOz，yOz 面截痕为抛物线，在平行于 xOy 的平面 $z=h(h>0)$上的面截痕为椭圆.

(5) 双曲抛物面$-\frac{x^2}{a^2}+\frac{y^2}{b^2}=z(a,b>0)$

双曲抛物面如图 7.13 所示，在 xOz，yOz 面截痕为抛物线，在 xOy 面截痕为双曲线(图形如马鞍形，也称马鞍面).

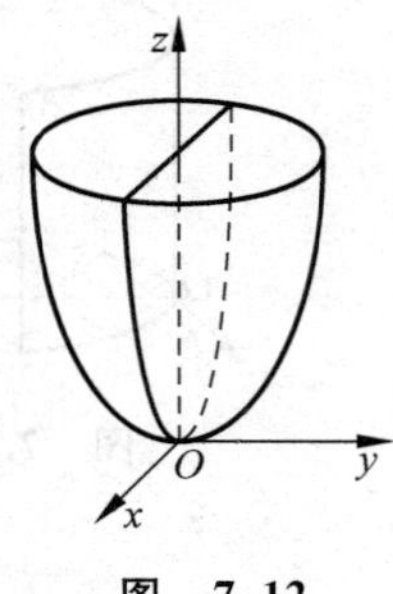

图 7.12

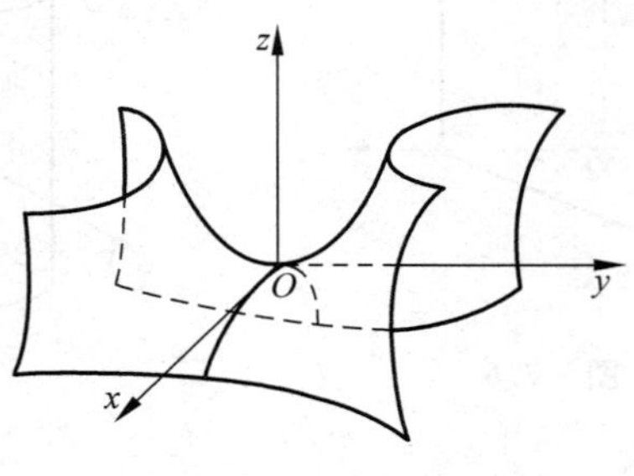

图 7.13

7.3 曲线及其方程

7.3.1 空间曲线的一般方程

一般地，两个曲面

$$F(x,y,z)=0 \text{ 与 } G(x,y,z)=0$$

相交就得一曲线. 因此，联立方程

$$\begin{cases}F(x,y,z)=0,\\ G(x,y,z)=0\end{cases}\tag{7.5}$$

就表示这条空间曲线 C，如图 7.14 所示，该方程组称为空间曲线的一般方程.

7.3.2 空间曲线在坐标平面上的投影

由方程组(7.5)消去变量 z 后，得

$$H(x,y)=0.$$

它表示一个以 C 为准线、母线平行于 z 轴的柱面(记为 S)，S 垂直于 xOy 面. 称 S 为空间曲线 C 关于 xOy 面上的**投影柱面**. S 与 xOy 面的交线 C'：$\begin{cases}H(x,y)=0,\\ z=0\end{cases}$ 叫做空间曲线 C 在 xOy 面上的**投影曲线**(简称**投影**)，如图 7.15 所示.

类似地，从方程组(7.5)中用消去变量 x 或变量 y 后，可得投影柱面

$$I(y,z)=0 \quad (\text{母线平行于 } x \text{ 轴的柱面})$$

或

$$T(x,z)=0 \quad (\text{母线平行于 } y \text{ 轴的柱面}),$$

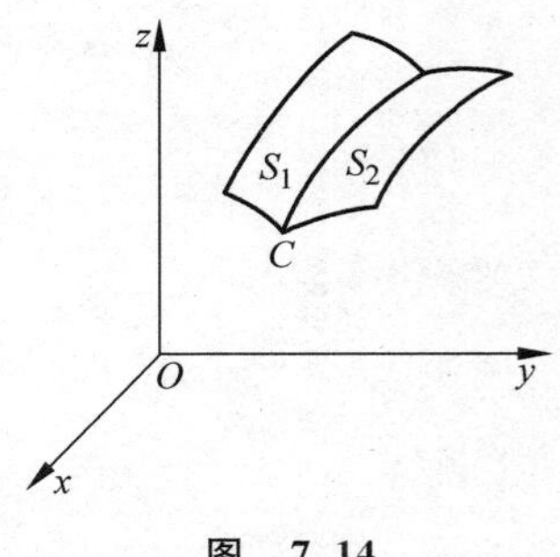

图 7.14

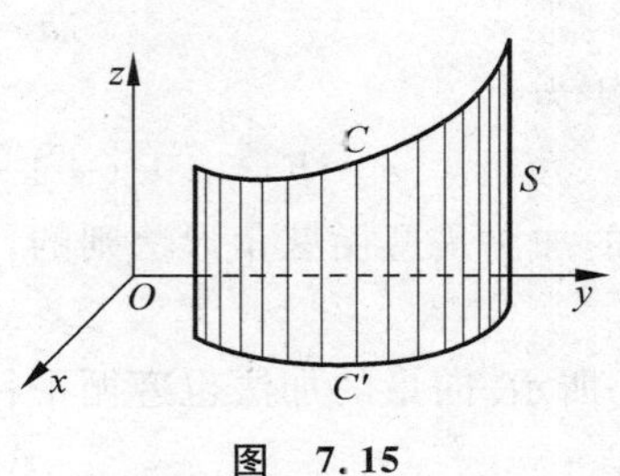

图 7.15

以及相应坐标面上的投影曲线方程

$$\begin{cases} I(y,z)=0, \\ x=0, \end{cases} \text{或} \begin{cases} T(x,z)=0, \\ y=0. \end{cases}$$

例 1 试求圆锥面 $z=x^2+y^2$ 与平面 $z=3$ 的交线在 xOy 面上的投影.

解 将 $z=3$ 代入 $z=x^2+y^2$ 得投影柱面方程 $x^2+y^2=3$. 于是圆锥面 $z=x^2+y^2$ 与平面 $z=3$ 的交线在 xOy 面上的投影方程为

$$\begin{cases} x^2+y^2=3, \\ z=0. \end{cases}$$

7.4 向量及其运算

7.4.1 向量的线性运算

我们将既有大小又有方向的量称为**向量**,如力、位移等. 向量通常用黑体字母来表示,记为 $\boldsymbol{a}$ 或 $\vec{a}$. 有时,向量也常用有向线段 $\overrightarrow{AB}$(A 为起点,B 为终点)来表示,大小为有向线段的长度. 向量的大小,称为向量的**模**,记为 $|\boldsymbol{a}|$,或 $|\vec{a}|$,或 $|\overrightarrow{AB}|$. 模为 1 的向量称**单位向量**. 模为 0 的向量称**零向量**,记为 $\boldsymbol{0}$,规定 $\boldsymbol{0}$ 的方向是任意的.

向量的方向、大小、起点三个因素中,方向与大小为两要素. 与起点无关的向量称为**自由向量**. 将向量 $\boldsymbol{a}$ 或 $\boldsymbol{b}$ 平行移动使得它们的起点重合,它们所在射线之间的夹角 $\theta(0\leqslant\theta\leqslant\pi)$ 称为 $\boldsymbol{a}$ 与 $\boldsymbol{b}$ 的夹角,也记 $\theta=\langle\boldsymbol{a},\boldsymbol{b}\rangle$. 如果两个向量 $\boldsymbol{a}$ 和 $\boldsymbol{b}$ 大小相等,方向相同,则称 $\boldsymbol{a}$ 与 $\boldsymbol{b}$ **相等**,记为 $\boldsymbol{a}=\boldsymbol{b}$.

在空间直角坐标系中,若将向量 $\boldsymbol{a}$ 平行移动使得它的起点与原点 O 重合,则它的终点必与唯一的某个点 A 重合. 也就是说,向量 $\boldsymbol{a}$ 与空间中的点 A 有一一对应的关系. 因此,可将点 A 的坐标 (x,y,z) 视为向量 $\boldsymbol{a}$ 的坐标,记为 $\boldsymbol{a}=(x,y,z)$. 将三个特殊的单位向量 $(1,0,0)$, $(0,1,0)$, $(0,0,1)$ 分别记为 $\boldsymbol{i},\boldsymbol{j},\boldsymbol{k}$,那么对于任意向量 $\boldsymbol{a}=(x,y,z)$,有

$$\boldsymbol{a}=x\boldsymbol{i}+y\boldsymbol{j}+z\boldsymbol{k}.$$

而

$$|\boldsymbol{a}|=\sqrt{x^2+y^2+z^2}.$$

向量的线性运算是指向量的加法和向量与数的乘法运算.

定义 1 设向量 $\boldsymbol{a}=(x_1,y_1,z_1)$, $\boldsymbol{b}=(x_2,y_2,z_2)$,则向量的加法为

$$\boldsymbol{a}+\boldsymbol{b}=(x_1+x_2,y_1+y_2,z_1+z_2),$$

向量与数的乘法为

$$\lambda \boldsymbol{a} = (\lambda x_1, \lambda y_1, \lambda z_1),$$

向量的减法为

$$\boldsymbol{a} - \boldsymbol{b} = \boldsymbol{a} + (-1)\boldsymbol{b} = (x_1 - x_2, y_1 - y_2, z_1 - z_2).$$

向量的加法是遵循三角形法则的,即

$$\overrightarrow{AB} + \overrightarrow{BC} = \overrightarrow{AC},$$

如图 7.16 所示.向量的加法也遵循平行四边形法则,即

$$\overrightarrow{AB} + \overrightarrow{AD} = \overrightarrow{AC},$$

如图 7.17 所示,其中四边形 $ABCD$ 是平行四边形.

向量减法的几何意义如图 7.18 所示.

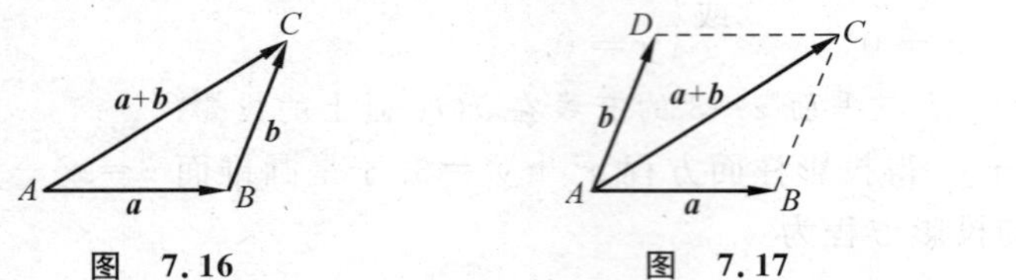

图 7.16　　图 7.17

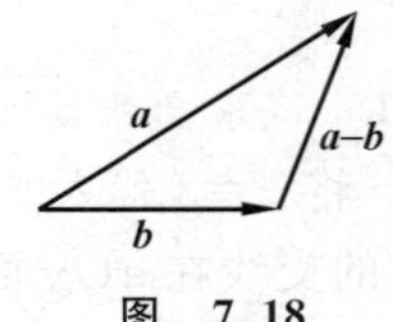

图 7.18

向量与数的乘法的几何意义是向量 $\lambda\boldsymbol{a}$ 与 $\boldsymbol{a}$ 平行或共线,因此有以下定理.

定理 1 向量 $\boldsymbol{a}$ 与非零向量 $\boldsymbol{b}$ 平行的充分必要条件是 $\boldsymbol{a}=\lambda\boldsymbol{b}$.

容易验证向量的线性运算满足以下规律:

(1) 加法交换律:$\boldsymbol{a}+\boldsymbol{b}=\boldsymbol{b}+\boldsymbol{a}$;

(2) 加法结合律:$\boldsymbol{a}+(\boldsymbol{b}+\boldsymbol{c})=(\boldsymbol{a}+\boldsymbol{b})+\boldsymbol{c}$;

(3) 数乘分配律:$\lambda(\boldsymbol{a}+\boldsymbol{b})=\lambda\boldsymbol{a}+\lambda\boldsymbol{b}$;

(4) 数乘结合律:$\lambda(\mu\boldsymbol{a})=(\lambda\mu)\boldsymbol{a}$.

7.4.2 向量的数量积

定义 2 向量 $\boldsymbol{a},\boldsymbol{b}$ 的模与其夹角 $(\boldsymbol{a},\boldsymbol{b})$ 余弦的乘积,即

$$\boldsymbol{a}\cdot\boldsymbol{b} = |\boldsymbol{a}||\boldsymbol{b}|\cos(\boldsymbol{a},\boldsymbol{b})$$

称为向量 $\boldsymbol{a},\boldsymbol{b}$ 的**数量积**,也称为**点积**或**内积**.特别地,有

$$\boldsymbol{a}\cdot\boldsymbol{a} = |\boldsymbol{a}||\boldsymbol{a}|\cos(\boldsymbol{a},\boldsymbol{a}) = |\boldsymbol{a}|^2.$$

数量积的坐标表示式为:设向量 $\boldsymbol{a}=(x_1,y_1,z_1)$,$\boldsymbol{b}=(x_2,y_2,z_2)$,向量 $\boldsymbol{a}$ 与 $\boldsymbol{b}$ 的数量积(或内积、点积)为

$$\boldsymbol{a}\cdot\boldsymbol{b} = x_1x_2 + y_1y_2 + z_1z_2.$$

数量积满足以下规律:

(1) 交换律:$\boldsymbol{a}\cdot\boldsymbol{b}=\boldsymbol{b}\cdot\boldsymbol{a}$;

(2) 分配律:$(\boldsymbol{a}+\boldsymbol{b})\cdot\boldsymbol{c}=\boldsymbol{a}\cdot\boldsymbol{c}+\boldsymbol{b}\cdot\boldsymbol{c}$;

(3) 数乘结合律:$\lambda(\boldsymbol{a}\cdot\boldsymbol{b})=(\lambda\boldsymbol{a})\cdot\boldsymbol{b}=\boldsymbol{a}\cdot(\lambda\boldsymbol{b})$.

定理 2 $\boldsymbol{a}\neq\boldsymbol{0},\boldsymbol{b}\neq\boldsymbol{0}$ 时,$\boldsymbol{a}\perp\boldsymbol{b}\Leftrightarrow\boldsymbol{a}\cdot\boldsymbol{b}=0$.

证 必要性:由 $\boldsymbol{a}\perp\boldsymbol{b}$,有 $\cos(\boldsymbol{a},\boldsymbol{b})=0$,故 $\boldsymbol{a}\cdot\boldsymbol{b}=|\boldsymbol{a}||\boldsymbol{b}|\cos(\boldsymbol{a},\boldsymbol{b})=0$.

充分性:由 $\boldsymbol{a}\cdot\boldsymbol{b}=|\boldsymbol{a}||\boldsymbol{b}|\cos(\boldsymbol{a},\boldsymbol{b})=0$,$\boldsymbol{a}\neq\boldsymbol{0}$ 且 $\boldsymbol{b}\neq\boldsymbol{0}$,有 $\cos(\boldsymbol{a},\boldsymbol{b})=0$,故 $\boldsymbol{a}\perp\boldsymbol{b}$.

例 1 设 $\boldsymbol{a}=(1,-2,3)$,$\boldsymbol{b}=(2,3,-1)$,求 $\boldsymbol{a}\cdot\boldsymbol{b}$ 以及 $\boldsymbol{a}$ 与 $\boldsymbol{b}$ 的夹角 θ.

解 由数量积的坐标表示式得

$$\boldsymbol{a}\cdot\boldsymbol{b}=1\times2+(-2)\times3+3\times(-1)=-7,$$

因为

$$|\boldsymbol{a}|=\sqrt{1^2+(-2)^2+3^2}=\sqrt{14},\quad |\boldsymbol{b}|=\sqrt{2^2+3^2+(-1)^2}=\sqrt{14},$$

所以

$$\cos\theta=\frac{\boldsymbol{a}\cdot\boldsymbol{b}}{|\boldsymbol{a}||\boldsymbol{b}|}=\frac{-7}{\sqrt{14}\times\sqrt{14}}=-\frac{1}{2},$$

于是

$$\theta=\frac{2}{3}\pi.$$

7.4.3 向量的向量积

定义 3 设向量 $\boldsymbol{a}$ 与 $\boldsymbol{b}$ 夹角为 θ，定义向量 $\boldsymbol{a}$ 与 $\boldsymbol{b}$ 的向量积(或外积、叉积)$\boldsymbol{a}\times\boldsymbol{b}$ 是这样一个向量，其模

$$|\boldsymbol{a}\times\boldsymbol{b}|=|\boldsymbol{a}||\boldsymbol{b}|\sin\theta,$$

方向与 $\boldsymbol{a}$ 和 $\boldsymbol{b}$ 都垂直，且使 $\boldsymbol{a},\boldsymbol{b},\boldsymbol{a}\times\boldsymbol{b}$ 符合右手法则.

定理 3 $\boldsymbol{a}\neq\boldsymbol{0},\boldsymbol{b}\neq\boldsymbol{0}$ 时，$\boldsymbol{a}/\!/\boldsymbol{b}\Leftrightarrow\boldsymbol{a}\times\boldsymbol{b}=\boldsymbol{0}\Leftrightarrow\boldsymbol{b}=k\boldsymbol{a}$.

证 用循环证法.

若 $\boldsymbol{a}/\!/\boldsymbol{b}$，有 $\sin(\boldsymbol{a},\boldsymbol{b})=0$，从而 $|\boldsymbol{a}\times\boldsymbol{b}|=|\boldsymbol{a}||\boldsymbol{b}|\sin(\boldsymbol{a},\boldsymbol{b})=0$，故 $\boldsymbol{a}\times\boldsymbol{b}=\boldsymbol{0}$.

若 $\boldsymbol{a}\times\boldsymbol{b}=\boldsymbol{0}$，有 $|\boldsymbol{a}\times\boldsymbol{b}|=|\boldsymbol{a}||\boldsymbol{b}|\sin(\boldsymbol{a},\boldsymbol{b})=0$，由 $\boldsymbol{a}\neq\boldsymbol{0}$、$\boldsymbol{b}\neq\boldsymbol{0}$，有 $\sin(\boldsymbol{a},\boldsymbol{b})=0$，故 $\boldsymbol{b}=k\boldsymbol{a}$.

若 $\boldsymbol{b}=k\boldsymbol{a}$，有 $\boldsymbol{a},\boldsymbol{b}$ 同向或反向，故 $\boldsymbol{a}/\!/\boldsymbol{b}$.

向量积满足以下规律：

(1) 反交换律：$\boldsymbol{a}\times\boldsymbol{b}=-\boldsymbol{b}\times\boldsymbol{a}$；

(2) 分配律：$(\boldsymbol{a}+\boldsymbol{b})\times\boldsymbol{c}=\boldsymbol{a}\times\boldsymbol{c}+\boldsymbol{b}\times\boldsymbol{c}$

(3) 数乘结合律：$\lambda(\boldsymbol{a}\times\boldsymbol{b})=(\lambda\boldsymbol{a})\times\boldsymbol{b}=\boldsymbol{a}\times(\lambda\boldsymbol{b})$.

由向量积的定义可得

$$\begin{aligned}&\boldsymbol{i}\times\boldsymbol{i}=\boldsymbol{0}, && \boldsymbol{j}\times\boldsymbol{j}=\boldsymbol{0}, && \boldsymbol{k}\times\boldsymbol{k}=\boldsymbol{0},\\ &\boldsymbol{i}\times\boldsymbol{j}=\boldsymbol{k}, && \boldsymbol{j}\times\boldsymbol{k}=\boldsymbol{i}, && \boldsymbol{k}\times\boldsymbol{i}=\boldsymbol{j},\\ &\boldsymbol{j}\times\boldsymbol{i}=-\boldsymbol{k}, && \boldsymbol{k}\times\boldsymbol{j}=-\boldsymbol{i}, && \boldsymbol{i}\times\boldsymbol{k}=-\boldsymbol{j}.\end{aligned}$$

再利用向量积的运算规律可以推出，若 $\boldsymbol{a}=(x_1,y_1,z_1)$，$\boldsymbol{b}=(x_2,y_2,z_2)$，则向量积的坐标表达式为

$$\begin{aligned}\boldsymbol{a}\times\boldsymbol{b}&=(x_1\boldsymbol{i}+y_1\boldsymbol{j}+z_1\boldsymbol{k})\times(x_2\boldsymbol{i}+y_2\boldsymbol{j}+z_2\boldsymbol{k})\\&=(y_1z_2-z_1y_2)\boldsymbol{i}+(z_1x_2-x_1z_2)\boldsymbol{j}+(x_1y_2-y_1x_2)\boldsymbol{k},\end{aligned}$$

也可以写成

$$\boldsymbol{a}\times\boldsymbol{b}=\begin{vmatrix}\boldsymbol{i}&\boldsymbol{j}&\boldsymbol{k}\\x_1&y_1&z_1\\x_2&y_2&z_2\end{vmatrix}.$$

例 2 设 $\boldsymbol{a}=(2,3,4)$，$\boldsymbol{b}=(1,-3,-2)$，计算 $\boldsymbol{a}\times\boldsymbol{b}$.

解 $\boldsymbol{a}\times\boldsymbol{b}=\begin{vmatrix}\boldsymbol{i}&\boldsymbol{j}&\boldsymbol{k}\\2&3&4\\1&-3&-2\end{vmatrix}=6\boldsymbol{i}+8\boldsymbol{j}-9\boldsymbol{k}.$

7.4.4 向量的应用

1. 平面的点法式方程

已知平面 π 过点 $M_0(x_0,y_0,z_0)$，平面 π 的法向量（垂直于该平面的非零向量）$\boldsymbol{n}=(A,B,C)$. 设 $M(x,y,z)$ 为平面 π 上任意一点，则向量

$$\overrightarrow{M_0M}=(x-x_0,y-y_0,z-z_0)$$

与 $\boldsymbol{n}$ 垂直，由定理 2 知

$$\boldsymbol{n}\cdot\overrightarrow{M_0M}=0,$$

即

$$A(x-x_0)+B(y-y_0)+C(z-z_0)=0.$$

这就是平面的**点法式方程**. 令

$$D=-(Ax_0+By_0+Cz_0),$$

则上述方程可以写成平面的**一般方程**，即

$$Ax+By+Cz+D=0.$$

2. 直线方程

两个不平行的平面的交线就是直线，因此直线的一般方程为

$$\begin{cases}A_1x+B_1y+C_1z+D_1=0,\\A_2x+B_2y+C_2z+D_2=0.\end{cases}$$

已知直线 L 过点 $M_0(x_0,y_0,z_0)$，直线 L 的方向向量（平行于该直线的非零向量）为 $\boldsymbol{s}=(m,n,p)$. 设 $M(x,y,z)$ 为直线 L 上任意一点，则向量 $\overrightarrow{M_0M}=(x-x_0,y-y_0,z-z_0)$ 与 $\boldsymbol{s}$ 平行，于是有

$$\frac{x-x_0}{m}=\frac{y-y_0}{n}=\frac{z-z_0}{p},$$

这就是直线的**点向式方程**（或称为**对称式方程**）. 该直线的**参数方程**为

$$\begin{cases}x=x_0+mt,\\y=y_0+nt,\\z=z_0+pt.\end{cases}$$

由于 $\boldsymbol{s}=(m,n,p)$ 为非零向量，因此 m,n,p 不全为零. 在直线的点向式方程中，如果分母中有一个或两个为零，可以理解为相应的分子也为零. 如 $m=0$，则该直线的方程为

$$\begin{cases}x=x_0,\\\dfrac{y-y_0}{n}=\dfrac{z-z_0}{p}.\end{cases}$$

例 3 求过点 $(3,0,-2)$ 且以 $\boldsymbol{n}=(1,-3,2)$ 为法线向量的平面的方程.

解 平面的点法式方程，得所求平面的方程为

$$(x-3)-3(y-0)+2(z+2)=0,$$

即

$$x-3y+2z+1=0.$$

例 4 用点向式方程即参数方程表示直线$\begin{cases} x+y+z+1=0, \\ x+2y+3z+2=0. \end{cases}$

解 先找到该直线上一点(x_0, y_0, z_0). 例如,可取$x_0=1$,代入得$\begin{cases} y+z=-2, \\ 2y+3z=-3. \end{cases}$ 解这个二元一次方程组,得$y_0=-3, z_0=1$. 即$(1,-3,1)$是该直线上一点.

下面再找出该直线的方向向量$\boldsymbol{s}$. 由于两平面的交线与两平面的法向量$\boldsymbol{n}_1=(1,1,1)$, $\boldsymbol{n}_2=(1,2,3)$都垂直,所以可取

$$\boldsymbol{s}=\boldsymbol{n}_1 \times \boldsymbol{n}_2=\begin{vmatrix} \boldsymbol{i} & \boldsymbol{j} & \boldsymbol{k} \\ 1 & 1 & 1 \\ 1 & 2 & 3 \end{vmatrix}=\boldsymbol{i}-2\boldsymbol{j}+\boldsymbol{k}.$$

因此,所给直线的对称式方程为

$$\frac{x-1}{1}=\frac{y+3}{-2}=\frac{z-1}{1},$$

令$x-1=\frac{y+3}{-2}=z-1=t$,得所给直线的参数方程为

$$\begin{cases} x=1+t, \\ y=-3-2t, \\ z=1+t. \end{cases}$$

总习题7

1. 指出下列各点所在的坐标轴、坐标面或卦限:

(1) $A(0,-7,0)$; (2) $B(0,-1,2)$; (3) $C(-1,0,3)$; (4) $D(2,-3,-5)$.

2. 已知点$A(1,-3,2)$,求点$B(x,-3,-4)$,使A,B的距离为6.

3. 在z轴上求与点$A(3,-1,1)$和点$B(0,1,2)$等距离的点.

4. 指出下列方程所表示的图形:

(1) $\frac{x^2}{4}+\frac{z^2}{9}=1$; (2) $x^2-4y^2=4$; (3) $x^2+y^2+z^2-2x+4y=0$;

(4) $y=2x+1$; (5) $4x^2+y^2-z^2=4$; (6) $\frac{z}{2}=\frac{x^2}{4}+\frac{y^2}{9}$.

5. 方程组$\begin{cases} x^2+y^2+z^2=9, \\ z=1 \end{cases}$表示怎样的曲线?

6. 试求曲线C: $\begin{cases} z=2x^2+y^2, \\ z=-x^2-2y^2+5 \end{cases}$在$xOy$面上的投影柱面及投影曲线.

7. 设向量$\boldsymbol{a}=(1,-3,2)$, $\boldsymbol{b}=(2,0,1)$. 试计算:

(1) 向量$\boldsymbol{a},\boldsymbol{b}$夹角的余弦;(2) $(4\boldsymbol{a})\cdot(-2\boldsymbol{b})$;(3) $3\boldsymbol{a}\times 2\boldsymbol{b}$.

8. 一平面过点$(2,1,0)$且平行于$\boldsymbol{a}=(1,2,1)$和$\boldsymbol{b}=(2,-1,0)$,试求该平面方程.

9. 试求过点$M(3,1,-2)$且垂直于平面$x+2y-z=7$的直线方程.

10. 试求过点$M(1,2,4)$且平行于直线$\begin{cases} x-2y+3z-6=0, \\ 3x+5y-z+2=0 \end{cases}$的直线方程.

第8章 多元函数微分学及其应用

前面各章我们所讨论的函数都是只有一个自变量，称为一元函数. 但在许多实际问题中，往往要考虑多个变量之间的关系，反映到数学上，就是一个变量依赖多个变量的情形. 由此引入了多元函数以及多元函数的微积分问题. 本章将在一元函数微分学的基础上讨论多元函数的微分学及应用. 讨论中以二元函数为主，这是由于一元函数中已学过的概念、理论、方法推广到二元函数时，会产生一些新的问题，而从二元函数推广到二元以上的多元函数则可以类推.

8.1 多元函数的极限与连续

8.1.1 平面点集与 n 维空间

在讨论一元函数时，一些概念、理论、方法都基于$\mathbb{R}^1$中的点集概念，如邻域、开区间、闭区间等. 要讨论多元函数，首先需要将上述一些概念加以推广. 为此，先将有关概念从$\mathbb{R}^1$推广到$\mathbb{R}^2$中，然后引入 n 维空间，以便推广到一般的$\mathbb{R}^n$中.

1. 平面点集

在平面解析几何里，平面上建立了直角坐标系后，即建立了平面上的点 P 与有序实数组(x,y)间的一一对应，而所有有序实数组(x,y)构成的集合称为$\mathbb{R}^2$空间，即$\mathbb{R}^2=\{(x,y)\mid x,y\in\mathbb{R}\}$.

在$\mathbb{R}^2$上，满足某条件 T 的点的集合，称为平面点集，记作 $E=\{(x,y)\mid(x,y)$满足条件 $T\}$.

例如，平面上以原点为圆心的单位圆内所有点的集合是

$$E_1=\{(x,y)\mid x^2+y^2\leqslant 1\}.$$

现在我们来引入$\mathbb{R}^2$中邻域的概念.

设 $P_0(x_0,y_0)$是 xOy 平面上的一个点，δ 是某一正数. 与点 P_0 的距离小于 δ 的点 $P(x,y)$的全体，称为点 P_0 的 δ 邻域，记作 $U(P_0,\delta)$，即

$$U(P_0,\delta)=\{P\mid |PP_0|<\delta\}$$

或

$$U(P_0,\delta)=\{(x,y)\mid \sqrt{(x-x_0)^2+(y-y_0)^2}<\delta\}.$$

从几何上看，$U(P_0,\delta)$就是 xOy 平面上以 $P_0(x_0,y_0)$为中心、以正数 δ 为半径的圆内部的点 $P(x,y)$的全体. 在不强调半径 δ 时，可简记为 $U(P_0)$.

点 P_0 的去心 δ 邻域，记作$\mathring{U}(P_0,\delta)$，即

$$\mathring{U}(P_0,\delta)=\{P\mid 0<|PP_0|<\delta\},$$

在不强调半径 δ 时，可简记为$\mathring{U}(P_0)$.

下面利用邻域来描述平面上点和点集之间的关系.

$\mathbb{R}^2$ 上的点 P 与平面点集 E 之间有如下三种关系.

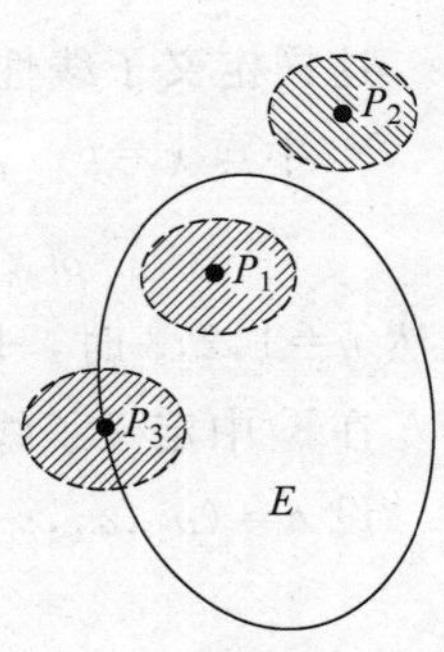

图 8.1

(1) 内点：如果存在点 P 的某个邻域 $U(P)$，使得 $U(P)\subset E$，则称点 P 为 E 的内点(如图 8.1 中，P_1 为 E 的内点)；

(2) 外点：如果存在点 P 的某个邻域 $U(P)$，使得 $U(P)\cap E=\varnothing$，则称点 P 为 E 的外点(如图 8.1 中，P_2 为 E 的外点)；

(3) 边界点：如果点 P 的任一邻域内既含有属于 E 的点，又含有不属于 E 的点，则称点 P 为 E 的边界点（如图 8.1 中，P_3 为 E 的边界点).

E 的边界点的全体，称为 E 的边界，记作∂E.

E 的内点必属于 E；E 的外点必定不属于 E；而 E 的边界点可能属于 E,也可能不属于 E.

例如，设点集

$$E=\{(x,y)\mid 1\leqslant x^2+y^2<4\},$$

则满足 $1<x^2+y^2<4$ 的一切点(x,y)都是 E 的内点；满足 $x^2+y^2=1$ 的一切点(x,y)都是 E 的边界点，它们都属于 E；满足 $x^2+y^2=4$ 的一切点(x,y)也是 E 的边界点，但它们不属于 E.

如果点集 E 中的点都是 E 的内点，则称 E 为开集.

如果点集 E 的余集 E^c 为开集，则称 E 为闭集.

如果点集 E 中的任意两点都可以用折线连接起来，并且该折线上的点都属于 E，则称 E 为连通集.

例如，集合$\{(x,y)\mid 1<x^2+y^2<4\}$是开集，集合$\{(x,y)\mid 1\leqslant x^2+y^2\leqslant 4\}$是闭集，集合$\{(x,y)\mid 1\leqslant x^2+y^2<4\}$既非开集也非闭集,它们都是连通集.

连通的开集称为区域或开区域.

开区域连同它的边界一起构成的点集称为闭区域.

对于点集 E，如果存在某一正数 r，使得 $E\subset U(O,r)$，则称 E 为有界集，其中 O 为坐标原点；否则，称 E 为无界集.

例如，集合$\{(x,y)\mid 1\leqslant x^2+y^2\leqslant 4\}$是有界闭区域，集合$\{(x,y)\mid x+y>1\}$是无界开区域，集合$\{(x,y)\mid x+y\geqslant 1\}$是无界闭区域.

2. *n* 维空间

设 n 为取定的一个正整数，n 元有序实数组$(x_1,x_2,\cdots,x_n)$的全体所组成的集合，记作$\mathbb{R}^n$，即

$$\mathbb{R}^n=\mathbb{R}\times\mathbb{R}\times\cdots\times\mathbb{R}=\{(x_1,x_2,\cdots,x_n)\mid x_i\in\mathbb{R},i=1,2,\cdots,n\},$$

$\mathbb{R}^n$中的元素$(x_1,x_2,\cdots,x_n)$常用字母 $\boldsymbol{x}$ 表示，即 $\boldsymbol{x}=(x_1,x_2,\cdots,x_n)$. $\mathbb{R}^n$中的元素 $\boldsymbol{x}=(x_1,x_2,\cdots,x_n)$也称为$\mathbb{R}^n$中的一个点或一个 n 维向量，x_i 称为点 $\boldsymbol{x}$ 的第 i 个坐标或 n 维向量 $\boldsymbol{x}$

的第 i 个分量. 当所有的 $x_i(i=1,2,\cdots,n)$ 都为零时，则称该元素为$\mathbb{R}^n$中的零元素，记为 $\mathbf{0}$ 或 $\boldsymbol{O}$. $\mathbb{R}^n$中的零元素称为$\mathbb{R}^n$中的坐标原点或 n 维零向量. 对$\mathbb{R}^n$中定义线性运算如下.

设 $\boldsymbol{x}=(x_1,x_2,\cdots,x_n)$，$\boldsymbol{y}=(y_1,y_2,\cdots,y_n)$为$\mathbb{R}^n$中任意两个元素，$\lambda\in\mathbb{R}$，规定：

$$\boldsymbol{x}+\boldsymbol{y}=(x_1+y_1,x_2+y_2,\cdots,x_n+y_n),$$
$$\lambda\boldsymbol{x}=(\lambda x_1,\lambda x_2,\cdots,\lambda x_n).$$

这样定义了线性运算的集合$\mathbb{R}^n$称为 n 维空间.

$\mathbb{R}^n$中点 $\boldsymbol{x}=(x_1,x_2,\cdots,x_n)$和点 $\boldsymbol{y}=(y_1,y_2,\cdots,y_n)$间的距离，记作 $\rho(\boldsymbol{x},\boldsymbol{y})$，规定

$$\rho(\boldsymbol{x},\boldsymbol{y})=\sqrt{(x_1-y_1)^2+(x_2-y_2)^2+\cdots+(x_n-y_n)^2}.$$

显然 $n=1,2,3$ 时，上述规定与数轴上、直角坐标系下平面及空间中两点间的距离一致.

在$\mathbb{R}^n$中定义了线性运算和距离，就可以定义$\mathbb{R}^n$中邻域的概念.

设 $\boldsymbol{a}=(a_1,a_2,\cdots,a_n)\in\mathbb{R}^n$，$\delta$ 是某一正数，则

$$U(\boldsymbol{a},\delta)=\{\boldsymbol{x}\mid\boldsymbol{x}\in\mathbb{R}^n,\rho(\boldsymbol{x},\boldsymbol{a})<\delta\}$$

就定义为$\mathbb{R}^n$中点 $\boldsymbol{a}$ 的 δ 邻域. 从邻域概念出发，可以把前面讨论过的有关平面点集的一系列概念，如内点、边界点、区域等推广到 n 维空间.

8.1.2 多元函数的概念

在许多实际问题中常遇到一个变量依赖于多个变量的情形，举例如下.

例 1 扇形的面积 S 和它的半径 R、圆心角 α 之间具有如下关系：

$$S=\frac{1}{2}R^2\alpha.$$

当 R,α 在集合$\{(R,\alpha)\mid R>0,\alpha>0\}$内取定一对值$(R,\alpha)$时，$S$ 的值就随之确定.

例 2 设两质点的质量分别为 m_1,m_2，它们之间的距离为 r，那么两质点之间的引力为

$$F=\frac{km_1m_2}{r^2},$$

其中，k 为常数. 当 m_1,m_2,r 在集合$\{(m_1,m_2,r)\mid m_1>0,m_2>0,r>0\}$内取到值$(m_1,m_2,r)$时，$F$ 的值就随之确定.

下面给出二元函数的定义.

定义 1 设 D 为$\mathbb{R}^2$的一个非空子集，如果对于 D 内的任一点(x,y)，按照某种法则 f，都有唯一确定的实数 z 与之对应，则称 f 为定义在 D 上的二元函数，记为 $z=f(x,y),(x,y)\in D$ 或 $z=f(P),P\in D$. 其中 x,y 称为自变量，z 称为因变量. D 称为函数 f 的定义域，$R=\{z\mid z=f(x,y),(x,y)\in D\}$称为函数 f 的值域. 称点集 $R=\{(x,y,z)\mid z=f(x,y),(x,y)\in D\}$为二元函数 $z=f(x,y)$的图形.

类似地可以定义三元及三元以上的函数. 一般地，对 $n(n\geqslant 2)$维空间$\mathbb{R}^n$内的点集 E，函数 $u=f(x_1,x_2,\cdots,x_n),(x_1,x_2,\cdots,x_n)\in E$，称为多元函数，或记为 $u=f(P),P\in E$.

关于多元函数的定义域，作如下约定：如果一个用算式表示的多元函数 $u=f(x_1,x_2,\cdots,x_n)$没有明确指出定义域，则该函数的定义域理解为使算式有意义的所有点$(x_1,x_2,\cdots,x_n)$所构成的集合，并称其为自然定义域.

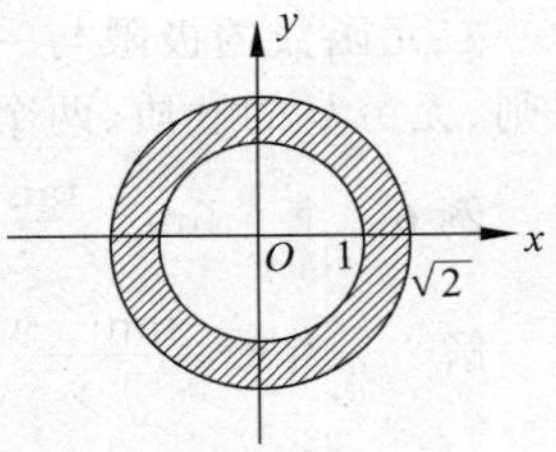

例 3 求 $z=\arcsin\left(\frac{x^2+y^2}{2}\right)+\sqrt{x^2+y^2-1}$ 的定义域.

解 要使表达式有意义，必须 $\frac{x^2+y^2}{2}\leqslant 1$ 且 $x^2+y^2-1\geqslant 0$，即 $1\leqslant x^2+y^2\leqslant 2$，故所求定义域(见图 8.2)为

$$D=\{(x,y)\mid 1\leqslant x^2+y^2\leqslant 2\}.$$

图 8.2

8.1.3 多元函数的极限

首先讨论二元函数 $z=f(x,y)$ 的极限问题. 与一元函数的极限概念类似，如果当 $P(x,y)\to P_0(x_0,y_0)$ 时，即当

$$|PP_0|=\sqrt{(x-x_0)^2+(y-y_0)^2}\to 0$$

时，对应的函数值 $f(x,y)$ 无限接近于一个确定的常数 A，我们就说 A 是函数 $z=f(x,y)$ 当 $(x,y)\to(x_0,y_0)$ 时的极限. 下面用 ε-δ 语言描述这个极限概念.

定义 2 设函数 $f(P)=f(x,y)$ 在 $P_0(x_0,y_0)$ 的某去心邻域 $\mathring{U}(P_0,\delta)$ 内有定义，如果存在常数 A，对于任意给定的 $\varepsilon>0$，总存在正数 δ，使得当 $0<|PP_0|<\delta$ 时，即当 $0<\sqrt{(x-x_0)^2+(y-y_0)^2}<\delta$ 时，都有 $|f(P)-A|=|f(x,y)-A|<\varepsilon$，则称 A 为函数 $f(x,y)$ 当 $(x,y)\to(x_0,y_0)$ 时的极限，记作

$$\lim_{(x,y)\to(x_0,y_0)} f(x,y)=A \text{ 或 } \lim_{\substack{x\to x_0\\ y\to y_0}} f(x,y)=A \text{ 或 } f(x,y)\to A,\ ((x,y)\to(x_0,y_0)),$$

也记作

$$\lim_{P\to P_0} f(P)=A \text{ 或 } f(P)\to A\ (P\to P_0).$$

为了区别一元函数的极限，我们称二元函数的极限为二重极限.

值得注意的是，二重极限存在，是指 $P(x,y)$ 以任何方式趋于 $P_0(x_0,y_0)$ 时，函数 $f(x,y)$ 都趋于 A. 如果 $P(x,y)$ 以某种特殊方式趋于 $P_0(x_0,y_0)$ 时，$f(x,y)$ 趋于 A，那么还不能断定 $f(x,y)$ 的极限存在. 相反，如果当 $P(x,y)$ 以不同方式趋于 $P_0(x_0,y_0)$ 时，$f(x,y)$ 趋于不同的值，则可以断定 $f(x,y)$ 的极限不存在.

例 4 证明 $\lim\limits_{(x,y)\to(0,0)} \sin\sqrt{x^2+y^2}=0$.

证 对 $\forall\,\varepsilon>0$，有

$$\left|\sin\sqrt{x^2+y^2}-0\right|\leqslant\sqrt{x^2+y^2},$$

取 $\delta=\varepsilon$，则当 $0<\sqrt{(x-0)^2+(y-0)^2}<\delta$ 时，总有 $\left|\sin\sqrt{x^2+y^2}-0\right|<\varepsilon$ 成立，从而有

$$\lim_{(x,y)\to(0,0)} \sin\sqrt{x^2+y^2}=0.$$

例 5 证明 $\lim\limits_{(x,y)\to(0,0)}\frac{xy}{x^2+y^2}$ 不存在.

证 当点 $P(x,y)$ 沿直线 $y=kx(k\neq 0)$ 趋于原点 $(0,0)$ 时，有

$$\lim_{(x,y)\to(0,0)}\frac{xy}{x^2+y^2}=\lim_{\substack{x\to 0\\ y=kx}}\frac{x\cdot kx}{x^2+(kx)^2}=\frac{k}{1+k^2},$$

这个极限值随 k 而变，所以 $\lim\limits_{(x,y)\to(0,0)}\frac{xy}{x^2+y^2}$ 不存在.

二元函数的极限与一元函数的极限有类似的性质和运算法则. 例如，极限的四则运算法则、无穷小的性质、两个重要极限、夹逼准则等结论在二元函数极限运算中仍成立.

例6 求 $\lim\limits_{(x,y)\to(2,0)}\dfrac{\tan(xy)}{y}$.

解 $\lim\limits_{(x,y)\to(2,0)}\dfrac{\tan(xy)}{y}=\lim\limits_{(x,y)\to(2,0)}\left[\dfrac{\tan(xy)}{xy}\cdot x\right]=\lim\limits_{xy\to0}\dfrac{\tan(xy)}{xy}\cdot\lim\limits_{x\to2}x=1\times2=2.$

8.1.4 多元函数的连续

有了二元函数极限的概念，就不难定义二元函数的连续性了.

定义3 设二元函数 $f(P)=f(x,y)$ 在点 $P_0(x_0,y_0)$ 的某邻域 $U(P_0,\delta)$ 内有定义，如果 $\lim\limits_{(x,y)\to(x_0,y_0)}f(x,y)=f(x_0,y_0)$，则称函数 $f(x,y)$ 在点 $P_0(x_0,y_0)$ 处连续. 否则，称 $P_0(x_0,y_0)$ 是 $f(x,y)$ 的间断点或不连续点.

例如，$f(x,y)=\begin{cases}\dfrac{xy}{x^2+y^2}, & x^2+y^2\neq0,\\ 0, & x^2+y^2=0,\end{cases}$ 由例5可知 $\lim\limits_{(x,y)\to(0,0)}\dfrac{xy}{x^2+y^2}$ 不存在，因此，$f(x,y)$ 在点 $(0,0)$ 处不连续，即点 $(0,0)$ 为 $f(x,y)$ 的间断点.

如果函数 $z=f(x,y)$ 在区域 D 上每一点都连续，则称该函数在区域 D 上连续或称 $f(x,y)$ 是 D 上的连续函数.

以上关于二元函数连续性的定义，可推广到多元函数上去.

与一元函数类似，由极限运算法则知，如果两函数 $f(x,y)$，$g(x,y)$ 都在点 $P_0(x_0,y_0)$ 处连续，则 $f(x,y)\pm g(x,y)$，$f(x,y)g(x,y)$，$\dfrac{f(x,y)}{g(x,y)}(g(x_0,y_0)\neq0)$ 也在点 $P_0(x_0,y_0)$ 处连续. 不仅如此，多元连续函数的复合函数仍为连续函数.

多元初等函数是指由具有不同自变量的一元基本初等函数经有限次的四则运算与有限次的复合运算而得到的由一个表达式表达的函数. 例如，$\dfrac{xy}{1+x^2+y^2}$，$\sin\dfrac{1}{1-x^2-y^2}$，e^{x+y+z} 等都是多元初等函数.

多元初等函数在它们的定义区域内是连续的.

由多元初等函数的连续性，可进一步求其定义区域内某一点处的极限，即 $\lim\limits_{(x,y)\to(x_0,y_0)}f(x,y)=f(x_0,y_0)$.

例7 求 $\lim\limits_{(x,y)\to(0,1)}\dfrac{1-xy}{x^2+y^2}$.

解 由于 $f(x,y)=\dfrac{1-xy}{x^2+y^2}$ 在其定义域 $D=\mathbb{R}^2\setminus\{(0,0)\}$ 内连续，而 $P_0(0,1)$ 为 D 的内点，故 $f(x,y)$ 在 $P_0(0,1)$ 处连续，因此

$$\lim_{(x,y)\to(0,1)}\frac{1-xy}{x^2+y^2}=f(0,1)=\frac{1-0\times1}{0^2+1^2}=1.$$

习 题 8.1

1. 求下列函数的定义域：

(1) $z=\ln(y^2-2x+1)$；　　(2) $z=\sqrt{\sin(x^2+y^2)}$；

(3) $z=\sqrt{x-\sqrt{y}}$；(4) $z=\dfrac{1}{\sqrt{x+y}}+\dfrac{1}{\sqrt{x-y}}$；

(5) $z=\sqrt{R^2-x^2-y^2}+\dfrac{1}{\sqrt{x^2+y^2-r^2}}(0<r<R)$；

(6) $z=\arcsin(x-y^2)+\ln\ln(10-x^2-4y^2)$.

2. 若 $f(x,y)=\dfrac{2xy}{x^2+y^2}$，求 $f\left(1,\dfrac{y}{x}\right)$.

3. 设 $f\left(x+y,\dfrac{y}{x}\right)=x^2-y^2$，求 $f(x,y)$.

4. 指出下列函数的间断点(如果存在)：

(1) $z=\dfrac{y^2+2x}{y^2-2x}$；(2) $z=\dfrac{xy^2}{x+y}$；

(3) $z=\ln(a^2-x^2-y^2)$；(4) $z=\dfrac{1}{\sin x\cdot\sin y}$.

5. 求下列函数的极限：

(1) $\lim\limits_{(x,y)\to(2,0)}\dfrac{\tan(xy)}{y}$；(2) $\lim\limits_{(x,y)\to(0,0)}\dfrac{1-\cos(x^2+y^2)}{(x^2+y^2)e^{x^2y^2}}$；

(3) $\lim\limits_{(x,y)\to(0,1)}\dfrac{2+y}{x^2+y^2}$；(4) $\lim\limits_{(x,y)\to(0,0)}\dfrac{xy}{\sqrt{xy+1}-1}$.

6. 设 $f(x,y)=\begin{cases}\dfrac{x^2-y^2}{x^2+y^2}, & (x,y)\neq(0,0),\\ 0, & (x,y)=(0,0),\end{cases}$ 证明 $\lim\limits_{(x,y)\to(0,0)}f(x,y)$ 不存在.

8.2 偏导数与全微分

8.2.1 偏导数

1. 偏导数的概念

在一元函数中，我们曾讨论了一元函数 $y=f(x)$ 关于 x 的变化率，即 $y=f(x)$ 关于 x 的导数. 对多元函数同样也需要讨论变化率的问题，由于多元函数的自变量不止一个，所以因变量与自变量的关系要比一元函数复杂得多. 但是我们可以考虑函数对于其中一个自变量的变化率. 例如，我们可以将函数 $u=f(x,y,z)$ 中的自变量 y 与 z 固定为 y_0 与 z_0，而只考虑函数对自变量 x 的变化率. 这时，函数 $f(x,y_0,z_0)$ 就相当于一个一元函数. 为了区别于一元函数的导数概念，我们称多元函数对于一个自变量的变化率为偏导数. 下面以二元函数为例，引入偏导数的定义如下.

定义 1 设函数 $z=f(x,y)$ 在点 (x_0,y_0) 的某邻域有定义，当 y 固定在 y_0 而 x 在 x_0 处取得增量 Δx 时，函数相应地取得增量

$$f(x_0+\Delta x,y_0)-f(x_0,y_0),$$

如果极限

$$\lim_{\Delta x\to 0}\frac{f(x_0+\Delta x,y_0)-f(x_0,y_0)}{\Delta x}$$

存在，则称此极限为函数 $z=f(x,y)$ 在点 (x_0,y_0) **关于 x 的偏导数**. 记作

$$f_x(x_0,y_0),\ \left.\frac{\partial f}{\partial x}\right|_{\substack{x=x_0\\y=y_0}},\ \left.z_x\right|_{\substack{x=x_0\\y=y_0}}\ \text{或}\left.\frac{\partial z}{\partial x}\right|_{\substack{x=x_0\\y=y_0}},$$

即

$$f_x(x_0,y_0)=\lim_{\Delta x\to 0}\frac{f(x_0+\Delta x,y_0)-f(x_0,y_0)}{\Delta x}.$$

类似地，如果极限

$$\lim_{\Delta y\to 0}\frac{f(x_0,y_0+\Delta y)-f(x_0,y_0)}{\Delta y}$$

存在，则称此极限为函数 $z=f(x,y)$ 在点 (x_0,y_0) **关于 y 的偏导数**. 记作

$$f_y(x_0,y_0),\ \left.\frac{\partial f}{\partial y}\right|_{\substack{x=x_0\\y=y_0}},\ \left.z_y\right|_{\substack{x=x_0\\y=y_0}}\ \text{或}\left.\frac{\partial z}{\partial y}\right|_{\substack{x=x_0\\y=y_0}},$$

即

$$f_y(x_0,y_0)=\lim_{\Delta y\to 0}\frac{f(x_0,y_0+\Delta y)-f(x_0,y_0)}{\Delta y}.$$

如果函数 $z=f(x,y)$ 在区域 D 内每一点 (x,y) 处对 x 的偏导数都存在，则这个偏导数就是 x,y 的函数，我们称它为函数 $z=f(x,y)$ **对自变量 x 的偏导函数**，记作

$$f_x(x,y),\ \frac{\partial f}{\partial x},\ z_x\ \text{或}\frac{\partial z}{\partial x}.$$

类似地，可以定义函数 $z=f(x,y)$ **对自变量 y 的偏导函数**，即

$$f_y(x,y),\ \frac{\partial f}{\partial y},\ z_y\ \text{或}\frac{\partial z}{\partial y}.$$

由此看出，函数 $f(x,y)$ 在点 (x_0,y_0) 处对 x 的偏导数 $f_x(x_0,y_0)$ 及对 y 的偏导数 $f_y(x_0,y_0)$ 就分别是偏导函数 $f_x(x,y)$ 及 $f_y(x,y)$ 在点 (x_0,y_0) 处的值. 以后在不至于发生混淆的地方也把偏导函数简称为偏导数.

偏导数的概念也可推广到更多元的函数. 例如，$u=f(x,y,z)$ 在点 (x,y,z) 处关于 x 的偏导数定义为

$$f_x(x,y,z)=\lim_{\Delta x\to 0}\frac{f(x+\Delta x,y,z)-f(x,y,z)}{\Delta x}.$$

2. 偏导数的计算

从偏导数的定义可以看出，计算多元函数的偏导数，无需重新建立求导法则，以二元函数 $z=f(x,y)$ 为例，要求 $\frac{\partial f}{\partial x}$，只需将函数 $f(x,y)$ 中的 y 视为常数，对函数 $f(x,y)$ 求关于 x 的一元函数的导数即可；同样，要求 $\frac{\partial f}{\partial y}$，只需将函数 $f(x,y)$ 中的 x 视为常数，对函数 $f(x,y)$ 求关于 y 的一元函数的导数. 因此，在一元函数中的所有求导法则、求导公式在这里仍然适用.

例 1 求 $z=x^2y+y^2$ 在点 $(2,3)$ 处的偏导数.

解 把 y 看作常量，对 x 求导，得

$$\frac{\partial z}{\partial x}=2xy;$$

把 x 看作常量，对 y 求导，得

$$\frac{\partial z}{\partial y}=x^2+2y.$$

将点(2,3)代入上面的结果，就得

$$\left.\frac{\partial z}{\partial x}\right|_{\substack{x=2\\y=3}}=2\times2\times3=12,\left.\frac{\partial z}{\partial y}\right|_{\substack{x=2\\y=3}}=2^2+2\times3=10.$$

例 2 求 $z=x^4+xy^2-x^2y+\ln(x^2+y^2)$ 的偏导数.

解 把 y 看作常量，得

$$\frac{\partial z}{\partial x}=4x^3+y^2-2xy+\frac{2x}{x^2+y^2};$$

把 x 看作常量，得

$$\frac{\partial z}{\partial y}=2xy-x^2+\frac{2y}{x^2+y^2}.$$

例 3 设 $z=x^y(x>0,x\neq1)$，试证明：

$$\frac{x}{y}\cdot\frac{\partial z}{\partial x}+\frac{1}{\ln x}\cdot\frac{\partial z}{\partial y}=2z.$$

证 因为

$$\frac{\partial z}{\partial x}=y\cdot x^{y-1},\frac{\partial z}{\partial y}=x^y\ln x,$$

所以

$$\frac{x}{y}\cdot\frac{\partial z}{\partial x}+\frac{1}{\ln x}\cdot\frac{\partial z}{\partial y}=\frac{x}{y}\cdot y\cdot x^{y-1}+\frac{1}{\ln x}\cdot x^y\ln x=x^y+x^y=2z.$$

例 4 设 $f(x,y)=\begin{cases}\dfrac{2y^3}{x^2+y^2}, & (x,y)\neq(0,0),\\ 0, & (x,y)=(0,0),\end{cases}$ 求 $f_x(0,0),f_y(0,0)$.

解 因为 $f(x,0)=0,f(0,y)=2y$，所以

$$f_x(0,0)=\lim_{\Delta x\to0}\frac{f(\Delta x,0)-f(0,0)}{\Delta x}=0,f_y(0,0)=\lim_{\Delta y\to0}\frac{f(0,\Delta y)-f(0,0)}{\Delta y}=2.$$

注意 在一元函数中函数在某点可导，则它在该点必连续；但对多元函数，即使在某点处其偏导数都存在，它在该点也未必连续.

例如，函数 $f(x,y)=\begin{cases}\dfrac{xy}{x^2+y^2}, & (x,y)\neq(0,0),\\ 0, & (x,y)=(0,0)\end{cases}$ 在点(0,0)对 x 的偏导数为

$$f_x(0,0)=\lim_{\Delta x\to0}\frac{f(0+\Delta x,0)-f(0,0)}{\Delta x}=\lim_{\Delta x\to0}0=0,$$

同样有

$$f_y(0,0)=\lim_{\Delta y\to0}\frac{f(0,0+\Delta y)-f(0,0)}{\Delta y}=\lim_{\Delta y\to0}0=0.$$

但该函数在点(0,0)不连续.

3. 高阶偏导数

设函数 $z=f(x,y)$ 在区域 D 内具有偏导数 $\frac{\partial z}{\partial x}=f_x(x,y)$ 和 $\frac{\partial z}{\partial y}=f_y(x,y)$，一般来说，

$f_x(x,y)$与$f_y(x,y)$仍然是x,y的函数. 如果这两个函数的偏导数也存在，则称它们为函数$z=f(x,y)$的二阶偏导数. 按照对变量求导次序的不同，有下列四个二阶偏导数，分别记作

$$\frac{\partial}{\partial x}\left(\frac{\partial z}{\partial x}\right)=\frac{\partial^2 z}{\partial x^2}=z_{xx}(x,y)=f_{xx}(x,y),$$

$$\frac{\partial}{\partial y}\left(\frac{\partial z}{\partial x}\right)=\frac{\partial^2 z}{\partial x\partial y}=z_{xy}(x,y)=f_{xy}(x,y),$$

$$\frac{\partial}{\partial x}\left(\frac{\partial z}{\partial y}\right)=\frac{\partial^2 z}{\partial y\partial x}=z_{yx}(x,y)=f_{yx}(x,y),$$

$$\frac{\partial}{\partial y}\left(\frac{\partial z}{\partial y}\right)=\frac{\partial^2 z}{\partial y^2}=z_{yy}(x,y)=f_{yy}(x,y).$$

其中,偏导数$\frac{\partial^2 z}{\partial x\partial y}$和$\frac{\partial^2 z}{\partial y\partial x}$称为函数$z=f(x,y)$的二阶混合偏导数. 仿此可定义多元函数的三阶、四阶以及更高阶的偏导数，并可仿此引入相应的记号. 二阶以及二阶以上的偏导数统称为高阶偏导数.

例5 求函数$z=x^3y^2-x^2y^3+xy$的二阶偏导数.

解

$$\frac{\partial z}{\partial x}=3x^2y^2-2xy^3+y,\frac{\partial z}{\partial y}=2x^3y-3x^2y^2+x,$$

$$\frac{\partial^2 z}{\partial x^2}=6xy^2-2y^3,\quad \frac{\partial^2 z}{\partial x\partial y}=6x^2y-6xy^2+1,$$

$$\frac{\partial^2 z}{\partial y\partial x}=6x^2y-6xy^2+1,\quad \frac{\partial^2 z}{\partial y^2}=2x^3-6x^2y.$$

从这个例子可以看出,两个二阶混合偏导数相等，即$\frac{\partial^2 z}{\partial x\partial y}=\frac{\partial^2 z}{\partial y\partial x}$，这不是偶然的，事实上，有如下定理.

定理1 如果二元函数$z=f(x,y)$的两个二阶混合偏导数$\frac{\partial^2 z}{\partial x\partial y},\frac{\partial^2 z}{\partial y\partial x}$在区域$D$内连续，则在该区域内必有

$$\frac{\partial^2 z}{\partial x\partial y}=\frac{\partial^2 z}{\partial y\partial x}.$$

也就是说,二阶混合偏导数在连续的条件下与求导次序无关.

证明略.

例6 证明：函数$u=\frac{1}{\sqrt{x^2+y^2+z^2}}$满足拉普拉斯(Laplace)方程

$$\frac{\partial^2 u}{\partial x^2}+\frac{\partial^2 u}{\partial y^2}+\frac{\partial^2 u}{\partial z^2}=0,$$

即此函数是拉普拉斯方程的一个解.

证 $\frac{\partial u}{\partial x}=\frac{-\frac{2x}{2\sqrt{x^2+y^2+z^2}}}{x^2+y^2+z^2}=-\frac{x}{(x^2+y^2+z^2)^{\frac{3}{2}}}$，

$$\frac{\partial^2 u}{\partial x^2}=-\frac{(x^2+y^2+z^2)^{\frac{3}{2}}-x\cdot\frac{3}{2}(x^2+y^2+z^2)^{\frac{1}{2}}\cdot 2x}{(x^2+y^2+z^2)^3}=\frac{2x^2-y^2-z^2}{(x^2+y^2+z^2)^{\frac{5}{2}}}.$$

由于函数关于自变量具有对称性，所以有

$$\frac{\partial^2 u}{\partial y^2}=\frac{2y^2-x^2-z^2}{(x^2+y^2+z^2)^{\frac{5}{2}}},$$

$$\frac{\partial^2 u}{\partial z^2}=\frac{2z^2-x^2-y^2}{(x^2+y^2+z^2)^{\frac{5}{2}}}.$$

因此

$$\frac{\partial^2 u}{\partial x^2}+\frac{\partial^2 u}{\partial y^2}+\frac{\partial^2 u}{\partial z^2}=\frac{2(x^2+y^2+z^2)-2x^2-2y^2-2z^2}{(x^2+y^2+z^2)^{\frac{5}{2}}}=0.$$

8.2.2 全微分

对于一元函数 $y=f(x)$，我们曾研究其关于 x 的微分，微分 $\mathrm{d}y=a\Delta x$ 具有下列两个性质：①它与自变量 x 在点 x_0 的改变量 Δx 成正比，为 Δx 的线性函数；②当 $\Delta x\to 0$ 时，它与函数增量 Δy 相差一个比 Δx 高阶的无穷小. 对于多元函数我们也希望引进一个具有类似性质的量. 以二元函数为例，当 $z=f(x,y)$ 中两个自变量 x,y 都有相应的增量 $\Delta x,\Delta y$ 时，相应的函数的增量 $\Delta z=f(x+\Delta x,y+\Delta y)-f(x,y)$ 称为函数 $z=f(x,y)$ 在点 $P(x,y)$ 处的全增量.

一般来说，计算全增量 Δz 比较复杂. 与一元函数的情形一样，我们希望用自变量的增量 $\Delta x,\Delta y$ 的线性函数来近似地代替函数的全增量 Δz，从而引入如下定义.

定义 2 设函数 $z=f(x,y)$ 在点 (x,y) 的某邻域内有定义，如果函数在点 (x,y) 的全增量

$$\Delta z=f(x+\Delta x,y+\Delta y)-f(x,y)$$

可表示为

$$\Delta z=A\Delta x+B\Delta y+o(\rho),$$

其中，A,B 与 $\Delta x,\Delta y$ 无关而仅与 x,y 有关；$\rho=\sqrt{(\Delta x)^2+(\Delta y)^2}$，则称函数 $z=f(x,y)$ 在点 (x,y) 处可微，而 $A\Delta x+B\Delta y$ 称为函数 $z=f(x,y)$ 在点 (x,y) 的全微分，记作 $\mathrm{d}z$，即

$$\mathrm{d}z=A\Delta x+B\Delta y.$$

如果函数 $z=f(x,y)$ 在区域 D 内的每一点都可微，我们就说它在 D 内可微.

在 8.2.1 节中曾指出，多元函数在某点的偏导数存在，并不能保证函数在该点连续. 但是，从全微分定义不难看出：若函数在某点可微，则必在该点连续.

事实上，由可微定义即得 $\lim\limits_{\substack{\Delta x\to 0\\ \Delta y\to 0}}\Delta z=\lim\limits_{\rho\to 0}\Delta z=\lim\limits_{\rho\to 0}[A\Delta x+B\Delta y+o(\rho)]=0$，故 $z=f(x,y)$ 在点 (x,y) 处连续.

根据可微定义，不能直接知道全微分形式中的 A,B 的形式是什么，通过研究全微分与偏导之间的关系，这些问题将得以解决.

定理 2（必要条件） 如果函数 $z=f(x,y)$ 在点 (x,y) 处可微，则该函数在点 (x,y) 的偏

导数$\frac{\partial z}{\partial x}$，$\frac{\partial z}{\partial y}$必定存在，且函数 $z=f(x,y)$ 在点 (x,y) 的全微分为

$$\mathrm{d}z = \frac{\partial z}{\partial x}\Delta x + \frac{\partial z}{\partial y}\Delta y.$$

证 由于 $z=f(x,y)$ 在点 (x,y) 处可微，所以

$$\Delta z = f(x+\Delta x, y+\Delta y) - f(x,y) = A\Delta x + B\Delta y + o(\rho).$$

特别地，取 $\Delta y=0$，有 $\Delta_x z = f(x+\Delta x, y) - f(x,y) = A\Delta x + o(|\Delta x|)$，上式两边各除以 Δx，再令 $\Delta x \to 0$ 而取极限，就得

$$\lim_{\Delta x \to 0} \frac{f(x+\Delta x, y) - f(x,y)}{\Delta x} = A,$$

从而偏导数$\frac{\partial z}{\partial x}$存在，且等于 A. 同样可证$\frac{\partial z}{\partial y}=B$.

因此，函数 $z=f(x,y)$ 在点 (x,y) 处的全微分可表示为 $\mathrm{d}z=\frac{\partial z}{\partial x}\Delta x+\frac{\partial z}{\partial y}\Delta y$. 证毕.

我们知道，一元函数在某点可导是在该点可微的充分必要条件，但对于多元函数则不然. 定理 2 的结论表明，二元函数的各偏导数存在只是全微分存在的必要条件而不是充分条件.

例如，对二元函数 $f(x,y)=\begin{cases}\dfrac{xy}{\sqrt{x^2+y^2}}, & x^2+y^2\neq 0,\\ 0, & x^2+y^2=0,\end{cases}$ 可用定义求得 $f_x(0,0)=f_y(0,0)=0$，即 $f(x,y)$ 在点 $(0,0)$ 处的两个偏导数存在且相等，而

$$\Delta z - [f_x(0,0)\cdot\Delta x + f_y(0,0)\cdot\Delta y] = \frac{\Delta x\cdot\Delta y}{\sqrt{(\Delta x)^2+(\Delta y)^2}}.$$

若令点 $P'(\Delta x, \Delta y)$ 沿着直线 $y=x$ 趋于点 $(0,0)$，则有

$$\frac{\dfrac{\Delta x\cdot\Delta y}{\sqrt{(\Delta x)^2+(\Delta y)^2}}}{\rho} = \frac{\Delta x\cdot\Delta y}{(\Delta x)^2+(\Delta y)^2} = \frac{1}{2},$$

它不随着 $\rho\to 0$ 而趋于 0，即

$$\Delta z - [f_x(0,0)\cdot\Delta x + f_y(0,0)\cdot\Delta y]$$

不是关于 ρ 的高阶无穷小. 故函数 $f(x,y)$ 在点 $(0,0)$ 处是不可微的.

由此可见，对于多元函数而言，偏导数存在并不一定可微. 因为函数的偏导数仅描述了函数在一点处沿坐标轴的变化率，而全微分描述了函数沿各个方向的变化情况. 但如果对偏导数再加些条件，就可以保证函数的可微性. 一般地，有如下定理.

定理 3(充分条件) 如果函数 $z=f(x,y)$ 的偏导数$\frac{\partial z}{\partial x}$，$\frac{\partial z}{\partial y}$在点 (x,y) 处连续，则函数在该点处可微.

证 函数的全增量

$$\begin{aligned}\Delta z &= f(x+\Delta x, y+\Delta y) - f(x,y)\\ &= [f(x+\Delta x, y+\Delta y) - f(x, y+\Delta y)] + [f(x, y+\Delta y) - f(x,y)],\end{aligned}$$

对上面两个中括号内的表达式分别应用拉格朗日中值定理，有

$$\Delta z = f_x(x+\theta_1\Delta x, y+\Delta y)\Delta x + f_y(x, y+\theta_2\Delta y)\Delta y,$$

其中，$0<\theta_1,\theta_2<1$. 根据题设条件，$f_x(x,y)$在点(x,y)处连续，故

$$\lim_{\substack{\Delta x\to 0\\ \Delta y\to 0}} f_x(x+\theta_1\Delta x, y+\Delta y) = f_x(x,y),$$

从而有

$$f_x(x+\theta_1\Delta x, y+\Delta y)\Delta x = f_x(x,y)\Delta x + \varepsilon_1\Delta x,$$

其中，ε_1 为 $\Delta x,\Delta y$ 的函数，且当 $\Delta x\to 0,\Delta y\to 0$ 时，$\varepsilon_1\to 0$. 同理有

$$f_y(x, y+\theta_2\Delta y)\Delta y = f_y(x,y)\Delta y + \varepsilon_2\Delta y,$$

其中，ε_2 为 $\Delta x,\Delta y$ 的函数，且当 $\Delta x\to 0,\Delta y\to 0$ 时，$\varepsilon_2\to 0$. 于是有

$$\Delta z = f_x(x,y)\Delta x + \varepsilon_1\Delta x + f_y(x,y)\Delta y + \varepsilon_2\Delta y,$$

而

$$\lim_{\substack{\Delta x\to 0\\ \Delta y\to 0}} \frac{\varepsilon_1\Delta x + \varepsilon_2\Delta y}{\rho} = \lim_{\substack{\Delta x\to 0\\ \Delta y\to 0}} \left(\varepsilon_1\frac{\Delta x}{\rho} + \varepsilon_2\frac{\Delta y}{\rho}\right) = 0,$$

其中，$\rho=\sqrt{(\Delta x)^2+(\Delta y)^2}$. 所以，由可微的定义知，函数 $z=f(x,y)$在点(x,y)处可微.

习惯上，常将自变量的增量 $\Delta x,\Delta y$ 分别记为 $\mathrm{d}x,\mathrm{d}y$，并分别称为自变量的微分. 这样，函数 $z=f(x,y)$的全微分就表为

$$\mathrm{d}z = \frac{\partial z}{\partial x}\mathrm{d}x + \frac{\partial z}{\partial y}\mathrm{d}y.$$

上述关于二元函数全微分的必要条件和充分条件，可以完全类似地推广到三元以及三元以上的多元函数中去. 例如，三元函数 $u=f(x,y,z)$的全微分可表为

$$\mathrm{d}u = \frac{\partial u}{\partial x}\mathrm{d}x + \frac{\partial u}{\partial y}\mathrm{d}y + \frac{\partial u}{\partial z}\mathrm{d}z.$$

例 7 求函数 $z=4xy^3+5x^2y^6$ 的全微分.

解 因为$\frac{\partial z}{\partial x}=4y^3+10xy^6$，$\frac{\partial z}{\partial y}=12xy^2+30x^2y^5$，所以

$$\mathrm{d}z = (4y^3+10xy^6)\mathrm{d}x + (12xy^2+30x^2y^5)\mathrm{d}y.$$

例 8 求函数 $z=\mathrm{e}^{xy}$在点$(2,1)$处的全微分.

解 因为$\frac{\partial z}{\partial x}=y\cdot\mathrm{e}^{xy}$，$\frac{\partial z}{\partial y}=x\cdot\mathrm{e}^{xy}$. 所以

$$\left.\frac{\partial z}{\partial x}\right|_{\substack{x=2\\ y=1}} = \mathrm{e}^2,\ \left.\frac{\partial z}{\partial y}\right|_{\substack{x=2\\ y=1}} = 2\mathrm{e}^2.$$

故

$$\left.\mathrm{d}z\right|_{\substack{x=2\\ y=1}} = \mathrm{e}^2\mathrm{d}x + 2\mathrm{e}^2\mathrm{d}y.$$

例 9 求三元函数 $u=\mathrm{e}^{x+z}\sin(x+y)$的全微分.

解 因为$\frac{\partial u}{\partial x}=\mathrm{e}^{x+z}\sin(x+y)+\mathrm{e}^{x+z}\cos(x+y)$，$\frac{\partial u}{\partial y}=\mathrm{e}^{x+z}\cos(x+y)$，$\frac{\partial u}{\partial z}=\mathrm{e}^{x+z}\sin(x+y)$.

所以

$$\begin{aligned}\mathrm{d}u &= \frac{\partial u}{\partial x}\mathrm{d}x + \frac{\partial u}{\partial y}\mathrm{d}y + \frac{\partial u}{\partial z}\mathrm{d}z\\ &= \mathrm{e}^{x+z}[\sin(x+y)+\cos(x+y)]\mathrm{d}x + \mathrm{e}^{x+z}\cos(x+y)\mathrm{d}y + \mathrm{e}^{x+z}\sin(x+y)\mathrm{d}z.\end{aligned}$$

8.2.3 全微分在近似计算中的应用

由二元函数的全微分的定义及关于全微分存在的充分条件可知，当二元函数 $z=f(x,y)$ 在点 $P(x,y)$ 处的两个偏导数 $f_x(x,y)$，$f_y(x,y)$ 连续，并且 $|\Delta x|$，$|\Delta y|$ 都较小时，就有近似等式

$$\Delta z \approx \mathrm{d}z = f_x(x,y)\Delta x + f_y(x,y)\Delta y.$$

上式也可以写成

$$f(x+\Delta x, y+\Delta y) \approx f(x,y) + f_x(x,y)\Delta x + f_y(x,y)\Delta y.$$

与一元函数的情形相类似，可以利用上式对二元函数作近似计算和误差估计.

例 10 计算 $(1.04)^{2.02}$ 的近似值.

解 设函数 $f(x,y)=x^y$，则要计算的近似值就是该函数在 $x=1.04, y=2.02$ 时的函数的近似值. 令 $x_0=1, y_0=2$，由

$$f_x(x,y) = y \cdot x^{y-1}, \quad f_y(x,y) = x^y \ln x,$$

$$f(1,2) = 1, \quad f_x(1,2) = 2, \quad f_y(1,2) = 0,$$

可得

$$(1.04)^{2.02} = (1+0.04)^{2+0.02} \approx 1 + 2\times 0.04 = 1.08.$$

对二元函数 $z=f(x,y)$，如果自变量 x,y 的绝对误差分别为 δ_x,δ_y，即

$$|\Delta x| < \delta_x, |\Delta y| < \delta_y,$$

则因变量的误差为

$$\Delta z \approx \mathrm{d}z = \left|\frac{\partial z}{\partial x}\Delta x + \frac{\partial z}{\partial y}\Delta y\right| \leqslant \left|\frac{\partial z}{\partial x}\right| |\Delta x| + \left|\frac{\partial z}{\partial y}\right| |\Delta y| \leqslant \left|\frac{\partial z}{\partial x}\right|\delta_x + \left|\frac{\partial z}{\partial y}\right|\delta_y,$$

从而因变量 z 的绝对误差约为

$$\delta_z = \left|\frac{\partial z}{\partial x}\right|\delta_x + \left|\frac{\partial z}{\partial y}\right|\delta_y,$$

因变量 z 的相对误差约为 $\dfrac{\delta_z}{|z|}$.

例 11 测得矩形盒的各边长分别为 75cm，60cm 及 40cm，且可能的最大测量误差为 0.2cm. 试用全微分估计利用这些测量值计算盒子体积时可能带来的最大误差.

解 以 x,y,z 为边长的矩形盒的体积 $V=xyz$，所以

$$\mathrm{d}V = \frac{\partial V}{\partial x}\mathrm{d}x + \frac{\partial V}{\partial y}\mathrm{d}y + \frac{\partial V}{\partial z}\mathrm{d}z = yz\,\mathrm{d}x + xz\,\mathrm{d}y + xy\,\mathrm{d}z.$$

由于已知 $|\Delta x| \leqslant 0.2, |\Delta y| \leqslant 0.2, |\Delta z| \leqslant 0.2$，为了求体积的最大误差，取 $\mathrm{d}x=\mathrm{d}y=\mathrm{d}z=0.2$，再结合 $x=75, y=60, z=40$，得

$$\Delta V \approx \mathrm{d}V = 60\times 40\times 0.2 + 75\times 40\times 0.2 + 75\times 60\times 0.2 = 1980,$$

即每边仅 0.2cm 的误差可以导致体积的计算误差达到 $1980\mathrm{cm}^3$.

习 题 8.2

1. 求下列函数的偏导数：

(1) $z=ax^2y+axy^2$；　　(2) $z=\tan^2(x^2+y^2)$；

(3) $z=\frac{x}{y}+\frac{y}{x}$；　　(4) $z=\arctan\frac{x}{y^2}$；

(5) $z=\ln(x+\sqrt{x^2-y^2})$；　　(6) $u=\ln(x+2^{yz})$；

(7) $z=(1+xy)^y$；　　(8) $z=e^{\tan\frac{x}{y}}$.

2. 求下列函数在指定点处的一阶偏导数：

(1) $f(x,y)=x+(y-1)\arcsin\sqrt{\frac{x}{y}}$在点$(x,1)$对$x$的偏导数$f_x(x,1)$；

(2) $f(x,y)=x^2e^y+(x-1)\arctan\sqrt{\frac{y}{x}}$在点$(1,0)$的两个偏导数$f_x(1,0)$与$f_y(1,0)$.

3. 求下列函数的所有二阶偏导数：

(1) $z=\cos^2(ax-by)$；　　(2) $z=e^{-\alpha x}\sin\beta y$；

(3) $z=xe^{-xy}$；　　(4) $z=y^x$.

4. 求下列函数的指定的高阶偏导数：

(1) $z=x\ln(xy)$, z_{xxy}, z_{xyy}；

(2) $u=x^ay^bz^c$, $\frac{\partial^6 u}{\partial x\partial y^2\partial z^3}$；

(3) $f(x,y,z)=xy^2+yz^2+zx^2$, $f_{xx}(0,0,1)$, $f_{yz}(0,-1,0)$及$f_{zzx}(2,0,1)$.

5. 验证：

(1) $y=e^{-\ln^2 t}\sin nx$满足$\frac{\partial y}{\partial t}=k\frac{\partial^2 y}{\partial x^2}$；

(2) $z=\varphi(x)\varphi(y)$满足$z\cdot\frac{\partial^2 z}{\partial x\partial y}=\frac{\partial z}{\partial x}\cdot\frac{\partial z}{\partial y}$；

(3) $u=\sin(x-at)+\ln(x+at)$满足$u_{tt}=a^2u_{xx}$.

6. 求下列函数的全微分：

(1) $z=6xy^2+\frac{x}{y}$；　　(2) $z=\sin(x\cos y)$；

(3) $z=\frac{x}{\sqrt{x^2+y^2}}$；　　(4) $u=x^{yz}$.

7. 求函数$z=\ln(2+x^2+y^2)$在$x=2,y=1$时的全微分.

8. 求函数$z=e^{xy}$在$x=1,y=1,\Delta x=0.1,\Delta y=-0.2$时的全增量和全微分.

9. 计算$\sqrt{(1.02)^3+(0.97)^3}$的近似值.

10. 计算$(1.008)^{2.98}$的近似值.

11. 已知边长为$x=6$m与$y=8$m的矩形，如果x边增加2cm，y边减少5cm. 问这个矩形的对角线变化的近似值是多少？

12. 测得一块三角形土地的两边边长分别为(63 ± 0.1)m和(78 ± 0.1)m，这两边的夹角为$60°\pm1°$. 试求三角形面积的近似值，并求其绝对误差和相对误差.

13. 根据欧姆定律，电流I、电压V及电阻R之间的关系为$R=\frac{V}{I}$. 若测得$V=110$V，测量的最大绝对误差为2V；测得$I=20$A，测量的最大绝对误差为0.5A. 问由此计算所得到的R的最大绝对误差和最大相对误差是多少？

8.3 多元复合函数微分法与隐函数微分法

8.3.1 多元复合函数微分法

与一元函数类似，多元函数也常以复合函数的形式出现. 在一元函数的复合求导中，有所谓的链式法则，这一法则可以推广到多元复合函数的情形.

链式法则在不同的复合情形下有不同的表达形式，为了便于掌握，将其归纳为三种情形加以讨论.

1. 复合函数的中间变量均为一元函数的情形

定理 1 如果函数 $u=\varphi(t)$ 及 $v=\psi(t)$ 都在点 t 可导，函数 $z=f(u,v)$ 在对应点 (u,v) 具有连续偏导数，则复合函数 $z=f[\varphi(t),\psi(t)]$ 在点 t 可导，且有

$$\frac{\mathrm{d}z}{\mathrm{d}t}=\frac{\partial z}{\partial u}\cdot\frac{\mathrm{d}u}{\mathrm{d}t}+\frac{\partial z}{\partial v}\cdot\frac{\mathrm{d}v}{\mathrm{d}t}. \tag{8.1}$$

证 设 t 获得增量 Δt，相应地使函数 $u=\varphi(t)$，$v=\psi(t)$ 获得增量 Δu，Δv，从而函数 $z=f(u,v)$ 获得增量 Δz. 由假定，函数 $z=f(u,v)$ 在点 (u,v) 具有连续偏导数，从而在点 (u,v) 可微，于是有

$$\Delta z=\frac{\partial z}{\partial u}\Delta u+\frac{\partial z}{\partial v}\Delta v+\alpha\Delta u+\beta\Delta v,$$

这里，当 $\Delta u\to 0$，$\Delta v\to 0$ 时，$\alpha\to 0$，$\beta\to 0$.

将上式两边同时除以 Δt，得

$$\frac{\Delta z}{\Delta t}=\frac{\partial z}{\partial u}\cdot\frac{\Delta u}{\Delta t}+\frac{\partial z}{\partial v}\cdot\frac{\Delta v}{\Delta t}+\alpha\frac{\Delta u}{\Delta t}+\beta\frac{\Delta v}{\Delta t}.$$

由于 $u=\varphi(t)$ 及 $v=\psi(t)$ 都在点 t 可导，所以当 $\Delta t\to 0$ 时，$\frac{\Delta u}{\Delta t}\to\frac{\mathrm{d}u}{\mathrm{d}t}$，$\frac{\Delta v}{\Delta t}\to\frac{\mathrm{d}v}{\mathrm{d}t}$. 又由于 $\Delta t\to 0$ 时，$\Delta u\to 0$，$\Delta v\to 0$，于是 $\alpha\frac{\Delta u}{\Delta t}+\beta\frac{\Delta u}{\Delta t}\to 0$，从而得

$$\lim_{\Delta t\to 0}\frac{\Delta z}{\Delta t}=\frac{\partial z}{\partial u}\cdot\frac{\mathrm{d}u}{\mathrm{d}t}+\frac{\partial z}{\partial v}\cdot\frac{\mathrm{d}v}{\mathrm{d}t}.$$

这就证明了复合函数 $z=f[\varphi(t),\psi(t)]$ 在点 t 可导，且其导数可用公式(8.1)计算.

式(8.1)可以推广到中间变量为3个或3个以上的函数中去. 例如，由 $z=f(u,v,w)$，$u=\varphi(t)$，$v=\psi(t)$，$w=\omega(t)$ 复合而成的复合函数

$$z=f[\varphi(t),\psi(t),\omega(t)].$$

在与定理1相似的条件下，该函数在点 t 可导，且其导数可用下面的公式计算：

$$\frac{\mathrm{d}z}{\mathrm{d}t}=\frac{\partial z}{\partial u}\cdot\frac{\mathrm{d}u}{\mathrm{d}t}+\frac{\partial z}{\partial v}\cdot\frac{\mathrm{d}v}{\mathrm{d}t}+\frac{\partial z}{\partial \omega}\frac{\mathrm{d}\omega}{\mathrm{d}t} \tag{8.2}$$

式(8.1)及式(8.2)中的导数 $\frac{\mathrm{d}z}{\mathrm{d}t}$ 称为**全导数**.

例 1 设 $z=\mathrm{e}^{2u-v}$，其中 $u=x^2$，$v=\sin x$. 求 $\frac{\mathrm{d}z}{\mathrm{d}x}$.

解 由于 $\frac{\partial z}{\partial u}=2\mathrm{e}^{2u-v}$，$\frac{\partial z}{\partial v}=-\mathrm{e}^{2u-v}$，$\frac{\mathrm{d}u}{\mathrm{d}x}=2x$，$\frac{\mathrm{d}v}{\mathrm{d}x}=\cos x$，所以

$$\frac{\mathrm{d}z}{\mathrm{d}x}=\frac{\partial z}{\partial u}\cdot\frac{\mathrm{d}u}{\mathrm{d}x}+\frac{\partial z}{\partial v}\cdot\frac{\mathrm{d}v}{\mathrm{d}x}=2\mathrm{e}^{2u-v}\cdot 2x-\mathrm{e}^{2u-v}\cdot\cos x$$
$$=\mathrm{e}^{2u-v}(4x-\cos x)=\mathrm{e}^{2x^2-\sin x}(4x-\cos x).$$

例 2 设 $z=uv+\sin t$，其中 $u=\mathrm{e}^t, v=\cos t$. 求 $\frac{\mathrm{d}z}{\mathrm{d}t}$.

解

$$\frac{\mathrm{d}z}{\mathrm{d}t}=\frac{\partial z}{\partial u}\cdot\frac{\mathrm{d}u}{\mathrm{d}t}+\frac{\partial z}{\partial v}\cdot\frac{\mathrm{d}v}{\mathrm{d}t}+\frac{\partial z}{\partial t}=v\mathrm{e}^t-u\sin t+\cos t$$
$$=\mathrm{e}^t\cos t-\mathrm{e}^t\sin t+\cos t=\mathrm{e}^t(\cos t-\sin t)+\cos t.$$

2. 复合函数的中间变量均为多元函数的情形

定理 2 如果函数 $u=u(x,y)$ 及 $v=v(x,y)$ 都在点 (x,y) 具有对 x 及对 y 的偏导数，函数 $z=f(u,v)$ 在对应点 (u,v) 具有连续偏导数，则复合函数 $z=f[u(x,y),v(x,y)]$ 在点 (x,y) 的两个偏导数都存在，且有

$$\frac{\partial z}{\partial x}=\frac{\partial z}{\partial u}\cdot\frac{\partial u}{\partial x}+\frac{\partial z}{\partial v}\cdot\frac{\partial v}{\partial x},\tag{8.3}$$
$$\frac{\partial z}{\partial y}=\frac{\partial z}{\partial u}\cdot\frac{\partial u}{\partial y}+\frac{\partial z}{\partial v}\cdot\frac{\partial v}{\partial y}.\tag{8.4}$$

事实上，由于求 $\frac{\partial z}{\partial x}$ 时是将 y 看作常量，因此中间变量 u 及 v 仍可看作一元函数而应用定理 1. 只不过由于 $z=f[u(x,y),v(x,y)]$，$u=u(x,y)$ 及 $v=v(x,y)$ 都是 x,y 的二元函数，所以应将式(8.1)中的 d 改为 ∂，并将其中的 t 换成 x 或 y，这样就得到了式(8.3)和式(8.4).

定理 2 可以推广到中间变量为三元或三元以上的函数的复合函数中去.

例 3 设 $z=f(xy,x^2-y^2)$，且 f 可微，求 $\frac{\partial z}{\partial x},\frac{\partial z}{\partial y}$.

解 令 $u=xy, v=x^2-y^2$，则

$$\frac{\partial z}{\partial x}=\frac{\partial z}{\partial u}\cdot\frac{\partial u}{\partial x}+\frac{\partial z}{\partial v}\cdot\frac{\partial v}{\partial x}=y\frac{\partial f}{\partial u}+2x\frac{\partial f}{\partial v},$$
$$\frac{\partial z}{\partial y}=\frac{\partial z}{\partial u}\cdot\frac{\partial u}{\partial y}+\frac{\partial z}{\partial v}\cdot\frac{\partial v}{\partial y}=x\frac{\partial f}{\partial u}-2y\frac{\partial f}{\partial v}.$$

例 4 设 $w=f(x+y+z,xyz)$，且 f 具有二阶连续偏导数，求 $\frac{\partial w}{\partial x}$ 及 $\frac{\partial^2 w}{\partial x\partial z}$.

解 令 $u=x+y+z, v=xyz$，则 $w=f(u,v)$.

为表达简便起见，引入以下记号：

$$f'_1=\frac{\partial f(u,v)}{\partial u},\quad f''_{12}=\frac{\partial^2 f(u,v)}{\partial u\partial v},$$

这里，下标 1 表示对第一个变量 u 求偏导数；下标 2 表示对第二个变量求偏导数. 同理有 f'_2, f''_{11}, f''_{22} 等.

因所给函数由 $w=f(u,v)$，$u=x+y+z$ 及 $v=xyz$ 复合而成，根据复合函数求导法则，有

$$\frac{\partial w}{\partial x}=\frac{\partial f}{\partial u}\cdot\frac{\partial u}{\partial x}+\frac{\partial f}{\partial v}\cdot\frac{\partial v}{\partial x}=f'_1+yzf'_2,$$

$$\frac{\partial^2 w}{\partial x\partial z}=\frac{\partial}{\partial z}(f'_1+yzf'_2)=\frac{\partial f'_1}{\partial z}+yf'_2+yz\frac{\partial f'_2}{\partial z}.$$

求$\frac{\partial f'_1}{\partial z}$及$\frac{\partial f'_2}{\partial z}$时，应注意 f'_1 与 f'_2 仍旧是复合函数，因此有

$$\frac{\partial f'_1}{\partial z}=\frac{\partial f'_1}{\partial u}\cdot\frac{\partial u}{\partial z}+\frac{\partial f'_1}{\partial v}\cdot\frac{\partial v}{\partial z}=f''_{11}+xyf''_{12},$$

$$\frac{\partial f'_2}{\partial z}=\frac{\partial f'_2}{\partial u}\cdot\frac{\partial u}{\partial z}+\frac{\partial f'_2}{\partial v}\cdot\frac{\partial v}{\partial z}=f''_{21}+xyf''_{22},$$

于是

$$\begin{aligned}\frac{\partial^2 w}{\partial x\partial z}&=f''_{11}+xyf''_{12}+yf'_2+yzf''_{21}+xy^2zf''_{22}\\&=f''_{11}+y(x+z)f''_{12}+yf'_2+xy^2zf''_{22}.\end{aligned}$$

3. 复合函数的中间变量既有一元函数又有多元函数的情形

定理 3 如果函数 $u=\varphi(x,y)$在点(x,y)具有对 x 及对 y 的偏导数，函数 $v=\psi(y)$在点 y 可导，函数 $z=f(u,v)$在对应点(u,v)具有连续偏导数，则复合函数 $z=f[\varphi(x,y),\psi(y)]$在点$(x,y)$的两个偏导数存在，且有

$$\frac{\partial z}{\partial x}=\frac{\partial z}{\partial u}\cdot\frac{\partial u}{\partial x},\tag{8.5}$$

$$\frac{\partial z}{\partial y}=\frac{\partial z}{\partial u}\cdot\frac{\partial u}{\partial y}+\frac{\partial z}{\partial v}\cdot\frac{\mathrm{d}v}{\mathrm{d}y}.\tag{8.6}$$

情形 3 实际上是情形 2 的一种特例，即在情形 2 中，如果变量 v 与 x 无关，则$\frac{\partial v}{\partial x}=0$，在求 v 对 y 的导数时，由于 v 是 y 的一元函数，故将$\frac{\partial v}{\partial y}$写为$\frac{\mathrm{d}v}{\mathrm{d}y}$，便得到上述结果.

在情形 3 中常常会出现某些变量“一身兼两职”的情况，即该变量既是中间变量又是自变量的情形. 例如，设 $z=f(u,x,y)$具有连续偏导数，而 $u=\varphi(x,y)$具有偏导数，则复合函数 $z=f[\varphi(x,y),x,y]$具有对 x 和 y 的偏导数. 按照式(8.5)和式(8.6)可得其计算公式为

$$\frac{\partial z}{\partial x}=\frac{\partial f}{\partial u}\cdot\frac{\partial u}{\partial x}+\frac{\partial f}{\partial x},$$

$$\frac{\partial z}{\partial y}=\frac{\partial f}{\partial u}\cdot\frac{\partial u}{\partial y}+\frac{\partial f}{\partial y}.$$

注意 这里等式两端的$\frac{\partial z}{\partial x}$与$\frac{\partial f}{\partial x}$是不同的. 左端的$\frac{\partial z}{\partial x}$是把复合函数 $z=f[\varphi(x,y),x,y]$中的自变量 y 都看作常数而对自变量 x 的偏导数，右端的$\frac{\partial f}{\partial x}$是把未经复合的函数 $z=f[u,x,y]$中的中间变量 u 和 y 都看作常数而对中间变量 x 的偏导数. $\frac{\partial z}{\partial y}$与$\frac{\partial f}{\partial y}$也有类似的区别. 这里，变量 x 和 y 既是中间变量，又是自变量.

例 5 设 $u=xf\left(y,\dfrac{y}{x}\right)$，$f$ 具有二阶连续偏导数，求 $\dfrac{\partial^2 u}{\partial x\partial y}$.

解 这里的变量 x 和 y 既是复合函数的自变量，又是中间变量，所以有

$$\frac{\partial u}{\partial x}=f\left(y,\frac{y}{x}\right)+xf'_2\cdot\left(-\frac{y}{x^2}\right)=f-\frac{y}{x}f'_2,$$

$$\begin{aligned}\frac{\partial^2 u}{\partial x\partial y}&=\frac{\partial f}{\partial y}-\frac{1}{x}f'_2-\frac{y}{x}\frac{\partial f'_2}{\partial y}=f'_1+f'_2\cdot\frac{1}{x}-\frac{1}{x}\cdot f'_2-\frac{y}{x}\left(f''_{21}+f''_{22}\cdot\frac{1}{x}\right)\\&=f'_1-\frac{y}{x^2}(xf''_{21}+f''_{22}).\end{aligned}$$

在 8.2.2 节中引进的全微分也称为一阶全微分. 我们知道，一元函数具有一阶微分的形式不变性，对于多元函数来说，一阶全微分也具有这个性质. 下面介绍一阶全微分形式的不变性.

对于可微函数 $z=f(u,v)$，不管 u,v 是中间变量还是自变量，总有

$$\mathrm{d}z=\frac{\partial z}{\partial u}\mathrm{d}u+\frac{\partial z}{\partial v}\mathrm{d}v. \tag{8.7}$$

事实上，当 u,v 是自变量时，式(8.7)显然是成立的. 现在假设 u,v 是 x,y 的函数 $u=\varphi(x,y)$，$v=\psi(x,y)$，且这两个函数具有连续偏导数，则复合函数

$$z=f[\varphi(x,y),\psi(x,y)]$$

的全微分为

$$\mathrm{d}z=\frac{\partial z}{\partial x}\mathrm{d}x+\frac{\partial z}{\partial y}\mathrm{d}y.$$

但根据复合函数的链式求导法则，有

$$\frac{\partial z}{\partial x}=\frac{\partial z}{\partial u}\cdot\frac{\partial u}{\partial x}+\frac{\partial z}{\partial v}\cdot\frac{\partial v}{\partial x},\frac{\partial z}{\partial y}=\frac{\partial z}{\partial u}\cdot\frac{\partial u}{\partial y}+\frac{\partial z}{\partial v}\cdot\frac{\partial v}{\partial y},$$

代入上式得

$$\begin{aligned}\mathrm{d}z&=\left(\frac{\partial z}{\partial u}\cdot\frac{\partial u}{\partial x}+\frac{\partial z}{\partial v}\cdot\frac{\partial v}{\partial x}\right)\mathrm{d}x+\left(\frac{\partial z}{\partial u}\cdot\frac{\partial u}{\partial y}+\frac{\partial z}{\partial v}\cdot\frac{\partial v}{\partial y}\right)\mathrm{d}y\\&=\frac{\partial z}{\partial u}\left(\frac{\partial u}{\partial x}\mathrm{d}x+\frac{\partial u}{\partial y}\mathrm{d}y\right)+\frac{\partial z}{\partial v}\left(\frac{\partial v}{\partial x}\mathrm{d}x+\frac{\partial v}{\partial y}\mathrm{d}y\right)\\&=\frac{\partial z}{\partial u}\mathrm{d}u+\frac{\partial z}{\partial v}\mathrm{d}v.\end{aligned}$$

例 6 设 $z=f(x^y,y+3)$，且 f 具有二阶连续偏导数，求 $\dfrac{\partial^2 z}{\partial x\partial y}$.

解 设 $u=x^y$，$v=y+3$，则

$$\frac{\partial z}{\partial x}=\frac{\partial f}{\partial u}\cdot\frac{\partial u}{\partial x}+\frac{\partial f}{\partial v}\cdot\frac{\partial v}{\partial x}=f'_1\cdot y\cdot x^{y-1}+f'_2\cdot 0=yx^{y-1}f'_1,$$

所以

$$\begin{aligned}\frac{\partial^2 z}{\partial x\partial y}&=(yx^{y-1}f'_1)'_y=x^{y-1}f'_1+yx^{y-1}\ln x f'_1+\left(\frac{\partial f'_1}{\partial u}\frac{\partial u}{\partial y}+\frac{\partial f'_1}{\partial v}\frac{\partial v}{\partial y}\right)yx^{y-1}\\&=x^{y-1}f'_1+yx^{y-1}\ln x f'_1+yx^{y-1}(f''_{11}x^y\ln x+f''_{12}).\end{aligned}$$

例 7 设 $u=\mathrm{e}^{x^2+y^2+z^2}$，$z=x^2\sin y$，求 $\dfrac{\partial u}{\partial x}$，$\dfrac{\partial u}{\partial y}$.

解 根据一阶全微分的形式不变性，得

$$\begin{aligned}du &= e^{x^2+y^2+z^2}\,d(x^2+y^2+z^2) = e^{x^2+y^2+z^2}(2xdx+2ydy+2zdz)\\ &= e^{x^2+y^2+z^2}[2xdx+2ydy+2z(2x\sin ydx+x^2\cos ydy)]\\ &= e^{x^2+y^2+z^2}[(2x+4xz\sin y)dx+(2y+2x^2z\cos y)dy],\end{aligned}$$

故

$$\frac{\partial u}{\partial x} = e^{x^2+y^2+z^2}(2x+4xz\sin y),$$

$$\frac{\partial u}{\partial y} = e^{x^2+y^2+z^2}(2y+2x^2z\cos y).$$

8.3.2 隐函数的求导法

1. 一个方程的情形

在一元函数微分法中一元隐函数求导法解决了由 $F(x,y)=0$ 确定隐函数 $y=f(x)$的导数的问题，现在我们由多元函数的复合函数的求导法给出了隐函数的导数公式.

定理4（隐函数存在定理1） 设函数 $F(x,y)$在点(x_0,y_0)的某邻域内具有连续偏导数，且 $F(x_0,y_0)=0,F_y(x_0,y_0)\neq 0$，则方程 $F(x,y)=0$ 在点(x_0,y_0)的某邻域内能唯一确定一个具有连续导数的函数 $y=f(x)$，它满足条件 $y_0=f(x_0)$，且有

$$\frac{dy}{dx}=-\frac{F_x}{F_y}. \tag{8.8}$$

本书对这个定理不加证明，而就式(8.8)作如下推导.

根据定理前半部分的结论，设方程 $F(x,y)=0$ 在点(x_0,y_0)的某邻域内确定了一个具有连续导数的隐函数 $y=f(x)$，则对于 $f(x)$定义域中的所有 x，有

$$F[x,f(x)]\equiv 0,$$

其左端可以看作是一个 x 的复合函数，求这个函数的全导数，由于恒等式两端求导后仍然相等，即得

$$\frac{\partial F}{\partial x}+\frac{\partial F}{\partial y}\cdot\frac{dy}{dx}=0.$$

由于 F_y 连续，且 $F_y(x_0,y_0)\neq 0$，所以存在点(x_0,y_0)的某个邻域，在这个邻域内 $F_y(x,y)\neq 0$，于是得

$$\frac{dy}{dx}=-\frac{F_x}{F_y}.$$

如果 $F(x,y)$的二阶偏导数也都连续，注意到$-\frac{F_x}{F_y}$中的 y 仍然是 x 的函数，因而可得到二阶导数公式

$$\begin{aligned}\frac{d^2y}{dx^2} &= \frac{\partial}{\partial x}\left(-\frac{F_x}{F_y}\right)+\frac{\partial}{\partial y}\left(-\frac{F_x}{F_y}\right)\cdot\frac{dy}{dx}\\ &= -\frac{F_{xx}F_y-F_xF_{yx}}{F_y^2}-\frac{F_{xy}F_y-F_xF_{yy}}{F_y^2}\cdot\left(-\frac{F_x}{F_y}\right)\\ &= -\frac{F_{xx}F_y{}^2-2F_{xy}F_xF_y+F_{yy}F_x^2}{F_y^3}.\end{aligned}$$

例 8　验证开普勒(Kepler)方程 $y-x-\varepsilon\sin y=0(0<\varepsilon<1)$ 在点(0,0)的某邻域内能唯一确定一个有连续导数、当 $x=0$ 时 $y=0$ 的隐函数 $y=f(x)$，并求 $f'(0)$ 和 $f''(0)$ 的值.

解　设 $F(x,y)=y-x-\varepsilon\sin y$，则 $F_x=-1, F_y=1-\varepsilon\cos y, F(0,0)=0, F_y(0,0)=1-\varepsilon\neq0$. 因此由定理 1 可知，方程 $y-x-\varepsilon\sin y=0$ 在点(0,0)的某邻域内能唯一确定一个有连续导数、当 $x=0$ 时 $y=0$ 的函数 $y=f(x)$.

下面求这个函数的一阶及二阶导数.

$$\frac{\mathrm{d}y}{\mathrm{d}x}=-\frac{F_x}{F_y}=\frac{1}{1-\varepsilon\cos y},$$

$$\frac{\mathrm{d}^2y}{\mathrm{d}x^2}=\frac{\mathrm{d}}{\mathrm{d}x}\left(\frac{1}{1-\varepsilon\cos y}\right)=\frac{-\varepsilon\sin y\cdot y'}{(1-\varepsilon\cos y)^2}=\frac{-\varepsilon\sin y}{(1-\varepsilon\cos y)^3},$$

所以 $f'(0)=\dfrac{1}{1-\varepsilon}, f''(0)=0$.

在一定条件下，一个二元方程 $F(x,y)=0$ 可以确定一个一元隐函数 $y=f(x)$；那么一个三元方程

$$F(x,y,z)=0$$

就有可能确定一个二元隐函数. 关于这一点，有下面的定理.

定理 5(隐函数存在定理 2)　设函数 $F(x,y,z)$ 在点 (x_0,y_0,z_0) 的某一邻域内具有连续偏导数，且 $F(x_0,y_0,z_0)=0, F_z(x_0,y_0,z_0)\neq0$，则方程 $F(x,y,z)=0$ 在点 (x_0,y_0,z_0) 的某一邻域内能唯一确定一个具有连续偏导数的函数 $z=f(x,y)$，它满足条件 $z_0=f(x_0,y_0)$，并有

$$\frac{\partial z}{\partial x}=-\frac{F_x}{F_z},\quad \frac{\partial z}{\partial y}=-\frac{F_y}{F_z}. \tag{8.9}$$

本书对这个定理不加证明，而仅就式(8.9)作如下推导.

由方程 $F(x,y,z)=0$ 确定了具有连续偏导数的二元函数 $z=f(x,y)$，那么在恒等式

$$F[x,y,f(x,y)]\equiv0$$

的两端分别对 x 和 y 求偏导数，由链式法则得

$$\frac{\partial F}{\partial x}+\frac{\partial F}{\partial z}\cdot\frac{\partial z}{\partial x}=0,\quad \frac{\partial F}{\partial y}+\frac{\partial F}{\partial z}\cdot\frac{\partial z}{\partial y}=0.$$

因为 F_z 连续且 $F_z(x_0,y_0,z_0)\neq0$，所以存在点 (x_0,y_0,z_0) 的某个邻域，在该邻域内 $F_z\neq0$，于是得

$$\frac{\partial z}{\partial x}=-\frac{F_x}{F_z},\quad \frac{\partial z}{\partial y}=-\frac{F_y}{F_z}.$$

例 9　设由 $F\left(\dfrac{x}{z},\dfrac{y}{z}\right)=0$ 所确定的隐函数 $z=f(x,y)$，求 $\dfrac{\partial z}{\partial x},\dfrac{\partial z}{\partial y}$.

解　因为

$$F_x=F_1'\frac{1}{z}+F_2'\cdot0=\frac{1}{z}\cdot F_1',$$

$$F_y=F_1'\cdot0+F_2'\cdot\frac{1}{z}=\frac{1}{z}\cdot F_2',\quad F_z=F_1'\cdot\frac{-x}{z^2}+F_2'\cdot\frac{-y}{z^2}.$$

故

$$\frac{\partial z}{\partial x}=-\frac{F_x}{F_z}=-\frac{\frac{1}{z}\cdot F'_1}{F'_1\cdot\frac{-x}{z^2}+F'_2\cdot\frac{-y}{z^2}}=\frac{zF'_1}{xF'_1+yF'_2},$$

$$\frac{\partial z}{\partial y}=-\frac{F_y}{F_z}=-\frac{\frac{1}{z}\cdot F'_2}{F'_1\cdot\frac{-x}{z^2}+F'_2\cdot\frac{-y}{z^2}}=\frac{zF'_2}{xF'_1+yF'_2}.$$

例 10 设 $z^3-3xyz=1$，求 $\frac{\partial z}{\partial x},\frac{\partial z}{\partial y}$ 及 $\frac{\partial^2 z}{\partial x\partial y}$.

解 设 $F(x,y,z)=z^3-3xyz-1$，则

$$F_x=-3yz,\quad F_y=-3xz,\quad F_z=3(z^2-xy),$$

从而，当 $z^2-xy\neq 0$ 时，有

$$\frac{\partial z}{\partial x}=-\frac{F_x}{F_z}=-\frac{-3yz}{3(z^2-xy)}=\frac{yz}{z^2-xy},$$

同理，得

$$\frac{\partial z}{\partial y}=\frac{xz}{z^2-xy},$$

$$\frac{\partial^2 z}{\partial x\partial y}=\frac{\partial}{\partial y}\left(\frac{yz}{z^2-xy}\right)=\frac{\left(z+y\frac{\partial z}{\partial y}\right)(z^2-xy)-yz\left(2z\frac{\partial z}{\partial y}-x\right)}{(z^2-xy)^2}$$

$$=\frac{\left(z+\frac{xyz}{z^2-xy}\right)(z^2-xy)-yz\left(\frac{2xz^2}{z^2-xy}-x\right)}{(z^2-xy)^2}$$

$$=\frac{z(z^4-2xyz^2-x^2y^2)}{(z^2-xy)^3}.$$

2. 由方程组确定的隐函数的导数

下面我们将隐函数求导方法推广到方程组的情形. 例如，对方程组

$$\begin{cases}F(x,y,u,v)=0,\\G(x,y,u,v)=0\end{cases}$$

来说，4个变量 x,y,u,v 中通常只能有两个变量独立变化，因此方程组就有可能确定两个二元函数，比如 $u=u(x,y),v=v(x,y)$. 关于这样的二元函数是否存在，它们的性质如何，我们有下面的定理.

定理 6(**隐函数存在定理**) 设函数 $F(x,y,u,v),G(x,y,u,v)$ 在点 (x_0,y_0,u_0,v_0) 的某邻域内具有连续的偏导数，又 $F(x_0,y_0,u_0,v_0)=0,G(x_0,y_0,u_0,v_0)=0$，且偏导数所组成的函数行列式(或称雅可比(Jacobi)式)

$$J=\frac{\partial(F,G)}{\partial(u,v)}=\begin{vmatrix}\frac{\partial F}{\partial u}&\frac{\partial F}{\partial v}\\\frac{\partial G}{\partial u}&\frac{\partial G}{\partial v}\end{vmatrix}$$

在点 (x_0,y_0,u_0,v_0) 不等于零. 则方程组 $\begin{cases}F(x,y,u,v)=0,\\G(x,y,u,v)=0\end{cases}$ 在点 (x_0,y_0,u_0,v_0) 的某邻域内

能唯一确定一对具有连续偏导数的函数 $u=u(x,y),v=v(x,y)$，它们满足条件 $u_0=u(x_0,y_0),v_0=v(x_0,y_0)$，并有

$$\begin{cases}\dfrac{\partial u}{\partial x}=-\dfrac{1}{J}\cdot\dfrac{\partial(F,G)}{\partial(x,v)}=-\dfrac{\begin{vmatrix}F_x & F_v\\ G_x & G_v\end{vmatrix}}{\begin{vmatrix}F_u & F_v\\ G_u & G_v\end{vmatrix}},\\ \dfrac{\partial v}{\partial x}=-\dfrac{1}{J}\cdot\dfrac{\partial(F,G)}{\partial(u,x)}=-\dfrac{\begin{vmatrix}F_u & F_x\\ G_u & G_x\end{vmatrix}}{\begin{vmatrix}F_u & F_v\\ G_u & G_v\end{vmatrix}},\\ \dfrac{\partial u}{\partial y}=-\dfrac{1}{J}\cdot\dfrac{\partial(F,G)}{\partial(y,v)}=-\dfrac{\begin{vmatrix}F_y & F_v\\ G_y & G_v\end{vmatrix}}{\begin{vmatrix}F_u & F_v\\ G_u & G_v\end{vmatrix}},\\ \dfrac{\partial v}{\partial y}=-\dfrac{1}{J}\cdot\dfrac{\partial(F,G)}{\partial(u,y)}=-\dfrac{\begin{vmatrix}F_u & F_y\\ G_u & G_y\end{vmatrix}}{\begin{vmatrix}F_u & F_v\\ G_u & G_v\end{vmatrix}}.\end{cases} \tag{8.10}$$

式(8.10)推导如下.

由于

$$\begin{cases}F[x,y,u(x,y),v(x,y)]\equiv 0,\\ G[x,y,u(x,y),v(x,y)]\equiv 0,\end{cases}$$

将恒等式两边分别对 x 求偏导数，应用复合函数的链式求导法则得到

$$\begin{cases}F_x+F_u\dfrac{\partial u}{\partial x}+F_v\dfrac{\partial v}{\partial x}=0,\\ G_x+G_u\dfrac{\partial u}{\partial x}+G_v\dfrac{\partial v}{\partial x}=0.\end{cases}$$

这是关于$\dfrac{\partial u}{\partial x},\dfrac{\partial v}{\partial x}$的线性方程组，由定理条件知在点$(x_0,y_0,u_0,v_0)$的某邻域内，系数行列式

$$J=\begin{vmatrix}F_u & F_v\\ G_u & G_v\end{vmatrix}\neq 0,$$

从而可解出$\dfrac{\partial u}{\partial x},\dfrac{\partial v}{\partial x}$，得

$$\frac{\partial u}{\partial x}=-\frac{1}{J}\cdot\frac{\partial(F,G)}{\partial(x,v)},\frac{\partial v}{\partial x}=-\frac{1}{J}\cdot\frac{\partial(F,G)}{\partial(u,x)}.$$

同理可得

$$\frac{\partial u}{\partial y}=-\frac{1}{J}\cdot\frac{\partial(F,G)}{\partial(y,v)},\quad \frac{\partial v}{\partial y}=-\frac{1}{J}\cdot\frac{\partial(F,G)}{\partial(u,y)}.$$

例 11 设 $xu-yv=0,yu+xv=1$，求$\dfrac{\partial u}{\partial x},\dfrac{\partial u}{\partial y},\dfrac{\partial v}{\partial x}$和$\dfrac{\partial v}{\partial y}$.

解 将所给方程的两边对 x 求导并移项，得

$$\begin{cases} x\dfrac{\partial u}{\partial x}-y\dfrac{\partial v}{\partial x}=-u, \\ y\dfrac{\partial u}{\partial x}+x\dfrac{\partial v}{\partial x}=-v. \end{cases}$$

在 $J=\begin{vmatrix} x & -y \\ y & x \end{vmatrix}=x^2+y^2\neq 0$ 的条件下，有

$$\frac{\partial u}{\partial x}=\frac{\begin{vmatrix} -u & -y \\ -v & x \end{vmatrix}}{\begin{vmatrix} x & -y \\ y & x \end{vmatrix}}=-\frac{xu+yv}{x^2+y^2},$$

$$\frac{\partial v}{\partial x}=\frac{\begin{vmatrix} x & -u \\ y & -v \end{vmatrix}}{\begin{vmatrix} x & -y \\ y & x \end{vmatrix}}=\frac{yu-xv}{x^2+y^2}.$$

将所给方程的两边对 y 求导．用同样的方法在 $J=x^2+y^2\neq 0$ 的条件下可得

$$\frac{\partial u}{\partial y}=\frac{xv-yu}{x^2+y^2},\quad \frac{\partial v}{\partial y}=-\frac{xu+yv}{x^2+y^2}.$$

例 12 设函数 $x=u^2+v^2, y=u^3-v^3$，求 $\dfrac{\partial u}{\partial x}, \dfrac{\partial v}{\partial x}, \dfrac{\partial u}{\partial y}$ 和 $\dfrac{\partial v}{\partial y}$.

解 将方程组 $\begin{cases} x=u^2+v^2, \\ y=u^3-v^3 \end{cases}$ 两边求关于 x 的偏导数(此时 u,v 为 x 的函数，y 为常数)，从而

$$\begin{cases} 1=2u\dfrac{\partial u}{\partial x}+2v\dfrac{\partial v}{\partial x}, \\ 0=3u^2\dfrac{\partial u}{\partial x}-3v^2\dfrac{\partial v}{\partial x}. \end{cases}$$

解得

$$\frac{\partial u}{\partial x}=\frac{v}{2u(u+v)},\quad \frac{\partial v}{\partial x}=\frac{u}{2v(u+v)}.$$

同理可求得

$$\frac{\partial u}{\partial y}=\frac{v}{u(u+v)},\quad \frac{\partial v}{\partial y}=\frac{u}{v(u+v)}.$$

习 题 8.3

1. 求下列函数的一阶偏导数：

(1) 设 $z=u^2+v^2$，其中 $u=x+y, v=x-y$；

(2) 设 $z=u^2\ln v$，其中 $u=\dfrac{x}{y}, v=3x-2y$；

(3) 设 $z=\mathrm{e}^{x-2y}$，其中 $x=\sin t$，$y=t^3$；

(4) 设 $z=\arctan(xy)$，其中 $y=\mathrm{e}^x$.

2. 设 $z=\arctan\dfrac{x}{y}$,其中 $x=u+v$, $y=u-v$, 验证:

$$\frac{\partial z}{\partial u}+\frac{\partial z}{\partial v}=\frac{u-v}{u^2+v^2}.$$

3. 求下列函数的一阶偏导数(其中 f 具有一阶连续偏导数):

(1) $u=f(x^2-y^2,\mathrm{e}^{xy})$;　　(2) $u=f\left(\dfrac{x}{y},\dfrac{y}{x}\right)$;

(3) $u=f(x,xy,xyz)$.

4. 设 $x^2+y^2+z^2=4z$,求$\dfrac{\partial^2 z}{\partial x^2}$.

5. 设 $\mathrm{e}^z-xyz=0$,求$\dfrac{\partial^2 z}{\partial x^2}$.

8.4 多元函数的极值及其应用

8.4.1 二元函数的极值及其求法

在实际问题中,往往会遇到多元函数的最大值、最小值问题. 与一元函数相类似,多元函数的最大值、最小值与极大值、极小值有密切联系,因此以二元函数为例,先来讨论二元函数极值的定义及判别方法.

定义 1 设函数 $z=f(x,y)$在点(x_0,y_0)的某邻域内有定义,如果对该邻域内异于(x_0,y_0)的点(x,y),恒有不等式 $f(x_0,y_0)>f(x,y)$(或 $f(x_0,y_0)<f(x,y)$)成立,则称函数 $z=f(x,y)$在点(x_0,y_0)处取得极大值(或极小值)$f(x_0,y_0)$,并称点(x_0,y_0)为 $z=f(x,y)$的极大值点(或极小值点). 函数的极大值与极小值统称为极值,极大值点与极小值点统称为极值点.

例 1 函数 $z=x^2+y^2$ 在点$(0,0)$处取极小值,这是因为对任何$(x,y)\neq(0,0)$恒有 $z=x^2+y^2>0=f(0,0)$成立.

例 2 函数 $z=-\sqrt{x^2+y^2}$在点$(0,0)$处取极大值,因为在点$(0,0)$处函数值为零,而对于点$(0,0)$的任一邻域内异于$(0,0)$的点,函数值都为负. 点$(0,0,0)$是位于 xOy 平面下方的锥面 $z=-\sqrt{x^2+y^2}$的顶点.

例 3 函数 $z=xy$ 在点$(0,0)$处既不取得极大值也不取得极小值. 因为在点$(0,0)$处的函数值为零,而在点$(0,0)$的任一邻域内,总有使函数值为正的点,也有使函数值为负的点.

二元函数的极值问题,一般可以利用偏导数来解决. 下面的两个定理就是关于该问题的结论.

定理 1(必要条件) 设函数 $z=f(x,y)$在点(x_0,y_0)处具有偏导数,且在点(x_0,y_0)处有极值,则有

$$f_x(x_0,y_0)=0,\quad f_y(x_0,y_0)=0.$$

证 不妨设 $z=f(x,y)$在点(x_0,y_0)处有极大值. 依极大值的定义,在点(x_0,y_0)的某邻域内异于(x_0,y_0)的点(x,y)都适合不等式

$$f(x,y)<f(x_0,y_0).$$

特殊地，在该邻域内取 $y=y_0$ 而 $x\neq x_0$ 的点，也应适合不等式

$$f(x,y_0)<f(x_0,y_0).$$

这表明一元函数 $f(x,y_0)$ 在 $x=x_0$ 处取得极大值，因而必有

$$f_x(x_0,y_0)=0.$$

类似地可证

$$f_y(x_0,y_0)=0.$$

从几何上看，这时如果曲面 $z=f(x,y)$ 在点 (x_0,y_0,z_0) 处有切平面，则切平面

$$z-z_0=f_x(x_0,y_0)(x-x_0)+f_y(x_0,y_0)(y-y_0)$$

成为平行于 xOy 坐标面的平面 $z-z_0=0$.

仿照一元函数，凡是能使 $f_x(x_0,y_0)=0$，$f_y(x_0,y_0)=0$ 同时成立的点 (x_0,y_0) 称为函数的**驻点**. 从定理1可知，具有偏导数的函数的极值点必定是驻点. 但函数的驻点不一定是极值点，例如，点 $(0,0)$ 是函数 $z=xy$ 的驻点，但函数在该点并无极值.

那么如何判定一个驻点是否是极值点呢？有如下的充分性定理.

定理2　设函数 $z=f(x,y)$ 在点 (x_0,y_0) 的某邻域内连续且有一阶及二阶连续偏导数，又 $f_x(x_0,y_0)=0, f_y(x_0,y_0)=0$，令

$$f_{xx}(x_0,y_0)=A,\quad f_{xy}(x_0,y_0)=B,\quad f_{yy}(x_0,y_0)=C,$$

则 $f(x,y)$ 在 (x_0,y_0) 处是否取得极值的条件如下：

(1) $AC-B^2>0$ 时具有极值，且当 $A<0$ 时有极大值，当 $A>0$ 时有极小值；

(2) $AC-B^2<0$ 时没有极值；

(3) $AC-B^2=0$ 时可能有极值，也可能没有极值，还需另作讨论.

证明略.

利用定理1和定理2，具有二阶连续偏导数的函数 $z=f(x,y)$ 的极值的求解步骤如下.

第一步，解方程组

$$f_x(x,y)=0,\quad f_y(x,y)=0,$$

求得一切实数解，即可求得一切驻点.

第二步，对于每一个驻点 (x_0,y_0)，求出二阶偏导数的值 A、B 和 C.

第三步，定出 $AC-B^2$ 的符号，按定理2的结论判定 $f(x_0,y_0)$ 是不是极值，是极大值还是极小值.

例4　求函数 $f(x,y)=x^3-y^3+3x^2+3y^2-9x$ 的极值.

解　先解方程组

$$\begin{cases}f_x(x,y)=3x^2+6x-9=0,\\ f_y(x,y)=-3y^2+6y=0,\end{cases}$$

求得驻点为 $(1,0)$，$(1,2)$，$(-3,0)$，$(-3,2)$.

再求出二阶偏导数

$$f_{xx}(x,y)=6x+6,\quad f_{xy}(x,y)=0,\quad f_{yy}(x,y)=-6y+6.$$

在点 $(1,0)$ 处，$AC-B^2=12\times 6>0$，又 $A>0$，所以函数在 $(1,0)$ 处有极小值 $f(1,0)=-5$.

在点 $(1,2)$ 处，$AC-B^2=12\times(-6)<0$，所以 $f(1,2)$ 不是极值.

在点 $(-3,0)$ 处，$AC-B^2=-12\times 6<0$，所以 $f(-3,0)$ 不是极值.

在点 $(-3,2)$ 处，$AC-B^2=-12\times(-6)>0$，又 $A<0$，所以函数在 $(-3,2)$ 处有极大值 $f(-3,2)=31$.

例 5 求函数 $f(x,y)=(2ax-x^2)(2by-y^2)$ 的极值,其中 a,b 为非零常数.

解 先解方程组

$$\begin{cases} f_x(x,y)=2(a-x)(2by-y^2)=0, \\ f_y(x,y)=2(2ax-x^2)(b-y)=0, \end{cases}$$

求得驻点为 (a,b), $(0,0)$, $(0,2b)$, $(2a,0)$, $(2a,2b)$.

再求出二阶偏导数

$$f_{xx}(x,y)=-2(2by-y^2),\quad f_{xy}(x,y)=4(a-x)(b-y),\quad f_{yy}(x,y)=-2(2ax-x^2).$$

在点 (a,b) 处,有 $A=-2b^2<0, B=0, C=-2a^2, AC-B^2=4a^2b^2>0$,所以函数在 (a,b) 处有极大值 $f(a,b)=a^2b^2$.

在点 $(0,0)$ 处,有 $A=C=0, B=4ab, AC-B^2=-16a^2b^2<0$,所以函数在 $(0,0)$ 处没有极值.

类似地可以验证,点 $(0,2b)$, $(2a,0)$, $(2a,2b)$ 都不是极值点.

8.4.2 二元函数的最值

与一元函数类似,我们可以利用函数的极值来求函数的最大值和最小值.我们知道,如果函数 $f(x,y)$ 在有界闭区域 D 上连续,则 $f(x,y)$ 在 D 必定能取得最大值和最小值.这种使函数取得最大值或最小值的点既可能在 D 的内部,也可能在 D 的边界上.因此,求函数的最大值和最小值的一般方法是:将函数 $f(x,y)$ 在 D 内的所有驻点处的函数值及在 D 的边界上的最大值和最小值相互比较,其中最大的就是最大值,最小的就是最小值.但这种做法,由于要求求出 $f(x,y)$ 在 D 的边界上的最大值和最小值,所以往往相当复杂.在通常遇到的实际问题中,如果根据问题的性质,知道函数 $f(x,y)$ 的最大值(最小值)一定在 D 的内部取得,而函数在 D 内只有一个驻点,那么可以肯定该驻点处的函数值就是函数 $f(x,y)$ 在 D 上的最大值(最小值).

例 6 某企业生产两种商品的产量分别为 x 单位和 y 单位,利润函数为

$$L=64x-2x^2+4xy-4y^2+32y-14.$$

求最大利润.

解 由极值条件

$$L_x=64-4x+4y=0,$$
$$L_y=32-8y+4x=0,$$

解得唯一驻点 $x_0=40$, $y_0=24$. 由于

$$L_{xx}=-4,\quad A=-4<0,\quad L_{xy}=4,\ B=4,$$
$$L_{yy}=-8,\quad C=-8<0,\quad AC-B^2=16>0,$$

所以,点 $(40,24)$ 为极大值点,亦即最大值点,最大值为 1650.

例 7 有一宽 24cm 的长方形铁板,把它两边折起,做成一个横截面为等腰梯形的水槽.问怎样折法,才能使梯形截面的面积最大.

解 设折起来的边长为 x,倾角为 α,那么梯形的面积为 x 和 α 的函数.

设 $$L=(24-2x+x\cos\alpha)\cdot x\sin\alpha,$$

即 $$L=24x\sin\alpha-2x^2\sin\alpha+x^2\sin\alpha\cdot\cos\alpha,$$

其定义域为 $0<x<12, 0<\alpha\leqslant\frac{\pi}{2}$,故

$$\frac{\partial L}{\partial x}=L_x=24\sin\alpha-4x\sin\alpha+2x\sin\alpha\cos\alpha=2\sin\alpha(12-2x+x\cos\alpha),$$

$$\begin{aligned}\frac{\partial L}{\partial \alpha}=L_\alpha&=24x\cos\alpha-2x^2\cos\alpha+x^2(\cos^2x-\sin^2\alpha)\\&=24x\cos\alpha-2x^2\cos\alpha+x^2(2\cos^2\alpha-1).\end{aligned}$$

令 $L_x=0, L_y=0$,得

$$\begin{cases}2\sin\alpha(12-2x+x\cos\alpha)=0,\\x[24\cos\alpha-2x\cos\alpha+x(2\cos^2\alpha-1)]=0.\end{cases}$$

由于 $x\neq0, \alpha\neq0$,所以得

$$\begin{cases}12-2x+x\cos\alpha=0,\\24\cos\alpha-2x\cos\alpha+x(2\cos^2\alpha-1)=0.\end{cases}$$

解方程组,得 $x=8, \alpha=\frac{\pi}{3}$.

根据题意可知,截面面积的最大值一定存在,并且在区域 D: $0<x<12, 0<\alpha\leqslant\frac{\pi}{2}$ 内取得,而函数在 D 内只有一个驻点:$x=8$, $\alpha=\frac{\pi}{3}$,因此可以断定当 $x=8$, $\alpha=\frac{\pi}{3}$ 时,能使水槽梯形的截面面积最大.

8.4.3 条件极值与拉格朗日乘数法

前面讨论的极值问题,自变量在定义域内可以任意取值,未受任何限制,通常称为无条件极值.在实际问题中,求极值或最值时,对自变量的取值往往要附加一定的约束条件,这类附有约束条件的极值问题,称为条件极值.条件极值的约束条件分为等式约束条件和不等式约束条件两类.这里仅讨论等式约束下的条件极值问题.

考虑函数 $z=f(x,y)$ 在满足约束条件 $\varphi(x,y)=0$ 时的条件极值问题.求解这一条件极值问题的常用方法是拉格朗日乘数法,其基本思想方法是:将条件极值化为无条件极值.

拉格朗日乘数法的具体步骤如下.

(1) 构造辅助函数(称为拉格朗日函数)

$$F=F(x,y,\lambda)=f(x,y)+\lambda\varphi(x,y),$$

其中,λ 为待定常数,称为拉格朗日乘数.将原条件极值化为求三元函数 $F(x,y,\lambda)$ 的无条件极值问题.

(2) 由无条件极值问题的极值必要条件,有

$$\begin{cases}F_x=f_x(x,y)+\lambda\varphi_x(x,y)=0,\\F_y=f_y(x,y)+\lambda\varphi_y(x,y)=0,\\F_\lambda=\varphi(x,y)=0.\end{cases}$$

联立求解这个方程组,解出可能的极值点 (x,y) 和乘数 λ.

(3) 判别求出的(x,y)是否为极值点，通常由实际问题的实际意义判定.

当然，上述条件极值问题也可以采用如下的方法求解：先由方程 $\varphi(x,y)=0$，解出 $y=\psi(x)$并将其代入 $f(x,y)$，得 x 的一元函数 $z=f(x,\psi(x))$；然后再求此一元函数的无条件极值.

例 8 求表面积为 a^2 而体积最大的长方体的体积.

解 设长方体的三棱长为 x,y,z，则问题就是在条件

$$\varphi(x,y,z)=2xy+2yz+2xz-a^2=0$$

下，求函数

$$V=xyz(x>0,y>0,z>0)$$

的最大值. 作拉格朗日函数

$$L(x,y,z)=xyz+\lambda(2xy+2yz+2xz-a^2),$$

求其对 x,y,z 的偏导数，并使之为零，得到

$$\begin{aligned}yz+2\lambda(y+z)&=0,\\xz+2\lambda(x+z)&=0,\\xyz+2\lambda(y+x)&=0.\end{aligned}$$

再与 $\varphi(x,y,z)=2xy+2yz+2xz-a^2=0$ 联立求解.

因 x,y,z 都不等于零，所以由上述方程组可得

$$\frac{x}{y}=\frac{x+z}{y+z},\quad \frac{y}{z}=\frac{x+y}{x+z}.$$

由以上两式解得

$$x=y=z.$$

将此代入 $\varphi(x,y,z)=2xy+2yz+2xz-a^2=0$ 中，便得

$$x=y=z=\frac{\sqrt{6}}{6}a.$$

这是唯一可能的极值点. 因为由问题本身可知最大值一定存在，所以最大值就在这个可能的极值点处取得. 也就是说，表面积为 a^2 的长方体中，以棱长为$\frac{\sqrt{6}}{6}a$ 的正方体的体积最大，最大体积为$\frac{\sqrt{6}}{36}a^3$.

例 9 求函数 $u=xyz$ 在附加条件

$$\frac{1}{x}+\frac{1}{y}+\frac{1}{z}=\frac{1}{a},\quad x>0,y>0,z>0,a>0$$

下的极值.

解 作拉格朗日函数

$$L(x,y,z)=xyz+\lambda\left(\frac{1}{x}+\frac{1}{y}+\frac{1}{z}-\frac{1}{a}\right).$$

令

$$L_x=yz-\frac{\lambda}{x^2}=0,$$

$$L_y = xz - \frac{\lambda}{y^2} = 0,$$

$$L_z = xy - \frac{\lambda}{z^2} = 0.$$

注意到以上三个方程左端的第一项都是三个变量 x,y,z 中某两个变量的乘积，将各方程两端同乘以相应缺少的那个变量，使各方程左端的第一项都成为 xyz，然后将所得的三个方程左、右两端相加，得

$$3xyz - \lambda\left(\frac{1}{x} + \frac{1}{y} + \frac{1}{z}\right) = 0,$$

得

$$xyz = \frac{\lambda}{3a}.$$

再把这个结果分别代入三个偏导数方程中，便得 $x=y=z=3a$. 由此得到点$(3a,3a,3a)$是函数 $u=xyz$ 在附加条件下唯一可能的极值点. 把附加条件确定的隐函数记作 $z=z(x,y)$，将目标函数看作 $u=xyz(x,y)=F(x,y)$，再应用二元函数极值的充分条件判断，可知点$(3a,3a,3a)$是函数 $u=xyz$ 在附加条件下的极小值点. 因此，目标函数 $u=xyz$ 在附加条件下在点$(3a,3a,3a)$处取得极小值 $27a^3$.

例 10 某同学计划用 50 元购买两种商品（钢笔与笔记本）. 假定购买 x 支钢笔与 y 个笔记本的效用函数为

$$U(x,y) = 3\ln x + \ln y,$$

已知钢笔的单价是 6 元，笔记本的单价是 4 元. 请你为这位同学做一安排，如何购买，才使购买这两种商品的效用最大？

解 这是一个约束优化问题：在预算限制 $6x+4y=50$ 之下，求效用函数

$$U(x,y) = 3\ln x + \ln y$$

的最大值.

先构造拉格朗日函数

$$L(x,y,\lambda) = U(x,y) + \lambda(6x+4y-50) = 3\ln x + \ln y + \lambda(6x+4y-50),$$

解方程组

$$\begin{cases} L_x(x,y,\lambda) = \dfrac{3}{x} + 6\lambda = 0, \\ L_y(x,y,\lambda) = \dfrac{1}{y} + 4\lambda = 0, \\ L_\lambda(x,y,\lambda) = 6x + 4y - 50 = 0, \end{cases}$$

得

$$\begin{cases} x = \dfrac{25}{4} = 6.250, \\ y = \dfrac{25}{8} = 3.125. \end{cases}$$

这就是说，这位同学只要购买 6 支钢笔、3 个笔记本所需的费用不超过 50 元而使效用最大.

习 题 8.4

1. 求下列函数的极值：

(1) $f(x,y)=4(x-y)-x^2-y^2$；

(2) $f(x,y)=xy+x^3+y^3$；

(3) $f(x,y)=1-\sqrt{x^2+y^2}$；

(4) $f(x,y)=e^{2x}(x+y^2+2y)$.

2. 求下列函数在指定条件下的条件极值：

(1) $f(x,y)=\frac{1}{x}+\frac{4}{y}$，如果 $x+y=3$；

(2) $f(x,y)=xy$，如果 $x+y=1$；

(3) $f(x,y)=x+y$，如果$\frac{1}{x}+\frac{1}{y}=1$且 $x>0,y>0$.

3. 某工厂生产的一种产品同时在两个市场销售，售价分别为 p_1,p_2，销售量分别为 q_1 和 q_2，且

$$q_1=24-0.2p_1,\quad q_2=10-0.05p_2,$$

总成本函数为

$$c=35+40(q_1+q_2).$$

试问：厂家应如何确定两个市场的售价，才能使其获得的总利润最大？最大总利润为多少？

4. 某地区用 k 单位资金投资三个项目，投资额分别为 x,y,z 个单位，所能获得的利益为 $R=x^{\alpha}y^{\beta}z^{\gamma}$，$\alpha,\beta,\gamma$ 为正的常数. 问如何分配 k 单位的投资额，能使效益最大？最大效益为多少？

总 习 题 8

1. 填空题

(1) 设 $f\left(x+y,\frac{y}{x}\right)=x^2-y^2$，则 $f(x,y)=$________.

(2) 由方程 $xyz+\sqrt{x^2+y^2+z^2}=\sqrt{2}$所确定的函数 $z=z(x,y)$ 在点$(1,0,-1)$处的全微分 $dz=$________.

(3) 设 $z=\sqrt{x}\sin\frac{y}{x}$，则 $x\frac{\partial z}{\partial x}+y\frac{\partial z}{\partial y}=$________.

(4) $z=f(x,y)$的偏导数$\frac{\partial z}{\partial x}$及$\frac{\partial z}{\partial y}$在点$(x,y)$存在且连续是 $f(x,y)$ 在该点可微分的________条件，$z=f(x,y)$ 在点(x,y)可微分是函数在该点的偏导数$\frac{\partial z}{\partial x}$及$\frac{\partial z}{\partial y}$存在的________条件.

2. 求函数 $f(x,y)=\frac{\sqrt{4x-y^2}}{\ln(1-x^2-y^2)}$的定义域，并求 $\lim\limits_{(x,y)\to\left(\frac{1}{2},0\right)}f(x,y)$.

3. 设

$$f(x,y)=\begin{cases}(x^2+y^2)\sin\dfrac{1}{x^2+y^2}, & x^2+y^2\neq 0,\\ 0, & x^2+y^2=0,\end{cases}$$

求 $f_x(0,0)$，$f_y(0,0)$.

4. 设

$$\begin{cases}x^2+y^2-uv=0,\\ xy^2-u^2+v^2=0,\end{cases}$$

确定函数 $u=u(x,y)$，$v=v(x,y)$. 求$\dfrac{\partial u}{\partial x}$，$\dfrac{\partial u}{\partial y}$，$\dfrac{\partial v}{\partial x}$，$\dfrac{\partial v}{\partial y}$.

5. 证明下列各式：

(1) 设 $z=\varphi(x^2+y^2)$，则 $y\dfrac{\partial z}{\partial x}-x\dfrac{\partial z}{\partial y}=0$；

(2) 设 $u=\sin x+f(\sin y-\sin x)$，则$\dfrac{\partial u}{\partial y}\cos x+\dfrac{\partial u}{\partial x}\cos y=\cos x\cdot\cos y$；

(3) 设 $f(x+zy^{-1},y+zx^{-1})=0$ 成立，则 $x\dfrac{\partial z}{\partial x}+y\dfrac{\partial z}{\partial y}=z-xy$；

(4) 设 $u=x\varphi(x+y)+y\varphi(x+y)$，则$\dfrac{\partial^2 u}{\partial x^2}-2\dfrac{\partial^2 u}{\partial x\partial y}+\dfrac{\partial^2 u}{\partial y^2}=0$.

第9章 二重积分

重积分是一元函数定积分在多元函数领域内的推广，它和定积分一样，也是应几何、物理等实际问题的需要而产生的. 比如，如何求曲顶柱体的体积？如何求质量分布不均匀的平面薄板的质量？种种诸如此类问题，都不是定积分所能解决的，更多的实际问题还需要我们继续探讨. 本章以定积分为基础，建立二重积分的概念，给出二重积分的计算方法——将二重积分转化为二次积分进行计算.

9.1 二重积分的概念与性质

9.1.1 二重积分的概念

1. 二重积分的定义

例 1 曲顶柱体的体积.

设函数 $z=f(x,y)$ 为有界闭区域 D 上的非负连续函数. 我们称以曲面 $z=f(x,y)$ 为顶，以 xOy 平面上的区域 D 为底，以 D 的边界曲线为准线且母线平行于 z 轴的柱面为侧面的立体为**曲顶柱体**(见图 9.1). 下面我们来讨论如何求曲顶柱体的体积 V.

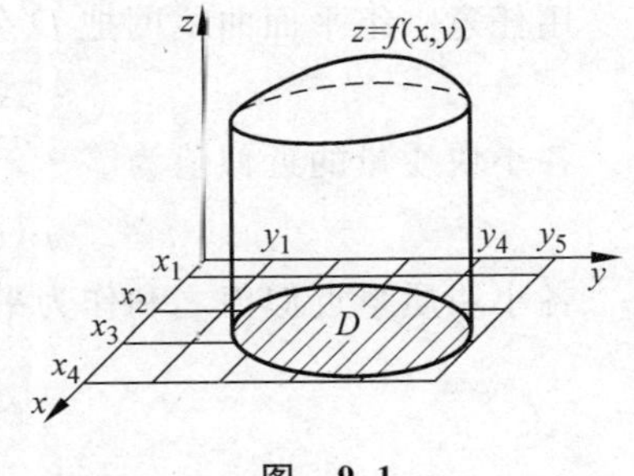

图 9.1

对于平顶柱体，平顶柱体的体积＝底面积×高. 而对于曲顶柱体，当点 (x,y) 在区域 D 上变化时，高度 $f(x,y)$ 也是变化的，因此它的体积不能直接用上式来计算. 我们回顾一下前面求曲边梯形面积的过程，就不难想到，这种解决问题的思路，同样可以用来求曲顶柱体的体积.

首先，用一组平面曲线网将区域 D 分割为 n 个小区域

$$\Delta\sigma_1, \Delta\sigma_2, \cdots, \Delta\sigma_i, \cdots, \Delta\sigma_n,$$

相应地将曲顶柱体分割为 n 个小的曲顶柱体

$$\Delta V_1, \Delta V_2, \cdots, \Delta V_i, \cdots, \Delta V_n,$$

其中，ΔV_i 既表示第 i 个小曲顶柱体，也表示它的体积，则 $V=\sum\limits_{i=1}^{n}\Delta V_i$. 对于每个小曲顶柱体来说，由于 $f(x,y)$ 在 $\Delta\sigma_i$ 上连续，故只要 $\Delta\sigma_i$ 的直径充分小，则 $f(x,y)$ 在 $\Delta\sigma_i$ 上的函数值几乎相等. 因此，在每个 $\Delta\sigma_i$ 中任取一点 (ξ_i,η_i)，以 $f(\xi_i,\eta_i)$ 为高、以 $\Delta\sigma_i$ 为底的平顶柱体的

体积 $f(\xi_i,\eta_i)\Delta\sigma_i$ 近似等于以 $\Delta\sigma_i$ 为底的小曲顶柱体的体积 ΔV_i(见图 9.2),即

$$\Delta V_i \approx f(\xi_i,\eta_i)\Delta\sigma_i,\quad i=1,2,\cdots,n,$$

把这些平顶柱体体积相加,得到整个曲顶柱体体积的近似值,即

$$V \approx \sum_{i=1}^{n} f(\xi_i,\eta_i)\Delta\sigma_i.$$

最后,令 λ 表示各小区域直径中的最大值. 当 λ 越小,即对于区域 D 的分割就越细,近似值 $\sum\limits_{i=1}^{n} f(\xi_i,\eta_i)\Delta\sigma_i$ 就越接近曲顶柱体的体积 V,由极限的定义,曲顶柱体的体积为

$$V = \lim_{\lambda\to 0}\sum_{i=1}^{n} f(\xi_i,\eta_i)\Delta\sigma_i.$$

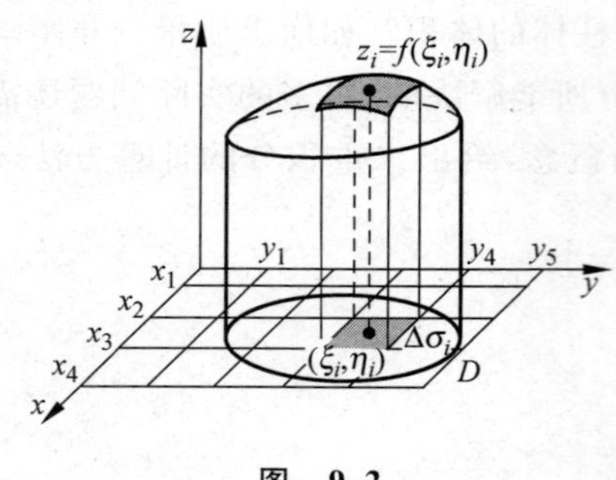

图 9.2

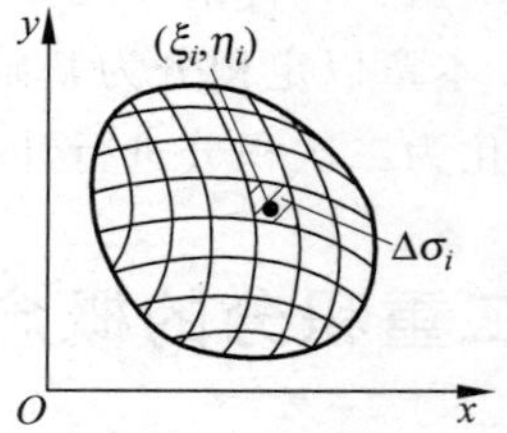

y
(ξ_i,η_i)
$\Delta\sigma_i$
O
x

图 9.3

例 2 平面薄板的质量.

设有一平面薄板占有 xOy 面上的闭区域 D(见图 9.3),它在点(x,y)处的面密度为 $\mu=\mu(x,y)$,且 $\mu=\mu(x,y)$在区域 D 上连续,现在要计算该平面薄板的质量 M.

用任意一组平面曲线网把 D 分成 n 个小区域

$$\Delta\sigma_1,\Delta\sigma_2,\cdots,\Delta\sigma_i,\cdots,\Delta\sigma_n,$$

各小块质量的近似值为

$$\mu(\xi_i,\eta_i)\Delta\sigma_i,\ i=1,2,\cdots,n,$$

各小块质量近似值之和作为平面薄片的质量的近似值,即

$$M \approx \sum_{i=1}^{n}\mu(\xi_i,\eta_i)\Delta\sigma_i.$$

令 λ 表示各小区域直径中的最大值,当 λ 越小,即对于区域 D 的分割就越细,近似值 $\sum\limits_{i=1}^{n}\mu(\xi_i,\eta_i)\Delta\sigma_i$ 就越接近平面薄板的质量 M,故平面薄板的质量为

$$M = \lim_{\lambda\to 0}\sum_{i=1}^{n}\mu(\xi_i,\eta_i)\Delta\sigma_i.$$

上面讨论的两个问题一个是几何问题,一个是物理问题,虽然它们代表的实际意义不尽相同,但我们解决这两个问题的思想和过程是相同的,即"分割、近似、作和、取极限",并且我们得到了两个形式完全相同的极限. 在物理、几何和工程技术中,有许多实际问题的解决都可以划归为这类极限. 因此,我们要对这类极限问题进行一般性研究,抛开上述问题的实际意义,把解决这些问题的思想和过程加以抽象概括,便得到二重积分的精确定义.

定义1 设 $f(x,y)$是有界闭区域 D 上的有界函数.将闭区域 D 任意分成 n 个小闭区域

$$\Delta\sigma_1,\Delta\sigma_2,\cdots,\Delta\sigma_i,\cdots,\Delta\sigma_n,$$

其中 $\Delta\sigma_i$ 即表示第 i 个小区域,也表示它的面积.在每个小区域 $\Delta\sigma_i$ 上任取一点(ξ_i,η_i),作乘积 $f(\xi_i,\eta_i)\Delta\sigma_i$,并求和 $\sum\limits_{i=1}^{n} f(\xi_i,\eta_i)\Delta\sigma_i$.

如果各小区域直径中的最大值 λ 趋于零时,和式 $\sum\limits_{i=1}^{n} f(\xi_i,\eta_i)\Delta\sigma_i$ 的极限总存在,则称此极限为函数 $f(x,y)$在闭区域 D 上的二重积分,记作$\iint\limits_D f(x,y)\mathrm{d}\sigma$,即

$$\iint\limits_D f(x,y)\mathrm{d}\sigma=\lim_{\lambda\to 0}\sum_{i=1}^{n} f(\xi_i,\eta_i)\Delta\sigma_i.$$

其中 $f(x,y)$称为被积函数;$f(x,y)\mathrm{d}\sigma$ 称为被积表达式;$\mathrm{d}\sigma$ 称为面积元素;x,y 称为积分变量;D 称为积分区域;表达式 $\sum\limits_{i=1}^{n} f(\xi_i,\eta_i)\Delta\sigma_i$ 称为积分和.

由于二重积分的定义中对区域 D 的划分是任意的,若用一组平行于坐标轴的直线来划分区域 D,那么除了靠近边界曲线的一些小区域之外,绝大多数的小区域都是矩形(见图 9.4),因此可以将 $\mathrm{d}\sigma$ 记作 $\mathrm{d}x\mathrm{d}y$.并称 $\mathrm{d}x\mathrm{d}y$ 为直角坐标系下的面积元素,故二重积分也可表示成为$\iint\limits_D f(x,y)\mathrm{d}x\mathrm{d}y$.

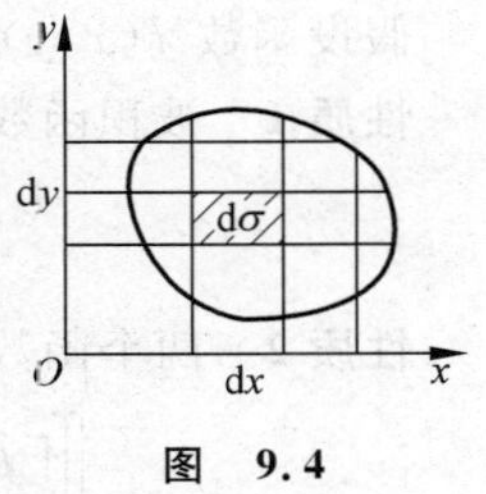

图 9.4

由二重积分的定义可知,曲顶柱体的体积等于曲顶柱体的曲面 $f(x,y)$在底 D 上的二重积分,即 $V=\iint\limits_D f(x,y)\mathrm{d}\sigma$.

平面薄板的质量等于薄板的面密度 $\mu(x,y)$在薄板所占闭区域 D 上的二重积分,即 $M=\iint\limits_D \mu(x,y)\mathrm{d}\sigma$.

2. 二重积分的存在性

可以证明,当 $f(x,y)$在有界闭区域 D 上连续时,积分和的极限是存在的,也就是说函数 $f(x,y)$在 D 上的二重积分是存在的.因此在下面的讨论中,我们总假定函数 $f(x,y)$在有界闭区域 D 上连续,以后不再每次加以说明.

3. 二重积分的几何意义

由本节开始引出的第一个例子(曲顶柱体的体积)可以看出,当 $f(x,y)\geqslant 0$ 时,以闭区域 D 为底、以曲面 $z=f(x,y)$为顶的曲顶柱体的体积为 $\iint\limits_D f(x,y)\mathrm{d}\sigma$.一般情况,如果 $f(x,y)\geqslant 0,(x,y)\in D$,则二重积分 $\iint\limits_D f(x,y)\mathrm{d}\sigma$ 表示以区域 D 为底、以曲面 $z=f(x,y)$为顶的曲顶柱体体积;如果 $f(x,y)\leqslant 0,(x,y)\in D$,则二重积分 $\iint\limits_D f(x,y)\mathrm{d}\sigma$ 表示以区域 D 为底、以曲面 $z=f(x,y)$为顶的曲顶柱体体积的负值;如果函数 $f(x,y)$在区域 D 的若干部分

上是正的，在其他部分上是负的，则二重积分$\iint\limits_D f(x,y)\mathrm{d}\sigma$表示以区域$D$为底，位于$xOy$平面以上的柱体体积减去位于$xOy$平面以下的柱体体积.

例3 利用二重积分的几何意义，求$\iint\limits_D \sqrt{9-x^2-y^2}\,\mathrm{d}x\mathrm{d}y$，其中积分区域为$D=\{(x,y)\mid x^2+y^2\leqslant 9\}$.

解 由二重积分的几何意义知，二重积分$\iint\limits_D \sqrt{9-x^2-y^2}\,\mathrm{d}x\mathrm{d}y$表示的是以半径$r=3$的圆盘$D$为底、以上半球面$z=\sqrt{9-x^2-y^2}$为顶的曲顶柱体的体积.

再由球体的体积公式，得上半球体的体积为$V=\frac{1}{2}\cdot\frac{4}{3}\pi r^3=\frac{1}{2}\cdot\frac{4}{3}\pi 3^3=18\pi$. 因此得

$$\iint\limits_D \sqrt{9-x^2-y^2}\,\mathrm{d}x\mathrm{d}y=18\pi.$$

9.1.2 二重积分的性质

假设函数$f(x,y)$，$g(x,y)$在闭区域D上的二重积分总存在.

性质1 被积函数中的常数因子可以提到二重积分的前面，即

$$\iint\limits_D kf(x,y)\mathrm{d}\sigma=k\iint\limits_D f(x,y)\mathrm{d}\sigma,\quad k\text{ 为常数}.$$

性质2 两个函数和(或差)的二重积分等于它们二重积分的和(或差)，即

$$\iint\limits_D [f(x,y)\pm g(x,y)]\mathrm{d}\sigma=\iint\limits_D f(x,y)\mathrm{d}\sigma\pm\iint\limits_D g(x,y)\mathrm{d}\sigma.$$

该性质可以推广到任意有限个函数的情形.

性质3 如果闭区域D被有限条曲线分为有限个部分闭区域，则函数在闭区域D上的二重积分等于函数在各部分闭区域上二重积分的和. 例如，如果闭区域D可分为两个闭区域D_1与D_2，则

$$\iint\limits_D f(x,y)\mathrm{d}\sigma=\iint\limits_{D_1} f(x,y)\mathrm{d}\sigma+\iint\limits_{D_2} f(x,y)\mathrm{d}\sigma.$$

性质4 如果$f(x,y)\equiv 1$，$(x,y)\in D$，σ为闭区域D的面积，则

$$\iint\limits_D f(x,y)\mathrm{d}\sigma=\iint\limits_D 1\cdot\mathrm{d}\sigma=\iint\limits_D \mathrm{d}\sigma=\sigma.$$

该性质的几何意义就是高为1的平顶柱体的体积等于该柱体的底面积.

性质5 如果在闭区域D上，有$f(x,y)\leqslant g(x,y)$，则

$$\iint\limits_D f(x,y)\mathrm{d}\sigma\leqslant\iint\limits_D g(x,y)\mathrm{d}\sigma.$$

利用这个不等式可以证明下面不等式：

$$\left|\iint\limits_D f(x,y)\mathrm{d}\sigma\right|\leqslant\iint\limits_D |f(x,y)|\mathrm{d}\sigma.$$

性质6 设M，m分别是$f(x,y)$在闭区域D上的最大值和最小值，σ为区域D的面积，则有

$$m\sigma \leqslant \iint_D f(x,y)\mathrm{d}\sigma \leqslant M\sigma.$$

性质 7(二重积分的中值定理) 设函数 $f(x,y)$在闭区域 D 上连续,σ 为区域 D 的面积,则在区域 D 上至少存在一点(ξ,η),使得

$$\iint_D f(x,y)\mathrm{d}\sigma = f(\xi,\eta)\sigma.$$

证 把性质 6 中不等式均除以 σ,有

$$m \leqslant \frac{1}{\sigma}\iint_D f(x,y)\mathrm{d}\sigma \leqslant M.$$

这说明数值 $\frac{1}{\sigma}\iint_D f(x,y)\mathrm{d}\sigma$ 介于函数 $f(x,y)$的最大值 M 与最小值 m 之间. 根据闭区域上连续函数的介值定理,在区域 D 上至少存在一点(ξ,η),使得

$$\frac{1}{\sigma}\iint_D f(x,y)\mathrm{d}\sigma = f(\xi,\eta),$$

上式两端乘以 σ,即得所需证明的等式.

例 4 比较 $I_1 = \iint_D \ln(x+y)\mathrm{d}\sigma$ 与 $I_2 = \iint_D [\ln(x+y)]^2\mathrm{d}\sigma$ 的大小关系,其中积分区域为 $D=\{(x,y)\mid 3\leqslant x\leqslant 5, 0\leqslant y\leqslant 1\}$.

解 显然区域 D 位于直线 $x+y=\mathrm{e}$ 的上方,故当$(x,y)\in D$ 时,有 $x+y>\mathrm{e}$, 从而

$$\ln(x+y) > 1,$$

因而

$$[\ln(x+y)]^2>\ln(x+y),$$

由性质 5,可得

$$\iint_D [\ln(x+y)]^2\mathrm{d}\sigma > \iint_D \ln(x+y)\mathrm{d}\sigma,$$

即

$$I_2>I_1.$$

例 5 估计二重积分 $I = \iint_D xy(x+y)\mathrm{d}\sigma$, 其中 $D=\{(x,y)\mid 0\leqslant x\leqslant 1, 0\leqslant y\leqslant 1\}$.

解 因为$(x,y)\in D$,所以 $0\leqslant x\leqslant 1, 0\leqslant y\leqslant 1$,从而

$$0 \leqslant xy \leqslant 1, \quad 0 \leqslant x+y \leqslant 2,$$

进一步可得

$$0 \leqslant xy(x+y) \leqslant 2,$$

由性质 6,知

$$\iint_D 0\mathrm{d}\sigma \leqslant \iint_D xy(x+y)\mathrm{d}\sigma \leqslant \iint_D 2\mathrm{d}\sigma,$$

即

$$0 \leqslant \iint_D xy(x+y)\mathrm{d}\sigma \leqslant 2.$$

习　题　9.1

1. 填空题

(1) 设有一平面薄板(不计其厚度),占有 xOy 面上的闭区域 D,薄板上分布有面密度

为 $\mu=\mu(x,y)$ 的电荷，且 $\mu=\mu(x,y)$ 在 D 上连续. 试用二重积分来表示该板上全部电荷 $Q=$________.

(2) 设 $D=\{(x,y)\mid(x-2)^2+(y-1)^2=2\}$，试比较二重积分 $I_1=\iint\limits_D(x+y)\mathrm{d}\sigma$ 与 $I_2=\iint\limits_D(x+y)^3\mathrm{d}\sigma$ 的大小关系________.

(3) 设 $D=\{(x,y)\mid 3\leqslant x\leqslant 5,0\leqslant y\leqslant 1\}$，试比较二重积分 $I_1=\iint\limits_D\ln(x+y)\mathrm{d}\sigma$ 与 $I_2=\iint\limits_D[\ln(x+y)]^3\mathrm{d}\sigma$ 的大小关系________.

(4) 根据二重积分的几何意义求下列积分：

① 设 $D_1=\{(x,y)\mid x^2+y^2\leqslant R^2\}$，则 $\iint\limits_{D_1}\sqrt{R^2-x^2-y^2}\mathrm{d}\sigma=$________；

② 设 $D_2=\left\{(x,y)\mid\dfrac{x^2}{4}+\dfrac{y^2}{9}\leqslant 1\right\}$，则 $\iint\limits_{D_2}\mathrm{d}\sigma=$________.

2. 选择题

设 $I=\iint\limits_D(x^2+4y^2+9)\mathrm{d}\sigma$，其中 $D=\{(x,y)\mid x^2+y^2\leqslant 4\}$，则 I 的估值是(　　).

A. $18\pi\leqslant I\leqslant 50\pi$；　　B. $9\pi\leqslant I\leqslant 100\pi$；

C. $36\pi\leqslant I\leqslant 50\pi$；　　D. $36\pi\leqslant I\leqslant 100\pi$.

3. 利用二重积分的性质估计下列积分值：

(1) $I=\iint\limits_D\sin^2x\sin^2y\mathrm{d}\sigma$，其中 $D=\{(x,y)\mid 0\leqslant x\leqslant\pi,0\leqslant y\leqslant\pi\}$；

(2) $I=\iint\limits_D(x+y+1)\mathrm{d}\sigma$，其中 $D=\{(x,y)\mid 0\leqslant x\leqslant 1,0\leqslant y\leqslant 2\}$；

(3) $I=\iint\limits_D xy\mathrm{d}\sigma$，其中 $D=\{(x,y)\mid x^2+y^2\leqslant 1,x\geqslant 0,y\geqslant 0\}$.

9.2 二重积分的计算

二重积分在工程技术和实际生产中有着广泛的应用. 因此，如何计算二重积分显得十分重要. 如果按照二重积分的定义来计算二重积分，对少数比较简单的被积函数和积分区域来说是可行的，但是对于一般的被积函数和积分区域来说，这种方法显然行不通，也就失去了引入二重积分的价值和意义. 为此，本节将要介绍一种计算二重积分的重要方法，这种方法就是将二重积分的计算转化为二次定积分的计算.

9.2.1 在直角坐标系下计算二重积分

为简单起见，先假设 $z=f(x,y)$ 在区域 D 上连续，且 $f(x,y)\geqslant 0$. 由二重积分的几何意义知，二重积分 $\iint\limits_D f(x,y)\mathrm{d}\sigma$ 的值等于以 D 为底、以曲面 $z=f(x,y)$ 为顶的曲顶柱体的体积.

根据这一点,就可将二重积分的计算问题转化为计算曲顶柱体的体积问题.在定积分的应用中曾讨论过“平行截面面积为已知的立体体积计算”的方法,我们就利用这种方法来研究二重积分的计算问题,下面根据积分区域的不同情形进行讨论.

1. 积分区域为 X 型区域

所谓 X 型区域是指这样的一类区域:用平行于 y 轴的直线穿过区域内部,直线与区域边界的交点不多于两个.

如图 9.5 所示的区域是 X 型区域中最简单同时也是最基本的形式:它在 x 轴上的投影区间为$[a,b]$,其上、下边界分别为区间$[a,b]$上的连续曲线 $y=y_1(x)$与 $y=y_2(x)$.因此,区域 D 可以表示为

$$D=\{(x,y)\mid y_1(x)\leqslant y\leqslant y_2(x),a\leqslant x\leqslant b\}. \tag{9.1}$$

下面讨论积分区域为 X 型区域时二重积分的计算问题.

为了利用定积分中“平行截面面积为已知的立体体积计算”的方法来计算这个曲顶柱体的体积.首先在区间$[a,b]$内任意取定一点 x_0,过该点作平行于 yOz 面的平面,该平面截曲顶柱体所得截面是一个以区间$[y_1(x_0),y_2(x_0)]$为底、以曲线 $z=f(x_0,y)$为曲边的曲边梯形(见图 9.6).

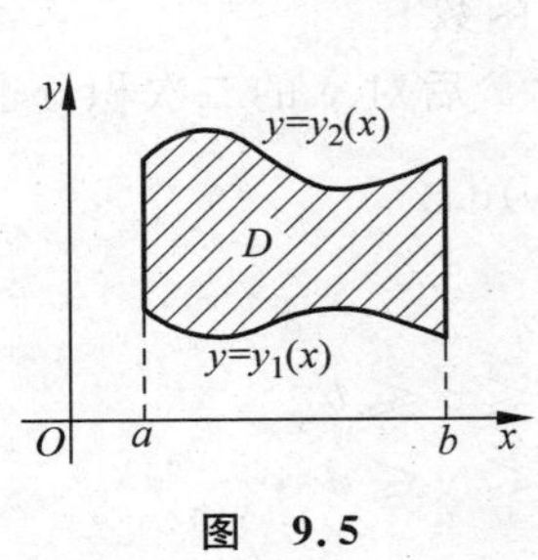

图 9.5

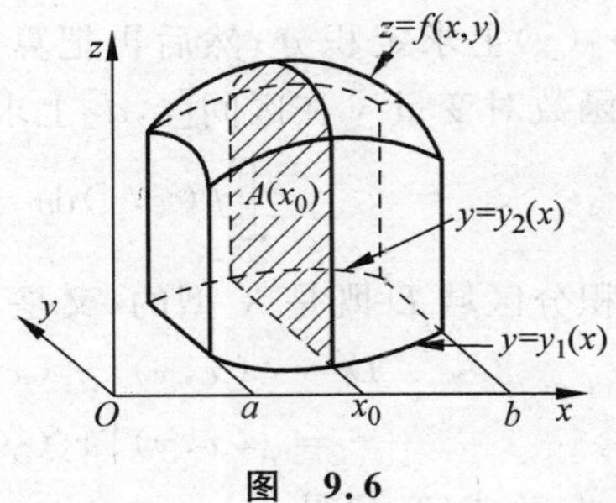

图 9.6

因此,该截面的面积为

$$A(x_0)=\int_{y_1(x_0)}^{y_2(x_0)}f(x_0,y)\mathrm{d}y.$$

一般地,在区间$[a,b]$内任意一点 x 处的截面面积为

$$A(x)=\int_{y_1(x)}^{y_2(x)}f(x,y)\mathrm{d}y,$$

由“平行截面面积为已知的立体体积的计算”方法,得曲顶柱体体积为

$$V=\int_a^b A(x)\mathrm{d}x=\int_a^b\left[\int_{y_1(x)}^{y_2(x)}f(x,y)\mathrm{d}y\right]\mathrm{d}x.$$

另一方面,曲顶柱体的体积为 $V=\iint\limits_D f(x,y)\mathrm{d}\sigma$,于是有

$$\iint\limits_D f(x,y)\mathrm{d}\sigma=\int_a^b\left[\int_{y_1(x)}^{y_2(x)}f(x,y)\mathrm{d}y\right]\mathrm{d}x. \tag{9.2}$$

上式右端的积分叫做先对 y 后对 x 的二次积分.也就是说,在被积函数 $f(x,y)$中,先把 x 看作常数,函数 $f(x,y)$先对变量 y 从 $y_1(x)$到 $y_2(x)$求定积分;然后再把算出的结果(是 x 的函数)作为被积函数对变量 x 在区间$[a,b]$上求定积分.这个先对 y 后对 x 的二次积分也

常记作

$$\iint_D f(x,y)\mathrm{d}\sigma = \int_a^b \mathrm{d}x \int_{y_1(x)}^{y_2(x)} f(x,y)\mathrm{d}y.$$

2. 积分区域为Y型区域

所谓Y型区域是指这样的一类区域：用平行于x轴的直线穿过区域内部，直线与区域边界的交点不多于两个.

如图9.7所示的区域是Y型区域中最简单同时也是最基本的形式：它在y轴上的投影区间为$[c,d]$，其左、右边界分别为区间$[c,d]$上的连续曲线$x=x_1(y)$与$x=x_2(y)$.

因此，区域D可以表示为

$$D=\{(x,y)\mid x_1(y)\leqslant x\leqslant x_2(y), c\leqslant y\leqslant d\} \tag{9.3}$$

的形式. 在这样的积分区域下，类似于前面对X型区域的讨论，可得

$$\iint_D f(x,y)\mathrm{d}\sigma = \int_c^d \left[\int_{x_1(y)}^{x_2(y)} f(x,y)\mathrm{d}x\right]\mathrm{d}y. \tag{9.4}$$

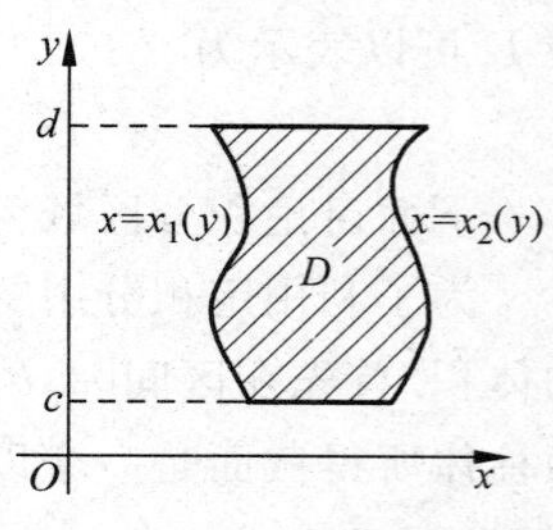

图 9.7

上式右端的积分叫做先对x后对y的二次积分. 也就是说，在被积函数$f(x,y)$中，先把y看作常数，函数$f(x,y)$先对变量x从$x_1(y)$到$x_2(y)$上求定积分；然后再把算得的结果(是y的函数)作为被积函数对变量y在区间$[c,d]$上求定积分. 这个先对x后对y的二次积分也常记作

$$\iint_D f(x,y)\mathrm{d}\sigma = \int_c^d \mathrm{d}y \int_{x_1(y)}^{x_2(y)} f(x,y)\mathrm{d}x.$$

如果积分区域D既是X型的，又是Y型的，即

$$\begin{aligned} D &= \{(x,y)\mid y_1(x)\leqslant y\leqslant y_2(x), a\leqslant x\leqslant b\} \\ &= \{(x,y)\mid x_1(y)\leqslant x\leqslant x_2(y), c\leqslant y\leqslant d\}, \end{aligned}$$

则由式(9.2)及式(9.4)得

$$\iint_D f(x,y)\mathrm{d}\sigma = \int_a^b \mathrm{d}x \int_{y_1(x)}^{y_2(x)} f(x,y)\mathrm{d}y = \int_c^d \mathrm{d}y \int_{x_1(y)}^{x_2(y)} f(x,y)\mathrm{d}x.$$

在上述讨论所得出的结果中，我们总是假定函数$f(x,y)\geqslant 0$. 事实上，对于一般的函数$f(x,y)$，上面所得出的结论也是成立的. 因为对于任何函数$f(x,y)$，总有

$$f(x,y) = \left\{\frac{f(x,y)+|f(x,y)|}{2}\right\} - \left\{\frac{|f(x,y)|-f(x,y)}{2}\right\}$$

成立，而且

$$\frac{f(x,y)+|f(x,y)|}{2}, \frac{|f(x,y)|-f(x,y)}{2}$$

均为非负函数，故由二重积分的线性性质可得结论.

例1 计算$\iint_D xy\mathrm{d}\sigma$，其中$D$是由直线$y=1$，$x=2$及$y=x$所围成的闭区域.

解 解法1 先画出积分区域D(见图9.8). 该积分区域D可表示成X型区域，即

$$D=\{(x,y)\mid 1\leqslant x\leqslant 2, 1\leqslant y\leqslant x\},$$

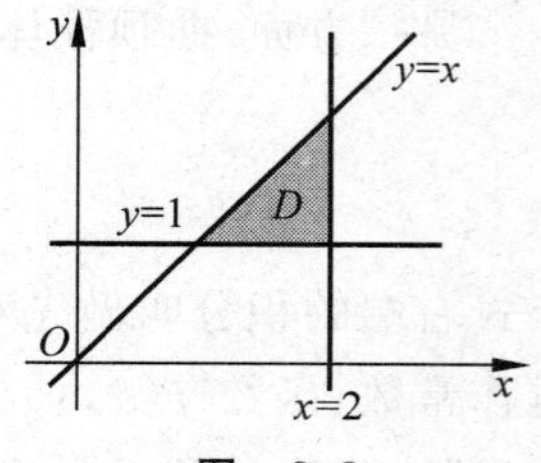

图 9.8

于是

$$\iint\limits_D xy\,\mathrm{d}\sigma=\int_1^2\left[\int_1^x xy\,\mathrm{d}y\right]\mathrm{d}x=\int_1^2\left[x\cdot\frac{y^2}{2}\right]_1^x\mathrm{d}x=\frac{1}{2}\int_1^2(x^3-x)\,\mathrm{d}x$$

$$=\frac{1}{2}\left[\frac{x^4}{4}-\frac{x^2}{2}\right]_1^2=\frac{9}{8}.$$

解法 2　积分区域 D 又可表示成 Y 型区域，即

$$D=\{(x,y)\,|\,1\leqslant y\leqslant 2,y\leqslant x\leqslant 2\},$$

于是

$$\iint\limits_D xy\,\mathrm{d}\sigma=\int_1^2\left[\int_y^2 xy\,\mathrm{d}x\right]\mathrm{d}y=\int_1^2\left[y\cdot\frac{x^2}{2}\right]_y^2\mathrm{d}y=\int_1^2\left(2y-\frac{y^3}{2}\right)\mathrm{d}y=\left[y^2-\frac{y^4}{8}\right]_1^2=\frac{9}{8}.$$

例 2　计算 $\iint\limits_D y\sqrt{1+x^2-y^2}\,\mathrm{d}\sigma$，其中 D 是由直线 $y=x,x=-1$ 和 $y=1$ 所围成的闭区域.

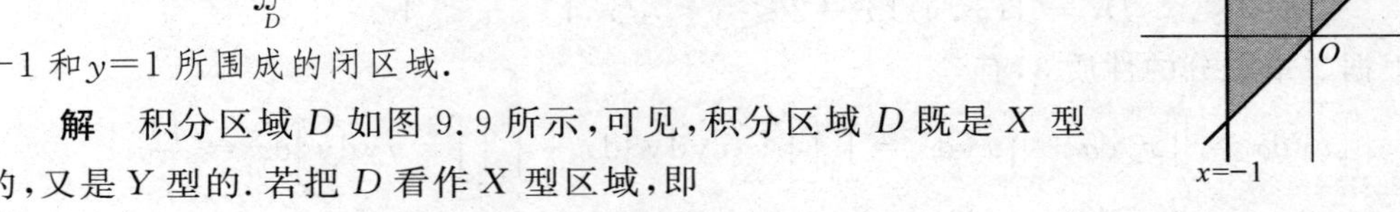

图 9.9

解　积分区域 D 如图 9.9 所示，可见，积分区域 D 既是 X 型的，又是 Y 型的. 若把 D 看作 X 型区域，即

$$D=\{(x,y)\,|\,-1\leqslant x\leqslant 1,x\leqslant y\leqslant 1\},$$

于是

$$\iint\limits_D y\sqrt{1+x^2-y^2}\,\mathrm{d}\sigma=\int_{-1}^1\left[\int_x^1 y\sqrt{1+x^2-y^2}\,\mathrm{d}y\right]\mathrm{d}x=-\frac{1}{3}\int_{-1}^1\left[(1+x^2-y^2)^{\frac{3}{2}}\right]_x^1\mathrm{d}x$$

$$=-\frac{1}{3}\int_{-1}^1(|x|^3-1)\,\mathrm{d}x=-\frac{2}{3}\int_0^1(x^3-1)\,\mathrm{d}x=\frac{1}{2}.$$

若把区域 D 看作 Y 型区域，即

$$D=\{(x,y)\,|-1\leqslant y\leqslant 1,-1\leqslant x\leqslant y\},$$

于是

$$\iint\limits_D y\sqrt{1+x^2-y^2}\,\mathrm{d}\sigma=\int_{-1}^1 y\left[\int_{-1}^y\sqrt{1+x^2-y^2}\,\mathrm{d}x\right]\mathrm{d}y.$$

显然，计算函数 $\sqrt{1+x^2-y^2}$ 关于 x 的原函数比较麻烦，所以把积分区域 D 看作 X 型区域进行计算比较方便.

例 3　计算 $\iint\limits_D xy\,\mathrm{d}\sigma$，其中区域 D 是由抛物线 $y^2=x$ 及直线 $y=x-2$ 所围成的闭区域.

解　积分区域 D 如图 9.10 所示，可见，区域 D 既是 X 型的，又是 Y 型的. 若把 D 看作 Y 型区域，即

$$D=\{(x,y)\,|\,-1\leqslant y\leqslant 2,y^2\leqslant x\leqslant y+2\},$$

于是

$$\iint\limits_D xy\,\mathrm{d}\sigma=\int_{-1}^2\left[\int_{y^2}^{y+2}xy\,\mathrm{d}x\right]\mathrm{d}y=\int_{-1}^2\left[\frac{x^2}{2}y\right]_{y^2}^{y+2}\mathrm{d}y=\frac{1}{2}\int_{-1}^2\left[y(y+2)^2-y^5\right]\mathrm{d}y$$

$$=\frac{1}{2}\left[\frac{y^4}{4}+\frac{4}{3}y^3+2y^2-\frac{y^6}{6}\right]_{-1}^2=\frac{45}{8}.$$

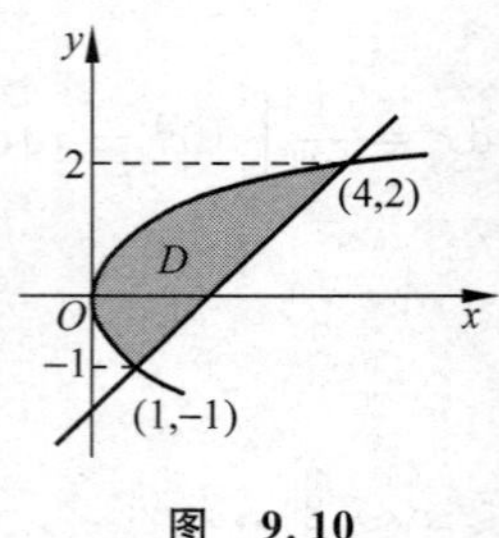

图 9.10

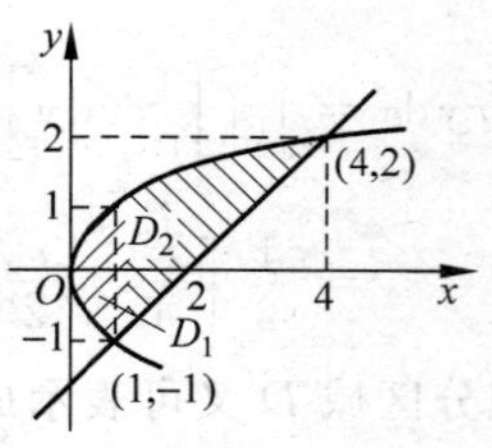

图 9.11

若把区域 D 看作 X 型区域来计算，由于在区间$[0,1]$及$[1,4]$上函数 $y_1(x)$的表达式不同，所以需要用经过交点$(1,-1)$且平行于 y 轴的直线 $x=1$ 把区域 D 分成 D_1 和 D_2 两部分(见图 9.11)，其中

$$D_1=\{(x,y)\mid -\sqrt{x}\leqslant y\leqslant\sqrt{x},0\leqslant x\leqslant 1\},$$
$$D_2=\{(x,y)\mid x-2\leqslant y\leqslant\sqrt{x},1\leqslant x\leqslant 4\}.$$

因此，根据二重积分的性质 3，有

$$\iint_D xy\,\mathrm{d}\sigma=\iint_{D_1}xy\,\mathrm{d}\sigma+\iint_{D_2}xy\,\mathrm{d}\sigma=\int_0^1\left[\int_{-\sqrt{x}}^{\sqrt{x}}xy\,\mathrm{d}y\right]\mathrm{d}x+\int_1^4\left[\int_{x-2}^{\sqrt{x}}xy\,\mathrm{d}y\right]\mathrm{d}x=\frac{45}{8}.$$

由此可见，在这里若把区域 D 看作 X 型区域来进行计算比较麻烦.

通过对上述几个例题的求解可以看出，在二重积分的计算过程中，为了计算简便，需要选择恰当的积分次序.在选择积分次序时既要考虑积分区域 D 的形状特点，又要考虑被积函数 $f(x,y)$的特性，这一点需要我们在学习过程中特别注意.

例 4 计算$\iint_D \mathrm{e}^{-y^2}\mathrm{d}\sigma$，其中区域 D 是由 $y=x,y=1,x=0$ 所围成的闭区域.

解 积分区域 D 如图 9.12 所示，可见，积分区域 D 既是 X 型的，又是 Y 型的.若把 D 看作 Y 型区域，即

$$D=\{(x,y)\mid 0\leqslant y\leqslant 1,0\leqslant x\leqslant y\},$$

于是

$$\iint_D \mathrm{e}^{-y^2}\mathrm{d}\sigma=\int_0^1\left[\int_0^y \mathrm{e}^{-y^2}\mathrm{d}x\right]\mathrm{d}y=\int_0^1\left[\mathrm{e}^{-y^2}x\right]_0^y\mathrm{d}y=\int_0^1\mathrm{e}^{-y^2}y\,\mathrm{d}y=-\frac{1}{2}\int_0^1\mathrm{e}^{-y^2}\mathrm{d}(-y^2)$$
$$=\left[-\frac{1}{2}\mathrm{e}^{-y^2}\right]_0^1=\frac{1}{2}\left(1-\frac{1}{\mathrm{e}}\right).$$

思考题 若将 D 看作 X 型区域，即先对 y 后对 x 积分来计算可以吗？

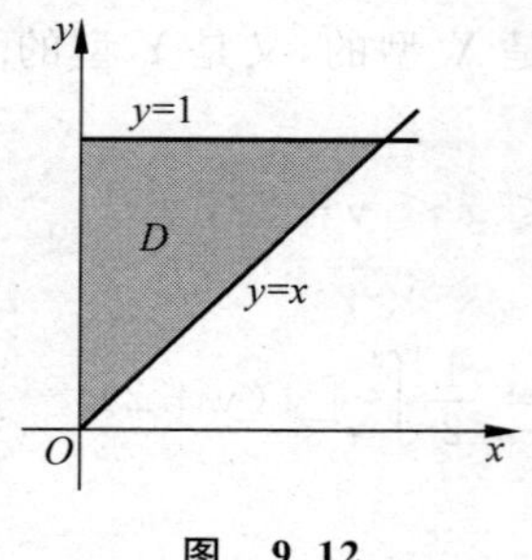

图 9.12

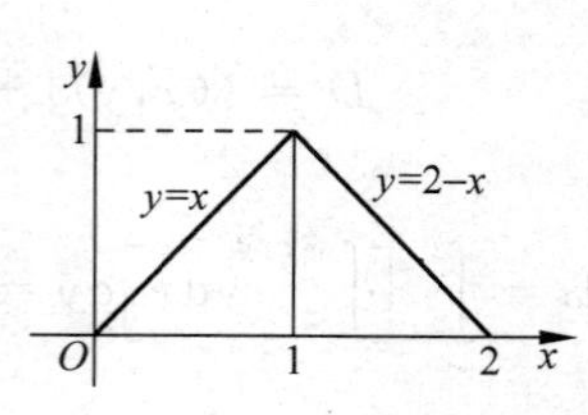

图 9.13

例 5 交换二次积分 $\int_0^1 \mathrm{d}y \int_y^{2-y} f(x,y)\mathrm{d}x$ 的积分顺序.

解 题中给出的积分是先 x 后 y 的二次积分，即积分区域按照 Y 型区域化成的二次积分. 要想交换积分次序，需要将积分区域按照 X 型区域表示出来. 为此，要根据所给二次积分的积分限画出积分区域 D 的草图(见图 9.13). 可见，积分区域 D 的上边界由两条线段构成. 因此，需要用直线 $x=1$ 将积分区域 D 划分为两个区域，即

$$D_1 = \{(x,y) \mid 0 \leqslant x \leqslant 1, 0 \leqslant y \leqslant x\},$$

$$D_2 = \{(x,y) \mid 1 \leqslant x \leqslant 2, 0 \leqslant y \leqslant 2-x\}.$$

在积分区域 D_1, D_2 上分别将二重积分按照 X 型区域化成二次积分，得

$$\begin{aligned}\int_0^1 \mathrm{d}y \int_y^{2-y} f(x,y)\mathrm{d}x &= \iint_D f(x,y)\mathrm{d}x\mathrm{d}y = \iint_{D_1} f(x,y)\mathrm{d}x\mathrm{d}y + \iint_{D_2} f(x,y)\mathrm{d}x\mathrm{d}y \\ &= \int_0^1 \mathrm{d}x \int_0^x f(x,y)\mathrm{d}y + \int_1^2 \mathrm{d}x \int_0^{2-x} f(x,y)\mathrm{d}y.\end{aligned}$$

一般而言，在交换积分次序时，积分限也会随之变化.

例 6 计算二次积分 $\int_0^1 \mathrm{d}y \int_{\sqrt{y}}^1 \frac{\sin x}{x^2}\mathrm{d}x$.

解 由于被积函数$\frac{\sin x}{x^2}$关于 y 的原函数为$\frac{\sin x}{x^2}y$，而它关于 x 的原函数不容易求. 所以应该将上面二次积分先交换积分次序，然后再进行计算. 把积分区域 D 表示成 X 型区域，即

$$D = \{(x,y) \mid 0 \leqslant x \leqslant 1, 0 \leqslant y \leqslant x^2\},$$

于是

$$\begin{aligned}\int_0^1 \mathrm{d}y \int_{\sqrt{y}}^1 \frac{\sin x}{x^2}\mathrm{d}x &= \int_0^1 \mathrm{d}x \int_0^{x^2} \frac{\sin x}{x^2}\mathrm{d}y = \int_0^1 \left[\frac{\sin x}{x^2}y\right]_0^{x^2} \mathrm{d}x \\ &= \int_0^1 \frac{\sin x}{x^2} \cdot x^2 \mathrm{d}x = \int_0^1 \sin x \mathrm{d}x = [-\cos x]_0^1 = 1 - \cos 1.\end{aligned}$$

9.2.2 在极坐标系下计算二重积分

我们知道，有些平面区域的边界(曲线)方程和被积函数用直角坐标来表示非常麻烦，而用极坐标来表示比较简单. 这启发我们，在计算二重积分时能否也可以像用换元积分法来计算定积分那样，考虑利用极坐标来替换直角坐标，使得二重积分的计算问题变得简单.

下面我们来讨论这一问题. 为此，首先建立极坐标系. 令极坐标系的极点与直角坐标系(xOy 系)的原点重合，取 x 轴的正半轴为极轴. 这样平面上的任意一个点 $M(x,y)$都与一个二元数组(r,θ)形成一一对应关系，则称(r,θ)为点 M 的极坐标，记作 $M(r,\theta)$，其中称 $r(r\geqslant 0)$为点 M 的极径，称 θ 为点 M 的极角. 于是得到直角坐标与极坐标之间的坐标变换关系为 $x=r\cos\theta, y=r\sin\theta$.

设函数 $f(x,y)$在有界闭区域 D 上连续，由二重积分的定义，有

$$\iint_D f(x,y)\mathrm{d}\sigma = \lim_{\lambda\to 0}\sum_{i=1}^n f(\xi_i,\eta_i)\Delta\sigma_i.$$

下面我们来研究这个和式的极限在极坐标系中的形式.

由于对积分区域 D 的划分是任意的,因此在极坐标系中,我们可以用以极点为中心的一族同心圆 $r=$常数与从极点出发的一族射线 $\theta=$常数为曲线网,将区域把 D 划分成 n 个小闭区域(见图 9.14),除了包含边界点的一些小闭区域外,其他各小闭区域的面积 $\Delta\sigma_i$ 可计算如下:

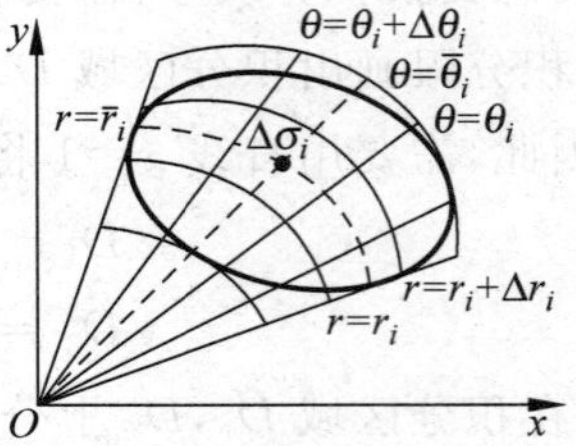

$$\begin{aligned}\Delta\sigma_i &= \frac{1}{2}(r_i+\Delta r_i)^2\cdot\Delta\theta_i-\frac{1}{2}r_i^2\Delta\theta_i\\ &= \frac{1}{2}(2r_i+\Delta r_i)\Delta r_i\cdot\Delta\theta_i\\ &= \frac{r_i+(r_i+\Delta r_i)}{2}\cdot\Delta r_i\cdot\Delta\theta_i\\ &= \bar{r}_i\cdot\Delta r_i\cdot\Delta\theta_i,\end{aligned}$$

图 9.14

其中,$\bar{r}_i$ 表示相临两圆弧半径的平均值.在这个小闭区域内取圆周 $r=\bar{r}_i$ 上的一点$(\bar{r}_i,\bar{\theta}_i)$,该点的直角坐标设为$(\xi_i,\eta_i)$,则由直角坐标与极坐标之间的关系,有

$$\xi_i=\bar{r}_i\cos\bar{\theta}_i,\quad \eta_i=\bar{r}_i\sin\bar{\theta}_i,$$

于是

$$\lim_{\lambda\to 0}\sum_{i=1}^{n}f(\xi_i,\eta_i)\Delta\sigma_i=\lim_{\lambda\to 0}\sum_{i=1}^{n}f(\bar{r}_i\cos\bar{\theta}_i,\bar{r}_i\sin\bar{\theta}_i)\,\bar{r}_i\cdot\Delta r_i\cdot\Delta\theta_i,$$

即

$$\iint_D f(x,y)\mathrm{d}\sigma=\iint_D f(r\cos\theta,r\sin\theta)r\mathrm{d}r\mathrm{d}\theta. \tag{9.5}$$

式(9.5)就是二重积分的变量从直角坐标变换为极坐标的变换公式,其中 $r\mathrm{d}r\mathrm{d}\theta$ 是极坐标系中的面积元素.

式(9.5)表明,要把二重积分中的变量从直角坐标变换为极坐标,只要把被积函数中的 x,y 分别换成 $r\cos\theta,r\sin\theta$,并把直角坐标系下的面积元素 $\mathrm{d}x\mathrm{d}y$ 换成极坐标下的面积元素 $r\mathrm{d}r\mathrm{d}\theta$ 即可.

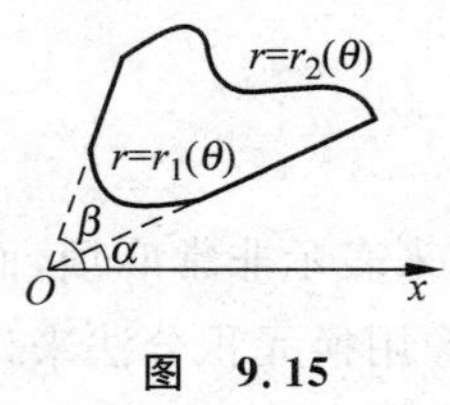

图 9.15

利用极坐标来计算二重积分 $\iint_D f(r\cos\theta,r\sin\theta)r\mathrm{d}r\mathrm{d}\theta$,同样也需要将关于 r,θ 的二重积分化为二次积分.在化成二次积分的过程中需要把积分区域 D 用极坐标表示出来.设积分区域 D 可以用不等式 $r_1(\theta)\leqslant r\leqslant r_2(\theta),\alpha\leqslant\theta\leqslant\beta$ 来表示(见图 9.15),其中函数 $r_1(\theta),r_2(\theta)$ 在区间$[\alpha,\beta]$上连续.

先在区间$[\alpha,\beta]$上任意取定一个 θ 值,对应于这个取定的 θ 值,区域 D 上点的极径 r 从 $r_1(\theta)$变到 $r_2(\theta)$.又因为 θ 是在区间$[\alpha,\beta]$上任意取定的,所以 θ 的变化范围是区间$[\alpha,\beta]$.类似于在直角坐标系中二重积分化为二次积分的分析过程,极坐标系中的二重积分化为二次积分的公式为

$$\iint_D f(r\cos\theta,r\sin\theta)r\mathrm{d}r\mathrm{d}\theta=\int_\alpha^\beta\left[\int_{r_1(\theta)}^{r_2(\theta)}f(r\cos\theta,r\sin\theta)r\mathrm{d}r\right]\mathrm{d}\theta.$$

上式也可写成

$$\iint_D f(r\cos\theta,r\sin\theta)r\mathrm{d}r\mathrm{d}\theta=\int_\alpha^\beta\mathrm{d}\theta\int_{r_1(\theta)}^{r_2(\theta)}f(r\cos\theta,r\sin\theta)r\mathrm{d}r.$$

下面分三种情况进行讨论.

(1) 如果极点 O 在积分区域 D 的内部，且区域 D 由连续曲线 $r=r(\theta)$ 所围成(见图 9.16)，即

$$D=\{(r,\theta)\mid 0\leqslant r\leqslant r(\theta),0\leqslant\theta\leqslant 2\pi\},$$

则有

$$\iint_D f(r\cos\theta,r\sin\theta)r\mathrm{d}r\mathrm{d}\theta=\int_0^{2\pi}\mathrm{d}\theta\int_0^{r(\theta)}f(r\cos\theta,r\sin\theta)r\mathrm{d}r.$$

(2) 如果极点 O 在积分区域 D 的外部，且区域 D 由射线 $\theta=\alpha,\theta=\beta$ 和连续曲线 $r=r_1(\theta),r=r_2(\theta)$ 所围成(见图 9.17)，即

$$D=\{(r,\theta)\mid r_1(\theta)\leqslant r\leqslant r_2(\theta),\alpha\leqslant\theta\leqslant\beta\},$$

则有

$$\iint_D f(r\cos\theta,r\sin\theta)r\mathrm{d}r\mathrm{d}\theta=\int_\alpha^{\beta}\mathrm{d}\theta\int_{r_1(\theta)}^{r_2(\theta)}f(r\cos\theta,r\sin\theta)r\mathrm{d}r.$$

(3) 如果极点 O 在积分区域 D 的边界上，且区域 D 由射线 $\theta=\alpha,\theta=\beta$ 和连续曲线 $r=r(\theta)$ 所围成(见图 9.18)，即

$$D=\{(r,\theta)\mid 0\leqslant r\leqslant r(\theta),\alpha\leqslant\theta\leqslant\beta\},$$

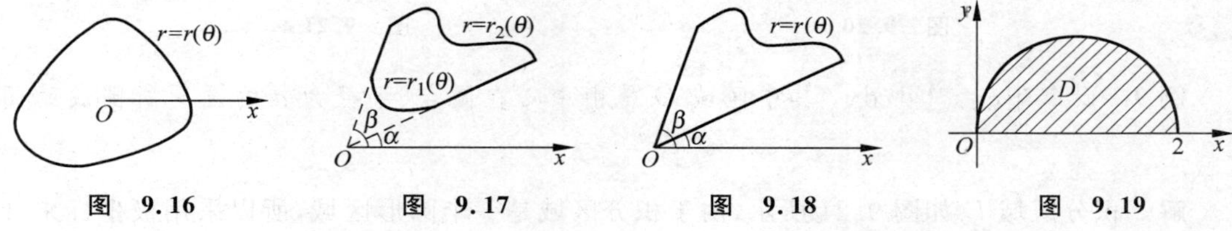

图 9.16　　图 9.17　　图 9.18　　图 9.19

则有

$$\iint_D f(r\cos\theta,r\sin\theta)r\mathrm{d}r\mathrm{d}\theta=\int_\alpha^{\beta}\mathrm{d}\theta\int_0^{r(\theta)}f(r\cos\theta,r\sin\theta)r\mathrm{d}r.$$

例 7 计算 $\iint\limits_D\sqrt{4-x^2-y^2}\mathrm{d}x\mathrm{d}y$，其中区域 D 是由上半圆周 $x^2+y^2=2x$ 和 x 轴所围成的闭区域.

解 积分区域 D 如图 9.19 所示，由于积分区域是半圆型区域，所以采用极坐标来计算比较简单.在极坐标系下，积分区域 D 可表示为

$$D=\left\{(r,\theta)\mid 0\leqslant\theta\leqslant\frac{\pi}{2},0\leqslant r\leqslant 2\cos\theta\right\},$$

于是

$$\begin{aligned}\iint_D\sqrt{4-x^2-y^2}\mathrm{d}x\mathrm{d}y&=\int_0^{\frac{\pi}{2}}\mathrm{d}\theta\int_0^{2\cos\theta}\sqrt{4-r^2}\cdot r\mathrm{d}r=-\frac{1}{2}\int_0^{\frac{\pi}{2}}\mathrm{d}\theta\int_0^{2\cos\theta}(4-r^2)^{\frac{1}{2}}\mathrm{d}(4-r^2)\\&=-\frac{1}{2}\cdot\frac{2}{3}\int_0^{\frac{\pi}{2}}\left[(4-r^2)^{\frac{3}{2}}\right]_0^{2\cos\theta}\mathrm{d}\theta=\frac{1}{3}\int_0^{\frac{\pi}{2}}(8-8\sin^3\theta)\mathrm{d}\theta\\&=\frac{4}{3}\left(\pi-\frac{4}{3}\right).\end{aligned}$$

例 8 计算 $\iint\limits_D\arctan\dfrac{y}{x}\mathrm{d}x\mathrm{d}y$，其中区域 D 是由圆周 $x^2+y^2=4,x^2+y^2=1$ 及直线 $y=0$，$y=x$ 所围成的第一象限内的闭区域.

解 积分区域 D 如图 9.20 所示，由于积分区域是环形区域的一部分，所以采用极坐标来计算比较简单. 在极坐标系下，区域 D 可表示为

$$D=\{(r,\theta)\mid 0\leqslant\theta\leqslant\frac{\pi}{4},1\leqslant r\leqslant 2\},$$

于是

$$\iint\limits_D \arctan\frac{y}{x}\mathrm{d}\sigma=\iint\limits_D \arctan(\tan\theta)\cdot r\mathrm{d}r\mathrm{d}\theta=\iint\limits_D \theta\cdot r\mathrm{d}r\mathrm{d}\theta=\int_0^{\frac{\pi}{4}}\mathrm{d}\theta\int_1^2\theta\cdot r\mathrm{d}r$$

$$=\int_0^{\frac{\pi}{4}}\theta\mathrm{d}\theta\int_1^2 r\mathrm{d}r=\frac{3\pi^2}{64}.$$

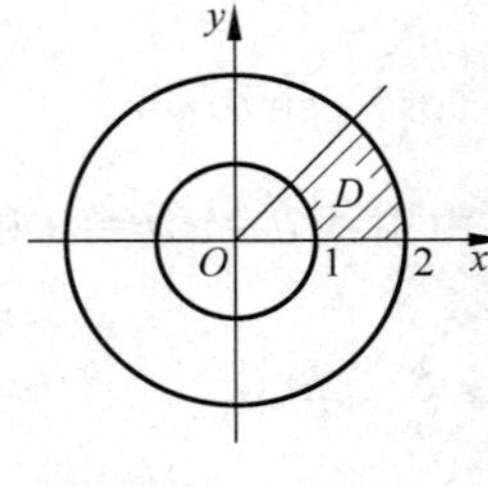

图 9.20

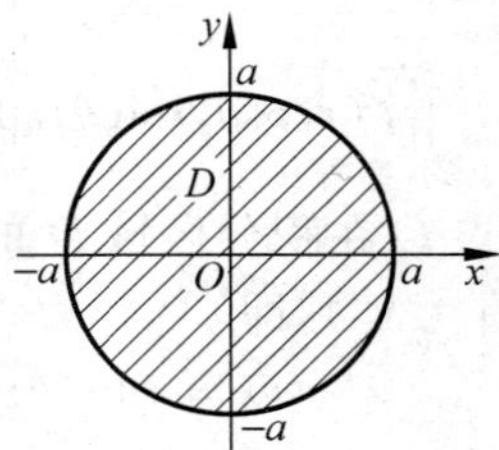

图 9.21

例 9 计算 $\iint\limits_D \mathrm{e}^{-x^2-y^2}\mathrm{d}x\mathrm{d}y$，其中区域 D 是由中心在圆点、半径为 a 的圆周所围成的闭区域.

解 积分区域 D 如图 9.21 所示，由于积分区域是一个圆形区域，所以采用极坐标来计算此积分比较简单. 在极坐标系下，闭区域 D 可表示为

$$D=\{(r,\theta)\mid 0\leqslant r\leqslant a,0\leqslant\theta\leqslant 2\pi\},$$

于是

$$\iint\limits_D \mathrm{e}^{-x^2-y^2}\mathrm{d}x\mathrm{d}y=\iint\limits_D \mathrm{e}^{-r^2}r\mathrm{d}r\mathrm{d}\theta=\int_0^{2\pi}\left[\int_0^a \mathrm{e}^{-r^2}r\mathrm{d}r\right]\mathrm{d}\theta=\int_0^{2\pi}\left[\int_0^a -\frac{1}{2}\mathrm{e}^{-r^2}\mathrm{d}(-r^2)\right]\mathrm{d}\theta$$

$$=\int_0^{2\pi}\left[-\frac{1}{2}\mathrm{e}^{-r^2}\right]_0^a\mathrm{d}\theta=\frac{1}{2}(1-\mathrm{e}^{-a^2})\int_0^{2\pi}\mathrm{d}\theta=\pi(1-\mathrm{e}^{-a^2}).$$

本题如果利用直角坐标来计算，由于函数 e^{-x^2} 的原函数不是初等函数，所以不定积分 $\int\mathrm{e}^{-x^2}\mathrm{d}x$ 算不出来.

现在我们利用例 9 的结果来计算广义积分 $\int_0^{+\infty}\mathrm{e}^{-x^2}\mathrm{d}x$.

设

$$D_1=\{(x,y)\mid x^2+y^2\leqslant R^2,x\geqslant 0,y\geqslant 0\},$$
$$D_2=\{(x,y)\mid x^2+y^2\leqslant 2R^2,x\geqslant 0,y\geqslant 0\},$$
$$S=\{(x,y)\mid 0\leqslant x\leqslant R,0\leqslant y\leqslant R\},$$

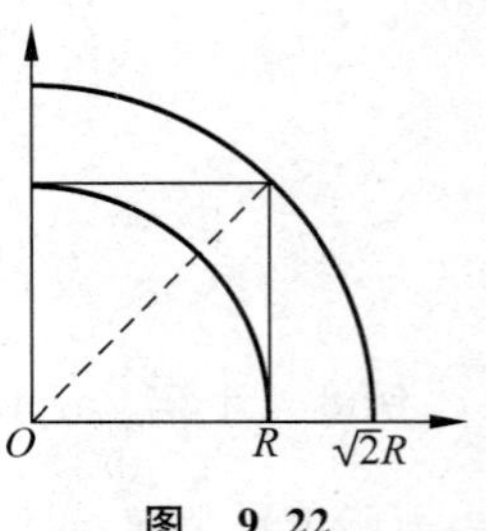

图 9.22

显然 $D_1\subset S\subset D_2$（见图 9.22）. 由于在整个坐标平面上，函数 $\mathrm{e}^{-x^2-y^2}>0$，从而在这些闭区域上的二重积分之间满足不等式

$$\iint\limits_{D_1}\mathrm{e}^{-x^2-y^2}\mathrm{d}x\mathrm{d}y<\iint\limits_S \mathrm{e}^{-x^2-y^2}\mathrm{d}x\mathrm{d}y<\iint\limits_{D_2}\mathrm{e}^{-x^2-y^2}\mathrm{d}x\mathrm{d}y.$$

因为

$$\iint_S e^{-x^2-y^2}\,dx dy = \int_0^R e^{-x^2}\,dx \cdot \int_0^R e^{-y^2}\,dy = \left(\int_0^R e^{-x^2}\,dx\right)^2,$$

应用上面例 9 已得的结果,有

$$\iint_{D_1} e^{-x^2-y^2}\,dx dy = \frac{\pi}{4}(1-e^{-R^2}),\quad \iint_{D_2} e^{-x^2-y^2}\,dx dy = \frac{\pi}{4}(1-e^{-2R^2}),$$

故有

$$\frac{\pi}{4}(1-e^{-R^2}) < \left(\int_0^R e^{-x^2}\,dx\right)^2 < \frac{\pi}{4}(1-e^{-2R^2}).$$

令 $R\to+\infty$,上式两端的极限为$\frac{\pi}{4}$,由夹逼准则,有

$$\int_0^{+\infty} e^{-x^2}\,dx = \frac{\sqrt{\pi}}{2}.$$

习　题　9.2

1. 利用直角坐标计算下列二重积分:

(1) $\iint\limits_D (2x+y)\,dx dy$,其中 D 是由 $y=\sqrt{x}$,$y=0$,$x+y=2$ 所围成的闭区域;

(2) $\iint\limits_D (3x+2y)\,d\sigma$,其中 D 是由两坐标轴及直线 $x+y=2$ 所围成的闭区域;

(3) $\iint\limits_D (x^2+y^2)\,d\sigma$,其中 $D=\{(x,y)\,|\,|x|\leqslant 1,|y|\leqslant 1\}$;

(4) $\iint\limits_D (x^3+3x^2y+y^2)\,d\sigma$,其中 $D=\{(x,y)\,|\,0\leqslant x\leqslant 1,0\leqslant y\leqslant 1\}$;

(5) $\iint\limits_D x\cos(x+y)\,d\sigma$,其中 D 是顶点分别为$(0,0)$,$(\pi,0)$和(π,π)的三角形闭区域;

(6) $\iint\limits_D xye^{x^2+y^2}\,d\sigma$,其中 $D=\{(x,y)\,|\,0\leqslant x\leqslant 1,0\leqslant y\leqslant 2\}$;

(7) $\iint\limits_D e^{x+y}\,d\sigma$,其中 $D=\{(x,y)\,|\,|x|\leqslant 1,|y|\leqslant 1\}$;

(8) $\iint\limits_D e^{-\frac{y^2}{2}}\,d\sigma$,其中 D 是由 $y=0$,$x=1$ 及 $y=\sqrt{x}$所围成的闭区域.

2. 利用极坐标计算下列二重积分:

(1) $\iint\limits_D e^{x^2+y^2}\,d\sigma$,其中 D 是由圆周 $x^2+y^2=4$ 所围成的闭区域;

(2) $\iint\limits_D \sqrt{x^2+y^2}\,d\sigma$,其中 D 是圆环形闭区域$\{(x,y)\,|\,a^2\leqslant x^2+y^2\leqslant b^2\}$;

(3) $\iint\limits_D \sin\sqrt{x^2+y^2}\,d\sigma$,其中 $D=\{(x,y)\,|\,\pi^2\leqslant x^2+y^2\leqslant 4\pi^2\}$.

3. 设 $f(x,y)$ 连续，交换下列二次积分的顺序：

(1) $I=\int_0^1 \mathrm{d}y\int_{y^2}^{y} f(x,y)\mathrm{d}x$；

(2) $I=\int_0^2 \mathrm{d}x\int_{\sqrt{2x-x^2}}^{1} f(x,y)\mathrm{d}y$；

(3) $I=\int_1^{\mathrm{e}} \mathrm{d}x\int_0^{\ln x} f(x,y)\mathrm{d}y$；

(4) $I=\int_0^1 \mathrm{d}y\int_0^{2y} f(x,y)\mathrm{d}x+\int_1^3 \mathrm{d}y\int_0^{3-y} f(x,y)\mathrm{d}x$；

(5) $I=\int_{\frac{1}{2}}^1 \mathrm{d}x\int_{\frac{1}{x}}^{2} f(x,y)\mathrm{d}y+\int_1^2 \mathrm{d}x\int_x^2 f(x,y)\mathrm{d}y$.

4. 计算下列积分：

(1) $\int_0^1 \mathrm{d}x\int_x^{\sqrt{x}} \frac{\sin y}{y}\mathrm{d}y$；　　(2) $\int_0^1 \mathrm{d}y\int_y^1 \mathrm{e}^{x^2}\mathrm{d}x$.

5. 化下列二次积分为极坐标形式的二次积分：

(1) $\int_0^{2a} \mathrm{d}x\int_0^{\sqrt{2ax-x^2}} f(x,y)\mathrm{d}y$；　　(2) $\int_0^1 \mathrm{d}x\int_0^{x^2} f(x,y)\mathrm{d}y$；

(3) $\int_0^1 \mathrm{d}x\int_{1-x}^{\sqrt{1-x^2}} f(x,y)\mathrm{d}y$；　　(4) $\int_{-1}^1 \mathrm{d}x\int_{-\sqrt{1-x^2}}^{\sqrt{1-x^2}} f(x,y)\mathrm{d}y$.

6. 如果二重积分 $\iint\limits_D f(x,y)\mathrm{d}x\mathrm{d}y$ 的被积函数 $f(x,y)$ 是两个函数 $f_1(x)$ 及 $f_2(y)$ 的乘积，即 $f(x,y)=f_1(x)f_2(y)$，积分区域 $D=\{(x,y)\mid a\leqslant x\leqslant b,c\leqslant y\leqslant d\}$. 证明这个二重积分等于两个定积分的乘积，即

$$\iint\limits_D f_1(x)f_2(y)\mathrm{d}x\mathrm{d}y=\int_a^b f_1(x)\mathrm{d}x\int_c^d f_2(y)\mathrm{d}y.$$

7. 设 $f(x,y)$ 在 D 上连续，其中 D 是由直线 $y=x,y=a$ 及 $x=b(b>a)$ 围成的闭区域. 证明 $\int_a^b \mathrm{d}x\int_a^x f(x,y)\mathrm{d}y=\int_a^b \mathrm{d}y\int_y^b f(x,y)\mathrm{d}x$.

8. 设平面薄片所占的闭区域 D 由直线 $x+y=2$，$y=x$ 和 x 轴所围成，它的面密度为 $\mu(x,y)=x^2+y^2$. 求该薄片的质量 M.

总 习 题 9

1. 填空题

(1) 设 D 是由 $y=x,y=0$ 及 $x=1$ 所围成的闭区域，则 $\iint\limits_D xy^2\mathrm{d}x\mathrm{d}y=$ ________.

(2) 设 D 是由 $x=2,y=x$ 及 $xy=1$ 所围成的闭区域，则 $\iint\limits_D \frac{x^2}{y^2}\mathrm{d}\sigma=$ ________.

(3) 设 $I=\int_1^2 \mathrm{d}x\int_{2-x}^{\sqrt{2x-x^2}} f(x,y)\mathrm{d}y$，则交换积分次序后，$I=$ ________.

(4) 设 $I=\int_1^{\mathrm{e}} \mathrm{d}x\int_0^{\ln x} f(x,y)\mathrm{d}y$，则交换积分次序后，$I=$ ________.

(5) 设 $D=\{(x,y)\mid 0\leqslant y\leqslant 1-x,0\leqslant x\leqslant 1\}$，将 $\iint\limits_D f(x,y)\mathrm{d}x\mathrm{d}y$ 化为极坐标系下的二次积分为________.

(6) 设 D 是由圆周 $x^2+y^2=1$ 及坐标轴围成的在第一象限内的闭区域，则 $\iint\limits_D \ln(1+x^2+y^2)\mathrm{d}\sigma=$________.

2. 选择题

(1) 由三个坐标面及平面 $x+y+4z=1$ 所围成的立体的体积是(　　).

A. $\int_0^1\mathrm{d}x\int_0^{1-x}\frac{1}{4}(1-x-y)\mathrm{d}y$；　B. $\int_0^1\mathrm{d}x\int_0^{x}\frac{1}{4}(1-x-y)\mathrm{d}y$；

C. $\int_0^1\mathrm{d}y\int_0^{1}\frac{1}{4}(1-x-y)\mathrm{d}x$；　D. $\int_0^1\mathrm{d}x\int_0^{y}\frac{1}{4}(1-x-y)\mathrm{d}y$.

(2) 设 $f(x,y)$ 为连续函数，则 $\int_0^1\mathrm{d}x\int_{x^2}^{3-2x}f(x,y)\mathrm{d}y=$(　　).

A. $\int_0^3\mathrm{d}y\int_0^{\sqrt{y}}f(x,y)\mathrm{d}x$；　B. $\int_0^1\mathrm{d}y\int_0^{\sqrt{y}}f(x,y)\mathrm{d}x+\int_1^3\mathrm{d}y\int_0^{-\frac{1}{2}(y-3)}f(x,y)\mathrm{d}x$；

C. $\int_0^3\mathrm{d}y\int_0^{-\frac{1}{2}(y-3)}f(x,y)\mathrm{d}x$；　D. $\int_0^1\mathrm{d}y\int_0^{-\frac{1}{2}(y-3)}f(x,y)\mathrm{d}x+\int_1^3\mathrm{d}y\int_0^{\sqrt{y}}f(x,y)\mathrm{d}x$.

(3) 设 $f(x,y)$ 是连续函数，则 $I=\int_{-2}^0\mathrm{d}y\int_0^{y+2}f(x,y)\mathrm{d}x+\int_0^4\mathrm{d}y\int_0^{\sqrt{4-y}}f(x,y)\mathrm{d}x=$(　　).

A. $\int_{-2}^4\mathrm{d}x\int_0^{\sqrt{4-y^2}}f(x,y)\mathrm{d}y$；　B. $\int_0^2\mathrm{d}x\int_{x-2}^{4-x^2}f(x,y)\mathrm{d}y$；

C. $\int_0^2\mathrm{d}x\int_0^{\sqrt{4-y^2}}f(x,y)\mathrm{d}y$；　D. $\int_{-2}^4\mathrm{d}x\int_0^{y+2}f(x,y)\mathrm{d}y$.

(4) 设 D 是由 $x^2+(y-1)^2=1$ 所围成的右半区域，将 $\iint\limits_D f(x,y)\mathrm{d}\sigma$ 化成极坐标系下的二次积分为(　　).

A. $\int_0^{\frac{\pi}{2}}\mathrm{d}\theta\int_0^{2\sin\theta}f(r\cos\theta,r\sin\theta)r\mathrm{d}r$；　B. $\int_0^{\pi}\mathrm{d}\theta\int_0^{2\sin\theta}f(r\cos\theta,r\sin\theta)r\mathrm{d}r$；

C. $\int_0^{\frac{\pi}{2}}\mathrm{d}\theta\int_0^{\sin\theta}f(r\cos\theta,r\sin\theta)r\mathrm{d}r$；　D. $\int_0^{\frac{\pi}{2}}\mathrm{d}\theta\int_0^{2\sin\theta}f(r\cos\theta,r\sin\theta)\mathrm{d}r$.

3. 选用适当的坐标计算下列二重积分：

(1) $\iint\limits_D x\sqrt{y}\,\mathrm{d}\sigma$，其中 D 是由两条抛物线 $y=\sqrt{x}$，$y=x^2$ 所围成的闭区域；

(2) $\iint\limits_D |\cos(x+y)|\mathrm{d}\sigma$，其中 D 是由 $y=x,y=0$ 及 $x=\frac{\pi}{2}$ 所围成的闭区域；

(3) $\iint\limits_D (x^2+y^2-x)\mathrm{d}\sigma$，其中 D 是由直线 $y=2,y=x$ 及 $y=2x$ 轴所围成的闭区域；

(4) $\iint\limits_D \frac{\sin y}{y}\mathrm{d}x\mathrm{d}y$，其中 D 是由 $y=\sqrt{x}$ 和 $y=x$ 所围成的闭区域；

(5) $\iint\limits_D \mathrm{e}^{x^2}\mathrm{d}\sigma$，其中 D 是由 $x=2,y=x$ 及 x 轴所围成的闭区域；

(6) $\iint\limits_D \arctan\frac{y}{x}\mathrm{d}\sigma$，其中 D 是由圆周 $x^2+y^2=9$，$x^2+y^2=1$ 及直线 $y=\frac{x}{\sqrt{3}}$，$y=\sqrt{3}x$ 所围成的第一象限内的闭区域；

(7) $\iint\limits_D |xy|\mathrm{d}\sigma$，其中 $D=\{(x,y)\mid x^2+y^2\leqslant 1\}$.

4. 将二次积分 $\int_0^1\mathrm{d}y\int_{1-\sqrt{1-y^2}}^{2-y} f(x^2+y^2)\mathrm{d}x$ 化为极坐标系下的二次积分.

5. 利用极坐标计算下列二次积分：

(1) $\int_0^{2a}\mathrm{d}x\int_0^{\sqrt{2ax-x^2}}(x^2+y^2)\mathrm{d}y$； (2) $\int_0^1\mathrm{d}x\int_{x^2}^{x}(x^2+y^2)^{-\frac{1}{2}}\mathrm{d}y$.

6. 计算由四个平面 $x=0$，$y=0$，$x=1$，$y=1$ 所围成的柱体被平面 $z=0$ 及 $2x+3y+z=6$ 截得的立体的体积.

7. 计算以 xOy 平面上圆域 $x^2+y^2=ax$ 围成的闭区域为底、以曲面 $z=x^2+y^2$ 为顶的曲顶柱体的体积.

无穷级数

数的加法是人们最早接触到的数字运算之一.到目前为止,我们只能对有限个数作加法,而在实际问题中常常遇到对无穷多个数"相加"的问题.无穷多个数能否相加呢?有关这个问题的研究,就是我们下面所要学习的无穷级数问题.

无穷级数是高等数学的一个重要组成部分,它是表示函数、研究函数性质以及进行数值计算的一个重要工具.本章首先讨论常数项无穷级数,其中主要研究正项级数敛散性的判别法;然后讨论函数项无穷级数中的幂级数.

10.1 常数项无穷级数的概念和性质

10.1.1 常数项无穷级数举例

我国古代数学家刘徽创造了"割圆术",他用圆内接正多边形的面积来近似圆的面积,并给出了一种计算圆周率的方法.

他首先作圆的内接正三边形(见图 10.1),算出该正三边形的面积 a_1;再分别以该三边形的每一条边为底作顶点在圆周上的等腰三角形,把这三个等腰三角形的面积之和记作 a_2,那么 a_1+a_2(正六边形的面积)比 a_1 更接近于圆的面积;如此下去,$a_1+a_2+\cdots+a_n$(正 $3\times2^{n-1}$ 边形的面积)比 $a_1+a_2+\cdots+a_{n-1}$(正 $3\times2^{n-2}$ 边形的面积)更接近于圆的面积;随着正多边形边数的增加,正多边形的面积就越接近于圆的面积.为了得到圆面积的精确值,就把这一过程一直进行下去,便得到

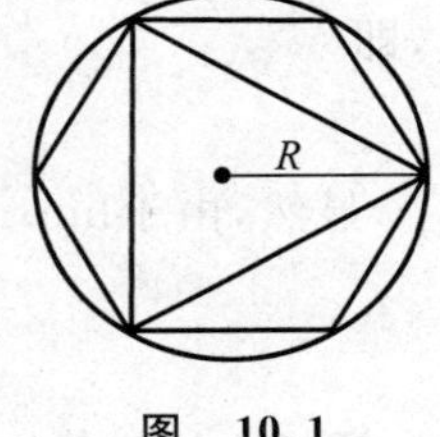

图 10.1

$$a_1+a_2+\cdots+a_n+\cdots$$

由上面的讨论可知,正 $3\times2^{n-1}$ 边形的面积

$$s_n=a_1+a_2+\cdots+a_n$$

尽管是圆面积的近似值,但随着 n 的增加,正 $3\times2^{n-1}$ 边形就越接近于圆,正 $3\times2^{n-1}$ 边形的面积就越接近于圆面积.这启示我们来求 $\lim\limits_{n\to\infty}s_n$,如果该极限存在,那该极限就是圆的面积.

10.1.2 常数项无穷级数的概念

给定一个数列

$$u_1,u_2,u_3,\cdots,u_n\cdots$$

则由该数列构成的表达式

$$u_1 + u_2 + u_3 + \cdots + u_n + \cdots$$

称做常数项无穷级数,简称级数,记为 $\sum\limits_{n=1}^{\infty} u_n$,即

$$\sum_{n=1}^{\infty} u_n = u_1 + u_2 + u_3 + \cdots + u_n + \cdots \tag{10.1}$$

其中,第 n 项 u_n 叫做级数的一般项.

称 $s_n = \sum\limits_{i=1}^{n} u_i = u_1 + u_2 + u_3 + \cdots + u_n$ 为级数 $\sum\limits_{n=1}^{\infty} u_n$ 的前 n 项和(部分和).例如,$s_2 = u_1 + u_2$,$s_3 = u_1 + u_2 + u_3$ 分别是级数的前两项、三项和.

级数的前 n 项和构成一个无穷数列

$$s_1, s_2, s_3, \cdots, s_n \cdots$$

则称该数列$\{s_n\}$为级数 $\sum\limits_{n=1}^{\infty} u_n$ 的部分和数列.

定义1 如果级数 $\sum\limits_{n=1}^{\infty} u_n$ 的部分和数列$\{s_n\}$有极限 s,即$\lim\limits_{n\to\infty} s_n = s$,则称无穷级数 $\sum\limits_{n=1}^{\infty} u_n$ 收敛,并称极限 s 为级数的和,并写成

$$s = \sum_{n=1}^{\infty} u_n = u_1 + u_2 + u_3 + \cdots + u_n + \cdots$$

如果部分和数列$\{s_n\}$没有极限,则称无穷级数 $\sum\limits_{n=1}^{\infty} u_n$ 发散.

当级数 $\sum\limits_{n=1}^{\infty} u_n$ 收敛时,称级数 $\sum\limits_{n=1}^{\infty} u_n$ 的和 s 与部分和 s_n 的差 $s - s_n$ 为级数的余项,记作 r_n,即

$$r_n = s - s_n = u_{n+1} + u_{n+2} + \cdots$$

显然,由于$\lim\limits_{n\to\infty} s_n = s$,因此有

$$\lim_{n\to\infty} r_n = \lim_{n\to\infty}(s - s_n) = s - s = 0.$$

例1 讨论等比级数 $\sum\limits_{n=0}^{\infty} aq^n (a \neq 0)$ 的敛散性.

解 如果 $q \neq 1$,则部分和

$$s_n = a + aq + aq^2 + \cdots + aq^{n-1} = \frac{a - aq^n}{1-q} = \frac{a}{1-q} - \frac{aq^n}{1-q}.$$

当$|q| < 1$时,由于$\lim\limits_{n\to\infty} s_n = \dfrac{a}{1-q}$,故级数 $\sum\limits_{n=0}^{\infty} aq^n$ 收敛,其和为$\dfrac{a}{1-q}$.

当$|q| > 1$时,由于$\lim\limits_{n\to\infty} s_n = \infty$,故级数 $\sum\limits_{n=0}^{\infty} aq^n$ 发散.

当 $q = -1$ 时,有 $s_n = \begin{cases} a, & n \text{ 为奇数}, \\ 0, & n \text{ 为偶数}. \end{cases}$ 由于 s_n 的极限不存在,故级数 $\sum\limits_{n=0}^{\infty} aq^n$ 也发散.

如果 $q = 1$,由于 $s_n = na \to \infty$,故级数 $\sum\limits_{n=0}^{\infty} aq^n$ 发散.

综上所述，如果$|q|<1$，则等比级数 $\sum\limits_{n=0}^{\infty}aq^n$ 收敛，其和为 $s=\dfrac{a}{1-q}$；如果$|q|\geqslant 1$，则等比级数 $\sum\limits_{n=0}^{\infty}aq^n$ 发散.

例 2 证明级数

$$\sum_{n=1}^{\infty}n = 1+2+3+\cdots+n+\cdots$$

是发散的.

证 此级数的部分和为

$$s_n = 1+2+3+\cdots+n = \frac{n(n+1)}{2},$$

由于$\lim\limits_{n\to\infty}s_n=\infty$，因此级数 $\sum\limits_{n=1}^{\infty}n$ 是发散的.

例 3 判别无穷级数

$$\sum_{n=1}^{\infty}\frac{1}{n(n+1)} = \frac{1}{1\cdot 2}+\frac{1}{2\cdot 3}+\frac{1}{3\cdot 4}+\cdots+\frac{1}{n(n+1)}+\cdots$$

的收敛性.

解 由于级数的通项满足：

$$u_n = \frac{1}{n(n+1)} = \frac{1}{n}-\frac{1}{n+1},$$

从而部分和为

$$\begin{aligned} s_n &= \frac{1}{1\cdot 2}+\frac{1}{2\cdot 3}+\frac{1}{3\cdot 4}+\cdots+\frac{1}{n(n+1)} \\ &= \left(1-\frac{1}{2}\right)+\left(\frac{1}{2}-\frac{1}{3}\right)+\cdots+\left(\frac{1}{n}-\frac{1}{n+1}\right) = 1-\frac{1}{n+1}, \end{aligned}$$

因此

$$\lim_{n\to\infty}s_n = \lim_{n\to\infty}\left(1-\frac{1}{n+1}\right) = 1.$$

故级数 $\sum\limits_{n=1}^{\infty}\dfrac{1}{n(n+1)}$ 收敛，且其和 $s=1$.

10.1.3 收敛级数的基本性质

性质 1 如果级数 $\sum\limits_{n=1}^{\infty}u_n$ 收敛于和 s，其中 k 为常数，则级数 $\sum\limits_{n=1}^{\infty}ku_n$ 也收敛，且其和为 ks.

证 设两级数 $\sum\limits_{n=1}^{\infty}u_n$ 与 $\sum\limits_{n=1}^{\infty}ku_n$ 的部分和分别为 s_n 与 σ_n，则

$$\lim_{n\to\infty}\sigma_n = \lim_{n\to\infty}(ku_1+ku_2+\cdots+ku_n) = k\lim_{n\to\infty}(u_1+u_2+\cdots+u_n) = k\lim_{n\to\infty}s_n = ks.$$

所以，级数 $\sum\limits_{n=1}^{\infty}ku_n$ 也收敛，且其和为 ks.

性质 2 如果级数 $\sum\limits_{n=1}^{\infty}u_n$ 与 $\sum\limits_{n=1}^{\infty}v_n$ 分别收敛于和 s 和 σ，则级数 $\sum\limits_{n=1}^{\infty}(u_n\pm v_n)$ 也收敛，且

其和为 $s\pm\sigma$.

证 设级数 $\sum\limits_{n=1}^{\infty}u_n,\sum\limits_{n=1}^{\infty}v_n,\sum\limits_{n=1}^{\infty}(u_n\pm v_n)$ 的部分和分别为 s_n,σ_n,τ_n，则

$$\begin{aligned}\lim_{n\to\infty}\tau_n &= \lim_{n\to\infty}[(u_1\pm v_1)+(u_2\pm v_2)+\cdots+(u_n\pm v_n)]\\ &= \lim_{n\to\infty}[(u_1+u_2+\cdots+u_n)\pm(v_1+v_2+\cdots+v_n)]\\ &= \lim_{n\to\infty}(s_n\pm\sigma_n)=s\pm\sigma.\end{aligned}$$

所以，级数 $\sum\limits_{n=1}^{\infty}(u_n\pm v_n)$ 也收敛，且其和为 $s\pm\sigma$.

性质3 如果在级数 $\sum\limits_{n=1}^{\infty}u_n$ 中去掉、加上或改变有限项，则级数的敛散性不变.

比如，级数 $\frac{1}{1\cdot2}+\frac{1}{2\cdot3}+\frac{1}{3\cdot4}+\cdots+\frac{1}{n(n+1)}+\cdots$ 是收敛的，级数 $10000+\frac{1}{1\cdot2}+\frac{1}{2\cdot3}+\frac{1}{3\cdot4}+\cdots+\frac{1}{n(n+1)}+\cdots$ 也是收敛的，级数 $\frac{1}{3\cdot4}+\frac{1}{4\cdot5}+\cdots+\frac{1}{n(n+1)}+\cdots$ 也是收敛的.

性质4 如果级数 $\sum\limits_{n=1}^{\infty}u_n$ 收敛，则对该级数的项任意加括号后所成的新级数仍收敛，且其和不变.

证 设级数 $\sum\limits_{n=1}^{\infty}u_n$ 的前 n 项和为 s_n，加括号后所得新级数的前 k 项和为 A_k，则

$$\begin{aligned}A_1 &= u_1+\cdots+u_{n_1}=s_{n_1},\\ A_2 &= (u_1+\cdots+u_{n_1})+(u_{n_1+1}+\cdots+u_{n_2})=s_{n_2},\\ &\vdots\\ A_k &= (u_1+\cdots+u_{n_1})+(u_{n_1+1}+\cdots+u_{n_2})+\cdots+(u_{n_{k-1}+1}+\cdots+u_{n_k})=s_{n_k}.\\ &\vdots\end{aligned}$$

由此可见，数列 $\{A_k\}=\{s_{n_k}\}$ 是数列 $\{s_n\}$ 的一个子数列. 由收敛数列与子数列的关系，当数列 $\{s_n\}$ 收敛时，则其子数列 $\{A_k\}$ 也收敛，且二者的极限相等，故加括号后的新级数收敛到原级数的和.

需要注意，该性质的逆命题并不一定成立. 即加括号后所成的新级数收敛，则不能断定去括号后的原级数也收敛. 例如，级数

$$1-1+1-1+\cdots+1-1+\cdots$$

加括号后所成的级数

$$(1-1)+(1-1)+\cdots+(1-1)+\cdots$$

收敛于零，但原级数发散.

推论 如果加括号后的新级数发散，则原级数一定发散.

性质5(级数收敛的必要条件) 如果级数 $\sum\limits_{n=1}^{\infty}u_n$ 收敛，则级数的一般项 u_n 趋于零，即 $\lim\limits_{n\to0}u_n=0$.

证 设级数 $\sum\limits_{n=1}^{\infty}u_n$ 的部分和为 s_n，且 $\lim\limits_{n\to\infty}s_n=s$，则

$$\lim_{n\to\infty}u_n = \lim_{n\to\infty}(s_n - s_{n-1}) = \lim_{n\to\infty}s_n - \lim_{n\to\infty}s_{n-1} = s - s = 0.$$

需要注意,级数的一般项趋于零并不是级数收敛的充分条件.

例 4 证明调和级数

$$\sum_{n=1}^{\infty}\frac{1}{n} = 1 + \frac{1}{2} + \frac{1}{3} + \cdots + \frac{1}{n} + \cdots$$

是发散的.

证 反证法.假设级数 $\sum\limits_{n=1}^{\infty}\frac{1}{n}$ 收敛于 s,且 $\{s_n\}$ 是它的部分和数列,显然 $\lim\limits_{n\to\infty}s_n = s$ 及 $\lim\limits_{n\to\infty}s_{2n} = s$.因此,有 $\lim\limits_{n\to\infty}(s_{2n} - s_n) = 0$.

但另一方面,因为

$$s_{2n} - s_n = \frac{1}{n+1} + \frac{1}{n+2} + \cdots + \frac{1}{2n} > \frac{1}{2n} + \frac{1}{2n} + \cdots + \frac{1}{2n} = \frac{1}{2},$$

故 $\lim\limits_{n\to\infty}(s_{2n} - s_n) \neq 0$,这与 $\lim\limits_{n\to\infty}(s_{2n} - s_n) = 0$ 矛盾!所以,调和级数 $\sum\limits_{n=1}^{\infty}\frac{1}{n}$ 必定发散.

例 5 判断级数 $\sum\limits_{n=1}^{\infty}n\sin\frac{1}{n}$ 的敛散性.

证 由于 $\lim\limits_{n\to\infty}n\sin\frac{1}{n} = \lim\limits_{n\to\infty}\dfrac{\sin\frac{1}{n}}{\frac{1}{n}} = 1 \neq 0$,根据级数收敛的必要条件,故级数 $\sum\limits_{n=1}^{\infty}n\sin\frac{1}{n}$ 发散.

习 题 10.1

1. 填空题.

(1) 级数 $\sum\limits_{n=1}^{\infty}\frac{1}{(3n-2)(3n+1)}$ 的部分和 $s_n=$________,此级数的和 $s=$________.

(2) 如果级数 $\sum\limits_{n=1}^{\infty}u_n$ 收敛于 s,则 $\sum\limits_{n=1}^{\infty}(2u_n + u_{n+1})$ 收敛于________.

2. 写出下列级数的通(一般)项 u_n.

(1) $\frac{1}{1\cdot 2} + \frac{1}{2\cdot 3} + \frac{1}{3\cdot 4} + \frac{1}{4\cdot 5} + \cdots$;　　(2) $1 + \frac{3}{8} + \frac{5}{27} + \frac{7}{64} + \cdots$;

(3) $\frac{1}{2} - \frac{1}{4} + \frac{1}{8} - \frac{1}{16} + \cdots$;　　(4) $\frac{2}{1} + \frac{1}{2} + \frac{4}{3} + \frac{3}{4} + \frac{6}{5} + \frac{5}{6} + \cdots$.

3. 判断下列级数的敛散性,在收敛时,求其和 s.

(1) $\sum\limits_{n=1}^{\infty}\frac{1}{1+2+\cdots+n}$;　　(2) $\sum\limits_{n=1}^{\infty}\frac{3}{(n+2)(n+3)}$;

(3) $\sum\limits_{n=1}^{\infty}\frac{3^n}{2^n}$;　　(4) $\sum\limits_{n=1}^{\infty}\left(\frac{1}{2^n} - \frac{1}{4^n}\right)$;

(5) $\sum\limits_{n=1}^{\infty}\frac{1}{\sqrt{n+1}+\sqrt{n}}$;　　(6) $\sum\limits_{n=1}^{\infty}\frac{1}{4n^2-1}$;

(7) $\sum_{n=1}^{\infty}(\sqrt{n+2}-2\sqrt{n+1}+\sqrt{n})$; (8) $\sum_{n=1}^{\infty}\frac{1}{n(n+1)(n+2)}$;

(9) $\sum_{n=1}^{\infty}\cos\frac{1}{n^2}$; (10) $\sum_{n=1}^{\infty}\ln\left(1+\frac{1}{n}\right)$.

4. 若级数 $\sum_{n=1}^{\infty}(2+u_n)$ 收敛,求极限 $\lim_{n\to\infty}u_n$.

5. 若级数 $\sum_{n=1}^{\infty}u_n$ 的部分和为 $s_n=1-\frac{1}{n^2}$,求级数的一般项 u_n 及级数的和 s.

10.2 常数项级数的审敛法

10.2.1 正项级数及其审敛法

在级数 $\sum_{n=1}^{\infty}u_n$ 中,如果有 $u_n\geqslant 0(n=1,2,\cdots)$,则称级数 $\sum_{n=1}^{\infty}u_n$ 为正项级数.正项级数是一类特别重要的级数,以后可以看到许多级数的收敛性问题可归结为正项级数的收敛性问题.

正项级数 $\sum_{n=1}^{\infty}u_n$ 的部分和数列 $\{s_n\}$ 是一个单调递增数列,即

$$s_1\leqslant s_2\leqslant\cdots\leqslant s_n\leqslant\cdots$$

如果正项级数的部分和数列 $\{s_n\}$ 有界,即 $|s_n|\leqslant M(n=1,2,\cdots)$.根据"单调有界数列必有极限"的准则,得部分和数列 $\{s_n\}$ 收敛,因而正项级数 $\sum_{n=1}^{\infty}u_n$ 必收敛.反之,如果正项级数 $\sum_{n=1}^{\infty}u_n$ 收敛于 s,即 $\lim_{n\to\infty}s_n=s$,根据"收敛数列一定是有界数列"的性质可知,部分和数列 $\{s_n\}$ 有界.因此,得到判定正项级数收敛的第一个充要条件.

定理 1 正项级数 $\sum_{n=1}^{\infty}u_n$ 收敛的充分必要条件是 $\sum_{n=1}^{\infty}u_n$ 的部分和数列 $\{s_n\}$ 有界.

根据定理 1,可以得到关于正项级数的比较审敛法.

定理 2(比较审敛法) 设 $\sum_{n=1}^{\infty}u_n$ 和 $\sum_{n=1}^{\infty}v_n$ 均为正项级数,且满足 $u_n\leqslant v_n(n=1,2,\cdots)$,则:

(1) 若级数 $\sum_{n=1}^{\infty}v_n$ 收敛,则级数 $\sum_{n=1}^{\infty}u_n$ 收敛;

(2) 若级数 $\sum_{n=1}^{\infty}u_n$ 发散,则级数 $\sum_{n=1}^{\infty}v_n$ 发散.

证 (1) 设级数 $\sum_{n=1}^{\infty}v_n$ 收敛于 σ,则级数 $\sum_{n=1}^{\infty}u_n$ 的部分和

$$s_n=u_1+u_2+\cdots+u_n\leqslant v_1+v_2+\cdots+v_n\leqslant\sigma,\ n=1,2,\cdots,$$

即正项级数 $\sum_{n=1}^{\infty}u_n$ 的部分和数列 $\{s_n\}$ 有界,由定理 1 知,级数 $\sum_{n=1}^{\infty}u_n$ 收敛.

(2) 如果级数 $\sum_{n=1}^{\infty}u_n$ 发散,则级数 $\sum_{n=1}^{\infty}v_n$ 必发散.反证法.假设级数 $\sum_{n=1}^{\infty}v_n$ 收敛,根据(1)

的结论，则级数 $\sum_{n=1}^{\infty} u_n$ 也收敛，这与已知矛盾，故级数 $\sum_{n=1}^{\infty} v_n$ 必发散.

推论 1 设 $\sum_{n=1}^{\infty} u_n$ 和 $\sum_{n=1}^{\infty} v_n$ 均为正项级数，且存在自然数 N，当 $n \geqslant N$ 时，有 $u_n \leqslant kv_n (k>0)$ 成立，则：

(1) 如果级数 $\sum_{n=1}^{\infty} v_n$ 收敛，则级数 $\sum_{n=1}^{\infty} u_n$ 收敛；

(2) 如果级数 $\sum_{n=1}^{\infty} u_n$ 发散，则级数 $\sum_{n=1}^{\infty} v_n$ 发散.

证明略(证明过程类似于定理 2 的证明).

例 1 讨论 p-级数 $\sum_{n=1}^{\infty} \frac{1}{n^p} (p>0)$ 的收敛性.

解 当 $p \leqslant 1$ 时，由于 $\frac{1}{n} \leqslant \frac{1}{n^p}$，而调和级数 $\sum_{n=1}^{\infty} \frac{1}{n}$ 发散，故由比较审敛法知，p-级数 $\sum_{n=1}^{\infty} \frac{1}{n^p}$ 发散.

当 $p>1$ 时，此时有

$$\frac{1}{n^p} = \int_{n-1}^{n} \frac{1}{n^p} \mathrm{d}x \leqslant \int_{n-1}^{n} \frac{1}{x^p} \mathrm{d}x = \frac{1}{p-1}\left[\frac{1}{(n-1)^{p-1}} - \frac{1}{n^{p-1}}\right],\ n=2,3,\cdots.$$

对于级数 $\sum_{n=2}^{\infty}\left[\frac{1}{(n-1)^{p-1}} - \frac{1}{n^{p-1}}\right]$，其部分和为

$$s_n = \left[1-\frac{1}{2^{p-1}}\right] + \left[\frac{1}{2^{p-1}} - \frac{1}{3^{p-1}}\right] + \cdots + \left[\frac{1}{n^{p-1}} - \frac{1}{(n+1)^{p-1}}\right] = 1 - \frac{1}{(n+1)^{p-1}}.$$

由于 $\lim\limits_{n\to\infty} s_n = \lim\limits_{n\to\infty}\left[1-\frac{1}{(n+1)^{p-1}}\right]=1$，从而级数 $\sum_{n=2}^{\infty}\left[\frac{1}{(n-1)^{p-1}} - \frac{1}{n^{p-1}}\right]$ 收敛，根据比较审敛法的推论知，p-级数 $\sum_{n=1}^{\infty} \frac{1}{n^p}$ 收敛.

综上所述，当 $p>1$ 时，p-级数 $\sum_{n=1}^{\infty} \frac{1}{n^p}$ 收敛；当 $p \leqslant 1$ 时，p-级数 $\sum_{n=1}^{\infty} \frac{1}{n^p}$ 发散.

例 2 证明级数 $\sum_{n=1}^{\infty} \frac{1}{\sqrt{n(n+1)}}$ 是发散的.

证 由于 $\frac{1}{\sqrt{n(n+1)}} > \frac{1}{\sqrt{(n+1)^2}} = \frac{1}{n+1}$，而级数 $\sum_{n=1}^{\infty} \frac{1}{n+1}$ 是发散的，根据比较审敛法，级数 $\sum_{n=1}^{\infty} \frac{1}{\sqrt{n(n+1)}}$ 是发散的.

定理 3(比较审敛法的极限形式) 设 $\sum_{n=1}^{\infty} u_n$ 和 $\sum_{n=1}^{\infty} v_n$ 均为正项级数，则：

(1) 如果 $\lim\limits_{n\to\infty} \frac{u_n}{v_n} = l (0 \leqslant l < +\infty)$，且级数 $\sum_{n=1}^{\infty} v_n$ 收敛，则级数 $\sum_{n=1}^{\infty} u_n$ 收敛；

(2) 如果 $\lim\limits_{n\to\infty} \frac{u_n}{v_n} = l > 0 (0 < l \leqslant +\infty)$，且级数 $\sum_{n=1}^{\infty} v_n$ 发散，则级数 $\sum_{n=1}^{\infty} u_n$ 发散.

证 假设$\lim\limits_{n\to\infty}\frac{u_n}{v_n}=l(0<l<+\infty)$，由数列极限的定义可知，对于$\varepsilon=\frac{1}{2}l$，存在正整数$N$，当$n>N$时，有不等式

$$l-\frac{1}{2}l<\frac{u_n}{v_n}<l+\frac{1}{2}l,$$

即

$$\frac{1}{2}lv_n<u_n<\frac{3}{2}lv_n,$$

根据比较审敛法的推论1，即得结论.

当$l=0$或$l=+\infty$时，可以类似证明.

需要注意的是，当$0<l<+\infty$时，说明正项级数$\sum\limits_{n=1}^{\infty}u_n$与$\sum\limits_{n=1}^{\infty}v_n$的通项是同阶无穷小量，那么这两个级数具有相同的敛散性. 这为利用比较审敛法的极限形式如何寻找作为参照物的级数提供了思路.

例3 判别级数$\sum\limits_{n=1}^{\infty}\sin\frac{1}{n}$的收敛性.

解 由于$\lim\limits_{n\to\infty}\frac{\sin\frac{1}{n}}{\frac{1}{n}}=1$，而调和级数$\sum\limits_{n=1}^{\infty}\frac{1}{n}$发散，根据比较审敛法的极限形式，级数$\sum\limits_{n=1}^{\infty}\sin\frac{1}{n}$发散.

例4 判别级数$\sum\limits_{n=1}^{\infty}\ln\left(1+\frac{2}{n^4}\right)$的收敛性.

解 因为$\lim\limits_{n\to\infty}\frac{\ln\left(1+\frac{2}{n^4}\right)}{\frac{1}{n^4}}=\lim\limits_{n\to\infty}\frac{\frac{2}{n^4}}{\frac{1}{n^4}}=2$，而$\sum\limits_{n=1}^{\infty}\frac{1}{n^4}$是$p=4>1$的$p$-级数，它是收敛的，根据比较审敛法的极限形式，级数$\sum\limits_{n=1}^{\infty}\ln\left(1+\frac{1}{n^4}\right)$收敛.

利用比较审敛法时需要用到一个敛散性已知的级数作为参照，如何寻找这样的一个级数是应用比较审敛法的困难所在. 可是一个级数的敛散性应该是由它本身固有的性质决定的，而不应该取决于另外级数的选择，那么能否通过级数自身的特点来判断它的敛散性呢？这是值得讨论的问题. 我们知道，等比级数$\sum\limits_{n=0}^{\infty}aq^n(a>0)$的公比是该级数的后一项与前一项的比值，即$\frac{u_{n+1}}{u_n}=\frac{aq^n}{aq^{n-1}}=q$. 当$|q|<1$时，该级数收敛；当$|q|\geqslant 1$时，该级数发散. 这一结论是否具有一般性呢？当然对于正项级数$\sum\limits_{n=1}^{\infty}u_n$，其后项与前项的比值未必是常数，但如果其极限$\lim\limits_{n\to\infty}\frac{u_{n+1}}{u_n}$存在，那么当极限小于1时，是否也有类似的结论呢？这就是下面定理4所解决的问题.

定理 4(**比值审敛法**) 设 $\sum_{n=1}^{\infty} u_n$ 为正项级数,且 $\lim_{n\to\infty}\frac{u_{n+1}}{u_n}=\rho$,则:

(1) 当 $\rho<1$ 时,级数 $\sum_{n=1}^{\infty} u_n$ 收敛;

(2) 当 $\rho>1\left(\text{或}\lim_{n\to\infty}\frac{u_{n+1}}{u_n}=\infty\right)$时,级数 $\sum_{n=1}^{\infty} u_n$ 发散;

(3) 当 $\rho=1$ 时,级数 $\sum_{n=1}^{\infty} u_n$ 可能收敛也可能发散.

证 (1) 由于 $\lim_{n\to\infty}\frac{u_{n+1}}{u_n}=\rho$,而 $\rho<1$,取 $q=\frac{\rho+1}{2}$,易见 $\rho<q<1$. 由数列极限的保序性,存在正整数 n_0,当 $n\geqslant n_0$ 时,有 $\frac{u_{n+1}}{u_n}<q$,于是

$$\frac{u_{n_0+1}}{u_{n_0}}<q,\frac{u_{n_0+2}}{u_{n_0+1}}<q,\frac{u_{n_0+3}}{u_{n_0+2}}<q,\cdots$$

即得

$$u_{n_0+1}<u_{n_0}q,u_{n_0+2}<u_{n_0+1}q<u_{n_0}q^2,\cdots,u_{n_0+k}<u_{n_0}q^k<\cdots$$

因为 u_{n_0} 是常数,故 $\sum_{k=1}^{\infty} u_{n_0}q^k=u_{n_0}\sum_{k=1}^{\infty} q^k$ 是公比为 $|q|<1$ 的等比级数,因此它是收敛级数,再由级数基本性质 3,级数 $\sum_{n=1}^{\infty} u_n$ 也收敛.

(2) 当 $\rho>1$ 或 $\lim_{n\to\infty}\frac{u_{n+1}}{u_n}=\infty$ 时,由收敛数列的保序性,存在正整数 n_0,当 $n\geqslant n_0$ 时,$\frac{u_{n+1}}{u_n}>1$,即 $u_{n+1}>u_n$. 这说明,当 $n\geqslant n_0$ 时,数列 u_n 是单调递增的,且 $u_n\geqslant u_{n_0}$. 因此,当 $n\to\infty$ 时,级数的通项 u_n 不趋于零,故级数 $\sum_{n=1}^{\infty} u_n$ 发散.

(3) 当 $\rho=1$ 时,级数 $\sum_{n=1}^{\infty} u_n$ 可能收敛也可能发散. 例如,对于 p-级数 $\sum_{n=1}^{\infty}\frac{1}{n^p}(p>0)$,无论 $p>1$ 还是 $p\leqslant 1$,都有

$$\lim_{n\to\infty}\frac{\frac{1}{(n+1)^p}}{\frac{1}{n^p}}=\lim_{n\to\infty}\frac{n^p}{(n+1)^p}=1.$$

当 $p>1$ 时,p-级数 $\sum_{n=1}^{\infty}\frac{1}{n^p}$ 收敛;当 $p\leqslant 1$ 时,p-级数 $\sum_{n=1}^{\infty}\frac{1}{n^p}$ 发散.

例 5 判别级数 $\sum_{n=1}^{\infty}\frac{4n}{3^n}$ 的收敛性.

解 由于 $\lim_{n\to\infty}\frac{u_{n+1}}{u_n}=\lim_{n\to\infty}\frac{4(n+1)}{3^{n+1}}\cdot\frac{3^n}{4n}=\frac{1}{3}\lim_{n\to\infty}\frac{4(n+1)}{4n}=\frac{1}{3}<1$,根据比值审敛法知,级数 $\sum_{n=1}^{\infty}\frac{4n}{3^n}$ 收敛.

例 6 判别级数 $\sum_{n=1}^{\infty}\frac{n!}{10^n}$ 的收敛性.

解 由于$\lim\limits_{n\to\infty}\dfrac{u_{n+1}}{u_n}=\lim\limits_{n\to\infty}\dfrac{(n+1)!}{10^{n+1}}\cdot\dfrac{10^n}{n!}=\lim\limits_{n\to\infty}\dfrac{n+1}{10}=\infty$,根据比值审敛法知,级数$\sum\limits_{n=1}^{\infty}\dfrac{n!}{10^n}$发散.

例7 判别级数$\sum\limits_{n=1}^{\infty}\dfrac{1}{(2n-1)\cdot 2n}$的收敛性.

解 由于$\lim\limits_{n\to\infty}\dfrac{u_{n+1}}{u_n}=\lim\limits_{n\to\infty}\dfrac{(2n-1)\cdot 2n}{(2n+1)\cdot(2n+2)}=1$,因而比值审敛法失效,需要用其他方法来判别级数的收敛性.

因为$\dfrac{1}{(2n-1)\cdot 2n}<\dfrac{1}{n^2}$,而级数$\sum\limits_{n=1}^{\infty}\dfrac{1}{n^2}$收敛,由比较审敛法可知,级数$\sum\limits_{n=1}^{\infty}\dfrac{1}{(2n-1)\cdot 2n}$收敛.

定理5(根值审敛法) 设$\sum\limits_{n=1}^{\infty}u_n$为正项级数,且$\lim\limits_{n\to\infty}\sqrt[n]{u_n}=\rho$,则:

(1) 当$\rho<1$时,级数$\sum\limits_{n=1}^{\infty}u_n$收敛;

(2) 当$\rho>1$(或$\lim\limits_{n\to\infty}\sqrt[n]{u_n}=+\infty$)时,级数$\sum\limits_{n=1}^{\infty}u_n$发散;

(3) 当$\rho=1$时,级数$\sum\limits_{n=1}^{\infty}u_n$可能收敛也可能发散.

证明略.

例8 判别级数$\sum\limits_{n=1}^{\infty}\left(\dfrac{2n}{3n+1}\right)^n$的收敛性.

解 因为$\lim\limits_{n\to\infty}\sqrt[n]{u_n}=\lim\limits_{n\to\infty}\sqrt[n]{\left(\dfrac{2n}{3n+1}\right)^n}=\lim\limits_{n\to\infty}\dfrac{2n}{3n+1}=\dfrac{2}{3}<1$,由根值审敛法知,级数$\sum\limits_{n=1}^{\infty}\left(\dfrac{2n}{3n+1}\right)^n$收敛.

例9 判别级数$\sum\limits_{n=1}^{\infty}\dfrac{2+(-1)^n}{2^n}$的收敛性.

解 由于

$$\lim_{n\to\infty}\sqrt[n]{u_n}=\lim_{n\to\infty}\frac{1}{2}\sqrt[n]{2+(-1)^n}=\frac{1}{2}<1,$$

由根值审敛法知,级数$\sum\limits_{n=1}^{\infty}\dfrac{2+(-1)^n}{2^n}$收敛.

定理6(极限审敛法) 设$\sum\limits_{n=1}^{\infty}u_n$为正项级数,

(1) 如果$\lim\limits_{n\to\infty}nu_n=l>0$(或$\lim\limits_{n\to\infty}nu_n=+\infty$),则级数$\sum\limits_{n=1}^{\infty}u_n$发散;

(2) 如果$\lim\limits_{n\to\infty}n^p u_n=l(0\leqslant l<+\infty)$且$p>1$,则级数$\sum\limits_{n=1}^{\infty}u_n$收敛.

证 由p-级数的结论和比较审敛法的极限形式即可证明.

例10 判别级数$\sum\limits_{n=1}^{\infty}\sqrt{n+1}\left(1-\cos\dfrac{\pi}{n}\right)$的收敛性.

解 由于 $1-\cos\frac{\pi}{n}\sim\frac{1}{2}\left(\frac{\pi}{n}\right)^2,(n\to\infty)$，所以

$$\lim_{n\to\infty}n^{\frac{3}{2}}u_n=\lim_{n\to\infty}n^{\frac{3}{2}}\sqrt{n+1}\left(1-\cos\frac{\pi}{n}\right)=\lim_{n\to\infty}n^2\sqrt{\frac{n+1}{n}}\cdot\frac{1}{2}\left(\frac{\pi}{n}\right)^2=\frac{1}{2}\pi^2,$$

根据极限审敛法知，级数 $\sum\limits_{n=1}^{\infty}\sqrt{n+1}\left(1-\cos\frac{\pi}{n}\right)$ 收敛.

10.2.2 交错级数

所谓**交错级数**是指这样的级数，它的各项是正负交错出现的，从而它可以写成下面的形式：

$$u_1-u_2+u_3-u_4+\cdots$$

或

$$-u_1+u_2-u_3+u_4-\cdots$$

其中，$u_1,u_2,\cdots$都是正数. 下面我们来证明一个关于交错级数的审敛法.

定理 7（莱布尼茨定理） 如果交错级数 $\sum\limits_{n=1}^{\infty}(-1)^{n-1}u_n$ 满足条件：

(1) $u_n\geqslant u_{n+1}(n=1,2,\cdots)$；

(2) $\lim\limits_{n\to\infty}u_n=0$.

则交错级数 $\sum\limits_{n=1}^{\infty}(-1)^{n-1}u_n$ 收敛，且其和 $s\leqslant u_1$，余项 r_n 的绝对值 $|r_n|\leqslant u_{n+1}$.

证 先证明前 $2n$ 项的和 s_{2n} 的极限存在. 为此把 s_{2n} 写成以下两种形式：

$$s_{2n}=(u_1-u_2)+(u_3-u_4)+\cdots+(u_{2n-1}-u_{2n})$$

或

$$s_{2n}=u_1-(u_2-u_3)-(u_4-u_5)-\cdots-(u_{2n-2}-u_{2n-1})-u_{2n}.$$

根据条件(1)可知所有括号中的差都是非负的. 由第一种形式可见数列 $\{s_{2n}\}$ 是单调增加的，由第二种形式可见 $s_{2n}<u_1$. 于是，根据“单调有界数列必有极限”的判定准则，当 n 无限增大时，数列 s_{2n} 趋于 s，并且 s 不大于 u_1，即 $\lim\limits_{n\to\infty}s_{2n}=s,s\leqslant u_1$.

再证明前 $2n+1$ 项的和 s_{2n+1} 的极限也是 s. 事实上，由条件(2)可知 $\lim\limits_{n\to\infty}u_{2n+1}=0$，因此 $\lim\limits_{n\to\infty}s_{2n+1}=\lim\limits_{n\to\infty}(s_{2n}+u_{2n+1})=s$. 由于级数的前偶数项的和与奇数项的和趋于同一极限 s，故级数 $\sum\limits_{n=1}^{\infty}(-1)^{n-1}u_n$ 的部分和数列 $\{s_n\}$ 收敛于 s. 这就证明了交错级数 $\sum\limits_{n=1}^{\infty}(-1)^{n-1}u_n$ 收敛于和 s，且 $s\leqslant u_1$.

最后，不难看出余项 r_n 可以写成 $r_n=\pm(u_{n+1}-u_{n+2}+\cdots)$，其绝对值为

$$|r_n|=u_{n+1}-u_{n+2}+\cdots$$

上式右端也是一个交错级数，它也满足交错级数收敛的两个条件，所以其和小于级数的第一项，即 $|r_n|\leqslant u_{n+1}$.

例如，交错级数 $1-\frac{1}{2}+\frac{1}{3}-\frac{1}{4}+\cdots+(-1)^{n-1}\frac{1}{n}+\cdots$ 满足条件：

(1) $u_n=\frac{1}{n}>\frac{1}{n+1}=u_{n+1}(n=1,2\cdots)$；

(2) $\lim\limits_{n\to\infty}u_n=\lim\limits_{n\to\infty}\dfrac{1}{n}=0$.

所以该级数是收敛的，且其和 $s<1$.

如果用前 n 项的和 $s_n=1-\dfrac{1}{2}+\dfrac{1}{3}-\cdots+(-1)^{n-1}\dfrac{1}{n}$ 作为 s 的近似值，所产生的误差 $|r_n|\leqslant\dfrac{1}{n+1}(=u_{n+1})$.

10.2.3 绝对收敛与条件收敛

现在我们讨论一般的级数

$$u_1+u_2+\cdots+u_n+\cdots$$

在这里级数的各项为任意实数. 如果由级数 $\sum\limits_{n=1}^{\infty}u_n$ 每一项的绝对值所构成的正项级数 $\sum\limits_{n=1}^{\infty}|u_n|$ 收敛，则称级数 $\sum\limits_{n=1}^{\infty}u_n$ 绝对收敛；如果级数 $\sum\limits_{n=1}^{\infty}u_n$ 收敛，而正项级数 $\sum\limits_{n=1}^{\infty}|u_n|$ 发散，则称级数 $\sum\limits_{n=1}^{\infty}u_n$ 条件收敛. 容易判定，级数 $\sum\limits_{n=1}^{\infty}(-1)^{n-1}\dfrac{1}{n^2}$ 是绝对收敛，而级数 $\sum\limits_{n=1}^{\infty}(-1)^{n-1}\dfrac{1}{n}$ 是条件收敛.

级数绝对收敛与级数收敛有以下重要关系.

定理 8 如果级数 $\sum\limits_{n=1}^{\infty}u_n$ 绝对收敛，则级数 $\sum\limits_{n=1}^{\infty}u_n$ 必定收敛.

证 设级数 $\sum\limits_{n=1}^{\infty}|u_n|$ 收敛，令 $v_n=\dfrac{1}{2}(u_n+|u_n|)(n=1,2,\cdots)$，显然 $v_n\geqslant0$ 且 $v_n\leqslant|u_n|(n=1,2\cdots)$，由正项级数的比较审敛法，级数 $\sum\limits_{n=1}^{\infty}v_n$ 收敛，从而级数 $\sum\limits_{n=1}^{\infty}2v_n$ 也收敛. 而 $\sum\limits_{n=1}^{\infty}u_n=\sum\limits_{n=1}^{\infty}2v_n-\sum\limits_{n=1}^{\infty}|u_n|$，根据收敛级数的基本性质 1，级数 $\sum\limits_{n=1}^{\infty}u_n$ 收敛.

注意 上述定理的逆定理并不成立，例如，级数 $\sum\limits_{n=1}^{\infty}(-1)^{n-1}\dfrac{1}{n}$ 收敛而非绝对收敛.

定理 8 说明，对于一个一般的级数 $\sum\limits_{n=1}^{\infty}u_n$，如果我们利用正项级数的审敛法判定正项级数 $\sum\limits_{n=1}^{\infty}|u_n|$ 收敛，则级数 $\sum\limits_{n=1}^{\infty}u_n$ 也收敛. 这样就使得判定一个一般级数的收敛性问题，转化为判定正项级数的收敛性问题.

一般来说，如果正项级数 $\sum\limits_{n=1}^{\infty}|u_n|$ 发散，则不能断定级数 $\sum\limits_{n=1}^{\infty}u_n$ 也发散. 但是，如果我们用比值审敛法或根值审敛法判定正项级数 $\sum\limits_{n=1}^{\infty}|u_n|$ 发散，则我们可以断定级数 $\sum\limits_{n=1}^{\infty}u_n$ 也发散. 这是因为上述两种审敛法判定级数 $\sum\limits_{n=1}^{\infty}|u_n|$ 发散的依据是 $|u_n|$ 不趋于零$(n\to\infty)$，从而 u_n 不趋于零$(n\to\infty)$，因此级数 $\sum\limits_{n=1}^{\infty}u_n$ 也是发散的.

例 11 判定级数 $\sum\limits_{n=1}^{\infty}\dfrac{\sin na}{n^2}$ 的收敛性.

解 由于 $\left|\dfrac{\sin na}{n^2}\right|\leqslant\dfrac{1}{n^2}$,而级数 $\sum\limits_{n=1}^{\infty}\dfrac{1}{n^2}$ 收敛,由比较审敛法知,正项级数 $\sum\limits_{n=1}^{\infty}\left|\dfrac{\sin na}{n^2}\right|$ 也收敛,即级数 $\sum\limits_{n=1}^{\infty}\dfrac{\sin na}{n^2}$ 绝对收敛.

由定理 8 知,级数 $\sum\limits_{n=1}^{\infty}\dfrac{\sin na}{n^2}$ 收敛.

例 12 判定级数 $\sum\limits_{n=1}^{\infty}(-1)^n\dfrac{1}{3^n}\left(1+\dfrac{1}{n}\right)^{n^2}$ 的收敛性.

解 由于 $|u_n|=\dfrac{1}{3^n}\left(1+\dfrac{1}{n}\right)^{n^2}$,而 $\sqrt[n]{|u_n|}=\dfrac{1}{3}\left(1+\dfrac{1}{n}\right)^n\to\dfrac{1}{3}\mathrm{e}<1\ (n\to\infty)$,所以级数 $\sum\limits_{n=1}^{\infty}(-1)^n\dfrac{1}{3^n}\left(1+\dfrac{1}{n}\right)^{n^2}$ 绝对收敛.

由定理 8 知,级数 $\sum\limits_{n=1}^{\infty}(-1)^n\dfrac{1}{2^n}\left(1+\dfrac{1}{n}\right)^{n^2}$ 收敛.

习　题　10.2

1. 填空题.

(1) 部分和数列 $\{s_n\}$ 有界是正项级数 $\sum\limits_{n=1}^{\infty}u_n$ 收敛的________条件.

(2) 已知正项级数 $\sum\limits_{n=1}^{\infty}\dfrac{n+1}{2^n}$,则 $\lim\limits_{n\to\infty}\dfrac{u_{n+1}}{u_n}=$________,它是________(收敛/发散)级数.

(3) 若级数 $\sum\limits_{n=1}^{\infty}u_n$ 绝对收敛,则级数 $\sum\limits_{n=1}^{\infty}u_n$ 必定________;若级数 $\sum\limits_{n=1}^{\infty}u_n$ 条件收敛,则级数 $\sum\limits_{n=1}^{\infty}|u_n|$ 必定________.

2. 用比较审敛法或其极限形式判别下列级数的敛散性:

(1) $\sum\limits_{n=1}^{\infty}\dfrac{1}{2n^2+1}$;　　(2) $\sum\limits_{n=1}^{\infty}\dfrac{n^2+1}{\sqrt{n^7+1}}$;

(3) $\sum\limits_{n=1}^{\infty}\dfrac{1}{(\ln n)^n}$;　　(4) $\sum\limits_{n=1}^{\infty}2^n\sin\dfrac{\pi}{3^n}$;

(5) $\sum\limits_{n=1}^{\infty}\dfrac{2n^2}{n^3+3n}$;　　(6) $\sum\limits_{n=1}^{\infty}\ln\left(1+\dfrac{1}{2^n}\right)$.

3. 用比值审敛法判别下列级数的敛散性:

(1) $\sum\limits_{n=1}^{\infty}\dfrac{2n+1}{2^n}$;　　(2) $\sum\limits_{n=1}^{\infty}\dfrac{2^n\cdot n!}{n^n}$;

(3) $\sum\limits_{n=1}^{\infty}\dfrac{2^{2n}}{3^n n^{10}}$;　　(4) $\sum\limits_{n=1}^{\infty}n\sin\dfrac{\pi}{2^{n+1}}$;

(5) $\sum_{n=1}^{\infty}\frac{n!}{(2n-1)!!}$；　　(6) $\sum_{n=1}^{\infty}\frac{a^n}{(1+a)(1+a^2)\cdots(1+a^n)}(a>0)$.

4. 用根值审敛法判别下列级数的敛散性：

(1) $\sum_{n=1}^{\infty}\left(\frac{n+1}{2n+3}\right)^n$；　　(2) $\sum_{n=1}^{\infty}\left(1+\frac{1}{n}\right)^{n^2}$；

(3) $\sum_{n=1}^{\infty}3^n\left(\frac{n}{n+1}\right)^{n^2}$；　　(4) $\sum_{n=1}^{\infty}\frac{2+(-1)^n}{5^n}$.

5. 选用适当的方法判别下列级数的敛散性：

(1) $\sum_{n=1}^{\infty}\frac{1}{(n+1)(n+2)}$；　　(2) $\sum_{n=1}^{\infty}(n+1)^2\tan\frac{\pi}{4^n}$；

(3) $\sum_{n=1}^{\infty}(\sqrt{n^2+1}-\sqrt{n^2-1})$；　　(4) $\sum_{n=1}^{\infty}\frac{1+n}{2^{2n}}a^n(a>0)$.

6. 判别下列级数的敛散性，在收敛时，说明是绝对收敛，还是条件收敛.

(1) $\sum_{n=1}^{\infty}(-1)^{n-1}\frac{n}{3^{n-1}}$；　　(2) $\sum_{n=1}^{\infty}(-1)^{n+1}\frac{3^n}{n\cdot 2^n}$；

(3) $\sum_{n=1}^{\infty}\frac{(-1)^n}{\sqrt{n^2+1}}$；　　(4) $\sum_{n=1}^{\infty}\frac{(-1)^{n-1}}{\ln(n+1)}$.

7. 设 $\sum_{n=1}^{\infty}u_n$ 为正项级数，且 $\lim\limits_{n\to\infty}n^p u_n=l(p>0)$，证明：

(1) 当 $0<p\leqslant 1$ 时，级数 $\sum_{n=1}^{\infty}u_n$ 发散；　　(2) 当 $p>1$ 时，级数 $\sum_{n=1}^{\infty}u_n$ 收敛.

8. 证明题.

(1) $\lim\limits_{n\to\infty}\frac{n!}{n^n}=0$；　　(2) $\lim\limits_{n\to\infty}\frac{a^n}{n!}=0(a>1)$；

(3) $\lim\limits_{n\to\infty}\frac{n^n}{(n!)^2}=0$.

10.3 幂级数

10.3.1 函数项级数的概念

设在区间 I 上有定义的一列函数

$$u_1(x),u_2(x),u_3(x),\cdots,u_n(x)\cdots$$

则由这列函数构成的表达式

$$u_1(x)+u_2(x)+u_3(x)+\cdots+u_n(x)+\cdots \tag{10.2}$$

称为定义在区间 I 上的函数项无穷级数，简称函数项级数，记作 $\sum_{n=1}^{\infty}u_n(x)$，即

$$\sum_{n=1}^{\infty}u_n(x)=u_1(x)+u_2(x)+u_3(x)+\cdots+u_n(x)+\cdots$$

对于每一个确定的值 $x_0\in I$，函数项级数(1)成为常数项级数

$$u_1(x_0)+u_2(x_0)+u_3(x_0)+\cdots+u_n(x_0)+\cdots \tag{10.3}$$

如果常数项级数(10.3)收敛，则称点 x_0 是函数项级数(10.2)的收敛点；如果常数项级数(10.3)发散，则称点 x_0 是函数项级数(10.2)的发散点. 函数项级数(10.2)的所有收敛点的全体称为函数项级数(10.2)的收敛域，所有发散点的全体称为函数项级数(10.2)的发散域.

对应于收敛域内的任意一个数 x，函数项级数成为一收敛的常数项级数，因而有一确定的和 s. 这样在收敛域上，函数项级数的和是 x 的函数 $s(x)$，通常称 $s(x)$ 为函数项级数的和函数，该和函数 $s(x)$ 的定义域就是函数项级数的收敛域，并写成

$$s(x)=u_1(x)+u_2(x)+u_3(x)+\cdots+u_n(x)+\cdots$$

把函数项级数(1)的前 n 项和记作 $s_n(x)$，则在收敛域上有

$$\lim_{n\to\infty}s_n(x)=s(x).$$

10.3.2 幂级数

在函数项级数中有一类简单而常见的级数，就是各项都是幂函数的函数项级数，这种形式的函数项级数称为幂级数，即

$$a_0+a_1x+a_2x^2+\cdots+a_nx^n+\cdots$$

其中，常数 $a_0,a_1,a_2,\cdots,a_n\cdots$ 叫做幂级数的系数.

例如

$$1+x+x^2+\cdots+x^n+\cdots$$

及

$$1+x+\frac{1}{2!}x^2+\cdots+\frac{1}{n!}x^n+\cdots$$

都是幂级数.

现在来讨论幂级数的收敛域和发散域问题.

先看一个例子，即考察幂级数 $1+x+x^2+\cdots+x^n+\cdots$ 的收敛性. 由 10.1 节中等比级数的结论可知，当 $|x|<1$ 时，该级数收敛于和 $\frac{1}{1-x}$；当 $|x|\geqslant 1$ 时，该级数发散. 因此，幂级数的收敛域是开区间 $(-1,1)$，发散域是 $(-\infty,-1]$ 及 $[1,+\infty)$. 如果 x 在区间 $(-1,1)$ 内取值，则有

$$\frac{1}{1-x}=1+x+x^2+\cdots+x^n+\cdots$$

在这个例子中，我们看到该幂级数的收敛域是一个区间. 事实上，这个结论对于一般的幂级数也是成立的，则有如下定理.

定理 1(阿贝尔(Abel)定理) 如果幂级数 $\sum\limits_{n=0}^{\infty}a_nx^n$ 在 $x=x_0\ (x_0\neq 0)$ 时收敛，则对于适合不等式 $|x|<|x_0|$ 的一切 x，幂级数 $\sum\limits_{n=0}^{\infty}a_nx^n$ 绝对收敛；反之，如果幂级数 $\sum\limits_{n=0}^{\infty}a_nx^n$ 在 $x=x_0$ 时发散，则对于适合不等式 $|x|>|x_0|$ 的一切 x，幂级数 $\sum\limits_{n=0}^{\infty}a_nx^n$ 发散.

证 假设 x_0 是幂级数 $\sum\limits_{n=0}^{\infty}a_nx^n$ 的收敛点，即常数项级数

$$a_0+a_1x_0+a_2x_0^2+\cdots+a_nx_0^n+\cdots$$

收敛.根据级数收敛的必要条件,有$\lim\limits_{n\to\infty}a_nx_0{}^n=0$,由收敛数列的有界性,故存在一个常数$M$,使得$|a_nx_0^n|\leqslant M(n=0,1,2\cdots)$.这样,对于幂级数$\sum\limits_{n=0}^{\infty}a_nx^n$的一般项的绝对值,有

$$|a_nx^n| = \left|a_nx_0^n\cdot\frac{x^n}{x_0^n}\right| = |a_nx_0^n|\cdot\left|\frac{x}{x_0}\right|^n\leqslant M\left|\frac{x}{x_0}\right|^n.$$

当$|x|<|x_0|$时,等比级数$\sum\limits_{n=0}^{\infty}M\left|\frac{x}{x_0}\right|^n$收敛$\left(\text{公比}\left|\frac{x}{x_0}\right|<1\right)$,由正项级数的比较审敛法,正项级数$\sum\limits_{n=0}^{\infty}|a_nx^n|$收敛,故级数$\sum\limits_{n=0}^{\infty}a_nx^n$绝对收敛.

定理的第二部分可用反证法证明.假设幂级数$\sum\limits_{n=0}^{\infty}a_nx^n$在$x=x_0$时发散,且有一点$x_1$适合$|x_1|>|x_0|$,使得级数$\sum\limits_{n=0}^{\infty}a_nx_1^n$收敛,而根据本定理的第一部分,级数在$x=x_0$时也应收敛,这与假设矛盾.定理得证.

推论 如果幂级数$\sum\limits_{n=0}^{\infty}a_nx^n$不是仅在点$x=0$一点收敛,也不是在整个数轴上都收敛,则必有一个确定的正数R存在,使得:

当$|x|<R$时,幂级数$\sum\limits_{n=0}^{\infty}a_nx^n$绝对收敛;

当$|x|>R$时,幂级数$\sum\limits_{n=0}^{\infty}a_nx^n$发散;

当$x=R$与$x=-R$时,幂级数$\sum\limits_{n=0}^{\infty}a_nx^n$可能收敛也可能发散.

正数R通常叫做幂级数$\sum\limits_{n=0}^{\infty}a_nx^n$的收敛半径.开区间$(-R,R)$叫做幂级数$\sum\limits_{n=0}^{\infty}a_nx^n$的收敛区间.再根据幂级数$\sum\limits_{n=0}^{\infty}a_nx^n$在$x=\pm R$处的收敛性来决定它的收敛域.幂级数$\sum\limits_{n=0}^{\infty}a_nx^n$的收敛域是区间$(-R,R)$,$(-R,R]$,$[-R,R)$,$[-R,R]$中之一.

若幂级数$\sum\limits_{n=0}^{\infty}a_nx^n$只在$x=0$点收敛,则规定收敛半径$R=0$,此时的收敛域为$\{0\}$.若幂级数$\sum\limits_{n=0}^{\infty}a_nx^n$对于一切的$x$都收敛,则规定收敛半径$R=+\infty$,此时收敛域为$(-\infty,+\infty)$.

关于幂级数$\sum\limits_{n=0}^{\infty}a_nx^n$的收敛半径,有下面的定理.

定理2 如果$\lim\limits_{n\to\infty}\left|\frac{a_{n+1}}{a_n}\right|=\rho$,其中$a_n$,$a_{n+1}$是幂级数$\sum\limits_{n=0}^{\infty}a_nx^n$中相邻两项的系数,则幂级数$\sum\limits_{n=0}^{\infty}a_nx^n$的收敛半径为

$$R=\begin{cases}\rho^{-1}, & \rho\neq 0,\\ +\infty, & \rho=0,\\ 0, & \rho=+\infty.\end{cases}$$

证 考察幂级数 $\sum_{n=0}^{\infty}a_nx^n$ 的各项绝对值所构成的级数

$$|a_0|+|a_1x|+|a_2x^2|+\cdots+|a_nx^n|+\cdots \tag{10.4}$$

该级数相邻两项之比为$\frac{|a_{n+1}x^{n+1}|}{|a_nx^n|}=\left|\frac{a_{n+1}}{a_n}\right||x|$.

(1) 如果$\lim\limits_{n\to\infty}\left|\frac{a_{n+1}}{a_n}\right|=\rho(0<\rho<+\infty)$存在，根据比值审敛法，则当 $\rho|x|<1$，即$|x|<\frac{1}{\rho}$时，级数(10.4)收敛，从而级数 $\sum_{n=0}^{\infty}a_nx^n$ 绝对收敛；当 $\rho|x|>1$，即$|x|>\frac{1}{\rho}$时，级数(10.4)发散，而且该正项级数的发散性是利用比值审敛法得到的，因此原级数 $\sum_{n=0}^{\infty}a_nx^n$ 发散，故收敛半径$R=\frac{1}{\rho}$.

(2) 如果 $\rho=0$，则对任何 $x\neq0$，有

$$\lim_{n\to\infty}\frac{|a_{n+1}x^{n+1}|}{|a_nx^n|}=|x|\lim_{n\to\infty}\left|\frac{a_{n+1}}{a_n}\right|=0.$$

所以级数(10.4)收敛，从而级数 $\sum_{n=0}^{\infty}a_nx^n$ 绝对收敛，于是 $R=+\infty$.

(3) 如果 $\rho=+\infty$，则对于任何 $x\neq0$，有

$$\lim_{n\to\infty}\frac{|a_{n+1}x^{n+1}|}{|a_nx^n|}=|x|\lim_{n\to\infty}\left|\frac{a_{n+1}}{a_n}\right|=+\infty.$$

所以级数(10.4)除 $x=0$ 外发散，从而级数 $\sum_{n=0}^{\infty}a_nx^n$ 除 $x=0$ 外点点发散，故 $R=0$.

例 1 求幂级数 $\sum_{n=1}^{\infty}(-1)^{n-1}\frac{x^n}{n}$ 的收敛半径与收敛域.

解 因为$\rho=\lim\limits_{n\to\infty}\left|\frac{a_{n+1}}{a_n}\right|=\lim\limits_{n\to\infty}\frac{\frac{1}{n+1}}{\frac{1}{n}}=1$，由定理 2 知，收敛半径 $R=\frac{1}{\rho}=1$.

对于端点 $x=1$，交错级数 $\sum_{n=1}^{\infty}(-1)^{n-1}\frac{1}{n}$ 收敛；对于端点 $x=-1$，调和级数$-\sum_{n=1}^{\infty}\frac{1}{n}$ 发散. 因此，级数 $\sum_{n=1}^{\infty}(-1)^{n-1}\frac{x^n}{n}$ 的收敛域为$(-1,1]$.

例 2 求幂级数 $\sum_{n=0}^{\infty}\frac{1}{n!}x^n$ 的收敛区间.

解 因为

$$\rho=\lim_{n\to\infty}\left|\frac{a_{n+1}}{a_n}\right|=\lim_{n\to\infty}\frac{\frac{1}{(n+1)!}}{\frac{1}{n!}}=\lim_{n\to\infty}\frac{1}{n+1}=0,$$

由定理 2 知，收敛半径 $R=+\infty$，故收敛区间为$(-\infty,+\infty)$.

例 3 求幂级数 $\sum_{n=0}^{\infty}\frac{(2n)!}{(n!)^2}x^{2n}$ 的收敛半径.

解 由于该级数缺少奇次幂的项,故定理 2 不能直接应用,因而根据比值审敛法来求收敛半径.

由于

$$\lim_{n\to\infty}\frac{\left|\dfrac{[2(n+1)]!}{[(n+1)!]^2}x^{2(n+1)}\right|}{\left|\dfrac{(2n)!}{(n!)^2}x^{2n}\right|}=4|x|^2.$$

当 $4|x|^2<1$,即 $|x|<\dfrac{1}{2}$ 时,级数 $\sum\limits_{n=0}^{\infty}\dfrac{(2n)!}{(n!)^2}x^{2n}$ 收敛;当 $4|x|^2>1$,即 $|x|>\dfrac{1}{2}$ 时,级数 $\sum\limits_{n=0}^{\infty}\dfrac{(2n)!}{(n!)^2}x^{2n}$ 发散.

所以,收敛半径 $R=\dfrac{1}{2}$.

例 4 求幂级数 $\sum\limits_{n=1}^{\infty}\dfrac{(x-1)^n}{2^n n}$ 的收敛域.

解 令 $t=x-1$,则上述级数变为

$$\sum_{n=1}^{\infty}\frac{t^n}{2^n n}.$$

因为

$$\rho=\lim_{n\to\infty}\left|\frac{a_{n+1}}{a_n}\right|=\lim_{n\to\infty}\frac{2^n\cdot n}{2^{n+1}(n+1)}=\frac{1}{2},$$

由定理 2 知,收敛半径 $R=2$.

当 $t=2$ 时,级数 $\sum\limits_{n=1}^{\infty}\dfrac{1}{n}$ 发散;当 $t=-2$ 时,级数 $\sum\limits_{n=1}^{\infty}\dfrac{(-1)^n}{n}$ 收敛. 因此级数 $\sum\limits_{n=1}^{\infty}\dfrac{t^n}{2^n n}$ 的收敛域为 $-2\leqslant t<2$. 故原级数 $\sum\limits_{n=1}^{\infty}\dfrac{(x-1)^n}{2^n n}$ 的收敛域为 $-2\leqslant x-1<2$,即 $-1\leqslant x<3$.

10.3.3 幂级数的运算

设幂级数 $\sum\limits_{n=0}^{\infty}a_nx^n$ 及 $\sum\limits_{n=0}^{\infty}b_nx^n$ 分别在区间 $(-R, R)$ 及 $(-R', R')$ 内收敛,则在 $(-R, R)$ 与 $(-R', R')$ 中较小的区间内有以下运算.

加法:$\sum\limits_{n=0}^{\infty}a_nx^n+\sum\limits_{n=0}^{\infty}b_nx^n=\sum\limits_{n=0}^{\infty}(a_n+b_n)x^n$;

减法:$\sum\limits_{n=0}^{\infty}a_nx^n-\sum\limits_{n=0}^{\infty}b_nx^n=\sum\limits_{n=0}^{\infty}(a_n-b_n)x^n$;

乘法:$\left(\sum\limits_{n=0}^{\infty}a_nx^n\right)\cdot\left(\sum\limits_{n=0}^{\infty}b_nx^n\right)=a_0b_0+(a_0b_1+a_1b_0)x+(a_0b_2+a_1b_1+a_2b_0)x^2+\cdots+(a_0b_n+a_1b_{n-1}+\cdots+a_nb_0)x^n+\cdots$

性质 1 幂级数 $\sum\limits_{n=0}^{\infty}a_nx^n$ 的和函数 $s(x)$ 在其收敛域 I 上连续.

性质 2 幂级数 $\sum_{n=0}^{\infty} a_n x^n$ 的和函数 $s(x)$ 在其收敛域 I 上可积，并且有逐项积分公式

$$\int_0^x s(x)\mathrm{d}x = \int_0^x \left(\sum_{n=0}^{\infty} a_n x^n\right)\mathrm{d}x = \sum_{n=0}^{\infty}\int_0^x a_n x^n \mathrm{d}x = \sum_{n=0}^{\infty} \frac{a_n}{n+1}x^{n+1},\ x \in I,$$

逐项积分后所得到的幂级数和原级数有相同的收敛半径.

性质 3 幂级数 $\sum_{n=0}^{\infty} a_n x^n$ 的和函数 $s(x)$ 在其收敛区间 $(-R,R)$ 内可导，并且有逐项求导公式

$$s'(x) = \left(\sum_{n=0}^{\infty} a_n x^n\right)' = \sum_{n=0}^{\infty}(a_n x^n)' = \sum_{n=0}^{\infty} n a_n x^{n-1},\ |x| < R,$$

逐项求导后所得到的幂级数和原级数有相同的收敛半径.

例 5 求幂级数 $\sum_{n=0}^{\infty} \frac{1}{n+1}x^n$ 的和函数.

解 级数 $\sum_{n=0}^{\infty} \frac{1}{n+1}x^n$ 的收敛域为 $[-1,1)$. 设和函数为 $s(x)$，即 $s(x) = \sum_{n=0}^{\infty} \frac{1}{n+1}x^n$，$x\in[-1,1)$，显然 $s(0)=1$.

将 $xs(x) = \sum_{n=0}^{\infty} \frac{1}{n+1}x^{n+1}$ 的两边求导，得

$$[xs(x)]' = \sum_{n=0}^{\infty}\left(\frac{1}{n+1}x^{n+1}\right)' = \sum_{n=0}^{\infty} x^n = \frac{1}{1-x}.$$

对上式从 0 到 x 积分，得

$$xs(x) = \int_0^x \frac{1}{1-x}\mathrm{d}x = -\ln(1-x),$$

所以，当 $x\neq 0$ 时，有 $s(x) = -\frac{1}{x}\ln(1-x)$.

从而有

$$s(x) = \begin{cases} -\dfrac{1}{x}\ln(1-x), & 0 < |x| < 1, \\ 1, & x = 0. \end{cases}$$

由和函数在收敛域上的连续性，得

$$s(-1) = \lim_{x\to -1^+} s(x) = \ln 2,$$

综合可得

$$s(x) = \begin{cases} -\dfrac{1}{x}\ln(1-x), & x \in [-1,0) \cup (0,1), \\ 1, & x = 0. \end{cases}$$

习 题 10.3

1. 填空题.

(1) 若幂级数 $\sum_{n=0}^{\infty} a_n x^n$ 在 $x=3$ 处收敛，在 $x=-3$ 处发散，则该级数的收敛半径为

________,收敛区间为________,收敛域为________.

(2) 幂级数 $\sum\limits_{n=1}^{\infty}(x-1)^n$ 的和函数 $s(x)=$________,收敛域为________.

(3) 幂级数 $\sum\limits_{n=1}^{\infty}\dfrac{(-1)^n}{n^2}x^n$ 的收敛半径 $R=$________,收敛区间为________.

2. 求下列幂级数的收敛半径、收敛区间及收敛域:

(1) $\sum\limits_{n=0}^{\infty}\dfrac{(-1)^n}{\sqrt{1+n^2}}x^n$; (2) $\sum\limits_{n=0}^{\infty}\dfrac{n^2}{2^n}x^n$;

(3) $\sum\limits_{n=0}^{\infty}\dfrac{n^n}{n!}x^n$; (4) $\sum\limits_{n=0}^{\infty}\dfrac{(-1)^{n-1}}{2^n}x^n$;

(5) $\sum\limits_{n=0}^{\infty}\left(1+\dfrac{1}{n}\right)^{-n^2}x^n$; (6) $\sum\limits_{n=0}^{\infty}\dfrac{n}{n^2+1}x^{2n+1}$;

(7) $\sum\limits_{n=1}^{\infty}\dfrac{x^{2n-1}}{2^n}$; (8) $\sum\limits_{n=1}^{\infty}\dfrac{n(x-2)^n}{2^n}$;

(9) $\sum\limits_{n=1}^{\infty}\dfrac{(x+2)^n}{n}$; (10) $\sum\limits_{n=1}^{\infty}\dfrac{(x-5)^n}{\sqrt{n}\cdot 2^n}$.

4. 若幂级数 $\sum\limits_{n=0}^{\infty}a_n(x-1)^n$ 在 $x=-2$ 点收敛,证明该级数在 $x=3$ 处绝对收敛.

5. 已知幂级数 $\sum\limits_{n=0}^{\infty}a_n(x+2)^n$ 在 $x=0$ 点收敛,在 $x=-4$ 点发散,求幂级数 $\sum\limits_{n=0}^{\infty}a_n(x-3)^n$ 的收敛域.

6. 求下列幂级数的和函数 $s(x)$,并指出收敛域.

(1) $\sum\limits_{n=1}^{\infty}nx^{n-1}$; (2) $\sum\limits_{n=1}^{\infty}n(n+1)x^{n-1}$;

(3) $\sum\limits_{n=1}^{\infty}(-1)^n\dfrac{x^{2n+1}}{2n+1}$.

总习题 10

1. 填空题

(1) 级数 $\sum\limits_{n=1}^{\infty}\dfrac{1}{9n^2-3n-2}$ 的和为________.

(2) 若正项级数 $\sum\limits_{n=1}^{\infty}u_n$ 收敛,则级数 $\sum\limits_{n=1}^{\infty}u_n^2$ 必________.

(3) 若级数 $\sum\limits_{n=1}^{\infty}\dfrac{1}{n^{1+p}}$ 收敛,则 p 应满足________.

(4) 设 $\sum\limits_{n=1}^{\infty}u_n$ 和 $\sum\limits_{n=1}^{\infty}\nu_n$ 均为正项级数,若 $\lim\limits_{n\to\infty}\dfrac{u_{n+1}}{u_n}=\dfrac{1}{3}$,则级数 $\sum\limits_{n=1}^{\infty}u_n$ 的敛散性为________;若 $\lim\limits_{n\to\infty}\dfrac{\nu_n}{\nu_{n+1}}=\dfrac{1}{3}$,级数 $\sum\limits_{n=1}^{\infty}\nu_n$ 的敛散性为________.

(5) 幂级数 $\sum_{n=1}^{\infty}\frac{x^{2n-1}}{2^n}$ 的收敛域为________.

(6) 幂级数 $\sum_{n=1}^{\infty}\frac{3^n+5^n}{n}x^n$ 的收敛域为________.

(7) 幂级数 $\sum_{n=1}^{\infty}\frac{(x-3)^n}{n\cdot 3^n}$ 的收敛域为________.

2. 选择题

(1) 级数的部分和数列有界是该级数收敛的(　　).

A. 充分条件；　　B. 必要条件；

C. 充要条件；　　D. 既非充分又非必要条件.

(2) 如果级数 $\sum_{n=1}^{\infty}u_n$ 收敛，$\sum_{n=1}^{\infty}v_n$ 发散，则对于级数 $\sum_{n=1}^{\infty}(u_n\pm v_n)$ 来说，结论(　　)成立.

A. 级数收敛；　　B. 级数发散；

C. 其敛散性不定；　　D. 上述结论不正确.

(3) 下列命题正确的是(　　).

A. 若 $\lim\limits_{n\to\infty}u_n=0$，则必有级数 $\sum_{n=1}^{\infty}u_n$ 收敛；

B. 若 $\lim\limits_{n\to\infty}u_n\neq 0$，则必有级数 $\sum_{n=1}^{\infty}u_n$ 收敛；

C. 若级数 $\sum_{n=1}^{\infty}u_n$ 发散，则必有 $\lim\limits_{n\to\infty}u_n=0$；

D. 若级数 $\sum_{n=1}^{\infty}u_n$ 发散，则不一定有 $\lim\limits_{n\to\infty}u_n=\infty$.

(4) 下列级数绝对收敛的是(　　).

A. $\sum_{n=1}^{\infty}\frac{(-1)^n}{n^2}$；　　B. $\sum_{n=1}^{\infty}(-1)^n\arctan\frac{1}{\sqrt{n}}$；

C. $\sum_{n=1}^{\infty}(-1)^n\sin\frac{2}{n}$；　　D. $\sum_{n=1}^{\infty}(-1)^n\cos\frac{2}{n}$.

(5) 下列级数条件收敛的是(　　).

A. $\sum_{n=1}^{\infty}\frac{(-1)^n}{n}\arctan\frac{1}{n}$；　　B. $\sum_{n=1}^{\infty}\frac{(-1)^n}{n(n+1)}$；

C. $\sum_{n=1}^{\infty}(-1)^n\cos\frac{1}{n}$；　　D. $\sum_{n=1}^{\infty}(-1)^n\frac{1}{n}$.

(6) 若级数 $\sum_{n=1}^{\infty}a_n(x-2)^n$ 在 $x=-2$ 处收敛，此级数在 $x=5$ 处(　　).

A. 发散；　　B. 条件收敛；

C. 绝对收敛；　　D. 收敛性不定.

(7) 若$\lim\limits_{n\to\infty}\left|\frac{c_{n+1}}{c_n}\right|=\frac{1}{4}$,则幂级数 $\sum\limits_{n=0}^{\infty}c_nx^{2n}$ (　　).

A. 当$|x|<2$时绝对收敛;　　B. 当$|x|>\frac{1}{4}$时发散;

C. 当$|x|<4$时绝对收敛;　　D. 当$|x|>\frac{1}{2}$时发散.

(8) 已知幂级数 $\sum\limits_{n=0}^{\infty}a_nx^n$ 在$x=3$处收敛,则下列结论正确的是(　　).

A. 在$x=-3$处级数条件收敛;　　B. 在$x=-3$处级数绝对收敛;

C. 在$x=5$处级数发散;　　D. 在$x=-2$处级数绝对收敛.

3. 判别下列级数的敛散性:

(1) $\sum\limits_{n=1}^{\infty}\frac{n+3}{n^3}$;　　(2) $\sum\limits_{n=1}^{\infty}\frac{2^nn!}{n^n}$;

(3) $\sum\limits_{n=1}^{\infty}\frac{n\cdot 2^n}{e^{n+1}}$;　　(4) $\sum\limits_{n=1}^{\infty}\frac{n^{n+1}}{(n+1)!}$;

(5) $\sum\limits_{n=1}^{\infty}3^n\sin\frac{\pi}{4^n}$;　　(6) $\sum\limits_{n=1}^{\infty}\frac{e^n}{n\cdot 3^n}$;

(7) $\sum\limits_{n=1}^{\infty}\sin\frac{2}{n^p}(p>0)$;　　(8) $\sum\limits_{n=1}^{\infty}3^n\left(1-\frac{1}{n}\right)^{n^2}$;

(9) $\sum\limits_{n=1}^{\infty}\frac{(-1)^n}{n(1+2^n)}$;　　(10) $\sum\limits_{n=1}^{\infty}\frac{(-1)^n}{\sqrt{n}}$.

4. 求下列幂级数的收敛域:

(1) $\sum\limits_{n=1}^{\infty}\frac{(2x)^n}{n(n+1)}$;　　(2) $\sum\limits_{n=1}^{\infty}\frac{(2-x)^n}{\sqrt{n}}$;

(3) $\sum\limits_{n=0}^{\infty}\frac{(2n)!}{(n!)^2}x^{2n}$.

5. 求下列幂级数的收敛域及函数$s(x)$:

(1) $\sum\limits_{n=0}^{\infty}n(x+1)^n$;　　(2) $\sum\limits_{n=1}^{\infty}\frac{(x-2)^n}{3^n}$;

(3) $\sum\limits_{n=0}^{\infty}\frac{(-1)^n}{2n+1}x^{2n}$.

6. 求幂级数 $\sum\limits_{n=1}^{\infty}(-1)^{n+1}n(n+1)x^n$ 的和函数,并计算级数 $\sum\limits_{n=1}^{\infty}(-1)^{n+1}\frac{n(n+1)}{2^n}$ 的和.

微积分在经济领域中的应用

在经济问题中常常要用到数学方法，本章主要介绍经济学中常用的数学函数和最值问题，以及一元函数的导数、积分和多元函数的偏导数、重积分在经济问题中的应用.

11.1 经济学中常用的数学函数

在市场经济活动中，常常要用数学的方法找出经济问题中各变量之间的函数关系，以便于问题的分析和研究，下面介绍经济学中常用的几类函数.

11.1.1 需求函数和供给函数

1. 需求函数

需求函数(demand function)是指在某一特定时期内市场上某种商品的需求量和决定这些需求量的各种因素之间的数量关系.

一种商品的需求量 Q_d 的多少取决于一系列的因素，主要包括：①商品价格(p)：需求量的多少与商品价格的高低成反向变化. 价格越低，需求越多；价格越高，需求越少. ②相关商品价格(p_r). ③预期价格(p_e). ④家庭收入(M). ⑤个人偏好(F). ⑥时间变化(t).

一种商品的需求量 Q_d 与上述各因素之间的关系，可以表示为下列需求函数：

$$Q_d = f(p, p_r, p_e, M, F, t, \cdots)$$

其中，Q_d 是因变量；p, p_r, p_e, M, F, t 等是自变量. 这是多元函数.

在经济分析中，一般假定在其他条件不变的情况下，着重研究 p, p_r, M 分别对 Q_d 的影响，即有如下函数.

需求价格函数：

$$Q_d = f(p), \quad p \geqslant 0; \tag{11.1}$$

需求交叉函数：

$$Q_d = g(p_r), \quad p_r \geqslant 0;$$

需求收入函数：

$$Q_d = h(M), \quad M \geqslant 0.$$

在各种需求函数中，最重要的是需求价格函数(price function of demand)，它假定在其他条件不变的情况下，专门研究一种商品的价格变动对需求量的影响. 谈到需求函数时，一般指需求价格函数.

更进一步，为简便起见，可以又假定需求量与价格之间具有线性函数关系，这样，式(11.1)

就可以具体写为

$$Q_d = a_0 - a_1 p, \quad a_0 > 0, a_1 > 0.$$

常用的需求函数如下：

$$Q_d = a_0 - a_1 p, \quad a_0 > 0, a_1 > 0;$$

$$Q_d = \frac{a_0 - p^2}{a_1}, \quad a_0 > 0, a_1 > 0;$$

$$Q_d = \frac{a_0 - \sqrt{p}}{a_1}, \quad a_0 > 0, a_1 > 0;$$

$$Q_d = a_0 e^{-a_1 p}, \quad a_0 > 0, a_1 > 0.$$

它们的反函数 $p=f^{-1}(Q_d)$ 可以作为另一种表达方式的需求函数.

2. 供给函数

供给函数(supply function)是指在某一特定时期内，某种商品的供给量和影响这些供给量的各种因素之间的数量关系.

影响供给量的因素主要包括以下几类：①商品价格(p)：一种商品供给量的多少与其价格成正向变动，即价格越高，供给量越多，反之亦然；②相关商品价格(p_r)；③预期价格(p_e)；④生产成本(C)：生产成本主要受生产要素价格和技术的影响. 生产要素价格上涨，势必会增加生产成本，导致供应量减少. 而技术的进步，往往意味着产量的增加或成本的降低，于是厂家愿意并且能够在原有价格下增加供应量. ⑤自然条件(N).

总之，一种商品的供应量 Q_s 可以表示成为下列供给函数：

$$Q_s = \varphi(p, p_r, p_e, C, N, \cdots)$$

通常假定其他条件不变，着重研究 p, C 对 Q_s 的影响，即有如下函数.

供给价格函数：

$$Q_s = \varphi(p);$$

供给成本函数：

$$Q_s = \psi(C).$$

其中，最重要的是供给价格函数(price function supply). 一般情况下，谈到供给函数时，即指供给价格函数.

11.1.2 费用函数和生产函数

1. 费用函数

在生产领域中，企业在生产产品前，通常要做一系列的前期预备，如生产所需的原材料、人力、物力和厂房等资源，因此企业要支付一定的生产准备费. 而生产出来的产品在进入市场之前需要储存，企业还要负担产品的仓库费用. 所以在生产过程中，企业支出的总费用由生产准备费和库存保管费构成. 等计划产量确定后，在产品分批生产的情况下，产品的生产准备费和库存保管费用与产品的批量(即每批的生产量)有关.

比较简单的情形下需求是均匀的，即单位时间内的需求量保持常数，而且不允许缺货现象出现，此时产品均匀投入市场，当库存量下降到零时，立即进货，使库存及时恢复到最高库存量 $Q_{\max}$. 在每一进货周期 T 内都是初始库存量最大，为 $Q_{\max}$，到每个周期末库存量为零，所以平均库存量为 $Q_{\max}/2$，如图 11.1 所示.

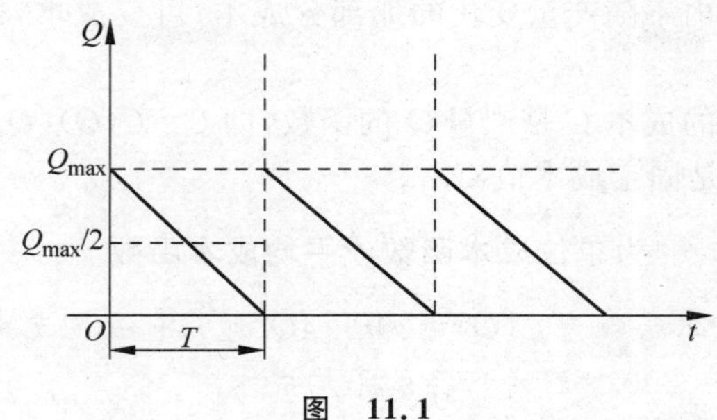

图 11.1

例 1 某工厂生产某机器,年产量为 10000 台,分若干批进行生产,每批生产准备费为 5000 元,设产品均匀投入市场(即平均库存量为批量的一半),且上一批销售完后立即生产下一批.设每年每台库存保管费为 200 元,试求出一年的总费用 S(生产准备费和库存保管费)与批量 Q 之间的关系.

解 根据题意,得到每年生产的批次数为$\frac{10000}{Q}$(设其为整数),则生产准备费为 $5000\times\frac{10000}{Q}$.因为产品均匀投入市场,则年平均库存量为$\frac{Q}{2}$,所以库存保管费为 $200\times\frac{Q}{2}$.因此总费用 S 与批量 Q 之间的函数关系为

$$S = 5000\times\frac{10000}{Q}+200\times\frac{Q}{2} = 5\times 10^7\frac{1}{Q}+100Q.$$

其中,Q 是每批生产的机器台数,只能在$(0,10000]$中取 10000 的正整数因子.

2. 生产函数

生产函数(product function)表示投入(inputs)和产出(outputs)之间的关系.设产量为 Q,它是因变量,自变量则有:L(劳动),K(资本),T(技术)等.于是,我们可以得到一个多元函数

$$Q = f(L,K,T,\cdots).$$

为了简化我们的分析与研究,在一定时期内,常常假定资本 K,技术 T 等因素不变,而着重研究劳动力投入 L 对产量 Q 的影响,这时就得到

$$Q = f(L).$$

例如,$Q=f(L)=a_0+a_1L+a_2L^2+a_3L^3$,即为一种短期生产函数.

11.1.3 成本函数、收益函数和利润函数

人们在从事生产和经营活动时,所关心的问题是产品的成本、销售的收益和获得的利润,通常把成本、收益和利润称为经济变量.在不考虑一些次要因素的情况下,这些经济变量都只与其产品的产量或销售量 Q 有关,可以看成是产量或销售量 Q 的函数.

1. 成本函数

产品成本是以货币形式表现的企业生产和销售产品的全部费用支出.成本函数(cost function)表示了费用总额与产量(或销售量)之间的依赖关系.产品成本 $C(Q)$可分为固定成本(fixed cost)C_0和可变成本(variable cost)$C_1(Q)$两部分,即 $C(Q)=C_0+C_1(Q)$.所谓固

定成本，即指在一定时期内不随产量变化的那部分成本；可变成本，即指随产量变化而变化的那部分成本.

一般地，以货币计值的成本 C 是产量 Q 的函数，即 $C=C(Q)(Q\geqslant 0)$，称其为**成本函数**. 当产量 $Q=0$ 时，$C(0)$ 就是固定成本值 C_0.

称 $\overline{C}(Q)=\dfrac{C(Q)}{Q}(Q>0)$ 为**单位成本函数或平均成本函数**.

例2 设某产品的成本函数为 $C(Q)=20k+4Q$(元)，已知固定成本为100元，求成本与产量 Q 的函数关系和生产200件这种产品的平均成本.

解 根据题意，得到成本函数为 $C(Q)=20k+4Q$，又固定成本为 $C(0)=20k+4\times 0=100$，所以 $k=5$. 因此成本函数为

$$C(Q)=100+4Q.$$

由于平均成本为 $\overline{C}(Q)=\dfrac{C(Q)}{Q}$，所以生产200件这种产品的平均成本为

$$\overline{C}(Q)\Big|_{Q=200}=\frac{C(Q)}{Q}\Big|_{Q=200}=\frac{100+4Q}{Q}\Big|_{Q=200}=4.5(\text{元}/\text{件}).$$

2. 收益函数(收入函数)

销售某种产品的收入 R 等于该产品的单位价格 p 乘以销售量 Q，即 $R=pQ$，称此函数为**收益函数或收入函数**.

例3 设某产品的单位价格 p 和销售量 Q 之间的函数为 $Q(p)=\dfrac{1}{2}(50-p)$(元)，求收益和销售量 Q 的函数关系和 $p=10$ 时的收益.

解 根据题意，得到 $Q(p)=\dfrac{1}{2}(50-p)$，所以产品的价格函数为 $p(Q)=50-2Q$，因此产品的收益函数为

$$R=pQ=(50-2Q)Q=50Q-2Q^2.$$

又因为 $p=10$ 时，$Q(10)=\dfrac{1}{2}(50-p)\Big|_{p=10}=20$，所以 $p=10$ 时的收益为

$$R|_{Q=20}=(50Q-2Q^2)|_{Q=20}=200.$$

3. 利润函数

销售利润 L 等于收入 R 减去成本 C，即 $L=R-C$，称之为**利润函数**.

例4 生产某产品的固定成本为800元，每生产一单位产品，成本增加10元. 需求函数为 $Q=200-5p$，而且产销平衡. 求利润 L 和产量 Q 的函数关系.

解 因为需求函数为 $Q=200-5p$，所以价格函数为 $p=40-0.2Q$，因此收益函数为 $R(Q)=pQ=(40-0.2Q)Q=40Q-0.2Q^2$. 又根据题意，得成本函数为 $C(Q)=800+10Q$. 所以利润函数为

$$L(Q)=R(Q)-C(Q)=(40Q-0.2Q^2)-(800+10Q)=-0.2Q^2+30Q-800.$$

习　题　11.1

1. 某工厂生产某机器，年产量为 a 台，分若干批进行生产，每批生产准备费为 b(元)，设产品均匀投入市场(即平均库存量为批量的一半)，且上一批销售完后立即生产下一批. 设每

年每台库存保管费为 c(元),试求出一年的总费用 S(生产准备费和库存保管费)与批量 Q 之间的关系.

2. 设某产品的成本函数为 $C(Q)=20k+8Q$(元),已知固定成本为 200 元,求成本与产量 Q 的函数关系和生产 100 件这种产品的平均成本.

3. 设某产品的单位价格 p 和销售量 Q 之间的函数为 $Q(p)=100-2p$(元),求收益和销售量 Q 的函数关系和 $p=10$ 时的收益.

4. 生产某产品的固定成本为 600 元,每生产一单位产品,成本增加 5 元.需求函数为 $Q=200-10p$,而且产销平衡.求利润 L 和产量 Q 的函数关系.

11.2 经济现象的最值问题

11.2.1 经济现象的单变量最值问题举例

经济学家经常被要求帮助一个企业,使其利润、产出水平和生产率尽可能地大;而使其成本、污染程度、稀缺自然资源的利用近可能地小.因此,我们需要讨论经济函数的最优化即经济现象的最值问题.

例 1 某乡镇企业的生产成本函数是

$$y=f(x)=9000+40x+0.001x^2,$$

其中,x 表示产品数.求该企业生产多少件产品时,平均成本达到最小?

解 平均成本函数为

$$\overline{C}(x)=\frac{f(x)}{x}=\frac{9000}{x}+40+0.001x,$$

其定义域为 $(0,+\infty)$ 内的整数.

而

$$[\overline{C}(x)]'=-\frac{9000}{x^2}+0.001.$$

令 $[\overline{C}(x)]'=0$,得 $x^2=9000000$,$x=\pm3000$,$x=-3000$(舍去).

又由 $[\overline{C}(x)]''=\dfrac{18000}{x^3}$,得到

$$[\overline{C}(x)]''|_{x=3000}=\frac{18000}{(3000)^3}>0.$$

所以该企业生产 3000 件产品时平均成本最低,最低平均成本为 $\overline{C}(3000)=46$.

例 2 一商家销售某种商品,该商品的价格满足关系式:

$$p=7-0.2x(\text{万元}/\text{台}),$$

其中,x 为销售量(单位:台).该商品的成本函数是 $C=3x+1$(万元),试回答下列问题:

(1) 若每销售 1 台商品,政府要征税 t 万元,求该商家获得最大利润时的销售量;

(2) 当 t 为何值时,政府税收总额最大?

解 (1) 收益函数为

$$R=px-tx=(7-0.2x)x-tx=-0.2x^2+(7-t)x.$$

利润函数为

$$L=R-C=-0.2x^2+(7-t)x-(3x+1)=-0.2x^2+(4-t)x-1.$$

而 $L'=-0.4x+4-t$，令 $L'=0$，得 $x=2.5(4-t)$，又由 $L''=-0.4<0$，知 $x=2.5(4-t)$ 为极大值点且唯一，因此也为最大值点，即商家获得最大利润时的销售量为 $x=2.5(4-t)(\mathrm{t})$.

(2) 设政府的税收总额为 S(万元)，有

$$S=tx=2.5(4-t)t=10t-2.5t^2.$$

而 $S'=10-5t$，令 $S'=0$，得 $t=2$，又由 $S'=-5<0$，知 $t=2$ 为唯一的极大值点，从而也是最大值点. 即当 $t=2$ 时，政府税收总额最大.

11.2.2 批量问题举例

在经济活动中，厂家为保证正常经营，需要采购某些商品，首先把采购来的商品库存起来，然后要不断取出货物用以生产销售，于是库存减少，到一定时刻，又需采购，周而复始. 采购和库存都需要费用，当每次采购的商品数量(即批量)增加时，采购次数减少，从而采购费减少，但因库存数量增加，因而库存费随之增加；反之，当批量减少时，采购次数增多，采购费增加，库存费减少. 因此，我们希望确定采购的批量，使采购费和库存费之和最小，这就是**经济批量**问题，即求最优批量问题.

最优批量的计算分以下两种情形.

(1) 商品的销量或使用是均匀(恒速)的条件下，每批采购量相同，每批货物入库到卖完所需时间相同，进货量等于入库量即等于最大库存量，因而平均库存量就等于进货量(批量，也是最大库存量)的一半. 此时，使一个周期(年/季/月)的库存费与生产准备费(采购费)相等的批量就是经济批量.

(2) 商品的销量或使用不均匀(恒速)的条件下，此时平均库存量不等于进货量(批量，也是最大库存量)的一半，应根据题意列出相应的库存费，最终列出总费用表达式，再由求函数最值的方法计算出最优批量(即经济批量)的值.

例 3 某厂生产电视机，年产量为 1000 台，已知每台成本为 800 元，每一季度每台电视机的库存费是成本的 5%. 工厂分批生产，每批生产准备费为 5000 元，市场对产品需求一致，不许缺货，产品成批存入仓库. 试求经济批量的值并确定一年最小总费用.

解 解法 1 由题意知电视机的销售是均匀的，因此平均库存量等于批量的一半.

设批量为 x，则平均库存量为 $\frac{x}{2}$，于是全年的库存费用为 $800\times5\%\times4\times\frac{x}{2}$；全年的生产准备费为 $5000\times\frac{1000}{x}$，于是全年总的费用函数为

$$p(x)=800\times5\%\times4\times\frac{x}{2}+5000\times\frac{1000}{x}=80x+\frac{5000000}{x},$$

而 $p'(x)=80-\frac{5000000}{x^2}$，令 $p'(x)=0$，得 $x=250$，又由 $p''(x)=10000000x^{-3}>0$，知 $x=250$ 为极小值点且唯一，因此也为最小值点. 所以经济批量的值为 $x=250$(台)，此时的总费用 $p(250)=80\times250+\frac{5000000}{250}=40000$(元)为一年的最小费用.

解法 2 全年的库存费用、全年的生产准备费分别为

$$p_1(x)=800\times5\%\times4\times\frac{x}{2},\quad p_2(x)=5000\times\frac{1000}{x}.$$

由于使一个周期的库存费与生产准备费相等的批量就是经济批量，故令 $p_1(x)=p_2(x)$，得到经济批量 $x=250$，最小总费用为 40000(元).

例 4 已知某种产品在一个生产周期内总共生产 a 台. 若分批生产，设生产每批产品需要投入固定支出 100 万元，而每批生产直接消耗的费用(不包括固定支出)与产品数量的立方成正比，又知每批产品为 20 台时，直接消耗的生产费用是 4000 元. 问每批生产多少台时，使得总费用最小?

解 在本题中，产品的生产是不均匀的，应由实际情况列出总费用表达式.

设批量为 x 台，则每批生产直接消耗的费用为 $p_1(x)=kx^3\ (k>0)$，又由题设知 $p_1(20)=k\times 20^3=4000$，故 $k=0.5$，因此总的费用函数为

$$p(x)=(1000000+0.5x^3)\times\frac{a}{x},\quad x>0,$$

其中，$\frac{a}{x}$为一个生产周期内的批次. 而 $p'(x)=-\frac{1000000a}{x^2}+ax$，令 $p'(x)=0$，得 $x=100$ 台，又由 $p''(x)=a(2000000x^{-3}+1)>0$，知 $x=100$ 为极小值点且唯一，因此也为最小值点. 所以经济批量的值为 $x=100$(台)，此时的总费用最小.

11.2.3 多元经济函数的无约束优化问题举例

在实际经济问题中经常会遇到函数的自变量多于一个的极值问题，即多元函数的极值问题. 我们以二元函数为例来讨论经济问题中多元函数的极值，相应的方法可以推广到自变量多于两个的情形.

在经济问题中，我们经常会遇到求解最优化的产出水平、利润的最大化和收益的最大化等问题，下面以最优化的产出水平为例详细说明二元经济函数的极值问题的求解方法.

1. 最优化的产出水平

假设某厂生产两种产品，在生产过程中两种产品的产量是不相关的，但两种产品在生产技术上又是相关的. 这样，不仅总成本 C 是产量 Q_1 和 Q_2 的函数，即 $C=C(Q_1,Q_2)$，而且两种产品的边际成本也是产量 Q_1 和 Q_2 的函数，即$\frac{\partial C}{\partial Q_1}=C'_1(Q_1,Q_2)$，$\frac{\partial C}{\partial Q_2}=C'_2(Q_1,Q_2)$. 根据经济学知识，一般总认为产出水平和销售水平是一致的，所以总收益 R 也是 Q_1 和 Q_2 的函数，即 $R=R(Q_1,Q_2)$. 现在的问题是，如何确定每种产品的产量，以使厂商获得最大的利润.

厂商的利润函数是

$$L=R-C=R(Q_1,Q_2)-C(Q_1,Q_2).$$

根据二元函数极值存在的必要条件，得到

$$\frac{\partial L}{\partial Q_1}=\frac{\partial R}{\partial Q_1}-\frac{\partial C}{\partial Q_1}=R'_1-C'_1=0,$$

$$\frac{\partial L}{\partial Q_2}=\frac{\partial R}{\partial Q_2}-\frac{\partial C}{\partial Q_2}=R'_2-C'_2=0,$$

将上式写作

$$R'_1=C'_1, \tag{11.2}$$

$$R'_2=C'_2. \tag{11.3}$$

式(11.2)和式(11.3)说明，工厂为了获得最大利润，每种产品都应达到这样的产出水

平，即使边际收益恰好等于边际成本.

例 5 工厂生产两种产品，总成本函数是 $C=Q_1^2+2Q_1Q_2+Q_2^2+5$，两种产品的需求函数分别是 $Q_1=26-p_1$，$Q_2=10-\frac{1}{4}p_2$. 为使工厂获得最大利润，试确定两种产品的产出水平.

解 解法 1 利用二元函数求极值的方法.

根据经济学知识知道，一般总认为产出水平和销售水平是一致的，即需求量=产量. 需求函数的反函数是价格函数，即两种产品的价格函数为 $p_1=26-Q_1$，$p_2=40-4Q_2$，所以两种产品的总收益函数是

$$R=p_1Q_1+p_2Q_2=(26-Q_1)Q_1+(40-4Q_2)Q_2=26Q_1+40Q_2-Q_1^2-4Q_2^2.$$

又因为总成本函数为 $C=Q_1^2+2Q_1Q_2+Q_2^2+5$，所以工厂的利润函数为

$$\begin{aligned}L=R-C&=R(Q_1,Q_2)-C(Q_1,Q_2)\\&=26Q_1+40Q_2-Q_1^2-4Q_2^2-(Q_1^2+2Q_1Q_2+Q_2^2+5)\\&=26Q_1+40Q_2-2Q_1^2-5Q_2^2-2Q_1Q_2-5.\end{aligned}$$

根据二元函数极值存在的必要条件，得到

$$\begin{cases}\dfrac{\partial L}{\partial Q_1}=26-4Q_1-2Q_2=0,\\[2mm]\dfrac{\partial L}{\partial Q_2}=40-10Q_2-2Q_1=0,\end{cases}$$

即 $\begin{cases}2Q_1+Q_2=13,\\Q_1+5Q_2=20,\end{cases}$ 解得 $\begin{cases}Q_1=5,\\Q_2=3.\end{cases}$

而且 $A=\frac{\partial^2 L}{\partial {Q_1}^2}=-4$，$B=\frac{\partial^2 L}{\partial Q_1\partial Q_2}=\frac{\partial^2 L}{\partial Q_2\partial Q_1}-2$，$C=\frac{\partial^2 L}{\partial {Q_2}^2}=-10$，所以得

$$|H|=\begin{vmatrix}A&B\\B&C\end{vmatrix}=\begin{vmatrix}\dfrac{\partial^2 L}{\partial {Q_1}^2}&\dfrac{\partial^2 L}{\partial Q_1\partial Q_2}\\[2mm]\dfrac{\partial^2 L}{\partial Q_2\partial Q_1}&\dfrac{\partial^2 L}{\partial {Q_2}^2}\end{vmatrix}=\begin{vmatrix}-4&-2\\-2&-10\end{vmatrix}=36.$$

因为 $|H|=36>0$，所以函数 L 具有极值，而且 $A=\frac{\partial^2 L}{\partial {Q_1}^2}=-4<0$，因此函数 L 在点 $(5,3)$ 取得极大值，而且极大值点唯一，故也是最大值点. 所以为使工厂获得最大利润，两种产品的产量 Q_1 和 Q_2 分别为 5 和 3.

解法 2 直接利用结论.

根据式(11.2)和式(11.3)的最优条件 $R_1'=C_1'$，$R_2'=C_2'$，利用解法 1 中的总收益函数 R 和总成本函数 C，可以得到

$$\begin{cases}26-2Q_1=2Q_1+2Q_2,\\40-8Q_2=2Q_1+2Q_2,\end{cases}$$

解得 $\begin{cases}Q_1=5,\\Q_2=3.\end{cases}$ 可以验证此解满足极值存在的充分必要条件，而且为唯一的极大值点，故也是最大值点. 所以为使工厂获得最大利润，两种产品的产量 Q_1 和 Q_2 分别为 5 和 3.

2. 利润最大化

现在假设某厂商经营两个工厂，生产同一产品且在同一市场上销售，因为两工厂的经营情

况不同,生产成本有所差别,现在的问题是如何确定每个工厂的产量,使厂商获得最大利润.

根据问题的规定,设 Q_1 和 Q_2 分别为两个工厂的产量,其总产量为 $Q=Q_1+Q_2$,两个工厂的成本函数为 $C_1=C_1(Q_1)$ 和 $C_2=C_2(Q_2)$,因而总成本函数为 $C=C_1(Q_1)+C_2(Q_2)$,总收益函数为 $R=R(Q)=R(Q_1+Q_2)$,于是利润函数为

$$L=R-C=R(Q)-C_1(Q_1)-C_2(Q_2).$$

根据二元函数极值存在的必要条件,有

$$\begin{cases}\dfrac{\partial L}{\partial Q_1}=\dfrac{\mathrm{d}R}{\mathrm{d}Q}\cdot\dfrac{\partial Q}{\partial Q_1}-\dfrac{\mathrm{d}C_1}{\mathrm{d}Q_1}=\dfrac{\mathrm{d}R}{\mathrm{d}Q}\times 1-\dfrac{\mathrm{d}C_1}{\mathrm{d}Q_1}=0,\\[2ex] \dfrac{\partial L}{\partial Q_2}=\dfrac{\mathrm{d}R}{\mathrm{d}Q}\cdot\dfrac{\partial Q}{\partial Q_2}-\dfrac{\mathrm{d}C_2}{\mathrm{d}Q_2}=\dfrac{\mathrm{d}R}{\mathrm{d}Q}\times 1-\dfrac{\mathrm{d}C_2}{\mathrm{d}Q_2}=0,\end{cases}$$

整理得 $\dfrac{\mathrm{d}R}{\mathrm{d}Q}=\dfrac{\mathrm{d}C_1}{\mathrm{d}Q_1}=\dfrac{\mathrm{d}C_2}{\mathrm{d}Q_2}$,即

$$R'(Q)=C_1'(R_1)=C_2'(R_2).$$

上式表明,最优决策应使每个工厂的边际成本等于总产出的边际收益.

3. 收益最大化

假设某厂商生产两种产品,两种产品的需求量和价格之间有下列函数关系:$Q_1=Q_1(p_1,p_2)$,$Q_2=Q_2(p_1,p_2)$,其中 p_1 和 p_2 分别是两产品的单价,Q_1 和 Q_2 分别是两产品的需求量.为使厂商总收益最大化,应如何制定两种产品的单价?

根据问题的假设,总收益函数为

$$R=R(p_1,p_2)=p_1Q_1+p_2Q_2=p_1Q_1(p_1,p_2)+p_2Q_2(p_1,p_2).$$

根据二元函数极值存在的必要条件,有

$$\begin{cases}\dfrac{\partial R}{\partial p_1}=1\times Q_1(p_1,p_2)+p_1\dfrac{\partial Q_1}{\partial p_1}+p_2\dfrac{\partial Q_2}{\partial p_1}=0,\\[2ex] \dfrac{\partial R}{\partial p_2}=p_1\dfrac{\partial Q_1}{\partial p_2}+1\times Q_2(p_1,p_2)+p_2\dfrac{\partial Q_2}{\partial p_2}=0,\end{cases}$$

即

$$\begin{cases}p_1\dfrac{\partial Q_1}{\partial p_1}+p_2\dfrac{\partial Q_2}{\partial p_1}=-Q_1(p_1,p_2),\\[2ex] p_1\dfrac{\partial Q_1}{\partial p_2}+p_2\dfrac{\partial Q_2}{\partial p_2}=-Q_2(p_1,p_2).\end{cases}$$

上式表明要想使得收益最大化,两种产品的单价和需求量需满足上述关系.

11.2.4 多元经济函数的约束优化问题举例

在实际经济问题中经常会遇到对函数的自变量有附加约束条件的极值问题,称为多元经济函数的约束优化问题(或称为经济问题中多元函数的条件极值问题).我们以二元函数为例来讨论经济问题中多元函数的条件极值问题,相应的方法可以推广到自变量多于两个、约束条件多于一个的情形.

1. 拉格朗日乘数法

已知目标函数 $z=f(x,y)$,求其在约束条件 $g(x,y)=c$ 下的极值.需要用拉格朗日乘数法,即引入拉格朗日乘数 λ,构造拉格朗日函数

$$F(x,y)=f(x,y)-\lambda[g(x,y)-c].$$

根据二元函数极值存在的必要条件，得到

$$\begin{cases}\dfrac{\partial F}{\partial x}=\dfrac{\partial f}{\partial x}-\lambda\dfrac{\partial g}{\partial x}=0,\\ \dfrac{\partial F}{\partial y}=\dfrac{\partial f}{\partial y}-\lambda\dfrac{\partial g}{\partial y}=0,\\ g(x,y)-c=0.\end{cases}\tag{11.4}$$

解方程组，得到 $x=\varphi(c)$，$y=\psi(c)$，$\lambda=h(c)$，如果在点 (x,y) 处目标函数取得极值，那么极值为

$$z=f(x,y)=f[\varphi(c),\psi(c)].$$

2. 拉格朗日乘数法的经济意义

在上面讨论的基础上，把 c 看作变量，上式对 c 求导，得

$$\frac{\mathrm{d}z}{\mathrm{d}c}=\frac{\partial f}{\partial x}\cdot\frac{\mathrm{d}x}{\mathrm{d}c}+\frac{\partial f}{\partial y}\cdot\frac{\mathrm{d}y}{\mathrm{d}c},$$

代入二元函数极值存在的必要条件即式(11.4)，得到

$$\frac{\mathrm{d}z}{\mathrm{d}c}=\lambda\left(\frac{\partial g}{\partial x}\cdot\frac{\mathrm{d}x}{\mathrm{d}c}+\frac{\partial g}{\partial y}\cdot\frac{\mathrm{d}y}{\mathrm{d}c}\right).$$

又由于 $g[\varphi(c),\psi(c)]=c$，因此两边对 c 求导，得

$$\frac{\partial g}{\partial x}\cdot\frac{\mathrm{d}x}{\mathrm{d}c}+\frac{\partial g}{\partial y}\cdot\frac{\mathrm{d}y}{\mathrm{d}c}=1,$$

所以

$$\frac{\mathrm{d}z}{\mathrm{d}c}=\lambda\left(\frac{\partial g}{\partial x}\cdot\frac{\mathrm{d}x}{\mathrm{d}c}+\frac{\partial g}{\partial y}\cdot\frac{\mathrm{d}y}{\mathrm{d}c}\right)=\lambda\times1=\lambda,$$

即

$$\frac{\mathrm{d}z}{\mathrm{d}c}=\lambda.\tag{11.5}$$

这就是说，拉格朗日乘数 λ 表示目标函数 $z=f(x,y)=f[\varphi(c),\psi(c)]$ 对 c 的导数，或者说，拉格朗日乘数 λ 就是由参数 c 所引起的约束变化对目标函数最优值影响的度量.

在经济学中，常称拉格朗日乘数 λ 为**影子价格或边际价值**，即拉格朗日乘数 λ 表示产品或资源增加一个单位所带来的社会效益. 影子价格 λ 随目标函数和约束条件的经济意义和度量单位不同而有不同的具体的经济解释. 若目标函数为利润最大，c 为产出水平约束，则 λ 表示增加一个单位产出量，可以使最大利润增加多少，即产品的边际利润；若目标函数为收益最大，c 为资源约束，则 λ 表示增加一个单位资源，可以使最大收益增加多少，即产品的边际收益；若目标函数为效用最大，c 为预算约束，则 λ 表示增加一个单位预算，可以使最大效用增加多少，即产品的边际效用. 在实际问题中，影子价格的定量测定常常还须借助于线性规划的理论.

3. 多元函数条件极值举例

(1) 成本固定时产出最大化

假设在一定生产技术条件下，总成本不变，也就是在约束条件

$$C(x,y)=p_1x+p_2y=C_0\text{(常数)}$$

下如何使产出最大. 这是一个条件极值问题，可以用拉格朗日乘数法求解，拉格朗日函数为

$$F(x,y,\lambda)=f(x,y)-\lambda(p_1x+p_2y-C_0).$$

(2) 产出一定时成本最小化

假设在一定生产技术条件下，产出保持一定水平，也就是在约束条件

$$Q(x,y)=Q_0(\text{常数})$$

下使总成本

$$C(x,y)=p_1x+p_2y$$

最小. 它是上述成本固定时产出最大化的对偶问题. 这也是一个条件极值问题，可以用拉格朗日乘数法求解，拉格朗日函数为

$$F(x,y,\lambda)=C(x,y)-\lambda[Q(x,y)-Q_0]=p_1x+p_2y-\lambda[Q(x,y)-Q_0].$$

例 6 某工厂生产两种型号的机床，其产量分别为 x(台)和 y(台)，成本函数为 $C(x,y)=x^2+2y^2-2xy$(万元). 若根据市场预测，共需要这两种机床 10 台. 试求：(1) 应如何安排生产，才能使成本最小？(2) 产品的边际成本，即减少一个单位产量，可以使最小成本减少多少？

解 (1)此问题为求成本函数

$$C(x,y)=x^2+2y^2-2xy$$

在条件

$$x+y=10$$

下的极值问题. 这是一个二元函数的条件极值问题，利用拉格朗日乘数法，得拉格朗日函数为

$$F(x,y,\lambda)=C(x,y)-\lambda[Q(x,y)-Q_0]=x^2+2y^2-2xy-\lambda(x+y-10).$$

根据二元函数极值存在的必要条件，得到

$$\begin{cases}\dfrac{\partial F}{\partial x}=2x-2y-\lambda=0,\\ \dfrac{\partial F}{\partial y}=4y-2x-\lambda=0,\\ x+y=10,\end{cases}$$

解得$\begin{cases}x=6,\\ y=4,\\ \lambda=4.\end{cases}$因为只有一个驻点(6,4)，根据该问题的性质知最小值存在，所以点(6,4)是函数 $C(x,y)$的最小值点，即当两种型号的机床分别生产 6 台和 4 台时，总成本最小，最小成本为

$$C(6,4)=(x^2+2y^2-2xy)\Big|_{\substack{x=6\\y=4}}=20(\text{万元}).$$

(2) 根据第(1)问和式(11.5)知，$\dfrac{\mathrm{d}C}{\mathrm{d}Q_0}=\lambda=4$，所以产品的边际成本为 4，即减少一个单位产量可以使最小成本减少 4 万元.

习 题 11.2

1. 某企业的生产成本函数是 $y=f(x)=4000+2x+0.001x^2$，其中 x 表示产品数. 求该企业生产多少件产品时，平均成本达到最小？

2. 设某商品的需求量 Q 是单价 p(元)的函数：$Q=400-0.5p$；生产此商品的固定成本是 20000 元，每生产一单位产品，成本增加 100 元. 试求使销售利润最大的商品单价和最大利润额.

3. 生产某产品每年需要 10000kg 原材料，原材料的价格为 2 元/kg，与订货量无关的订货费为每次 40 元，储存费按平均库存量原材料价值的 10%计算. 试求：(1) 经济订货量；(2) 每年总费用最小为多少？

4. 工厂生产两种产品，总成本函数是 $C=Q_1^2+2Q_1Q_2+Q_2^2+5$，两种产品的需求函数分别是 $Q_1=10-p_1$，$Q_2=10-\frac{1}{2}p_2$. 为使工厂获得最大利润，试确定两种产品的产出水平，并求最大利润是多少？

5. 某厂商经营两个工厂，它们的成本函数分别为 $C_1=C_1(Q_1)=Q_1^2+2Q_1+8$，$C_2=C_2(Q_2)=2Q_2^2+4Q_2+6$，而价格函数为 $p=40-2Q$，其中 $Q=Q_1+Q_2$. 为使利润最大，试确定每个工厂的产出水平.

6. 某企业生产一产品，生产函数为 $Q(x,y)=20xy$，其中原料投入为 x 与 y，而且价格分别为 25 元和 10 元，已知生产费用预算为 1000 元. 试求：(1) 应如何安排生产，才能使产量最高？(2) 产品的边际产出，即增加一个单位成本，可以使最大产量增加多少？

7. 某工厂生产两种型号的机床，其产量分别为 x(台)和 y(台)，成本函数为

$$C(x,y)=x^2+2y^2-xy\text{(万元)}.$$

若根据市场预测，共需要这两种机床 8 台. 试求：(1) 应如何安排生产，才能使成本最小？(2) 产品的边际成本，即减少一个单位产量，可以使最小成本减少多少？

11.3 导数和偏导数在经济分析中的应用

11.2 节利用导数和偏导数讨论了经济函数的极值问题，本节将讨论导数和偏导数在经济问题中的其他应用.

11.3.1 一元函数导数的应用

1. 边际分析

定义 1 设函数 $y=f(x)$在 x 处可导，则称导数 $f'(x)$为 $f(x)$的**边际函数**，$f'(x)$在点 x_0 的值 $f'(x_0)$称为**边际函数值**.

根据微分的概念及其几何意义得，当 $x=x_0$，$\Delta x=1$ 时，$\Delta y\approx \mathrm{d}y=f'(x_0)\Delta x=f'(x_0)$. 这说明 $f(x)$在点 x_0 处，当自变量 x 改变一个单位时，函数值 y 近似改变 $f'(x_0)$个单位. 在具体的经济问题中，一般都省略"近似"二字.

例 1 函数 $y=2x^2+1$，$y'=4x$ 在点 $x=10$ 处的函数值 $y'(10)=40$，它表示当 $x=10$ 时，x 改变一个单位，y 近似改变 40 个单位.

由于总成本和总收益都是产量的函数，边际成本和边际收益都可从数学角度，由它们各自总函数的导数表示. 总之，任何经济函数的边际概念都可以用总函数的导数来表示.

(1) 边际成本

定义 2 设总成本函数 $C(Q)$可导，则称 $C(Q)$的导数 $C'(Q)$为边际成本.

边际成本是总成本的变化率，它的经济意义为：一单位额外产出所引起的总成本的改变量.

在经济学中，总成本是生产一定数量的产品所需的全部经济资源投入（劳力、原材料、设备等）的价格费用总额，它由可变成本和固定成本组成.

设总成本函数为 $C=C(Q)=C_1+C_2(Q)$，其中 C_1 为固定成本，$C_2(Q)$ 为可变成本，则**边际成本函数**为

$$C'=C'(Q)=[C_1+C_2(Q)]'=C_2'(Q).$$

可见边际成本与固定成本无关，只与可变成本有关.

平均成本是生产一定产品，平均每单位产品的成本.

平均成本函数为

$$\overline{C}=\overline{C}(Q)=\frac{C_1}{Q}+\frac{C_2(Q)}{Q}.$$

例 2 已知某商品的成本函数为 $C=50+\frac{1}{3}Q^3-4Q$，求：(1) 该商品的平均成本函数和边际成本函数，当 Q 为多少时边际成本最小？(2) 当 $Q=1,Q=5$ 时的边际成本，并解释其经济意义.

解 (1) 该商品的平均成本函数和边际成本函数分别为

$$\overline{C}=\frac{50}{Q}+\frac{1}{3}Q^2-4,\ C'=Q^2-4.$$

令 $C'=0$ 得 $Q=2$，所以当 $Q=2$ 时，边际成本最小.

(2) $C'(1)=-3, C'(5)=21$. 经济意义分别为：当商品量为 1 个单位时，再增加一个单位商品，成本将减少 3 个单位；当商品量为 5 个单位时，再增加一个单位商品，成本将增加 21 个单位.

(2) 边际收益

定义 3 设总收益函数 $R(Q)$ 可导，则 $R(Q)$ 的导数 $R'(Q)$ 称为边际收益.

总收益是销售一定产品所得的全部收入. 边际收益为总收益的变化率. 在经济学中，边际收益就是一单位的额外销售量所引起的总收益的改变量. 总收益和边际收益都为产量的函数.

设 p 为商品价格，Q 为商品量，R 为总收益，R' 为边际收益，则需求函数为 $p=p(Q)$，总收益函数为 $R=R(Q)=Q\cdot p(Q)$ 或 $R=R(p)=p\cdot Q(p)$.

关于自变量 Q 的边际收益函数为 $R'=R'(Q)=p(Q)+Qp'(Q)$，关于自变量 p 的边际收益函数为 $R'=R'(p)=Q(p)+pQ'(p)$.

例 3 设某厂家计划生产一批商品投放市场，已知该商品的需求函数为 $p=p(Q)=10e^{-0.5Q}$，且最大需求量为 6. 求该商品关于需求量 Q 的收益函数和边际收益函数.

解 总收益函数为

$$R=R(Q)=Q\cdot p(Q)=10Qe^{-0.5Q},\ 0\leqslant Q\leqslant 6;$$

边际收益函数为

$$\begin{aligned} R'=R'(Q)&=p(Q)+Qp'(Q)=10e^{-0.5Q}-0.5\times 10Qe^{-0.5Q}\\ &=5(2-Q)e^{-0.5Q},\ 0\leqslant Q\leqslant 6. \end{aligned}$$

本题中边际价格（称函数 $p=p(Q)$ 的导数 $p'(Q)$ 为边际价格）是

$$p'(Q)=(10\mathrm{e}^{-0.5Q})'=-5\mathrm{e}^{-0.5Q},$$

若设 Q 的单位是件，p 的单位是元. 上式表明：每多销售一件产品，其价格应减少 $5\mathrm{e}^{-0.5Q}$ 元.

(3) 边际利润

定义 4 设总利润函数 $L(Q)$ 可导，则 $L(Q)$ 的导数 $L'(Q)$ 称为边际利润.

设总利润为 L，则 $L=L(Q)=R(Q)-C(Q)$，边际利润为

$$L'=L'(Q)=R'(Q)-C'(Q).$$

由上式可知，$L(Q)$ 取得最大值的充分条件是：$L'(Q)=0$，$L''(Q)<0$，即 $R'(Q)=C'(Q)$，$R''(Q)<C''(Q)$. 于是可知取得最大利润的充分条件是：边际收益等于边际成本，边际收益的变化率小于边际成本的变化率.

$L(Q)$ 取得最大值的必要条件是：$L'(Q)=0$，即 $R'(Q)=C'(Q)$. 于是可知取得最大利润的必要条件是：边际收益等于边际成本.

例 4 某企业对某种商品的销售情况作出大量统计分析，得出总利润 L(元)与每月该商品的产量 Q(台)有如下关系：$L=L(Q)=250Q-5Q^2$. 求每月生产 20 台，25 台，35 台的边际利润，并作出相应的经济解释.

解 由 $L'(Q)=250-10Q$ 知，

$$L'(20)=50,\quad L'(25)=0,\quad L'(35)=-100.$$

上述结果表明，当月产量为 20 台时，再增加 1 台，利润将增加 50 元；当月产量为 25 台时，再增加产量，利润不仅不再增加，反而开始减少；当月产量为 35 台时，再增加 1 台，利润将减少 100 元.

例 5 假设某产品的总成本函数为 $C(Q)=400+3Q+0.5Q^2$，而需求函数为 $p(Q)=\dfrac{100}{\sqrt{Q}}$，其中 Q 为产量(假设其与需求量相等)，p 为价格. 求边际成本、边际收益及边际利润.

解 边际成本为

$$C'(Q)=3+Q,$$

边际收益为

$$R'(Q)=[Qp(Q)]'=\left(Q\cdot\frac{100}{\sqrt{Q}}\right)'=(100\sqrt{Q})'=\frac{50}{\sqrt{Q}},$$

边际利润为

$$L'(Q)=[R(Q)-C(Q)]'=R'(Q)-C'(Q)=\frac{50}{\sqrt{Q}}-3-Q.$$

2. 弹性分析

函数的改变量和函数的变化率均为绝对改变量. 在经济分析中，除研究绝对改变量外，还经常研究相对改变量和相对变化率.

定义 5 若函数 $y=f(x)$ 在 x 处可导，则称 $\dfrac{\Delta y/y}{\Delta x/x}$ 为函数 $y=f(x)$ 从 x 到 $x+\Delta x$ 的**相对变化率**(或**弹性**). 当 $\Delta x\to 0$ 时，$\dfrac{\Delta y/y}{\Delta x/x}$ 的极限值为 $y=f(x)$ 在 x 处的**弹性**，记作 $\dfrac{Ey}{Ex}$，即

$$\frac{Ey}{Ex}=\lim_{\Delta x\to 0}\frac{\Delta y/y}{\Delta x/x}=\lim_{\Delta x\to 0}\frac{\Delta y}{\Delta x}\cdot\frac{x}{y}=y'\cdot\frac{x}{y}.$$

称 $\left.\dfrac{Ey}{Ex}\right|_{x=x_0}=f'(x_0)\cdot\dfrac{x_0}{y_0}$ 为 $y=f(x)$ 在 x_0 处的弹性.

弹性$\frac{Ey}{Ex}$反映函数$y=f(x)$对x变化反应的灵敏度，即随x的变化$y=f(x)$变化幅度的大小.它表示在x处，再增加(或减少)1%，函数值从$f(x)$再增加(或减少)$\frac{Ey}{Ex}$%.

弹性函数为常数的函数称为不变弹性函数.

下面列出几种常见函数的弹性函数：

(1) $\frac{E(C)}{E(x)}=0$，其中C为常数；

(2) $\frac{E(ax+b)}{E(x)}=\frac{ax}{ax+b}$，其中$a,b$为常数；

(3) $\frac{E(ax^{\lambda})}{E(x)}=\lambda$，其中$a,\lambda$为常数；

(4) $\frac{E(ba^{\lambda x})}{E(x)}=(\lambda\ln a)x$，其中$a,b,\lambda$为常数.

例 6 求函数$f(x)=\frac{x}{x+2}$从$x=1$到$x=3$的弹性及$y=f(x)$在$x=1$处的弹性，并说明其意义.

解 因为

$$\frac{\Delta x}{x}=\frac{3-1}{1}=2,\quad \frac{\Delta y}{y}=\frac{f(3)-f(1)}{f(1)}=\frac{\frac{3}{5}-\frac{1}{3}}{\frac{1}{3}}=0.8,$$

所以$f(x)=\frac{x}{x+2}$从$x=1$到$x=3$的弹性为

$$\frac{\Delta y/y}{\Delta x/x}=\frac{0.8}{2}=0.4.$$

它表示当x从1变到3时，函数值从$\frac{1}{3}$变到$\frac{3}{5}$，当x每增加1%，函数值平均增加0.4%.

$y=f(x)$在$x=1$处的弹性为

$$\left.\frac{Ey}{Ex}\right|_{x=1}=f'(1)\cdot\frac{1}{f(1)}=\left.\frac{2}{(x+2)^2}\right|_{x=1}\cdot\frac{1}{\frac{1}{3}}=\frac{2}{3}\approx 0.67.$$

它表示当$x=1$时，再增加1%，函数值从$f(1)$再增加0.67%.

(1) 需求弹性(需求对价格的弹性)

需求弹性刻画当商品价格变动时需求变动的强弱.由于需求函数$Q=f(p)$为单调递减函数(即商品价格p越低，需求量Q越大)，故$Q'<0$，而$p>0,Q>0$，所以$Q'\cdot\frac{p}{Q}<0$.为了用正数表示需求弹性，我们用需求函数相对变化率的相反数来定义需求弹性.

定义 6 若需求函数$Q=f(p)$在p处可导，则称$-\frac{\Delta Q/Q}{\Delta p/p}$为该商品从$p$到$p+\Delta p$的需求弹性，称$-Q'\cdot\frac{p}{Q}=-f'(p)\cdot\frac{p}{f(p)}$为$Q=f(p)$在$p$处的**需求弹性**，记作

$$\eta(p)=-f'(p)\cdot\frac{p}{f(p)}.$$

称 $\eta(p_0)=-f'(p_0)\cdot\dfrac{p_0}{f(p_0)}$为 $Q=f(p)$在 p_0 处的需求弹性.

需求弹性 $\eta(p)$是市场分析中的一个重要的经济参数,它反映需求量 $Q=f(p)$对价格 p 变化反应的灵敏度,其经济意义为：当某商品的价格上涨(或下跌)1%时,市场对这种商品的需求量减少(或增加)的百分数为 η%. 当 $\eta(p)<1$ 时,需求变动的幅度小于价格变动的幅度;当 $\eta(p)=1$ 时,需求变动与价格变动的幅度相同;当 $\eta(p)>1$ 时,需求变动的幅度大于价格变动的幅度.

例 7 设某产品的需求函数为

$$Q=f(p)=50-p,\quad 0\leqslant p\leqslant 50,$$

其中,Q 为需求量;p 为价格. 试回答下列问题：(1) 当 $p=10$ 时,且价格上涨 1%,需求量是增加还是减少,其变化为百分之几? (2) 当商品价格变动时,需求量变化的情况如何.

解 (1) 需求弹性为

$$\eta(p)=-f'(p)\cdot\frac{p}{f(p)}=-(50-p)'\frac{p}{50-p}=\frac{p}{50-p},$$

故 $\eta(10)=\left.\dfrac{p}{50-p}\right|_{p=10}=0.25$,表明当 $p=10$ 且商品的价格上涨 1%时,市场对这种商品的需求量减少 0.25%.

(2) 当 $0<\eta<1$ 即 $0<\dfrac{p}{50-p}<1$ 时,亦即 $0<p<25$ 时,当价格上涨(下跌)1%时,需求量减少(增加)η%,需求量减少(增加)的幅度小于价格上涨(下跌)的幅度;当 $\eta=1$ 即 $p=25$ 时,此时需求变动与价格变动的幅度相同;当 $\eta>1$ 即 $25<p<50$ 时,此时当价格上涨(下跌)1%时,需求量减少(增加)η%,需求量减少(增加)的幅度大于价格上涨(下跌)的幅度.

(2) 供给弹性(供给对价格的弹性)

供给弹性刻画当商品价格变动时供给变动的强弱. 由于供给函数 $Q=\varphi(p)$为单调递增函数(即商品价格 p 越低,供给量 Q 越少),故 $Q'>0$,所以 $Q'\cdot\dfrac{p}{Q}>0$. 因此有下面供给弹性的定义.

定义 7 若供给函数 $Q=\varphi(p)$在 p 处可导,则称$\dfrac{\Delta Q/Q}{\Delta p/p}$为该商品从 p 到 $p+\Delta p$ 的供给弹性,称 $Q'\cdot\dfrac{p}{Q}=\varphi'(p)\cdot\dfrac{p}{\varphi(p)}$为 $Q=\varphi(p)$在 p 处的**供给弹性**,记作

$$\varepsilon(p)=\varphi'(p)\cdot\frac{p}{\varphi(p)}.$$

称 $\varepsilon(p_0)=\varphi'(p_0)\cdot\dfrac{p_0}{\varphi(p_0)}$为 $Q=\varphi(p)$在 p_0 处的供给弹性.

供给弹性 $\varepsilon(p)$也是市场分析中的一个重要的经济参数,它反映供给量 $Q=\varphi(p)$对价格 p 变化反应的灵敏度,其经济意义为：当某商品的价格上涨(或下跌)1%时,这种商品的供给量增加(或减少)的百分数为 ε%.

(3) 收益弹性(收益对价格的弹性)

收益弹性刻画当商品价格变动时收益变动的强弱. 同样有收益弹性的定义.

定义 8 若收益函数 $R=g(p)$ 在 p 处可导，则称 $R'(p)\cdot\dfrac{p}{R(p)}$ 为 $R=g(p)$ 在 p 处的**收益弹性**. 称 $g'(p_0)\cdot\dfrac{p_0}{g(p_0)}$ 为 $R=g(p)$ 在 p_0 处的收益弹性.

总收益是商品价格 p 和销售量 Q 的乘积，若 $Q=f(p)$，则 $R=R(p)=p\cdot f(p)$，故 R 关于价格 p 的边际收益函数为

$$\frac{\mathrm{d}R}{\mathrm{d}p}=f(p)+p\cdot f'(p)=f(p)\left[1+f'(p)\cdot\frac{p}{f(p)}\right]=f(p)(1-\eta).$$

若 $p=\varphi(Q)$，则 $R=R(Q)=Q\cdot\varphi(Q)$，可推出 R 关于需求 Q 的边际收益函数为 $\dfrac{\mathrm{d}R}{\mathrm{d}Q}=p\left(1-\dfrac{1}{\eta}\right)$. 称 $\dfrac{\mathrm{d}R}{\mathrm{d}Q}=p\left(1-\dfrac{1}{\eta}\right)$ 为阿莫鲁索-鲁宾逊（Amoroso-Robinson）公式，此公式用于讨论需求弹性如何影响总收益.

当需求弹性 $\eta<1$ 时，需求变动的幅度小于价格变动的幅度，此时 $\dfrac{\mathrm{d}R}{\mathrm{d}p}>0$，$R$ 递增，即价格上涨，总收益增加；价格下跌，总收益减少. 当 $\eta=1$ 时，需求变动与价格变动的幅度相同，此时 $\dfrac{\mathrm{d}R}{\mathrm{d}p}=0$，总收益 R 取得最大值. 当 $\eta>1$ 时，需求变动的幅度大于价格变动的幅度，此时 $\dfrac{\mathrm{d}R}{\mathrm{d}p}<0$，$R$ 递减，即价格上涨，总收益减少；价格下跌，总收益增加. 故总收益的变化受需求弹性的制约，随商品需求的变化而变化.

例 8 设某产品的需求函数为

$$Q=f(p)=100-2p,\quad 0\leqslant P\leqslant 50,$$

其中，Q 为需求量；p 为价格. 当 $p=10$ 时，且价格上涨 1%，试求总收益是增加还是减少，增加或减少了多少？

解 收益函数为

$$R=pQ=p(100-2p)=100p-2p^2.$$

收益弹性为

$$R'(p)\cdot\frac{p}{R(p)}=(100p-2p^2)'\cdot\frac{p}{100p-2p^2}=\frac{100-4p}{100-2p},$$

因而有

$$R'(10)\cdot\frac{10}{R(10)}=\left.\frac{100-4p}{100-2p}\right|_{p=10}=0.75.$$

当 $p=10$ 时，有

$$R'(10)=(100p-2p^2)'\big|_{p=10}=(100-4p)\big|_{p=10}=60>0,$$

故当 $p=10$ 时且价格上涨 1%时，总收益增加 0.75%.

例 9 设某产品的需求函数为

$$Q=f(p)=75-p^2,$$

其中，Q 为需求量；p 为价格. 试求：

(1) 当 $p=4$ 时的边际需求，并说明其经济意义；

(2) 当 $p=4$ 时的需求弹性，并说明其经济意义；

(3) 当 $p=4$ 时,若价格上涨1%,总收益是增加还是减少,增加或减少了多少?

(4) 当 $p=6$ 时,若价格上涨1%,总收益是增加还是减少,增加或减少了多少?

(5) 当 p 为何值时,总收益最大?

解 (1) 在 $p=4$ 处的边际需求为

$$\left.\frac{\mathrm{d}Q}{\mathrm{d}p}\right|_{p=4}=(75-p^2)'|_{p=4}=-2p|_{p=4}=-8,$$

其经济意义为:在 $p=4$ 处,价格上涨(或下跌)1个单位,市场对这种商品的需求量减少(或增加)8个单位.

(2)需求弹性函数为

$$\eta(p)=-f'(p)\cdot\frac{p}{f(p)}=-(75-p^2)'\frac{p}{75-p^2}=\frac{2p^2}{75-p^2},$$

故在 $p=4$ 处的需求弹性为

$$\eta(4)=\left.\frac{2p^2}{75-p^2}\right|_{p=4}\approx 0.54<1.$$

其经济意义为:在 $p=4$ 处,价格每上涨(下跌)1%时,需求量减少(增加)0.54%.

(3) 收益函数为

$$R=p\cdot Q=p\cdot(75-p^2)=75p-p^3.$$

收益弹性为

$$R'(p)\cdot\frac{p}{R(p)}=(75p-p^3)'\cdot\frac{p}{75p-p^3}=\frac{75-3p^2}{75-p^2},$$

因而在 $p=4$ 处的收益弹性为

$$R'(4)\cdot\frac{4}{R(4)}=\left.\frac{75-3p^2}{75-p^2}\right|_{p=4}\approx 0.46,$$

又由于

$$R'(4)=(75p-p^3)'|_{p=4}=(75-3p^2)|_{p=4}=27>0,$$

这意味着当 $p=4$ 时,若价格上涨1%,总收益将增加0.46%.

(4) 在 $p=6$ 处的收益弹性为

$$R'(6)\cdot\frac{6}{R(6)}=\left.\frac{75-3p^2}{75-p^2}\right|_{p=6}\approx -0.85,$$

又由于

$$R'(6)=(75p-p^3)'|_{p=6}=(75-3p^2)|_{p=6}=-33<0,$$

这意味着当 $p=6$ 时,若价格上涨1%,总收益将减少0.85%.

(5) 由总收益函数 $R=75p-p^3$ 可知 $R'(p)=(75p-p^3)'=-3(p^2-25)$,令 $R'(p)=0$ 得到 $p=5$ 及 $p=-5$(舍去),而 $R''(p)=-6p<0$. 所以当 $p=5$ 时,R 取极大值,由于其唯一性,此极大值即为最大值. 即当 $p=5$ 时,总收益最大.

11.3.2 多元函数偏导数的应用

1. 边际分析

(1) 边际成本

设某厂家生产甲、乙两种产品,当产量分别为 x 和 y 时,成本函数为

$$C = C(x,y).$$

当乙产品的产量保持不变，而甲产品的产量 x 取得增量 Δx 时，成本函数 $C(x,y)$ 相应地取得增量 $C(x+\Delta x,y)-C(x,y)$. 于是，成本函数 $C(x,y)$ 对 x 的变化率即对 x 的偏导数 $C'_x(x,y)$ 为

$$C'_x(x,y) = \lim_{\Delta x \to 0} \frac{C(x+\Delta x,y)-C(x,y)}{\Delta x}.$$

$C'_x(x,y)$ 表示成本函数 $C(x,y)$ 在产量 (x,y) 处**关于甲产品的边际成本**，它的经济含义是：在两种产品的产量 (x,y) 的基础上，再多生产一单位的甲产品时，成本函数 $C(x,y)$ 的改变量.

类似地，当甲产品的产量保持不变，而乙产品的产量 y 取得增量 Δy 时，成本函数 $C(x,y)$ 相应地取得增量 $C(x,y+\Delta y)-C(x,y)$. 于是，成本函数 $C(x,y)$ 对 y 的变化率即对 y 的偏导数 $C'_y(x,y)$ 为

$$C'_y(x,y) = \lim_{\Delta y \to 0} \frac{C(x,y+\Delta y)-C(x,y)}{\Delta y}.$$

$C'_y(x,y)$ 表示成本函数 $C(x,y)$ 在产量 (x,y) 处**关于乙产品的边际成本**，它的经济含义是：在两种产品的产量 (x,y) 的基础上，再多生产一单位的乙产品时，成本函数 $C(x,y)$ 的改变量.

例 10 设某厂家生产甲、乙两种产品，两种产品的产量分别为 x 和 y 时，成本函数为

$$C(x,y) = 3x^2 + 2xy + y^3 + 800.$$

试求：(1) 成本函数 $C(x,y)$ 在产量为 (x,y) 时，关于甲产品和乙产品的边际成本；

(2) 当 $x=10, y=10$ 时的边际成本，并说明它们的经济含义.

解 (1) 成本函数 $C(x,y)$ 对产量 x 和 y 的边际成本分别为

$$C'_x(x,y) = 6x + 2y,$$

$$C'_y(x,y) = 2x + 3y^2.$$

(2) 当 $x=10, y=10$ 时，成本函数 $C(x,y)$ 关于甲产品和乙产品的边际成本为

$$C'_x(10,10) = 6 \times 10 + 2 \times 10 = 80,$$

$$C'_y(x,y) = 2 \times 10 + 3 \times 10^2 = 320.$$

它们的经济含义为：当两种产品的产量都是 10 单位时，再多生产一单位的甲产品时，成本将增加 80 单位. 而再多生产一单位的乙产品时，成本将增加 320 单位.

(2) 边际需求

设 Q_1 和 Q_2 分别为两种相关商品甲和乙的需求量，p_1 和 p_2 为商品甲和乙的价格，需求量 Q_1 和 Q_2 随着价格 p_1 和 p_2 的变化而变动. 需求函数可表示为

$$Q_1 = Q_1(p_1,p_2), \quad Q_2 = Q_2(p_1,p_2),$$

则需求量 Q_1 和 Q_2 关于价格 p_1 和 p_2 的偏导数 $\frac{\partial Q_1}{\partial p_1}, \frac{\partial Q_1}{\partial p_2}, \frac{\partial Q_2}{\partial p_1}, \frac{\partial Q_2}{\partial p_2}$ 分别表示甲、乙商品的价格 p_1 和 p_2 发生变化时，甲、乙商品的需求量 Q_1 和 Q_2 的变化率，也就是甲、乙商品的**边际需求**.

如果边际需求 $\frac{\partial Q_1}{\partial p_2}>0, \frac{\partial Q_2}{\partial p_1}>0$，说明一种商品的价格提高，而相应的另一种商品的需求量也提高. 例如，牛肉和猪肉是相关商品，如果牛肉价格不变而猪肉价格提高，有些消费者便

将从买猪肉转向买牛肉，因此，牛肉需求量将增加. 这两种商品是相互竞争的（或相互取代的），称为**替代商品**.

如果边际需求$\frac{\partial Q_1}{\partial p_2}<0,\frac{\partial Q_2}{\partial p_1}<0$，说明一种商品的价格提高，而相应的另一种商品的需求量减少. 例如，钢笔的价格上涨，钢笔的需求量减少，同时用于钢笔的墨水的需求量也减少. 这两种商品是相互补充的，称为**互补商品**.

例 11 设某两种相关商品的价格分别为 p_1 和 p_2，它们的需求函数分别为

$$Q_1=e^{2p_1-3p_2},\quad Q_2=e^{-3p_1+2p_2}.$$

试求：(1) 边际需求函数；(2) 两种商品是替代商品还是互补商品？

解 (1) 边际需求函数为

$$\frac{\partial Q_1}{\partial p_1}=2e^{2p_1-3p_2},\quad \frac{\partial Q_1}{\partial p_2}=-3e^{2p_1-3p_2},$$

$$\frac{\partial Q_2}{\partial p_1}=-3e^{-3p_1+2p_2},\quad \frac{\partial Q_2}{\partial p_2}=2e^{-3p_1+2p_2}.$$

(2) 因为边际需求$\frac{\partial Q_1}{\partial p_2}<0,\frac{\partial Q_2}{\partial p_1}<0$，所以这两种商品是互补商品.

例 12 设某两种相关商品的价格分别为 p_1 和 p_2，其需求函数分别为

$$Q_1=a_1+b_1p_1+c_1p_2,\quad Q_2=a_2+b_2p_1+c_2p_2.$$

试求：(1) 边际需求函数；(2) 在正常情况下，b_1，c_2 取值如何？(3) 在正常情况下，c_1，b_2 为何值时，两种商品是替代商品？c_1，b_2 为何值时，是互补商品？

解 (1) 边际需求函数为

$$\frac{\partial Q_1}{\partial p_1}=b_1,\quad \frac{\partial Q_1}{\partial p_2}=c_1;$$

$$\frac{\partial Q_2}{\partial p_1}=b_2,\quad \frac{\partial Q_2}{\partial p_2}=c_2.$$

(2) 因为正常情况下，商品需求量随自身价格的上涨而减少，随自身价格的下跌而增多，而$\frac{\partial Q_1}{\partial p_1}=b_1,\frac{\partial Q_2}{\partial p_2}=c_2$，所以正常情况下应有 $b_1<0,c_2<0$.

(3) 当 $c_1>0,b_2>0$ 时，两种商品是替代商品；当 $c_1<0,b_2<0$ 时，两种商品是互补商品.

2. 偏弹性

根据前面需求弹性的定义，知道需求弹性是用来度量价格变化时所引起的需求量变化的反应程度，即当价格变动 1% 时，需求量变动的百分数. 对多元函数来说，同样也是如此.

如前所述，设有两种相关商品，它们的需求函数分别为

$$Q_1=Q_1(p_1,p_2),\quad Q_2=Q_2(p_1,p_2).$$

(1) 需求的直接价格偏弹性

当价格 p_2 不变，只有价格 p_1 改变而引起需求量 Q_1 改变时，定义**需求的直接价格偏弹性**为

$$E_{11}=\lim_{\Delta p_1\to 0}\frac{\frac{\Delta Q_1}{Q_1}}{\frac{\Delta p_1}{p_1}}=\frac{p_1}{Q_1}\lim_{\Delta p_1\to 0}\frac{\Delta Q_1}{\Delta p_1}=\frac{p_1}{Q_1}\cdot\frac{\partial Q_1}{\partial p_1},$$

或记作

$$E_{11}=\frac{\partial(\ln Q_1)}{\partial(\ln p_1)}.$$

同样地，对需求函数 $Q_2=Q_2(p_1,p_2)$ 有需求的直接价格偏弹性为

$$E_{22}=\lim_{\Delta p_2\to 0}\frac{\frac{\Delta Q_2}{Q_2}}{\frac{\Delta p_2}{p_2}}=\frac{p_2}{Q_2}\lim_{\Delta p_2\to 0}\frac{\Delta Q_2}{\Delta p_2}=\frac{p_2}{Q_2}\cdot\frac{\partial Q_2}{\partial p_2}$$

或

$$E_{22}=\frac{\partial(\ln Q_2)}{\partial(\ln p_2)}.$$

(2) 需求的交叉价格偏弹性

当价格 p_1 不变，只有价格 p_2 改变而引起需求量 Q_1 改变时，定义**需求的交叉价格偏弹性**为

$$E_{12}=\lim_{\Delta p_2\to 0}\frac{\frac{\Delta Q_1}{Q_1}}{\frac{\Delta p_2}{p_2}}=\frac{p_2}{Q_1}\lim_{\Delta p_2\to 0}\frac{\Delta Q_1}{\Delta p_2}=\frac{p_2}{Q_1}\cdot\frac{\partial Q_1}{\partial p_2},$$

或记作

$$E_{12}=\frac{\partial(\ln Q_1)}{\partial(\ln p_2)}.$$

同样地，对需求函数 $Q_2=Q_2(p_1,p_2)$ 有需求的交叉价格偏弹性为

$$E_{21}=\lim_{\Delta p_1\to 0}\frac{\frac{\Delta Q_2}{Q_2}}{\frac{\Delta p_1}{p_1}}=\frac{p_1}{Q_2}\lim_{\Delta p_1\to 0}\frac{\Delta Q_2}{\Delta p_1}=\frac{p_1}{Q_2}\cdot\frac{\partial Q_2}{\partial p_1}$$

或

$$E_{21}=\frac{\partial(\ln Q_2)}{\partial(\ln p_1)}.$$

偏弹性的对数定义适用于需求函数是相乘或相除的情形.

由交叉价格偏弹性的定义可知，它是度量某种商品对另一种相关商品价格变化而产生的需求变化的反应程度. 因此，交叉价格偏弹性可以用来度量两种或两种以上相关商品需求之间的关系.

需要注意的是，交叉偏弹性的表达式中的 $\frac{\partial Q_1}{\partial p_2}$ 或 $\frac{\partial Q_2}{\partial p_1}$ 可以大于零，也可以小于零，即 E_{12} 或 E_{21} 的符号可正可负. 若 $E_{12}<0$，$E_{21}<0$，则表明两种商品是互补商品.

例 13 设某两种相关商品的价格分别为 p_1 和 p_2，它们的需求函数分别为

$$Q_1=15-2p_1-p_2,\ Q_2=20-p_1-2p_2.$$

试求：(1) 需求的直接价格偏弹性；

(2) 需求的交叉价格偏弹性；

(3) 当 $p_1=2$ 和 $p_2=3$ 时，前两问分别是多少？是否为互补商品？

(4) 当 $p_1=2$ 和 $p_2=3$ 时，说明需求的直接价格偏弹性和交叉价格偏弹性的经济含义.

解 (1) 需求的直接价格偏弹性为

$$E_{11}=\frac{p_1}{Q_1}\cdot\frac{\partial Q_1}{\partial p_1}=\frac{p_1}{Q_1}\cdot\frac{\partial}{\partial p_1}(15-2p_1-p_2)=-2\frac{p_1}{Q_1},$$

$$E_{22}=\frac{p_2}{Q_2}\cdot\frac{\partial Q_2}{\partial p_2}=\frac{p_2}{Q_2}\cdot\frac{\partial}{\partial p_2}(20-p_1-2p_2)=-2\frac{p_2}{Q_2}.$$

(2) 需求的交叉价格偏弹性为

$$E_{12}=\frac{p_2}{Q_1}\cdot\frac{\partial Q_1}{\partial p_2}=\frac{p_2}{Q_1}\cdot\frac{\partial}{\partial p_2}(15-2p_1-p_2)=-\frac{p_2}{Q_1},$$

$$E_{21}=\frac{p_1}{Q_2}\cdot\frac{\partial Q_2}{\partial p_1}=\frac{p_1}{Q_2}\cdot\frac{\partial}{\partial p_1}(20-p_1-2p_2)=-\frac{p_1}{Q_2}.$$

(3) 当 $p_1=2$ 和 $p_2=3$ 时,$Q_1=8$ 和 $Q_2=12$.所以需求的直接价格偏弹性为

$$E_{11}=\frac{p_1}{Q_1}\cdot\frac{\partial Q_1}{\partial p_1}=-2\frac{p_1}{Q_1}=-2\times\frac{2}{8}=-\frac{1}{2}=-0.5,$$

$$E_{22}=\frac{p_2}{Q_2}\cdot\frac{\partial Q_2}{\partial p_2}=-2\frac{p_2}{Q_2}=-2\times\frac{3}{12}=-\frac{1}{2}=-0.5.$$

需求的交叉价格偏弹性为

$$E_{12}=\frac{p_2}{Q_1}\cdot\frac{\partial Q_1}{\partial p_2}=-\frac{p_2}{Q_1}=-\frac{3}{8}=-0.375,$$

$$E_{21}=\frac{p_1}{Q_2}\cdot\frac{\partial Q_2}{\partial p_1}=-\frac{p_1}{Q_2}=-\frac{2}{12}=-\frac{1}{6}.$$

因为需求的交叉价格偏弹性 $E_{12}<0,E_{21}<0$,所以这两种商品是互补商品.

(4) 需求的直接价格偏弹性的经济意义为:$E_{11}=-0.5$,表明当价格 p_2 不变,而价格 $p_1=2$,销售量为 $Q_1=8$ 的基础上,本产品的价格 p_1 提高 1%,销售量 Q_1 则要减少 0.5%;$E_{22}=-0.5$,表明当价格 p_1 不变,而价格 $p_2=3$,销售量为 $Q_2=12$ 的基础上,本产品的价格 p_2 提高 1%,销售量 Q_2 则要减少 0.5%.

需求的交叉价格偏弹性的经济意义为:$E_{12}=-0.375$,表明当价格 p_1 不变,而价格 $p_2=3$,销售量为 $Q_1=8$ 的基础上,另一种产品的价格 p_2 提高 1%,此产品销售量 Q_1 则要减少 0.375%;$E_{21}=-\frac{1}{6}$,表明当价格 p_2 不变,而价格 $p_1=2$,销售量为 $Q_2=12$ 的基础上,另一种产品的价格 p_1 提高 1%,此产品销售量 Q_2 则要减少$\frac{1}{6}$%≈16.67%.

习　题　11.3

1. 已知某商品的成本函数为 $C=20+Q^2-6Q$,求该商品的平均成本函数和边际成本函数,并求当 Q 为多少时边际成本最小?

2. 某厂家计划生产一批商品投放市场,已知该商品的需求函数为 $p=p(Q)=20e^{-0.25Q}$,且最大需求量为 10,求该商品关于需求量 Q 的收益函数和边际收益函数.

3. 某企业经过对商品的销售情况的统计分析,得到总利润 L(元)与每月该商品的产量 Q(台)之间的关系为 $L=L(Q)=180Q-3Q^2$. 求每月生产 20 台,30 台,50 台的边际利润,并作出相应的经济解释.

4. 假设某产品的总成本函数为 $C(Q)=200+5Q+2Q^3$，而需求函数为 $p(Q)=\frac{50}{\sqrt{Q}}$，其中 Q 为产量(假设其与需求量相等)，p 为价格. 试求边际成本、边际收益及边际利润.

5. 求函数 $f(x)=x^2+2x-1$ 从 $x=1$ 到 $x=3$ 的弹性及 $y=f(x)$ 在 $x=1$ 处的弹性，并说明其意义.

6. 求函数 $f(x)=2\mathrm{e}^{-3x}$ 的弹性函数 $\frac{Ey}{Ex}$ 及 $y=f(x)$ 在 $x=2$ 处的弹性 $\left.\frac{Ey}{Ex}\right|_{x=2}$，并说明其意义.

7. 求函数 $f(x)=x^a$(a 为常数)的弹性函数 $\frac{Ey}{Ex}$，并说明 $f(x)$ 是否为不变弹性函数？

8. 设某产品的需求函数为

$$Q=f(p)=100-2p,\quad 0\leqslant p\leqslant 50,$$

其中，Q 为需求量；p 为价格. 试回答以下问题

(1) 需求弹性；

(2) 当 $p=10$ 时，且价格上涨 1%，需求量是增加还是减少，其变化为百分之几？

(3) 当商品价格变动时，需求量变化的情况如何.

9. 设某产品的需求函数为

$$Q=f(p)=50-p,\quad 0\leqslant p\leqslant 50,$$

其中，Q 为需求量；p 为价格. 试求：

(1) 需求弹性；

(2) 当 $p=30$ 时，且价格上涨 1%，需求量是增加还是减少，增加或减少了多少？此时总收益增加还是减少？

10. 设某产品的需求函数为

$$Q=f(p)=96-2p^2,$$

其中，Q 为需求量；p 为价格. 试求：

(1) 当 $p=3$ 时的边际需求，并说明其经济意义；

(2) 当 $p=4$ 时的需求弹性，并说明其经济意义；

(3) 当 $p=3$ 时，若价格上涨 1%，总收益是增加还是减少，增加或减少了多少？

(4) 当 $p=5$ 时，若价格上涨 1%，总收益是增加还是减少，增加或减少了多少？

(5) 当 p 为何值时，总收益最大？

11. 设某厂家生产甲、乙两种产品的产量分别为 x 和 y 时的成本函数为

$$C(x,y)=3x^3+5xy+y^2+200.$$

试求：(1) 成本函数 $C(x,y)$ 在产量为 (x,y) 时，关于甲产品和乙产品的边际成本；

(2) 当 $x=20$，$y=20$ 时的边际成本，并说明它们的经济含义.

12. 设某两种商品的价格分别为 p_1 和 p_2，两种相关商品的需求函数分别为

$$Q_1=\mathrm{e}^{-2p_1+p_2},\quad Q_2=\mathrm{e}^{p_1-2p_2}.$$

试求：(1) 边际需求函数；

(2) 两种商品是替代商品还是互补商品？

13. 设某两种相关商品的价格分别为 p_1 和 p_2，它们的需求函数分别为

$$Q_1 = 20 - 2p_1 - 3p_2, \quad Q_2 = 30 - 4p_1 - p_2.$$

试求：(1) 需求的直接价格偏弹性；

(2) 需求的交叉价格偏弹性；

(3) 当 $p_1=3$ 和 $p_2=2$ 时，需求的直接价格偏弹性和交叉价格偏弹性分别是多少？是否为互补商品？

(4) 当 $p_1=3$ 和 $p_2=2$ 时，说明需求的直接价格偏弹性和交叉价格偏弹性的经济含义.

11.4 积分在经济问题中的应用

经济分析致力于寻找变量的时间路径或者力求决定变量是否随时间的推移将收敛于平衡点. 常遇到已知总函数的变化率(导数或边际函数)而求总函数的问题. 一般而言，由边际函数求总函数，采用不定积分解决；若求总函数在某个范围内的改变量，则利用定积分解决.

11.4.1 一元函数积分在经济问题中的简单应用

先讨论积分在经济问题中的简单应用——求原函数，即求总产量函数、总需求函数、总成本函数、总收益函数和总利润函数.

1. 已知产量对时间的变化率，求总产量函数

设产量对时间 t 的变化率为 $Q'(t)$，则总产量函数为 $Q(t)=\int Q'(t)\mathrm{d}t$，在时间间隔 $[t_1,t_2]$ 内的总产量为 $Q=\int_{t_1}^{t_2} Q'(t)\mathrm{d}t$.

例 1 已知某钢厂的钢产量的变化率是时间 t(年)的函数即 $f(t)=4t-5(t\geqslant 0)$. 试求：

(1) 第一个五年计划期间该厂的钢产量；

(2) 第 n 个五年计划期间该厂的钢产量；

(3) 该厂将在第几个五年计划期间使钢的总产量达到 800?

解 (1) 由题设知第一个五年计划期间该厂的钢产量为

$$Q=\int_0^5 f(t)\mathrm{d}t=\int_0^5 (4t-5)\mathrm{d}t=(2t^2-5t)\big|_0^5=25;$$

(2) 第 n 个五年计划期间该厂的钢产量为

$$Q=\int_{5(n-1)}^{5n}(4t-5)\mathrm{d}t=(2t^2-5t)\big|_{5(n-1)}^{5n}=100n-75;$$

(3) 设该厂将在第 n 个五年计划期间使钢的总产量达到 800，则 $100n-75=800$，$n=8.75$，即该厂将在第 9 个五年计划期间使钢的总产量达到 800.

2. 已知边际需求，求总需求函数

已知边际需求函数为 $Q'(p)$，则价格为 p 时的总需求函数为

$$Q(p)=\int Q'(p)\mathrm{d}p.$$

例 2 设某商品的需求量 Q 为价格 p 的函数，该商品的最大需求量为 1000. 已知需求量的变化率(边际需求)为 $Q'(p)=-1000\ln 3\cdot\left(\frac{1}{3}\right)^p$，试求需求量 Q 与价格 p 的函数关系.

解 由 $Q'(p)=-1000\ln 3\cdot\left(\frac{1}{3}\right)^p$ 得

$$Q(p)=\int Q'(p)\mathrm{d}p=\int -1000\ln 3\left(\frac{1}{3}\right)^p\mathrm{d}p=-1000\ln 3\cdot\frac{\left(\frac{1}{3}\right)^p}{\ln\frac{1}{3}}=1000\left(\frac{1}{3}\right)^p+C.$$

又由题设知，该商品的最大需求量为 1000，即当 $p=0$ 时，$Q=1000$，代入上式得

$$1000=Q(0)=1000\left(\frac{1}{3}\right)^0+C,$$

解得

$$C=0.$$

故需求量 Q 与价格 p 的函数关系为

$$Q(p)=1000\left(\frac{1}{3}\right)^p.$$

3. 已知边际成本，求总成本函数

已知边际成本函数为 $C'(Q)$，则总成本函数为

$$C(Q)=\int C'(Q)\mathrm{d}Q.$$

例 3 已知某产品的边际成本为 $C'(Q)=25+30Q-9Q^2$，其固定成本为 $C_0=55$. 求总成本函数、平均成本函数、可变成本函数.

解 总成本函数为

$$C=C(Q)=\int C'(Q)\mathrm{d}Q=\int(25+30Q-9Q^2)\mathrm{d}Q=25Q+15Q^2-3Q^3+k,\quad k\text{ 为常数},$$

将固定成本 $C_0=55$ 代入上式，得到

$$55=C(0)=(25Q+15Q^2-3Q^3+k)\big|_{Q=0}=k,$$

故总成本函数为

$$C=C(Q)=25Q+15Q^2-3Q^3+55.$$

平均成本函数为

$$\overline{C}=\overline{C}(Q)=\frac{C(Q)}{Q}=\frac{25Q+15Q^2-3Q^3+55}{Q}=25+15Q-3Q^2+\frac{55}{Q}.$$

可变成本函数为

$$C_1=C-C_0=25Q+15Q^2-3Q^3.$$

例 4 已知某产品的边际成本为 $C'(Q)=12\mathrm{e}^{0.5Q}$，其固定成本为 $C_0=C(0)=36$，求总成本函数.

解 总成本函数为

$$C=C(Q)=\int C'(Q)\mathrm{d}Q=\int 12\mathrm{e}^{0.5Q}\mathrm{d}Q=24\mathrm{e}^{0.5Q}+k,\quad k\text{ 为常数},$$

将固定成本为 $C_0=C(0)=36$ 代入上式，得

$$36=C(0)=24\mathrm{e}^{0.5Q}\big|_{Q=0}+k,\quad k=12.$$

故总成本函数为

$$C=C(Q)=24\mathrm{e}^{0.5Q}+12.$$

由例 3、例 4 知任意常数 k 并非总等于固定成本 C_0.

4. 已知边际收益,求总收益函数

已知边际收益函数为 $R'(Q)$,则销售 Q_0 个单位时的总收益函数为

$$R(Q_0)=\int_0^{Q_0}R'(Q)\mathrm{d}Q.$$

例 5 某产品生产 Q 个单位时的总收入 R 的变化率(即边际收益)为

$$R'(Q)=200-\frac{Q}{100},\quad Q\geqslant 0.$$

试求:(1) 生产了 50 个单位时的总收入以及平均单位收入;

(2) 如果已经生产了 100 个单位,求再生产 100 个单位时的总收入;以及产量从 100 个单位到 200 个单位的平均收入.

解 (1) 由 $R'(Q)=200-\dfrac{Q}{100}$可知,生产 50 个单位时的总收入为

$$R=\int_0^{50}R'(Q)\mathrm{d}Q=\int_0^{50}\left(200-\frac{Q}{100}\right)\mathrm{d}Q=9987.5,$$

平均单位收入为

$$\bar{R}=\frac{R}{50}=\frac{9987.5}{50}=199.75.$$

(2) 若已经生产了 100 个单位后再生产 100 个单位时的总收入为

$$R=R(200)-R(100)=\int_0^{200}R'(Q)\mathrm{d}Q-\int_0^{100}R'(Q)\mathrm{d}Q$$

$$=\int_{100}^{200}\left(200-\frac{Q}{100}\right)\mathrm{d}Q=19850,$$

此时的单位成本为

$$\bar{R}=\frac{R(200)-R(100)}{200-100}=198.5.$$

5. 已知边际收益、边际成本,求总利润函数及最大利润

已知边际成本函数和边际收益函数分别为 $C'(Q)$和 $R'(Q)$,则销售 Q_0 个单位时的总利润函数为 $L(Q_0)=R(Q_0)-C(Q_0)=\displaystyle\int_0^{Q_0}R'(Q)\mathrm{d}Q-\int_0^{Q_0}C'(Q)\mathrm{d}Q.$

例 6 设某厂经济指标主要由产量 Q 决定,已知边际成本 $C'(Q)=8+\dfrac{Q}{2}$(万元/百台),边际收益 $R'(Q)=16-2Q$(万元/百台),固定成本为零,且产量为零时,收益也为零.试求:

(1) 总成本函数 $C(Q)$、总收益函数 $R(Q)$;

(2) 产量从 100 台增加到 500 台时,总成本与总收益各增加多少?

(3) 当产量 Q 为多少时,总利润为 $L(Q)$为最大?

(4) 当取得最大利润时,其总利润、总成本、总收益各是多少?

(5) 在最大利润产量的基础上,再生产 50 台产品,其总利润是增加还是减少?

解 (1) 总成本函数 $C(Q)$ 为

$$C(Q)=\int C'(Q)\mathrm{d}Q=\int\left(8+\frac{Q}{2}\right)\mathrm{d}Q=8Q+\frac{1}{4}Q^2+k_1,\quad k_1\text{ 为常数}.$$

又固定成本为零，即 $C(0)=0$，代入上式，得到 $k_1=0$，故总成本函数为

$$C(Q)=8Q+\frac{1}{4}Q^2(\text{万元}).$$

总收益函数 $R(Q)$ 为

$$R(Q)=\int R'(Q)\mathrm{d}Q=\int(16-2Q)\mathrm{d}Q=16Q-Q^2+k_2,\quad k_2\text{ 为常数}.$$

又产量为零时，收益也为零，即 $R(0)=0$，代入上式，得 $k_2=0$，故总收益函数为

$$R(Q)=16Q-Q^2(\text{万元}).$$

(2) 产量从 100 台增加到 500 台时，总收益增加了

$$R(5)-R(1)=(16Q-Q^2)\big|_{Q=5}-(16Q-Q^2)\big|_{Q=1}=40(\text{万元}),$$

总成本增加了

$$C(5)-C(1)=\left(8Q+\frac{1}{4}Q^2\right)\bigg|_{Q=5}-\left(8Q+\frac{1}{4}Q^2\right)\bigg|_{Q=1}=38(\text{万元}).$$

(3) 总利润函数为

$$L(Q)=R(Q)-C(Q)=(16Q-Q^2)-\left(8Q+\frac{1}{4}Q^2\right)=8Q-\frac{5}{4}Q^2(\text{万元}).$$

则 $L'(Q)=8-\frac{5}{2}Q$，令 $L'(Q)=0$ 得到 $Q=3.2$(百台)，而 $L''(Q)=-\frac{5}{2}<0$. 所以当 $Q=3.2$ 时，L 取极大值，由于其唯一性，此极大值即为最大值. 即当 $Q=3.2$(百台)时，总利润最大.

(4) 当取得最大利润时，产量 $Q=3.2$(百台)时，其总收益、总成本和总利润分别为

$$R(3.2)=(16Q-Q^2)\big|_{Q=3.2}=40.96(\text{万元}),$$

$$C(3.2)=\left(8Q+\frac{1}{4}Q^2\right)\bigg|_{Q=3.2}=28.16(\text{万元}),$$

$$L(3.2)=\left(8Q-\frac{5}{4}Q^2\right)\bigg|_{Q=3.2}=12.80(\text{万元}).$$

(5) 当 $Q=3.2+0.5=3.7$(百台)时，总利润为

$$L(3.7)=\left(8Q-\frac{5}{4}Q^2\right)\bigg|_{Q=3.7}=12.4875(\text{万元}).$$

此时的总利润比最大利润减少了 $12.80-12.49=0.31$(万元)，因此，若在最大利润产量的基础上再生产 50 台，其总利润减少了 0.31 万元.

这部分研究的是定积分、不定积分在经济领域的简单应用，即由函数的变化率(导数或边际函数)求函数的解析式，实际上是积分学中求原函数的过程，只不过这些原函数具有经济意义如成本函数、利润函数等，具体的求解过程及使用的方法都比较简单.

11.4.2 一元函数积分在经济问题中的复杂应用

1. 由平衡点求盈余

已知供给函数和需求函数，可以求出在平衡点处的消费者盈余和生产者盈余.

消费者需求曲线 $p=D(x)$，给出了消费者购买 x 件商品的愿意支付的需求单价，它通

常是一个递减函数. 生产者供给曲线 $p=S(x)$，给出了经营者愿意供给 x 件商品的单价，它通常是一个递增函数. 平衡点(equilibrium point)(x_E, p_E)是这两条曲线的交点(见图 11.2).

效用是经济学中经常考虑的一个函数. 当一个消费者获得 x 件产品时，也得到了某种满意度或效用 U. 例如，在一个月中你所看的电影数会给你某种效用. 如果你看了 4 部电影(假设没有不愉快的电影)，你得到的效用比你没看电影要多. 同样的理念也适用于饭店中进餐或支付你的取暖费.

为了有助于解释消费者盈余和生产者盈余的概念，我们将考虑在一定时间内，比如 1 个月内，看电影的效用. 同时还假设所看的电影具有几乎相同的质量.

假设图 11.3 给出的是大学生对电影的需求曲线. 我们仅对一位学生考虑这条曲线，而且考察他从看电影所获得的效用. 如果价格是 10 元，他每月去看 0 部电影；如果价格是 8.80 元，他每月去看 1 部电影. 假如他去看 1 部电影，则他的总支出是 8.80×1 元即 8.80 元，如图 11.3 所示.

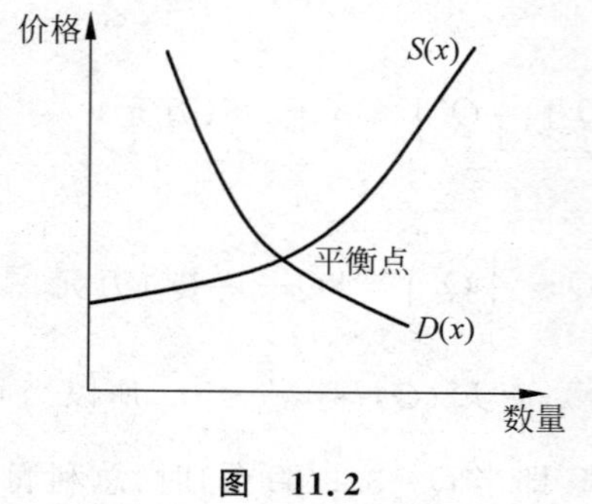

图 11.2

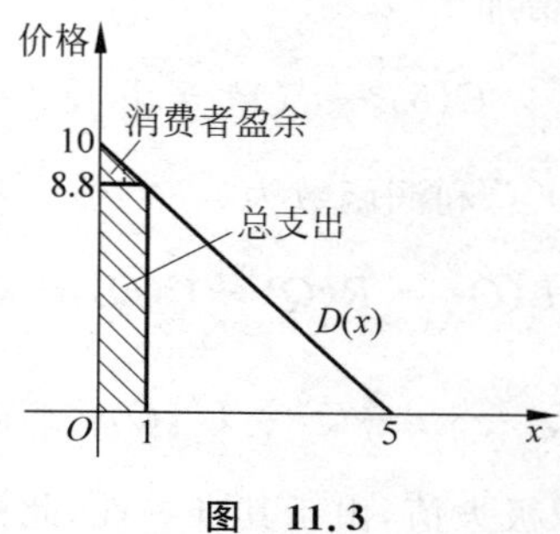

图 11.3

矩形区域的面积表示他的总支出，即 8.80 元. 考察小三角区域的面积，它为 $\frac{1}{2}\times 1.2$ 元即 0.60 元. 曲线下的总面积为 8.80 元+0.60 元=9.40 元，是对看了 1 部电影的**总效用**的度量. 小三角形区域的面积 0.60 元，是对他没有付费而获得的满意程度的度量，经济学家把这个量定义为**消费者盈余**(consumer's surplus). 消费者盈余是消费者从社会生活中获得的效用. 在社会生活中，当购买较多的商品时，消费者愿意支付的价格会下降，它是从这次购买中获得的额外效用. 消费者盈余是商家的营业收益，商家用其价格差异优惠消费者，比如，对大学生、老人和儿童提供折价商品，或销售打折的优惠券，这些对商家都是有利可图的.

假设需求函数的图形是一条曲线，如图 11.4 所示.

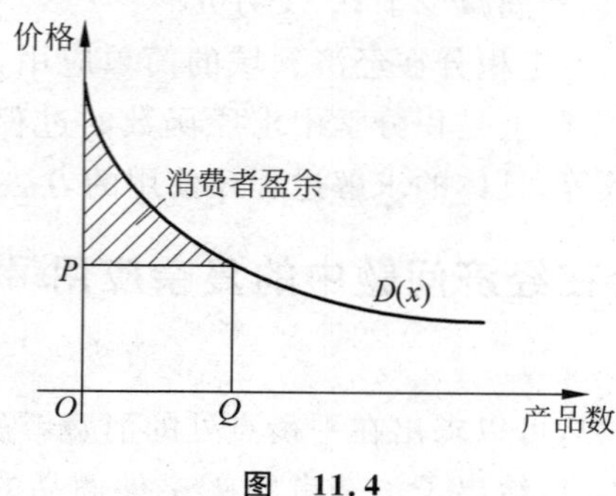

图 11.4

如果当价格为 P 时,这位同学去看了 Q 部电影,则总支出是 QP. 曲线下的总面积是所获得的总效用或总满意度,它是

$$\int_0^Q D(x)\mathrm{d}x.$$

消费者盈余是曲线下的总面积减总支出(数量乘价格,即 QP),因此它是总效用减总成本,由

$$\int_0^Q D(x)\mathrm{d}x - QP$$

给出.

定义 1　假设 $p=D(x)$ 描述了某件商品的需求函数,则关于点(Q,P)的**消费者盈余**的定义为

$$\int_0^Q D(x)\mathrm{d}x - QP.$$

例 7　对于需求函数 $D(x)=(x-5)^2$,求当 $x=3$ 时的消费者盈余.

解　当 $x=3$ 时,$P=D(x)=(x-5)^2=(3-5)^2=4$. 于是:

$$\begin{aligned}\text{消费者盈余} &= \int_0^Q D(x)\mathrm{d}x - QP = \int_0^3 (x-5)^2\mathrm{d}x - 3\times 4 \\ &= \int_0^3 (x^2-10x+25)\mathrm{d}x - 12 = \left[\frac{x^3}{3} - 5x^2 + 25x\right]_0^3 - 12 \\ &= 27\ \text{元}.\end{aligned}$$

现在来考虑电影的供给曲线,如图 11.5 所示. 当每场电影的价格是 0 元时,放映者愿意供给 0 部电影. 当每场电影价格为 5.75 元时,放映者愿意供给 1 部电影,并且得到总收益 1×5.75 元,即 5.75 元. 图 11.5 中,下方三角形的面积代表了放映者提供 1 部电影的总成本,它是$\frac{1}{2}\times 1\times 5.75$ 元,即 2.875 元. 上方三角形的面积也是 2.875 元,它代表超出成本的盈余,它是对利润的贡献,经济学家把这个数称为**生产者盈余(producer's surplus)**. 生产者盈余是生产者的效用或满意度,当价格增长时社会生产者将会提供更多数量的商品. 当消费者沿着生产者的供给曲线不能购买特定的商品时,它是生产者获得的额外收益.

假设提供函数的图形是一条曲线,如图 11.6 所示.

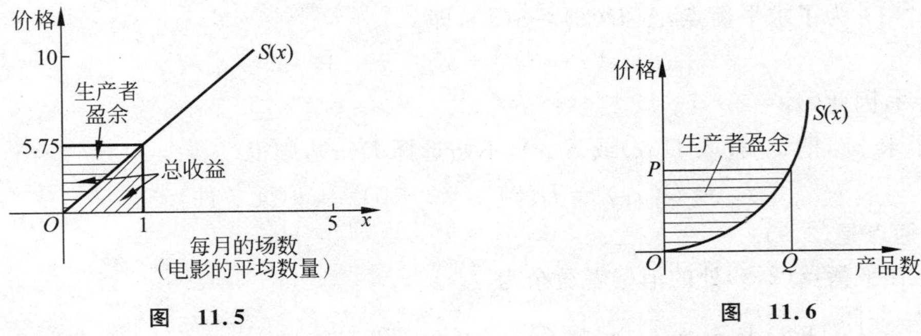

图　11.5　　　　图　11.6

如果价格是 P,放映者将提供 Q 部电影,总收益是 QP. 生产者盈余是总收益减去曲线下的面积,这由

$$QP-\int_0^Q S(x)\mathrm{d}x$$

给出.

定义 2 假设 $p=S(x)$ 是某商品的供给函数,则对于点 (Q,P) 的**生产者盈余**的定义为

$$QP-\int_0^Q S(x)\mathrm{d}x.$$

例 8 对于供给函数 $S(x)=x^2+x+3$,求当 $x=3$ 时的生产者盈余.

解 当 $x=3$ 时,$P=S(3)=3^2+3+3=15$,于是:

$$\begin{aligned}\text{生产者盈余}&=QP-\int_0^Q S(x)\mathrm{d}x\\&=3\times 15-\int_0^3(x^2+x+3)\mathrm{d}x=45-\left[\frac{x^3}{3}+\frac{x^2}{2}+3x\right]_0^3\\&=22.5(\text{元}).\end{aligned}$$

在图 11.7 中,平衡点 $(x_{\mathrm{E}},p_{\mathrm{E}})$ 是供给曲线与需求曲线的交点,此时,经营者和消费者之间真正发生了购买和销售活动.

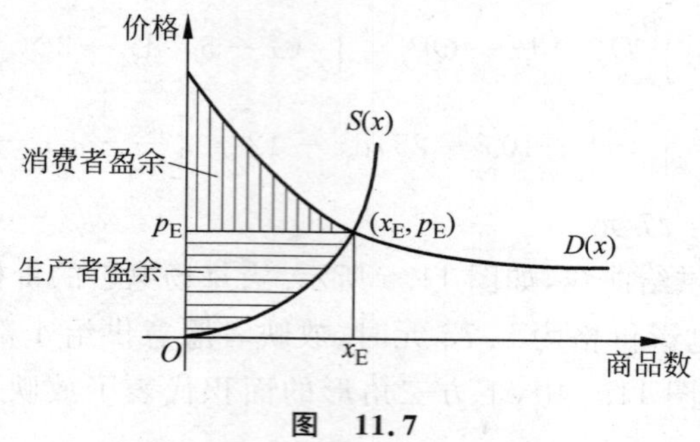

图 11.7

例 9 已知需求函数和供给函数分别为

$$D(x)=(x-5)^2,\quad S(x)=x^2+x+3.$$

试求:(1) 平衡点;

(2) 平衡点处的消费者盈余;

(3) 平衡点处的生产者盈余.

解 (1) 为了求平衡点,令 $D(x)=S(x)$,即

$$(x-5)^2=x^2+x+3,$$

解得 $x=2$,因此,$x_{\mathrm{E}}=2$.

为了求 p_{E},把 x_{E} 代入 $D(x)$ 或 $S(x)$,不妨选择 $D(x)$,则得

$$p_{\mathrm{E}}=D(x_{\mathrm{E}})=D(2)=(2-5)^2=9(\text{元}/\text{件}).$$

因此,平衡点是(2,9).

(2) 在平衡点(2,9)处的消费者盈余为

$$\begin{aligned}\int_0^{x_{\mathrm{E}}}D(x)\mathrm{d}x-x_{\mathrm{E}}p_{\mathrm{E}}&=\int_0^2(x-5)^2\mathrm{d}x-2\times 9=\left[\frac{(x-5)^3}{3}\right]_0^2-18\\&=\left[\frac{(2-5)^3}{3}-\frac{(0-5)^3}{3}\right]-18\approx 14.67(\text{元}).\end{aligned}$$

(3) 在平衡点(2,9)处的生产者盈余为

$$x_{\mathrm{E}}p_{\mathrm{E}}-\int_0^{x_{\mathrm{E}}}S(x)\mathrm{d}x=2\times 9-\int_0^2(x^2+x+3)\mathrm{d}x$$

$$=18-\left[\frac{x^3}{3}+\frac{x^2}{2}+3x\right]_0^2\approx 7.33(\text{元}).$$

因此,利用积分能够方便地求解平衡点处的消费者盈余和生产者盈余.

2. 基尼系数

下面我们介绍定积分在经济学中的另一个应用——基尼系数的计算.基尼系数是国际和国内分析收入分配差距的常用定量指标之一,是20世纪的意大利经济学家基尼根据洛伦茨曲线发现的收入分配平均程度的指标.

(1) 洛伦茨曲线

洛伦茨曲线最早是1905年美国经济学家M. Lorenz在研究财富、土地和工资收入的分配是否公平的过程中提出的.

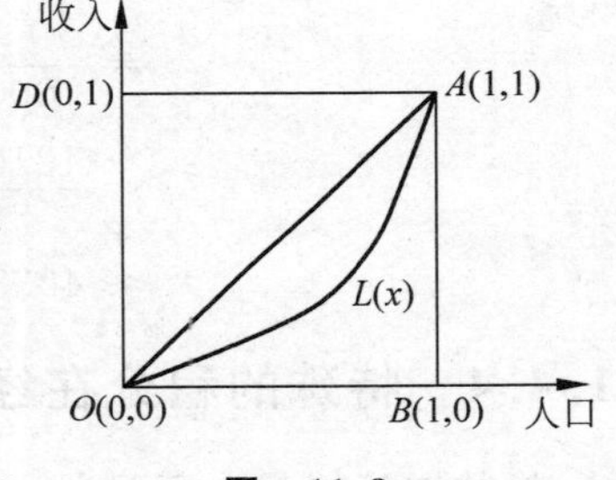

图 11.8

他把社会总人口按收入从高到低平均分为10个等级组,每个等级组均占10%的人口,再计算每个组的收入占总收入的比重.然后以人口百分比为横轴,以收入百分比为纵轴,绘出一条实际收入分配曲线,这条曲线就被称为洛伦茨曲线(见图11.8).洛伦茨曲线后来被广泛应用于反应社会收入分配或财产分配平均程度.

OA 为45°线,在这条线上,每10%的人得到10%的收入,表明收入分配完全平等,OA 称为绝对平等线;OBA 表明收入分配极度不平等,全部收入集中在1个人手中,成为绝对不平等线.介于两线之间的实际收入分配曲线 $L(x)$ 就是洛伦茨曲线,它表明洛伦茨曲线与绝对平等线 OBA 越接近,收入分配越平等;与绝对不平等线 OBA 越接近,收入分配越不平等.

(2) 基尼系数

为了更好地利用指数来反应社会收入分配的平等状况,意大利经济学家基尼根据洛伦茨曲线,计算出一个反应收入分配平等程度的指标,称为基尼系数.如图11.8所示,用洛伦茨曲线图中实际收入分配曲线 $L(x)$ 与绝对平等线 OA 之间的面积 S_1 除以这部分面积加上实际收入分配曲线与绝对不平等线 OBA 之间的面积 S_2 之和 S_1+S_2,其商即为基尼系数 G,即 $G=\dfrac{S_1}{S_1+S_2}$.又因为 $S_1+S_2=\dfrac{1}{2}$,所以

$$G=\frac{S_1}{S_1+S_2}=\frac{\dfrac{1}{2}-\displaystyle\int_0^1 L(x)\mathrm{d}x}{\dfrac{1}{2}}=1-2\int_0^1 L(x)\mathrm{d}x.$$

基尼系数是[0,1]之间的数值,基尼系数越大,不均等程度越高;基尼系数越小,收入分配越平等.基尼系数为0,表示收入分配绝对平等;基尼系数为1,表示收入分配绝对不平等.

例 10 设某地区的工资分配洛伦茨曲线是 $L(x)=x^2$,求基尼系数 G.

解 $G=1-2\int_0^1 L(x)\mathrm{d}x=1-2\int_0^1 x^2\mathrm{d}x=1-\left[\frac{2}{3}x^3\right]_0^1=\frac{1}{3}.$

11.4.3 多元函数积分在经济问题中的简单应用

下面举例说明多元函数的积分在经济问题中的应用.

例 11 设公司销售商品甲 x 个单位、商品乙 y 个单位的利润是

$$P(x,y)=-(x-200)^2-(y-100)^2+5000.$$

已知一周销售商品甲的数量在 150～200 个单位之间变化,一周销售商品乙的数量在 80～100 个单位之间变化.求销售这两种商品一周的**平均利润**.

解 因为 x,y 的变化范围为 D:$150\leqslant x\leqslant 200,80\leqslant y\leqslant 100$,所以这个区域的面积为 $\sigma=(200-150)\times(100-80)=1000$,因此这家公司销售这两种商品一周的平均利润为

$$\begin{aligned}\frac{1}{\sigma}\iint_D P(x,y)\mathrm{d}\sigma &= \frac{1}{1000}\iint_D[-(x-200)^2-(y-100)^2+5000]\mathrm{d}\sigma\\ &=\frac{1}{1000}\int_{150}^{200}\mathrm{d}x\int_{80}^{100}[-(x-200)^2-(y-100)^2+5000]\mathrm{d}y\\ &=\frac{1}{1000}\int_{150}^{200}\left[-20(x-200)^2+\frac{292000}{3}\right]\mathrm{d}x\\ &=\frac{12100}{3}\\ &\approx 4033.\end{aligned}$$

11.4.4 特殊的积分在经济问题中的应用

指数增长的基本模型为

$$P(t)=P_0\mathrm{e}^{kt},$$

注意到

$$\frac{\mathrm{d}P(t)}{\mathrm{d}t}=\frac{\mathrm{d}}{\mathrm{d}t}(P_0\mathrm{e}^{kt})=kP_0\mathrm{e}^{kt}=kP,$$

因此常数 k 称为**指数增长率(rate of exponential growth)**,或简称为**增长率(growth rate)**.

在指数增长模型中,为了得到其变化率必须用常数 k 乘 P.例如,银行支付利率,如果利率是 8%或 0.08,则我们在银行的存款余额以每年 0.08 元的比率在增长,即我们用每年 8%而不是 0.08 元表示利率.在永续复利情况下,利率是一个真正的指数增长比率.

指数增长模型 $P(t)=P_0\mathrm{e}^{kt}$ 的一个简单应用是计算一个储蓄账户按永续复利 k 的初始投资 P_0 在 t 年后的结存.

例 12 初始投资是 1000 元,永续复利是 8%,求 3 年后储蓄账户的结存.

解 利用指数增长模型 $P(t)=P_0\mathrm{e}^{kt}$,且 $k=0.08,t=3$ 和 $P_0=1000$ 元,得到

$$P(3)=1000\mathrm{e}^{0.08\times 3}=1000\mathrm{e}^{0.24}=1000\times 1.271249\approx 1271.25(\text{元}).$$

所以 3 年后账户结存约为 1271.25 元.

1. 连续资金流量——积分 $\int_0^T P_0\mathrm{e}^{kt}\mathrm{d}t$ 的应用

(1) 积分 $\int_0^T P_0\mathrm{e}^{kt}\mathrm{d}t$

考虑在区间$[0,T]$上 $P_0\mathrm{e}^{kt}$ 的积分:

$$\int_0^T P_0\mathrm{e}^{kt}\mathrm{d}t=\left[\frac{P_0}{k}\cdot\mathrm{e}^{kt}\right]_0^T=\frac{P_0}{k}(\mathrm{e}^{kT}-\mathrm{e}^{k\cdot 0})=\frac{P_0}{k}(\mathrm{e}^{kT}-1),$$

于是得到这个积分的一个公式为

$$\int_0^T P(t)\,\mathrm{d}t = \int_0^T P_0 \mathrm{e}^{kt}\,\mathrm{d}t = \frac{P_0}{k}(\mathrm{e}^{kT}-1).$$

我们知道这个公式表示在区间$[0,T]$上 $P(t)=P_0\mathrm{e}^{kt}$ 的图形下的面积.

下面我们考虑积分 $\int_0^T P_0\mathrm{e}^{kt}\,\mathrm{d}t$ 在经济中的应用——连续资金流量(amount of continuous money flow).

(2) 连续资金流量

假设资金按8%的永续复利以每年1000元的速率不断流入一个储蓄账户之内,这意味着,经过很短的时间 $\mathrm{d}t$,银行就要付给直到此刻(因为 $t=0$)账户中累积的所有资金的利息,经过时间 $\mathrm{d}t$ 支付的金额是

$$1000\mathrm{e}^{0.08t}\,\mathrm{d}t(\text{元}).$$

假如需要求在5年期间中所有这些金额的累积,这个累积由下面的积分给出:

$$\begin{aligned}\int_0^5 1000\mathrm{e}^{0.08t}\,\mathrm{d}t &= \left[\frac{1000}{0.08}\mathrm{e}^{0.08t}\right]_0^5 = 12500(\mathrm{e}^{0.08\times5}-\mathrm{e}^{0.08\times0})\\ &= 12500(\mathrm{e}^{0.4}-1) = 12500\times(1.491825-1)\\ &\approx 6147.81(\text{元})\end{aligned}$$

经济学家称6147.81元为连续资金流量.在这种情况下,资金依照常值函数 $R(t)=1000$ 元流动,资金也可以依照某个可变函数流动,比如 $R(t)=2t-7$ 或 $R(t)=t^2$.

定理1 如果资金进入投资的流转率由某个常值函数 $R(t)$ 给出,则经过时间 T 后,以复利 k 计息的**连续资金流量**可表示为

$$\int_0^T R(t)\mathrm{e}^{kt}\,\mathrm{d}t.$$

例13 某人每年投资1000元,永续复利为8%,求20年的连续资金流量.

解 根据连续资金流量的结论得

$$\begin{aligned}\int_0^T R(t)\mathrm{e}^{kt}\,\mathrm{d}t &= \int_0^{20} 1000\mathrm{e}^{0.08t}\,\mathrm{d}t = \frac{1000}{0.08}\times(\mathrm{e}^{0.08\times20}-1)\\ &= 12500\times(\mathrm{e}^{1.6}-1) = 12500\times(4.953032-1)\\ &\approx 49412.90(\text{元})\end{aligned}$$

有时可能想要知道,应如何把资金注入到投资中才能最终具有指定的总额.

例14 考虑资金以每年 P_0 元的常流转率连续注入到一项投资中,试求 P_0 应该是多少,才能使得经过15年后按永续复利8%计息的连续资金流量是1000元?

解 即求 P_0 为多少使得

$$1000 = \int_0^{15} P_0\mathrm{e}^{0.08t}\,\mathrm{d}t.$$

解方程

$$1000 = \frac{P_0}{0.08}(\mathrm{e}^{0.08\times15}-1),$$

得

$$P_0 \approx 344.81(\text{元}).$$

2. 现值和累积现值——积分 $\int_0^T P_0 e^{-kt} dt$ 的应用

(1) 积分 $\int_0^T P_0 e^{-kt} dt$

考虑在区间 $[0,T]$ 上 $P_0 e^{-kt}$ 的积分：

$$\int_0^T P_0 e^{-kt} dt = \left[-\frac{P_0}{k} \cdot e^{-kt}\right]_0^T = -\frac{P_0}{k}(e^{-kT} - e^{-k\cdot 0})$$

$$= -\frac{P_0}{k}(e^{-kT} - 1) = \frac{P_0}{k}(1 - e^{-kT}),$$

于是得到这个积分的一个公式

$$\int_0^T P(t) dt = \int_0^T P_0 e^{-kt} dt = \frac{P_0}{k}(1 - e^{-kT}),$$

我们知道这个公式表示在区间 $[0,T]$ 上 $P(t) = P_0 e^{-kt}$ 的图形下的面积.

下面我们考虑积分 $\int_0^T P_0 e^{-kt} dt$ 在经济问题中的应用——现值和累积现值.

(2) 现值和累积现值

永续复利为 k，t 年后到期的结存 P 的现值 P_0 可通过下述方程来得到：

$$P_0 e^{kt} = P,$$

因此

$$P_0 = \frac{P}{e^{kt}} = P e^{-kt}.$$

定理 2 按永续复利 k 计算，t 年后到期的结存 P 的现值 P_0 为

$$P_0 = P e^{-kt}.$$

注意 这可以解释成由未来到现在的指数衰减.

例 15 求按永续复利 8.7%计息，30 年后到期的 200000 元的现值.

解 在现值公式中用 200000 元替换 P，0.087 替换 k，30 替换 t，得

$$P_0 = P e^{-kt} = 200000 e^{-0.087\times 30} = 14706.91(\text{元}),$$

因此现值是 14706.91 元.

假设由现在到未来的某时刻 T，连续资金流量将以每年 P 元的常流转率注入到一项投资中，如果经过一段很小的时间 dt，累积是 $P \cdot dt$ 元，这个结存的现值就是

$$(P \cdot dt) e^{-kt},$$

其中，k 是当前永续复利. 所有的现值的累积由积分

$$\int_0^T P e^{-kt} dt$$

得出，且称之为**累积现值(accumulated present value)**，计算这个积分得到

$$\int_0^T P e^{-kt} dt = \frac{P}{-k}(e^{-kT} - e^{-k\cdot 0}) = \frac{P}{k}(1 - e^{-kT}).$$

在上述情况下，资金依照常值函数 $R(t) = P$ 流动，资金也可以依照某些可变函数流动，例如 $R(t) = 2t + 8$ 或 $R(t) = t^3$.

定理 3 由现在到未来的某时刻 T，连续资金流量以每年常流转率 $P(t)$ 元注入到一项投资中的**累积现值**为

$$\int_0^T P(t)\mathrm{e}^{-kt}\mathrm{d}t,$$

其中，k 是当前永续复利.

例 16 如果每年有 2400 元的连续资金流量，且当前永续复利是 14%，求 5 年后这个投资的累积现值.

解 利用累积现值的定义，得

$$\int_0^T P(t)\mathrm{e}^{-kt}\mathrm{d}t = \int_0^5 2400\mathrm{e}^{-0.14t}\mathrm{d}t = \frac{2400}{0.14}\times(1-\mathrm{e}^{-0.7}) \approx 17142.86\times(1-\mathrm{e}^{-0.7})$$

$$\approx 17142.86\times(1-0.496585)\approx 8629.97(\text{元}).$$

例 17 一位具有 MBA 学位的女士在 35 岁时接受某公司的总裁职位. 假定她到 65 岁退休，并且她的 85000 元的年薪都投入到连续资金流中. 现行的永续复利 8%. 试问这位总裁的累积现值是多少？

解 此问题相当于每年有 85 000 元的连续资金流量，且当前永续复利是 8%，求 65－35＝30 年后的累积现值. 利用累积现值的定义 $\int_0^T P(t)\mathrm{e}^{-kt}\mathrm{d}t$ 得

$$\int_0^{30} 85000\mathrm{e}^{-0.08t}\mathrm{d}t = \frac{85000}{0.08}\times(1-\mathrm{e}^{-0.08\times 30}) = 1062500\times(1-\mathrm{e}^{-2.4})$$

$$\approx 1062500\times(1-0.090717953)\approx 966112.17(\text{元}).$$

上面的两个例子是积分

$$\int_0^T P\mathrm{e}^{-kt}\mathrm{d}t = \frac{P}{k}(1-\mathrm{e}^{-kt})$$

的应用. 这个积分也可用来计算特定数量的放射性物质每年释放到大气中的累积量. 一些物质衰退了，但是更多的物质仍在继续释放，上面的积分给出了到时间 T 时释放的总量.

习 题 11.4

1. 已知某产品的产量变化率是时间 t(年)的函数即 $f(t)=3t^2-1(t\geqslant 0)$，试求该产品前 5 年的产量.

2. 设某商品的需求量 Q 为价格 p 的函数，该商品的最大需求量为 4000. 已知需求量的变化率(边际需求)为 $Q'(p)=-5000\ln 2\cdot\left(\frac{1}{2}\right)^p$，试求需求量 Q 与价格 p 的函数关系.

3. 若一企业生产某产品的边际成本是产量 x 的函数，即 $C'(x)=2\mathrm{e}^{0.2x}$，固定成本 $C_0=90$. 求成本函数.

4. 某产品生产 x 个单位时的总收益 R 的变化率(即边际收益)为

$$R'(x)=100-2x.$$

试求：(1) 生产 50 个单位时的总收益以及平均单位收益；

(2) 如果已经生产了 50 个单位，再生产 10 个单位时的总收益，以及产量从 50 个单位到 60 个单位的平均收益.

5. 某厂经济指标主要由产量 Q 决定，已知边际成本 $C'(Q)=8+2Q$(万元/百台)，边际收益 $R'(Q)=20-2Q$(万元/百台)，固定成本为零，且产量为零时，收益也为零. 试求：

(1) 总成本函数 $C(Q)$，总收益函数 $R(Q)$；

(2) 产量从 100 台增加到 200 台时，总成本与总收益各增加多少？

(3) 当产量 Q 为多少时，总利润 $L(Q)$ 为最大？

(4) 当取得最大利润时，其总利润、总成本、总收益各是多少？

(5) 在总利润最大的产量基础上，再生产 50 台产品，其总利润是增加还是减少？

6. 已知需求函数 $D(x)=(x-4)^2$ 和供给函数 $S(x)=x^2+2x+6$. 试求：

(1) 平衡点；

(2) 平衡点处的消费者盈余；

(3) 平衡点处的生产者盈余.

7. 已知需求函数 $D(x)=(5-x)$ 和供给函数 $S(x)=\sqrt{x+7}$. 试求：

(1) 平衡点；

(2) 平衡点处的消费者盈余；

(3) 平衡点处的生产者盈余.

8. 按永续复利 10%，求初始投资 100 元的储蓄账户 4 年后的结存.

9. 每年注入 1000 元，永续复利为 8.5%，求 40 年的连续资金流量.

10. 现值 P_0 应该是多少，才能使得经过 20 年后按永续复利 8.5% 计息的连续资金流量是 50000 元？

11. 如果每年有 2700 元的连续资金流量，且现行的永续复利为 9%. 求 10 年后这个投资的累积现值.

12. 某人在 30 岁时找到一个司机的工作. 假定他到 60 岁退休，并且他的 30000 元的年薪都投入到连续资金流中，现行的永续复利 8%. 试问这位司机的累积现值是多少？

总 习 题 11

1. 若某产品的需求量 Q 是价格 p 的线性函数. 已知每台售价 500 元时，每月可销售 1500 台. 每台售价降低 50 元时，每月销售量可增加 250 台. 求线性需求函数.

2. 某工厂生产一种产品，根据调查得知需求量 Q 和价格 p 之间的函数关系为 $Q=-900p+45000$，该工厂生产该产品的固定成本为 270000 元，单位产品的变动成本为 10 元. 试求该产品出厂价格应为多少时，该工厂能获得最大利润，最大利润为多少？在此价格下，销售量应该为多少？

3. 设某商品的需求函数为 $Q(p)=100-p$，每单位商品需要纳税 t 元. 总成本函数为 $C(p)=500+20p$，其中 p 为商品价格. 试求：

(1) 销售量为多少时，该商家获得最大利润？

(2) 当 t 为何值时，政府税收总额最大？

4. 某工厂生产某商品，年产量为 100 万件，分若干批进行生产，每批生产准备费为 1000 元，设产品均匀投入市场(即平均库存量为批量的一半)，且上一批销售完后立即生产下一批. 设每年每台库存保管费为 0.05 元，试问应分几批生产，能使一年的总费用 S(生产准备费和库存保管费)最小.

5. 一厂家生产一种产品，成本函数为

$$C(Q)=10Q+6.$$

该产品在两个市场销售，销售价分别为 p_1 与 p_2，经过预测两市场对该产品的需求函数分别是

$$Q_1 = 10 - 0.2p_1, \quad Q_2 = 15 - 0.5p_2, \quad Q_1 + Q_2 = Q.$$

为使厂家获得最大利润，试确定投入两市场的产品量及价格，并求最大利润.

6. 某企业生产一产品，生产函数为 $Q(x,y)=10xy$，其中投入为 x 与 y，而且两种投入的价格分别为 25 元和 10 元. 已知生产费用预算为 5000 元，试问：

(1) 应如何安排生产，才能使产量最高？

(2) 产品的边际产出，即增加一个单位成本，可以使最大产量增加多少？

7. 假设某产品的总成本函数为 $C(Q)=200+5Q+\frac{1}{2}Q^2$，而需求函数为 $Q=5-\frac{1}{2}p$，其中 Q 为产量(假设其与需求量相等)，p 为价格. 求边际成本、边际收益及边际利润.

8. 设某产品的需求函数为

$$Q = f(p) = 200 - 2p, \quad 0 \leqslant p \leqslant 100,$$

其中，Q 为需求量；p 为价格. 试回答下列问题：

(1) 需求弹性；

(2) 当 $p=20$ 时，且价格上涨 1%，需求量是增加还是减少，其变化为百分之几？

(3) 讨论当商品价格变动时，需求量变化的情况.

9. 设某两种相关商品的价格分别为 p_1 和 p_2，它们的需求函数分别为

$$Q_1 = 20 - 2p_1 - p_2, \quad Q_2 = 9 - p_1 - 2p_2.$$

试求：(1) 需求的直接价格偏弹性；

(2) 需求的交叉价格偏弹性；

(3) 当 $p_1=2$ 和 $p_2=3$ 时，需求的直接价格偏弹性和交叉价格偏弹性分别是多少？是否为互补商品？

10. 设某产品的各项经济指标主要由产量 Q 决定，已知边际成本 $C'(Q)=4+2Q$(千元/台)，边际收益 $R'(Q)=20-2Q$(千元/台)，固定成本为 1 万元，且产量为零时，收益为零. 试求：

(1) 总成本函数 $C(Q)$，总收益函数 $R(Q)$；

(2) 当产量 Q 为多少时，总利润 $L(Q)$ 为最大，并求最大利润.

11. 某人在 25 岁参加工作. 假定他到 65 岁退休，并且他的 30000 元的年薪都投入到连续资金流中，现行的永续复利为 8%. 试问此人的累积现值是多少？

习题参考答案

习　题　1.1

1. (1) $f(x)=x^2-x$；　　(2) $f(x)=x^2-2$；

(3) $f(x)=\frac{1}{3}x^2+\frac{2}{3}x-\frac{1}{3}$；　　(4) $f(x)=\sin x$.

2. (1) $D=(-2,2)$；　　(2) $D=\{x\mid x\neq k\pi+\frac{\pi}{2}-2\}(k=0,\pm1,\pm2,\cdots)$；

(3) $D=[2,4]$；　　(4) $D=\{x\mid x>-1\}$；

(5) $D=[-1,0)\cup(0,1]$；　　(6) $D=(-\infty,0)\cup(0,3)$.

3. (1) 不同.因为定义域不同；

(2) 不同.因为对应法则不同；

(3) 相同.因为定义域、对应法则均相同；

(4) 不同.因为定义域不同.

4. (1) 单调递减；　(2) 单调递减；　(3) 单调递增；　(4) 单调递减.

5. (1) 奇函数；　(2) 偶函数；　(3) 非奇非偶函数；　(4) 偶函数；

(5) 奇函数；　(6) 奇函数.

6. (1) 是周期函数,周期为 $T=2\pi$；　　(2) 是周期函数,周期为 $T=\frac{\pi}{2}$；

(3) 是周期函数，周期为 $T=2$；　　(4) 不是周期函数；

(5) 是周期函数，周期为 $T=\pi$.

7. (1) $[-1,1]$.　(2) $[2k\pi,2k\pi+\pi](k=0,\pm1,\pm2,\cdots)$.　(3) $[-a,1-a]$.

(4) 当 $0<a\leqslant\frac{1}{2}$ 时,$D=[a,1-a]$;当 $a>\frac{1}{2}$ 时,函数无意义.

8. $f_4(x)=f(f(f(f(x))))=\frac{x}{\sqrt{1+4x^2}}$.

9. 函数 $D(x)=\begin{cases}1(x\text{ 为有理数}),\\0(x\text{ 为无理数})\end{cases}$ 为非单调函数、有界函数、周期函数.

10. 提示：利用函数奇偶性的定义证明.

11. 提示：利用奇函数的定义和单调性证明.

12. (1) $y=\ln(1+x^2)$, $y_1=0$, $y_2=\ln5$；　　(2) $y=(\sin x)^2$, $y_1=0$, $y_2=1$；

(3) $y=\sin2x$, $y_1=\frac{\sqrt{2}}{2}$, $y_2=1$；　　(4) $y=\mathrm{e}^{x^2}$, $y_1=1$, $y_2=\mathrm{e}$.

13. 证明：(1) 由于 $F(-x)=f(-x)+f(x)=F(x)$,故 $F(x)$ 为偶函数；

(2) 由于 $G(-x)=f(-x)-f(x)=-G(x)$,故 $G(x)$ 为奇函数；

(3) $f(x)=\frac{1}{2}[F(x)+G(x)]$.

习　题　1.2

1. (1) 0；　(2) 0；　(3) 2；　(4) 1；　(5) 没有极限.

2. 略.　3. $\frac{1}{1-x}$.　4～8. 略.

习　题　1.3

1. 略.　2. $\delta=0,002$.

3. $\lim\limits_{x\to 2^-}f(x)=-1,\lim\limits_{x\to 2^+}f(x)=1,\lim\limits_{x\to 2}f(x)$不存在.

4. (1) $\lim\limits_{x\to 3^-}f(x)=-3a,\lim\limits_{x\to 3^+}f(x)=9$；(2) $a=-3$.

5～9. 略.

习　题　1.4

1. (1) 例如 $y=x\cos x$ 在$(-\infty,+\infty)$内是无界函数,但不是 $x\to\infty$ 的无穷大量；

(2) 例如当 $x\to 0$ 时,$\alpha=5x,\beta=3x$ 都是无穷小量,但$\frac{\alpha}{\beta}$不是无穷小量；

(3) 例如当 $x\to+\infty$时,$\alpha=3x,\beta=-3x$ 都是无穷大量,但 $\alpha+\beta$ 不是无穷大量；

(4) 例如当 $x\to+\infty$时,$\alpha=0$ 是无穷小量,$\beta=x^2$ 是无穷大量,但 $\alpha\cdot\beta$ 不是无穷大量.

2～3. 略.

4. $y=x\cos x$ 在$(-\infty,+\infty)$内是无界函数,但当 $x\to\infty$时,此函数不是无穷大量.

习　题　1.5

1. (1) $-\frac{3}{7}$；　(2) 0；　(3) $2x$；　(4) $\frac{1}{2}$；　(5) $\frac{m}{n}$；

(6) 1；　(7) $\frac{2}{3}$；　(8) -1；　(9) $\frac{1}{2}$；　(10) 0；

(11) 不存在；　(12) 2；　(13) $\frac{2^{30}\cdot 3^{20}}{5^{50}}$；　(14) $\frac{1}{2}$；　(15) $\frac{1}{5}$；

(16) 2；　(17) $\frac{1}{2}$；　(18) $\frac{4}{3}$；　(19) $\frac{1}{2}$.

2. (1) 0；　(2) $\frac{1}{5}$；　(3) 0.

3. (1) $a=-7,b=6$；　(2) $a=1,b=-3$；

(3) $a=1,b=-\frac{1}{2}$；　(4) $a=-1,b=\frac{1}{2}$.

4. (1) -6；　(2) -85；　(3) $-\frac{33}{17}$.

5. 略.

习　题　1.6

1. (1) 1；　(2) $\frac{a}{b}$；　(3) $\frac{1}{3}$；　(4) 8；　(5) 2；

(6) 1；　(7) 2；　(8) x.

2. (1) 1;　(2) e^{2a};　(3) 1;　(4) e^{-2};　(5) e^{3};

(6) e^{2};　(7) 1;　(8) $e^{-\frac{1}{2}}$;　(9) 1;　(10) -2.

3. $c=\ln 2$.

4. (1) 提示: $\frac{n}{\sqrt{n^2+n}}\leqslant\frac{1}{\sqrt{n^2+1}}+\frac{1}{\sqrt{n^2+2}}+\cdots+\frac{1}{\sqrt{n^2+n}}\leqslant\frac{n}{\sqrt{n^2+1}}$;

(2) 提示: $\frac{n(n+1)}{4n^2+2n}\leqslant\frac{1}{2n^2+1}+\frac{2}{2n^2+2}+\cdots+\frac{n}{2n^2+n}\leqslant\frac{n(n+1)}{4n^2}$.

习　题　1.7

1. $x^2-x^3=\circ(2x-x^2)$.

2. 略.

3. (1) $\begin{cases}0, m>m,\\ \infty, m<n,\\ 1, m=n;\end{cases}$　(2) 2;　(3) 8;　(4) 2;

(5) 1;　(6) $\frac{1}{3}$;　(7) $\frac{a^2}{b^2}$;　(8) $-\frac{3}{2}$.

4. 略.

习　题　1.8

1. (1) 在$\{x\mid x\neq\pm1\}$处连续;　(2) 在$\{x\mid x\geqslant1\}$处连续;

(3) 在$(0,2)$内连续;　(4) 在$(-\infty,-1)\cup(-1,+\infty)$内连续.

2. (1) $x=-1$ 为无穷间断点.

(2) $x=2$ 为无穷间断点; $x=1$ 为可去间断点,补充定义为 $f(1)=-2$.

(3) $x=1$ 为无穷间断点.

(4) $\{x\mid x=k\pi,k\in\mathbb{Z},k\neq0\}$为无穷间断点; $x=0$ 为可去间断点,补充定义为 $f(0)=1$.

3. $f(x)=\begin{cases}-x, |x|>1,\\ x, |x|<1,\\ 0, |x|=1,\end{cases}$　$x=\pm1$ 为跳跃间断点.

习　题　1.9

1. (1) $\sqrt{5}$;　(2) $-\frac{1}{2}(e^{-2}+1)$;　(3) 1;　(4) 0;　(5) $-\frac{\sqrt{2}}{2}$;

(6) $\frac{1}{2}$;　(7) -2;　(8) 2;　(9) ∞.　(10) 0.

2. (1) 1;　(2) 0;　(3) 1;　(4) e^{3};　(5) 1.

3. 对 $f(x)=x^5-3x-1$ 使用$[1,2]$上的零点定理.

4. 对 $f(x)=e^x\cos x$ 使用$[0,\pi]$上的零点定理.

总习题1

1. (1) $(0,1)\cup(1,5]$;　(2) 2;　(3) 5;　(4) 2;

(5) $\frac{3^{20}}{2^{30}}$;　(6) -2;　(7) $\frac{2}{3}$.

2. (1) A；　(2) A；　(3) C；　(4) A；
(5) D；　(6) D；　(7) D；　(8) C.

3. (1) $\frac{1}{2}$；　(2) $\frac{1}{2}mn(n-m)$；　(3) e^2；　(4) 1；
(5) e^2；　(6) $\frac{1}{2}$；　(7) $\frac{3}{2}$；　(8) -1；
(9) $\begin{cases}0, n>m,\\ 1, n=m,\\ \infty, n<m;\end{cases}$　(10) -3；　(11) -2；　(12) $\frac{1}{4}$.

4. $a=\ln 3$.　5. $a=-2, b=-3$.　6. $a=-2$.

7. 提示：令 $f(x)=x^5-3x-1$，应用零点定理.

8. 提示：应用介值定理.

9. 提示：令 $F(x)=f(x)-g(x)$，应用零点定理.

习　题　2.1

1. 思考题
(1) 错，比如 $x=y^2$ 在 $x=0$ 处不可导但有切线 $x=0$；　(2) 是；
(3) 不一定，比如 $y=|x|$；　(4) 可导.

2. (1) $-f'(x_0)$；　(2) $-f'(x_0)$；　(3) $3f'(x_0)$；　(4) $f'(0)$.

3. 10.　4. $y=4x-5, y=-\frac{1}{4}x+\frac{7}{2}$.　5. $x=-\frac{1}{\sqrt[3]{6}}$.

6. (1) 连续可导；　(2) 连续不可导；　(3) 不连续不可导.

7. $a=2, b=-1$　8. 2.

习　题　2.2

1. (1) $y'=x+1$；　(2) $y'=3x^2+3^x\ln 3$；　(3) $y'=-\frac{3}{2}x^{-\frac{5}{2}}+2x^{-3}$；
(4) $y'=\frac{7}{8}x^{-\frac{1}{8}}$；　(5) $y'=\frac{2}{(x+1)^2}$；　(6) $y=\frac{-2}{x(1+\ln x)^2}$；
(7) $y'=3x^2+12x+11$；
(8) $y'=2^x\left(\ln 2\cos x\ln x+\frac{\cos x}{x}-\sin x\ln x\right)$.

2. (1) 11；　(2) $\frac{\sqrt{2}}{4}\left(1+\frac{\pi}{2}\right)$.

3. (1) $y'=-20(1-2x)^9$；　(2) $y'=\csc x$；　(3) $y'=x(1-x^2)^{-\frac{3}{2}}$；
(4) $y'=-x^{-2}e^{\sin\frac{1}{x}}\cos\frac{1}{x}$；　(5) $y'=(\sin x)^{x^2}(2x\ln\sin x+x^2\cot x)$.

习　题　2.3

1. (1) $y''=\frac{2(1-x^2)}{(1+x^2)^2}$；　(2) $y''=e^{\sin x}(\cos^2 x-\sin x)$；
(3) $y''=2\arctan x+\frac{2x}{1+x^2}$；　(4) $y''=\frac{6\ln x-5}{x^4}$.

2. (1) 0； (2) 10e； (3) $\dfrac{e^2}{4}$.

3. (1) $y''=2f'(x^2)+4x^2f''(x^2)$； (2) $y''=x^{-4}\left[f''\left(\dfrac{1}{x}\right)+2xf\left(\dfrac{1}{x}\right)\right]$；

(3) $y''=\dfrac{f(x)f''(x)-f'^2(x)}{f^2(x)}$.

习 题 2.4

1. (1) $y'=\dfrac{y}{y-1}$； (2) $y'=\dfrac{\sin(x-y)+y\cos x}{\sin(x-y)-\sin x}$；

(3) $y'=\dfrac{y^2(\ln x-1)}{x^2(\ln y-1)}$； (4) $y'=\dfrac{\tan y}{x\tan y-x\sec^2 y}$.

2. $y'(0)=2$.

3. $y''=\dfrac{-4}{y^3}$；$y''=\dfrac{-\cos(x+y)}{[1+\sin(x+y)]^3}$.

4. (1) $y'=(1+x^{-1})^x\left(\ln(1+x^{-1})-\dfrac{1}{x+1}\right)$；

(2) $y'=(x^2+1)^3(x+2)^2x^6\left(\dfrac{6x}{x^2+1}+\dfrac{2}{x+2}+\dfrac{6}{x}\right)$；

(3) $y'=\dfrac{1}{2}\sqrt{\dfrac{(x-1)(x-2)}{(x-3)(x-4)}}\left[\dfrac{1}{(x-1)}+\dfrac{1}{(x-2)}-\dfrac{1}{(x-3)}-\dfrac{1}{(x-4)}\right]$；

(4) $y'=\dfrac{(3-x)^4\sqrt{2+x}}{(x+1)^5}\left(\dfrac{-4}{3-x}+\dfrac{1}{2(x+2)}-\dfrac{5}{x+1}\right)$.

5. (1) $y=-x+\sqrt{2}, y=x$； (2) $y=-x+a, y=x$.

6. (1) $y'=-\dfrac{2}{3}e^{2t}, y''=\dfrac{4}{9}e^{3t}$； (2) $y'=1-\dfrac{1}{3}t^{-2}, y''=-\dfrac{2}{9}t^{-5}$；

(3) $y'=\dfrac{b}{a}, y''=0$.

习 题 2.5

1. (1) $dy=(10x+3)dx$； (2) $dy=(3x^2-4x-8)dx$； (3) $ds=\sec t dt$.

2. (1) $dy=-\dfrac{\pi}{135}\left(1+\dfrac{\sqrt{3}}{3}\right)^{-3}$； (2) $dy=-0.0017e^3$.

3. $dy=\dfrac{y-2x^2y^3}{2x^3y^2-x}dx$.

4. (1) x^2； (2) $\ln|x|$； (3) $\dfrac{1}{x}$； (4) $-e^{-x}$；

(5) $-\dfrac{1}{2}\cos 2x$； (6) $\sqrt{x}$； (7) e^{x^2}； (8) $2\sin x, \sin 2x$.

5. (1) $\dfrac{1}{2}-\dfrac{\sqrt{3}\pi}{360}$； (2) 1.002； (3) 0.03；

6. 125.757g.

总习题 2

1. (1) $y'=\dfrac{\sqrt{1-x^2}+x\arcsin x}{(1-x^2)\sqrt{1-x^2}}$； (2) $y=x+1$；

(3) $\left.\dfrac{\mathrm{d}y}{\mathrm{d}x}\right|_{x=0}=-\mathrm{e}$； (4) $-\pi\mathrm{d}x$； (5) $f'''(2)=2\mathrm{e}^3$.

2. (1) C； (2) C； (3) B； (4) C； (5) A.

3. (1) $\left.\dfrac{\mathrm{d}y}{\mathrm{d}x}\right|_{x=0}=\mathrm{e}(1-\mathrm{e})$

(2) ① $y'=-\dfrac{1}{|x|\sqrt{x^2-1}}$； ② $y'=\dfrac{1-2x^2}{\sqrt{1-x^2}}$.

(3) ① $\mathrm{d}f=0.05$； ② $\mathrm{d}f=0.01$.

4. (1) $k=1$ 连续但不可导； (2) $1<k\leqslant 2$ 可导； (3) $k>2$ 导函数连续.

习 题 3.1

1. (1) $\xi=4$； (2) $\xi=0$. 2. (1) $\xi=\dfrac{1}{2}$； (2) $\xi=\dfrac{1}{\ln 2}$.

3～5. 略. 6. $\xi=\dfrac{14}{9}\in(1,2)$. 7～16. 略.

习 题 3.2

1. (1) $\dfrac{1}{2\sqrt{5}}$； (2) 1； (3) $\dfrac{4}{\mathrm{e}}$. (4) 1； (5) $\dfrac{1}{2}$；

(6) $\dfrac{1}{3}$； (7) $\dfrac{1}{2}$； (8) $+\infty$； (9) $\dfrac{1}{4}$； (10) 0；

(11) $\dfrac{1}{3}$； (12) 1； (13) 1； (14) e^{-1}； (15) e. (16) 1.

2～3. 略.

习 题 3.3

1. $f(x)=7+7(x-1)-(x-1)^2-4(x-1)^3$.

2. $f(x)=f(0)+f'(0)x+\dfrac{f''(0)}{2!}x^2+\cdots+\dfrac{f^{(n)}(0)}{n!}x^n+\dfrac{f^{(n+1)}(\theta x)}{(n+1)!}x^{n+1}$

$=x+x^2+\cdots+\dfrac{1}{(n-1)!}x^n+\dfrac{(n+1+\theta x)\mathrm{e}^{\theta x}}{(n+1)!}x^{n+1}$.

3. $f(x)=\ln 2+\dfrac{1}{2}(x-2)-\dfrac{1}{2^3}(x-2)^2+\dfrac{1}{3}\dfrac{1}{2^3}(x-2)^3+\cdots+\dfrac{(-1)^{n-1}}{n}\dfrac{1}{2^n}(x-2)^n+o[(x-2)^n]$.

4. $\sin 1\approx 1-\dfrac{1}{3!}\approx 0.833$. 误差为 $|R_4|=\left|\dfrac{\sin^{(5)}(\xi)\cdot x^5}{5!}\right|<9\times 10^{-4}$.

习 题 3.4

1. (1) 函数 $f(x)$ 在 $(-\infty,+\infty)$ 上是单调减少的；

(2) 函数 $f(x)$ 在 $(-\infty,0)$ 上是单调增加的.

2. (1) 函数在$(-\infty,-1]$及$[0,1]$上是单调减少的，在$[-1,0]$及$[1,+\infty)$上是单调增加的；

(2) 函数在$(-\infty,+\infty)$内单调增加；

(3) 函数在$[0,n]$上单调增加，在$[n,+\infty)$上单调减少；

(4) 函数在$[0,1]$上单调增加，在$[1,2]$上单调减少.

3. 略.

习 题 3.5

1. (1) $f(x)$在 $x=3$ 点取得极小值；$f(3)=-47$；$f(x)$在 $x=-1$ 点取得极大值：$f(-1)=17$.

(2) $f(x)$在 $x=\frac{2}{5}$处取得极小值，$f\left(\frac{2}{5}\right)=-\frac{3}{5}\sqrt[3]{\frac{4}{25}}$；$f(x)$在 $x=0$ 处取得极大值，$f(0)=0$.

(3) 函数在 $x=-2$ 处取得极小值$\frac{8}{3}$，在 $x=0$ 处取得极大值 4.

(4) $y(\mathrm{e})=\mathrm{e}^{\frac{1}{\mathrm{e}}}$为函数 $f(x)$的极大值.

(5) $f(0)=1$ 为极大值.

(6) 极大值 $y(-2)=-2$，极小值 $y(2)=2$.

2. B.

3. $f(x)$在$\frac{\pi}{3}$处取得极大值，$f\left(\frac{\pi}{3}\right)=2\cdot\frac{\sqrt{3}}{2}+0=\sqrt{3}$.

4. (1) 最大值 $y(\pm 2)=13$，最小值 $y(\pm 1)=4$；

(2) 最大值为$\frac{5}{4}$，最小值为$-5+\sqrt{6}$.

5. $t(\mathrm{e}^{\mathrm{e}})=1-\frac{1}{\mathrm{e}}$为极小值，从而是最小值.

6. 当 $AD=x=15\mathrm{km}$ 时，总运费最省.

7. 售出价格定在 60 元时能带来最大利润.

习 题 3.6

1. (1) 函数 y 在$(-\infty,+\infty)$内为凸的(2)函数 y 在$(0,+\infty)$内为凹的.

2. (1) 曲线拐点是$(0,1)$，$\left(\frac{2}{3},\frac{11}{27}\right)$. 在$(-\infty,0)\cup\left(\frac{2}{3},+\infty\right)$内是凹的，在$\left(0,\frac{2}{3}\right)$内是凸的.

(2) y 在$(2,+\infty)$内是凹的，在$(-\infty,2)$内是凸的. 点$(2,2\mathrm{e}^{-2})$为曲线的拐点.

(3) y 在$(-\infty,-1]$内为凸的，在$[-1,1]$内为凹的，在$[1,+\infty)$内为凸的. $(-1,\ln 2)$，$(1,\ln 2)$为函数的两个拐点.

(4) 函数 y 在$\left(-\infty,\frac{1}{2}\right)$内为凹的，在$\left(\frac{1}{2},+\infty\right)$内为凸的. $\left(\frac{1}{2},\mathrm{e}^{\arctan\frac{1}{2}}\right)$为函数的拐点.

3. $a=-\frac{3}{2}$，$b=\frac{9}{2}$.　　4. $a=1$，$b=-3$，$c=-24$，$d=16$.　　5. 略

总习题 3

1. 略.　　2. $\xi_1=\frac{1}{2},\xi_2=\frac{1}{\sqrt{3}},\xi_3=\frac{2}{3}$.　　3. 极限不存在.

4. $\sqrt{x}=2+\frac{1}{4}(x-4)-\frac{1}{64}(x-4)^2+\frac{1}{512}(x-4)^3+O[(x-4)^3]$.　　5. 略.

6. (1) 函数 $f(x)$ 在 $(-\infty,0]$ 及 $[1,+\infty)$ 上是单调增加的，在 $[0,1]$ 上是单调减少的；
   (2) 函数 $f(x)$ 在 $(-\infty,-2]$ 及 $[2,+\infty)$ 上是单调增加的，在 $[-2,0)$ 及 $(0,2]$ 上是单调减少的；
   (3) 函数 $f(x)$ 在 $(-1,0]$ 上是单调减少的，在 $[0,+\infty)$ 上是单调增加的；
   (4) 函数 $f(x)$ 在 $(-\infty,0]$ 上是单调增加的，在 $[0,+\infty)$ 上是单调减少的.

7. $a=e^e$ 时 $x(e^e)=1-\frac{1}{e}$ 为极小值，也是最小值.

8. 纵坐标最大点为(1,2)，纵坐标最小点为(−1,−2).

9. D.

习　题　4.1

1. (1) $\frac{3}{2}x^2+C$；　(2) $\frac{4}{3}x^{\frac{3}{2}}+1$；　(3) $6\sqrt{x}+2$；
   (4) $-\frac{5}{x}+6$；　(5) $\ln|1+x|$；　(6) $\frac{1}{5}e^{5x}+\frac{4}{5}$.

2. (1) $\ln|x|-\frac{2^x}{\ln 2}+5\sin x+C$；　(2) $-\frac{1}{x}+C$；
   (3) $\frac{4}{11}x^{\frac{11}{4}}+C$；　(4) $\frac{(2e)^x}{1+\ln 2}+C$；
   (5) $2x-\frac{5}{\ln 2-\ln 3}\left(\frac{2}{3}\right)^x+C$；　(6) $\sec x+\tan x-x+C$；
   (7) $\sin x+\cos x+C$；　(8) $\frac{1}{2\cos x}+C$；
   (9) $4\arctan x-3\arcsin x+C$；　(10) $-\frac{1}{x}-\arctan x+C$.

3. $s(t)=e^{-t}+t-1, s(5)=e^{-5}+4$.

习　题　4.2

1. (1) $-\frac{1}{3}$；　(2) $\frac{1}{10}$；　(3) $-\frac{1}{3}$；　(4) 2；
   (5) $-\frac{1}{2}$；　(6) 1；　(7) 1；　(8) $\frac{1}{3}$.

2. (1) $-\frac{1}{4}(1+2x)^{-2}+C$；　(2) $\frac{1}{3}(x^2-5)^{\frac{3}{2}}+C$；
   (3) $-2\cos\sqrt{x}+C$；　(4) $5\ln|x|+\frac{\ln^2 x}{2}+C$；
   (5) $\frac{2^{\arcsin x}}{\ln 2}+C$；　(6) $\arctan e^x+C$；

(7) $\frac{1}{6}\arctan\frac{3x}{2}+C$； (8) $\frac{1}{5}\arcsin\frac{5x}{4}+C$；

(9) $-\frac{1}{2}\sin\frac{2}{x}+C$； (10) $\frac{1}{3}\cos^3 x-\cos x+C$；

(11) $\frac{1}{5}\sin^5 x+C$； (12) $\frac{1}{3}\sec^3 x-\sec x+C$.

习 题 4.3

1. (1) $2\sqrt{x-1}-2\arctan\sqrt{x-1}+C$； (2) $6\sqrt[6]{x}-6\arctan\sqrt[6]{x}+C$；

(3) $\sqrt{x^2-1}+C$； (4) $\frac{1}{2}\arcsin x-\frac{x}{2}\sqrt{1-x^2}+C$；

(5) $2\sqrt{e^x-1}-2\arctan\sqrt{e^x-1}+C$； (6) $\ln\left|\sqrt{x^2+x+1}+x+\frac{1}{2}\right|+C$；

(7) $\frac{1}{8}\ln\left|\frac{x^8}{x^8+1}\right|+C$；

(8) $\frac{3}{2}(x+2)^{\frac{2}{3}}-3(x+2)^{\frac{1}{3}}+3\ln\left|(x+2)^{\frac{1}{3}}+1\right|+C$.

习 题 4.4

1. (1) $-x\cos x+\sin x+C$； (2) $-xe^{-x}-e^{-x}+C$；

(3) $\frac{1}{3}x^3\ln x-\frac{1}{9}x^3+C$； (4) $x\arccos x-\sqrt{1-x^2}+C$；

(5) $\frac{1}{2}e^x(\sin x-\cos x)+C$； (6) $\frac{1}{2}x^2\arcsin x-\frac{1}{4}\arcsin x+\frac{x}{4}\sqrt{1-x^2}+C$

(7) $x\ln(1+x^2)-2x+2\arctan x+C$； (8) $3e^{\sqrt[3]{x}}(\sqrt[3]{x^2}-2\sqrt[3]{x}+2)+C$.

习 题 4.5

1. (1) $\frac{1}{\sqrt{2}}\arctan\frac{x+1}{\sqrt{2}}+C$； (2) $\frac{1}{4}\ln\left|\frac{x-1}{x+3}\right|+C$；

(3) $\frac{1}{2}\ln|x^2+2x+3|-\frac{3\sqrt{2}}{2}\arctan\frac{x+1}{\sqrt{2}}+C$；

(4) $\frac{1}{5}\ln\left|\frac{x^5}{x^5+1}\right|+C$； (5) $\frac{1}{2}\ln\left|\frac{x-2}{x}\right|+C$；

(6) $\ln(1+\sin^2 x)+C$.

总习题 4

1. (1) B； (2) D； (3) A； (4) C； (5) A.

2. (1) $-20\sin 5x$； (2) $-e^{-x}+C, \frac{1}{2}e^{-x^2}+C$；

(3) $-\frac{1}{2}x^2+2x$； (4) $x-\arctan x+C$；

(5) $-\cot x-x+C$； (6) $\frac{x}{2}-\frac{\sin x}{2}+C$；

(7) $x+f(x)+C$； (8) $\frac{1}{2}F(2\ln x)+C$.

3. (1) $\ln|x+\sin x|+C$； (2) $\frac{1}{2}\ln(1+x^2)-\frac{1}{2}\arctan^2 x+C$；

(3) $-\frac{1}{x\ln x}+C$； (4) $(\arctan\sqrt{x})^2+C$；

(5) $\frac{9}{2}\arcsin\frac{x}{3}+\frac{x}{2}\sqrt{9-x^2}+C$； (6) $\frac{x^3}{3}\arctan x-\frac{x^2}{6}+\frac{1}{6}\ln(1+x^2)+C$；

(7) $x\tan x+\ln|\cos x|+C$； (8) $\frac{x^2}{2}\ln(1+x)^2-\frac{x^2}{2}+x-\ln|1+x|+C$；

(9) $\arctan(x+2)+C$； (10) $\frac{1}{2}\ln(x^2+4x+5)-2\arctan(x+2)+C$；

4. $xf(x)-F(x)+C$. 5. $\frac{1}{2}F(\tan^2 x)+C$.

习 题 5.1

1. $c(b-a)$.

2. (1) 0； (2) $\frac{\pi R^2}{2}$； (3) 0； (4) 1.

3. (1) 成立； (2) 不成立.

4. (1) $\int_0^1 x\mathrm{d}x \geqslant \int_0^1 x^3\mathrm{d}x$； (2) $\int_1^2 x\mathrm{d}x \leqslant \int_1^2 x^3x^2\mathrm{d}x$；

(3) $\int_1^2 \ln x\mathrm{d}x \geqslant \int_1^2 x(\ln x)^2\mathrm{d}x$； (4) $\int_0^1 (1+x)\mathrm{d}x \leqslant \int_0^1 \mathrm{e}^x\mathrm{d}x$.

5. $\frac{79}{8} \leqslant \int_{-1}^1 (3x^4-2x^3+5)\mathrm{d}x \leqslant 20$. 6. $\frac{\pi}{4}$.

7. 前者计算公式是 $\frac{1}{n}\sum_{i=1}^n a_i$，后者计算公式是 $\frac{1}{b-a}\int_a^b f(x)\mathrm{d}x$.

习 题 5.2

1. (1) $\cos x^2$； (2) $-\mathrm{e}^{x^2}$； (3) $2x\cos x^2$； (4) $2x\sin x^4-\sin x^2$.

2. $2t$. 3. $\frac{\mathrm{d}y}{\mathrm{d}x}=\frac{\sin x}{\cos y}$.

4. 极小值为 $\Phi(0)=\int_0^0 \mathrm{e}^{-t^2}\mathrm{d}t=0$. 5. $-\frac{1}{\pi}$. 6. 0.

7. (1) $\mathrm{e}-1$； (2) $\frac{1}{11}$； (3) 1.

8. (1) 1； (2) 4.

9. $-\frac{1}{6}$.

习 题 5.3

1. (1) 1； (2) $\frac{2}{9}$； (3) $\frac{\pi}{4}+\frac{1}{2}$； (4) π.

2. (1) $3\ln 3$； (2) $\frac{4}{3}$； (3) $\frac{1}{5}$； (4) $\frac{2}{3}$；

(5) π;　　(6) $2-\sqrt{2}$.

3. (1) 0;　　(2) 3π;　　(3) $\frac{\pi^3}{12}$;　　(4) 0.

4. (1) $e-2$;　　(2) $-\frac{\pi}{2}$;　　(3) $\frac{\pi}{12}+\frac{\sqrt{3}}{2}-1$;　(4) $\frac{e^2}{4}+\frac{1}{4}$;

(5) $\left(\frac{1}{4}-\frac{\sqrt{3}}{9}\right)\pi+\frac{1}{2}\ln\frac{3}{2}$;　　(6) $\frac{\pi}{2}-1$;

(7) $-\frac{2}{5}(e^{2\pi}+1)$;　　(8) $\frac{1}{2}(e\cdot\sin 1+e\cdot\cos 1-1)$.

习　题　5.4

1. (1) 收敛,$\frac{1}{2}$;　　(2) 收敛,$\frac{\pi}{2}$;　　(3) 收敛,π;

(4) 发散;　　(5) 发散;　　(6) 收敛,$\frac{1}{p^2}$.

2. (1) 收敛,$\frac{\pi}{2}$;　　(2) 收敛,4;　　(3) 收敛,2;

(4) 收敛,$\frac{\pi}{3}$;　　(5) 发散;　　(6) 发散.

3. 当$k>1$时,广义积分$\int_e^{+\infty}\frac{dx}{x(\ln x)^k}$收敛,且$\int_e^{+\infty}\frac{dx}{x(\ln x)^k}=\frac{1}{k-1}$;当$k\leqslant 1$时,广义积分$\int_e^{+\infty}\frac{dx}{x(\ln x)^k}$发散.

习　题　5.5

1. $\frac{1}{3}$.　　2. $\frac{8}{3}$.　　3. $\frac{99}{10}\ln 10-\frac{81}{10}$.　　4. 18.　　5. $\frac{3\pi+2}{9\pi-2}$.

6. $\frac{3\pi a^2}{8}$.　　7. $\frac{\pi}{4}a^2$.　　8. $\frac{5\pi}{24}-\frac{\sqrt{3}}{4}$.　　9. $\frac{400}{3}$.　　10. $\frac{\pi^2}{2}$.

11. $2\pi^2a^2b$.　　12. $\frac{4}{3}\pi a^2b$.　　13. $\frac{32}{105}\pi a^3$.　　14. 16π.　　15. $6\pi^3a^3$.

总习题5

1. (1) B;　　(2) C;　　(3) C;　　(4) C;
(5) D;　　(6) D;　　(7) C;　　(8) B.

2. (1) 7;　　(2) 2π;　　(3) $4a$;　　(4) e;
(5) $-\frac{\cos x}{y^2}$;　　(6) $f(1)$;　　(7) $2e-1$;　　(8) 0.

3. $\ln\frac{3}{4}$.　　4. (1) 1;　　(2) $\frac{1}{2}$.

5. 提示:利用定积分的估值问题.

6. (1) $\frac{1}{2}(4-\ln 5)$;　(2) $2\left(1-\frac{\pi}{4}\right)$;　　(3) π;　　(4) $e-2$;
(5) 2;　　(6) 1.

7. (1) $I=-\frac{\pi}{2}\ln 2$；(2) $\frac{\pi}{4}$.

8. (1) $e+e^{-1}-2$；　(2) $e^2-1-\frac{\pi}{2}$；　(3) $\frac{\pi}{2}-1$.

9. (1) $\frac{166}{15}\pi$；　(2) $\pi\left(\frac{e^2}{6}-\frac{1}{2}\right)$.

习　题　6.1

1. (1),(2),(4),(5)是一阶常微分方程；(3),(6)是二阶常微分方程.

2. 略.　　3. $mg-kv=m\frac{dv}{dt}$.

习　题　6.2

1. (1) $\ln|xy|+x-y=C$；　(2) $x(1+x^2)(1+y^2)=Cx^2$；

(3) $3x\sqrt{1-y^2}+Cx=1$；　(3) $y=Cx^2-x$；

(5) $xy=c(x^3+y^3)$；　(6) $\frac{y^2}{2x^2}-\ln\frac{y}{x}=\frac{x^2}{2}+C$；

(7) $y=e^{-x}[(2-2x+x^2)e^x+C]$；　(8) $y=\frac{\sin x+C}{x}$.

2. (1) $y=\frac{1}{\ln|(x+1)|+1}$；　(2) $y=4x^{-2}$；

(3) $\frac{1}{2}x^2+\frac{1}{2}x^3=\frac{1}{2}y^2+\frac{1}{2}y^3-\frac{5}{6}$；　(4) $y=\frac{e^{3t}}{3}(14-8e^{-3t})$.

3. $2\ln|xy|-x^2=C$.　　4. $y=3e^x[2-e^{-x}(2+2x+x^2)]$.

习　题　6.3

1. (1) $y=\frac{1}{24}x^4+\sin x+C_1x^2+C_2x+C_3$；　(2) $y=C_1e^{-x}+\frac{1}{2}x^2-x+C_2$；

(3) $x(y-1)+C_1(y-1)=C_2$；　(4) $y=-\ln|\cos(x+C_1)|+C_2$；

(5) $y=e^{3x}(C_1+C_2x)$；　(6) $y=C_1e^{4x}+C_2e^{-5x}$.

2. (1) $y=-\frac{1}{2}\ln(2x+1)+1$；　(2) $x=2\left(1-\frac{1}{\sqrt{y}}\right)$；

(3) $y=\frac{3}{2}e^{4x}+\frac{1}{2}e^{-4x}$；　(4) $y=e^{5x}-e^{-2x}$.

习　题　6.4

1. (1) $X_1=4, X_2=7, X_3=10, X_4=13$；　(2) $X_1=2, X_2=5.4, X_3=31.6, X_4=1006.7$.

2. $X_{n+1}=2X_n+1$.

3. (1) $y_x=C\left(-\frac{1}{2}\right)^x$；　(2) $y_x=C\left(\frac{1}{2}\right)^x+\frac{1}{2}\left(\frac{5}{2}\right)^x$.

4. $30(X_{n+1}-X_n)=1$.

5. $B_n=1.5B_{n-1}$.

总 习 题 6

1. (1) $\int\frac{1}{g(y)}dy=\int f(x)dx$；

(2) 一阶线性常微分方程，$y=\mathrm{e}^{\int -P(x)\mathrm{d}x}\left(\int Q(x)\mathrm{e}^{\int P(x)\mathrm{d}x}\mathrm{d}x+C\right)$；

(3) 三阶微分方程； (4) $y^2+y'=0$；

(5) $\lambda^2-1=0, y=C_1\mathrm{e}^x+C_2\mathrm{e}^{-x}, y=\frac{1}{2}(\mathrm{e}^x-\mathrm{e}^{-x})$； (6) 3.

2. (1) B； (2) A； (3) C；
 (4) C； (5) D； (6) C.

3. (1) $2(y^3-x^3)+3(y^2-x^2)=5$； (2) $y^2-xy-x^2=\frac{C}{x}$；
 (3) $y=C_1\mathrm{e}^x+C_2\mathrm{e}^{-2x}$； (4) $y=(C_1+C_2x)\mathrm{e}^{-2x}$；
 (5) $y''-y'-2y=(1-2x)\mathrm{e}^x$.

总习题 7

1. (1) y 轴； (2) yOz 面； (3) xOz 面； (4) Ⅷ卦限.
2. $B(1,-3,-4)$.
3. $(0,0,3)$.
4. (1) 椭圆柱面； (2) 双曲柱面； (3) 球面； (4) 平面；
 (5) 单叶双曲面；(6) 椭圆抛物面.
5. 表示圆心为$(0,0,1)$、半径为 $2\sqrt{2}$的圆.
6. $x^2+y^2=\frac{5}{3}$；$\begin{cases}x^2+y^2=\frac{5}{3},\\ z=0.\end{cases}$
7. (1) $\frac{2\sqrt{70}}{35}$； (2) -32； (3) $-18\boldsymbol{i}+18\boldsymbol{j}+36\boldsymbol{k}$.
8. $x+2y-5z-4=0$. 9. $\frac{x-3}{1}=\frac{y-1}{2}=\frac{z+2}{-1}$. 10. $\frac{x-1}{-13}=\frac{y-2}{10}=\frac{z-4}{11}$.

习 题 8.1

1. (1) $\{(x,y)\mid y^2>2x-1\}$；
 (2) $\{(x,y)\mid 2k\pi\leqslant x^2+y^2\leqslant 2k\pi+\pi, k\in\mathbb{Z}^+\}$；
 (3) $\{(x,y)\mid 0\leqslant y\leqslant x^2\}$；
 (4) $\{(x,y)\mid -x<y<x\}$；
 (5) $\{(x,y)\mid r^2<x^2+y^2\leqslant R^2\}$；
 (6) $\{(x,y)\mid -1\leqslant x-y^2\leqslant 1$ 且 $x^2+4y^2<9\}$.
2. $f\left(1,\frac{y}{x}\right)=\frac{2xy}{x^2+y^2}$. 3. $f(x,y)=\frac{x^2(1-y^2)}{(y+1)^2}$.
4. (1) $\{(x,y)\mid y^2=2x\}$； (2) $\{(x,y)\mid x+y=0\}$；
 (3) $\{(x,y)\mid x^2+y^2\geqslant a^2\}$； (4) $\{(x,y)\mid x=k\pi$ 或 $y=k\pi, k\in\mathbb{Z}\}$.
5. (1) 2； (2) 0； (3) 1； (4) 2.
6. (x,y)沿直线 $y=kx$ 趋于$(0,0)$时，有

$$\lim_{(x,y)\to(0,0)}\frac{x^2-y^2}{x^2+y^2}=\lim_{\substack{x\to 0\\ y=kx}}\frac{x^2-(kx)^2}{x^2+(kx)^2}=\frac{1-k^2}{1+k^2}.$$

因此 $\lim\limits_{(x,y)\to(0,0)}f(x,y)$不存在.

习 题 8.2

1. (1) $\frac{\partial z}{\partial x}=2axy+ay^2$，$\frac{\partial z}{\partial y}=ax^2+2axy$；

(2) $\frac{\partial z}{\partial x}=4x\sec^2(x^2+y^2)\tan(x^2+y^2)$，$\frac{\partial z}{\partial y}=4y\sec^2(x^2+y^2)\tan(x^2+y^2)$；

(3) $\frac{\partial z}{\partial x}=\frac{1}{y}-\frac{y}{x^2}$，$\frac{\partial z}{\partial y}=\frac{1}{x}-\frac{x}{y^2}$；

(4) $\frac{\partial z}{\partial x}=\frac{y^2}{x^2+y^4}$，$\frac{\partial z}{\partial y}=\frac{-2xy}{x^2+y^4}$；

(5) $\frac{\partial z}{\partial x}=\frac{1}{\sqrt{x^2-y^2}}$，$\frac{\partial z}{\partial y}=\frac{-y}{\sqrt{x^2-y^2}(x+\sqrt{x^2-y^2})}$；

(6) $\frac{\partial u}{\partial x}=\frac{1}{x+2^{yz}}$，$\frac{\partial u}{\partial y}=\frac{z2^{yz}\ln 2}{x+2^{yz}}$，$\frac{\partial u}{\partial z}=\frac{y2^{yz}\ln 2}{x+2^{yz}}$；

(7) $\frac{\partial z}{\partial x}=y^2(1+xy)^{y-1}$，$\frac{\partial z}{\partial y}=(1+xy)^y\left[\ln(1+xy)+\frac{xy}{1+xy}\right]$；

(8) $\frac{\partial z}{\partial x}=\mathrm{e}^{\tan\frac{x}{y}}\cdot\sec^2\frac{x}{y}\cdot\frac{1}{y}$，$\frac{\partial z}{\partial y}=\mathrm{e}^{\tan\frac{x}{y}}\cdot\sec^2\frac{x}{y}\cdot\frac{-x}{y^2}$.

2. (1) $f_x(x,1)=1$；　　(2) $f_x(1,0)=2, f_y(1,0)=1$；

3. (1) $\frac{\partial^2 z}{\partial x^2}=-2a^2\cos[2(ax-by)]$，$\frac{\partial^2 z}{\partial x\partial y}=2ab\cos[2(ax-by)]$，

$\frac{\partial^2 z}{\partial y^2}=-2b^2\cos[2(ax-by)]$；

(2) $\frac{\partial^2 z}{\partial x^2}=\alpha^2\mathrm{e}^{-\alpha x}\sin(\beta y)$，$\frac{\partial^2 z}{\partial x\partial y}=-\alpha\beta\mathrm{e}^{-\alpha x}\cos(\beta y)$，$\frac{\partial^2 z}{\partial y^2}=-\beta^2\mathrm{e}^{-\alpha x}\sin(\beta y)$；

(3) $\frac{\partial^2 z}{\partial x^2}=y\mathrm{e}^{-xy}(-2+xy)$，$\frac{\partial^2 z}{\partial x\partial y}=x\mathrm{e}^{-xy}(-2+xy)$，$\frac{\partial^2 z}{\partial y^2}=x^3\mathrm{e}^{-xy}$；

(4) $\frac{\partial^2 z}{\partial x^2}=y^x(\ln y)^2$，$\frac{\partial^2 z}{\partial x\partial y}=y^{x-1}(x\ln y+1)$，$\frac{\partial^2 z}{\partial y^2}=x(x-1)y^{x-2}$.

4. (1) $z_{xxy}=0, z_{xyy}=-\frac{1}{y^2}$；

(2) $\frac{\partial^6 u}{\partial x\partial y^2\partial z^3}=ab(b-1)c(c-1)(c-2)x^{a-1}y^{b-2}z^{c-3}$；

(3) 2,0,0.

5. 略.

6. (1) $\mathrm{d}z=\left(6y^2+\frac{1}{y}\right)\mathrm{d}x+\left(12xy-\frac{x}{y^2}\right)\mathrm{d}y$；

(2) $\mathrm{d}z=\cos(x\cos y)\cos y\mathrm{d}x-x\cos(x\cos y)\sin y\mathrm{d}y$；

(3) $\mathrm{d}z=\frac{y^2}{(x^2+y^2)^{\frac{3}{2}}}\mathrm{d}x-\frac{xy}{(x^2+y^2)^{\frac{3}{2}}}\mathrm{d}y$；

(4) $\mathrm{d}u=yzx^{yz-1}\mathrm{d}x+zx^{yz}\ln x\mathrm{d}y+yx^{yz}\ln x\mathrm{d}z$.

7. $\mathrm{d}z=\frac{4}{7}\mathrm{d}x+\frac{2}{7}\mathrm{d}y$.

8. $\Delta z=\mathrm{e}^{1.1\cdot 0.8}-\mathrm{e}^1=\mathrm{e}^{0.88}-\mathrm{e}$，$\mathrm{d}z=\mathrm{e}\cdot 0.1+\mathrm{e}\cdot(-0.2)=-0.1\mathrm{e}$.

9. 1.4034.　　10. 1.024.　　11. −0.028.

12. 绝对误差为 27.54,相对误差为 0.0224.

13. 最大绝对误差为 0.2375，最大相对误差为 0.0432.

习　题　8.3

1. (1) $\frac{\partial z}{\partial x}=4x,\frac{\partial z}{\partial y}=4y$;

(2) $\frac{\partial z}{\partial x}=\frac{2x}{y^2}\ln(3x-2y)+\frac{3x^2}{y^2(3x-2y)},\frac{\partial z}{\partial y}=\frac{-2x^2}{y^3}\ln(3x-2y)-\frac{2x^2}{y^2(3x-2y)}$;

(3) $\frac{\mathrm{d}z}{\mathrm{d}t}=\mathrm{e}^{x-2y}(\cos t-6t^2)$;

(4) $\frac{\mathrm{d}z}{\mathrm{d}x}=\frac{\mathrm{e}^x(1+x)}{1+x^2\mathrm{e}^{2x}}$.

2. 由于$\frac{\partial z}{\partial u}=\frac{y-x}{x^2+y^2},\frac{\partial z}{\partial v}=\frac{y+x}{x^2+y^2}$，因此

$$\frac{\partial z}{\partial u}+\frac{\partial z}{\partial v}=\frac{y-x}{x^2+y^2}+\frac{y+x}{x^2+y^2}=\frac{2y}{x^2+y^2}=\frac{2(u-v)}{(u+v)^2+(u-v)^2}=\frac{(u-v)}{u^2+v^2}.$$

3. (1) $\frac{\partial u}{\partial x}=2xf_1'+y\mathrm{e}^{xy}f_2',\frac{\partial u}{\partial y}=-2yf_1'+x\mathrm{e}^{xy}f_2'$;

(2) $\frac{\partial u}{\partial x}=\frac{1}{y}f_1'-\frac{y}{x^2}f_2',\frac{\partial u}{\partial y}=-\frac{x}{y^2}f_1'+\frac{1}{x}f_2'$;

(3) $\frac{\partial u}{\partial x}=f_1'+yf_2'+yzf_3',\frac{\partial u}{\partial y}=xf_2'+xzf_3',\frac{\partial u}{\partial z}=xyf_3'$.

4. $\frac{\partial z}{\partial x}=\frac{x}{2-z},\frac{\partial^2 z}{\partial x^2}=\frac{(2-z)^2+x^2}{(2-z)^3}$.

5. $\frac{\partial z}{\partial x}=\frac{yz}{\mathrm{e}^z-xy},\frac{\partial^2 z}{\partial x^2}=\frac{2y^2z(\mathrm{e}^z-xy)-\mathrm{e}^zy^2z^2}{(\mathrm{e}^z-xy)^3}$.

习　题　8.4

1. (1) 极大值为 $f(2,-2)=8$;　　(2) 极大值为 $f\left(-\frac{1}{3},-\frac{1}{3}\right)=\frac{1}{27}$;

(3) 极大值为 $f(0,0)=1$;　　(4) 极小值为 $f\left(\frac{1}{2},-1\right)=-\frac{1}{2}\mathrm{e}$.

2. (1) 极大值为 3；　(2) 极大值为$\frac{1}{4}$；　(3) 极小值为 4.

3. $p_1=80,p_2=120$,最大总利润为 1565.

4. $x=\frac{\alpha k}{\alpha+\beta+\gamma},y=\frac{\beta k}{\alpha+\beta+\gamma},x=\frac{\gamma k}{\alpha+\beta+\gamma}$，最大效益为$\frac{\alpha^\alpha\beta^\beta\gamma^\gamma k^{\alpha+\beta+\gamma}}{(\alpha+\beta+\gamma)^{\alpha+\beta+\gamma}}$.

总习题 8

1. (1) $\frac{x^2(1-y^2)}{(1+y)^2}$;　(2) $\mathrm{d}x-\sqrt{2}\mathrm{d}y$;　(3) $\frac{\sqrt{x}}{2}\sin\frac{y}{x}$;　(4) 充分,充分.

2. $\{(x,y)\mid 0<x^2+y^2<1$ 且 $y^2\leqslant 4x\}$, $\frac{\sqrt{2}}{\ln\frac{3}{4}}$.

3. $f_x(0,0)=0, f_y(0,0)=0$.

4. $\dfrac{\partial u}{\partial x}=\dfrac{4xv+uy^2}{2(u^2+v^2)}, \dfrac{\partial v}{\partial x}=\dfrac{4ux-vy^2}{2(u^2+v^2)}, \dfrac{\partial u}{\partial y}=\dfrac{uxy+2vy}{u^2+v^2}, \dfrac{\partial v}{\partial y}=\dfrac{2uy-uxy}{u^2+v^2}$.

5. 证：

(1) $\dfrac{\partial z}{\partial x}=2x\varphi'(x^2+y^2), \dfrac{\partial z}{\partial y}=2y\varphi'(x^2+y^2)$.

(2) $\dfrac{\partial u}{\partial y}=f'(\sin y-\sin x)\cos y, \dfrac{\partial u}{\partial x}=f'(\sin y-\sin x)(-\cos x)$.

(3) $\dfrac{\partial z}{\partial x}=\dfrac{y(-x^2f'_1+zf'_2)}{x(xf'_1+yf'_2)}, \dfrac{\partial z}{\partial y}=\dfrac{x(zf'_1-y^2f'_2)}{y(xf'_1+yf'_2)}$.

(4) $\dfrac{\partial^2 u}{\partial x^2}=2\varphi'(x+y)+(x+y)\varphi''(x+y), \dfrac{\partial^2 u}{\partial x\partial y}=2\varphi'(x+y)+(x+y)\varphi''(x+y)$,

$\dfrac{\partial^2 u}{\partial y^2}=2\varphi'(x+y)+(x+y)\varphi''(x+y)$.

习　题　9.1

1. (1) $Q=\iint\limits_D \mu(x,y)\mathrm{d}\sigma$.　　(2) $I_1\leqslant I_2$.

(3) $I_1\leqslant I_2$.　　(4) ① $\dfrac{2}{3}\pi R^3$；② 6π.

2. D.

3. (1) $0\leqslant I\leqslant \pi^2$；　(2) $2\leqslant I\leqslant 8$；　(3) $0\leqslant I\leqslant \dfrac{\pi}{8}$.

习　题　9.2

1. (1) $\dfrac{51}{20}$；　(2) $\dfrac{20}{3}$；　(3) $\dfrac{8}{3}$；　(4) 1；

(5) $-\dfrac{3}{2}\pi$；　(6) $(\mathrm{e}-1)(\mathrm{e}^4-1)$；　(7) $\mathrm{e}-\mathrm{e}^{-1}$；　(8) $\mathrm{e}^{-\frac{1}{2}}$.

2. (1) $\pi(\mathrm{e}^4-1)$；　(2) $\pi(b^3-a^3)$；　(3) $-6\pi^2$.

3. (1) $I=\int_0^1\mathrm{d}x\int_x^{\sqrt{x}}f(x,y)\mathrm{d}y$；

(2) $I=\int_0^1\mathrm{d}y\int_0^{1-\sqrt{1-y^2}}f(x,y)\mathrm{d}x+\int_0^1\mathrm{d}y\int_{1+\sqrt{1-y^2}}^2 f(x,y)\mathrm{d}x$；

(3) $I=\int_0^1\mathrm{d}y\int_{\mathrm{e}^y}^{\mathrm{e}}f(x,y)\mathrm{d}x$；

(4) $I=\int_0^2\mathrm{d}x\int_{\frac{1}{2}x}^{3-x}f(x,y)\mathrm{d}y$；

(5) $I=\int_1^2\mathrm{d}y\int_{\frac{1}{y}}^{y}f(x,y)\mathrm{d}x$.

4. (1) $1-\sin 1$；　(2) $\dfrac{1}{2}(\mathrm{e}-1)$.

5. (1) $\int_0^{\frac{\pi}{2}}\mathrm{d}\theta\int_0^{2a\cos\theta}f(r\cos\theta,r\sin\theta)r\mathrm{d}r$；　(2) $\int_0^{\frac{\pi}{4}}\mathrm{d}\theta\int_{\sec\theta\tan\theta}^{\sec\theta}f(r\cos\theta,r\sin\theta)r\mathrm{d}r$；

(3) $\int_0^{\frac{\pi}{2}}\mathrm{d}\theta\int_{\frac{1}{\cos\theta+\sin\theta}}^{1}f(r\cos\theta,r\sin\theta)r\mathrm{d}r$；　　(4) $\int_0^{2\pi}\mathrm{d}\theta\int_0^1 f(r\cos\theta,r\sin\theta)r\mathrm{d}r$.

6～7. 略.　　8. $M=\frac{4}{3}$.

总习题 9

1. (1) $\frac{64}{15}$；　(2) $\frac{9}{4}$；　(3) $I=\int_0^1\mathrm{d}y\int_{2-y}^{1+\sqrt{1-y^2}}f(x,y)\mathrm{d}x$；

   (4) $I=\int_0^1\mathrm{d}y\int_{\mathrm{e}^y}^{2}f(x,y)\mathrm{d}x$；　(5) $I=\int_0^{\frac{\pi}{2}}\mathrm{d}\theta\int_0^{\frac{1}{\sin\theta+\cos\theta}}f(r\cos\theta,r\sin\theta)r\mathrm{d}r$；

   (6) $\frac{1}{4}(2\ln 2-1)$.

2. (1) A；　(2)B；　(3) B；　(4) A.

3. (1) $\frac{6}{55}$；　(2) $\frac{\pi}{2}-1$；　(3) $\frac{13}{6}$；　(4) $1-\sin 1$；

   (5) $\frac{\mathrm{e}^4-1}{2}$；　(6) $\frac{\pi^2}{6}$；　(7) $\frac{1}{2}$.

4. $\int_0^{\frac{\pi}{4}}\mathrm{d}\theta\int_{\frac{2}{\cos\theta+\sin\theta}}^{2\cos\theta}f(r)r\mathrm{d}r$.　　5. (1) $=\frac{3}{4}\pi a^4$；　(2) $\sqrt{2}-1$.

6. $\frac{17}{6}$.　　7. $\frac{3}{32}a^4\pi$.

习　题　10.1

1. (1) $s_n=\frac{1}{3}\left(1-\frac{1}{3n+1}\right),s=\frac{1}{3}$；　(2) $3s-u_1$.

2. (1) $\mu_n=\frac{1}{n(n+1)}$；　(2) $\mu_n=\frac{2n-1}{n^3}$；

   (3) $\mu_n=\frac{(-1)^{n-1}}{2^n}$；　(4) $\mu_n=\frac{n-(-1)^n}{n}$.

3. (1) 收敛，$s=2$；　(2) 收敛，$s=1$；　(3) 发散；　(4) 收敛，$s=\frac{2}{3}$；

   (5) 发散；　(6) 收敛，$s=\frac{1}{2}$；　(7) 收敛，$s=1-2\sqrt{2}$；

   (8) 收敛，$s=\frac{1}{4}$；　(9) 发散；　(10) 发散.

4. -2.

5. $\mu_1=0,\mu_n=\frac{2n-1}{n^2(n-1)^2}(n\geqslant 1),s=1$.

习　题　10.2

1. (1) 充要条件；　(2) $\frac{1}{2}$，收敛；　(3) 收敛，发散.

2. (1) 收敛；　(2) 收敛；　(3) 收敛；
   (4) 收敛；　(5) 发散；　(6) 收敛.

3. (1) 收敛；　(2) 收敛；　(3) 发散；
   (4) 收敛；　(5) 收敛；　(6) 收敛.

4. (1) 收敛； (2) 发散； (3) 发散； (4) 收敛.

5. (1) 收敛； (2) 收敛； (3) 发散；

(4) 当 $0<a<4$ 时级数收敛，当 $a\geqslant 4$ 时级数发散.

6. (1) 绝对收敛； (2) 发散； (3) 条件收敛； (4) 条件收敛.

7. 提示：利用 p-级数的结论与比较审敛法证明.

8. 提示：利用级数收敛的必要条件，只需证明相应的级数收敛即可.

习　题　10.3

1. (1) $3,(-3,3),(-3,3]$； (2) $\frac{1-x}{x},(0,2)$；

(3) $1,(-1,1)$.

2. (1) $R=1,(-1,1),(-1,1]$； (2) $R=2,(-2,2),(-2,2)$；

(3) $R=0$，收敛区间不存在，收敛域为 $\{0\}$； (4) $R=2,(-2,2),(-2,2)$；

(5) $R=\mathrm{e},(-\mathrm{e},\mathrm{e}),(-\mathrm{e},\mathrm{e})$； (6) $R=1,(-1,1),(-1,1)$；

(7) $R=\sqrt{2},(-\sqrt{2},\sqrt{2}),(-\sqrt{2},\sqrt{2})$； (8) $R=2,(0,4),(0,4)$；

(9) $R=1,(-3,-1),[-3,-1)$； (10) $R=1,(-3,7),[-3,7)$.

4. 提示：利用阿贝尔定理证明.

5. $(1,5]$.

6. (1) $s(x)=\frac{1}{(1-x)^2}$，收敛域为 $(-1,1)$； (2) $s(x)=\frac{2}{(1-x)^3}$，收敛域为 $(-1,1)$；

(3) $s(x)=-x+\arctan x$，收敛域为 $[-1,1]$.

总习题 10

1. (1) $s=1$； (2) 收敛； (3) $p>0$； (4) 收敛，发散；

(5) $(-\sqrt{2},\sqrt{2})$； (6) $\left(-\frac{1}{5},\frac{1}{5}\right)$； (7) $[0,6)$.

2. (1) D； (2) B； (3) D； (4) A；

(5) D； (6) C； (7) A； (8) D.

3. (1) 收敛； (2) 收敛； (3) 收敛； (4) 发散；

(5) 收敛； (6) 收敛； (7) 收敛； (8) 收敛；

(9) 绝对收敛； (10) 条件收敛.

4. (1) $\left[-\frac{1}{2},\frac{1}{2}\right]$； (2) $(1,3]$； (3) $\left(-\frac{1}{2},\frac{1}{2}\right)$.

5. (1) $s(x)=\frac{x+1}{x^2},-2<x<1$； (2) $s(x)=\frac{x-2}{5-x},-1<x<5$；

(3) $s(x)=\begin{cases}\frac{\arctan x}{x}, & 0<|x|\leqslant 1,\\ 1, & x=0.\end{cases}$

6. $s(x)=\frac{2x}{(1+x)^3},|x|<1,\ \sum\limits_{n=1}^{\infty}(-1)^{n+1}\frac{n(n+1)}{2^n}=s\left(\frac{1}{2}\right)=\frac{8}{27}$.

习　题　11.1

1. $S=\frac{ab}{Q}+\frac{cQ}{2}$. 2. $C(Q)=200+8Q,\bar{C}(Q)|_{Q=100}=10$(元/件).

3. $R(Q)=50Q-\frac{1}{2}Q^2$,800(元).　　4. $L=R-C=-0.1Q^2+15Q-600$.

习　题　11.2

1. $x=2000$.　　2. $p=450$, $L(450)=41250$(元).　　3.(1) 2000；(2) 400.

4. $Q_1=1,Q_2=3,L=30$.　　5. $Q_1=5,Q_2=2,L=117$.

6. (1) $x=20,y=50$；(2) $\lambda=40$,即增加一个单位成本,可以使最大产量增加 40 元.

7. (1) $x=5,y=3$；　(2) $\lambda=7$,即减少一个单位产量,可以使最小成本减少 7 万元.

习　题　11.3

1. 平均成本函数 $\bar{C}=\frac{20}{Q}+Q-6$;边际成本函数 $C'=2Q-6$;$Q=3$ 时,边际成本最小.

2. 收益函数为 $R=R(Q)=Q\cdot p(Q)=20Qe^{-0.25Q}$,$0\leqslant Q\leqslant 10$;边际收益函数为 $R'=20e^{-0.25Q}-5Qe^{-0.25Q}=5(4-Q)e^{-0.25Q}$,$0\leqslant Q\leqslant 10$.

3. 60,0,−120.

4. $C'=5+6Q^2,R'=\frac{25}{\sqrt{Q}},L'=\frac{25}{\sqrt{Q}}-5-6Q^2$.

5. 3,2.　　6. $\frac{Ey}{Ex}=-3x,-6$.　　7. $\frac{Ey}{Ex}=a$,是.

8. (1) $\eta(p)=\frac{2p}{100-2p}$；(2) 需求量减少 0.25%；(3) 以 25 为分界点进行讨论.

9. (1) $\eta(p)=\frac{p}{50-p}$;

(2) 需求量减少 1.5%,需求量减少的幅度大于价格上涨的幅度. 总收益减少.

10. (1) $Q'(3)=-12$；(2) $\eta(4)=1$；(3) 增加了 0.54%；(4)减少了 1.17%；(5) $p=4$.

11. (1) $C'_x(x,y)=9x^2+5y$, $C'_y(x,y)=2y+5x$;

(2) $C'_x(20,20)=3700$, $C'_y(20,20)=140$.

12. (1) $\frac{\partial Q_1}{\partial p_1}=-2e^{-2p_1+p_2},\frac{\partial Q_1}{\partial p_2}=e^{-2p_1+p_2},\frac{\partial Q_2}{\partial p_1}=e^{p_1-2p_2},\frac{\partial Q_2}{\partial p_2}=-2e^{p_1-2p_2}$;

(2) 边际需求$\frac{\partial Q_1}{\partial p_2}>0,\frac{\partial Q_2}{\partial p_1}>0$,则这两种商品是替代商品.

13. (1) $E_{11}=\frac{p_1}{Q_1}\cdot\frac{\partial Q_1}{\partial p_1}=-2\frac{p_1}{Q_1},E_{22}=\frac{p_2}{Q_2}\cdot\frac{\partial Q_2}{\partial p_2}=-\frac{p_2}{Q_2}$;

(2) $E_{12}=\frac{p_2}{Q_1}\cdot\frac{\partial Q_1}{\partial p_2}=-3\frac{p_2}{Q_1},E_{21}=\frac{p_1}{Q_2}\cdot\frac{\partial Q_2}{\partial p_1}=-4\frac{p_1}{Q_2}$;

(3) $E_{12}=-0.75,E_{21}=-0.75$,是互补商品.

(4) 略.

习　题　11.4

1. 120.　　2. $Q(p)=5000\cdot\left(\frac{1}{2}\right)^p-1000$.

3. $C(x)=10e^{0.2x}+80$.　　4. (1) 2500,50；　(2) −100,−10.

5. (1) $C(Q)=8Q+Q^2$, $R(Q)=20Q-Q^2$；

(2) 11(万元),17(万元)(注意：单位是百台)；

(3) 3(百台)；　(4) $L=18, C=33, R=51$；　(5) 减少.

6. (1) (1,9)；　(2) $\frac{10}{3}\approx 3.33$(元)；　(3) $\frac{5}{3}\approx 1.67$(元).

7. (1) (2,3)($x=9$ 舍去)；　(2) 2(元)；　(3) $-12+\frac{14}{3}\sqrt{7}\approx 0.35$(元).

8. $P(4)=100\mathrm{e}^{0.1\times 4}=100\mathrm{e}^{0.4}=149.18$(元).

9. $\int_0^T R(t)\mathrm{e}^{kt}\,\mathrm{d}t=\int_0^{40}1000\mathrm{e}^{0.085t}\,\mathrm{d}t\approx 340754.12$(元).

10. $\int_0^T R(t)\mathrm{e}^{kt}\,\mathrm{d}t=\int_0^{20}P_0\mathrm{e}^{0.085t}\,\mathrm{d}t=50000, P_0\approx 949.94$(元).

11. $\int_0^T P(t)\mathrm{e}^{-kt}\,\mathrm{d}t=\int_0^{10}2700\mathrm{e}^{-0.09t}\,\mathrm{d}t\approx 17802.91$(元).

12. $\int_0^{30}30000\mathrm{e}^{-0.08t}\,\mathrm{d}t\approx 340980.77$(元).

总习题 11

1. $Q=-5p+4000$.　2. 30(元),90000(元),18000 单位.

3. (1) $Q=60-\frac{t}{2}$；(2) $t=60$.　4. 分 5 批生产.

5. $Q_1=4, Q_2=5$；$p_1(4)=50-5\times 4=30$, $p_2(5)=30-2\times 5=20$ 时,利润最大,最大利润为 124.

6. (1) x 为 100 个单位,y 为 250 个单位；(2) 产品的边际产出为 100,即增加一个单位成本,可以使最大产量增加 100.

7. $C'(Q)=5+Q$, $R'(Q)=10-4Q$, $L'=R'-C'=5-5Q$.

8. (1) $\eta(p)=\frac{p}{100-p}$；　(2) 减少 0.25%；　(3) 以 $p=50$ 为分界点讨论.

9. (1) $E_{11}=\frac{p_1}{Q_1}\cdot\frac{\partial Q_1}{\partial p_1}=-2\frac{p_1}{Q_1}$, $E_{22}=\frac{p_2}{Q_2}\cdot\frac{\partial Q_2}{\partial p_2}=-2\frac{p_2}{Q_2}$；

(2) $E_{12}=\frac{p_2}{Q_1}\cdot\frac{\partial Q_1}{\partial p_2}=-\frac{p_2}{Q_1}$, $E_{21}=\frac{p_1}{Q_2}\cdot\frac{\partial Q_2}{\partial p_1}=-\frac{p_1}{Q_2}$；

(3) $E_{11}=-\frac{4}{13}$, $E_{22}=-6$, $E_{12}=-\frac{3}{13}$, $E_{21}=-2$, $E_{12}<0$, $E_{21}<0$,是互补商品.

10. (1) $C(Q)=4Q+Q^2+10$, $R(Q)=20Q-Q^2$；

(2) 当产量 $Q=4$ 时,最大利润为 $L(4)=(16Q-2Q^2-10)|_{Q=4}=22$.

11. 359714.17.

参考文献

[1]　王金金. 高等数学[M]. 北京：北京邮电大学出版社，2010.

[2]　罗蕴玲，等. 高等数学及其应用[M]. 北京：高等教育出版社，2010.

[3]　萧铁树. 微积分[M]. 北京：清华大学出版社，2006.

[4]　同济大学应用数学系. 高等数学[M]. 上海：同济大学出版社，2004.

[5]　丁杰，等. 高等数学[M]. 天津：天津大学出版社，2004.

[6]　同济大学应用数学系. 高等数学[M]. 6 版. 北京：高等教育出版社，2007.